全国高等院校土建类专业实用型规划教材

画法几何与土木工程制图

主　编　江景涛
副主编　毛新奇　张海燕　薛德侠
参　编　张　英　董　祥　张　伟
刘　淳　鞠照勇

中国电力出版社
CHINA ELECTRIC POWER PRESS

内 容 提 要

本书内容包括：绪论，制图的基本知识，点、直线、平面的投影，直线与平面和平面与平面的相对位置，投影变换，平面立体，曲面立体，平面、截交线与相贯线，轴测投影，透视投影，标高投影，工程形体的表达方法，建筑施工图，结构施工图，设备施工图，道路、桥涵、隧道工程图等内容。为方便读者学习，各章均有内容提要和思考题。书后附有常用的《房屋建筑制图统一标准》及专业术语。

为满足多媒体教学的需要，还研制了与本书配套使用的多媒体教学课件，可供读者参考。

本书可作为高等学校土建类、道桥类等专业工程制图课程的教材，也可供高等职业学院、函授大学、电视大学、成人高校等相关专业选用，还可作为工程技术人员的参考用书。

图书在版编目（CIP）数据

画法几何与土木工程制图/江景涛主编．—北京：中国电力出版社，2010
全国高等院校土建类专业实用型规划教材
ISBN 978－7－5083－9671－2

Ⅰ．①画…　Ⅱ．①江…　Ⅲ．①画法几何－高等学校－教材②建筑制图－高等学校－教材
Ⅳ．①TU204

中国版本图书馆 CIP 数据核字（2009）第 208930 号

中国电力出版社出版发行
北京市东城区北京站西街 19 号　100005　http：//www.cepp.sgcc.com.cn
责任编辑：关　童　未翠霞
责任印制：郭华清　　责任校对：李　楠
北京丰源印刷厂印刷·各地新华书店经售
2010 年 3 月第 1 版·2011 年 2 月第 2 次印刷
787mm×1092mm　1/16·21.25 印张·535 千字
印数：3001～5000 册
定价：38.00 元

前　言

为了适应教学改革的发展，满足工科院校土木建筑类各专业的教学需要，全面推进素质教育，根据教育部颁布的《面向21世纪的土木工程专业培养方案》，以及工程制图课程教学指导委员会新制订的《画法几何及土建制图课程教学基本要求》的主要精神，参考国内外同类教材，总结多年的教学经验和教改成果，编写了本教材。

本教材的内容主要有三部分：画法几何、制图基础、专业制图。画法几何部分对投影理论作了较系统的阐述。制图基础部分起着承上启下的作用，密切联系教学实际、生产实际，加强空间分析和工程应用，且注意理论与工程实际相结合。专业制图部分一方面介绍了《房屋建筑制图统一标准》（GB/T 50001—2001）等最新国家标准中的有关规定，另一方面以房屋施工图为主，对相关各专业，包括建筑、结构、给排水，采暖通风、道路、桥涵和隧道的工程制图作了全面介绍。选择的图例是按照最新标准绘制的一套现代化的民用住宅图样，并且将平面整体表示法的制图规则加到图例中。每章都列出内容提要、思考题等，还附有有关的专业术语，以使教材既适合教学需要，又便于学生自学。

本教材力求做到：理论与实践的统一、内容充实、重点突出、专业全面、文字简洁、图样清晰。这样便于根据不同专业、学时的多少，选择内容，也有利于读者自学。

与本书配套使用的有《画法几何与土木工程制图习题集》及多媒体教学课件。该课件采用了大量的动画演示，能直观地表述由平面到空间和由空间到平面的转换及投影形成过程，丰富学生的空间想象力和空间思维能力。许多难点变得简单易懂，利于教与学。

本教材由青岛农业大学、内蒙古科技大学、陕西理工学院、山东理工大学、南京工程学院等院校共同编写。参加编写工作的人员有：江景涛（第8、11、12章），毛新奇（第10、14、15、16章）、张海燕（绪论、第4、9章），薛德侠（第3、6章），张英（第1、13章），董祥（第17章），张伟（第2、5、7章），刘淳（第1章），鞠照勇（第13章）。

参加制作多媒体教学课件工作的人员有：江景涛（第2、6、7、8、11、12章），毛新奇（第3、5、10、14～16章），张海燕（第4、9章），董祥（第17章），刘淳（第1章），鞠照勇（第13章）。如需要课件，请与编辑联系，e-mail：guantong 9@126.com。

本书由青岛理工大学宋琦教授主审，主审人认真细致地阅读全书，并提出许多宝贵意见，在此表示衷心感谢。

在编写过程中，参考了一些同类教材，特向有关作者表示感谢。

由于编者水平有限，本书会存在一些缺点和错误，恳请读者批评指正。

编　者

目　录

绪　论

1. 课程的地位、性质和任务

在土木工程中，将设计意图用图表达出来，是最直接、形象、简单的一种方式。要建造出符合使用功能要求的工程实体，必须首先读懂工程图，才能将设计意图在实际空间中建造出来。因为工程图的绘制理论是国际上统一的投影理论。掌握一国的制图技术，就不难看懂其他国家的图纸。各国的工程界经常以工程图为媒介，进行各种交流活动。因此，“工程图”被称为工程界的语言，是工程中不可缺少的重要技术资料，所有工程技术人员必须具备绘制和阅读工程图的技能。

本门课程就是研究解决空间几何问题以及绘制和阅读土木工程图的理论和方法的一门课程。

本课程的主要任务就是培养学生绘制和阅读工程图的能力，并通过实践培养空间想象力和空间思维能力。具体表现在以下几点：

（1）学习各种投影法（主要是正投影法）的理论及其应用。

（2）培养空间几何问题的图解能力。

（3）培养空间想象能力和空间分析能力。

（4）培养绘制（包括尺规作图、徒手作图）和阅读土木工程图的初步能力。

（5）培养利用计算机绘图的初步能力。

（6）培养认真负责的工作态度和严谨细致的工作作风。

随着计算机技术的不断发展，计算机绘图成为主要的绘图手段，但计算机绘图并不能完全取代手工绘图，特别是在进行基础训练时，手工绘图仍然是主要的制图手段。

学完本课程后应达到如下要求：

（1）掌握各种投影法的基本理论和作图方法。

（2）能用作图方法解决空间的定位问题和度量问题。

（3）能正确使用绘图工具和仪器，掌握徒手作图的技巧。

（4）掌握画图和读图的方法，能画出符合国家制图标准的图纸，并能正确阅读施工图。

（5）运用计算机绘图软件绘制工程图样。

2. 课程的特点和学习方法

本门课程的主要内容分为：画法几何、制图基础、专业制图。

画法几何研究的是图示法和图解法，讨论空间形体和平面图形的对应关系。它是按照点、线、面、体的投影的顺序由浅入深、由简到难而逐步介绍的。各部分知识前后连贯、联系密切且比较抽象，系统性和理论性较强。学习时，要注意首先要分析清楚空间的情况，投影实际就是对于空间情况的反映。因此要注意培养空间分析问题、解决问题的能力，通常要用到《立体几何》中的知识。将问题在空间解决了，然后再考虑如何将空间解决问题的方法用投影图表现出来。

首先要建立空间概念，养成空间思维习惯。对几何元素及其相对位置的投影规律和投影特性，都要从它们的空间概念去理解和记忆。解题时，先进行空间分析，拟定解题步骤，然后再按其投影规律进行作图。其次，从点、线、平面开始，逐步深入。画法几何是从点、直线、平面开始的，如果对前面的概念理解不透，作图方法掌握不熟练，后面将会感到越学越困难。因此，在学习时，必须采用“步步为营、稳扎稳打”的学习方法。最后，多作练习，通过作图来解决画法几何的问题。

制图基础是关于绘制土木工程图的一些国家标准规定画法（包括尺规作图、徒手作图的画法），以及工程形体的表达方式、投影图的读法和尺寸注法。规定画法部分要通过熟记来掌握，投影图的读法、工程形体图的表达要通过反复的实践（作业）来掌握。无论是学习还是做作业，都要画图和读图相结合。根据实物或立体图画出二维平面图形，再根据二维平面图想象立体图的三维形状。

专业制图是关于与土木工程相关的专业图（如建筑施工图、结构施工图、设备施工图、道路、桥涵、隧道工程图等）的表现方法及读图方法。这部分内容实践性强，涉及的知识面广，我们应知悉有关专业的一些基本知识，这样将更有助于这部分内容的掌握。

另外，在学习过程中要提高自学能力。高等学校的学生必须培养自学能力，自己去发现问题，自己去寻找解决问题的办法，为将来工作打下一个良好的基础。

工程图是用于指导施工的，是施工的依据，因此，从开始学习制图，就要养成认真负责、一丝不苟的良好习惯，避免在图纸上出现任何的错误，包括一条线或一个数字的差错。

本门课程只能为学生的制图能力的培养打下一定的基础，学生制图能力的进一步提高还需在后续的各门专业课程的学习中来实现。

3. 画法几何及土木工程制图的发展

画法几何及土木工程制图与其他学科一样，都是从人们的生产实践中产生和发展起来的。从我国和世界各国的历史可知，画法几何是人类根据生产实践的需要而产生和发展的科学理论。但在其形成一套比较系统、完整的理论之前，其方法和规则早已应用于土地丈量、水利、天文、航海等各个领域之中了。据我国古代文献记载，为了从事农业生产，自禹疏通九河进行大规模的治水工程开始，治水工程一直没有停息过，在治水过程中，必须勘测地形、水路，在这个阶段地形图逐步发展起来。另据历史记载，我国很早就采用正确的作图方法，采用绘图与施工画线工具，并能画出宫殿和房屋的图样，按图建造。例如，在《周髀算经》中就有商高用直角三角形边长为 3:4:5 的比例作直角三角形的记载；在春秋战国时，墨子的著述中就有“为方以矩，为圆以规，直以绳，衡以水，正以锤”，矩是直角尺，规是圆规，绳是木工用于弹画墨线的墨绳，水是用水面来衡量水平方向的工具，锤是用绳悬挂重锤来校正铅垂方向的工具；在《史记》的《秦始皇本纪》中，还述及“秦每破诸侯，写放其宫室，作之咸阳北阪上”，就是说，秦国每征服一国后，就令人画出该国宫室的图，并照样建造在咸阳北阪上。对于中国古代在建筑方面的成就，北宋的李诫（字明仲）作了总结，他于公元 1100 年写成 34 卷的《营造法式》。书中有图 6 卷，计图一千余幅。这是世界上最早的一部建筑规范巨著，对建筑技术、用工用料以及装修等都有详细的论述。书中所运用的图示方法，与现代土木建筑制图中所用的正投影图、轴测图、透视图都颇为接近，如图 1 所示，就是《营造法式》中的图：左面的两图与目前使用的多面正投影图相似；右面的两图则分别与目前使用的轴测投影图和透视投影图相似。再如明代宋应星（1587—1661）所著的《天工开物》中，就有大量与现代轴测图非常接近的插图。

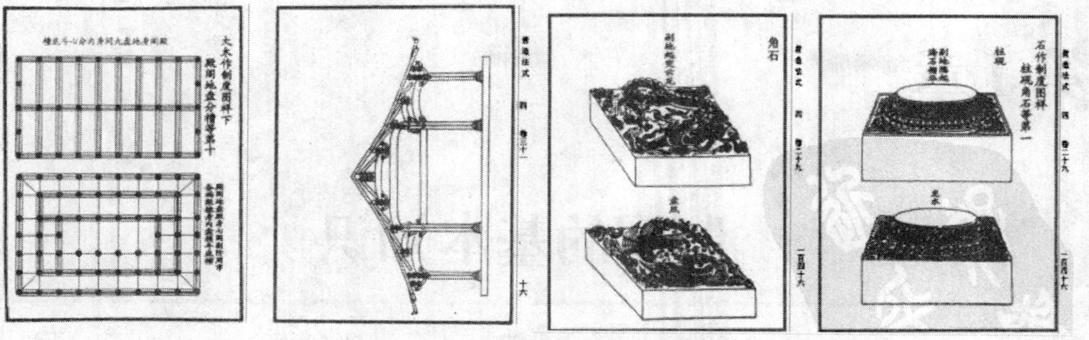

图 1 《营造法式》中的图样示例

直到 1795 年，法国的工程师和数学家加斯帕 •蒙日（GaspardMonge,公元 1746～1818 年）全面总结了前人的经验，用几何学的原理系统地总结了将空间几何形体正确绘制在平面图纸上的规律和方法，以在互相垂直的两个投影面上的正投影为基础，写了《画法几何学》。从这时起，画法几何学便成为几何学的一个分支和一门独立的学科，奠定了包括土木工程制图在内的工程制图的理论基础。随着生产和工程建设的不断发展，工程制图的应用范围越来越广泛，这门学科也得到了很大的发展。

虽然我国历史上对土木工程制图有过许多的成就，但由于我国有较长的一段时期处于半封建、半殖民地的状态，工农业生产发展滞缓，制图技术的发展也受到阻碍，新中国成立后，尤其在改革开放以后，我国的工农业和科学技术得到了迅猛的发展，制图技术也相应向前迈进。各个专业制图标准被制定并在不断地进行完善。

特别值得重视的是随着计算机技术的出现及快速的发展，制图工具及手段也在发生根本性的改变。从手工绘图向自动化绘图的变革是工程制图当前的发展方向。随着计算机绘图逐渐广泛地应用到各个领域中，计算机绘图，即计算机图学（Computer Graphics）这门新学科逐步形成了。同时在计算机绘图的基础上，又产生了计算机辅助设计（Computer Aided Design，简称 CAD），目前已经广泛应用于各个行业当中。成为教学、科研、生产管理等不可缺少的工具。

第 1 章

制图的基本知识

本章主要介绍了关于土木工程制图的相关国家标准的基本规定；常用绘图工具和仪器的使用方法；绘制常见平面图形的几何原理和画法；徒手绘制工程图的技巧。

工程图既然是工程界的语言，就必须有统一的规定。为了制图规则，保证制图质量，提高制图效率，做到图面清晰、简明，符合设计、施工、存档的要求，适应工程建设的需要，我国对各类制图分别制定和颁布了相关的国家制图标准，简称为“国标”（GB）。其中关于土木工程方面的制图标准主要有《房屋建筑制图统一标准》（GB/T 50001—2001）、《总图制图标准》（GB/T 50103—2001）、《建筑制图标准》（GB/T 50104—2001）、《建筑结构制图标准》（GB/T 50105—2001）、《给水排水制图标准》（GB/T 50106—2001）和《暖通空调制图标准》（GB/T 50114—2001）等。本章主要介绍《房屋建筑制图统一标准》（GB/T 50001—2001）中的部分内容，其余专业制图国家标准，将在以后相应章节分别介绍。

标准对工程图样所使用的图纸幅面和格式、图线、字体、尺寸标注、图名、比例和常用图例等项目作了统一的规定，这些都是绘制各类土木工程图必须遵守的。

1.1 制图标准的基本规定

1.1.1 图纸幅面和格式

1. 图纸幅面

图纸幅面简称图幅，是指制图所用图纸的大小规格。为了合理使用图纸和便于装订与管理，绘图时应优先采用表 1–1 规定的五种基本幅面，图幅代号分别为 A0、A1、A2、A3、A4。从表 1–1 中可以看出，A1 幅面是 A0 幅面的对开，A2 幅面又是 A1 幅面的对开，以此类推。一个工程设计中，每个专业所使用的图纸，一般不宜多于两种幅面，不含目录及表格所采用的 A4 幅面。

表 1–1　　图 纸 幅 面　　（单位：mm）

幅面代号	A0	A1	A2	A3	A4
$b \times l$	841×1189	594×841	420×594	297×420	210×297
a	25				
c	10			5	

在特殊情况下，如果基本幅面不适合绘图，图纸长边可以加长，但应符合表 1–2 的规定。

表 1–2　　图纸长边加长尺寸　　（单位：mm）

幅面代号	长边尺寸	长边加长后尺寸
A0	1189	1486　1635　1783　1932　2080　2230　2378
A1	841	1051　1261　1471　1682　1892　2102
A2	594	743　891　1041　1189　1338　1486　1635　1783　1932　2080
A3	420	630　841　1051　1261　1471　1682　1892

2. 图框格式

图纸上必须用粗实线画出图框。图框是图纸所提供绘图范围的边线，其格式分横式幅面和立式幅面两种。图纸以短边作为垂直边称为横式，以短边作为水平边称为立式。一般 A0～A3 图纸宜横式使用，必要时也可立式使用。各种幅面布置形式如图 1–1 所示。

对于需要微缩复制的图纸，其一个边上应附有一段准确米制尺度，四个边上均附有对中标志，米制尺度的总长应为 100mm，分格应为 10mm。对中标志应画在图纸各边长的中点处，线宽应为 0.35mm，伸入框内应为 5mm。

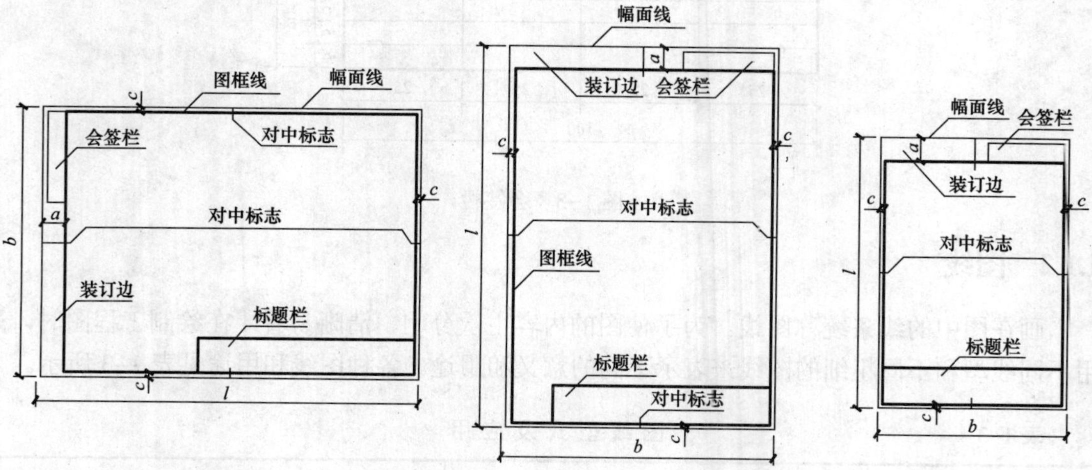

图 1–1　图纸格式

（a）A0～A3 横式幅面；（b）A0～A3 立式幅面；（c）A4 立式幅面

3. 标题栏及会签栏

工程图纸应有工程名称、图名、图号、设计号及设计人、绘图人、审批人的签名和日期等，把这些集中列表放在图纸的右下角，称为图纸标题栏，简称图标，其大小及格式如图 1–2（a）、图 1–2（b）所示。也可根据工程需要选择确定其尺寸、格式及分区。签字区应包含实名列和签名列。涉外工程的标题栏内，各项主要内容的中文下方应附有译文，设计单位的上方或左方，应加"中华人民共和国"字样。

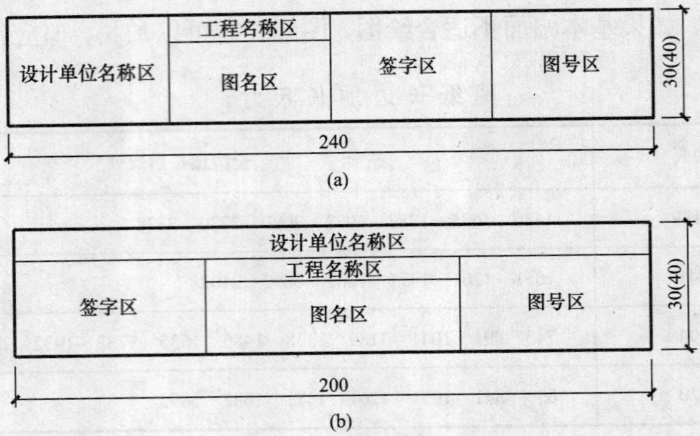

图 1–2 标题栏

（a）标题栏 1；（b）标题栏 2

会签栏是为各工种负责人签字用的表格，其尺寸为 100mm×20mm，其格式如图 1–3 所示。栏内应填写会签人员所代表的专业、姓名、日期（年、月、日）。一个会签栏不够时，可另加一个，两个会签栏应并列。不需会签栏的图纸可不设会签栏，制图作业不用会签栏，会签栏的位置如图 1–1 所示。

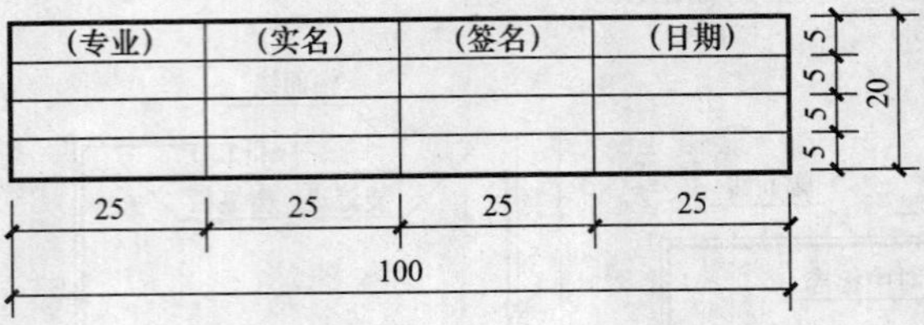

图 1–3 会签栏

1.1.2 图线

画在图中的线条统称图线。为了使图的内容主次分明、清晰易看，在绘制工程图时，采用不同线型和不同粗细的图线来表示不同的意义和用途。各种图线和用途见表 1–3 所示。

表 1–3 图线型式及应用

名称		线型	线宽	一般用途
实线	粗		b	主要可见轮廓线
	中		$0.5b$	可见轮廓线、尺寸起止符号等
	细		$0.25b$	可见轮廓线、图例线、尺寸线和尺寸界线等
虚线	粗		b	见有关专业制图标准
	中		$0.5b$	不可见轮廓线
	细		$0.25b$	不可见轮廓线、图例线等
单点长画线	粗		b	见有关专业制图标准
	中		$0.5b$	见有关专业制图标准
	细		$0.25b$	中心线、对称线等

续表

名　称		线　型	线宽	一　般　用　途
双点长画线	粗		b	见有关专业制图标准
	中		$0.5b$	见有关专业制图标准
	细		$0.25b$	假想轮廓线、成型前原始轮廓线
波浪线			$0.25b$	断开界线
折断线			$0.25b$	断开界线

1. 线宽

土木工程中，对于表示不同内容和主次的图线采用不同的线宽，其线宽互成一定比例，即：粗线、中粗线、细线三种线宽之比为 b:$0.5b$:$0.25b$。

图线的宽度 b，宜从下列线宽系列中选取：2.0、1.4、1.0、0.7、0.5、0.35mm。

每幅图应根据复杂程度与比例大小，先选定基本线宽 b，再选用表 1–4 中相应的线宽组。图纸上的图框和标题栏线可采用表 1–5 的线宽。

表 1–4　　**线　宽　组**　　（单位：mm）

线宽比	线　宽　组					
b	2.0	1.4	1.0	0.7	0.5	0.35
$0.5b$	1.0	0.7	0.5	0.35	0.25	0.18
$0.25b$	0.5	0.35	0.25	0.18	—	—

注：1. 需要微缩的图纸，不宜采用 0.18mm 及更细的线宽。

2. 同一张图纸上，各不同线宽中的细线，可统一采用较细的线宽组的细线。

表 1–5　　**图框线、标题栏的线宽**　　（单位：mm）

幅面代号	图　框　线	标题栏外框线	标题栏分格线、会签栏线
A0、A1	1.4	0.7	0.35
A2、A3、A4	1.0	0.7	0.35

2. 图线画法

（1）同一张图纸内，相同比例的各图，应选用相同的线宽组。

（2）相互平行的图线，其间隙不宜小于其中的粗线宽度，且不宜小于 0.7mm。

（3）虚线、单点长画线或双点长画线的线段长度和间隔，宜各自相等。

（4）单点长画线或双点长画线，当在较小图形中绘制有困难时，可用实线代替。

（5）单点长画线或双点长画线的两端，不应是点。点画线与点画线交接或点画线与其他图线交接时，应是线段交接。

（6）虚线与虚线交接或虚线与其他图线交接时，应是线段交接。虚线为实线的延长线时，不得与实线连接。

（7）图线不得与文字、数字或符号重叠、混淆，不可避免时，应首先保证文字、数字或符号等的清晰。

各种图线相交、相连时的习惯画法如图 1–4 所示。

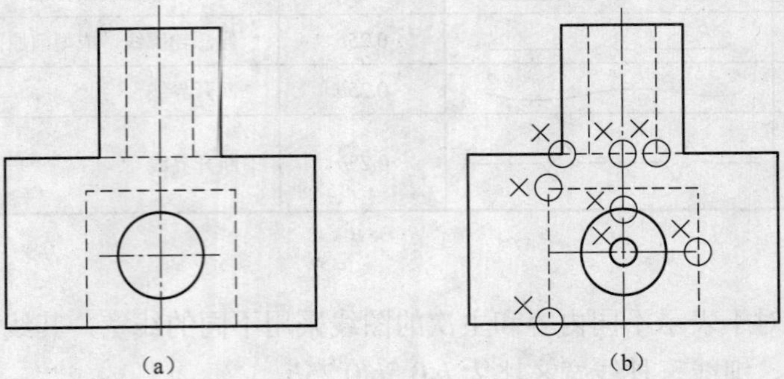

图 1–4　各种线型交接

（a）正确；（b）错误

1.1.3　字体

1. 一般规定

（1）图纸上所需书写的文字、数字或符号等，均应笔画清晰、字体端正、排列整齐，标点符号应清楚正确。

（2）字体的号数即字体的高度，应从 3.5mm、5mm、7mm、10mm、14mm、20mm 中选用。如需书写更大的字，其高度应按 $\sqrt{2}$ 的比值递增。

（3）图及说明中的汉字，宜采用长仿宋体简化字书写，必须符合国务院公布的《汉字简化方案》和有关规定。字体的宽度与高度的关系应符合表 1–6 的规定。大标题、图册封面、地形图等的汉字，也可书写成其他字体，但应易于辨认。

表 1–6　　**长仿宋体字高宽关系**　　（单位：mm）

字高	20	14	10	7	5	3.5
字宽	14	10	7	5	3.5	2.5

（4）拉丁字母、阿拉伯数字与罗马数字的字高，应不小于 2.5mm。拉丁字母、阿拉伯数字与罗马数字根据需要可以写成直体字和斜体字。如需写成斜体字，其斜度应是从字的底线逆时针向上倾斜 75°。斜体字的高度与宽度应与相应的直体字相等。

（5）数量的数值注写，应采用正体阿拉伯数字。各种计量单位凡前面有量值的，均应采用国家颁布的单位符号注写。单位符号应采用正体字母。

（6）分数、百分数和比例数的注写，应采用阿拉伯数字和数学符号，例如：四分之三、百分之二十五和一比二十应分别写成 3/4、25%和 1:20。

（7）当注写的数字小于 1 时，必须写出个位的“0”，小数点应采用圆点，齐基准线书写，例如 0.01。

2. 字体示例

（1）长仿宋体汉字示例（图 1–5）

字体工整　笔画清楚　间隔均匀　排列整齐

横平竖直　结构均匀　注意起落　填满方格

技术制图机械电子汽车航空船舶　土木建筑矿山井坑港口纺织服装

图 1–5　长仿宋体汉字示例

（2）字母、数字书写示例（图 1–6）

ABCDEFGHIJKLMNOPQRSTUVWXYZ

abcdefghijklmnopqrstuvwxyz

12345678910　I II III IV V VI VII VIII IX X

R3　2×45°　M24–6H　Φ60H7　Φ30g6

$Φ20^{+0.021}_{0}$　$Φ25^{-0.007}_{-0.020}$　Q235　HT200

图 1–6　字母、数字书写示例

1.1.4　比例与图名

图的比例，应为图形与实物相对应的线性尺寸之比。比例的符号为“:”，比例应以阿拉伯数字表示，如 1:1、1:2、1:100 等。比例的大小，是指其比值的大小，如 1:50 大于 1:100。

一般情况下，一幅图应选用一种比例。根据专业制图需要，同一幅图可选用两种比例。绘图所用的比例，应根据图的用途与被绘对象的复杂程度，从表 1–7 中选用，并优先用表中的常用比例。特殊情况下也可自选比例，这时除应注出绘图比例外，还必须在适当位置绘制出相应的比例尺。

表 1–7　　**绘 图 所 用 的 比 例**

种　类	比　例
常用比例	1:1　1:2　1:5　1:10　1:20　1:50　1:100　1:150　1:200　1:500　1:1000　1:2000　1:5000　1:10000　1:20000
可用比例	1:3　1:4　1:6　1:15　1:25　1:30　1:40　1:60　1:80　1:250　1:300　1:400　1:600

比例宜注写在图名的右侧，字的基准线应取平。比例的字高宜比图名的字高小一号或小二号，如图 1–7 所示。

平面图 1:100　　⑥ 1:20

图 1–7　图名比例的书写

1.1.5　尺寸注法

在工程图上，除了按比例画出工程形体的形状外，还必须标注出完整的实际尺寸，作为施工的依据。国标中对尺寸标注的基本方法做了一系列规定，必须严格遵守。 尺寸标注应做到正确、完整、清晰、合理。

1. 尺寸的组成

图样上一个完整的尺寸一般包括尺寸界线、尺寸线、尺寸起止符号和尺寸数字四部分，如图 1–8 所示。

（1）尺寸界线应用细实线绘制，一般应与被注长度垂直，其一端应离开图样轮廓线不小于 2mm，另一端宜超出尺寸线 2～3mm。图的轮廓线可用作尺寸界线。

（2）尺寸线应用细实线绘制，应与被注长度平行。图样本身的任何图线均不得用作尺寸线。

（3）尺寸起止符号一般用中粗斜短线绘制，其倾斜方向应与尺寸界线成顺时针 45° 角，长度宜为 2～3mm。半径、直径、角度与弧长的尺寸起止符号，宜用箭头表示（图 1–9）。

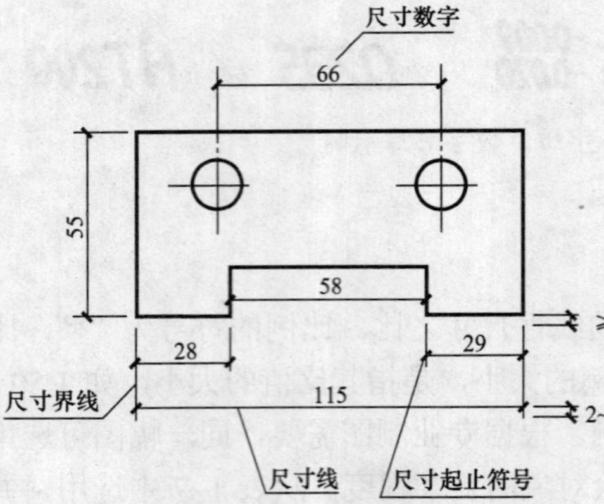

图 1–8　尺寸标注的基本形式和组成

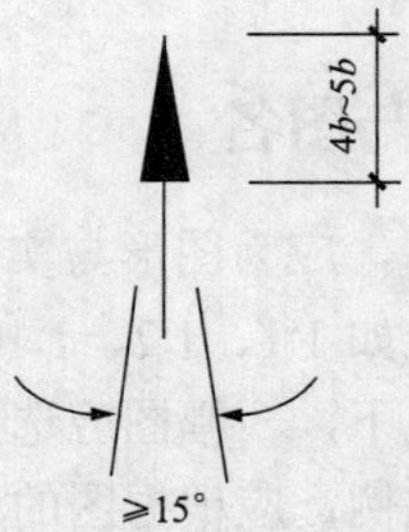

图 1–9　箭头的画法

（4）尺寸数字。

1）图样中的尺寸，应以尺寸数字为准，不得从图上直接量取。图样上的尺寸单位，除标高及总平面图以米为单位外，其他一律以毫米为单位。

2）尺寸数字的方向，应按图 1–10（a）的规定注写。若尺寸数字在 30° 斜线区内，应从左方读数的方向来注写。必要时可按图 1–10（b）的形式注写。

3）尺寸数字一般应依据其方向注写在靠近尺寸线的上方中部。如没有足够的注写位置，最外边的尺寸数字可注写在尺寸界线的外侧，中间相邻的尺寸数字可错开注写（图 1–11）。

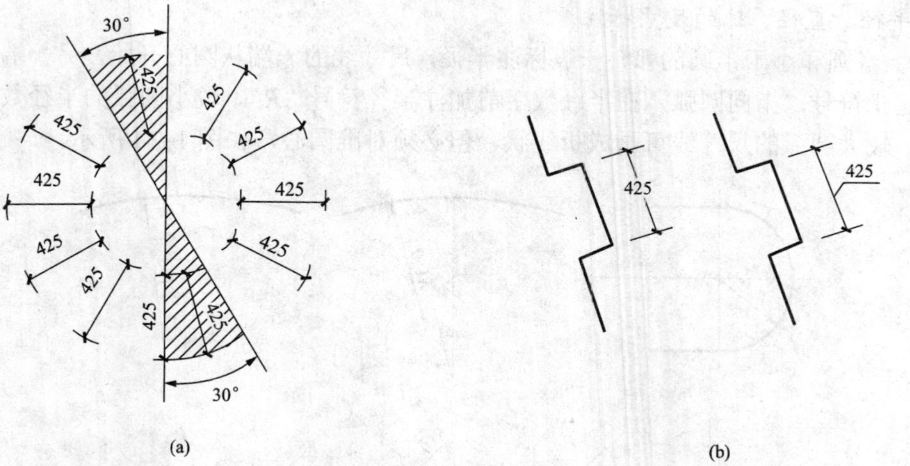

图 1–10　尺寸数字的注写方向

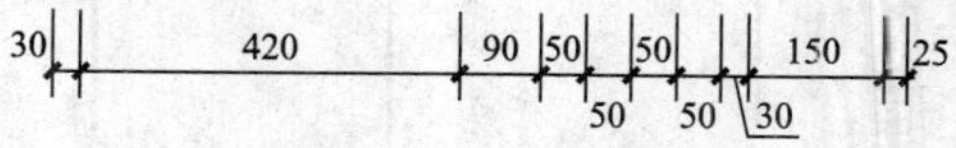

图 1–11　尺寸数字的注写位置

2. 尺寸的排列与布置

（1）尺寸宜标注在图样轮廓线以外，不宜与图线、文字及符号等相交，如图 1–12 所示。

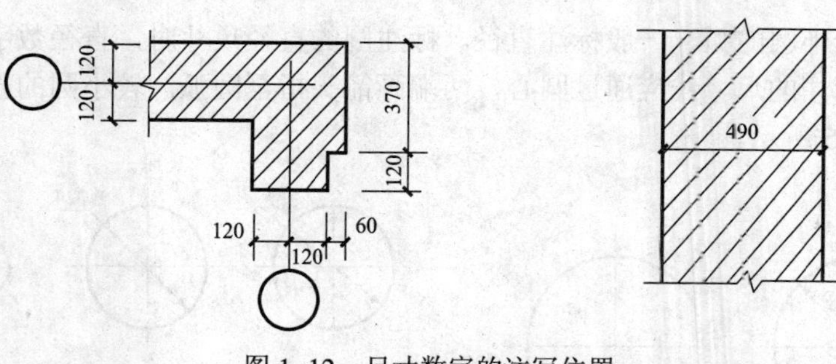

图 1–12　尺寸数字的注写位置

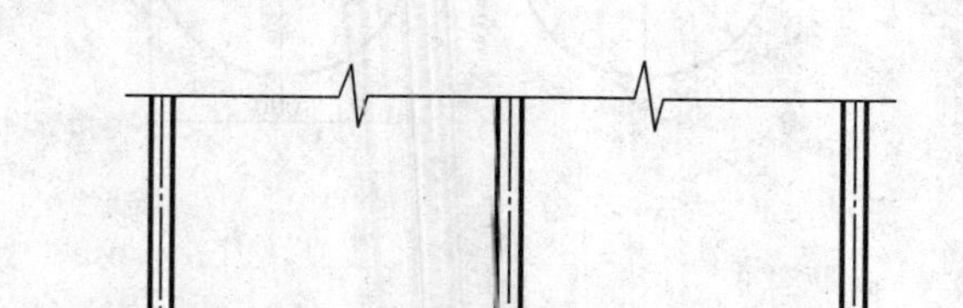

图 1–13　尺寸的排列

（2）互相平行的尺寸线，应从被注写的图样轮廓线由近向远整齐排列，较小尺寸应离轮廓线较近，较大尺寸应离轮廓线较远，如图 1–13 所示。

（3）图样轮廓线以外的尺寸界线，距图样最外轮廓之间的距离，不宜小于 10mm。平行排列的尺寸线的间距，宜为 7～10mm，并应保持一致。

（4）总尺寸的尺寸界线应靠近所指部位，中间的分尺寸的尺寸界线可稍短，但其长度应相等，如图 1–13 所示。

3. 半径、直径、球的尺寸标注

（1） 半圆和小于半圆的弧，一般标注半径，尺寸线的一端从圆心开始，另一端用箭头作尺寸的起止符号，指向圆弧，在半径数字前加注半径符号“*R*”。较小圆弧的半径数字，可引出标注，较大圆弧的尺寸线可画成折线状，但必须对准圆心，如图 1–14 所示。

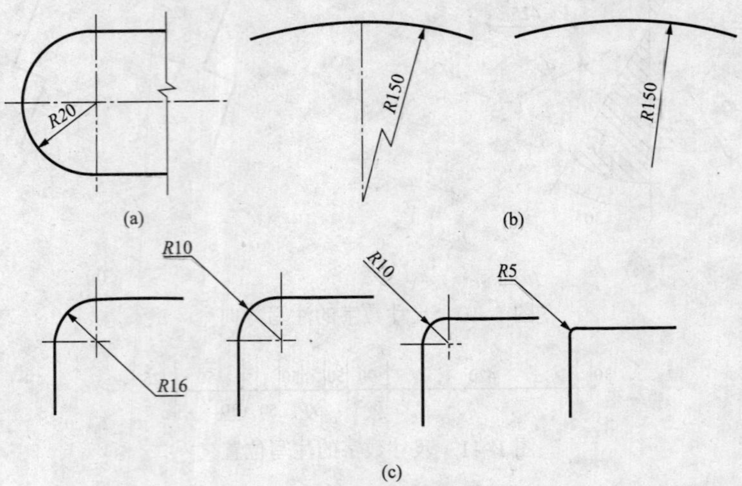

图 1–14 半径的标注

（a）半径的标注方法；（b）大圆弧半径的标注方法；（c）小圆弧半径的标注方法

（2）圆和大于半圆的弧，一般标注直径。标注圆的直径尺寸时，直径数字前应加直径符号“ϕ”。在圆内标注的尺寸线应通过圆心，两端画箭头指至圆弧。较小圆的直径尺寸可标注在圆外。如图 1–15 所示。

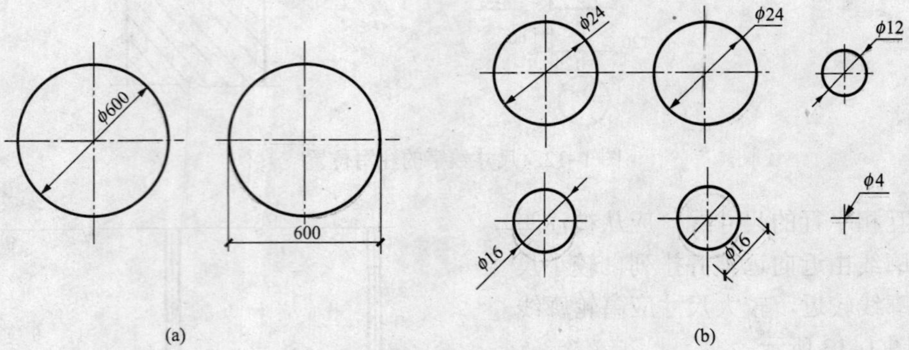

图 1–15 直径的标注

（a）圆直径的标注方法；（b）小圆直径的标注方法

（3）标注球的半径尺寸时，应在尺寸前加注符号“*SR*”。标注球的直径尺寸时，应在尺寸数字前加注符号“*S*ϕ”。注写方法与圆弧半径和圆直径的尺寸标注方法相同。

4. 角度、弧度、弦长的标注

（1）角度的尺寸线应以圆弧表示。该圆弧的圆心应是该角的顶点，角的两条边为尺寸界线。起止符号应以箭头表示，如没有足够位置画箭头，可用圆点代替，角度数字应按水平方向注写，如图 1–16（a）所示。

（2）标注圆弧的弧长时，尺寸线应以与该圆弧同心的圆弧线表示，尺寸界线应垂直于该圆弧的弦，起止符号用箭头表示，弧长数字上方应加注圆弧符号“⌒”，如图 1–16（b）所示。

（3）标注圆弧的弦长时，尺寸线应以平行于该弦的直线表示，尺寸界线应垂直于该弦，起止符号用中粗斜短线表示，如图 1–16（c）所示。

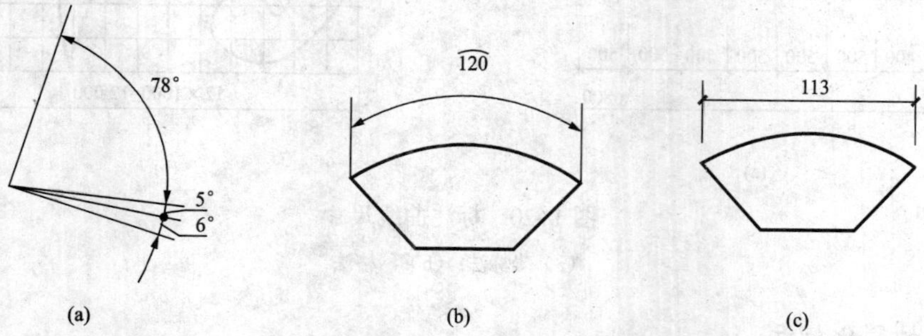

图 1–16　角度、弧度、弧长的标注

（a）角度标注方法；（b）弧长标注方法；（c）弦长标注方法

5. 薄板厚度、正方形、坡度、非圆曲线等尺寸标注

（1）在薄板板面标注板厚尺寸时，应在厚度数字前加厚度符号“*t*”，如图 1–17 所示。

（2）标注正方形的尺寸，可用“边长×边长”的形式，也可在边长数字前加正方形符号“□”，如图 1–18 所示。

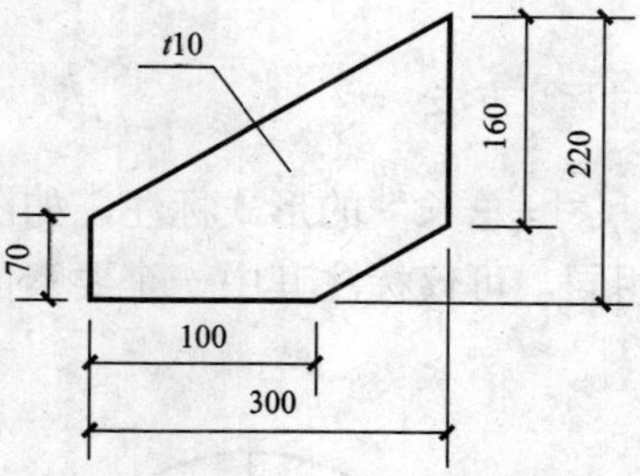

图 1–17　薄板厚度标注方法

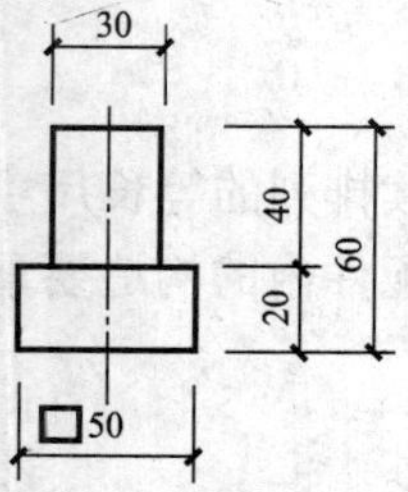

图 1–18　标注正方形尺寸

（3）标注坡度时，应加注坡度符号，该符号为单面箭头，箭头应指向下坡方向，如图 1–19（a）、图 1–19（b）所示。坡度也可用直角三角形形式标注，如图 1–19（c）所示。

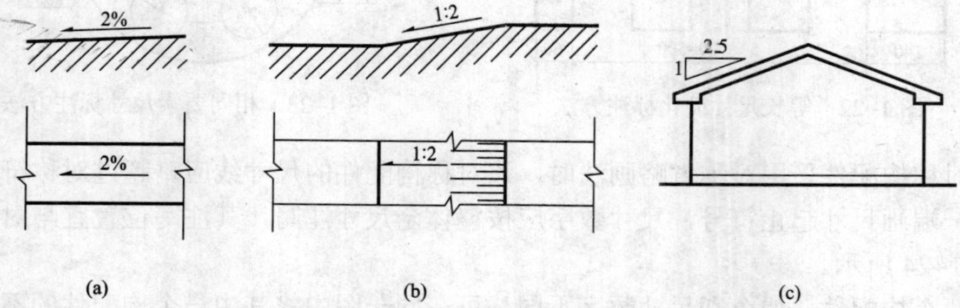

图 1–19　坡度标注方法

（4）外形为非圆曲线的构件，可用坐标形式标注尺寸，如图 1–20（a）所示。复杂的图形，可用网格形式标注尺寸，如图 1–20（b）所示。

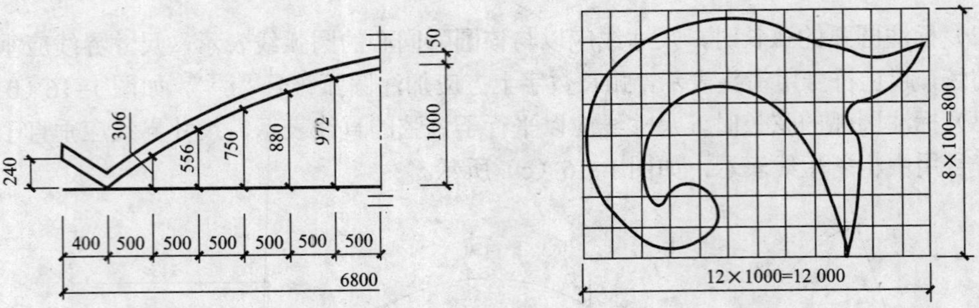

(a) (b)

图 1–20 标注曲线尺寸

(a) 坐标法；(b) 网格法

6. 尺寸的简化标注

（1）杆件或管线的长度，在单线图（桁架简图、钢筋简图、管线简图）上，可直接将尺寸数字沿杆件或管线的一侧注写，如图 1–21 所示。

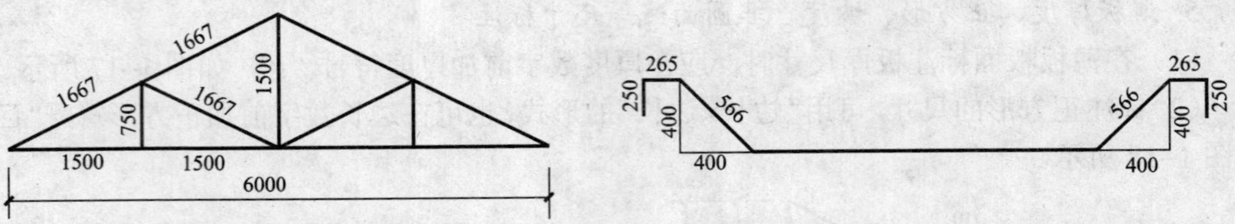

图 1–21 单线图尺寸标注方法

（2）连续排列的等长尺寸，可用“个数×等长尺寸=总长”的形式标注，如图 1–22 所示。

（3）构配件内的构造要素（如孔、槽等）如相同，可仅标注其中一个要素的尺寸，如图 1–23 所示。

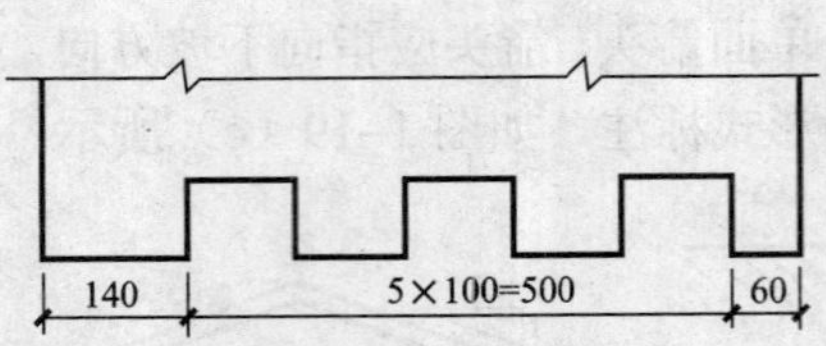

图 1–22 等长尺寸简化标注方法

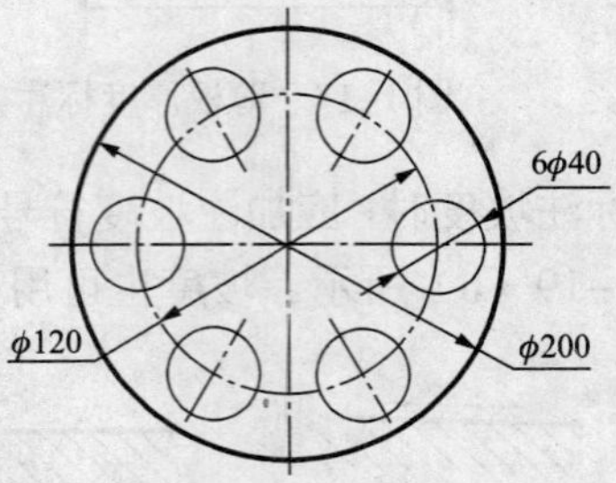

图 1–23 相同要素尺寸标注方法

（4）对称构配件采用对称省略画法时，该对称构配件的尺寸线应略超过对称符号，仅在尺寸线的一端画尺寸起止符号，尺寸数字应按整体全尺寸注写，其注写位置宜与对称符号对齐，如图 1–24 所示。

（5）两个构配件，如个别尺寸数字不同，可在同一图中将其中一个构配件的不同尺寸数字注写在括号内，该构配件的名称也应注写在相应的括号内，如图 1–25 所示。

（6）数个构配件，如仅某些尺寸不同，这些有变化的尺寸数字，可用拉丁字母注写在同一图中，另列表格写明其具体尺寸，如图 1–26 所示。

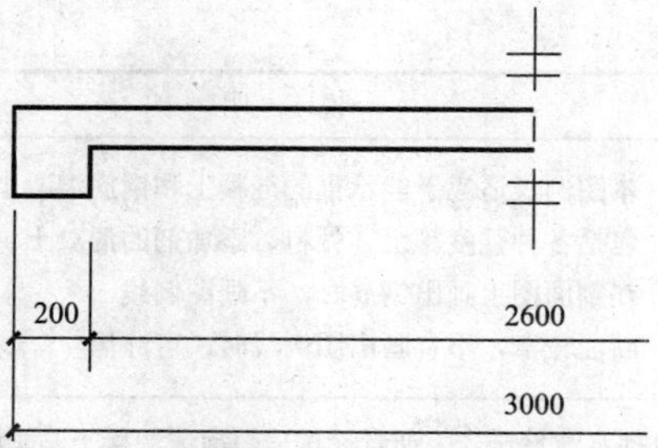

图 1–24　对称构件尺寸标注方法

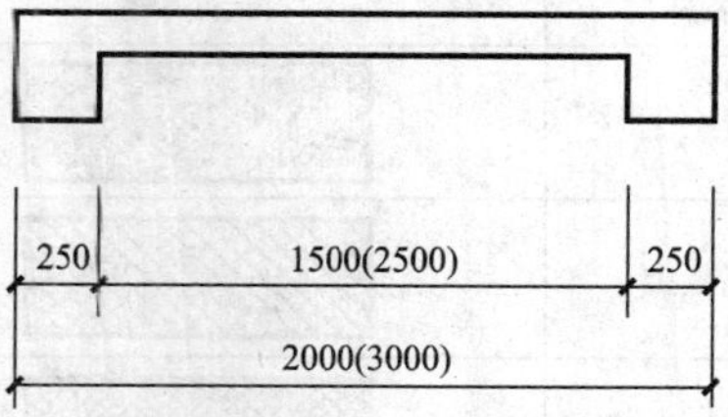

图 1–25　相似构件尺寸标注方法

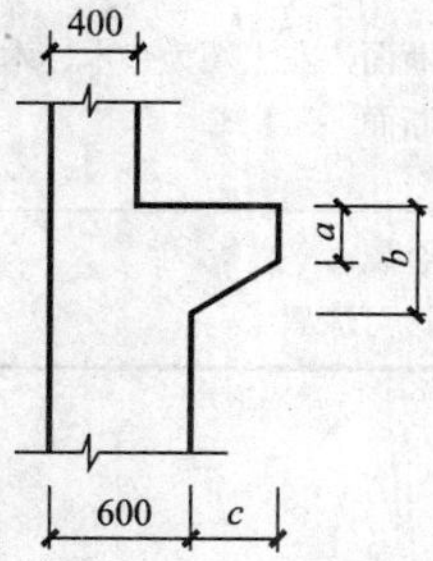

构件编号	*a*	*b*	*c*
Z–1	200	400	200
Z–2	250	450	200
Z–3	200	450	250

图 1–26　相似构配件尺寸表格式标注方法

1.1.6　建筑材料图例

当建筑物或建筑材料被剖切时，通常在图中的断面轮廓线内，画出建筑材料图例，如表 1–8 中列出的是常用建筑材料图例，其他图例见《房屋建筑制图统一标准》（GB/T 50001—2001）。

表 1–8　　**常用建筑材料图例**

材料名称	图　例	说　明
自然土壤	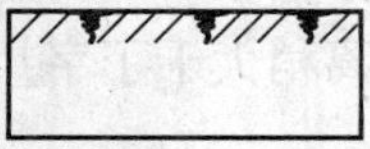	包括各种自然土壤
夯实土壤		包括各种自然土壤
砂、灰土	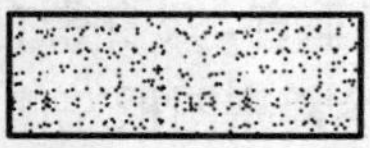	靠近轮廓线绘较密的点
砂砾石、碎砖、三合土	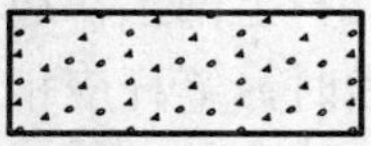	
石材	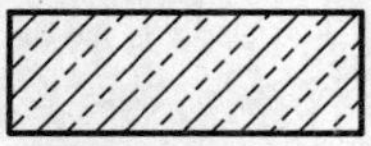	包括岩层、砌体、铺地、贴面等材料
毛石	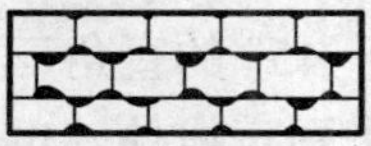	
普通砖	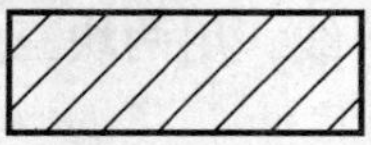	包括实心砖、多孔砖、砌块等砌体，断面较窄不易绘出图例线时，可涂红

续表

材料名称	图 例	说 明
混凝土		1. 本图例仅适应于能承重的混凝土和钢筋混凝土 2. 包括各种强度等级、骨料、添加剂的混凝土 3. 在剖面图上画出钢筋时，不画图例线 4. 断面较窄，不宜画出图例线时，可涂黑
钢筋混凝土		
多孔材料		包括水泥珍珠岩、沥青珍珠岩、泡沫混凝土、非承重加气混凝土、软木等
木材		1. 上图为横断面，左上图为垫木、木砖、木龙骨 2. 下图为纵断面
金属	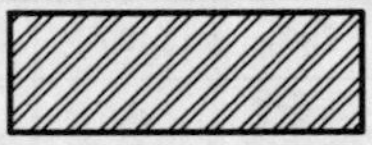	1. 包括各种金属 2. 图形小时，可涂黑

1.2 绘图工具和仪器的使用

为了保证绘图质量，提高绘图速度，必须了解各种绘图工具和仪器的特点，掌握其使用方法。本节主要介绍常用的绘图工具和仪器的使用方法。

1.2.1 图板

图板用来铺放和固定图纸，一般用胶合板做成，要求板面平整，板边平直。图板的左侧短边作为丁字尺上下移动的导边，因此要求平直，如图 1–27 所示。图板一般有 0 号（900mm×1200mm）、1 号（600mm×900mm）、2 号（400mm×600mm）几种规格，可根据需要选用。图纸应尽量固定在图板的左边部分（便于丁字尺的使用）和下边部分（以减轻画图时的劳累），但后者必须保证下部的图框线离图板下部的距离稍大于丁字尺的宽度，以保证绘制图纸上最下面的水平线时的准确性。

1.2.2 丁字尺

丁字尺由尺头和尺身两部分构成。尺头与尺身互相垂直，尺身带有刻度，如图 1–27 所示。

丁字尺是画水平线的长尺。画图时，应使尺头始终紧靠图板左侧的导边，左手握尺头，使其紧靠图板的左侧导边作上下移动，右手执笔，沿尺身上部工作边自左向右画线。如画较长的水平线时，左手应按牢尺身。用铅笔沿尺边画直线时，笔杆应稍向外倾斜，尽量使笔尖贴靠尺边。

1.2.3 三角板

三角板由两块组成一副，其中一块是两锐角都等于 45° 的直角三角形，另一块是两锐角分别为 30° 和 60° 的直角三角形。三角板除了直接用来画直线外，也可配合丁字尺画铅垂线和与水平线分别成 15°、30°、45°、60°、75° 的倾斜线。用两块三角板配合还能画出已知直线的平行线和垂直线，如图 1–28 所示。

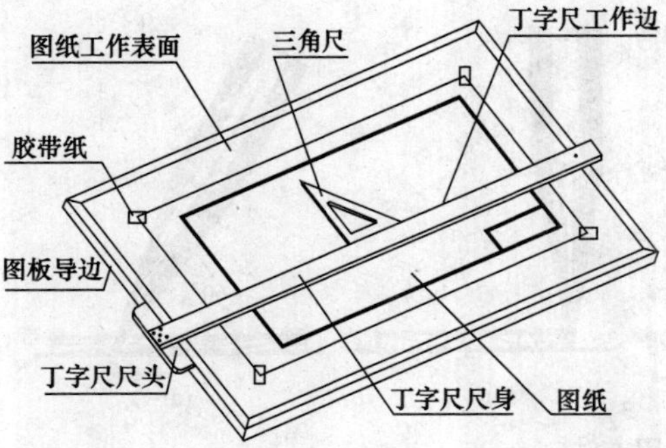

图 1–27　图板、丁字尺、三角板与图纸

图 1–28　用一副三角板画已知直线的平行线和垂直线

1.2.4　圆规、分规

分规是量取线段和分割线段的工具。为了准确地度量尺寸，分规的两针尖应平齐。分割线段时，将分规的两针尖调整到所需的距离，然后用右手拇指、食指捏住分规手柄，使分规两针尖沿线段交替作为圆心旋转前进，如图 1–29（a）所示。

圆规是画圆及圆弧的工具。在使用前，应先调整针脚，使针尖略长于铅芯。在使用圆规画图时，将钢针轻轻插入纸面，铅芯接触纸面，并将圆规向前进方向稍微倾斜，做顺时针方向旋转，即画成一圆。画较大圆时，可在圆规上接一个延伸杆，并使圆规的钢针和铅芯尽可能垂直于纸面，如图 1–29（b）所示。

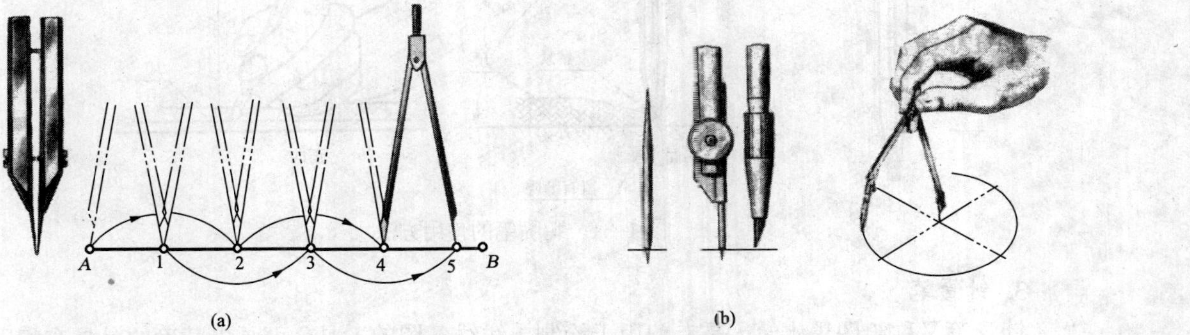

图 1–29　分规和圆规的使用方法

1.2.5　绘图用笔

1. 绘图铅笔

绘图所用铅笔以铅芯的软硬程度分类，“B”表示软，“H”表示硬，其前面的数字越大则表示该铅笔的铅芯越软或越硬。“HB”铅笔介于软硬之间属于中等。画铅笔图时，图线的粗细不同所用的铅笔型号及铅芯削磨的形状也不同。削铅笔时应削成圆锥形或楔形（顶端为矩形，宽度等于线条宽度），如图 1–30（a）、图 1–30（b）所示。注意保存有标号的一端，以便识别其硬度。画线时，从侧面看，笔身要铅直，如图 1–30（c）所示。从正面看笔身与纸面成 60°角，如图 1–30（d）所示。

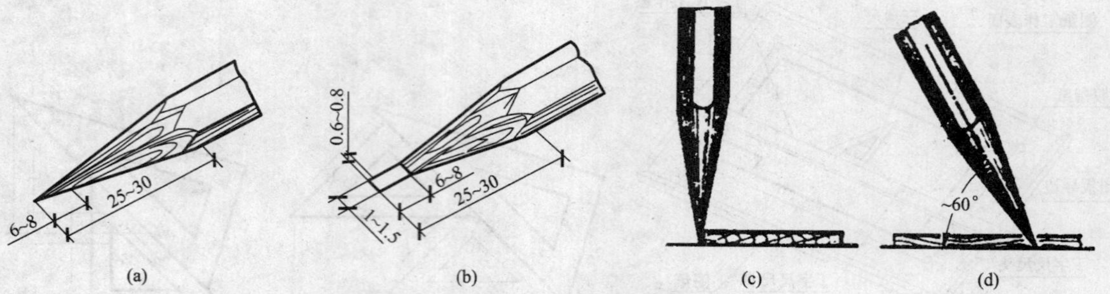

图 1–30 铅笔的使用方法

2. 鸭嘴笔

鸭嘴笔又称直线笔，笔头由两片弧形的钢片相向合成，略呈鸭嘴状，是传统的上墨、描图仪器，如图 1–31 所示。

画线前，根据所画线条的粗细，旋转螺钉调好两叶片的间距，用吸墨管把墨汁注入两叶片之间，墨汁高度以 5～6 mm 为宜。画线时，执笔不能内外倾斜，上墨不能过多，入笔不要太重，行笔要流畅、匀速，不能停顿、偏转和晃动，否则会影响图线质量。鸭嘴笔装在圆规上可画出墨线圆或圆弧。

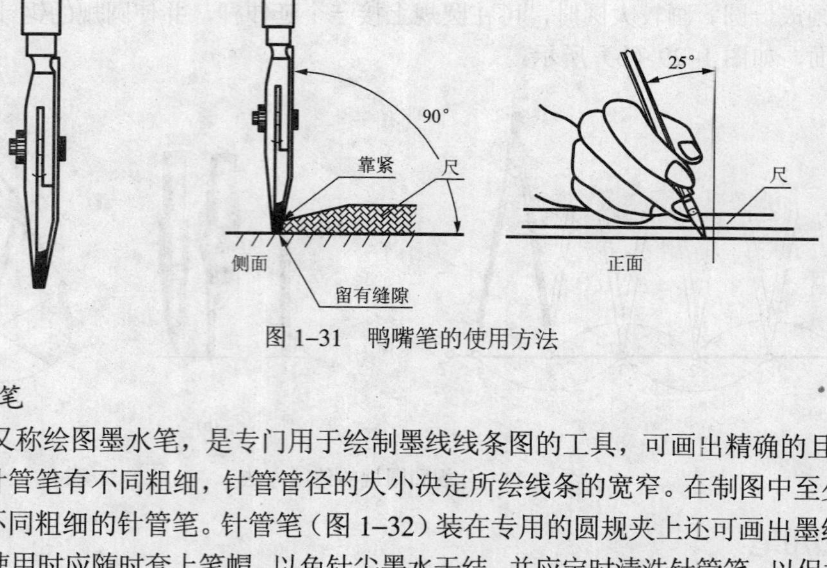

图 1–31 鸭嘴笔的使用方法

3. 针管笔

针管笔又称绘图墨水笔，是专门用于绘制墨线线条图的工具，可画出精确的且具有相同宽度的线条。针管笔有不同粗细，针管管径的大小决定所绘线条的宽窄。在制图中至少应备有粗、中、细三种不同粗细的针管笔。针管笔（图 1–32）装在专用的圆规夹上还可画出墨线圆及圆弧。针管笔在不使用时应随时套上笔帽，以免针尖墨水干结，并应定时清洗针管笔，以保持用笔流畅。

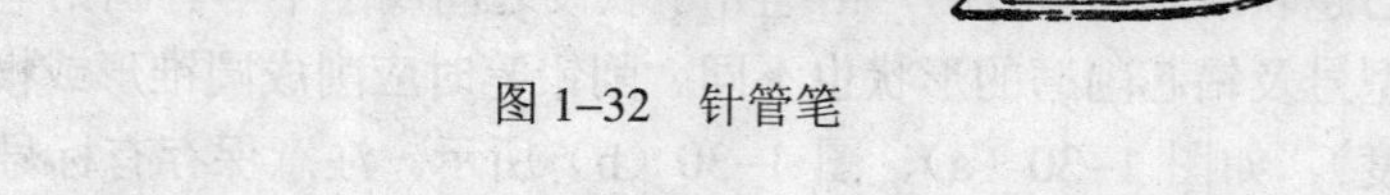

图 1–32 针管笔

1.2.6 曲线板

曲线板用来画非圆曲线。作图时，先徒手用铅笔轻轻地把曲线上一系列的点顺次地连接起来，然后选择曲线板上曲率合适的部分与徒手连接的曲线贴合，并将曲线描深。每次连接应至少通过曲线上三个点，并注意每画一段线，都要比曲线板边与曲线贴合的部分稍短一些，这样才能使所画的曲线光滑地过渡，如图 1–33 所示。

图 1–33　曲线板的使用方法

1.2.7　比例尺

比例尺是刻有不同比例的直尺，分别刻在三个侧面上，可放大或缩小尺寸，如图 1–34 所示。比例尺用于直接在图上度量尺寸或用分规从比例尺上量取尺寸。

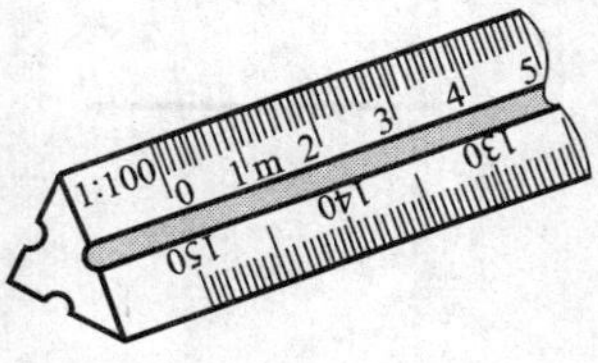

图 1–34　比例尺

1.2.8　制图模板

为了提高制图的质量和速度，把制图时常用的一些图形、符号、比例等刻在一块有机玻璃上，作为模板使用。常用的模板有建筑模板、结构模板、轴测模板，如图 1–35 所示。

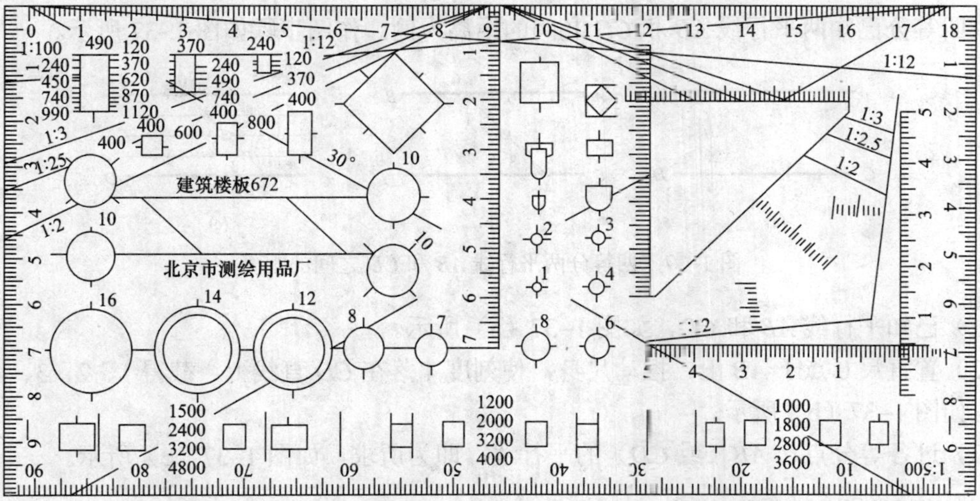

图 1–35　建筑模板

除上述绘图工具外，绘图时常用的其他用品还有图纸、小刀、橡皮、胶带纸、细砂纸、排笔等。

1.3 几何作图

几何作图是根据已知条件，以几何学的原理及作图方法，准确地画出几何图形。几何作图是绘制各种图的基础。下面介绍常用的几何作图方法。

1.3.1 等分已知直线段

以五等分已知线段 *AB* 为例。作图步骤如图 1–36 所示。

（1）已知线段 *AB*，如图 1–36（a）所示。

（2）过点 *A* 任作一直线 *AC*，用分规或直尺在 *AC* 上从点 *A* 起截取任意长度的五等分，得 1、2、3、4、5 点，如图 1–36（b）所示。

（3）连接 5*B*，然后过 1、2、3、4 点作 5*B* 的平行线与 *AB* 相交，即可将 *AB* 分为五等分，如图 1–36（c）所示。

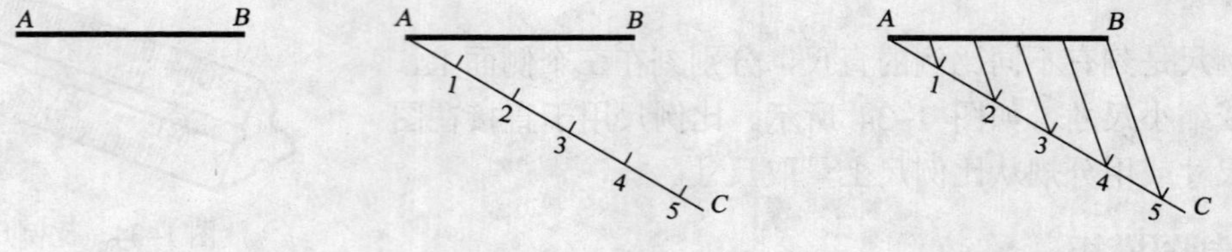

图 1–36 等分已知线段

1.3.2 等分两平行线间的距离

以四等分已知两平行线 *AB* 和 *CD* 之间的距离为例。作图步骤如图 1–37 所示。

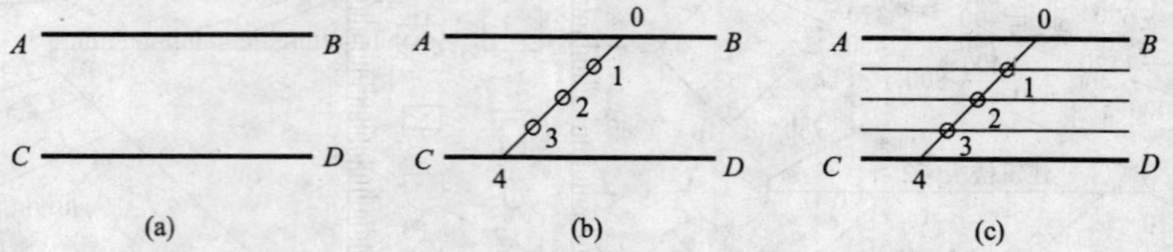

图 1–37 四等分两平行线 *AB* 和 *CD* 之间的距离

（1）已知平行线 *AB* 和 *CD*，如图 1–37（a）所示。

（2）置直尺 0 点于 *AB* 上，摆动尺身，使刻度 4 落在 *CD* 直线上，截得 1、2、3、4 各等分点，如图 1–37（b）所示。

（3）过各等分点作 *AB*（或 *CD*）的平行线，即为所求，如图 1–37（c）所示。

1.3.3 作圆的内接正多边形

1. 正五边形

（1）已知圆 *O*，如图 1–38（a）所示。

（2）以 *N* 为圆心，*NO* 为半径作圆弧，交圆于 *F*、*G*；连 *FG* 与 *ON* 交于 *M* 点，*M* 点即为 *ON* 的中点。

（3）以 M 为圆心，MA 为半径画弧，交水平直径于 H，如图 1–38（b）所示。

（4）以 AH 为长度，分圆周为五等分。依次连接各五等分点，即得所求圆内接正五边形，如图 1–38（c）所示。

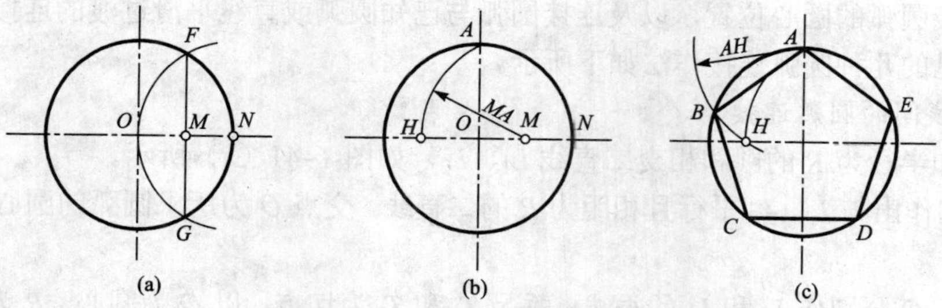

图 1–38　圆内接正五边形的画法

2. 正六边形

（1）已知圆 O，如图 1–39（a）所示。

（2）用 R 划分圆周为六等分，如图 1–39（b）所示。

（3）依次连接各等分点，即得所求正六边形，如图 1–39（c）所示。

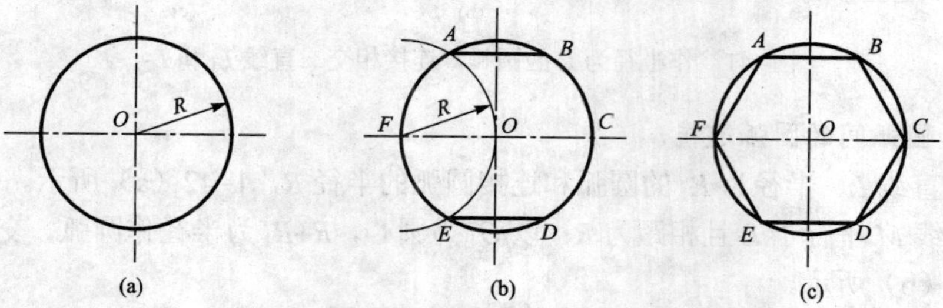

图 1–39　圆内接正六边形的画法

3. 正多边形

以正七边形为例介绍正多边形的画法。

（1）把直径 AK 七等分，如图 1–40（a）所示。

（2）以 K（或 A）为圆心，KA 为半径画圆弧，与水平直径的延长线交于 M、N 两点，如图 1–40（b）所示。

（3）过 M、N 两点与直径 KA 上的偶数（或奇数）等分点连线，并延长与圆周交于 B、C、D、E、F、G 点，依次连接各等分点，即得所求正七边形，如图 1–40（c）所示。

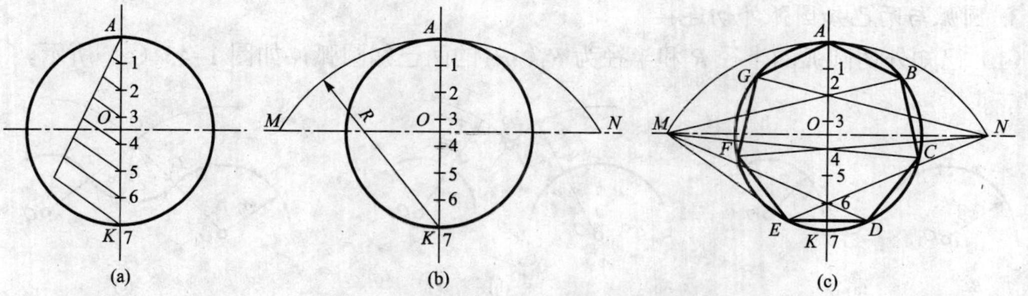

图 1–40　圆内接正七边形的画法

1.3.4 圆弧连接

圆弧连接是指圆弧与直线以及不同圆弧之间的连接问题。作图时，可根据已知条件，准确地求出连接圆弧的圆心位置，以及连接圆弧与已知圆弧或直线平滑过渡的连接点（切点）的位置。常见的几种圆弧连接作法如下所示。

1. 两直线间的圆弧连接

（1）已知半径为 R 的圆和相交二直线 L_1、L_2，如图 1–41（a）所示。

（2）分别作出与 L_1、L_2 平行且相距为 R 的二直线，交点 O 为所求圆弧的圆心，如图 1–41（b）所示。

（3）过点 O 分别作 L_1 和 L_2 的垂线，垂足 T_1 和 T_2 为切点；以 O 为圆心，R 为半径，作圆弧 $\widehat{T_1T_2}$，即为所求，如图 1–41（c）所示。

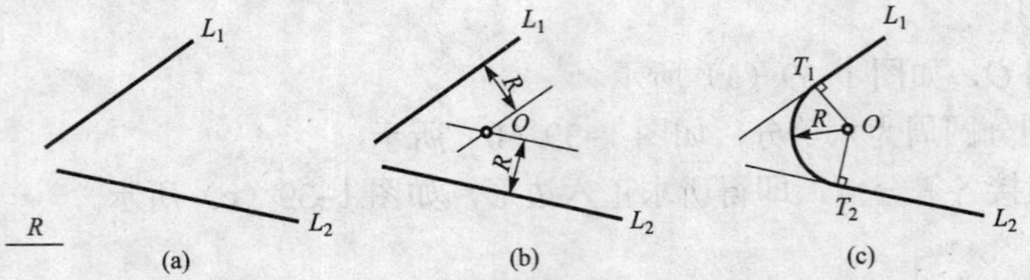

图 1–41　作半径为 R 的圆弧，连接相交二直线 L_1 和 L_2

2. 直线和圆弧间的圆弧连接

（1）已知直线 L、半径为 R_1 的圆弧和连接圆弧的半径 R，1–42（a）所示。

（2）作直线 M 平行于 L 且相距为 R；以 O_1 为圆心，$R+R_1$ 为半径作圆弧，交直线 M 于点 O，如图 1–42（b）所示。

（3）连 O_1O 交已知圆弧于切点 T_1，又作 $O\,T_2$ 垂直于 L 得 T_2；以 O 为圆心，R 为半径，作圆弧 $\widehat{T_1T_2}$，即为所求，如图 1–42（c）所示。

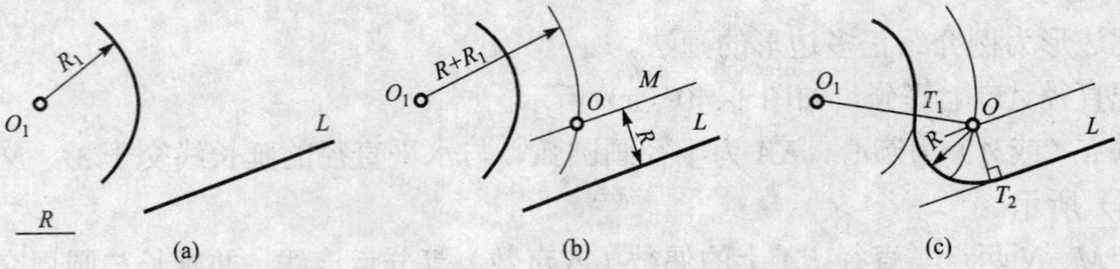

图 1–42　作半径为 R 的圆弧，连接直线 L 和圆弧 O_1

3. 圆弧与两已知圆弧外切连接

（1）已知外切圆弧的半径 R 和半径为 R_1、R_2 的两已知圆弧，如图 1–43（a）所示。

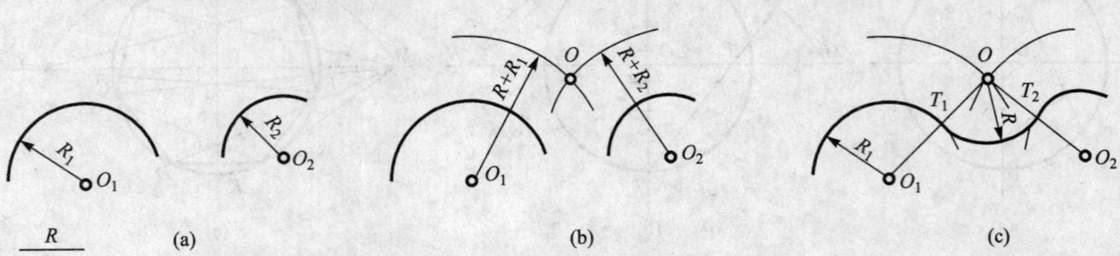

图 1–43　作半径为 R 的圆弧，与连接圆弧 O_1、O_2 外切

（2）以 O_1 为圆心，$R+R_1$ 为半径作圆弧，与以 O_2 为圆心，$R+R_2$ 为半径作圆弧交于点 O，如图 1–43（b）所示。

（3）连 OO_1 交圆弧 O_1 于切点 T_1；连 OO_2 交圆弧 O_2 于切点 T_2。以 O 为圆心，R 为半径作圆弧 $\overset{\frown}{T_1T_2}$，即为所求，如图 1–43（c）所示。

4. 圆弧与两已知圆弧内切连接

（1）已知内切圆弧的半径 R 和半径为 R_1、R_2 的两已知圆弧，如图 1–44（a）所示。

（2）以 O_1 为圆心，$R-R_1$ 为半径作圆弧，与以 O_2 为圆心，$R-R_2$ 为半径作圆弧交于点 O，如图 1–44（b）所示。

（3）连 OO_1 交圆弧 O_1 于切点 T_1。连 OO_2 交圆弧 O_2 于切点 T_2。以 O 为圆心，R 为半径作圆弧 $\overset{\frown}{T_1T_2}$，即为所求，如图 1–44（c）所示。

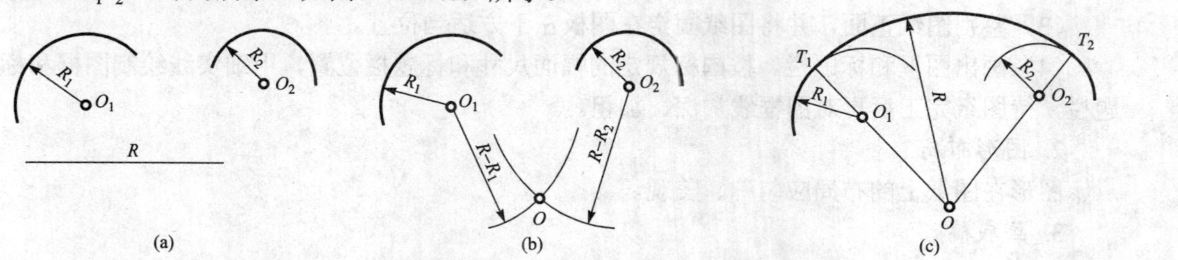

图 1–44　作半径为 R 的圆弧，与连接圆弧 O_1、O_2 内切

1.3.5　椭圆

已知长轴 AB、短轴 CD，常用的作椭圆的方法有四心圆弧法（近似法）和同心圆法（准确画法）。

1. 四心圆弧法作图步骤［图 1–45（a）］

（1）连接 A、C，以 O 为圆心、OA 为半径画弧与 CD 延长线交于点 E；以 C 为圆心，CE 为半径画弧与 AC 交于点 F。

（2）作 AF 的垂直平分线与长短轴分别交于点 1、2，再作对称点 3、4；1、2、3、4 即四个圆心。

（3）分别以 1、3 为圆心，$1A$ 或 $3B$ 为半径，画小圆弧 $\overset{\frown}{K_1AK}$ 和 $\overset{\frown}{NBN_1}$；分别以 2、4 为圆心，$2C$ 或 $4D$ 为半径，画大圆弧 $\overset{\frown}{KCN}$ 和 $\overset{\frown}{N_1DK_1}$，即完成近似椭圆的作图。

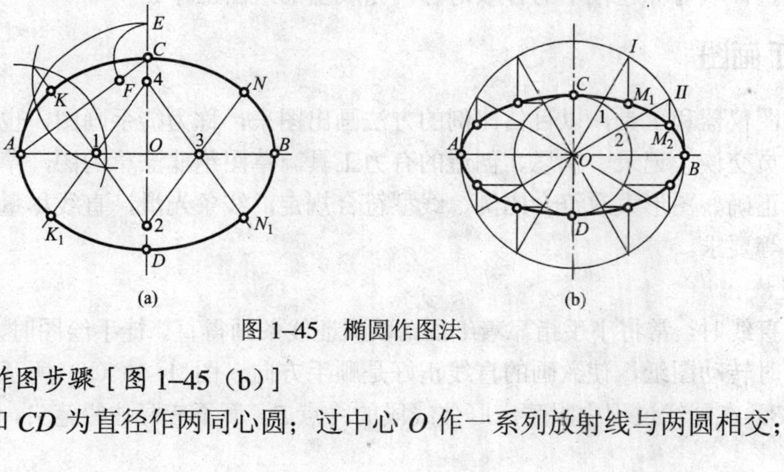

图 1–45　椭圆作图法

2. 同心圆法作图步骤［图 1–45（b）］

分别以 AB 和 CD 为直径作两同心圆；过中心 O 作一系列放射线与两圆相交；过大圆上

各交点Ⅰ、Ⅱ…引垂线与过小圆上各交点 1、2…作的水平线交于 M_1、M_2…各点；光滑连接以上各点即完成椭圆的作图。

1.4 绘图技能

1.4.1 仪器绘图的方法和步骤

1. 绘图前的准备工作

（1）准备好必要的绘图工具和仪器。

（2）根据图形大小和复杂程度选定图形所采用的比例，确定图纸幅面。

（3）鉴别图纸正面，并将图纸固定在图板左下方适当位置。

（4）画出图框和标题栏。按国标规定的幅面尺寸和标题栏位置，用细实线绘制图框和标题栏，待图纸完工后再对图框线加深、加粗。

2. 图形布局

图形在图纸上的布局应匀称、美观。

3. 画底稿

用 2H（或 H）铅笔画底稿，底稿线要细而浅，但应清晰。

按布图确定各图形的位置，首先画各图形的基准线，如对称中心线等，再画主要轮廓线，然后画细节。

4. 图线加深

用 B（或 2B）型铅笔加深粗线，用 HB 型铅笔加深中粗线，用 2H（或 H）型铅笔加深细线。画圆时圆规的铅芯应比画相应直线的铅芯软一号。尽可能将同一类型、同样粗细的图线一起加深。图线的加深顺序为：先曲线后直线，从图的上方开始按顺序向下加深水平线，自左至右加深垂直线，最后加深其余的图线。

5. 标注尺寸

标注尺寸时，先画出尺寸界线、尺寸线和尺寸起止符号，再注写尺寸数字和其他文字说明。

6. 填写标题栏

全面检查，填写标题栏中的各项内容，完成全部绘图工作。

1.4.2 徒手画图

不用绘图仪器和工具，以目估比例的方法画出图来，称为徒手画图，也叫草图。草图是工程技术人员交谈、记录、构思、创造的有力工具。草图绝非潦草的图，草图也要基本上达到视图表达正确、图形大致符合比例，线型符合规定，线条光滑，直线尽量挺直、字体端正和图面整洁等要求。

1. 画直线

徒手画直线时，常将小手指靠着纸面，以保证线条画得直。徒手绘图时，图纸不必固定，因此可以随时转动图纸，使欲画的直线正好是顺手方向。图 1–46（a）所示为欲画一条较长的水平线 *AB*，在画线过程中眼睛应盯住线段的终点 *B*，而不应盯住铅笔尖，以保证所画直线的方向；同样在画垂直线 AC 时［图 1–46（b）］，眼睛应注意终点 C。图 1–46（c）表示画较短直线时，手保持不动，只动铅笔。

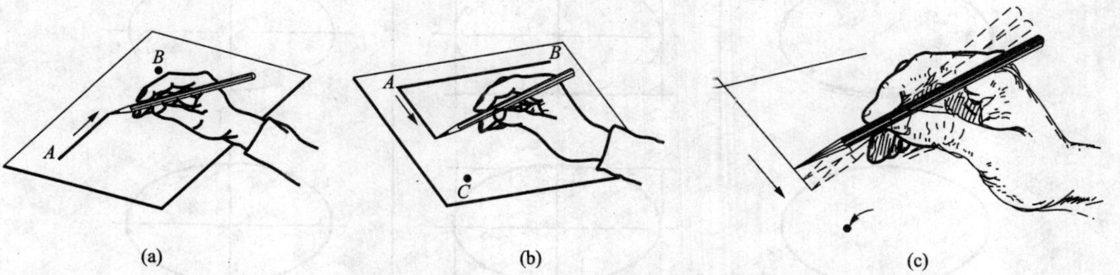

图 1–46　徒手画直线的姿势与方法

当画 30°、45°、60° 等常见的角度线时，可根据两直角边的近似比例关系，定出两端点，然后连接两点即为所画的角度线（图 1–47）。

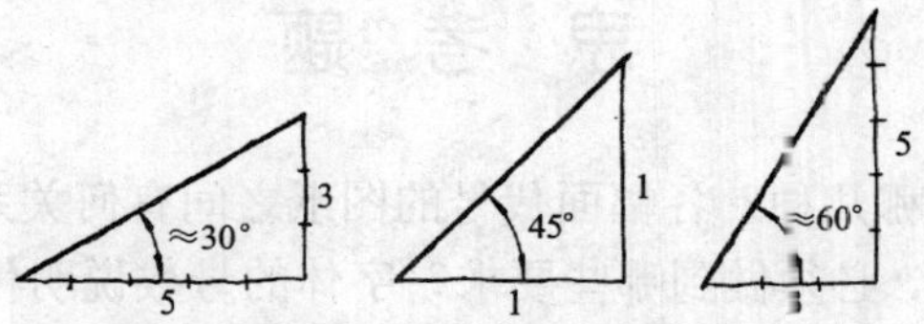

图 1–47　徒手画 30°、45°、60° 斜线

2. 画圆和圆弧

画不太大的圆时，可先做两条互相垂直的中心线，定出圆心，再根据直径大小，用目测估计半径的大小，在中心线上截得四点，然后便可画圆［图 1–48（a）］。画较大圆时，可用图 1–48（b）所示方法，先浅画出一个封闭的正方形，标出每条边的中点，画出与正方形的每条边都相切的圆弧，然后描深。图 1–48（c）是画两条中心线，再加画上浅的 45° 半径线，从圆心标记出半径距离，通过半径线浅画出圆弧，最后将所需要的圆描深。注意在最终描深圆之前，用橡皮将所有的辅助作图线擦去。

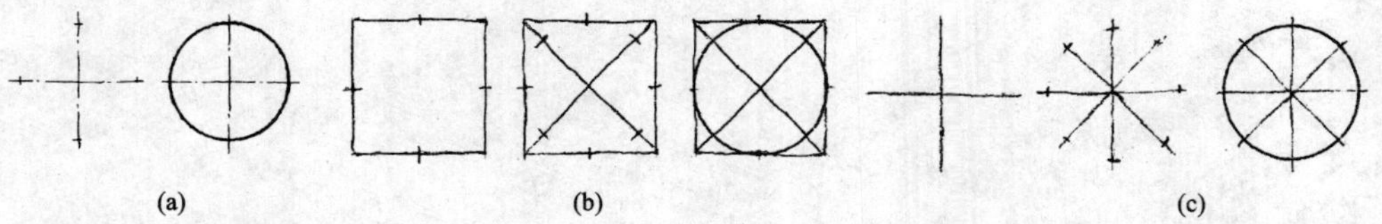

图 1–48　徒手画圆

3. 画椭圆

如果斜着看圆，就发现它是椭圆，稍加联想，你就会用自如的手臂运动画出小的椭圆。方法是：自然握笔，把力量用在手臂的上部，并且在纸上快速移动铅笔画出所需的椭圆轨迹。然后，降低笔尖来描出几道线重叠的椭圆线，如图 1–49（a）所示，用橡皮擦掉多余的线条，并描深最终椭圆。

另一画椭圆的方法［图 1–49（b）］，是浅画出封闭的矩形，标出每条边的中点，然后如图示画出切线弧，最后轻轻的画出椭圆。用橡皮擦掉辅助作图线，最后描深椭圆。

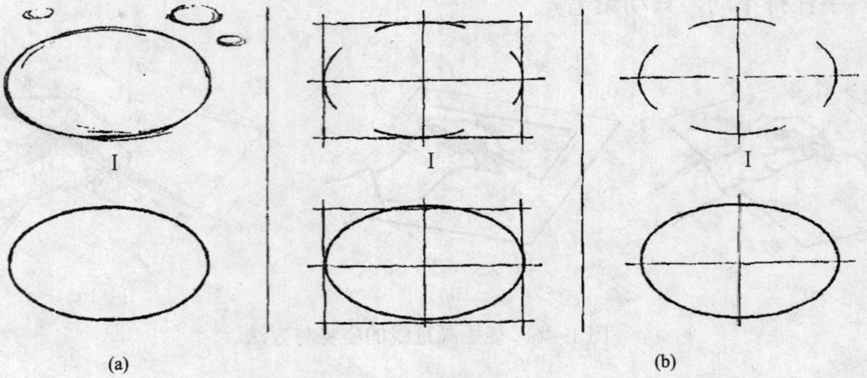

图 1–49 椭圆的徒手画法

思 考 题

1. 图纸幅面的代号有哪几种？各幅面代号的图纸之间有何关系？

2. 在图中书写的字体，必须做到哪些要求？字体的号数说明什么？长仿宋体字的高与宽之间有何比例？

3. 粗实线、细点画线、波浪线、双点画线和细实线中哪些是细线，哪些是粗线？其主要用途是什么？ 粗、中、细线的宽度有何关系？在图中画图线时，应注意哪几点？

4. 一个完整的尺寸由哪几个要素组成？各有哪些基本规定？

5. 怎样使用圆规画图？分规有什么用途？已知正 n 边形的外接圆，怎样用分规作正 n 边形？

6. 已知平面上非圆曲线上的一系列点，怎样用曲线板将它们连成光滑曲线？

7. 圆弧与圆弧连接时，连接点应在什么地方？作图方法有哪些规律？

8. 叙述椭圆的作图方法和过程。

9. 自己设计一个平面图形，并标注尺寸。

第2章

点的投影

本章主要介绍投影的形成特性；点的两面投影及三面投影；两点的相对位置。

2.1 投影法概述

2.1.1 投影的形成

在日常生活中，可以看到物体在灯光或日光的照射下，会在墙面、地面或其他物体的表面上产生影子。这种影子与物体的形状有一定的对应关系，如图2–1（a）所示为一工程形体在平行光线的照射下，于平面H上产生的影子的情况。但影子为部灰黑一片，只能反映形体的轮廓。因此在工程上，就把上述自然现象加以抽象来得出空间形体在平面上的图形，规定：影子落在一个平面上，并且光线可以穿透物体，使得所产生的影子不像真实影子那样黑色一片，而能在影子范围内有线条来显示物体的完整形象。如图2–1（b）所示，像这种应用通过物体的一组选定的直线，在一个选定的面上形成的图形，称为物体在该面上的投影。投影所

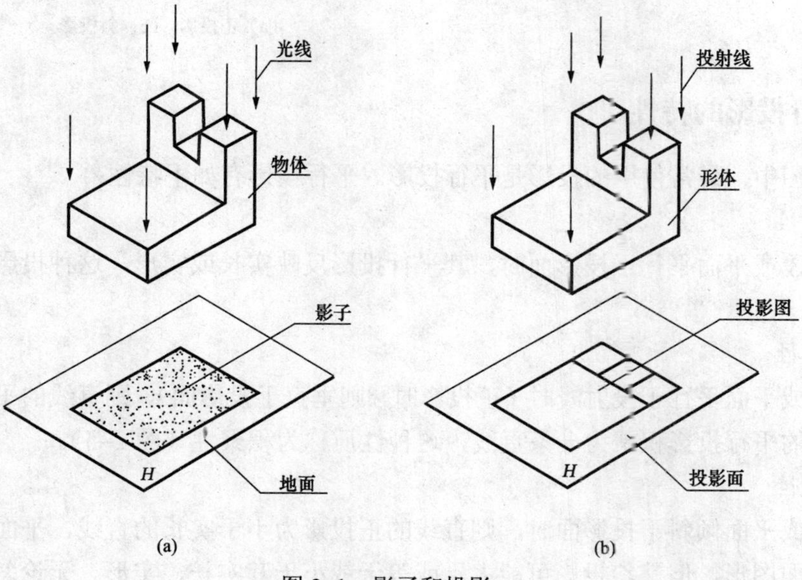

图2–1　影子和投影

（a）影子；（b）投影

在的面称为投影面，光线称为投射线。这种利用投射线，在投影面上得到投影的方法称为投影法。

2.1.2 投影分类

按照投射线相互之间关系和对投影面的方向不同，投影分为平行投影和中心投影。

1. 中心投影

所有的投射线都交于一点的投影称为中心投影。如图 2–2 所示，通过空间平面 *ABC* 各顶点的投射线都交于 *S* 点，该点称为投影中心，投射线与投影面 *H* 交得的△*abc* 为△*ABC* 在投影面 *H* 上的中心投影。

2. 平行投影

投射线互相平行的投影称为平行投影。平行投影又分为正投影和斜投影。

投射线垂直于投影面时的平行投影称为正投影，如图 2–3（a）所示。投射线与投影面倾斜时的平行投影称为斜投影，如图 2–3（b）所示。

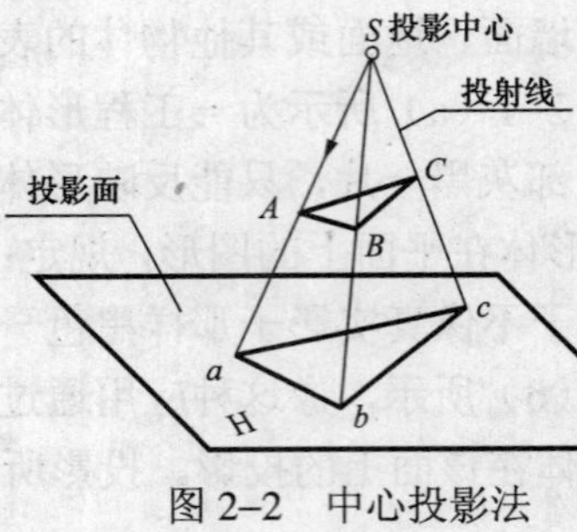

图 2–2 中心投影法

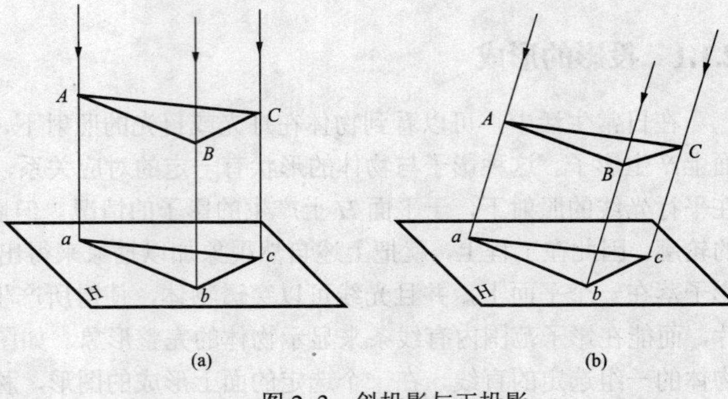

图 2–3 斜投影与正投影

（a）正投影；（b）斜投影

2.1.3 平行投影的特性

工程制图中，最常使用的投影是平行投影。平行投影有如下特性：

1. 真实性

当直线段或平面平行于投影面时，其平行投影反映实长或实形，这种投影性质称为真实性（图 2–4）。

2. 积聚性

当直线或平面平行于投射线时（正投影时，则垂直于投影面），则直线的平行投影积聚为一点，平面的平行投影积聚为一条直线，这种性质称为积聚性（图 2–5）。

3. 类似性

当直线或平面倾斜于投影面时，则直线的正投影为小于实长的直线，平面的正投影为小于实形的平面图形，但其斜投影可能大于或等于或小于其实长、实形。无论怎样，投影的形状必是原平面图形的相仿形，如三角形仍投射成三角形，这种性质称为类似性（图 2–6）。

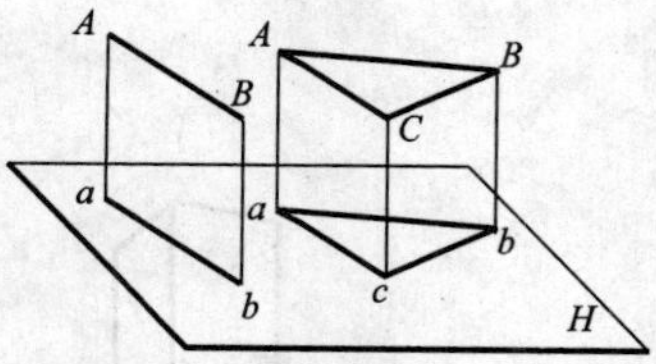

图 2–4 真实性

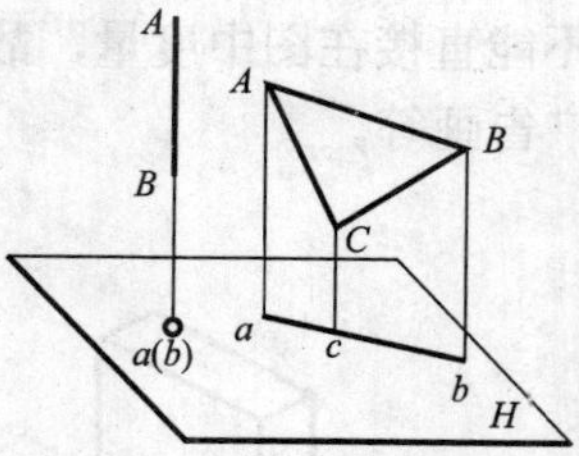

图 2–5 积聚性

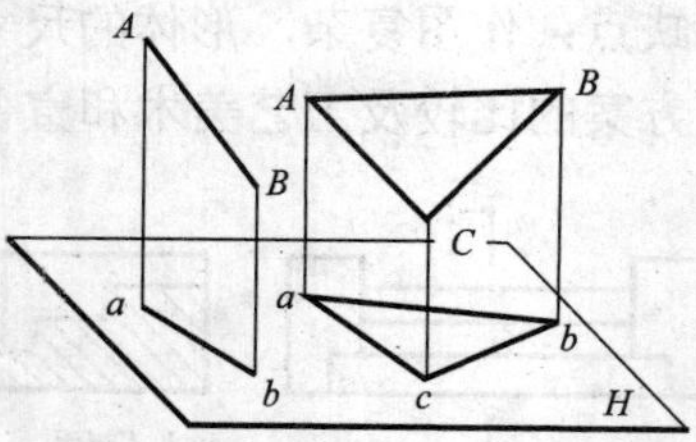

图 2–6 类似性

4. 从属性

点在直线上，点的投影一定在该直线的同面投影上，这种性质称为从属性。如图 2–7 所示，点 *K* 在直线 *AB* 上，则 *k* 必在 *ab* 上。

5. 定比性

直线上两线段的长度之比，等于它们的同面投影的长度之比，这种性质称为定比性。如图 2–7 所示，*K* 在 *AB* 上，则 *AK*:*KB*=*ak*:*kb*。

6. 平行性

相互平行的直线在同一投影面上的平行投影仍然相互平行，且空间线段的长度之比等于它们的同面投影的长度之比，这种性质称为平行性。如图 2–8 所示，*AB* // *CD*，则必有 *ab* // *cd*，*AB*:*CD*=*ab*:*cd*。

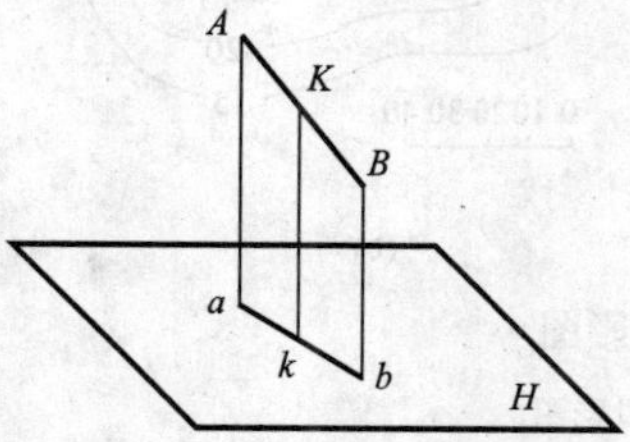

图 2–7 从属性和定比性

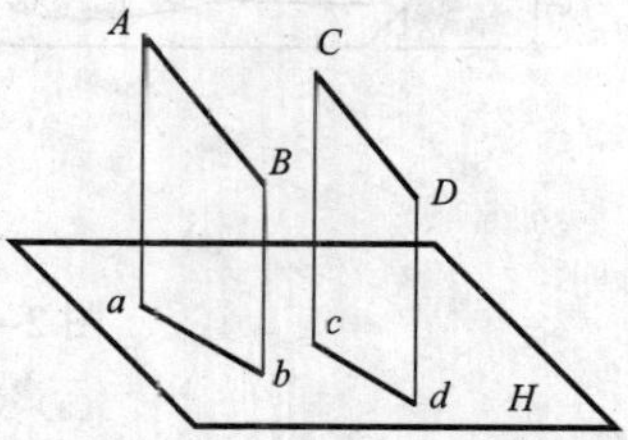

图 2–8 平行性

2.1.4 工程中常用的投影

在土木工程中，由于所表达的对象不同、目的不同，所采用的图示方法也不同。常用的投影图有四种：正投影图、轴测投影图、透视投影图、标高投影图。

1. 正投影图

如图 2–9 所示是形体的正投影图，它是用正投影法绘制的投影图。

优点：作图较其他图示法简便，便于度量，工程上应用最广。

缺点：缺乏立体感。

2. 轴测投影图

图 2–10 是形体的轴测投影图（也称立体图），它是用平行投影法绘制的单面投影图。

优点：立体感强，非常直观。

缺点：作图较繁，表面形状在图中往往失真，度量性差，只能作为工程上的辅助性图。

3. 透视投影图

如图 2–11 所示是形体的透视投影图，它是用中心投影法绘制的单面投影图。

优点：图形逼真，直观性强。

缺点：作图复杂，形体的尺寸不能直接在图中度量，故不能作为施工依据，仅用于建筑设计方案的比较及工艺美术和宣传广告画等。

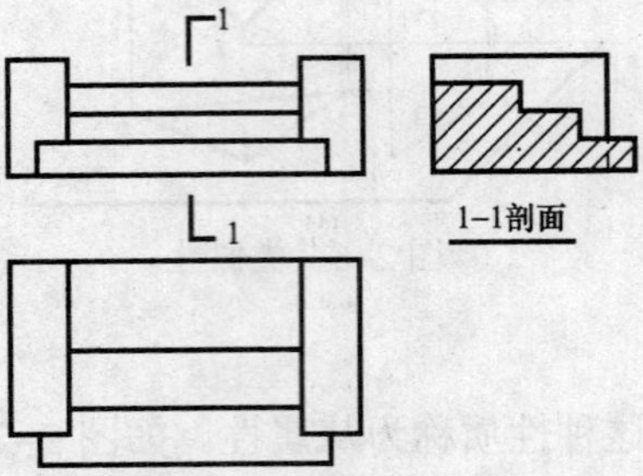

图 2–9　形体的正投影图

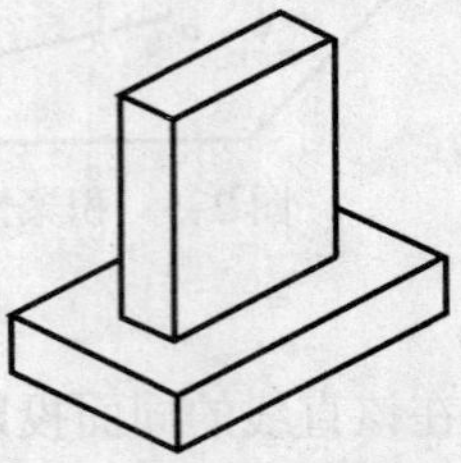

图 2–10　轴测投影图

图 2–11　透视投影图

4. 标高投影图

标高投影图是物体在水平投影面上加注某些特征面、线以及控制点的高度数值的单面正投影，如图 2–12 所示。

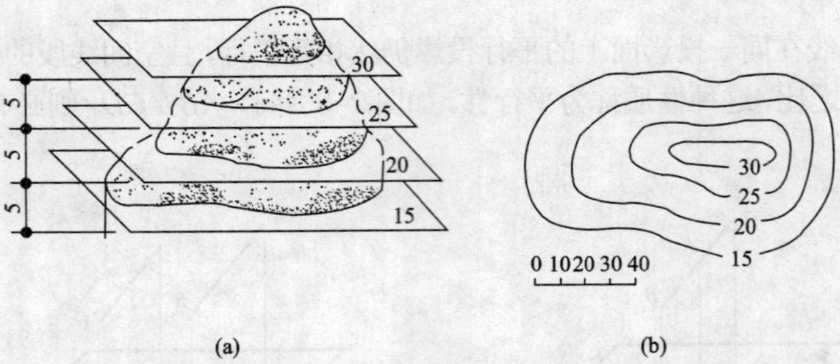

图 2–12　标高投影图

（a）立体图；（b）投影图

2.2　点的两面投影

点是组成形体的最基本的元素。研究点的投影规律是图示线、面、体的投影基础。

2.2.1　点的单面投影

如图 2–13 所示，从空间点 A 作垂直于 H 面的投射线与 H 面交于点 a，则称点 a 是空间点 A 在 H 面上的正投影。点 A 的投影仍然是一点，并且是唯一的。

如图 2–14 所示，同一条投射线上各点 A_1、A_2 等在 H 面上的正投影重叠于一点 a_1（或 a_2），因此，仅由 a_1 点不能确定 A_1 点在空间的位置。

为了叙述简洁，本书把正投影简称为投影，以后不再说明。

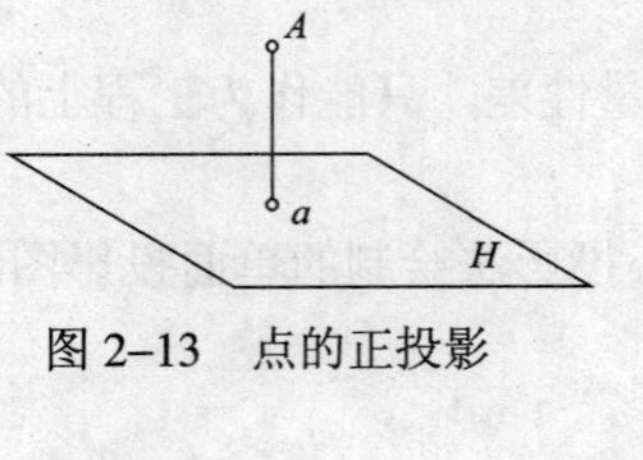

图 2–13　点的正投影

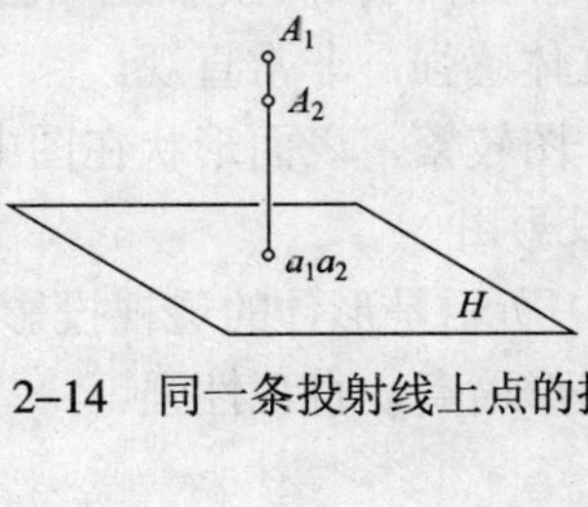

图 2–14　同一条投射线上点的投影

2.2.2 点的两面投影

1. 两投影面体系的建立

单凭一点在一个投影面上的投影，不能确定该点在空间的位置，至少需要它的两个投影确定。如图 2–15（a）所示，取两个互相垂直的投影面，组成两投影面体系。其中，一个为水平的投影面，用字母 H 表示，称为水平投影面或 H 面。另一个为正对观察者的直立投影面，用字母 V 表示，称为正立投影面或 V 面。两投影面的交线称为投影轴，用 OX 表示。

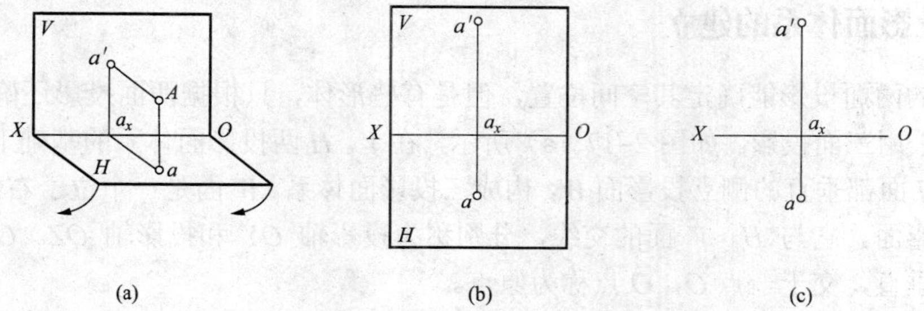

图 2–15 点的两面投影

（a）立体图；（b）投影图；（c）投影图（不带边框）

水平投影面 H 与正立投影面 V 将空间分为四个区域，分别称为第一、二、三、四分角，如图 2–16 所示。我国采用第一分角投影。

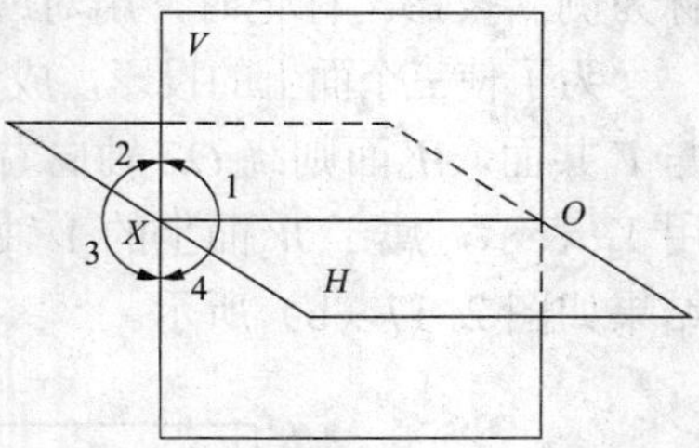

图 2–16 四个分角

2. 点在两投影面体系中的投影

如图 2–15（a）所示，由空间点 A 作垂直于 H 面和 V 面的投射线 Aa、Aa'，交点 a、a' 就是 A 点的水平投影和正面投影，也称为 H 面投影和 V 面投影。由此可见，由点的两个投影即可确定该点的空间位置。

为了表达和说明的需要，空间点用大写字母如 A、B、C（或罗马数字）表示；H 面投影用对应的小写字母（或阿拉伯数字）如 a、b、c 表示；V 面投影用对应的小写字母（或阿拉伯数字）并在右上角加一撇表示，如 a'、b'、c'。

为使两个投影 a 和 a' 画在同一平面上，需将投影面展开．规定 V 面不动，将 H 面绕 OX 轴按图 2–15（a）所示箭头方向旋转 90°，使之与 V 共面，即得点的两面投影图，如图 2–15（b）所示。实际作图时，不必画出投影面的边框线，如图 2–15（c）所示。

3. 点的两面投影规律

如图 2–15（a）所示，投射线 Aa、Aa' 组成一个投射面 Aaa_xa'，与 H、V 面交于直线 aa_x、$a'a_x$，并与 OX 轴交于 a_x 点。

因为，$Aa\perp H$，$Aa'\perp V$，所以，$Aaa_xa'\perp H$，$Aaa_xa'\perp V$，故平面 Aaa_xa'、H、V 相互垂直，其交线 $aa_x\perp OX$，$a'a_x\perp OX$ 和 $aa_x\perp a'a_x$。当 H 面与 V 面展平后，a'、a_x、a 三点必共线，即 $a'a\perp OX$。

又因为 Aaa_xa' 是矩形，所以 $aa_x=Aa'$，$a'a_x=Aa$。

于是，可以得出点的两面投影规律：

（1）点的水平投影和正面投影的连系线垂直于 OX 轴，即 $aa' \perp OX$。

（2）点的投影到投影轴的距离，等于该点与相邻投影面的距离，即 $aa_x = Aa'$，$a'a_x = Aa$。

投影图上，一点的两个投影之间的连线，称为投影连系线，简称连系线，如图 2–15（c）中 aa' 为连系线。

2.3 点的三面投影

2.3.1 三投影面体系的建立

根据点的两面投影能确定其空间位置，但是有些形体，只根据两面投影还确定不了空间形状，需要采用三面投影。如图 2–17（a）所示，在 V、H 两投影面体系的基础上，再增加一个与 V 面、H 面都垂直的侧立投影面 W，构成三投影面体系。W 面是一个位于右侧的直立面，称为侧立投影面。它与 H、V 面的交线，分别称为投影轴 OY 和投影轴 OZ。OX、OY、OZ 三条轴互相垂直，交于一点 O，O 点称为原点。

2.3.2 点在三投影面体系中的投影

在图 2–17（a）中，空间点 A 向 W 面作投射线 Aa''，交点 a'' 就是 A 点在 W 面上的投影，称为侧立投影。标记时，用对应的小写字母，并在右上角加两撇表示。

为了使三个面上的投影，成为在一个平面上的投影图，除了 V 面不动，H 面向下旋转 90° 与 V 共面，W 面则绕 OZ 轴向右旋转 90° 与 V 共面。此时 Y 轴一分为二，属于 H 面上的 Y 轴用 Y_H 表示，属于 W 面上的 Y 轴用 Y_W 表示，并去掉投影面的边框，即得点 A 的三面投影图，结果如图 2–17（b）所示。

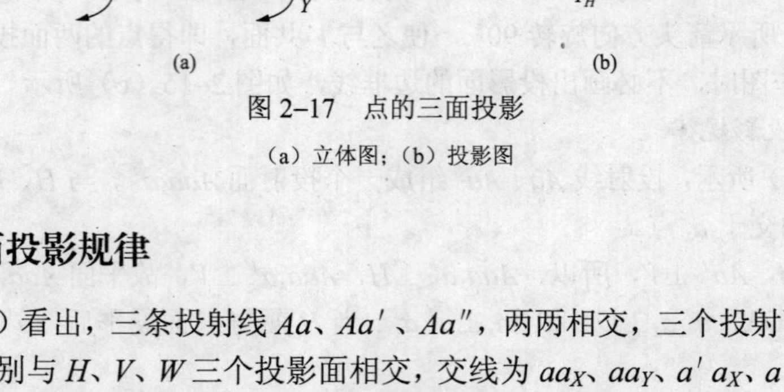

图 2–17 点的三面投影

（a）立体图；（b）投影图

2.3.3 点的三面投影规律

由图 2–17（a）看出，三条投射线 Aa、Aa'、Aa''，两两相交，三个投射面 $Aa'a_Xa$、Aaa_Ya''、$Aa'a_Za''$，分别与 H、V、W 三个投影面相交，交线为 aa_X、aa_Y、$a'a_X$、$a'a_Z$、$a''a_Y$、$a''a_Z$。该六条交线与三个投影轴 OX、OY、OZ 组成三个平面 aa_XOa_Y、$a'a_ZOa_X$、$a''a_YOa_Z$，该三个平面与三个投射面组成一长方体。

于是，得出点在三投影面体系的投影规律是：

（1）点的每两个投影之间的连线垂直于相应的投影轴，即：$aa' \perp OX$，$a'a'' \perp OZ$。

（2）点的各投影到投影轴的距离等于该点到通过该轴的相邻投影面的距离，即：

$$a'a_X = a''a_{YW} = Aa,\quad aa_X = a''a_Z = Aa',\quad aa_{YH} = a'a_Z = Aa''$$

只要给出点的两个投影，就可以求出其第三投影。

【例 2–1】如图 2–18（a）所示，已知 A 点的水平投影 a 和正面投影 a'，求侧面投影 a''。

分析：已知 A 点的两个投影，根据投影规律求出 a''。

作图：（1）过 O 作 45° 线。

（2）过 a 作 OX 轴的平行线交 45° 线于一点 a_0；

（3）过 a_0 作 OY_W 轴的垂直线，与过 a' 作的水平线交于点 a''，即为所求。

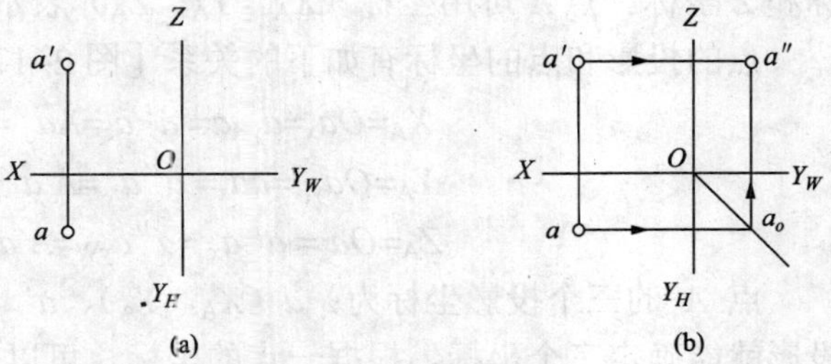

图 2–18　点的投影

（a）已知条件；（b）投影图

2.3.4　特殊位置的点

位于投影面上、投影轴上、原点上的点都是特殊位置的点。

（1）投影面上的点，一投影与该点本身重合，另外两投影在投影轴上。如图 2–19 中，A 点位于 V 面上，V 面投影 a' 与 A 点本身重合，H 面投影 a 位于 OX 轴上，W 面投影 a'' 位于 OZ 轴上。

（2）投影轴上的点，两投影重合于该点本身，另外一投影与原点 O 重合。如图 2–19 中，B 点位于 OY 轴上，它的 H 面和 W 面投影 b 和 b'' 与本身重合，V 面投影 b' 则与原点 O 重合。投影图中 b'' 在 OY_W 轴上。

（3）一点与原点重合，三个投影也均与原点重合。如图 2–19 中 C 点与原点 O 重合，它的三个投影 c、c' 和 c'' 均与原点 O 重合。

不管空间点位于任何位置，它仍然是空间点，它们在投影面体系中的各投影，一定符合点的投影规律。

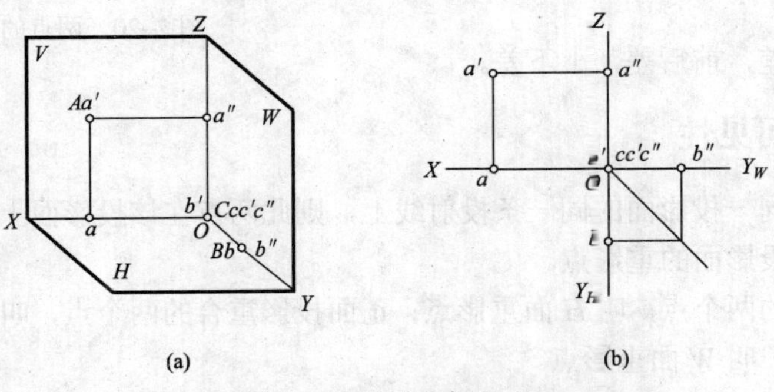

图 2–19　特殊位置的点

（a）立体图；（b）投影图

2.3.5 点的投影与坐标的关系

若把三投影面体系看作直角坐标系，则三个投影面可作为坐标面，相互垂直的三根投影轴 OX、OY 和 OZ，作为坐标轴，三轴的交点为坐标原点 O。空间点 A 到 W 面、V 面和 H 面的距离 Aa''、Aa' 和 Aa，相应地平行于 OX、OY 和 OZ 轴，故分别称为 A 点的 X 坐标、Y 坐标和 Z 坐标。点 A 可用坐标（X_A，Y_A，Z_A）表示。

点的投影和点的坐标有如下的关系［图 2–17（a）］：

$$X_A=Oa_x=a_{yH}a=a'a_z=Aa''=\text{点 }A\text{ 到 }W\text{ 面的距离}$$

$$Y_A=Oa_{yH}=aa_x=a''a_z=Aa'=\text{点 }A\text{ 到 }V\text{ 面的距离}$$

$$Z_A=Oa_z=a'a_x=a''a_{yW}=Aa=\text{点 }A\text{ 到 }H\text{ 面的距离}$$

点 A 的三个投影坐标为：a（X_A，Y_A）、a'（X_A，Z_A）、a''（Y_A，Z_A）。所以由点的两面投影就能确定三个坐标。根据一点的坐标，可以作出该点的投影图。

2.4 两点的投影

两点在同一个投影面上的投影，有相同的投影名称，如 H 面投影、V 面投影、W 面投影，所以称为同面投影或同名投影。

2.4.1 两点的相对位置

两点的相对位置，是指平行于投影轴 X、Y、Z 的左右、前后和上下的相对关系，在投影图上，可由两点的同面投影反映出来，如图 2–20 所示。H 投影反映左右、前后关系，V 投影反映左右、上下关系，W 投影反映上下、前后关系。X 值大的点在左，Y 值大的点在前，Z 值大的点在上。这种位置关系，在投影图中，可表现为坐标差或方位差。

坐标差：ΔX（长度差），ΔY（宽度差），ΔZ（高度差）；

方位差：左右差，前后差，上下差。

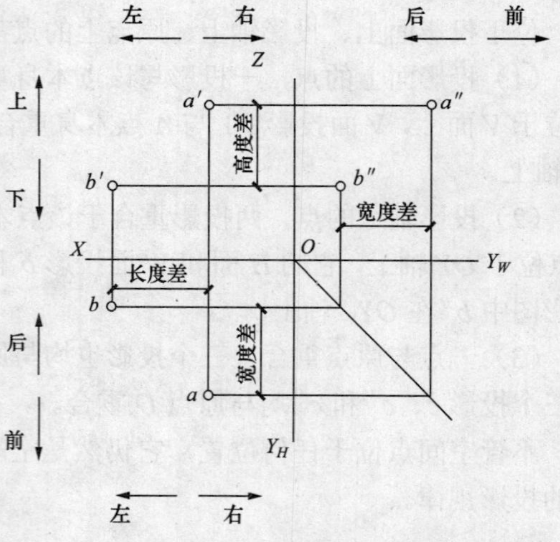

图 2–20 两点的相对位置

2.4.2 重影点及可见性

如果两点位于同一投影面的同一条投射线上，则此两点在该投影面上的投影必重合，空间的这两点称为该投影面的重影点。

水平投影重合的两个点，叫 H 面重影点；正面投影重合的两个点，叫 V 面重影点；侧面投影重合的两个点，叫 W 面重影点。

两点重影，必有一点被另一点遮盖，故有可见与不可见之分。判别方法是利用两点的上下、左右、前后关系。H 面重影点的可见性利用上下关系，上面的点可见，下面的点不可见；V 面重影点的可见性利用前后关系，前面的点可见，后面的点不可见；W 面重影点的可见性利用左右关系，左面的点可见，右面的点不可见。

规定：重合投影标记为，将可见点的投影字母写在前面，不可见点的字母写在后面，或者将不可见点加以圆括号。

如图 2–21 中，A、C 是位于 H 面的一条投射线上，它们在 H 面上的投影重合于一点 $a(c)$，则称 A、C 为 H 面的重影点。A 在 H 面上为可见点，C 为不可见点。A、B 为 V 面的重影点，A、D 为 W 面的重影点。

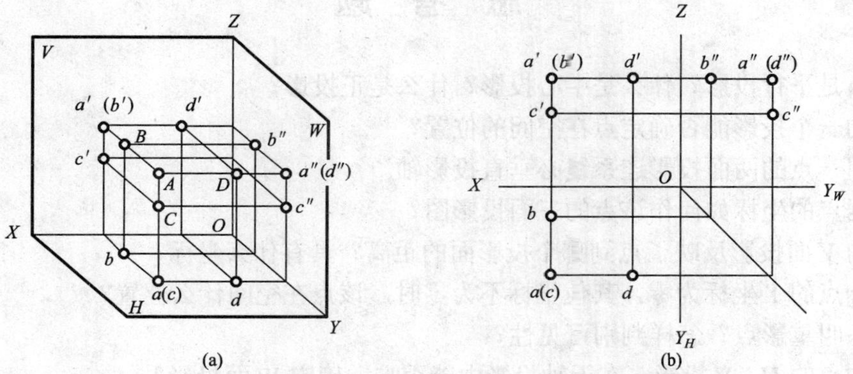

图 2–21 重影点

（a）立体图；（b）投影图

2.4.3 有轴投影图和无轴投影图

画出投影轴的投影图，称为有轴投影图；不画出投影轴的投影图，称为无轴投影图。

投影图上不画投影轴时，空间两点的相对位置、相对距离没有变化，所以表达几何形体时，可以不画投影轴。但是仍然应该想象成空间存在各种方向的投影面和投影轴。因此，三个投影之间互相排列方向，仍按有投影轴时一样，投影特性不变，即它们投影之间的连线方向也不变。

无轴投影中，当空间一点的 H 面、W 面投影已知时，则 45° 斜线位置必随之而定，它必定通过由其水平投影所作水平线和侧面投影所作竖直线的交点。如果已知 V 面投影，并知 H 面、W 面投影中的一个时，则 45° 斜线的位置可以任意选取。

【例 2–2】如图 2–22（a）所示，已知 A 点的投影 a'、a''，B 点的投影 b、b'，求 a、b''。

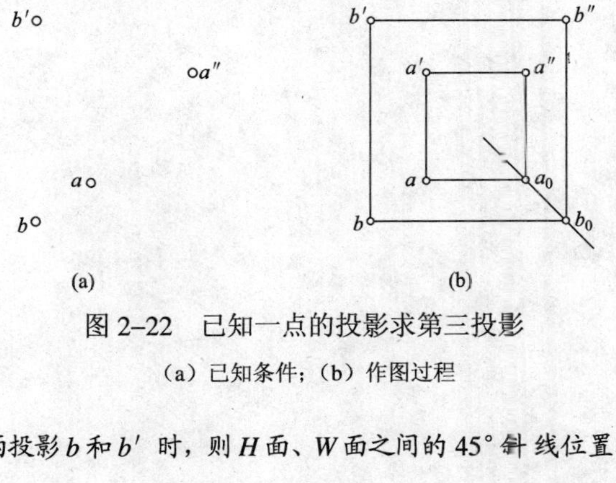

图 2–22 已知一点的投影求第三投影

（a）已知条件；（b）作图过程

分析：若只有点 B 的两投影 b 和 b' 时，则 H 面、W 面之间的 45° 斜线位置不定。当两点处于同一个三面投影体系中，如已知 a、a''，那么只有一条45°线，它必定通过由 a 所作水平线和由 a'' 所作竖直线的交点 a_0。因此必须先从 A 点开始作图，然后，求 B 点的第三面投影。

作图：(1) 过 a 作竖直线和过 a'' 作的水平线交于一点，该点即为 a'。

(2) 由 a 作水平线，与由 a'' 作的竖直线交于一点 a_0，由 a_0 定出45°线。

(3) 由 b 作水平线，与45°线交于一点 b_0，由 b_0 作竖直线，与由 b' 的水平线交于点 b''。

思 考 题

1. 什么是平行投影？什么是中心投影？什么是正投影？
2. 点的一个投影能否确定点在空间的位置？
3. 证明一点的两面投影连系线必垂直投影轴。
4. 根据点的坐标如何作该点的三面投影图？
5. 点的 V 面投影反映了点到哪个投影面的距离？具有什么坐标？
6. 当一点的 Y 坐标为零，其他坐标不为零时，该点在空间什么位置？
7. 什么叫重影点？怎样判别可见性？
8. 已知点的 H、V 投影，在无轴投影中能否唯一确定 W 面投影？

第3章

直 线

本章主要阐述各种位置直线的投影及其投影特性，以及点与直线、直线与直线的相对位置在投影图上的投影特性。

3.1 直线的投影

3.1.1 直线的投影特性

空间直线是无限长的，但在投影图中我们常以有限长的线段来代表直线。直线的空间位置可由直线上任意两点的位置确定（或直线上一点及指向）。

直线的投影一般仍为直线。当直线垂直投影面时，其投影积聚为一点，如图 3–1（a）所示；当直线平行投影面时，其投影与直线本身平行且相等，如图 3–1（b）所示；当直线倾斜于投影面时，其投影的长度比直线本身的长度缩短，如图 3–1（c）所示。

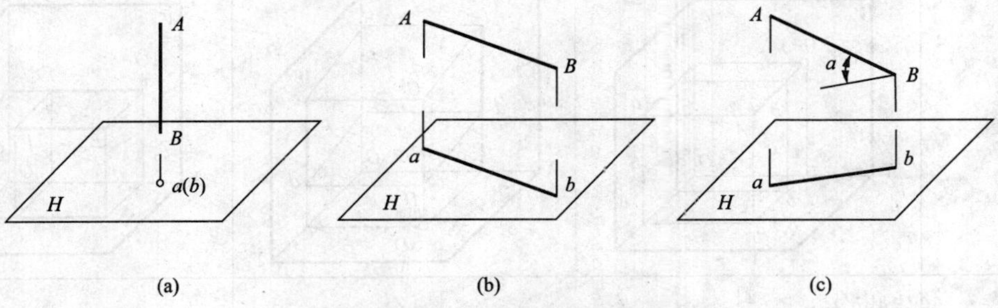

图 3–1 直线与投影面的相对位置

（a）直线垂直于投影面；（b）直线平行于投影面；（c）直线倾斜于投影面

3.1.2 直线的投影图

作直线的投影，只需作出直线上两端点的投影，并连接该两点在同一投影面上的投影即可，如图 3–2（a）、图 3–2（b）所示。

在投影图中，直线的投影用粗实线表示。直线的名称可由其端点表示，如图 3–1 所示，直线 AB，在三个投影面上的投影用对应的小写字母表示为 ab、$a'b'$、$a''b''$。直线也可以用一个字母表示，如直线 L，它的投影表示为 l、l'、l''。

3.2 直线对投影面的相对位置

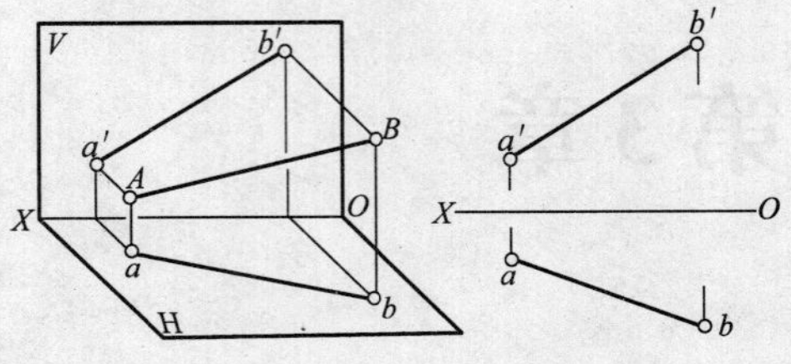

(a) (b)

图 3–2 直线的投影

（a）立体图；（b）投影图

在三投影面体系中，根据直线与投影面的相对位置不同，直线可分为投影面垂直线、投影面平行线和一般位置直线。前二者统称为特殊位置直线，如图 3–1 所示。

3.2.1 投影面垂直线

垂直于某一个投影面，而平行于另两个投影面的直线称为投影面垂直线。投影面垂直线有三种情况：

垂直于 H 面的直线称为铅垂线；

垂直于 V 面的直线称为正垂线；

垂直于 W 面的直线称为侧垂线。

各投影面垂直线的立体图、投影图及投影特性见表 3–1。

表 3–1 **投影面垂直线的投影特性**

名称		正垂线（⊥V）	铅垂线（⊥H）	侧垂线（⊥W）
实例		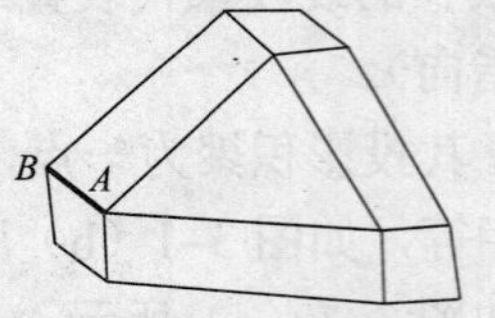	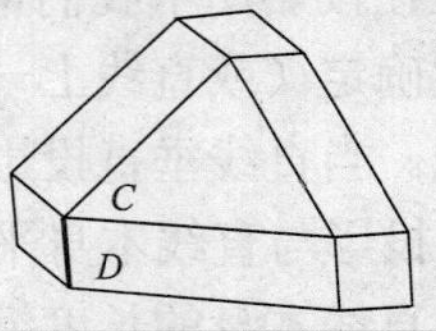	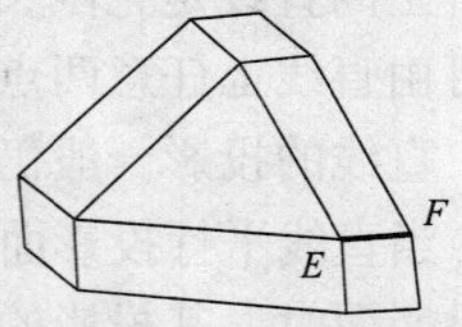
立体图		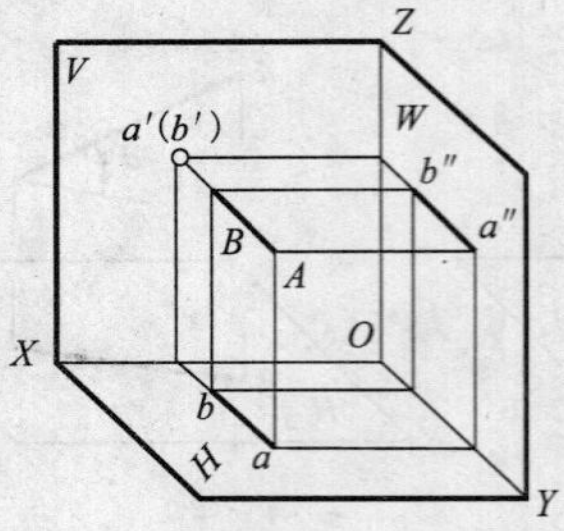	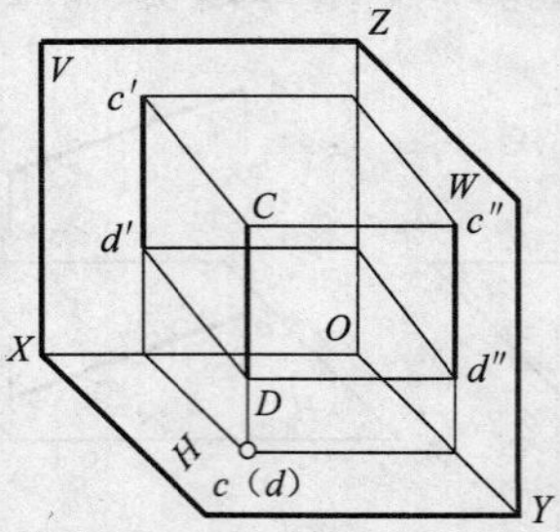	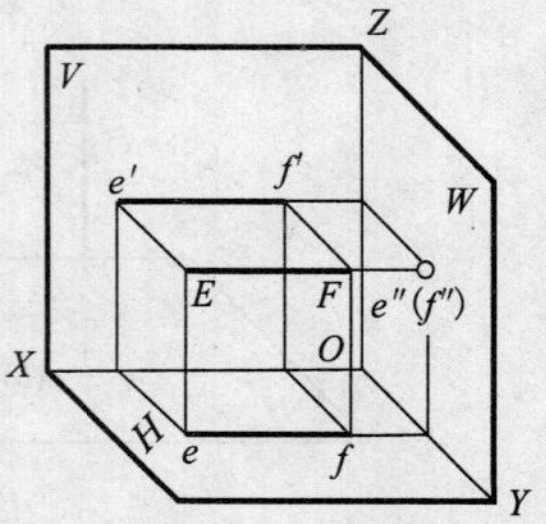
投影图		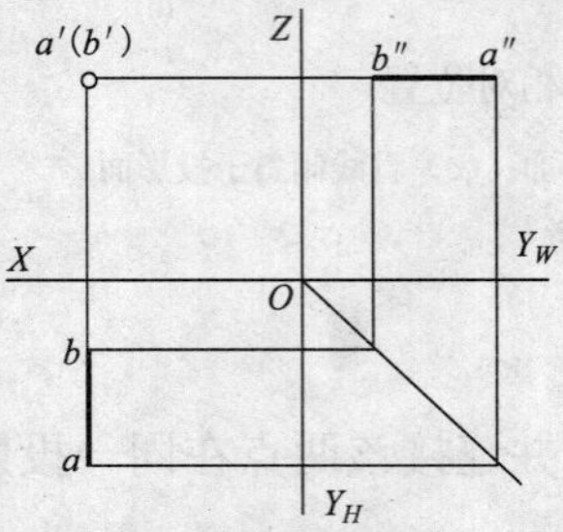	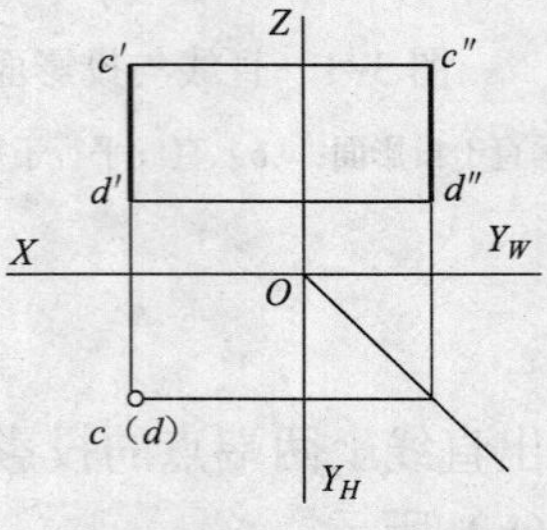	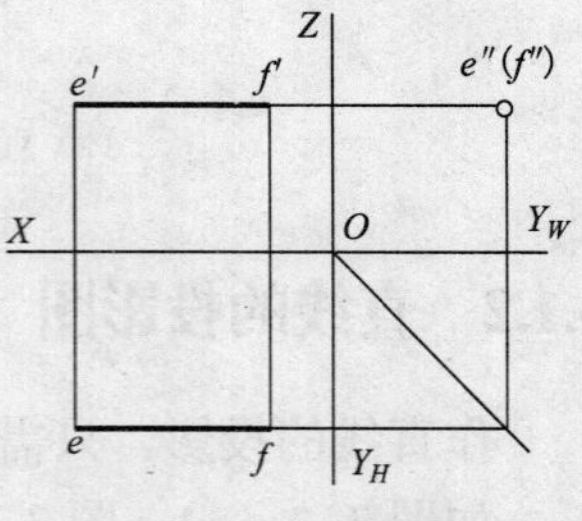
投影特征	H	$ab=AB$, $ab \perp OX$, $//OY_H$	$c(d)$ 积聚成一点	$ef=EF$, $ef//OX$, $\perp OY_H$
	V	$a'(b')$ 积聚成一点	$c'd'=CD$, $c'd' \perp OX$, $//OZ$	$e'f'=EF$, $e'f'//OX$, $\perp OZ$
	W	$a''b''=AB$, $a''b'' \perp OZ$, $//OY_W$	$c''d''=CD$, $c''d'' \perp OY_W$, $//OZ$	$e''(f'')$ 积聚成一点

投影面垂直线的投影特性可归纳为：直线在其垂直的投影面上的投影积聚为一点；在另两投影面上的投影共同平行于这两个投影面交成的投影轴（或分别垂直于相应的投影轴），且反映直线实长。

读图时，只要一投影积聚为一点，即可断定该直线是投影面垂直线（垂直于积聚投影所在投影面）。

3.2.2 投影面平行线

平行于某一个投影面，倾斜于另两个投影面的直线称为投影面平行线。投影面平行线有三种情况：

平行于 H 面的直线称为水平线；

平行于 V 面的直线称为正平线；

平行于 W 面的直线称为侧平线。

各投影面平行线的立体图、投影图及投影特性见表 3–2。

表 3–2 投影面平行线的投影特性

名 称		正平线（//V）	水平线（//H）	侧平线（//W）
实 例		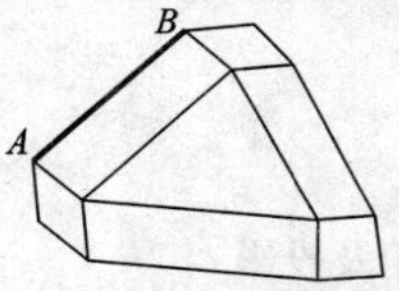	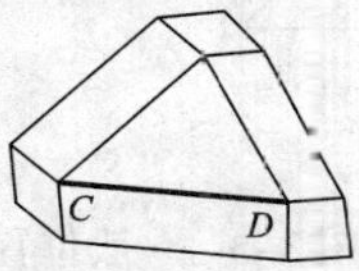	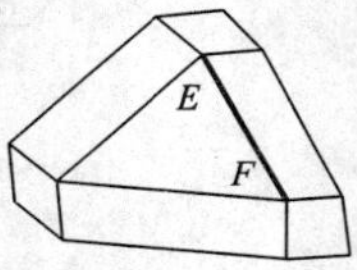
立体图		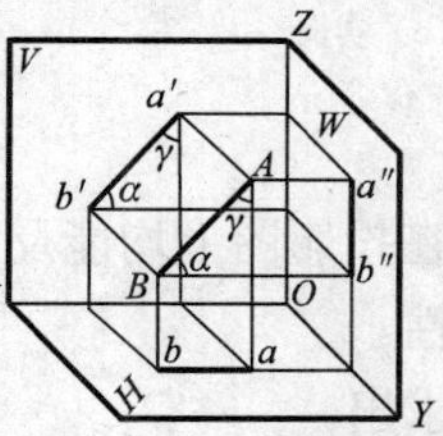	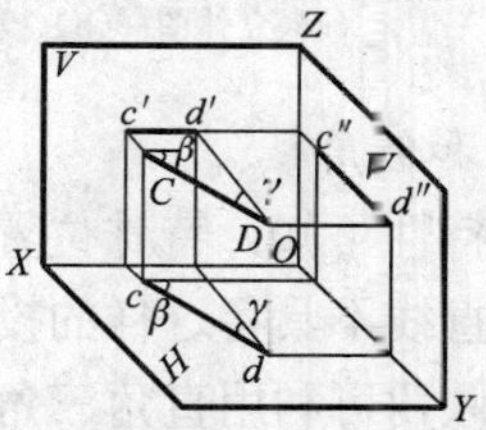	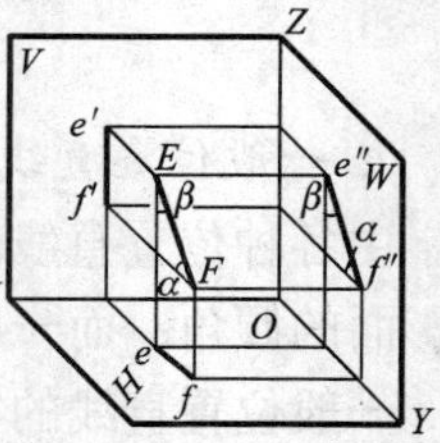
投影图		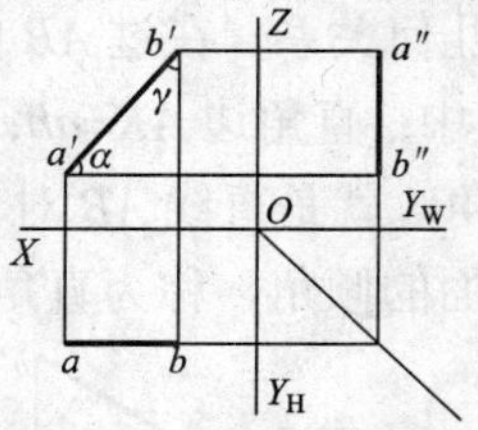	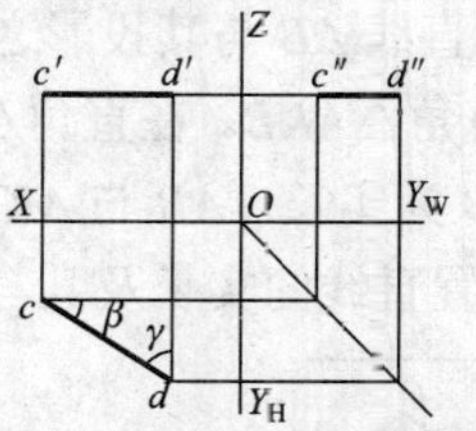	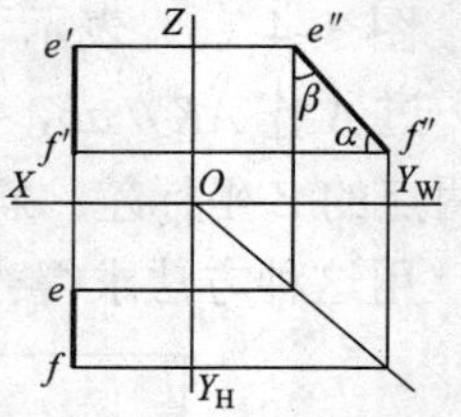
投影特征	H	$ab//OX$, $\perp OY_H$, $ab<AB$	$cd=CD$，反映 β, γ角	$ef//OY_H$, $\perp OX$, $ef<EF$
	V	$a'b'=AB$，反映 α, γ角	$c'd'//OX$, $\perp OZ$, $c'd'<CD$	$e'f'//OZ$, $\perp OX$, $e'f'<EF$
	W	$a''b''//OZ$, $\perp OY_W$, $a''b''<AB$	$c''d''//OY_W$, $\perp OZ$, $c''d''<CD$	$e''f''=EF$，反映α, β角

投影面平行线的投影特性可归纳为：直线在其平行的投影面上的投影，平行于直线本身，且反映实长；该投影与水平方向和竖直方向间的夹角，分别反映了直线与另两投影面的倾角；在另两投影面上的投影共同垂直于这两个投影面交成的投影轴（或分别平行于相应的投影轴），且不反映线段的实长。

读图时，一个投影平行于投影轴，而另一投影倾斜于投影轴，即可断定该直线是投影面平行线（平行斜影所在的投影面）。

3.2.3 一般位置直线

1. 一般位置直线的投影特性

对三个投影面均倾斜的直线称为一般位置直线。

一般位置直线对三个投影面 H、V、W 的倾角分别用 α、β、γ 表示，均大于 $0°$ 且小于 $90°$，它在三个投影面上的投影均倾斜于投影轴，且小于空间线段的实长；三个投影与相应轴的夹角均不反映直线对投影面的倾角（图 3–3）。

读图时，只要直线的任两投影呈倾斜状态，即可断定该直线是一般位置直线。

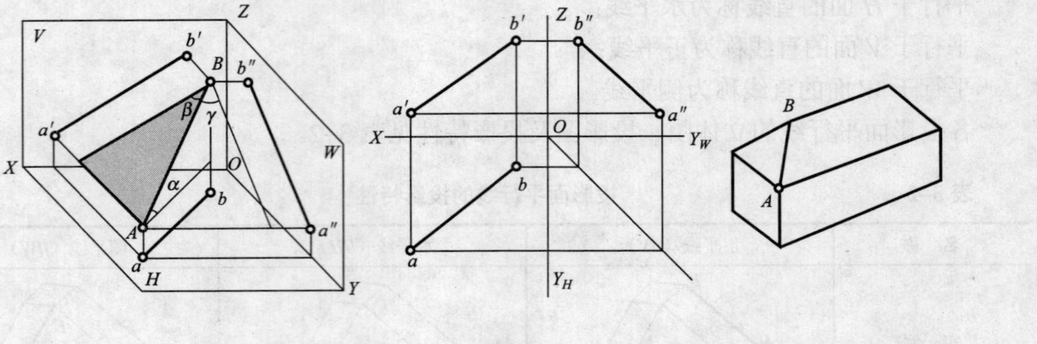

(a) (b) (c)

图 3–3 一般位置直线的倾角及投影

（a）立体图；（b）投影图；（c）实例

2. 一般位置直线的实长和倾角

由各种位置直线的投影特性可知，特殊位置直线在投影图上均能反映直线的实长及其与投影面的倾角；而一般位置直线不具备这样的投影特性。

一般位置直线的实长和倾角可利用直角三角形法求出。

图 3–4（a）表示了空间直线 AB 与其投影之间的几何关系。在过 AB 的铅垂投射面 $ABba$ 内，过 A 作 $AK /\!/ ab$，得到直角△AKB。在直角△AKB 中：直角边 $AK=ab$；$BK=Bb-Aa$，即 A、B 两点的 Z 坐标差；斜边 AB 为实长；AB 与 AK 的夹角，就是直线 AB 对 H 面的倾角 α。

用这种方法求得一般位置直线的实长及其与投影面的倾角，称为直角三角形法。

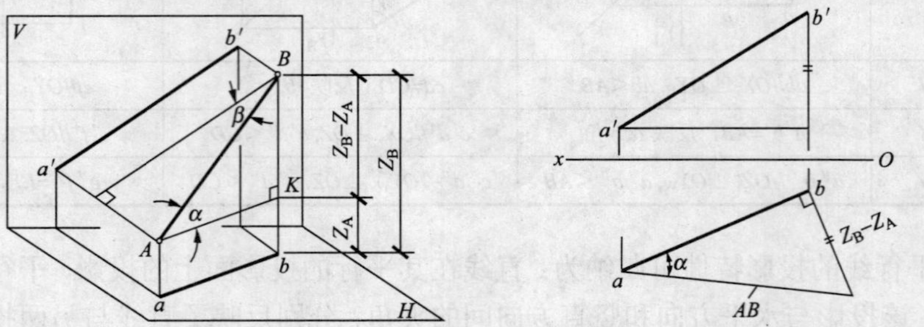

(a) (b)

图 3–4 直角三角形法作图

（a）立体图；（b）投影图

图 3–4（b）为用直角三角形法求直线 AB 的实长和对 H 面的倾角α的作图过程。同理可求得直线对 V 面的倾角β或与 W 面的倾角γ。

直角三角形画在图纸的任何地方都可以。但为了作图方便，一般在直线的投影图上直接画直角三角形。但应注意：当用直角三角形法求直线的实长及其对某投影面的倾角时，应以线段在该投影面上的投影长度为一直角边；以线段两端点到该投影面的距离差（坐标差）为另一直角边构成直角三角形。直角三角形的斜边为线段的实长，斜边与投影的夹角即为空间直线对该投影面的倾角。实长、投影长、坐标差及直线对投影面的倾角是直角三角形的四个要素，已知四要素中的任意两个，便可确定另外两个。

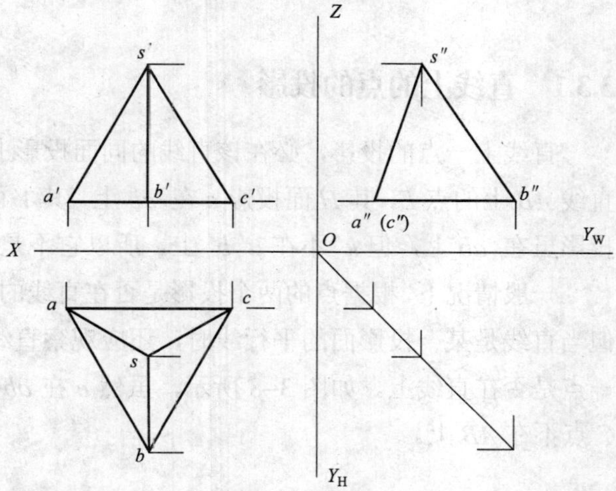

图 3–5 三棱锥的投影图

【例 3–1】试判断三棱锥各棱线相对于投影面的位置（图 3–5）。

解：SA、SC 线的三面投影均与轴倾斜，故 SA、SC 两直线均为一般位置直线。

SB 线的水平投影及正面投影均与轴平行，侧面投影与轴倾斜，故 SB 线为侧平线。

AB、BC 线的正面投影和侧面投影均与轴平行，水平投影与轴倾斜，故 AB、BC 线均为水平线。

AC 线的水平投影及正面投影均与轴垂直，侧面投影积聚为一点，故 AC 线为侧垂线。

【例 3–2】如图 3–6（a）所示，已知直线 AB 长 30mm，试补全其正面投影 $a'b'$。

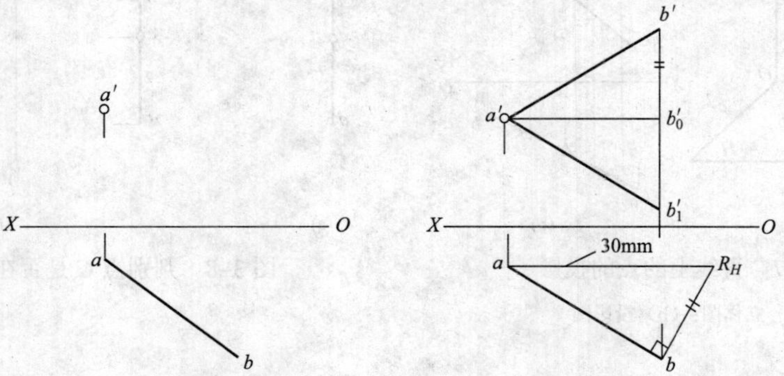

图 3–6 用直角三角形法补全直线的投影

（a）已知条件；（b）作图过程

分析：根据直角三角形法，若已知直线的投影、坐标差、实长，及夹角四个条件中的任意两个，便可求得另两个。该题可由已知直线的 H 投影及实长，作出直线 AB 的 Z 坐标差，便可得到点 B 的正面投影 b'，连接 $a'b'$ 即可。

作图：［图 3–6（b）］

（1）过 b 作 ab 的垂线；

（2）过 a 作 30mm 长的线段交 ab 的垂线于 B_0；

（3）过 b 作 OX 轴的垂线与由过 a' 的水平线交于点 b'_0，在该垂线上量取 $|Z_A-Z_B|=bB_0=b'_0b'$，连接 $a'b'$ 即为所求。该题有两解，另一解为 $a'b'_1$。

3.3 直线上的点

3.3.1 直线上的点的投影

直线上一点的投影，必在该直线的同面投影上，且符合点的投影规律。如图 3–7 所示，直线 AB 上的点 E，其 H 面投影 e 在 ab 上，其 V 面投影 e' 在 $a'b'$ 上。图 3–7（a）中的点 K 投影虽在 ab 上，但 k' 不在 $a'b'$ 上，所以它不是直线 AB 上的点。

一般情况下，根据点的两个投影是否在直线的同面投影上就可以确定该点是否属于直线。但当直线是某一投影面的平行线时，还应观察直线所平行的那个投影面上的投影，才能判别一点是否在直线上。如图 3–8 所示，虽然 c 在 ab 上，c' 在 $a'b'$ 上，但 c'' 不在 $a''b''$ 上，故 C 点不在 AB 上。

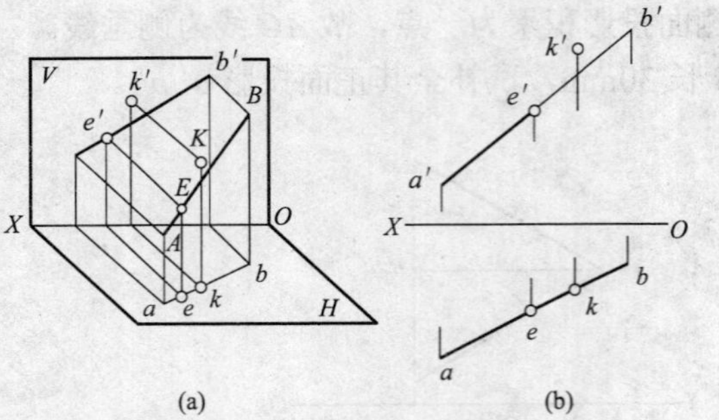

图 3–7 直线上的点的投影

（a）立体图；（b）投影图

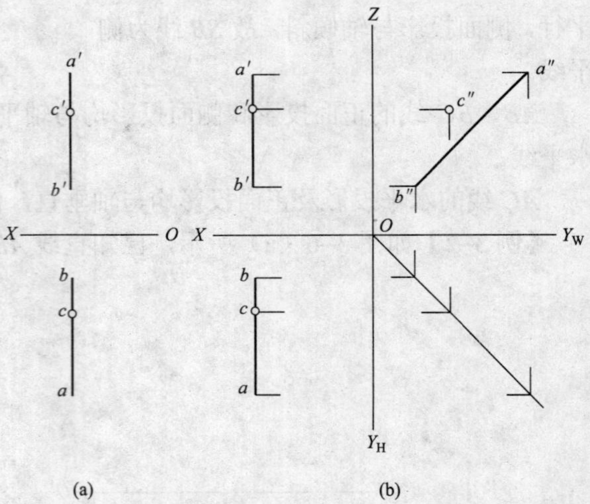

图 3–8 判别点 C 是否在直线 AB 上

3.3.2 直线上的线段之比

由平行投影的特性可知：若点在线上，点分空间线段长度之比等于其同面投影长度之比。如图 3–7 所示，点 E 在直线 AB 上，则 E 的两面投影 e、e' 必分别落在 AB 的投影 ab 和 $a'b'$ 上，且 $AE:EB=ae:eb=a'e':e'b'=a''e'':e''b''$。

【例 3–3】如图 3–9 所示，试把已知线段 AB 分成 $AC:CB$=2:3。

分析：由定比性知：$ac:cb=a'c':c'b'=AC:CB$=2:3，为此，用几何作图的方法分线段 AB 的一个投影（如 ab）为 $ac:cb$=2:3，可得 C 点的水平投影 c；然后按直线上点的投影特性在 $a'b'$ 上定出 c'，C（c、c'）即为所求。

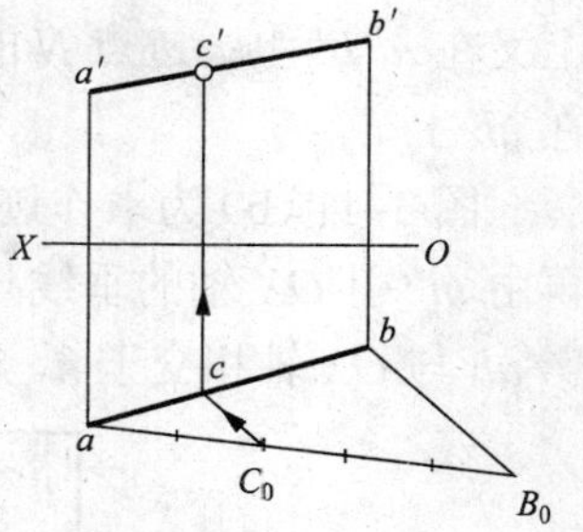

图 3-9　在线上取点

作图：（1）过投影 a 作任意辅助线 aB_0，在此线上度量五等分，使 $aC_0:C_0B_0=2:3$，确定 C_0；

（2）连 b 和 B_0，再过 C_0 作辅助线平行于 B_0b 交 ab 于点 c；

（3）在水平投影 ab 上得分点 C 的水平投影 c，再由 c 向上作铅垂连系线，在正面投影 $a'b'$ 上得分点 C 的正面投影 c'。

【例 3-4】如图 3-10（a）所示，已知侧平线 CD 上一点 E 的正面投影 e'，要求作出点 E 的水平投影 e。

分析：由投影可知 CD 为侧平线，由 e' 不能直接对应作出投影 e，因此可用定比法或第三投影作图。

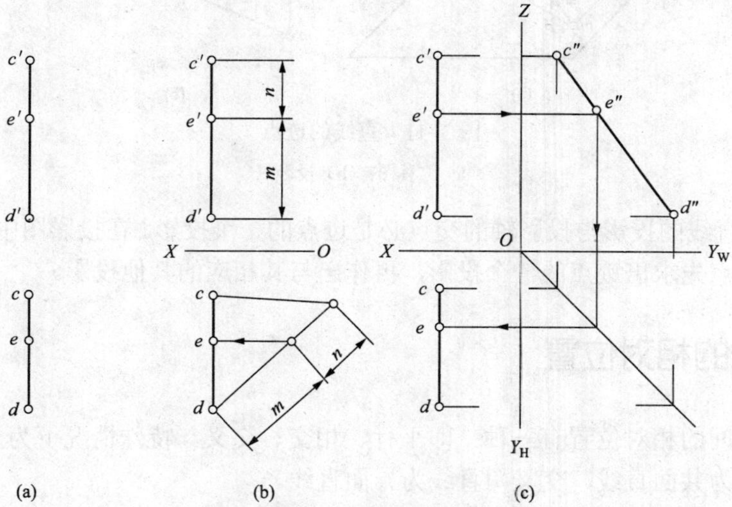

图 3-10　在侧平线上取点

（a）已知条件；（b）定比法；（c）第三投影法

作图：

定比法：把正面投影 e' 所分 $c'd'$ 的比 $m:n$ 移到 cd 上面作出 e［图 3-10（b）］。

作出第三面投影：先作出 CD 的侧面投影 $c''d''$，再在 $c''d''$ 上作出 e''，最后在 cd 上找到 e［图 3-10（c）］。

由此可见：当直线是某一投影面的平行线时，还可以利用定比性的方法判断点是否在直线上。

3.3.3　直线的迹点

直线与投影面的交点，称为该直线的迹点。直线与 H 投影面的交点称为水平迹点或 H 面迹点；直线与 V 投影面的交点称为正面迹点或 V 面迹点；直线与 W 投影面的交点称为侧面迹点或 W 面迹点。

迹点是投影面上的点，故迹点在它所在的投影面上的投影，与本身重合，在另外投影面上的投影在投影轴上。

如图 3-11（a）所示，延长 AB 直线，与 H 面交于 M 点（水平迹点），与 V 面交于 N 点

（正面迹点）。其中：迹点 M 的 H 面投影 m 在 ab 上又与 M 重合，而 V 面投影 m' 必在 OX 轴上又在 $a'b'$ 上；迹点 N 的 V 面投影 n' 在 $a'b'$ 上又与 N 重合，而 H 面投影 n 在 OX 轴上又在 ab 上。

图 3–11（b）为求作迹点投影的过程：首先延长 AB 的正面投影 $a'b'$ 与 OX 轴相交于 m'，再由 m' 引 OX 轴的垂线与直线的水平投影 ab 的延长线相交得 m。同理，延长 AB 的水平投影 ab 与 OX 轴相交于 n，再由 n 引 OX 轴的垂线与直线的正面投影 $a'b'$ 的延长线相交得 n'。

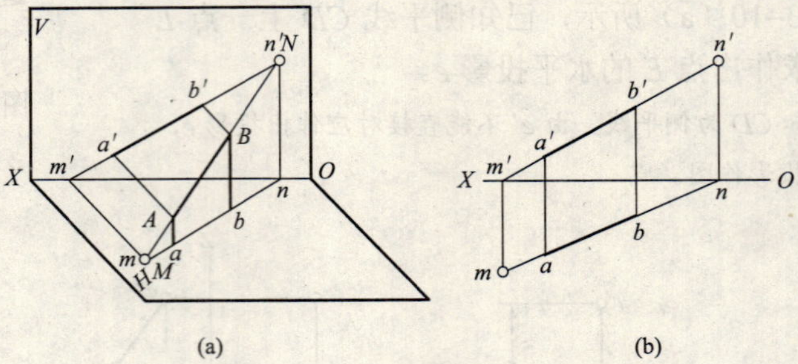

图 3–11 直线的迹点

（a）立体图；（b）投影图

由此可见：直线的投影与投影轴的交点必是迹点的一个投影。在投影图中求直线的迹点，总是根据这一特点先求出迹点的一个投影，再作出与其相应的其他投影。

3.4 两直线的相对位置

两直线在空间的相对位置有三种：即平行、相交、交叉。特殊情况下为互相垂直。两平行、相交直线均为共面直线，交叉两直线为异面直线。

3.4.1 平行两直线

由平行投影的特性可知：若空间两直线互相平行，则其同面投影也平行；反之，若两直线的同面投影互相平行，则空间两直线一定平行。如图 3–12 所示，$AB /\!/ CD$，则，$ab /\!/ cd$，$a'b' /\!/ c'd'$，$a''b'' /\!/ c''d''$。

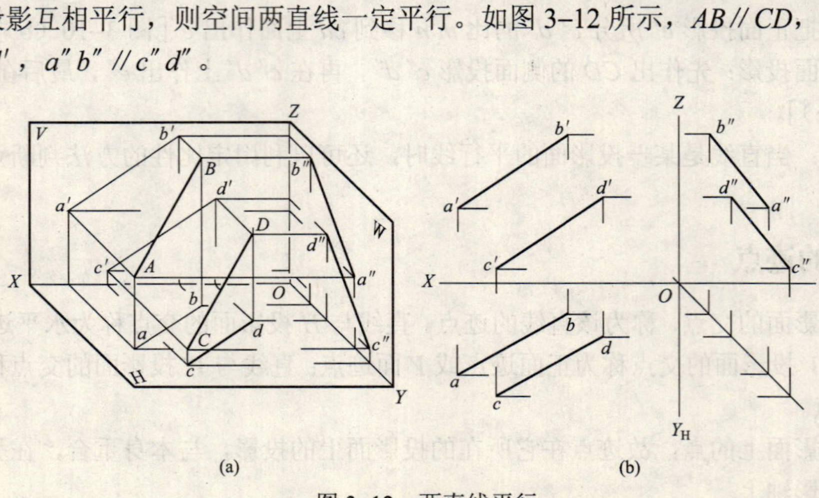

图 3–12 两直线平行

（a）立体图；（b）投影图

对于一般位置的两直线，仅根据直线的任意两个同面投影是否平行即可判别它们在空间是否平行，如图 3–12 所示，但对于平行于同一投影面的两直线，则需要有一组是被平行的投影面上的投影；或者由各同面投影的指向和长度之比是否一致来确定。如图 3–13（a）所示两直线平行，图 3–13（b）所示两直线不平行。

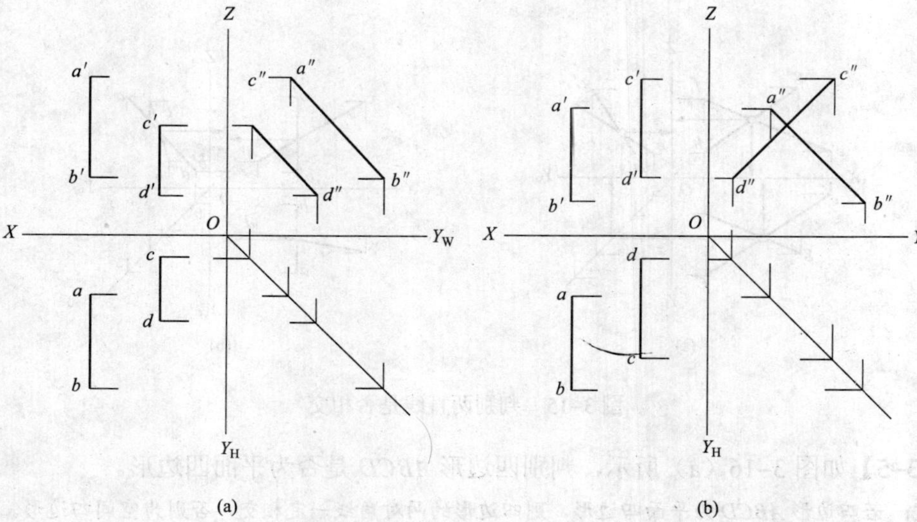

图 3–13　两侧平线平行的判别

（a）两直线平行；（b）两直线不平行

3.4.2　相交两直线

若空间两直线相交，则其同面投影也相交，且各投影的交点符合点的投影规律，如图 3–14 所示，*AB* 和 *CD* 相交于点 *K*，则 *k* 一定在 *ab* 和 *cd* 的交点上，*k*′ 一定在 *a*′*b*′ 和 *c*′*d*′ 的交点上，*k*″ 一定在 *a*″*b*″ 和的 *c*″*d*″ 的交点上。反之，若两直线的同面投影相交，且各同面投影的交点的连线符合空间一点的投影特性，则两直线在空间一定相交。

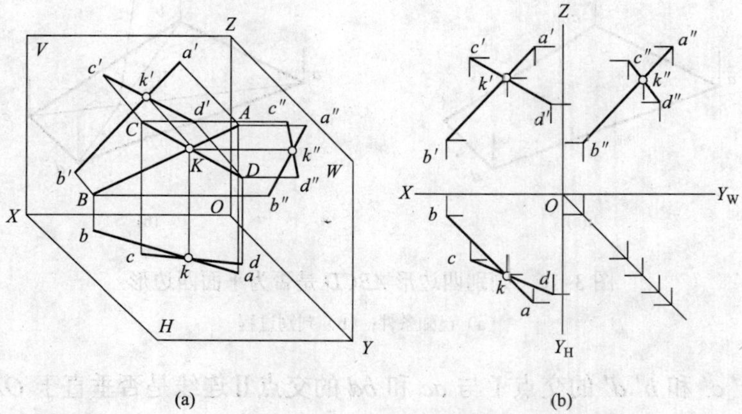

图 3–14　两直线相交

（a）立体图；（b）投影图

两条一般位置直线，只要任意两组同面投影符合上述条件，即可肯定两直线相交。如两直线中，只要有一条为某投影面的平行线，如要判别它们是否相交，应画出在该投影面上的同面投影才能确定，或者利用定比性法来判定。图 3–15 中，虽然两直线的各同面投影相交，但各投影的交点不是同一点的投影（即交点的投影不符合点的投影规律），所以它们不是相交的两直线。

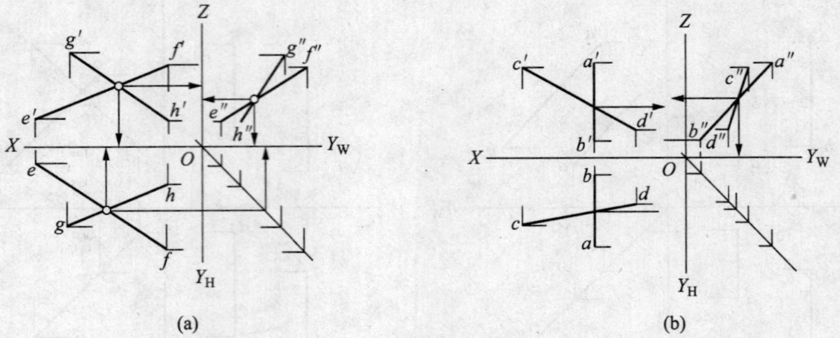

图 3–15 判别两直线是否相交

【例 3–5】如图 3–16（a）所示，判别四边形 *ABCD* 是否为平面四边形。

分析：若四边形 *ABCD* 为平面四边形，则四边形的两对角线一定相交，否则为空间四边形。

作图：［图 3–16（b）］

（1）连接 *ac* 和 *a′ c′*；

（2）连接 *bd* 和 *b′ d′*；

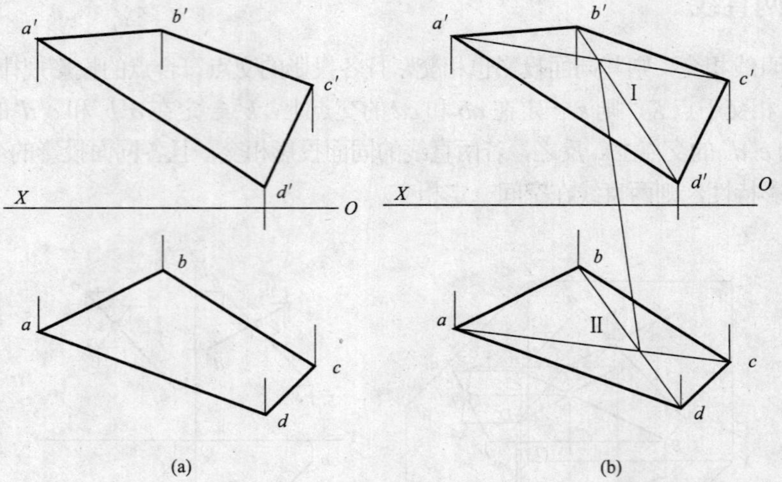

图 3–16 判别四边形 *ABCD* 是否为平面四边形

（a）已知条件；（b）判别过程

（3）检查 *a′ c′* 和 *b′ d′* 的交点Ⅰ与 *ac* 和 *bd* 的交点Ⅱ连线是否垂直于 *OX* 轴。因交点连线ⅠⅡ不垂直于 *OX* 轴，所以可判别四边形 *ABCD* 不是平面四边形。

3.4.3 交叉两直线

空间既不平行又不相交的两直线，称为交叉两直线。交叉两直线的各面投影不具备两平行或相交直线的投影特性，如图 3–13（b）、图 3–15 所示。

交叉两直线在任何投影面上的投影的交点是空间两个点的重合投影，这两个点分别属于两条直线上，因为它们位于同一投射线上，是重影点。投影时，需判断重影点的可见性。如图 3–17 所示，*ab* 和 *cd* 的交点是空间 *CD* 上的 *M* 点和 *AB* 上的 *N* 点的水平投影，因为 *M* 点在上，*N* 点在下，水平投影表示为 *m*（*n*）。正面投影 *a′ b′* 和 *c′ d′* 的交点是空间 *AB* 上 *K* 点和 *CD* 上 *L* 点的正面投影，因为 *K* 点在前，*L* 点在后，正面投影表示为 *k′*（*l′*）。

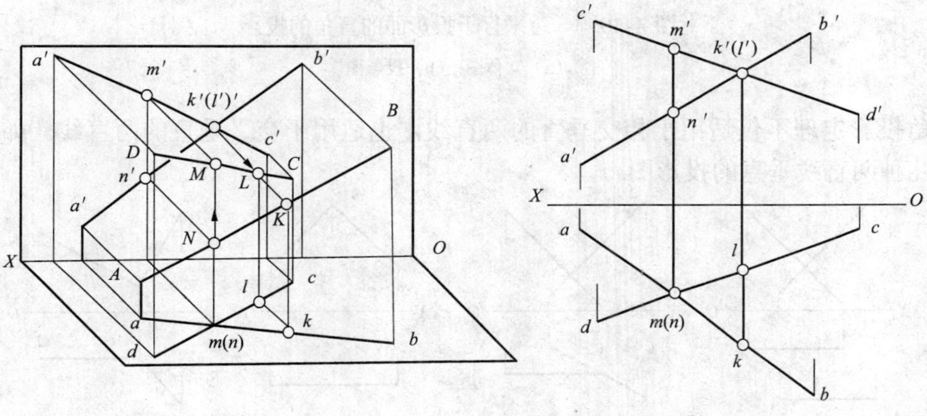

图 3–17 交叉两直线的投影及重影点判断

（a）立体图；（b）投影图

3.4.4 垂直两直线

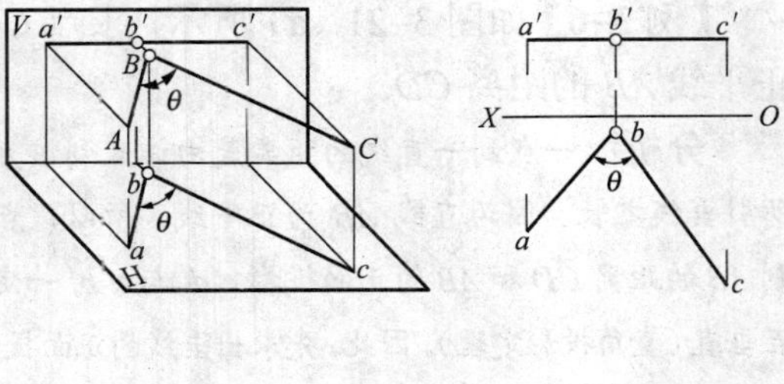

图 3–18 平行于同一投影面的两直线

（a）立体图；（b）投影图

相交两直线的夹角的投影一般不反映角的实际大小，只有当构成夹角的两直线平行于同一投影面时，在该投影面上的投影反映两直线间的真实夹角，如图 3–18 所示。

空间垂直的两直线，若其中有一条直线平行于某一投影面，另一条不平行也不垂直于该投影面时，则两直线在该投影面上的投影反映直角，此定理称为直角投影定理。

如图 3–19（a）所示，已知 $AB \perp BC$，且 $AB /\!/ H$ 面，证明 $ab \perp bc$。

证明：因为 $AB \perp BC$、$AB \perp Bb$，所以 $AB \perp BbcC$ 平面。

又因 $ab /\!/ AB$，所以 $ab \perp BbcC$ 平面，由此得 $ab \perp bc$。

上述定理的逆定理也成立。即若两直线的同面投影垂直，且其中一条直线平行该投影面，则可判定该两直线在空间相互垂直。

如图 3–19（b）所示，若 *AB* 和 *BC* 的水平投影 $ab \perp bc$，直线 *AB* 为水平线（*ab* 为直线

AB 的实长投影)，则可以判定在空间 AB⊥BC。

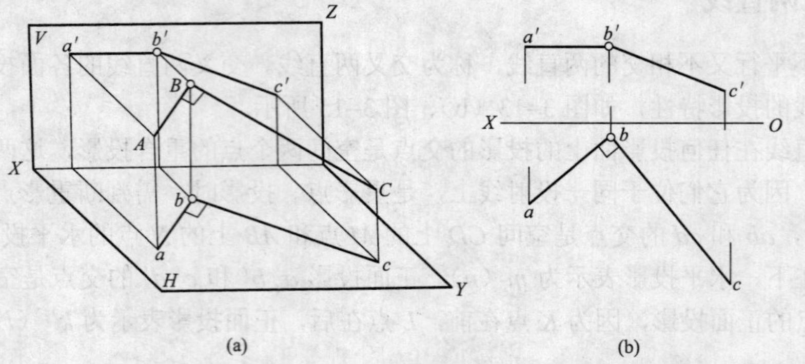

图 3-19 一边平行于投影面的直角的投影

（a）立体图；（b）投影图

直角投影定理不仅适用于相交垂直的两直线，也适用于交叉垂直的两直线。如图 3-20 所示是几种两直线垂直的投影图。

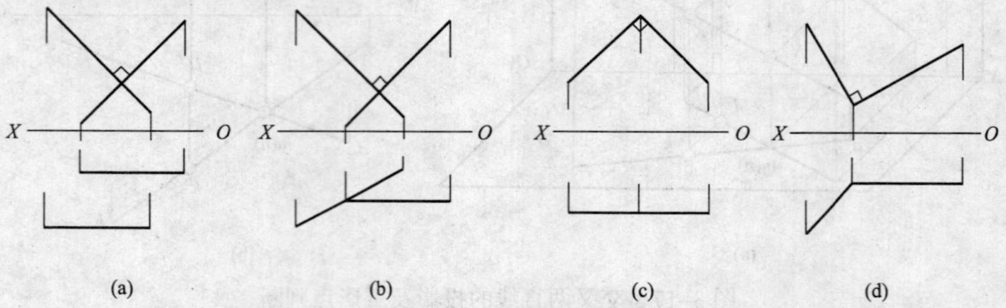

图 3-20 两直线垂直的投影图

【例 3-6】如图 3-21（a）所示，求点 C 到正平线 AB 的距离 CD。

分析：一点到一直线的距离是由该点到该直线所引垂线之长。因为直线 AB 为正平线，所以，点 C 到 AB 的距离 CD 和 AB 的正面投影 c'd' 与 a'b' 一定相互垂直（直角投影定理）。因此，先求出垂线的正面投影，然后求出水平投影，最后用直角三角形法求出垂线实长。

作图：［图 3-21（b）］

（1）作 c' d' ⊥a' b' 交 a' b' 于一点 d' 。

（2）由 d' 作竖直连系线交 ab 于一点 d，并连结 cd。

（3）利用直角三角形法求出 CD 的实长。

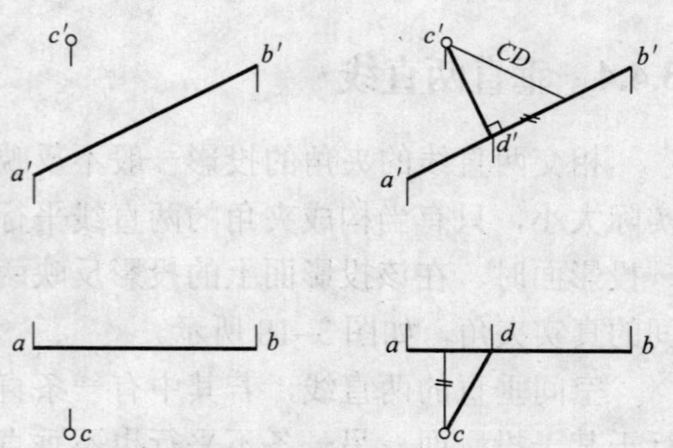

图 3-21 求点到正平线的距离

（a）已知条件；（b）作图过程

【例 3-7】图 3-22（a）为正方形 ABCD 对角线的投影，且点 B 在点 A 的下方，试完成正方形的两面投影。

分析：空间正方形对角线一定相交垂直且等长，由图 3-22（a）可知 a' c' // ox 轴，对角线 AC 为水平线，因此两对角线的水平投影 ac⊥bd。又因 BD=AC=ac，且对角线半长 KC=kc，由对角线的半长的水平投影 kb 可求出其 k' b' 的长度和 K、B 的 Z 坐标差。

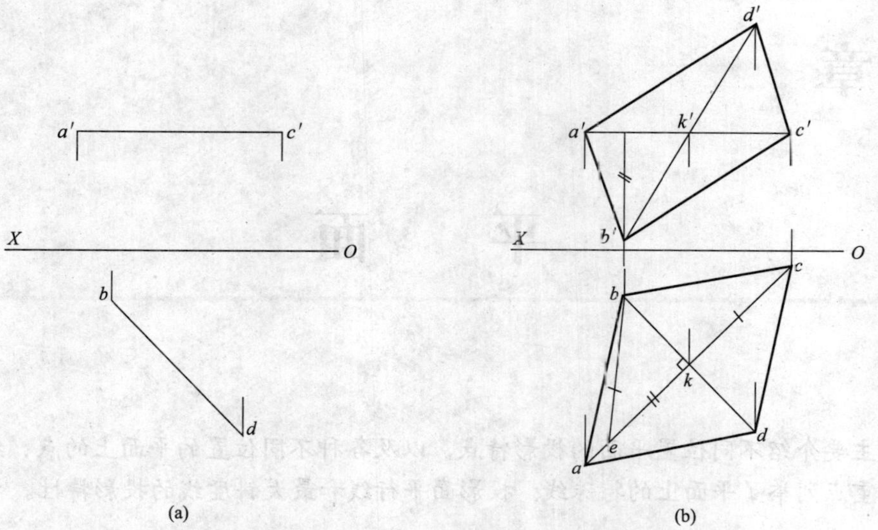

图 3–22 作出正方形的两面投影

（a）已知；（b）作图过程

作图：[图 3–22（b）]

（1）求中点的投影 k'、k，并过 k 作对角线 AC 的水平投影 ac，即 $ac \perp bd$，且投影 $ac=AC$。

（2）以对角线半长的水平投影 kb 为直角边，以对角线的半长 kc 为斜边作一直角三角形 kbe，另一直角边 ke 为 K、B 的 Z 坐标差。

（3）过 k' 作对角线 BD 的正面投影 $b'd'$，连接对角线的端点，即完成正方形 $ABCD$ 的两面投影，该四边形是平行四边形。

思 考 题

1. 试述各种位置直线的投影特性；如何在投影图上区别？

2. 怎样判别点是否在直线上？

3. 试述用直角三角形法求线段的实长和对投影面倾角的原理和方法。

4. 何为迹点？它有什么特性？在三投影面体系中，投影面平行线、垂直线、一般线分别有几个迹点，如何求得？

5. 两直线的相对位置有几种？它们的投影图有何特点？试比较两相交直线和交叉直线的投影特性？

6. 在什么情况下，直角的投影仍为直角？

第4章

平　面

本章主要介绍不同位置平面的投影特点，以及各种不同位置的平面上的点、线的投影特性。其中重点列举了平面上的特殊线：投影面平行线和最大斜度线的投影特性。

4.1　平面的投影

4.1.1　平面的投影性质

（1）平面图形的投影，由平面图形的轮廓线的投影表示。因为，平面图形的形状、大小和位置等，是由它的轮廓线决定的，故平面图形的投影由其轮廓线的投影表示，如图 4–1 所示。

（2）平面图形倾斜于某投影面时，在该面上的投影是一个类似图形，但形状、大小均可变化，如图 4–2（a）所示。

（3）平面图形垂直于某投影面时，在该面上的投影积聚成一直线，如图 4–2（b）所示。

（4）平面图形平行于某投影面时，在该面上的投影反映平面图形的真实形状、大小和方向等，如图 4–2（c）所示。

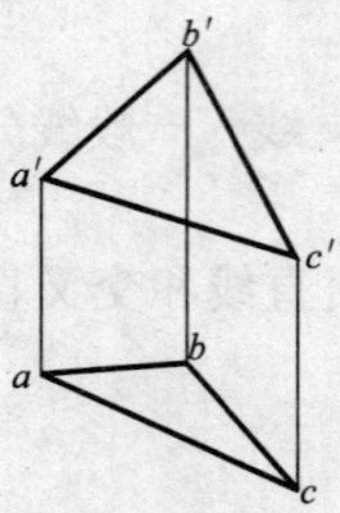

图 4–1　△*ABC* 的投影图

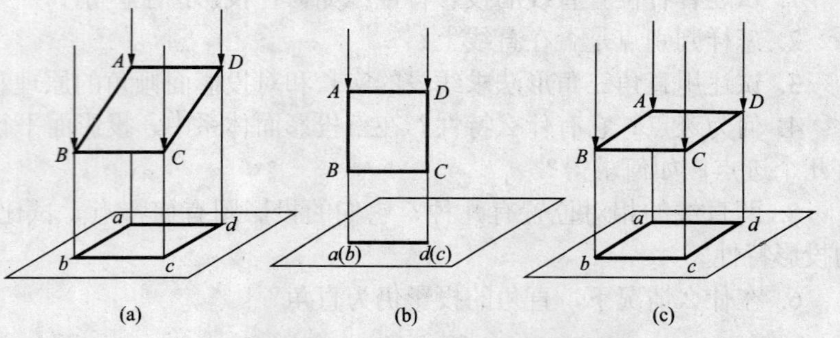

图 4–2　各种位置平面的投影

（a）平面倾斜于投影面；（b）平面垂直于投影面；（c）平面平行于投影面

平面可以由确定该平面的几何元素的投影表示，也可以用迹线表示。

4.1.2　几何元素表示法

平面在空间是无限大的，其空间位置可用图 4–3 所示的几何元素来确定和表示。

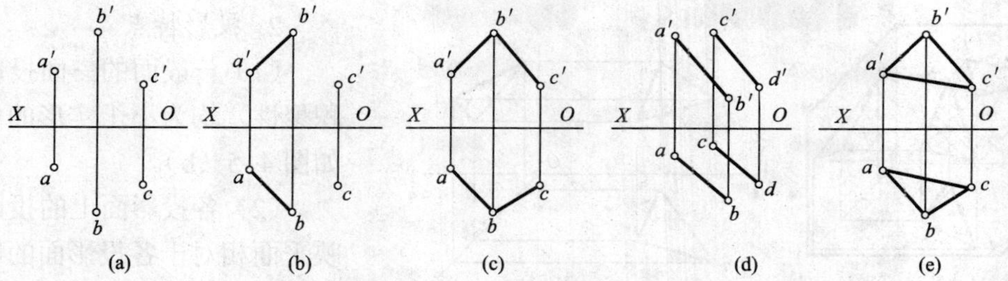

图 4–3 平面的几何元素表示法

（a）不在同一直线上三点确定平面；（b）一直线及线外一点确定平面；（c）相交二直线确定平面；（d）平行二直线确定平面；（e）平面图形确定平面

4.1.3 迹线表示法

平面除上述五种表示法外，还可以用迹线表示。

迹线就是平面与投影面的交线。平面与投影面 H、V 和 W 的交线分别称为平面的水平迹线、正面迹线和侧面迹线，如图 4–4（a）所示。迹线的符号用平面名称的大写字母附加投影面名称的下标来表示，如图 4–4 中的 P_H、P_V、和 P_W。

迹线既是投影面上的直线，又是某个平面上的直线。因此在投影面上，迹线在该面的投影与它本身重合，另两个投影在相应的投影轴上。在图 4–4（b）中，P_H 既在 H 面上，又在 P 面上，P_H 的水平投影与 P_H 重合，其正面投影和侧面投影分别在 OX 轴和 OY 轴上。

在投影图上，通常只将迹线与重合的那个投影画出，并用大写带脚标的符号标记，凡和投影轴重合的投影不需画出，也省略标记，如图 4–4（b）所示。

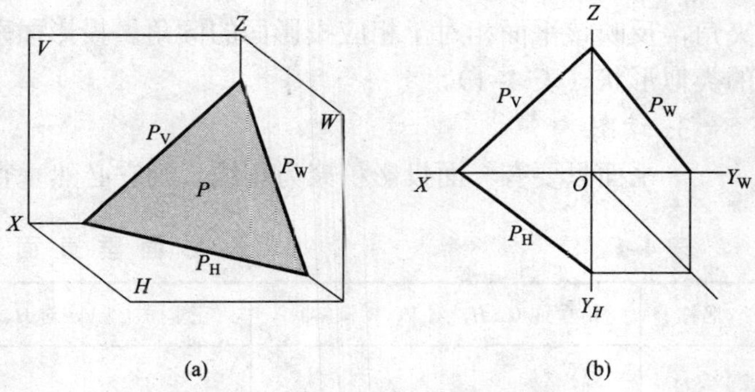

图 4–4 平面的迹线表示法

（a）空间情况；（b）投影图

4.2 平面对投影面的相对位置

平面按照对投影面 H、V、W 的相对位置，可分为三类：一般位置平面、投影面垂直面、投影面平行面。通常在投影图中，平面相对于投影面 H、V、W 面的倾角用小写的希腊字母 α、β、γ 来表示。

4.2.1 一般位置平面

1. 空间位置

一般位置平面相对于三个投影面都倾斜，如图 4–5（a）所示平面 ABC，简称一般面。

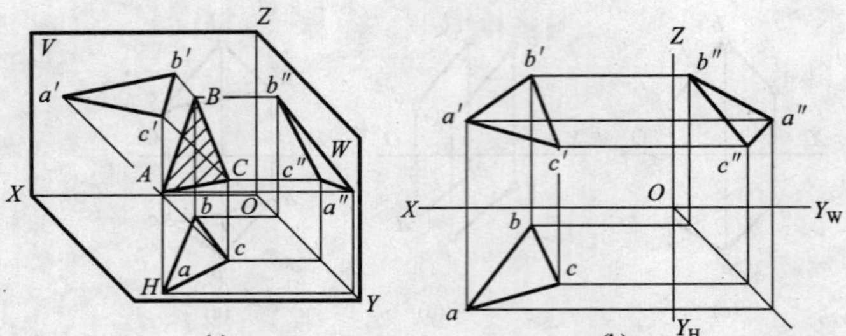

(a) (b)

图 4–5 一般位置平面

（a）立体图；（b）投影图

2. 投影特点

（1）一般面的三面投影都没有积聚性，均为小于实形的类似形，如图 4–5（b）。

（2）各投影面上的投影都不反映平面相对于各投影面的倾角。

3. 读图

若一平面的三面投影均为平面图形，则该平面必为一般面。

4.2.2 投影面垂直面

1. 空间位置

垂直于一个投影面且倾斜于另外两个投影面的平面称为投影面垂直面。

根据它所垂直的投影面的不同，可分为三种（表 4–1）：*V* 面垂直面，又称正垂面；*H* 面垂直面，又称铅垂面；*W* 面垂直面，又称侧垂面。

2. 投影特性

投影面垂直面在它所垂直的投影面上的投影积聚为一直线，此积聚投影与相应投影轴的夹角，反映该平面相对于相应投影面的倾角。投影面垂直面的其他投影均比实形小，为原形的类似形状（表 4–1）。

3. 读图

一平面只要有一面投影积聚为直线，则它必然垂直于积聚投影所在的投影面。

表 4–1 投 影 面 垂 直 面

名称	铅垂面（⊥*H*，对 *V*、*W* 倾斜）	正垂面（⊥*V*，对 *H*、*W* 倾斜）	侧垂面（⊥*W*，对 *H*、*V* 倾斜）
立体图	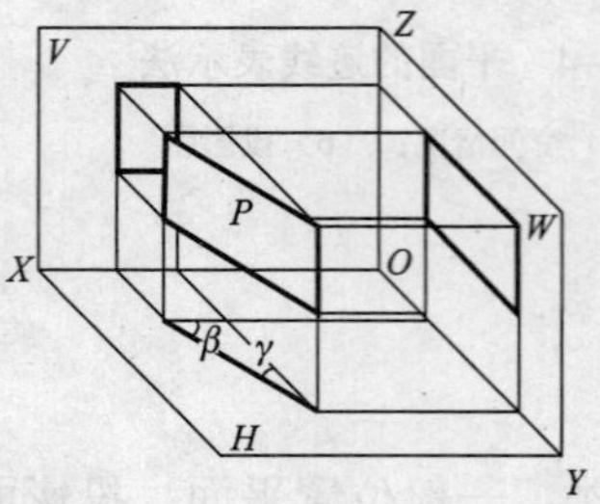	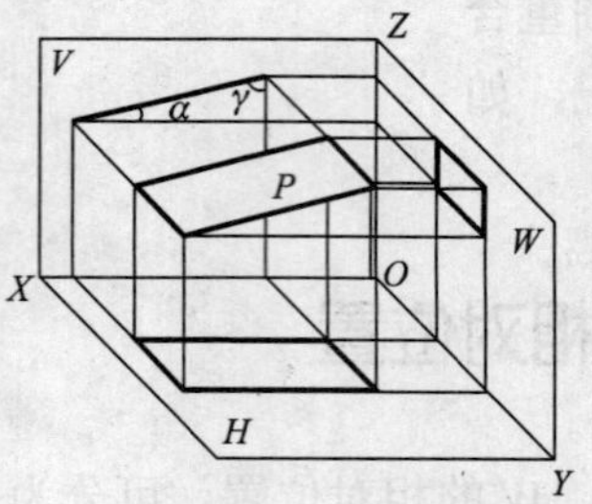	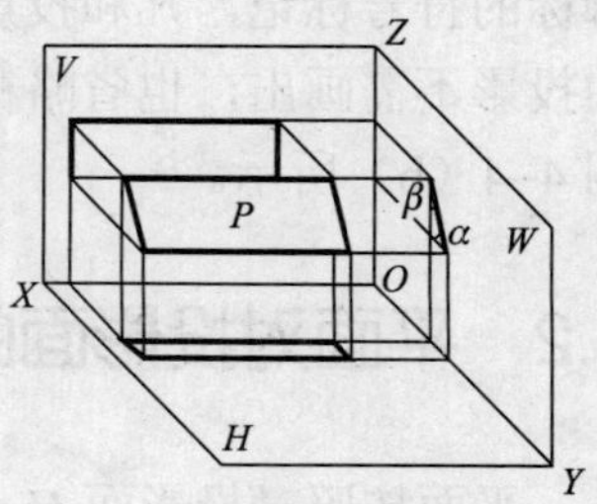
（几何元素表示法）投影图	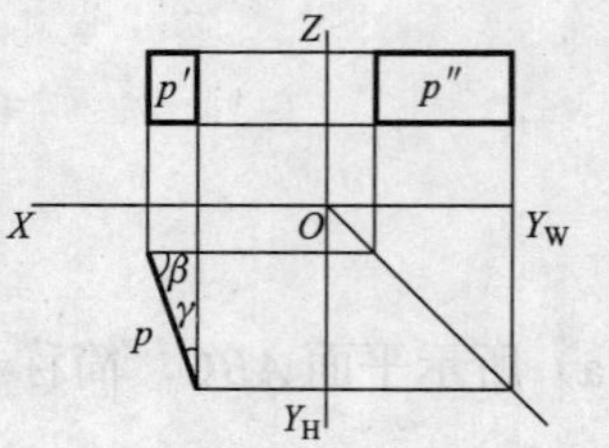	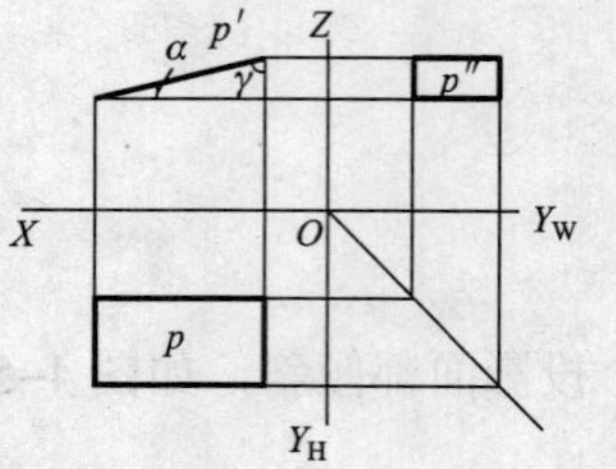	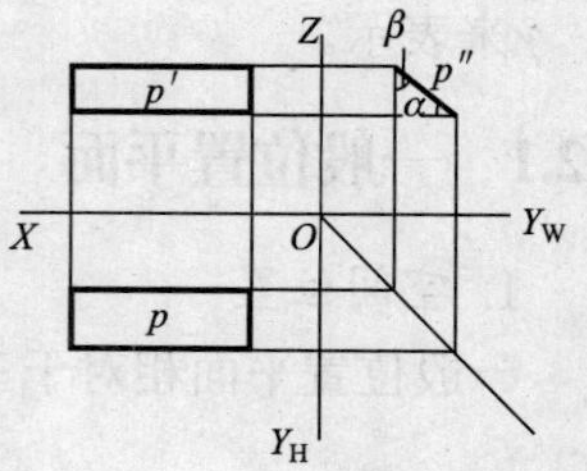

续表

名称	铅垂面（⊥H，对 V、W 倾斜）	正垂面（⊥V，对 H、W 倾斜）	侧垂面（⊥W，对 H、V 倾斜）
（迹线表示法）投影图	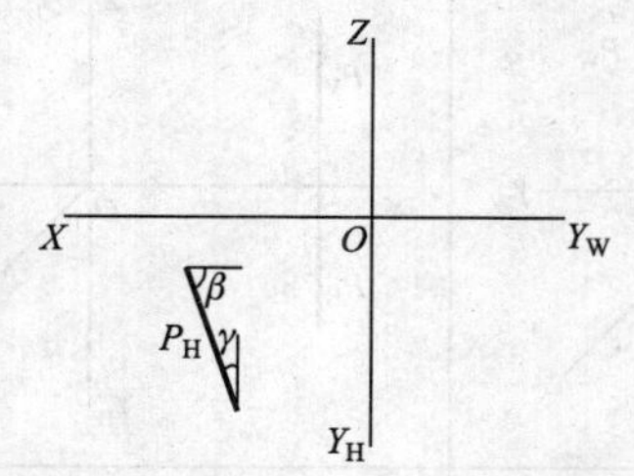	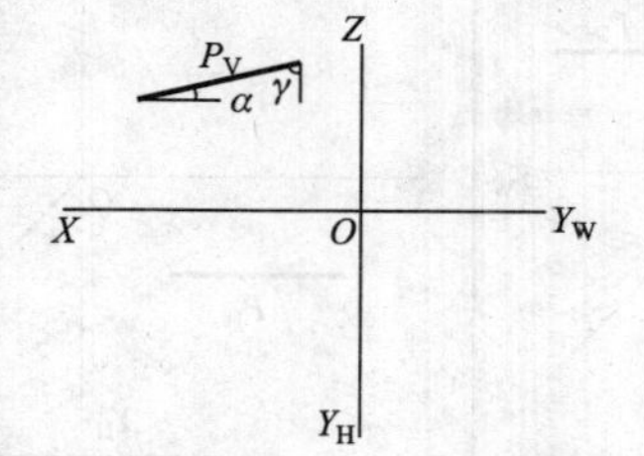	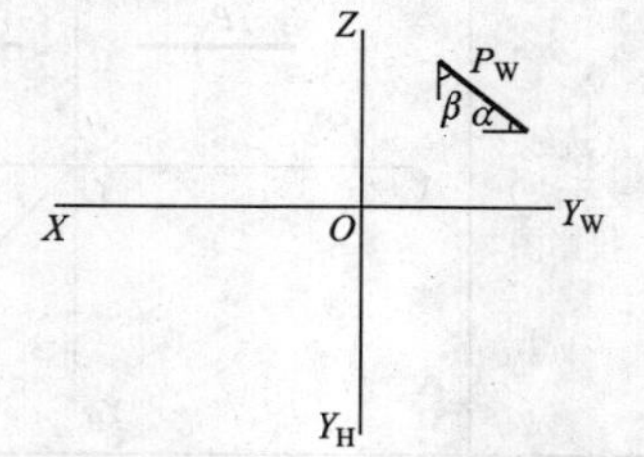
投影特性	1. 水平投影积聚为直线，并反映倾角β、γ 2. 正面、侧面投影为小于实形的类似形	1. 正面投影积聚为直线，并反映倾角α、γ 2. 水平、侧面投影为小于实形的类似形	1. 侧面投影积聚为直线，并反映倾角α、β 2. 水平、正面投影为小于实形的类似形

4.2.3 投影面平行面

1. 空间位置

平行于一个投影面同时垂直于另外两个投影面的平面称为投影面平行面。

根据它所平行的投影面的不同，可分为三种（表 4–2）：V 面平行面，又称正平面；H 面平行面，又称水平面；W 面平行面，又称侧平面。

2. 投影特性

投影面平行面在它所平行的投影面上的投影反映实形。由于投影面平行面同时垂直于其他两个投影面，因此它的其他两面投影均积聚为直线，且平行于相应投影轴（表 4–2）。

表 4–2 投 影 面 平 行 面

名称	水平面（//H、⊥V、⊥W）	正平面（//V、⊥H、⊥W）	侧平面（//W、⊥H、⊥V）
立体图	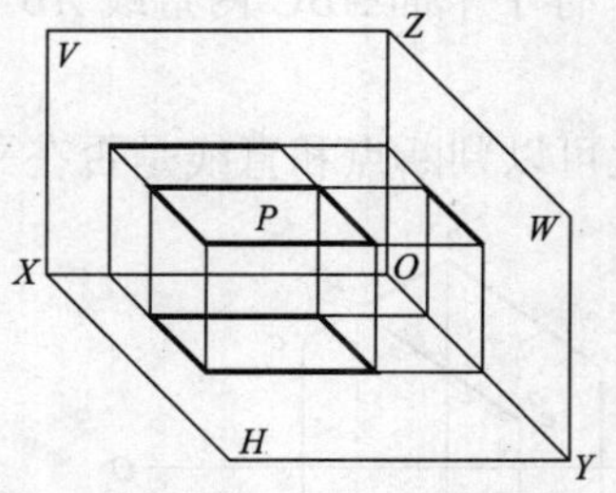	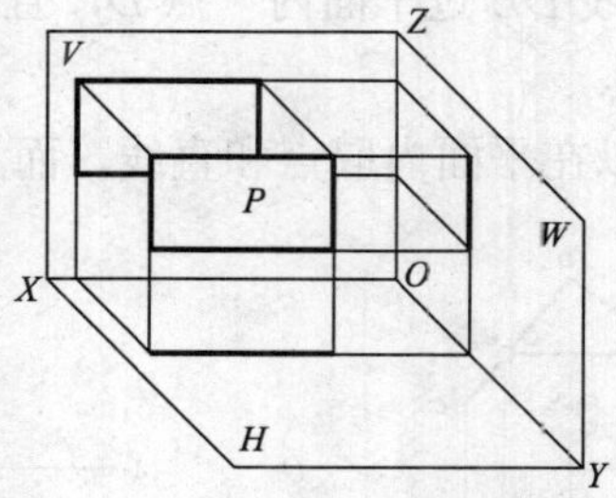	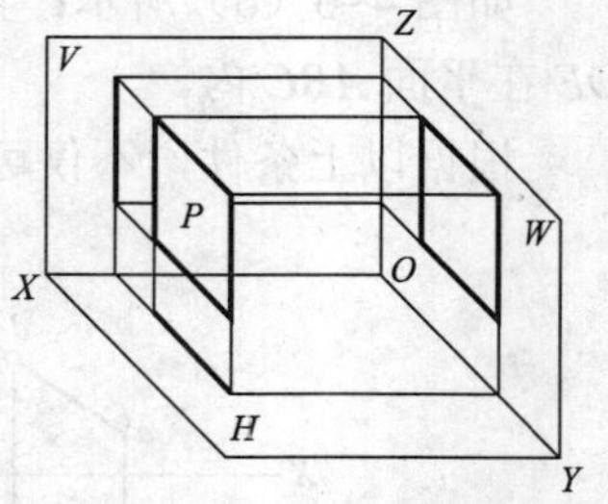
（几何元素表示法）投影图	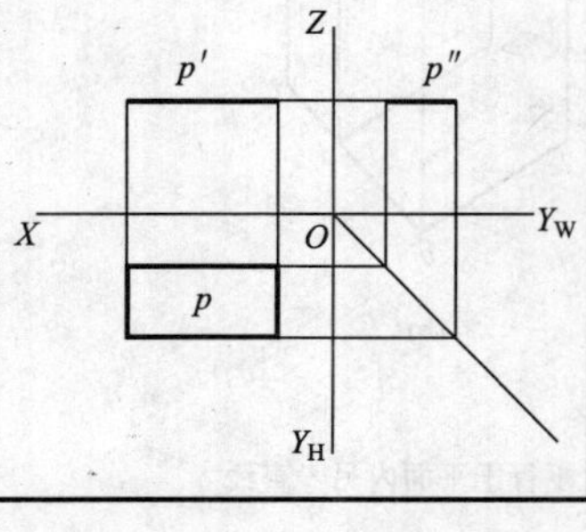	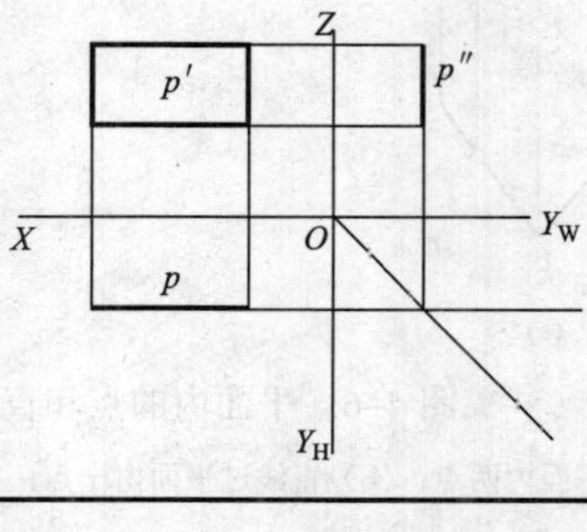	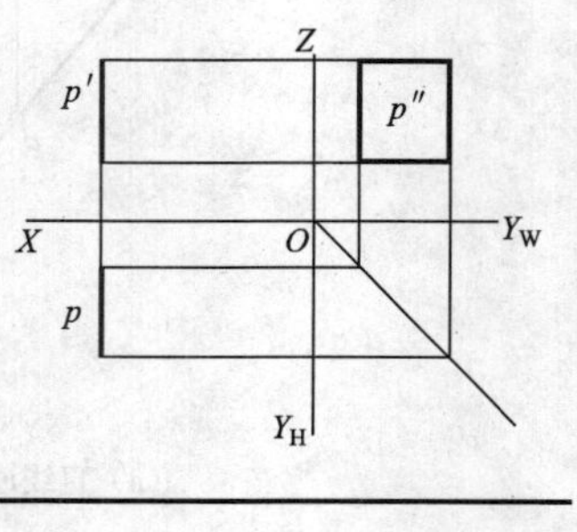

续表

名称	水平面（// *H*、⊥*V*、⊥*W*）	正平面（// *V*、⊥*H*、⊥*W*）	侧平面（// *W*、⊥*H*、⊥*V*）
（迹线表示法）投影图	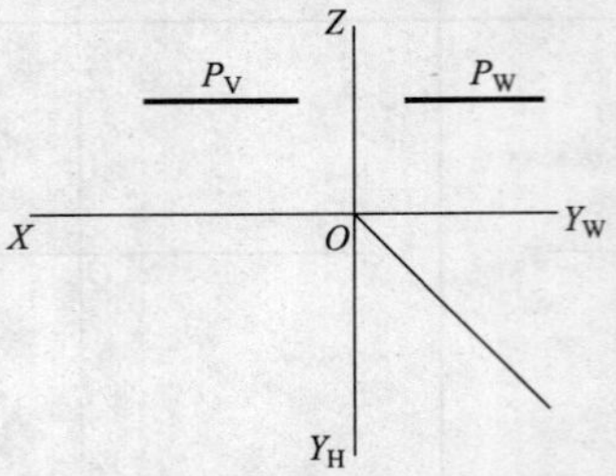	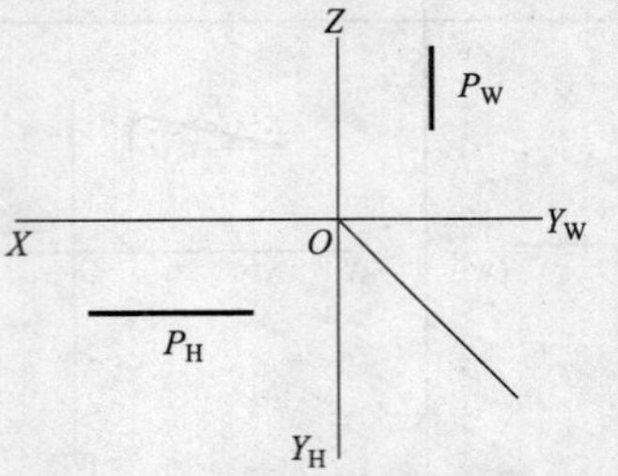	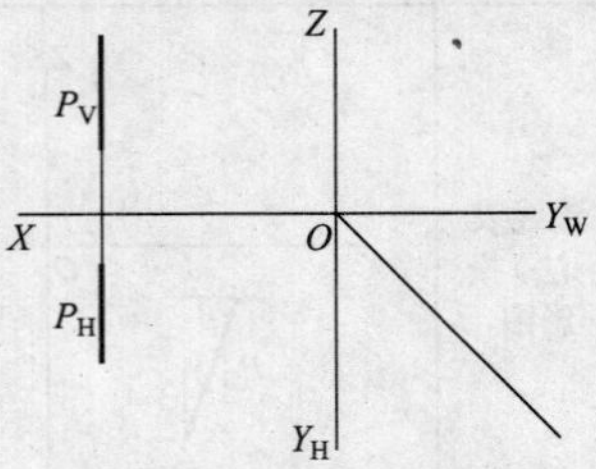
投影特性	1. 水平投影反映实形 2. 正面投影积聚为一平行于 *OX* 轴的直线 3. 侧面投影积聚为一平行于 OY_W 轴的直线	1. 正面投影反映实形 2. 水平投影积聚为一平行于 *OX* 轴的直线 3. 侧面投影积聚为一平行于 *OZ* 轴的直线	1. 侧面投影反映实形 2. 水平投影积聚为一平行于 OY_H 轴的直线 3. 正面投影投影积聚为一平行于 *OZ* 轴的直线

3. 读图

一平面只要有一面投影积聚为一条平行于投影轴的直线，则它必然平行于非积聚投影所在的投影面。非积聚投影反映实形。

4.3 平面上的点和直线

平面上的点和直线必须满足下列条件：

（1）平面上的点必在该平面上的一条直线上。

（2）平面上的直线必通过平面上两点，或通过平面上的一点，且平行于平面上的另一条直线。

如图 4–6（a）所示：*D* 点、*E* 点分别在平面 *ABC* 内的直线 *AB*、*BC* 上，因此 *D*、E 点均在平面 *ABC* 内。直线 *DE* 过平面内两点 *D*、*E*，故在平面 *ABC* 内。

如图 4–6（b）所示：直线 *DE* 过平面内一点 *D*，且平行于平面 *ABC* 内直线 *AB*，故直线 *DE* 在平面 *ABC* 内。

根据以上条件，不仅可以在平面内取点和直线，而且可以判断点和直线是否在平面内。

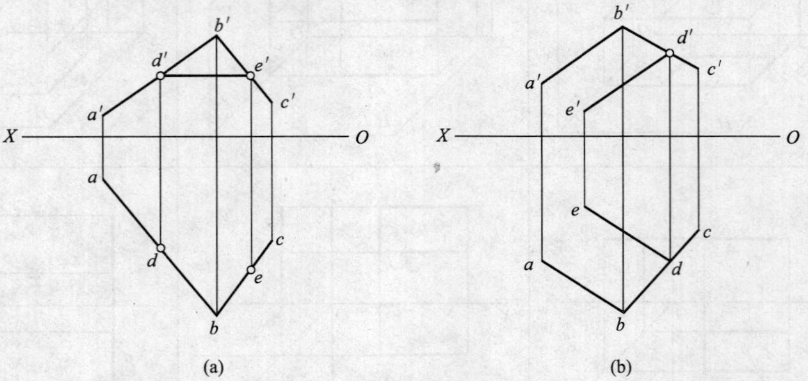

图 4–6　平面内的点和直线

（a）直线过平面内两点；（b）直线过平面内一点，且平行于平面内另一直线

【例 4–1】如图 4–7（a）所示，已知 M、N 点位于平面△ABC 上，现已知各点的一面投影，作出各点的另外一面投影。

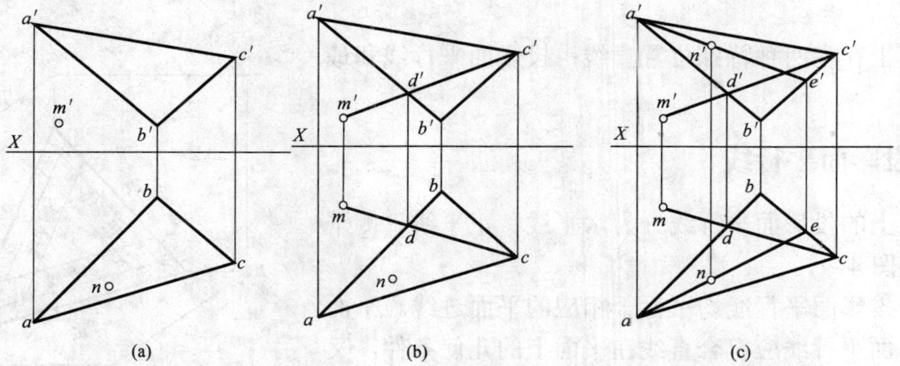

图 4–7 求作平面上点的投影

（a）已知；（b）求作 M 点 H 投影；（c）求作 N 点 V 投影

分析：要求每点投影，需根据平面上的点必在该平面内的一条直线上的几何特性。先在平面上任意作过该点的一条辅助线，然后在辅助线上作出要求点的投影。

作图：（1）求作 M 点的 H 投影。在 V 投影中，过平面 a′ b′ c′ 中任一点［如图 4–7（b）中 c′］与 m′ 相连，与平面 ABC 中另一线（如图中的 a′ b′）交于一点（如图中的 d′），作出该点的 H 投影（如图中的 d），在 H 投影中连接此辅助线（如图中的 cd），在此线上作出 m 点。

（2）求作 N 点的 V 投影。在 H 投影中，过平面 abc 中任一点［如图 4–7（c）中 a］与 n 相连，与平面 ABC 中另一线（如图中的 bc）交于一点（如图中的 e），作出该点的 V 投影（如图中的 e′），在 V 投影中连接此辅助线（如图中的 a′ e′），在此线上作出 n′ 点。

【例 4–2】如图 4–8（a）所示，已知平面 ABCD 的 V 投影，求作其 H 投影。

分析：要完成平面的 H 投影，需要求出 d 点，而 D 点是平面 ABCD 上的点，因此利用平面上点必然位于平面内直线上的几何特性即可求出。

作图：（1）在 V 投影中，连接 a′ c′ 与 b′ d′ 交于点 e′［图 4–8（b）］。

（2）在 H 投影中作出 e，连接 be，并延长与过 d 的竖直连系线交于点 d［图 4–8（c）］。

（3）连接 ad 及 dc，完成平面的 H 投影［图 4–8（d）］。

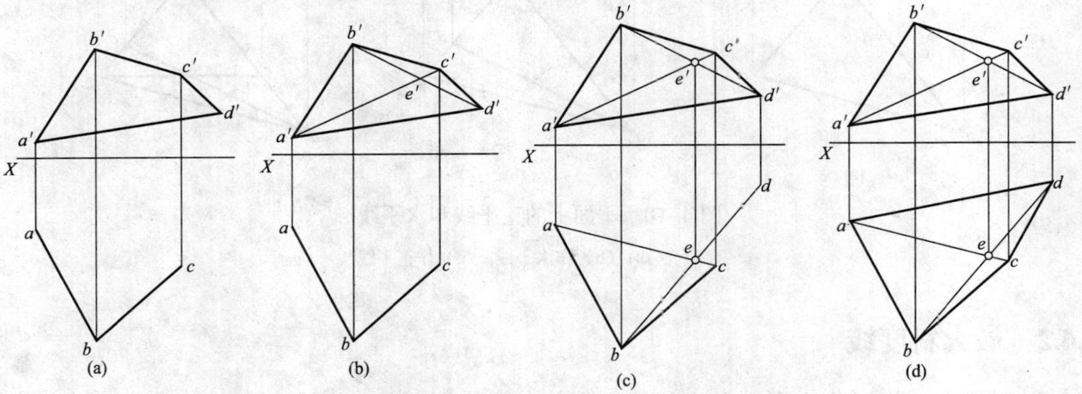

图 4–8 求作平面 H 投影

（a）已知条件；（b）作出 E 点；（c）作出 D 点；（d）完成平面的 H 投影

4.4 平面上的特殊位置直线

平面上存在两种特殊位置直线：投影面平行线和最大斜度线。

4.4.1 投影面平行线

平面上的投影面平行线分为水平线、正平线、侧平线三种（图 4–9）。

每种投影面平行线均平行于相应的平面迹线。平面上的投影面平行线应符合直线在平面上的几何条件，又符合投影面平行线的投影特性。

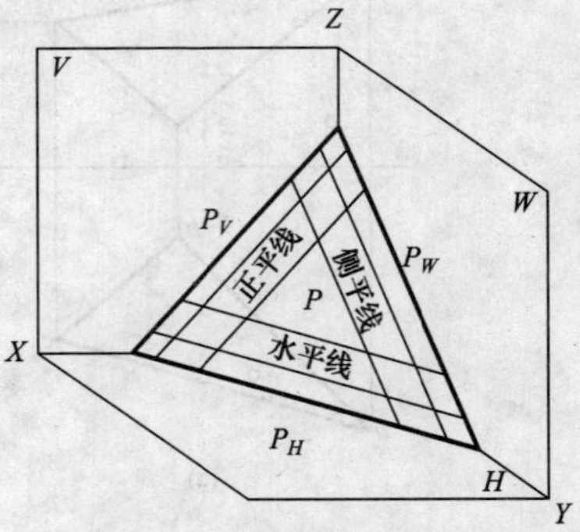

图 4–9 平面上的投影面平行线

【例 4–3】如图 4–10（a）所示，已知平面△*ABC*，过 *A* 点作平面上的水平线，过 *C* 点作平面上的正平线。

分析：要作平面上的水平线与正平线，需根据：

（1）平面上的线必过平面上两点。

（2）水平线的正面投影平行于 *OX* 轴，正平线的水平投影平行于 *OX* 轴。

作图：（1）如图 4–10（b）所示，在 *V* 投影中，过 a' 作 *OX* 轴的平行线与 $b'c'$ 交于 d'。在 *H* 投影中，作出 *d*，连接 *ad*。即得水平线 *AD*。

（2）如图 4–10（c）所示，在 *H* 投影中，过 *c* 点作 *ce* 平行于 *OX* 轴，交 *ab* 于 *e* 点。在 *V* 投影中，作出 e' 连接 $c'e'$，即得正平线 *CE*。

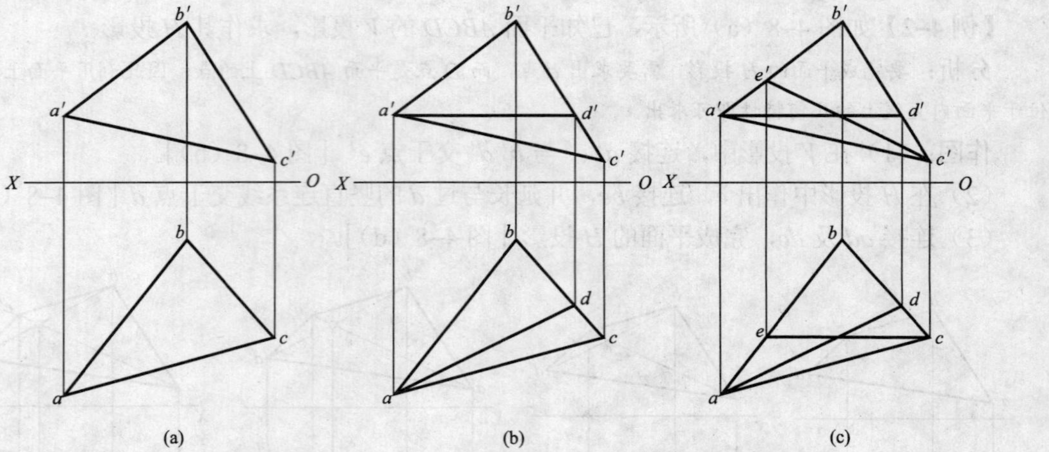

图 4–10 平面上的正平线和水平线

（a）已知；（b）作水平线；（c）作正平线

4.4.2 最大斜度线

过平面上一点可作出无数条直线，它们相对于投影面的倾角各不相同，其中必有一条直线相对于投影面的倾角最大，该直线称为该平面相对于该投影面的最大斜度线。

如图4–11所示中AD是P平面对H面的最大斜度线，它垂直于迹线P_H，P_H可看作P平面内的一条水平线。现证明在P平面内的所有直线中，AD的α角最大：在P平面内过A点任作一直线AE，它对H面的倾角为α_1，在直角$\triangle ADa$中有：

$\sin\alpha=\dfrac{Aa}{AD}$，在直角$\triangle AEa$中有$\sin\alpha_1=\dfrac{Aa}{AE}$，因$AD<AE$，故$\alpha>\alpha_1$。

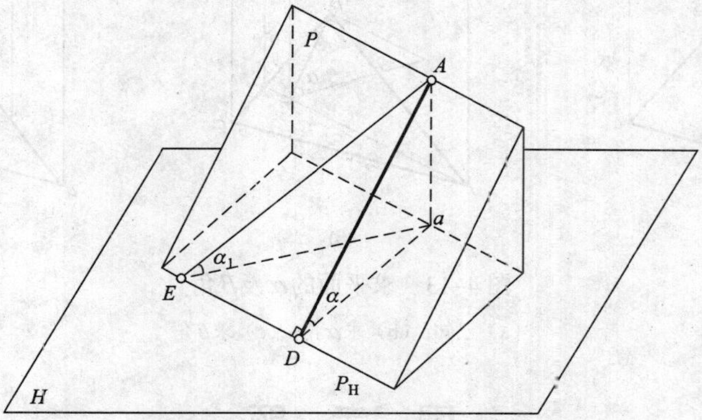

图4–11　平面相对于H面的最大斜度线

由图4–11还可以看出，平面P对H面的最大斜度线AD的α角，就反映了该平面的α角。同理可知，对V面的最大斜度线的β角，反映该平面的β角；对W面的最大斜度线的γ角，反映该平面的γ角。因此欲求一般位置平面的倾角，可利用该平面的最大斜度线来求解。

由于最大斜度线是相对于投影面而言，因此平面对于不同的投影面，有不同的最大斜度线。平面相对于某投影面的最大斜度线有无数条，但方向只有一种，都垂直于该平面的该面迹线或该平面的同面平行线，如图4–12所示。

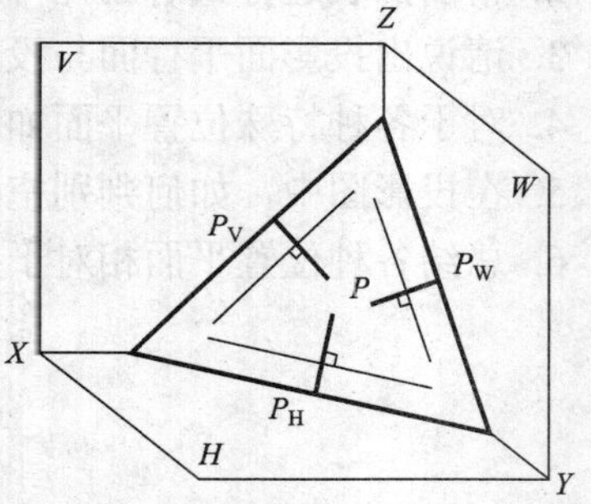

图4–12　平面上的三种最大斜度线

【例4–4】如图4–13（a）所示，求作平面$\triangle ABC$相对于H面的倾角α及相对于V面的倾角β。

分析：要求平面的α及β角，可先求出平面相对于H及V面的最大斜度线。分别求出平面相对于H面的最大斜度线的α角、平面相对于V面的最大斜度线的β角即为所求的α及β角。

作图：（1）求α角。作出平面的水平线AD。在平面内任意取一点（如点B）作出平面相对于H面的最大斜度线（如BM），保证该最大斜度线的H投影垂直于平面的水平线的H投影（如$bm\perp ad$）。利用直角三角形法作出该最大斜度线的α角［如图4–13（b）中α角］。即为所求的α角。

（2）求β角。作出平面的正平线CE。在平面内任意取一点（如点B）作出平面相对于V面的最大斜度线（如BN），保证该最大斜度线的V投影垂直于平面的正平线的V投影（如$b'n'\perp c'e'$）。利用直角三角形法作出该最大斜度线的β角［如图4–13（c）中β角］。即为所求的β角。

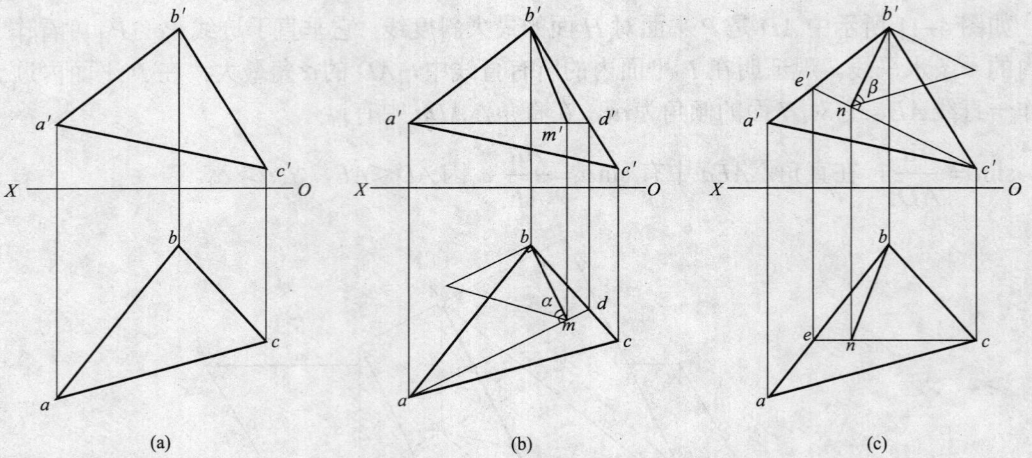

图 4-13 求平面的α及β角

（a）已知；（b）求α角；（c）求β角

思 考 题

1. 空间平面按照相对于投影面的位置可以划分为几种？各是什么？
2. 平面的表达方式有哪几种？
3. 请说出投影面平行面与投影面垂直面的投影特性的异同之处。
4. 对于各种特殊位置平面如何在投影图中得到实形？
5. 在投影图中，如何判别空间一点在平面上？
6. 总结各种位置平面相对于投影面的倾角的作法。

第5章

直线与平面和平面与平面的相对位置

直线与平面、平面与平面的相对位置有平行、相交两种情况。其中，垂直是相交的特殊情况。本章将分别就直线与平面和平面与平面平行、垂直、相交三种情况进行讨论。

5.1 直线与平面、平面与平面平行

5.1.1 直线与平面平行

直线与平面平行的几何条件是：若直线平行于平面内的任一直线，则此直线必与该平面平行。如图 5–1 所示，$ed // bf$，$e'd' // b'f'$，则 $ED // BF$。同时又因为 BF 位于△ABC 内，从而得出结论：DE 与△ABC 相互平行。

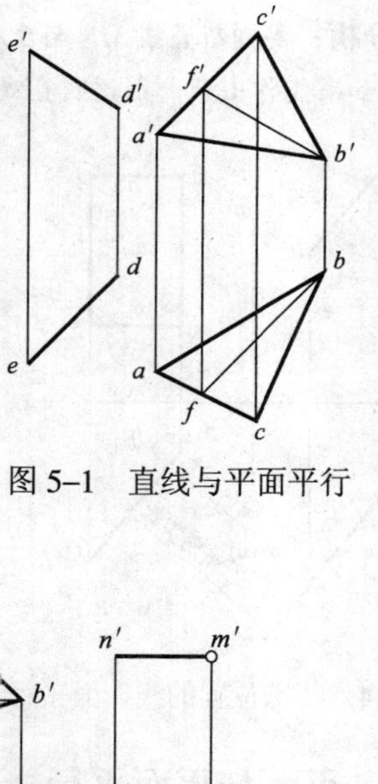

图 5–1 直线与平面平行

【例 5–1】如图 5–2（a）所示，过 M 点作一水平线平行于平面△ABC。

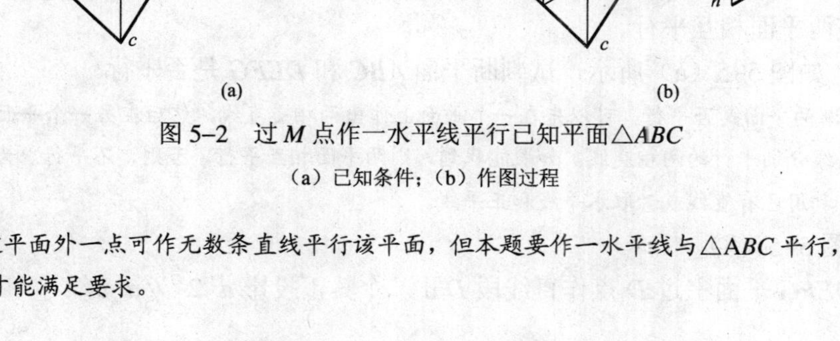

图 5–2 过 M 点作一水平线平行已知平面△ABC

（a）已知条件；（b）作图过程

分析：过平面外一点可作无数条直线平行该平面，但本题要作一水平线与△ABC 平行，所以在平面上作一条水平线才能满足要求。

作图：（1）过 B 点在△ABC 面内作一条水平线（使它的正面投影平行于 OX 轴，并作出水平投影）。

（2）过 M 点作水平线 MN，使其水平投影和正面投影分别平行过 B 点的水平线的水平投影和正面投影，MN 即为所求。

【例 5–2】如图 5–3（a）所示，判断直线 MN 是否与平面△ABC 平行。

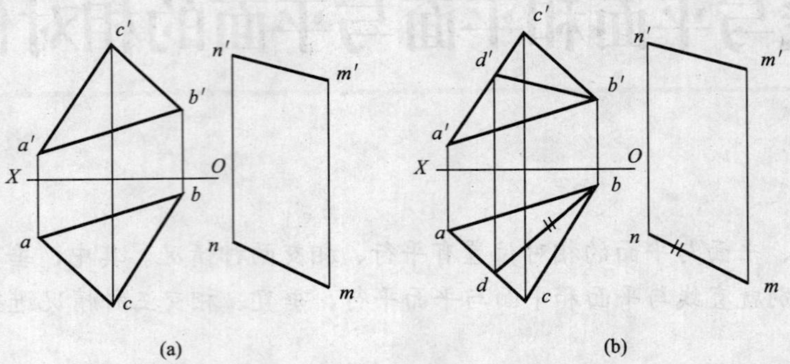

图 5–3 判断直线 MN 是否与平面△ABC 平行

（a）已知条件；（b）作图过程

分析：要判断直线 MN 与△ABC 是否平行，实际上是要看平面△ABC 内能否作出一条与直线 MN 平行的线。如果能作出来，则说明直线 MN 与△ABC 平行，否则，直线 MN 与△ABC 不平行。

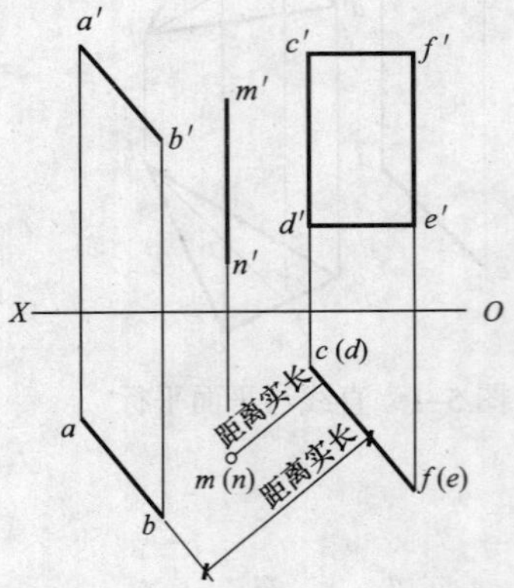

图 5–4 特殊位置的线、面平行

作图：［图 5–3（b）］

（1）在△ABC 上作一直线 BD，使 $b'd' // m'n'$。

（2）求出直线 BD 的水平投影 bd。

（3）从图［5–3（b）］中看出 bd 与 mn 不平行，则可判断出 MN 与△ABC 不平行。

特殊情况下，若直线与投影面垂直面平行，则该投影面垂直面的积聚投影与该直线的同面投影平行。

如图 5–4 所示，AB // 平面 $CDEF$，$CDEF \perp H$，则 $ab // cdef$，且 ab 与 $cdef$ 的距离反映了 AB 与平面 $CDEF$ 的真实距离。

$MN \perp H$，所以 MN // 平面 $CDEF$，m（n）到 $cdef$ 的距离反映了 MN 与平面 $CDEF$ 的真实距离。

5.1.2 平面与平面平行

平面与平面平行的几何条件：若一平面内两条相交直线分别平行于另一平面内的两条相交直线，则该两平面相互平行。

【例 5–3】如图 5–5（a）所示，试判断平面 ABC 和 $DEFG$ 是否平行。

分析：判断两平面是否平行，可以先在一个平面上作出两相交直线，然后在另一个平面上看看能否找到与这两条相交线分别平行的两相交线。如果能找到，则两平面相互平行，否则，不平行。为作图方便，这两条相交直线可利用已有直线或者取水平线和正平线。

作图：［图 5–5（b）］

（1）在 $DEFG$ 平面上过 D 点作直线段 DⅡ，令其正投影 $d'2' // a'b'$。

(2) 作出 DⅡ 的水平投影 $d2$，判断 $d2$ 与 AB 的水平投影 ab 不平行，由此可断定平面 ABC 和 $DEFG$ 是不平行的。

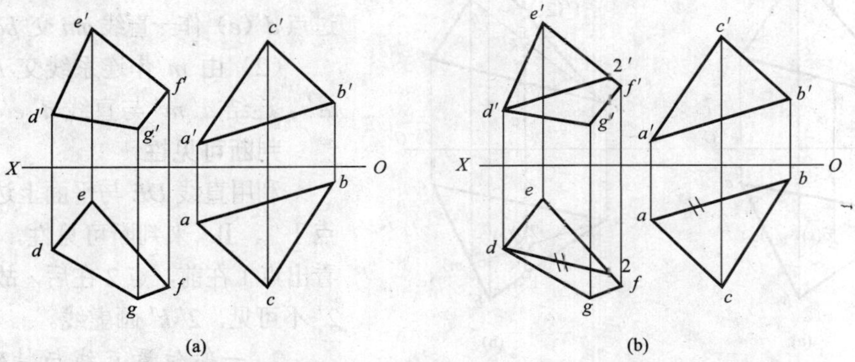

图 5–5　试判断两已知平面 ABC 和 $DEFG$ 是否平行

(a) 已知条件；(b) 作图过程

特殊情况下，当两平面都是同一投影面的垂直面时，如果两平面平行，则在有积聚性投影面上的投影相互平行，且两积聚投影间距离反映了两平面的真实距离，如图 5–6 所示。

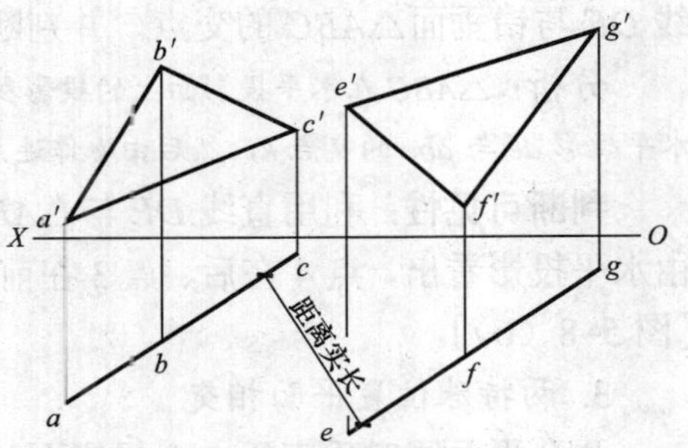

图 5–6　两 H 面垂直面平行

5.2　直线与平面、平面与平面相交

直线与平面相交于一点，该点称为交点，它是直线和平面的共有点。两平面相交于一条直线，该线称为交线，它是两平面的共有线。

直线与平面、平面与平面的相交问题，主要是求交点和交线问题。即已知直线、平面的投影，求交点和交线的投影；此外，还要判别直线与平面或平面与平面的重影部分的可见性。

5.2.1　特殊位置的直线或平面相交

特殊位置的相交问题是指相交的两要素（直线或平面）中至少其一是垂直于投影面的。此时该要素的一个投影具有积聚性，因此利用积聚投影直接确定交点或交线的一个投影。然后用直线上取点、平面上取点和线的作图方法求出交点、交线的另一投影。

可见性的判别原则：在有积聚性的投影面上，可见性无需判别，另一投影面上的投影可见性可通过直接观察相交线面或面面的积聚投影的相对位置来确定或者借助重影点判断可见性。

1. 投影面垂直线与一般位置平面相交

【例 5–4】 如图 5–7 (a) 所示，求铅垂线 DE 与一般位置平面△ABC 的交点，并判断其可见性。

分析： 投影面垂直线在其垂直的投影面上的投影积聚成一点，那么它与一般位置平面的交点在此投影面上的投影也在该点上。同时该交点又属于一般位置平面内，从而利用面上作点的方法求出另一投影面上的投影。

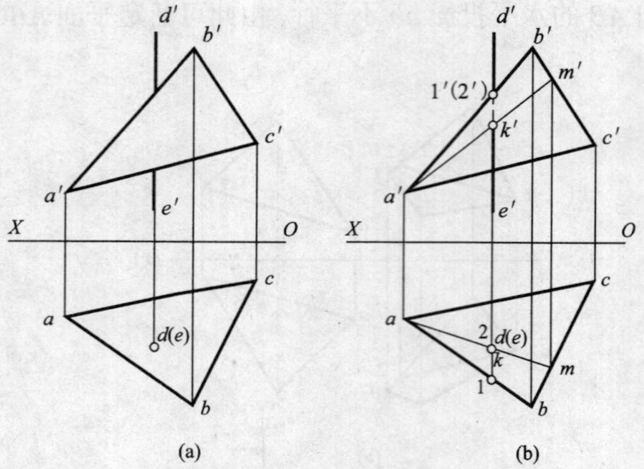

图 5–7 平面与特殊位置直线相交

(a) 已知条件；(b) 作图过程

作图：[图 5–7（b）]

(1) 在平面△*ABC* 的水平投影 *abc* 内，过点 *d*（*e*）作一直线 *am* 交 *bc* 边于点 *m*。

(2) 由 *m* 作连系线交 *b′ c′* 边于点 *m′*。连结 *a′ m′* 与直线 *d′ e′* 交于点 *k′*。

判断可见性：

利用直线 *DE* 与平面上边 *AB* 的重影点Ⅰ′、Ⅱ′ 来判断可见性，由水平投影看出点 1 在前，点 2 在后，故 1′ 点可见，2′ 不可见，2′ *k′* 画虚线。

2. 一般位置直线与特殊位置平面相交

【例 5–5】 如图 5–8（a）所示，求直线 *DE* 与铅垂面△*ABC* 的交点，并判断可见性。

分析：△*ABC* 在水平投影面上的投影积聚成一直线。因此它们的交点 *K* 的水平投影为 *DE* 与△*ABC* 的水平投影 *de* 与 *abc* 的交点 *k*，然后由 *k* 作连系线交 *de′* 于 *k′*。点 *K*（*k*，*k′*）即为直线 *DE* 和△*ABC* 的交点。

判断可见性：利用直线 *DE* 与△*ABC* 上的边 *AB* 的 *V* 面重影点Ⅲ、Ⅳ判断它们的可见性。由水平投影看出，点 4 在后、点 3 在前，故直线 3′ *k′* 可见，画实线，另一段不可见，画虚线，[图 5–8（b）]。

3. 两特殊位置平面相交

两个平面同时垂直于一个投影面时，则交线是垂直于该投影面的直线，且交线的投影是两平面积聚投影的交点，图 5–9 为两铅垂面 *P*、*Q* 相交，其水平投影积聚为两条直线 *p*、*q*，*p*、*q* 的交点 *m*（*n*）为两平面的交线 *MN* 的水平投影，由之作连系线，可定出 *m′ n′*，其长度仅为两个平面的 *V* 面投影中共有的一段。

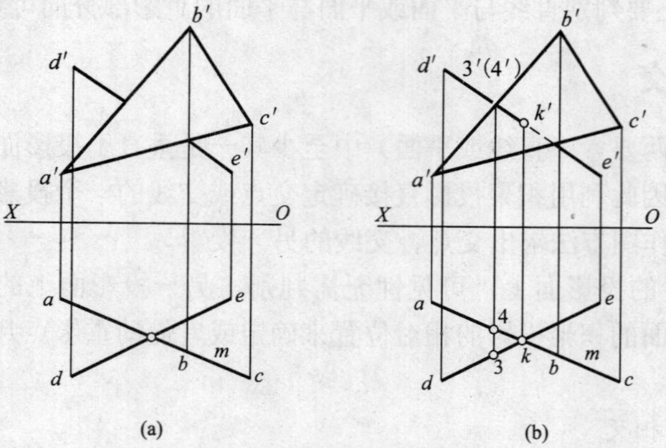

图 5–8 直线与特殊位置平面相交

(a) 已知条件；(b) 作图过程

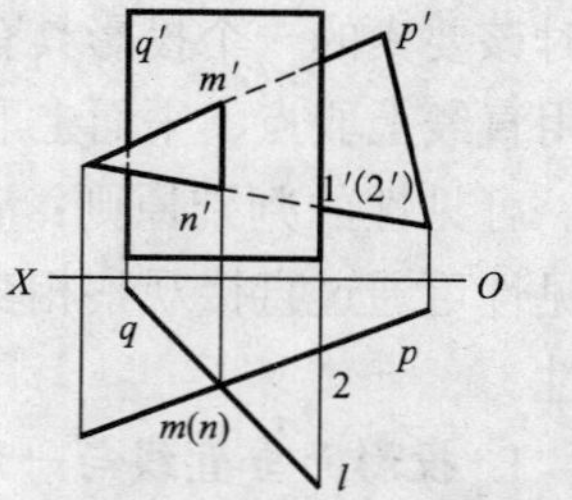

图 5–9 两特殊位置平面相交

判断可见性：在相交两平面的投影公共区域，以交线 *MN* 为界，将平面图形分为可见和不可见部分。由于水平面投影积聚成直线，故无需可见性判断。正面投影中的可见性，可根

据 H 面投影中 p、q 的前后位置来直观地判断。如 MN 右方，q 位于 p 之前，故 V 面投影中，q' 的右竖直线与 P' 重影部分可见，画成实线；也可利用两个平面上的重影点Ⅰ、Ⅱ来判断。

4. 特殊位置平面与一般位置平面相交

图 5–10 为特殊位置平面与一般位置平面相交，图中平面 P 是铅垂面，其水平投影积聚为一条直线。根据交线的共有性，平面 P 与△abc 的公共线段 mn 即是交线 MN 的水平投影，交线的两端点 M 和 N 分别在△ABC 的边 AB、AC 上，对应求出 m' 和 n'，连线即得交线的正面投影。

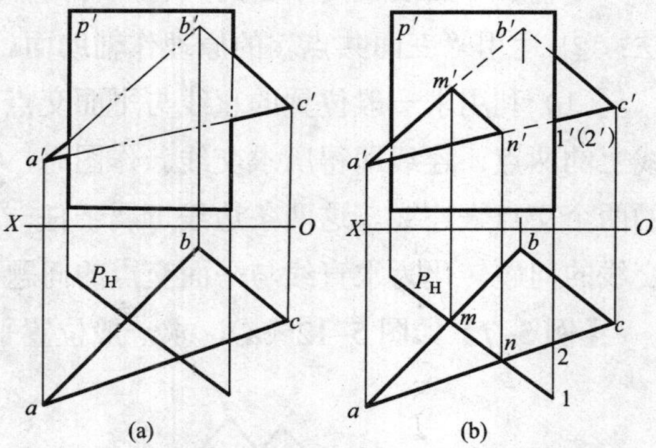

图 5–10　特殊位置平面与一般位置平面相交

（a）已知条件；（b）作图过程

判断可见性：由于相交两平面之一的水平投影积聚，故水平投影的可见性无需判断。V 面投影，可用重影点判断。

5.2.2　一般位置的直线和平面或两平面相交

当参与相交的直线与平面、平面与平面均无积聚投影时，交点或交线的投影不能直接确定，通常用辅助平面法求交点或交线，再借助重影点判断可见性。

1. 一般位置直线与一般位置平面相交

求一般位置直线和一般位置平面的交点应用辅助平面法，可按以下三步：

（1）过已知直线作一辅助平面，一般作投影面垂直面；

（2）求出辅助平面与已知平面的辅助交线；

（3）辅助交线与已知直线的交点，即为已知直线与平面的交点。

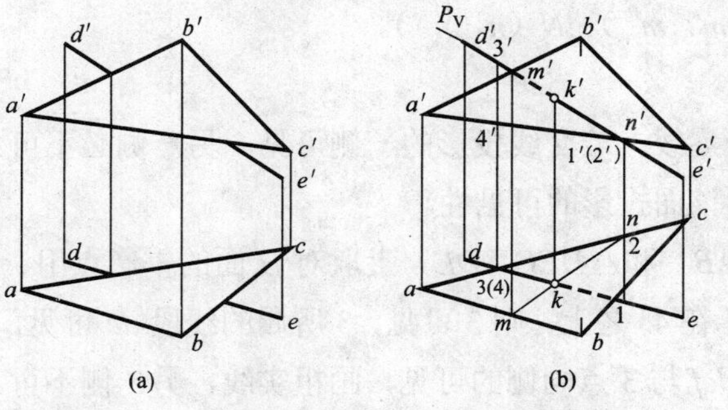

图 5–11　一般位置直线与一般位置平面相交

（a）已知条件；（b）作图过程

【例 5–6】 如图 5–11（a）所示，求直线 DE 与一般位置平面△ABC 的交点，并判断可见性。

作图：[图 5–11（b）]

（1）过 DE 作正垂面 P。

（2）求正垂面 P 与△ABC 的交线 MN。

（3）交线 MN 和 DE 的交点 K，即为所求直线与平面的交点。

判断可见性：直线和平面在 V、H 面投影的可见性都要进行判断。

（1）判断 V 面投影的可见性：

取 V 面投影的重影点Ⅰ、Ⅱ，由于 1 点在前，2 点在后，所以 $1'k'$ 可见。

（2）判断 H 面投影的可见性：

取 H 面投影的重影点Ⅲ、Ⅳ，由于 $3'$ 在上，$4'$ 在下，所以 $3k$ 可见。

2. 两一般位置平面相交

平面与平面相交，交线为直线，它是两平面的共有线。交线可以由两平面的两个共有点或一个共有点及交线的方向确定。

用辅助平面法求两平面的共有点有两种思路：① 利用求一般位置的直线与平面交点的方法；② 运用“三面共点”的原理作辅助面。

（1）利用求一般位置的直线与平面交点的方法。两平面的交线是一条直线，因此求出交线上的两点，连线即得所求交线。作图时，可先求出两个平面上任意两条边线对另一个平面的两个交点来连成。这两条边线可属于任一个平面，也可分属于两个平面。这样就把求平面交线的问题转化为求直线与平面交点的问题了。

【例 5-7】如图 5-12（a），求一般位置平面△*ABC* 与△*DEF* 的交线，并判断可见性。

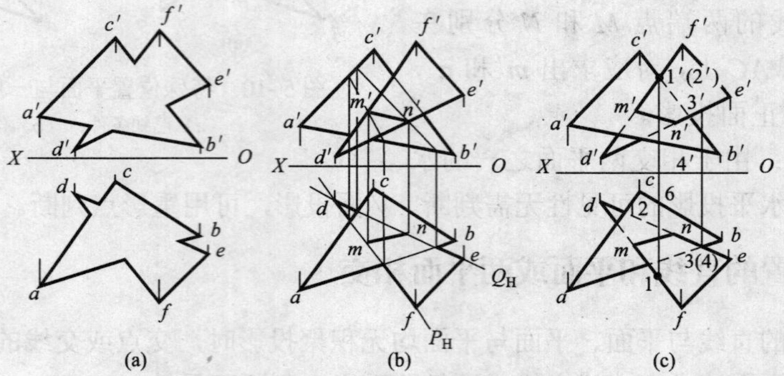

图 5-12　两一般位置平面相交

（a）已知条件；（b）作图步骤；（c）可见性判断

作图：［图 5-12（b）、（c）］

1）包含△*DEF* 的两边 *DE*、*DF* 分别作辅助铅垂面 Q_H、P_H。

2）求 *DE*、*DF* 与△*ABC* 的两个交点 *M*（*m*，*m′*）、*N*（*n*，*n′*）。

3）连接 *MN*（*mn*，*m′n′*）即得所求交线。

判断可见性：交线是平面投影可见性的分界线。若交线投影的一侧可见，另一侧必不可见，每个投影只需判断一个重影点，便可判断该面投影的可见性。

1）判断 *H* 面投影的可见性。在△*ABC*（*AB*）和△*DEF*（*DE*）上取对 *H* 面的重影点Ⅲ、Ⅳ，水平投影 3（4）重影，由 *V* 面投影判断 3′ 在 4′ 之上，则 3 可见，3 所属的线段 *de* 可见，画成粗实线；由此可得以交线 *mn* 为分界，△*def* 与 3 点同侧的可见，画粗实线，另一侧不可见，画虚线；而△*abc* 与其正好相反。

2）判断 *V* 面投影的可见性。*V* 面投影可见性可利用重影点Ⅰ、Ⅱ判断，请读者自行分析。

（2）运用“三面共点”的原理作辅助面法。图 5-13（a）为用三面共点法求两平面的共有点的示意图。为求两平面的共有点，作辅助平面 *P* 与已知平面交出直线 *AB* 和 *CD*，其交点 *M* 为三面所共有，当然是已知两平面的共有点。同理，作辅助平面 *Q* 可再找出一个共有点 *N*。*MN* 即为已知两平面的交线。为方便作图，辅助平面一般要作成特殊位置平面，如图 5-13（b）。

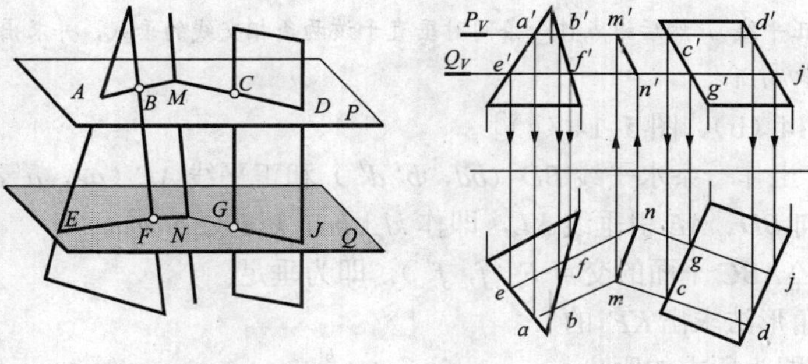

图 5–13　用三面共点法求两平面的共有点的示意图

（a）立体图；（b）投影图

5.3　直线与平面、平面与平面垂直

5.3.1　直线与平面垂直

由立体几何可知，如果一直线垂直于平面内的两条相交直线，则此直线垂直于该平面。如果一直线垂直于一平面，则该直线垂直于平面上的所有直线。

因此，直线与平面的垂直问题，实际上成为直线与直线的垂直问题。由于两直线垂直，当其中一条为投影面的平行线时，则两直线在该投影面上的投影仍然互相垂直。由此可知，当直线垂直于平面时，则该直线的水平投影必定垂直于该平面上水平线的水平投影；直线的正面投影必定垂直于该平面上正平线的正面投影。

反之，若一直线的水平投影垂直于某一平面的水平线的水平投影，直线的正面投影垂直于该平面的正平线的正面投影，则该直线必垂直于该平面。

【例 5–8】如图 5–14（a）所示，求 K 点到△ABC 的距离 KF。

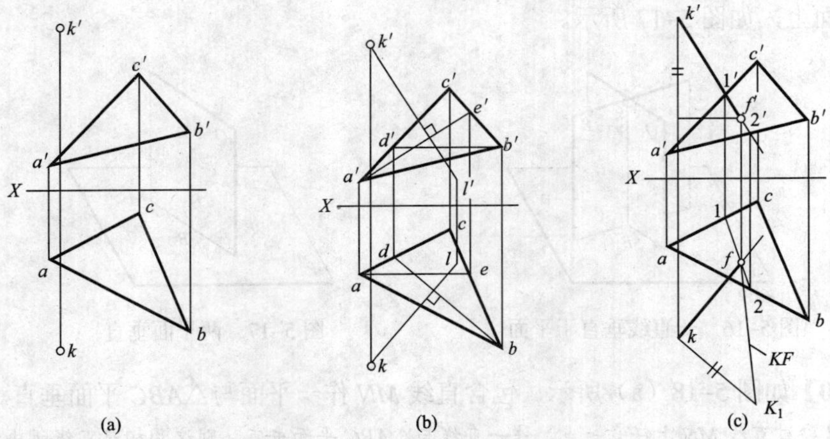

图 5–14　求 K 到△ABC 的距离

（a）已知条件；（b）作垂线；（c）作距离

分析：求点到平面的距离，需自该点向平面作垂线。根据线面垂直的条件，在面上作出两条相交线（一条为水平线，一条为正平线)，然后过点作一条同时垂直于该两条相交线的垂线，并求出垂线与平面的交点，点到垂足之间的距离即为所求。

作图：[图 5–14（b)、图 5–14（c)]

（1）在△*ABC* 上作一条水平线 *BD*（*bd*，*b′ d′*）和正平线 *AE*（*ae*，*a′ e′*）。

（2）自 *K* 点向 *BD*、*AE* 引垂线 *KL*，即作 *kl*⊥*bd*，*k′ l′* ⊥*a′ e′*。

（3）求 *KL* 与△*ABC* 平面的交点 *F*（*f*，*f′*），即为垂足。

（4)用直角三角形法求出 *KF* 的实长 K_1f，则 K_1f 即为所求的距离。

特殊情况下，若直线与特殊位置平面垂直，则平面的积聚投影与直线的同面投影垂直，且直线为该投影面的平行线。

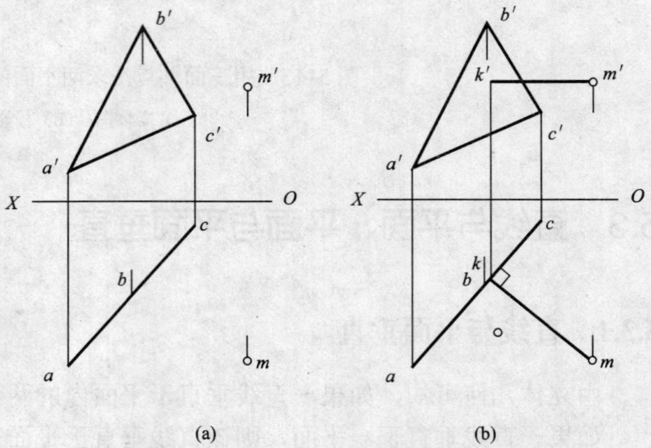

图 5–15 过 *M* 点作直线与铅垂面△*ABC* 垂直

（a）已知条件；（b）作图过程

【例 5–9】如图 5–15 所示，试过 *M* 点作直线与铅垂面△*ABC* 垂直。

分析：因为△*ABC* 是铅垂面，所以过点 *M* 作出的该面的垂线是一条水平线，线与面的 *H* 面投影相互垂直。

作图：[图 5–15（b)]

（1）过 *m* 作直线 *mk*⊥*abc*。

（2）过 *m′* 作平行于 *OX* 轴的直线与过 *k* 作的竖直线交于点 *k′*，*MK*（*mk*，*m′ k′*）即为所求。

5.3.2 两平面相互垂直

如果一直线垂直于一平面，则通过此直线的所有平面都垂直于该平面，如图 5–16 所示；反之，如果两平面互相垂直，则自第一个平面上的任意一点向第二个平面所作的垂线，一定在第一个平面上，如图 5–17 所示。

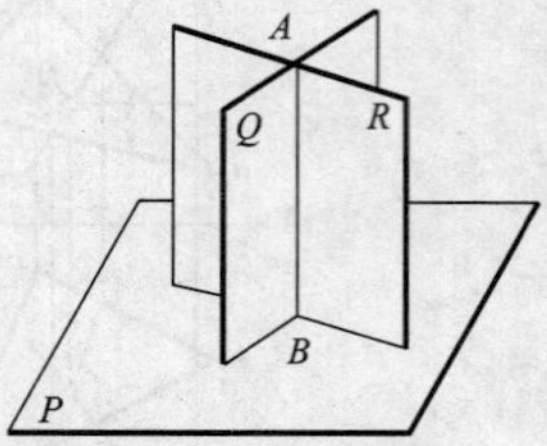

图 5–16 一直线垂直于平面

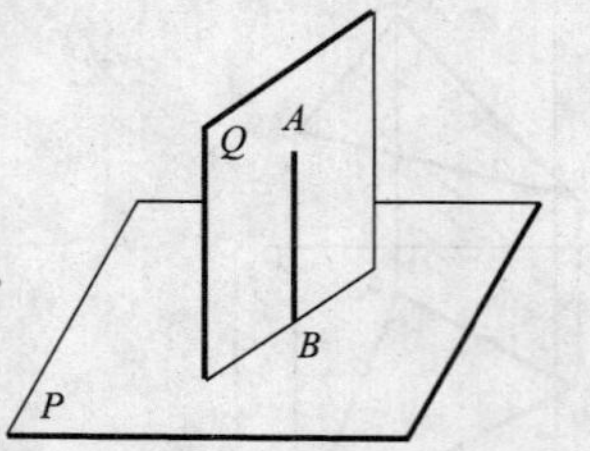

图 5–17 两平面垂直

【例 5–10】如图 5–18（a）所示，包含直线 *MN* 作一平面与△*ABC* 平面垂直。

分析：只要过直线 *MN* 上任意一点，作一直线与△*ABC* 平面垂直，则这两相交直线所决定的平面必与△*ABC* 平面垂直。

作图：[图 5–18（b)]

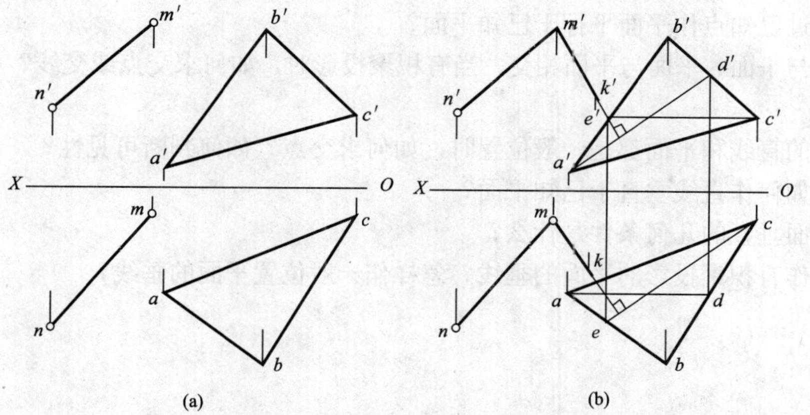

图 5–18　过 A 点作平面垂直于已知平面

（a）已知条件；（b）作图过程

（1）在平面△*ABC* 内，分别作一条水平线 *CE*（*ce*，*c′ e′*）和一条正平线 *AD*（*ad*，*a′ d′*）。

（2）过点 *M*（*m*，*m′*），分别作 *mk*⊥*ce*，*m′ k′* ⊥*a′ d′*，则 *MN*（*mn*，*m′ n′*）和 *MK*（*mk*，*m′ k′*）两相交直线所决定的平面与△*ABC* 平面垂直。

特殊情况下，若两相互垂直的平面同时垂直于同一投影面，则两平面在有积聚性的投影面上的投影垂直。如图 5–19（a）所示，两铅垂面 *ABC* 与 *P* 垂直，则两平面在 *H* 面上的投影垂直。

若一般位置平面与特殊位置平面垂直，则一般位置平面内必有直线与特殊位置平面垂直。即该直线同时满足直线投影与平面积聚的同面投影垂直，且直线为该投影面的平行线。如图 5–19（b）所示，一般位置平面 *ABC* 与铅垂面 *P* 垂直，则平面 *ABC* 内必有水平线 *AD* 垂直于铅垂面，即 *ad* 垂直 *P* 面的水平投影 *p*。

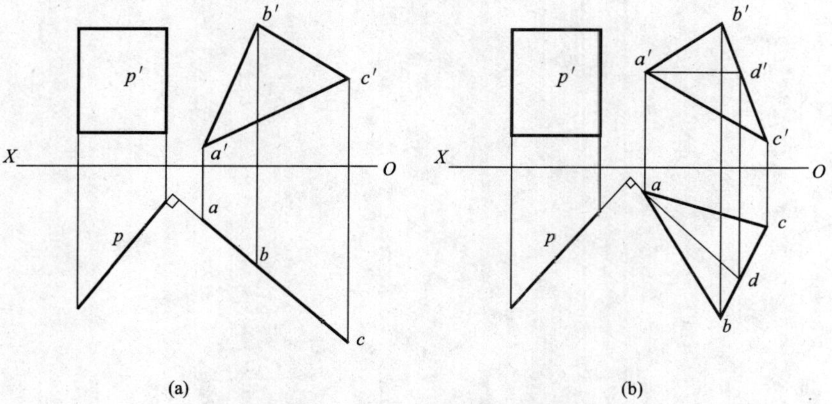

图 5–19　平面与特殊位置平面垂直

（a）两铅垂面相互垂直；（b）一般位置平面与铅垂面垂直

思 考 题

1. 如何判断已知的直线与平面是否相互平行？

2. 怎样过已知点作平面平行于已知平面？

3. 直线与平面、平面与平面相交，当有积聚投影时，如何求交点或交线？如何判断可见性？

4. 相交的直线和平面都是一般位置时，如何求交点？如何判断可见性？

5. 过点如何作直线垂直于已知平面？

6. 两平面垂直的几何条件是什么？

7. 怎样作有积聚投影的平面的垂线？怎样作一般位置平面的垂线？

第 6 章

投 影 变 换

本章主要阐述换面法、旋转法的原理、规律和作图方法；投影变换在解决空间几何问题时的具体应用。

6.1 概述

6.1.1 投影变换的目的

通过前面各章节的学习和讨论可知：当直线或平面对投影面处于特殊位置时，它们的投影可直接反映出实形或具有积聚性。这样，可以在投影图中方便地解决空间几何元素的定位问题（如交点、交线）和度量问题（如实形、距离、角度）。而一般位置直线和平面则没有上述特性，解决空间几何问题只能应用以前所学的几何作图来求解，解决问题就较为复杂（表 6–1）。

表 6–1 一般位置与特殊位置比较表

	求实长、倾角	求 实 形	求 距 离	求 交 点
一般位置（未求解）	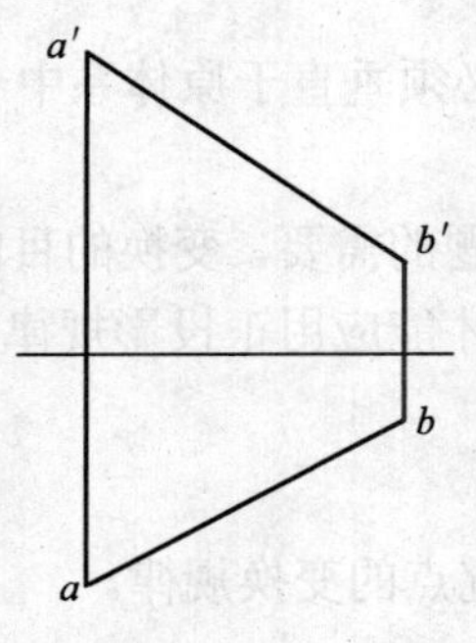	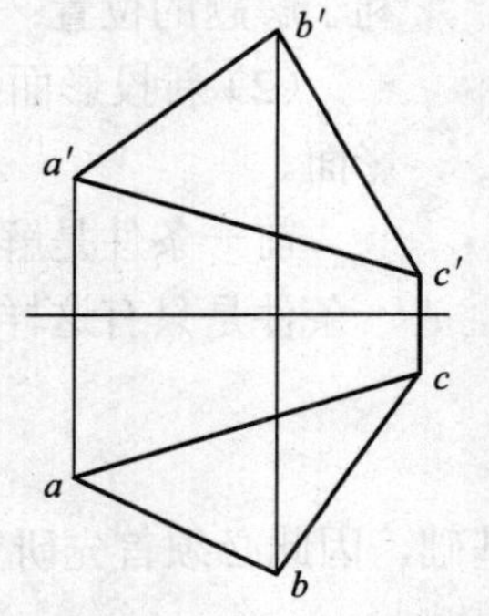	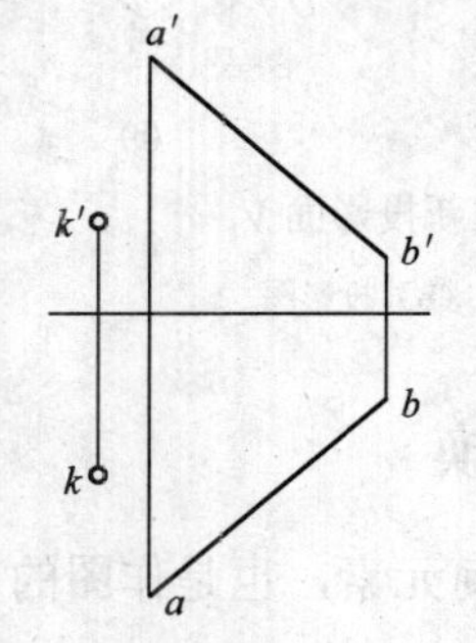	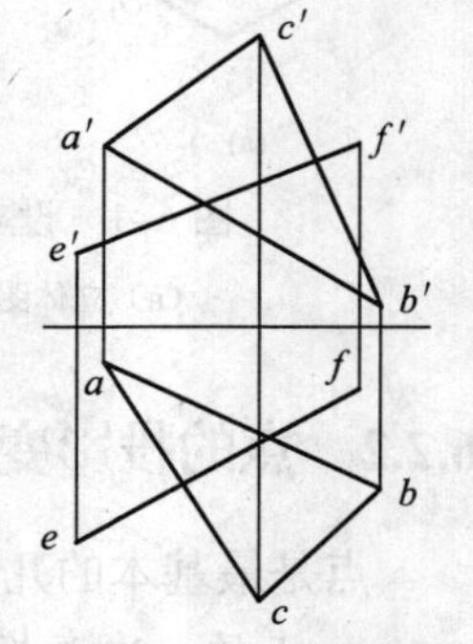
特殊位置	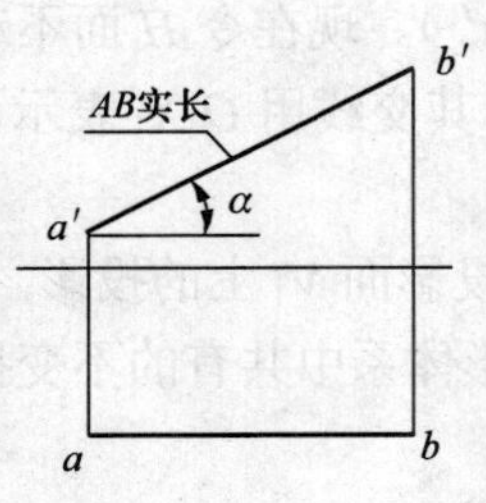	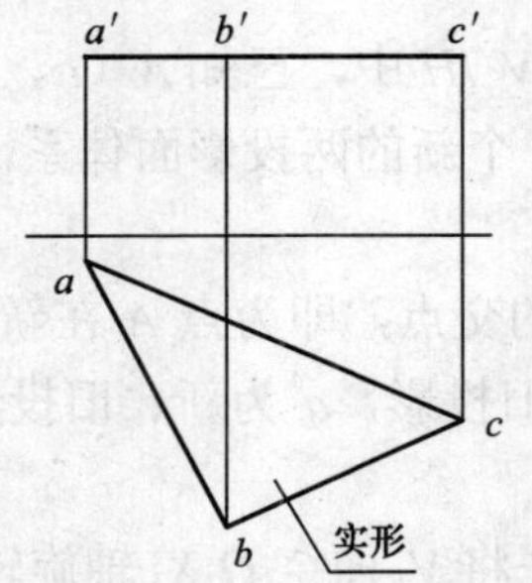	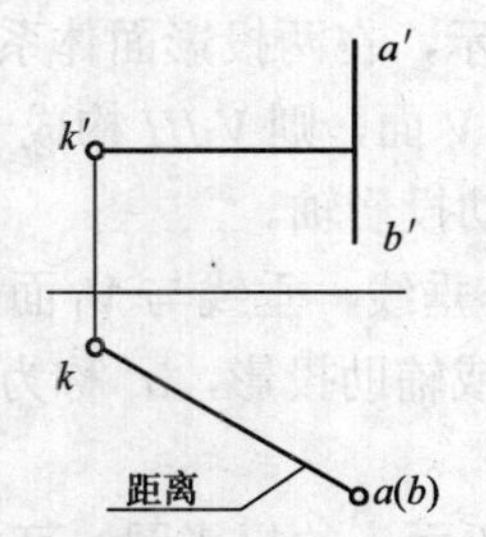	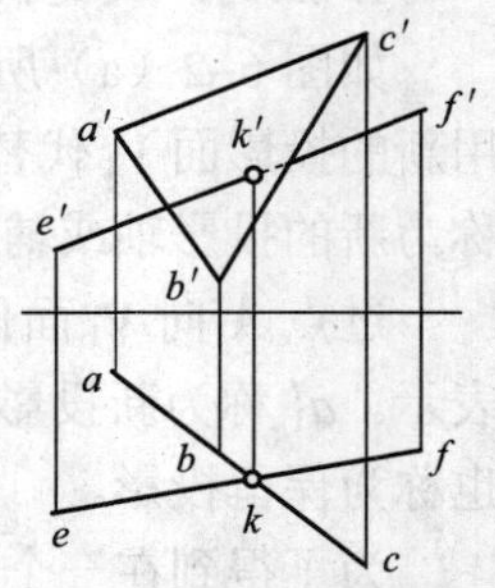

为此，可将一般位置的直线和平面变换为特殊位置，以便达到简化解题的目的。

6.1.2 投影变换的方法

常用的变换方法有换面法和旋转法两种：

（1）换面法。空间几何元素的位置保持不动，用新的投影面来代替旧的投影面，使空间几何元素对新的投影面处于有利于解题的位置（特殊位置），然后求出其在新投影面上的投影，这种方法称为换面法或辅助投影面法。

（2）旋转法。投影面保持不动，使空间几何元素绕某一轴旋转到有利于解题的位置，然后求出其旋转后的新投影，这种方法称为旋转法。

6.2 换面法

6.2.1 基本条件

如图 6–1（a）所示，在原 V/H 两投影面体系中，一般位置直线 AB 的两面投影 ab 和 $a'b'$ 均不反映实长。如果设立一个新的投影面 V_1，使之垂直于 H 面并平行于 AB，则 V_1/H 构成一个新的投影面体系。在新的投影面体系中，AB 在 V_1 面上的投影 $a_1'b_1'$ 反映实长。再以 V_1 面和 H 面的交线 O_1X_1 为轴，使 V_1 面旋转到和 H 面重合，就得到 V_1/H 两投影体系中的投影图，如图 6–1（b）所示。

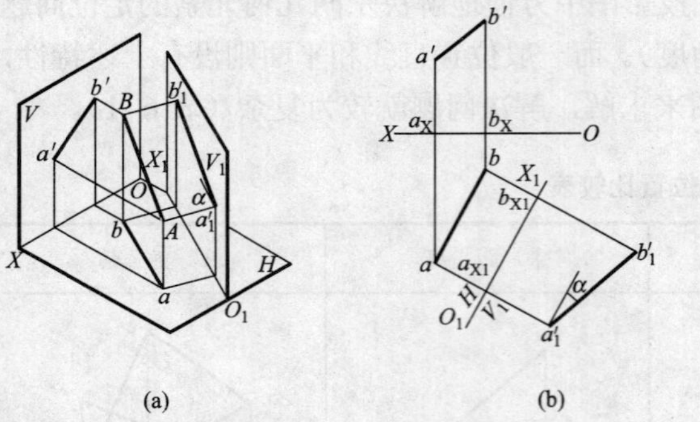

图 6–1 设立新投影面 V_1

（a）立体图；（b）投影图

显然，用新的投影面代替旧的投影面时，新的投影面必须符合两个条件：

（1）新投影面必须与空间几何元素处于有利于解题的位置；

（2）新投影面必须垂直于原体系中一个投影面。

前一条件是解题的需要、变换的目的；后一条件是只有这样才能应用正投影规律作图。

6.2.2 点的投影变换

点是最基本的几何元素，也是作图的基础，因此必须首先研究点的变换规律。

1. 点的一次变换

如图 6–2（a）所示，在两投影面体系 V/H 中，已知 A（a、a'）。现在令 H 面不动，若用新的投影面 V_1 代替 V 面，则 V_1/H 构成一个新的两投影面体系，其交线用 O_1X_1 表示，O_1X_1 称为新的投影轴或辅助投影轴。

过点 A 向 V_1 面作垂线，垂线与 V_1 面的交点，即为点 A 在新投影面 V_1 上的投影，以 a_1' 表示。a_1' 称为新投影或辅助投影，a' 称为旧投影，a 为新、旧投影体系中共有的不变投影，也称为保留投影。

为了得到在一个平面上的投影图，可先将 V_1 面绕 O_1X_1 轴旋转入 H 面；再随同 H 面旋转

入 V 面。所得投影图如图 6–2（b）所示。图中未画投影面边框。

由于新投影面 V_1 与旧投影面 V 均垂直于 H 面，因此点的新投影与旧投影之间存在着如下关系：

（1）根据点的投影规律，在新投影面体系中，保留投影 a 和新投影 a_1' 的连线垂直于新投影轴 O_1X_1，即 $aa_1' \perp O_1X_1$。

（2）新投影 a_1' 到新投影轴 O_1X_1 的距离，等于旧投影 a' 到旧投影轴 OX 的距离。即点到面的距离（Z 坐标）是不变的，$a_1'a_{x1}=a'a_x=Aa=Z_A$。

综上所述，点的投影变换规律可归纳如下：

（1）点的新投影与保留投影的连线垂直于新投影轴；

（2）点的新投影到新投影轴的距离等于点的旧投影到旧投影轴的距离。

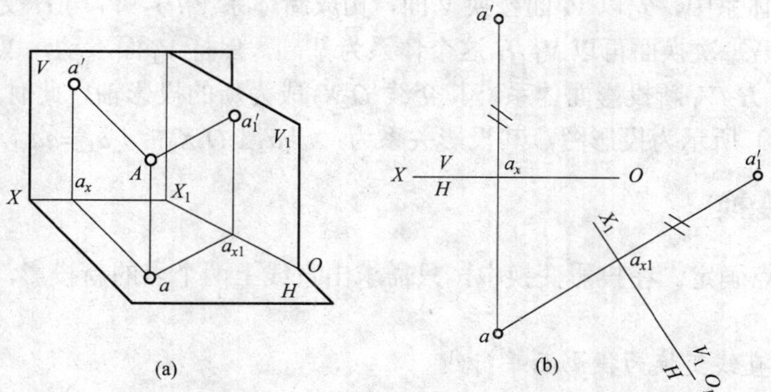

图 6–2 点的一次变换（变换 V 面）

（a）立体图；（b）投影图

这样，就可以在投影图上，根据一点的两投影作出它的新投影［图 6–2（b）］。作图步骤如下：

（1）在保留投影 a 附近作新轴 O_1X_1（即新面 V_1 的位置，相当一个铅垂面）；

（2）自保留投影 a 向新轴 O_1X_1 引一垂线；

（3）在此垂线上，从新轴起截取 $a_1'a_{x1}=a'a_x$，a_1' 即为所求。

如图 6–3 所示为用一个垂直于 V 面的新投影面 H_1 代替 H 面时，点 A 的新投影 a_1 的求法。作图方法步骤与图 6–2 类似，因 H_1 与 H 面都垂直 V 面，故 $a_1a_{x1}=a\,a_x=Aa'$，且 $a_1a' \perp O_1X_1$ 轴。

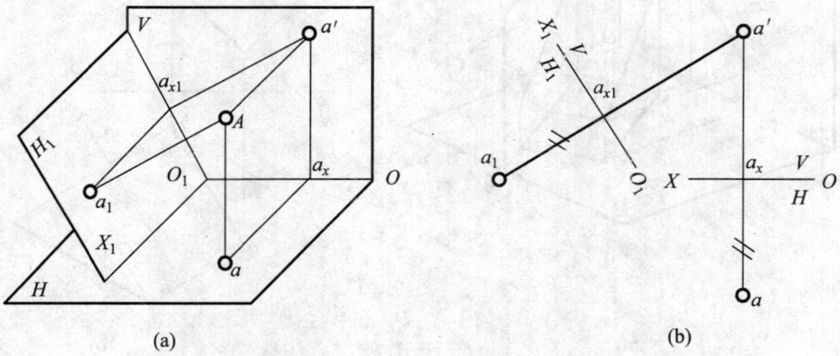

图 6–3 点的一次变换（变换 H 面）

（a）立体图；（b）投影图

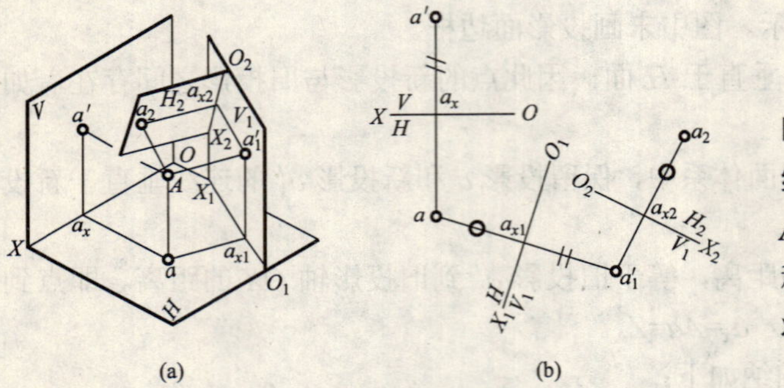

图 6–4 点的二次变换

（a）立体图；（b）投影图

2. 点的二次变换

在运用换面法解决某些问题时，有时仅更换一次投影面并不够，还需要连续多次变换投影面。如图 6–4 所示为点 A 的两次换面的空间投影分析和作图过程，其原理与一次变换完全相同，只是将作图过程重复一次而已。

但必须注意：在多次变换投影面时，新投影面的建立除了要符合前面所述的两个条件外，还必须交替变换 H 面和 V 面。在 V/H 体系中，先以 V_1 面替换 V 面，构成新体系 V_1/H，V_1 与 H 交线为 O_1X_1，这是第一次换面。而第二次换面再以 V_1/H 这个体系为基础，保持 V_1 面不动，以 H_2 面替换 H 面，使 $H_2 \perp V_1$，构成 H_2/V_1 新投影面体系，其交线 O_2X_2 成为新的投影轴，此时 O_1X_1 变为旧投影轴。如图 6–4（b）所示为投影图，其投影关系为：$a'_1a_2 \perp O_2X_2$；$a_2a_{x2}=aa_{x1}$。

6.2.3 直线的变换

直线由两个点确定。在投影变换中，只需求出直线上两个点的新投影，连接起来就得到直线的新投影。

1. 一般位置直线变换为投影面平行线

如图 6–5（a）所示，一般位置直线 AB。若设 $V_1 /\!/ AB$，并使 $V_1 \perp H$，则由投影面平行线的投影特性可知，AB 线在新投影面 V_1 面的投影 $a_1' b_1'$ 反映实长，$a_1' b_1'$ 与新轴 O_1X_1 的夹角必等于 AB 线与 H 面的夹角 α。此时，O_1X_1 轴必平行于 ab。

为了在投影图上实现这一变换，如图 6–5（b）所示，首先作新轴 $O_1X_1 /\!/ ab$，然后作出两端点 A 和 B 的新投影 a_1'、b_1'，连接得 $a_1' b_1'$。

如果用 H_1 面更换 H 面，并使 $H_1 /\!/ AB$。则 AB 在 H_1 面上的投影 a_1b_1 反映实长，a_1b_1 与 O_1X_1 的夹角为 AB 线与 V 面的夹角 β［（图 6–5（b）］。

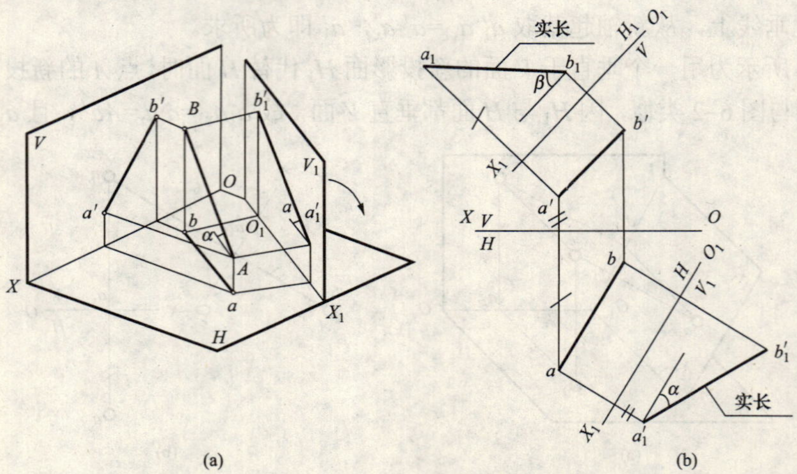

图 6–5 一般位置的直线变换成投影面的平行线

（a）立体图；（b）投影图

2. 投影面平行线变换为投影面垂直线

如图 6–6 所示，在 V/H 体系中，AB 为正平线，选择一新投影面 H_1，使 $H_1 \perp AB$，且 $H_1 \perp V$ 面，则直线 AB 成为 H_1 面的垂直线，AB 在 H_1 面的投影积聚为一点 a_1（b_1）。

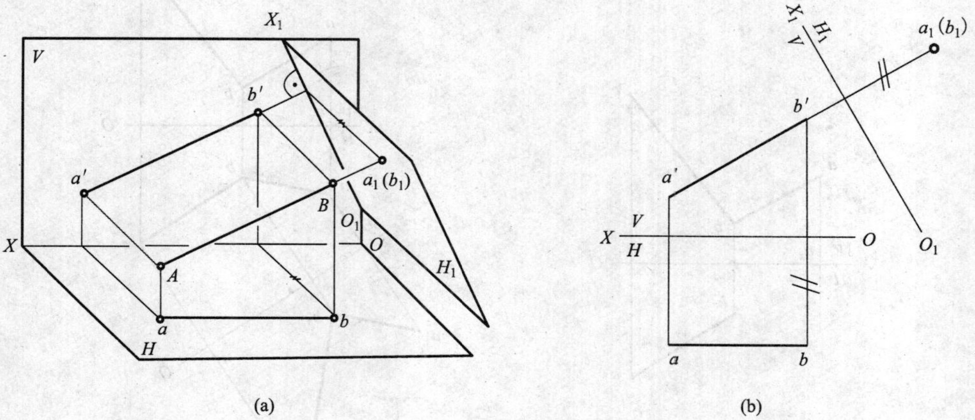

图 6–6 投影面平行线变换成投影面的垂直线

（a）立体图；（b）投影图

3. 一般位置直线变换为投影面垂直线

若建立一个新投影面垂直于一般位置直线，则其必倾斜于旧投影体系中的各投影面，故不符合设立新投影面的条件。因此一次换面无法将一般位置直线变换成投影面的垂直线。

如图 6–7 所示，第一次换面将 AB 线变换成 V_1 面的平行线；第二次换面将 AB 线变换成 H_2 面的垂直线。

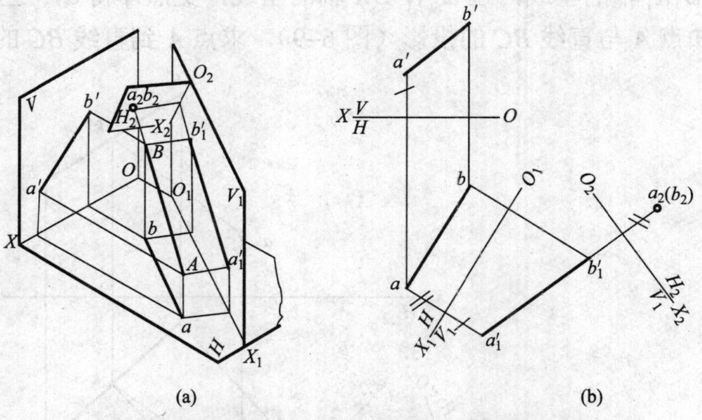

图 6–7 一般位置直线变换成投影面的垂直线

（a）立体图；（b）投影图

【例 6–1】 如图 6–8（a）所示，已知 $AB \perp BC$，完成 AB 的水平投影。

分析： 当相互垂直的直线 BC 和 AB 两者之一平行于某一投影面时，则在该投影面上的投影反映直角关系。从已知条件可知，直线 BC 和 AB 均为一般位置直线。因此，只要将直线 BC 变换为新投影面的平行线，直线 AB 的新投影就可根据直角投影特性确定。然后求出直线 AB 的水平投影。

要将一般位置直线变换为投影面平行线，只要变换一次投影面。变换 H 面或 V 面都可以解题。

作图：［图 6–8（b）］

（1）作 O_1X_1 轴平行于 bc，在 V_1 面上作出 bc 的新投影 $b_1'c_1'$；

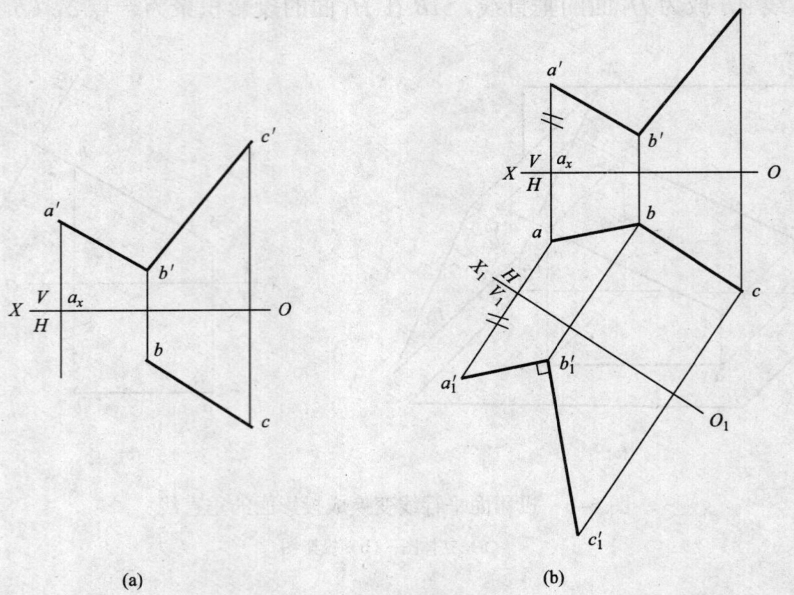

图 6–8　求 AB 的水平投影

（a）已知条件；（b）作图过程

（2）过 b_1' 作 $b_1'c_1'$ 的垂线，与平行于新轴且距离为 $a'a_x$ 的直线找交点，即为 A 点的新投影 a'_1；

（3）过 a'_1 作 O_1X_1 轴的垂线，过 a' 作 OX 轴的垂线，交点即得 a，连接 ab，完成作图。

【例 6–2】已知点 A 与直线 BC 的投影（图 6–9），求点 A 到直线 BC 的距离。

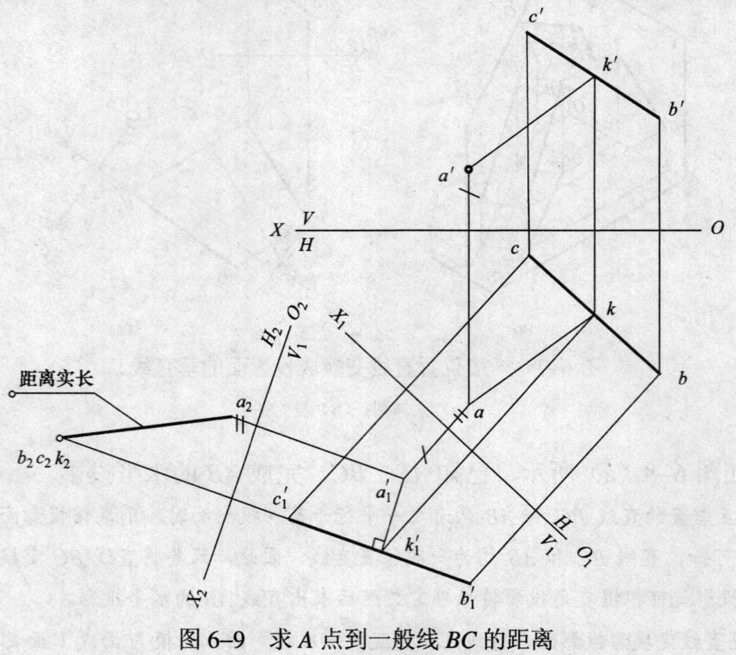

图 6–9　求 A 点到一般线 BC 的距离

分析：*BC* 直线为一般位置直线，求点 *A* 到直线 *BC* 的距离，需过 *A* 作 *BC* 的垂线。根据直角投影定理，其投影不反映垂直，故在投影图上不能直接画垂线。应用换面法，当直线 *BC* 变换为新投影面的垂直线时，过 *A* 点作 *BC* 的垂线，此垂线成为新投影面的平行线，在此投影面内，*A* 点的新投影至 *BC* 直线积聚性投影的距离反映实长，即为点 *A* 到直线 *BC* 的距离。

作图：（1）第一次换面，作 $O_1X_1 /\!/ bc$，求直线 *BC* 和 *A* 点在 V_1 面的投影 $b_1' c_1'$ 和 a_1'；

（2）第二次换面，作 $O_2X_2 \perp b_1' c_1'$，求直线 *BC* 和 *A* 点在 H_2 面的投影 b_2c_2（积聚为一点）和 a_2；

（3）*BC* 的积聚投影 b_2c_2 和 a_2 的距离即为点 *A* 到一般线 *BC* 的距离。在 V_1、H_2 体系中，$BC \perp H_2$ 面，而 $AK \perp BC$，则 $AK /\!/ H_2$ 面，所以，a_2k_2 即为 *AK* 的实长。作 $a_1' k_1' /\!/ O_2X_2$，根据新、保留投影的连线垂直于新轴的规律，在 *bc* 和 $b' c'$ 上相应求得 *k* 和 k'。

【例 6–3】用换面法求△*ABC* 和△*ABD* 两平面的夹角。

分析：如图 6–10（a）所示，当两个平面同时垂直于某一投影面时，两个平面积聚性投影的夹角即为两平面的夹角，因此需将两平面的交线变换为投影面的垂直线。

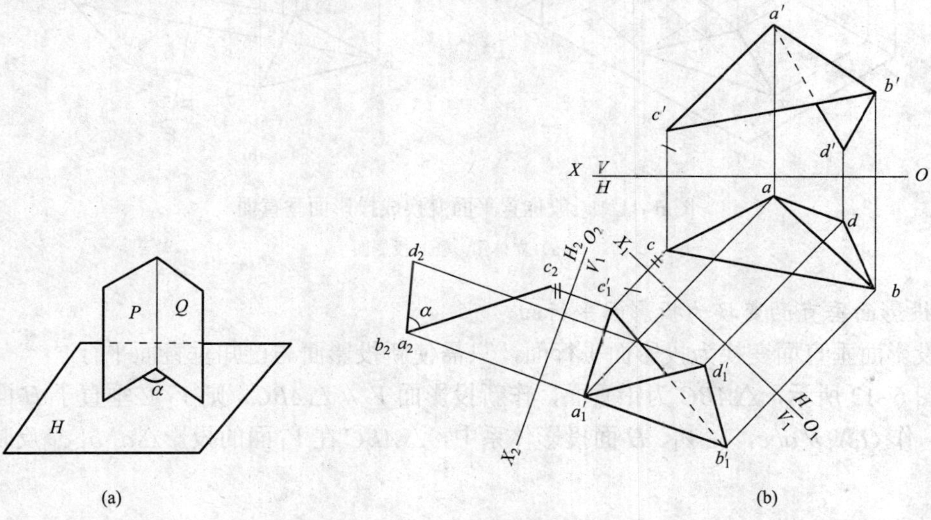

图 6–10 求两平面的夹角

（a）立体图；（b）作图过程

作图：［图 6–10（b）］

（1）第一次换面，作新轴 $O_1X_1 /\!/ ab$，在 *H*、V_1 投影体系中，*AB* 直线成为 V_1 面的平行线，相应求出△*ABC* 和△*ABD* 两平面在 V_1 面的新投影△$a_1' b_1' c_1'$ 和△$a_1' b_1' d_1'$。

（2）第二次换面，作新轴 $O_2X_2 \perp a_1' b_1'$，在 V_1、H_2 投影体系中，*AB* 直线成为 H_2 面的垂直线，相应求出△*ABC* 和△*ABD* 两平面在 H_2 面的新投影 $a_2b_2c_2$ 和 $a_2b_2d_2$，两个平面积聚性投影的夹角即为两平面的夹角 α。

6.2.4 平面的变换

平面由不在一直线上的三个点确定，在投影变换中，可以用求出确定该平面的三个点的新投影来表示。

1. 一般位置平面变换为投影面垂直面

将一般位置平面变换为投影面的垂直面，只要将该一般位置平面上的任一直线变换成投影面的垂直线，则此一般位置平面就成为该投影面的垂直面。在已知平面内取投影面的平行线，经过一次变换，即可变换成新投影面的垂直线。因此，一般位置平面变换成投影面的垂直面一次变换即可实现。

如图 6–11 所示，$\triangle ABC$ 内，取水平线 AD；作 $V_1 \perp AD$，则$\triangle ABC$ 成为 V_1 面的垂直面，由投影面垂直面的投影特性可知，$\triangle ABC$ 在 V_1 面的积聚性投影与 O_1X_1 轴的夹角即为其与 H 面的夹角α；同理可求得$\triangle ABC$ 与 V 面的夹角β。

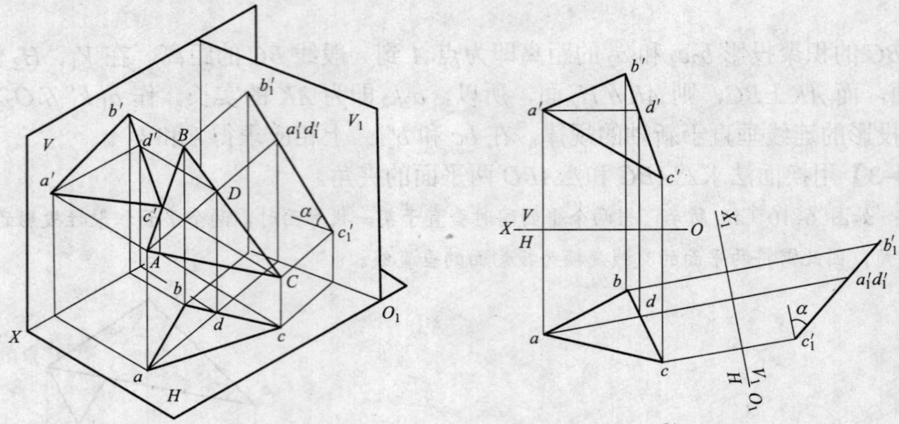

图 6–11　一般位置平面变换成投影面垂直面

（a）立体图；（b）投影图

2. 投影面垂直面变换为投影面平行面

将投影面垂直面变换为投影面平行面，只需使新投影面与已知垂直面平行。

如图 6–12 所示，$\triangle ABC$ 为铅垂面，作新投影面 $V_1 // \triangle ABC$，则 V_1 必垂直于 H 面。在投影图中，作 $O_1X_1 // abc$，在 V_1、H 面投影体系中，$\triangle ABC$ 在 V_1 面的投影$\triangle a_1' b_1' c_1'$ 反映$\triangle ABC$ 的实形。

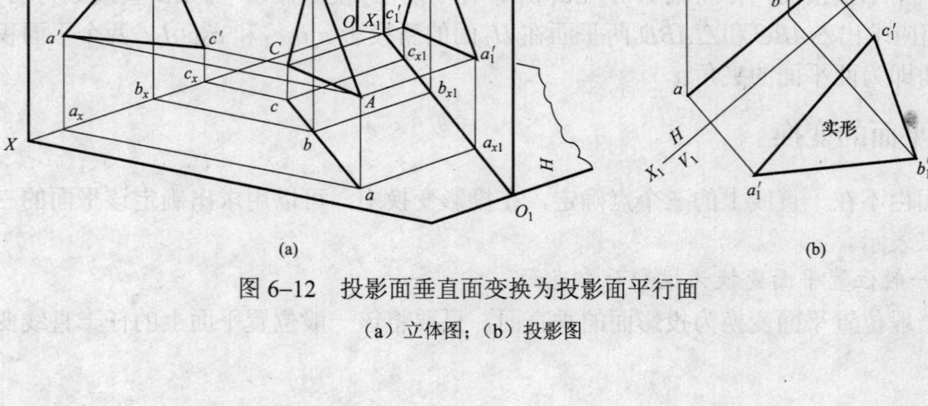

图 6–12　投影面垂直面变换为投影面平行面

（a）立体图；（b）投影图

3. 一般位置平面变换为投影面平行面

若要将一般位置平面变换为新投影面的平行面，必须经过两次换面。因为与一般位置平面平行的平面也必然是一般位置平面，该一般位置平面无法与原投影体系中任一投影面组成互相垂直的两投影面体系。所以只能先通过一次换面将一般位置平面变换成投影面垂直面，再经过第二次换面，将投影面垂直面变换成投影面平行面。

如图 6–13 所示，第一次换面将△ABC 变换成 V_1 面的垂直面，第二次换面将其变换成 H_2 面的平行面。

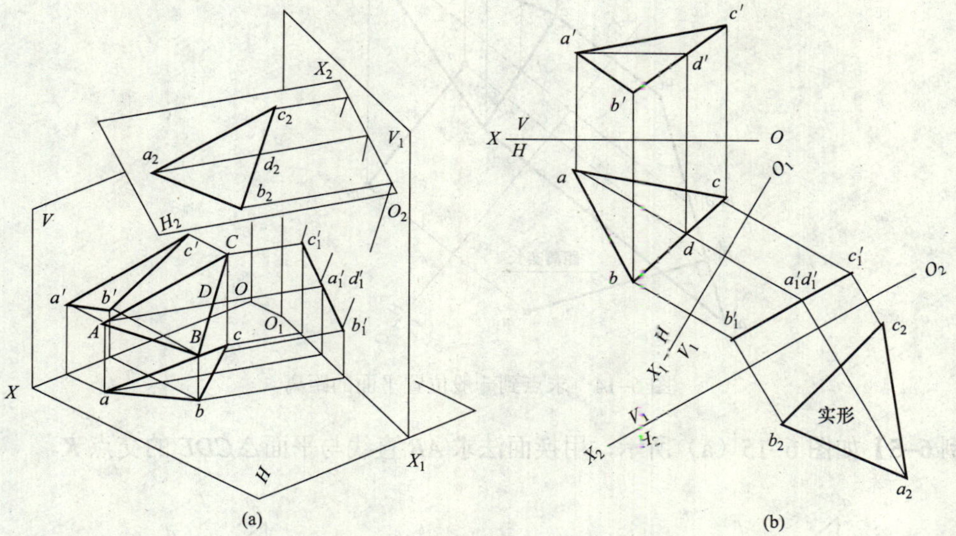

图 6–13　一般位置平面变换为投影面的平行面

（a）立体图；（b）投影图

【例 6–4】已知点 M 和△ABC 的两面投影，用换面法求 M 点到△ABC 的距离及投影（图 6–14）。

分析：可将△ABC 平面通过一次变换使其成为新投影面（V_1 面）的垂直面，再在新投影面体系中求点到平面的距离。

作图：（图 6–14）

（1）将△ABC 内的水平线 BD 变成垂直于 V_1 面的直线，则△ABC 变成垂直面，即△ABC ⊥V_1，在 V_1 面的投影积聚为直线 $a_1'\ b_1'\ c_1'$，M 点在 V_1 面的新投影为 m_1'；

（2）过 m_1' 作 $a_1'\ b_1'\ c_1'$ 的垂线，交于 n_1'，$m_1'\ n_1'$ 即为 M 点到一般位置平面△ABC 的距离；

（3）过 n_1' 作 O_1X_1 的垂线，与过 m 所作 O_1X_1 的平行线交于 n 点；

（4）过 n 点作 OX 轴的垂线，根据投影变换规律，N 点的新投影 n_1' 至新轴（O_1X_1 轴）之距等于旧投影 n' 至旧轴（OX 轴）之距，求得 n'。

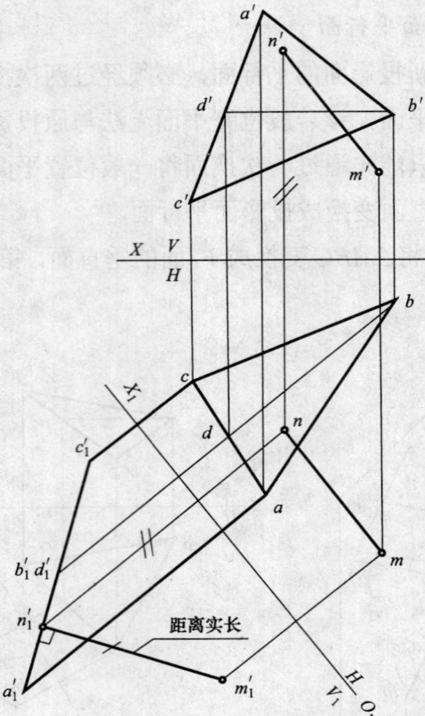

图 6–14　求点到一般位置平面的距离

【例 6–5】如图 6–15（a）所示，用换面法求 AB 直线与平面△CDE 的交点 K。

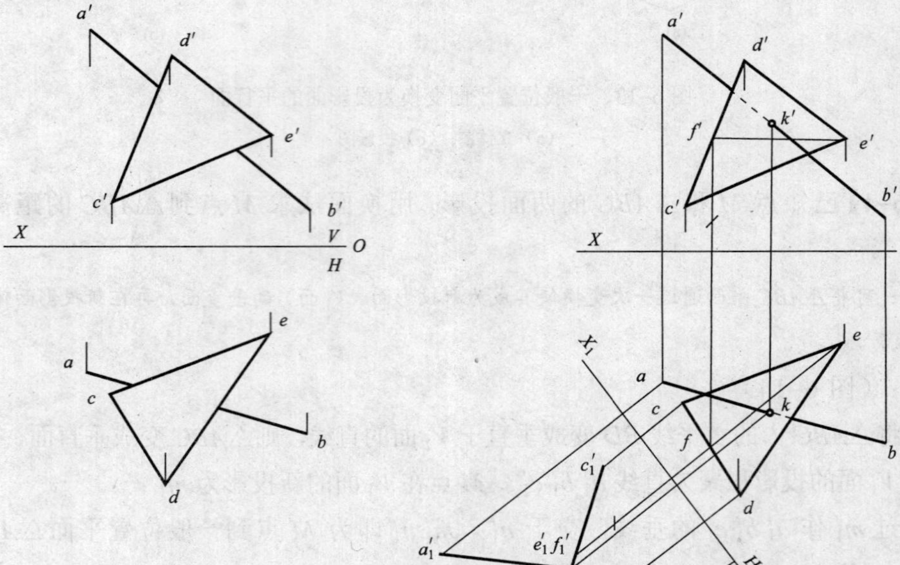

图 6–15　用换面法求直线与平面的交点

（a）已知条件；（b）作图过程

分析：可通过一次换面，将平面变换成新投影面的垂直面，则其在新投影面的投影积聚为一直线，这样，直线与平面的交点可在新投影中直接定出，再根据换面法的投影规律由新投影求得旧投影。

作图：[图 6–15（b）]

（1）在平面△CDE 中取一水平线 EF，更换 V 面，将 EF 直线变换为 V_1 面的垂直线，则平面△CDE 成为 V_1 面的垂直面；

（2）取平面的积聚性投影与 $a_1' b_1'$ 的交点 k_1'。由新投影和保留投影连线垂直于新轴，在 AB 上求得相应点 k 和 k'；

判别可见性：

判别可见性的方法前面已学习过。大家可思考，判别 AB 的水平投影 ab 的可见性，能否利用平面在 V_1 面的积聚性投影进行判断。

6.3 旋转法

当用旋转法改变空间几何元素相对于投影面的相对位置时，V、H 投影体系是不变的，而是把已知几何元素绕一固定的轴旋转。作为旋转轴的直线，通常是选择投影面的垂直线或平行线。

6.3.1 基本知识

1. 术语

如图 6–16 所示，点 A 绕任一直线 O_1O 旋转时，该点称为旋转点，该直线称为旋转轴。旋转点 A 的轨迹是一个圆周，称为旋转圆周，其所在的平面称为旋转平面，必垂直于旋转轴。旋转圆周的圆心 O_1 称为旋转中心(即点 A 到旋转轴 OO_1 的垂足)。旋转圆周的半径 O_1A 称为旋转半径。

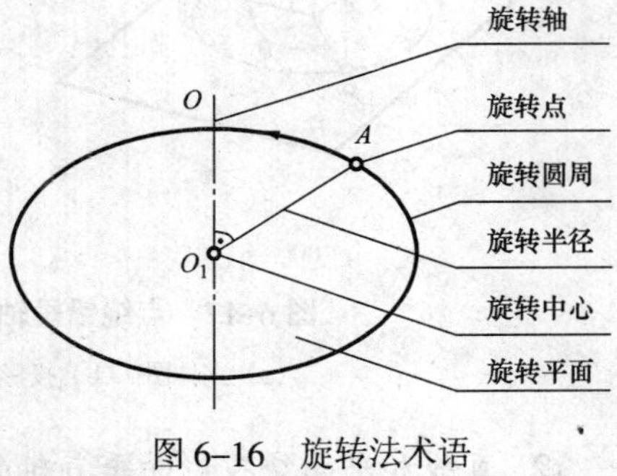

图 6–16 旋转法术语

旋转点和旋转轴的位置确定后，旋转中心、旋转半径、旋转圆周和旋转平面均随之确定。

2. 旋转轴的选择

旋转轴垂直于某投影面时，则旋转平面必平行于该投影面，故旋转圆周在该投影面上的投影反映实形；当旋转轴平行于某投影面时，则旋转平面必垂直于该投影面，故旋转圆周在该投影面上的投影为一段垂直于旋转轴的同面投影的直线段，长度等于旋转直径的长度；当旋转轴倾斜于投影面时，旋转平面亦倾斜于该投影面，旋转圆周的投影将是一个椭圆。

因此，为了在投影图中使旋转圆周的投影为圆周或直线段而作图方便，以采用垂直于投影面的旋转轴为主，其次是平行于投影面的旋转轴。

旋转轴的选择原则：

（1）旋转轴的方向和位置应使作图方便，以垂直于投影面的轴为主，其次是平行于投影面的轴。

（2）能使几何图形转成有利于图示和图解的位置。

6.3.2 绕投影面垂直轴旋转

1. 点绕投影面垂直轴的旋转

一点绕投影面垂直轴旋转时，该点在旋转轴垂直的投影面上的投影，将在一个圆周上转动；该动点的另外投影，将在与旋转轴的投影垂直的直线上移动，即平行于相应投影轴方向移动。

如图 6–17（a）所示，点 A 绕垂直于 H 面的 OO_1 轴旋转，点 A 到 OO_1 轴的垂足为 O_1，点 A 的旋转轨迹为以 O_1 为中心的圆，该圆所决定的平面 $P/\!/H$ 面，所以圆在 H 面上的投影反映实形。而 P 面在 V 面上的投影为平行于 X 轴的直线。若将点 A 旋转某一角度 θ 到新位置 A_1，其旋转轨迹的水平投影是以 o_1 为圆心，以 o_1a 为半径的圆弧 aa_1，其正面投影是平行于 X 轴的直线 $a'a_1'$，图 6–17（b）所示为 A 点投影的旋转作图法。

作图时，先作出旋转轴所垂直的投影面上的投影，由之再作出其他投影面上的投影。

图 6–18 所示为点 A 绕垂直于 V 面的旋转轴时的作图法。点的旋转轨迹在 V 面上的投影为一圆，在 H 面上的投影为平行于轴的直线。

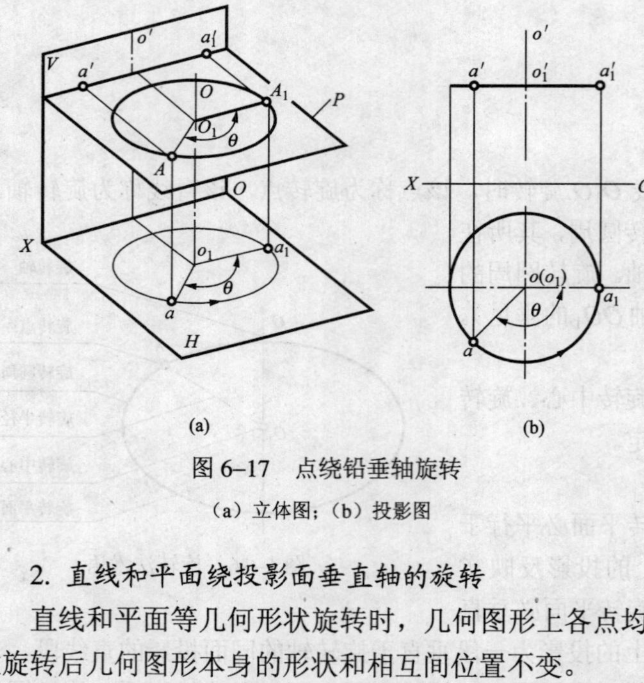

图 6–17 点绕铅垂轴旋转

（a）立体图；（b）投影图

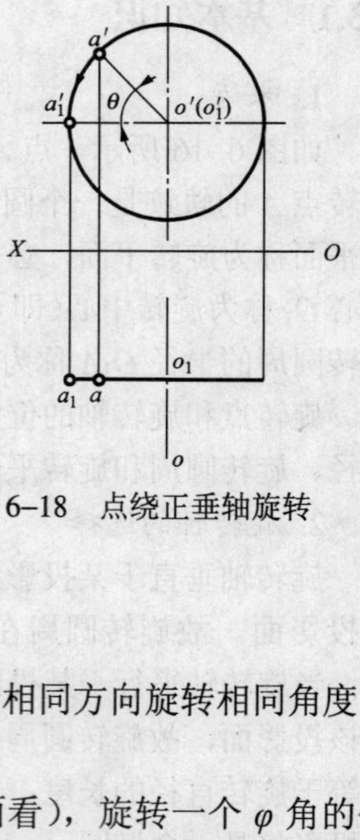

图 6–18 点绕正垂轴旋转

2. 直线和平面绕投影面垂直轴的旋转

直线和平面等几何形状旋转时，几何图形上各点均绕同一轴沿相同方向旋转相同角度，故旋转后几何图形本身的形状和相互间位置不变。

图 6–19 表明把直线 AB 绕铅垂轴 O，以逆时针方向（对 H 面看），旋转一个 φ 角的作图法。事实上，直线在绕铅垂轴 O 旋转时，只改变了对 V 面的倾角β，而不改变对 H 面的倾角α，所以必定有 $ab=a_1b_1$ 的结果（自己证明）。这就得出结论：当直线绕铅垂轴旋转时，它的水平投影长度是不会改变的；同样，当直线绕正垂轴旋转时，它的正面投影长度不会改变。

图 6–20 表明把$\triangle ABC$ 绕正垂轴 O，以顺时针方向（对 V 面看），旋转一个 φ 角的作图法。在图中不难证出$\triangle a'b'c' \cong \triangle a_1'b_1'c_1'$。这就是说：当平面形绕正垂轴旋转时，它的正面投

影形状大小不变。同样，绕铅垂轴旋转时，它的水平投影形状大小不变。

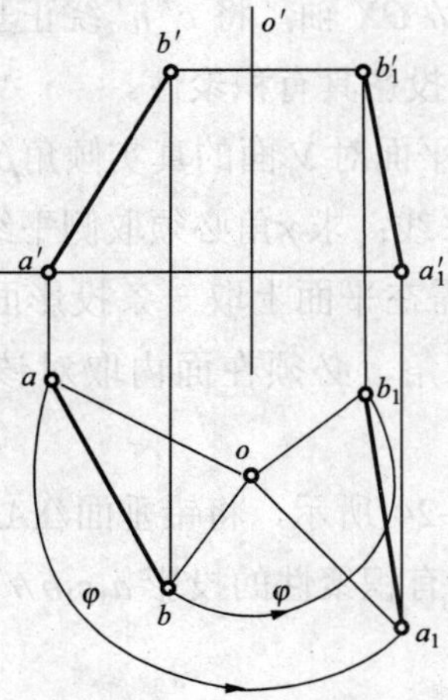

图 6–19 直线绕铅垂轴旋转

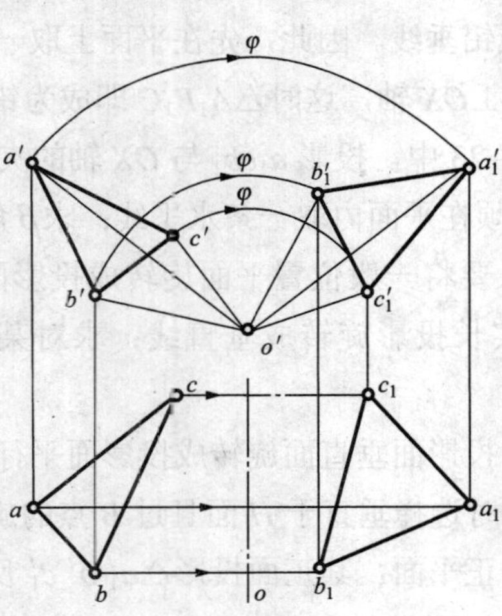

图 6–20 平面绕正垂轴旋转

3. 基本作图问题

（1）将一般位置直线旋转成投影面平行线。如图 6–21 所示，AB 为一般位置直线，若将其旋转成正平线，其水平投影应旋转到 $ab_1 /\!/ OX$ 轴的位置，故应选择铅垂线作旋转轴。为了作图方便，让 oo_1 轴过端点 A，这样只要旋转另一端点 B 即可完成。其正面投影 $a'b_1'$ 反映实长，投影 $a'b_1'$ 与 OX 轴夹角即是直线 AB 对 H 面的倾角 α。

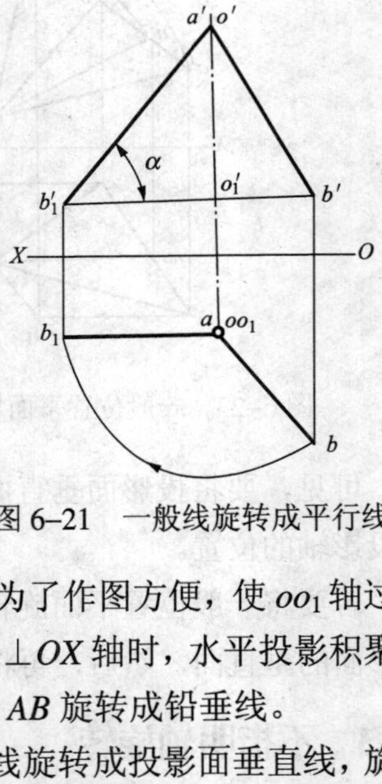

图 6–21 一般线旋转成平行线

可见，求直线对某一投影面的倾角，旋转轴必须垂直于该投影面。

（2）将投影面平行线旋转成投影面垂直线。如图 6–22 所示，要将正平线 AB 旋转成投影面垂直线，必须是反映实长的正面投影 $a'b' \perp OX$ 轴，故应选择正垂线 oo_1 为旋转轴。为了作图方便，使 oo_1 轴过端点 B，当旋转后的投影 $a_1'b' \perp OX$ 轴时，水平投影积聚为一点 a_1（b）。此时，正平线 AB 旋转成铅垂线。

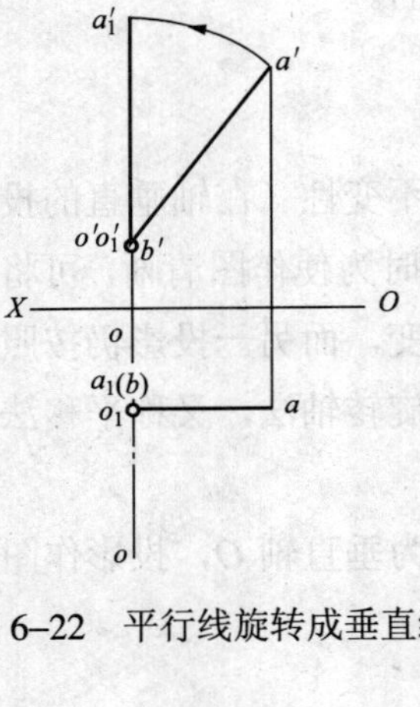

图 6–22 平行线旋转成垂直线

可见，要将投影面平行线旋转成投影面垂直线，旋转轴必须垂直于实长投影所在的投影面，且将实长投影旋转到与投影轴线垂直的位置。

若要将一般位置直线旋转成投影面垂直线，需要两次旋转。首先将一般位置直线旋转成投影面平行线，然后，再将投影面平行线旋转成投影面的垂直线。

（3）将一般位置平面旋转成投影面垂直面。若要将一般位置平面旋转成投影面垂直面，只要将面上的一直线旋转成垂直线即可。由前述可知，平行线经一次旋转即可成为投影面垂直线。如图 6–23 所示，若将一般位置平面△*ABC* 旋转成铅垂面，需将平面上一正平线旋转成铅垂线。因此，先在平面上取一正平线，*cn*// *OX* 轴，将 $c'n'$ 绕正垂轴旋转成铅垂线 $c'n'_1 \perp OX$ 轴，这时△A_1B_1C 即成为铅垂面，水平投影具有积聚性。

在图 6–23 中，投影 a_1cb_1 与 *OX* 轴的夹角，即反映平面对 *V* 面的真实倾角β。由此可知，若求α角必须在平面内取一条水平线；求β角必须取正平线；求γ角必须取侧平线。

可见，要将一般位置平面旋转成投影面垂直面，需在平面上取一条投影面的平行线，将该线的实长投影旋转成垂直线；求对某投影面的倾角，必须在面内取对该投影面的平行线。

（4）将投影面垂直面旋转成投影面平行面。如图 6–24 所示，将铅垂面△*ABC* 旋转成正平面。作图时选择垂直于 *H* 面且过 *B* 点的旋转轴，使具有积聚性的投影 a_1c_1b // *OX* 轴，此时该平面即为正平面，其正面投影△$a_1'b'c_1'$ 反映实形。

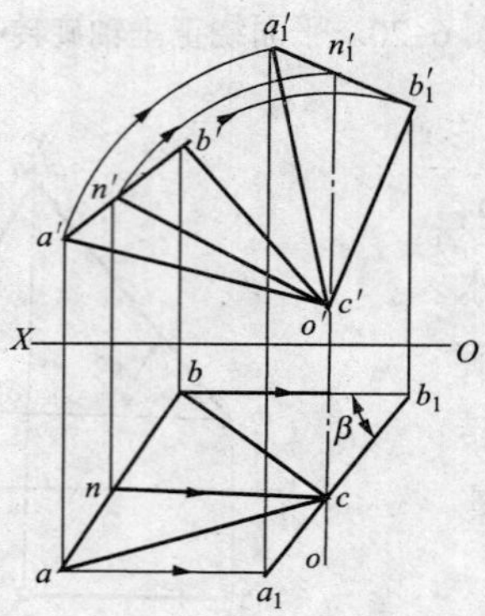

图 6–23　一般位置平面旋转成垂直面

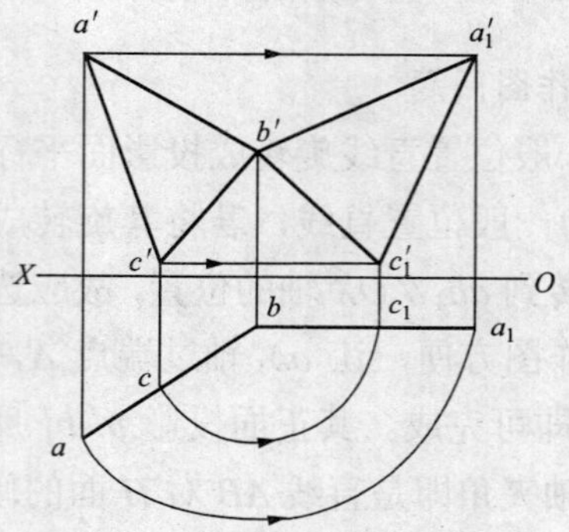

图 6–24　垂直面旋转成平行面

可见，要将投影面垂直面旋转成投影面平行面，需将平面具有积聚性的投影旋转到平行于投影轴的位置。

若要将一般位置平面旋转成投影面平行面，需要两次旋转。首先将一般位置平面旋转成投影面的垂直面，然后，再将投影面垂直面旋转成投影面的平行面。

6.3.3 不指明轴旋转

根据直线与平面旋转时的三同规律（同轴、同向、同角）和不变性（在轴垂直的投影面上，直线或平面的投影在旋转过程中其长度或形状大小不变），有时为使作图清晰，可将旋转后的投影转移到合适的位置。作图时只要使一投影形状和大小不变，而另一投影仍按照旋转对应规律作图。这种不指明旋转轴位置的作图方法，称为不指明旋转轴法，又称平移法，如图 6–25（a）所示。

若需确定旋转轴，可作 *C*、C_1 和 *B*、B_1 的中垂面，其交线即为垂直轴 *O*，投影作图如图 6–25（b）所示。

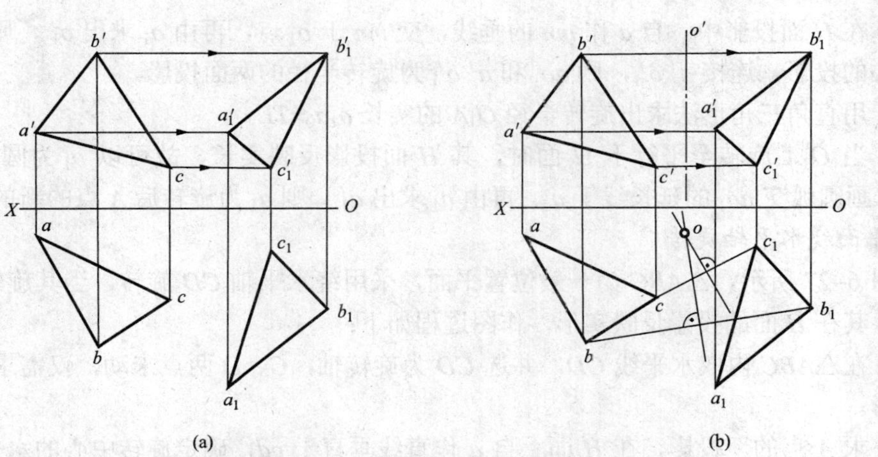

图 6–25 绕不指明轴旋转

（a）不指明旋转轴法；（b）确定旋转轴

6.3.4 绕投影面平行轴旋转

在前面所学投影变换中，我们知道：确定一般位置平面的实形，无论用换面法或用垂直线为轴旋转法，都要经过两次变换。事实上，如果采用平面内的一条水平线或正平线为轴来旋转此平面，那么只需旋转一次，即可解决问题。

1. 基本原理

如图 6–26（a）所示，当 A 点绕水平轴 MN 旋转时，它的旋转轨迹为以 O_1 为圆心，以 O_1A 为半径且垂直于 H 面的圆周。此圆周的 H 面投影积聚成直线，与水平轴的 H 面投影 mn 交于 o_1 点，V 面投影为一椭圆，此椭圆在作图时可不必画出。

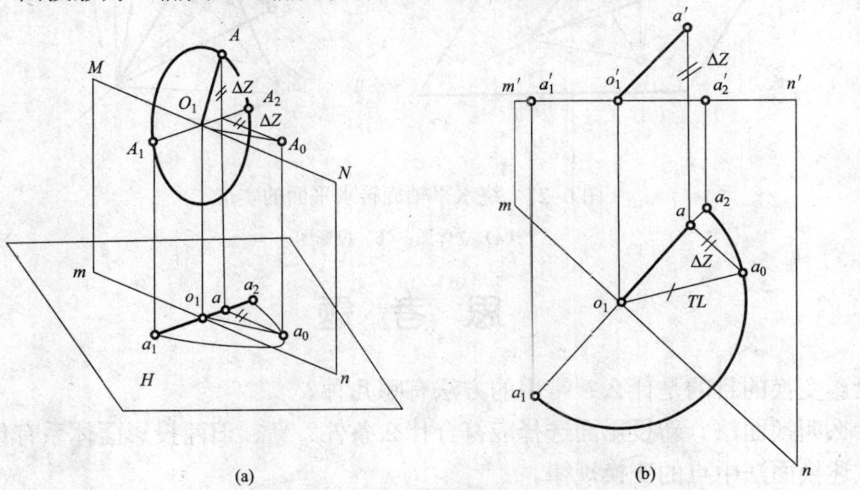

图 6–26 点绕水平轴旋转

（a）立体图；（b）投影图

当 A 旋转至 A_1 点时，旋转半径 O_1A_1 平行于 H 面，其 H 面投影 o_1a_1 反映实长。

如图 6–26（b）所示，已知水平轴 MN 和点 A 的两面投影，求作 A 点的新投影 a_1 和 a_1'，投影作图如下：

（1）在 H 面投影中，自 a 作 mn 的垂线，交 mn 于 o_1 点，再由 o_1 求出 o_1'，则 o_1 和 o_1' 为旋转中心的投影。连接 $a'o'_1$，则 ao_1 和 $a'o'_1$ 为旋转半径的两面投影。

（2）用直角三角形法求出旋转半径 O_1A 的实长 $o_1a_0=TL$。

（3）当 O_1A 旋转至平行于 H 面时，其 H 面投影反映实长，故可以 o_1 为圆心，以 o_1a_0 为半径，画圆弧交 ao_1 的延长线于 a_1。再由 a_1 求出 a_1'，则 a_1 为旋转后 A 点的新的 H 面投影。

2. 平面绕水平轴旋转

如图 6–27 所示，△ABC 为一般位置平面，采用绕水平轴 CD 旋转，当其旋转至与 H 面平行时，其在 H 面的投影反映实形，作图过程如下：

（1）在△ABC 内取水平线 CD，并选 CD 为旋转轴，C、D 两点未动，仅需求 A、B 两点的新投影。

（2）求 A 点的新投影，在 H 面上自 a 作直线垂直于 cd，确定旋转中心的水平投影 o_1 和旋转半径 O_1A 的水平投影 o_1a；用直角三角形法求出 O_1A 的实长 o_1a_0，并 o_1 为圆心，以 o_1a_0 为半径，画圆弧，交 ao_1 的延长线于 a_1（点在 H 面的新投影）。

（3）求 B 点的新投影。连接 a_1d；过 b 作直线垂直于 cd，与 a_1d 的延长线交于点 b_1。

（4）连接 a_1b_1c，则△a_1b_1c 反映△ABC 的实形。

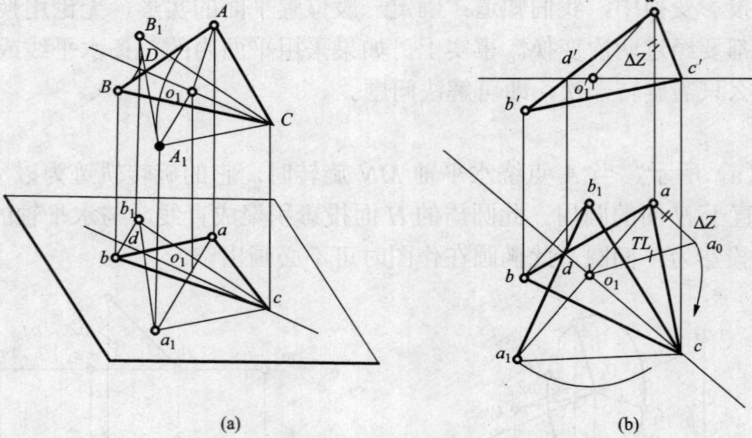

图 6–27 绕水平轴旋转求平面的实形

（a）立体图；（b）投影图

思 考 题

1. 投影变换的目的是什么？常用的方法有哪几种？
2. 什么叫换面法？新投影面选择应符合什么条件？新、旧两投影面体系有什么关系？
3. 试述换面法中点的变换规律。
4. 怎样用换面法使一般位置直线成为垂直线和求一般位置平面的实形？
5. 点绕某一垂直线旋转时，点的各投影如何运动？
6. 怎样用旋转法使一般位置直线成为垂直线和求一般位置平面的实形？
7. 试述用水平轴旋转法求平面图形实形的作图根据和步骤。
8. 举例说明用换面法确定直线和平面的交点以及两平面的交线。

第 7 章

平 面 立 体

本章主要研究平面立体中棱柱、棱锥、棱台的图示方法，及表面取点、取线的作图问题；介绍工程形体的表达方法。

任何复杂的形体均可看成是由简单的几何体组成，如图 7–1 所示的建筑形体，就是由三棱柱、四棱柱和三棱锥组合而成的。在制图中把工程上经常使用的单一几何体称为基本形体，简称基本体。根据表面的组成情况，基本形体分为两大类：一类是平面立体，一类是曲面立体。

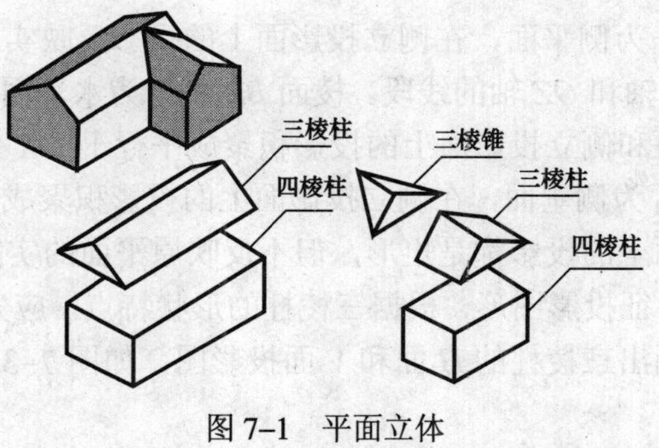

图 7–1　平面立体

7.1　平面立体的投影

由若干平面围成的基本体称为平面立体。立体的每个表面都是平面多边形，称为棱面。棱面的交线，称为棱线，棱线的交点称为顶点。由于它们所处位置不同，还可以有其他名称，如顶面、底面、侧面、端面和底边、侧棱等。平面立体的投影，实际上可归结为棱面、棱线和顶点的投影。作平面立体表面上的点和线的投影时，应遵循点、线、面、体之间的从属性关系。

7.1.1　棱柱体

上、下底面互相平行，其余每相邻侧面交线互相平行的平面立体称为棱柱。

棱柱上，平行的两个表面称为棱柱的底面。其余的表面称为棱柱的侧面或棱面。相邻的两棱面的交线称为棱柱的侧棱或棱线。棱线垂直于底面的棱柱称为直棱柱，棱线与底面斜交的棱柱称为斜棱柱，底面是正多边形的直棱柱称为正棱柱。当底面为三角形、四边形、五边形等时，所组成的棱柱分别为三棱柱、四棱柱、五棱柱等。

如图 7–2 所示为三棱柱。其中，上、下底面为互相平行的三角形；三个棱面（侧面）均为矩形，三条棱线相互平行且与底面垂直，长度相等，等于棱柱的高。

图 7–3（a）为三棱柱的安放位置，该三棱柱水平放置，如同双坡屋面建筑的坡屋顶，其中，左、右底面为侧平面，三条棱线为侧垂线，棱面 BB_1C_1C 为水平面。

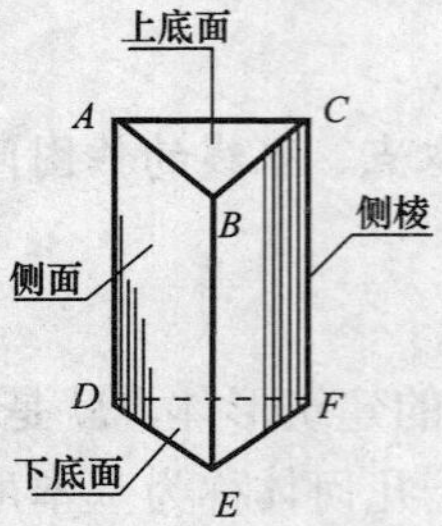

图 7–2　三棱柱

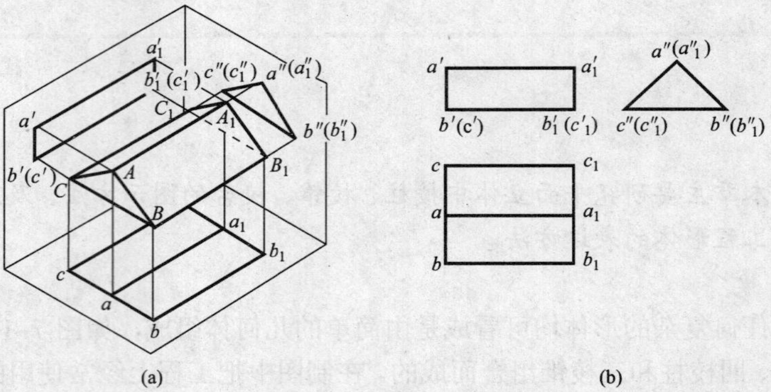

图 7–3　三棱柱的投影

（a）立体图；（b）投影图

底面 ABC 和 $A_1B_1C_1$ 为侧平面，在侧立投影面上的投影反映实形，在其余两个投影面上的投影积聚成平行于 OY 轴和 OZ 轴的线段。棱面 BB_1C_1C 为水平面，在水平投影面上的投影反映实形，在正立投影面和侧立投影面上的投影积聚成平行于 OX 轴和 OY 轴的线段。另两个侧面 ABB_1A_1 和 ACC_1A_1 为侧垂面，在侧立投影面上的投影积聚成倾斜于投影轴的线段，在水平投影面和正立投影面上的投影都是矩形，但不反映原平面的实际大小。

作图时，应先画出特征投影图形，根据三棱柱的形状特点，应先画 W 面投影图，即三角形边框，再按投影关系画出三棱柱的 H 面和 V 面投影图，如图 7–3（b）所示。

7.1.2　棱锥体

底面是多边形，各个棱面都是有一个公共顶点的三角形的平面体称为棱锥。如果底面是正多边形，顶点在底面的投影位于多边形的中心的棱锥叫正棱锥，如图 7–4 所示为正三棱锥。

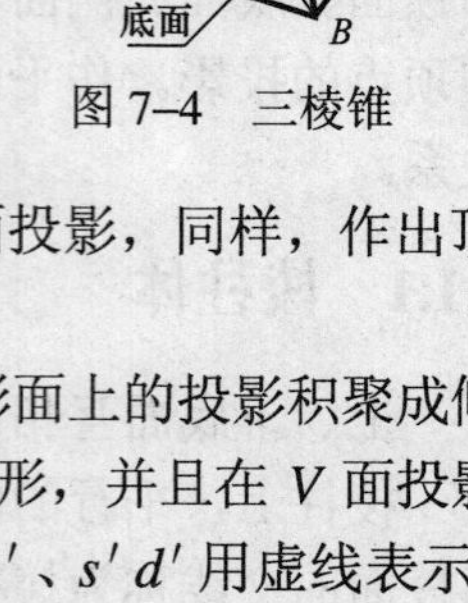

图 7–4　三棱锥

图 7–5（a）为正五棱锥的安放位置，底面为正五边形，五个棱面为五个相等的等腰三角形。其中，底面 $ABCDE$ 为水平面，在水平投影面上的投影 a、b、c、d、e 反映实形，另两个投影积聚成线段，分别平行于 OX 轴和 OY 轴；顶点 S 的 H 面投影 s 位于五边形 $abcde$ 的中心。s 与五边形顶点 a、b、c、d、e 的连线即为各侧棱的 H 面投影，同样，作出顶点 S 的 V 面和 W 面投影 s'、s'' 后，可连得各侧棱的 V 面和 W 面投影。

侧面 SED 因包含一条垂直 W 面的底边 ED，故为侧垂面，在侧立投影面上的投影积聚成倾斜于投影轴的线段，在水平投影面和正立投影面上的投影是 SED 的类似形，并且在 V 面投影中，两条侧棱 SE、SD 位于立体的后方而不可见，故他们的 V 面投影 $s'e'$、$s'd'$ 用虚线表示，其余侧面都是一般位置的平面，它们的投影都不反映实形，都是类似形。左右两条侧棱 *SA*、*SC* 的 *W* 面投影，为可见的 *SA* 的投影 $s''a''$ 与不可见的 *SC* 的投影 $s''c''$ 重影，仍用实线表示。

作图时，先画出五棱锥的 *H* 面投影图，再按投影关系画出 *V* 面和 *W* 面上的投影，如图 7–5（b）所示。

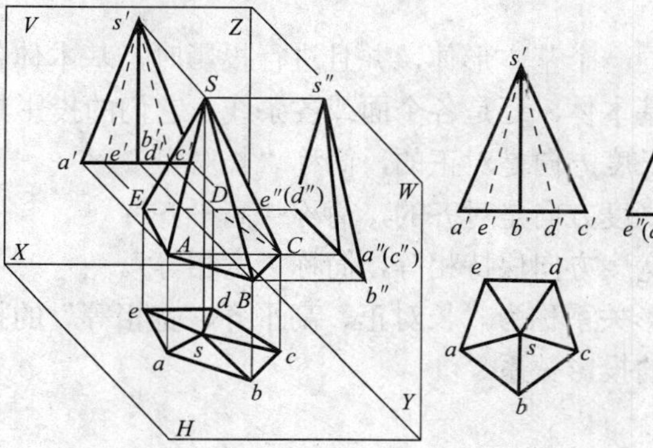

(a)　　(b)

图 7–5　五棱锥的投影

（a）立体图；（b）投影图

7.1.3　棱台体的投影

将棱锥体用平行于底面的平面切割后去掉上部，余下的部分称为棱台体。棱台的两个底面为相互平行的相似的平面图形。所有棱线延长后，仍会交于一公共点，即锥顶，如图 7–6（a）所示。如图 7–6（b），将四棱台置于三面投影体系中，投影图如图 7–6（c）所示。

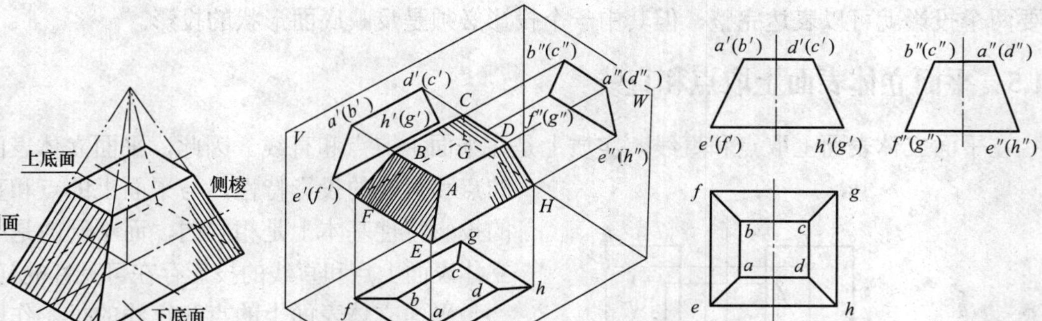

(a)　　(b)　　(c)

图 7–6　棱台的投影

（a）四棱台；（b）安放位置；（c）投影图

7.1.4　平面立体的投影性质

1. 平面立体的投影性质

基本形体沿 *OX* 轴方向的尺寸称为长，沿 *OY* 轴方向的尺寸称为宽，沿 *OZ* 轴方向的尺寸称为高。水平投影反映了形体的长度及宽度，正面投影反映了形体的长度及高度，侧面投影反映了形体的高度及宽度。

三面投影还反映出形体的方位（上、下、左、右、前、后）关系：水平投影反映形体的左、右和前、后关系；正面投影反映形体的上、下和左、右关系；侧面投影反映形体的上、下和前、后关系。

由于三个投影表达的是同一个基本形体，并且进行投影时，基本体各投影面的相对位置保持不变，所以无论是整个基本体，还是各个面或各条线，它们的投影具有下列特性：

正面投影与水平投影在长度方向是对正的，简称“长对正”；

正面投影与侧面投影在高度方向是对齐的，简称“高平齐”；

水平投影与侧面投影在宽度方向保持相等，简称“宽相等”。

基本形体的这种三面投影关系称为“长对正、高平齐、宽相等”的投影关系，也适合于以后各章物体各个投影之间的投影关系。

2. 平面立体的投影特点

（1）投影特点。平面立体的投影，就是其棱面的投影，而棱面的投影，由棱线的投影来表示；棱线的投影又为其顶点的投影的连线。所以，平面立体的投影，实质上是点、直线和平面的投影的集合。投影图中线条的交点，可能是点的投影，也可能是棱线的积聚投影。投影图中的线条，可能是棱线的投影，但也可能是棱面的积聚投影。投影图中的线框，可能是一个棱面的投影，也可能是一个平面体的全部投影。

（2）可见性。立体是不透明的。当朝向某投影面观看时，凡可见的棱线在该投影面上的投影，用实线表示；不可见的用虚线表示；当两条棱线的投影重影时，其中一条为可见棱线的投影时，则也用实线表示。

（3）投影数量。除了各面平行于投影面的长方体需三个投影以外，其他棱柱体和棱锥体只要两个投影就可以表达完整，但其中一个投影必须是反映底面形状的投影。

7.1.5 平面立体表面上取点和直线

在平面立体表面上取点和直线，实质上是在平面上取点和直线。因此，平面立体表面上的点和直线的投影特性，与平面上的点和直线的投影特性基本上是相同的，而不同的是平面立体表面上点和直线的投影存在可见性的问题。

平面立体表面上的点和直线的投影作图方法一般有三种：从属性法、积聚性法和辅助线法。

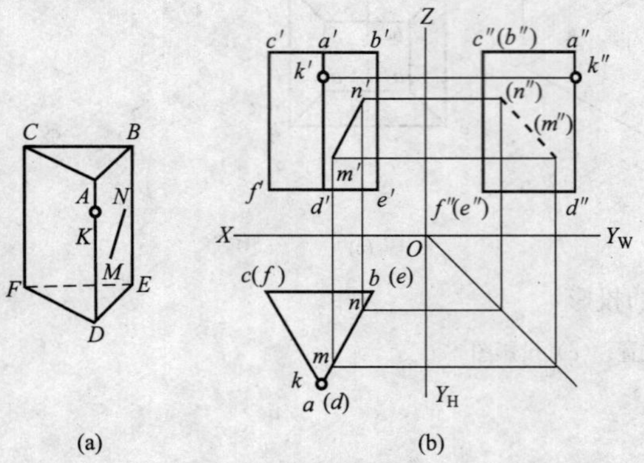

图 7–7 利用从属性和积聚性作平面体表面上的点和直线

（a）立体图；（b）投影图

1. 从属性法和积聚性法

当点位于平面立体的侧棱上或在有积聚性的表面上时，该点或线可按从属性法与积聚性法作图。如图 7–7 所示，在三棱柱的侧棱 *AD* 上有一点 *K*，其三面投影一定在直线的同面投影上。即利用点在直线上的从属性作出。直线 *MN* 位于棱面 *ABED* 上，该棱面在水平投影面上具有积聚性，则 *MN* 在水平投影面上的投影在棱面的积聚投影上，当已知 *MN* 的正面投影作另两个投影时，可先作出其水平投影，再求侧面投影。*MN* 向 *W* 面投影时，是不可见的，所以 $m'n'$ 为虚线。

2. 辅助线法

当点或直线所在的平面体表面为一般位置平面，无法利用从属性和积聚性作图时，可利用作辅助线的方法作图。

如图 7–8 所示，已知三棱锥体 *SABC* 的棱面 *SAC* 上有一点 *K* 的 *V* 面投影 k'，求其他两面投影。

三棱锥的棱面 *SAC* 为一般位置平面，其三面投影都不具有积聚性，都是平面的类似形。可利用面上作线的方法，即包含 *K* 点在棱面 *SAC* 上作一辅助线 *SD*，先求 *SD* 的各投影，再求 *K* 点的各投影。作图如下：

（1）过 k' 作直线 $s'd'$ 交 $a'c'$ 于点 d'。

（2）根据投影特性求出 sd、$s''d''$。

（3）利用从属性求出 k、k''。

（4）判断可见性。因为在朝向三个投影面观看时，*SAC* 都是可见的，所以该面上的点 *K* 也都是可见的。

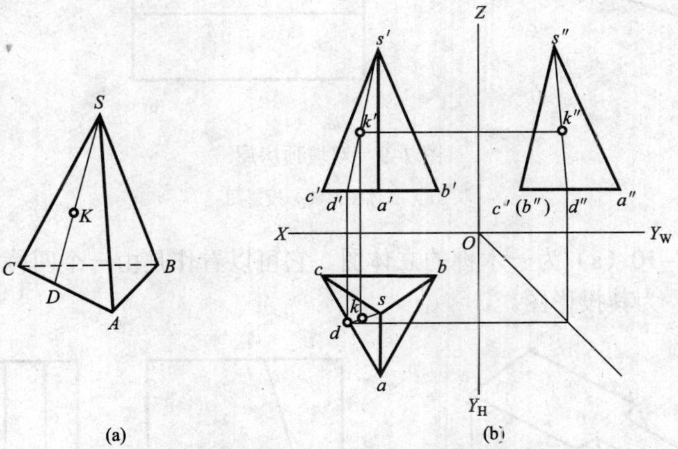

图 7–8 利用辅助线作平面体表面上的点的投影

（a）立体图；（b）投影图

7.2 工程形体的投影

工程中各种形状的立体，可称为工程形体。许多复杂的工程形体，常常可以视为由基本形体组合而成，所以也称为组合体。因而工程形体的投影，也就是组成它们的基本形体的投影的组合。把工程形体分析成为简单几何形体的过程，称为形体分析。

7.2.1 组合体的类型

由基本几何体按一定形式组合起来的形体称为组合体。为了便于分析，按形体组合特点，将它们的形成方式分为

（1）叠加型。由几个基本形体叠加而成。

（2）切割型。由基本形体切割掉某些形体而成。

（3）综合型。既有叠加又有切割两种形式的组合体。

7.2.2 组合体举例

【例 7–1】 图 7–9（a）为一双坡顶房屋的主要轮廓形状。它是一个横放的五棱柱，也可以视为由下方的长方体墙身和一个三棱柱外形的屋顶所组成，图 7–9（b）为其投影图。当把长方体和三棱柱组合为一个整体而中间无接缝时，实际上不是两个形体所组合，所以在 *W* 面投影中，上方三角形和下方长方形之间不应画出分界线。

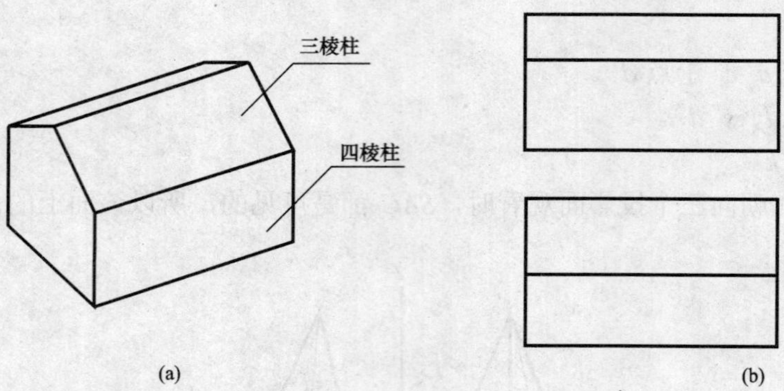

图 7–9 双坡顶房屋

（a）立体图；（b）投影图

【例 7–2】 图 7–10（a）为一木榫的立体图。它可以看作是由一个四棱柱切掉两个小四棱柱而成。7–10（b）为其投影图。

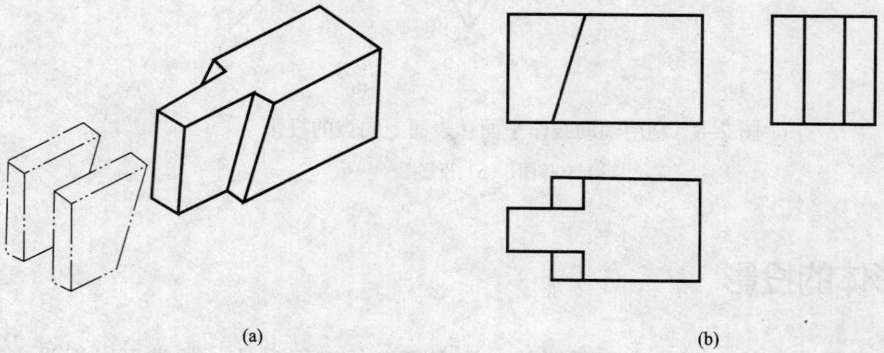

图 7–10 木榫

（a）立体图；（b）投影图

【例 7–3】 图 7–11（a）为肋式杯形基础，可以看作由四棱柱底板、中间四棱柱（在其正中挖去一楔形块）和六块梯形肋板叠加组成。四棱柱在底板中央，前后各肋板的左、右外侧面与中间四棱柱左右侧面共面、左右两块肋板在四棱柱左右侧面的中央［图 7–11（b）］。图 7–11（c）为其投影图。

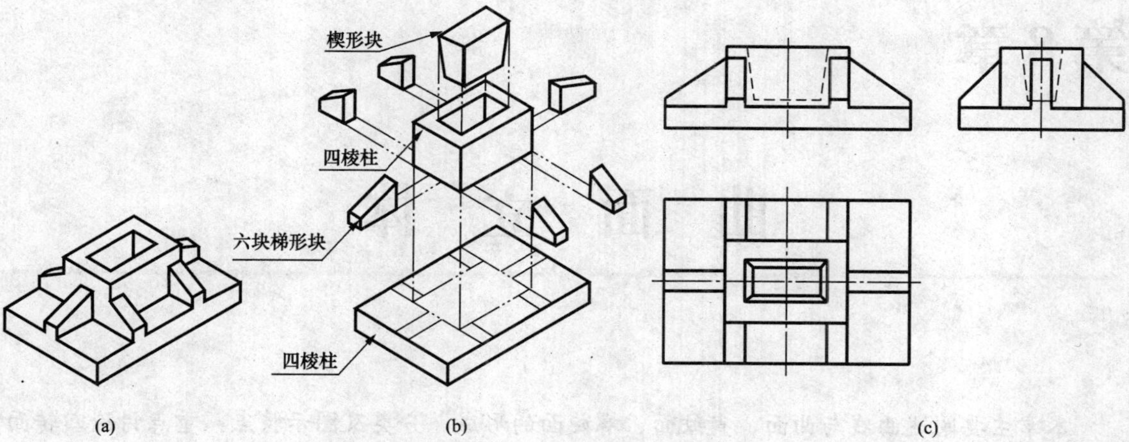

图 7–11　肋式杯形基础

（a）立体图；（b）形体分析；（c）投影图

思 考 题

1. 如何在投影图中表示棱柱、棱锥？怎样判别可见性？
2. 如何在平面立体的表面上作点和直线？
3. 什么叫形体分析？工程形体的形成方式有几种？

第 8 章

曲 面 立 体

本章主要阐述曲线与曲面、直纹面、螺旋面的形成、分类及图示特点；重点讨论回转面的形成、投影特点及曲面上取点、取线的作图问题。

8.1 曲线与曲面

8.1.1 曲线

1. 曲线的形成与分类

曲线可视为一个不断改变运动方向的点的轨迹。

按照点运动有无规则，曲线可分为规则曲线和不规则曲线。前者如圆周、螺旋线等；后者如等高线等；按照曲线上的点是否共面，曲线分为平面曲线和空间曲线。凡曲线上所有的点都在同一平面上的，称为平面曲线，如图 8–1（b）、图 8–1（c）所示为平面曲线；凡曲线上的点不全在同一平面上的，称为空间曲线，如图 8–1（a）所示为空间曲线。

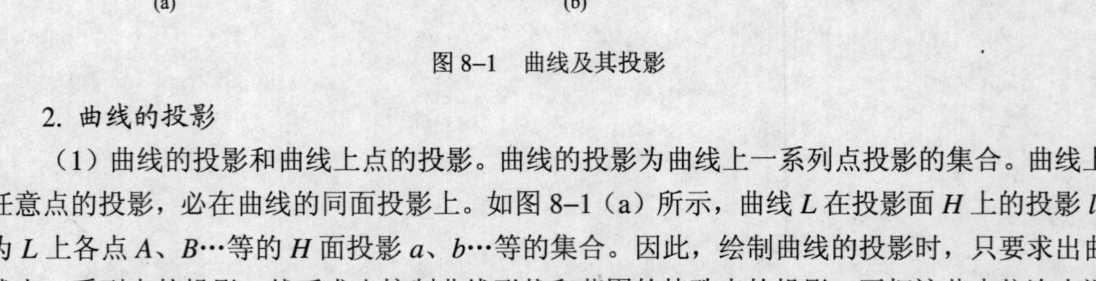

图 8–1　曲线及其投影

2. 曲线的投影

（1）曲线的投影和曲线上点的投影。曲线的投影为曲线上一系列点投影的集合。曲线上任意点的投影，必在曲线的同面投影上。如图 8–1（a）所示，曲线 L 在投影面 H 上的投影 l，为 L 上各点 A、B…等的 H 面投影 a、b…等的集合。因此，绘制曲线的投影时，只要求出曲线上一系列点的投影，然后求出控制曲线形状和范围的特殊点的投影，再把这些点依次光滑连接，即得曲线的投影。

（2）曲线的投影特性

1）一般情况下，曲线的投影仍为曲线。如图 8–1（a）所示，过曲线上各点的投射线组成一个曲面，称为投射曲面，它与投影面 *H* 相交于一条曲线，即为曲线的投影。

2）平面曲线具有下列特性：当平面曲线所在平面垂直于某投影面时，则曲线在该投影面上的投影积聚为一直线，如图 8–1（b），因为，投射曲面已成为投射平面，必与投影面交成一条直线；当平面曲线所在平面平行于某投影面时，则曲线在该投影面上的投影反映实形，如图 8–1（c）。

3）空间曲线的各面投影都是曲线，不能积聚成为直线或者反映实形。

（3）曲线的切线。曲线的切线的投影，切于该曲线的同面投影；切点的投影，为曲线与切线的同面投影的切点。

如图 8–2 所示，曲线 *L* 上有一条割线 *CD*，交 *L* 于两点 *C*、*D*。当 *D* 沿着 *L* 向 *C* 点无限接近时，直线 *CD* 的极限位置 *CE*，称为曲线 *L* 于 *C* 点的切线。

当割线 *CD* 上 *D* 点无限接近 *C* 点时，在投影中，投影点 *d* 也在 *l* 上无限接近 *c*，所以 *cd* 的极限位置 *ce* 是 *l* 于 *c* 点的切线，也就是切线 *CE* 的投影。投影中的切点 *c* 为切点 *C* 的投影。

3. 圆的投影

圆是平面曲线中常见的曲线。根据圆与投影面的相对位置，具有下列投影性质：

（1）当圆平行于某投影面时，在该投影面上的投影反映实形。图 8–3 是一个平行于 *V* 面的圆，则在 *V* 面的投影反映实形，在 *H* 面、*W* 面的投影积聚成垂直于 *Y* 轴的直线。

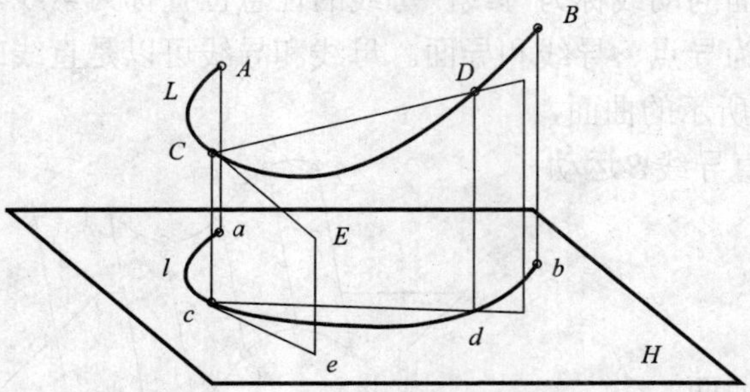

图 8–2　曲线的切线

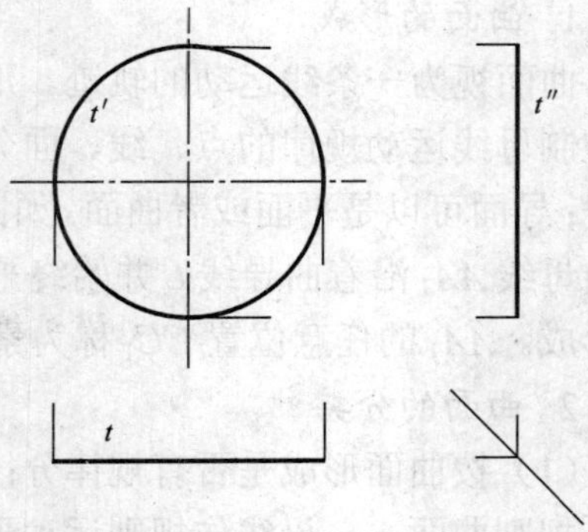

图 8–3　平行于 *V* 面的圆的投影

（2）当圆垂直于某投影面时，在该投影面上的投影成一直线段，长度等于圆的直径。

（3）当圆倾斜于投影面时，在该投影面上的投影为一个椭圆。圆心的投影为投影椭圆心。圆周直径的投影为投影椭圆的直径。圆周内平行于该投影面的直径的投影，为投影椭圆的长轴，长度等于圆周直径。圆周内与该直径垂直的那条直径的投影，为投影椭圆的短轴。

如图 8–4 所示，圆 *O* 所在的平面垂直于 *V* 面，倾斜于 *H* 面和 *W* 面，其 *V* 面投影积聚为一直线，长度等于圆的直径，相当于圆上平行于 *V* 面的直径 *AB* 的投影 *a′ b′*。

H 面和 *W* 面的投影均为椭圆，图 8–4（a）只画出 *H* 面上的投影——椭圆。图 8–4（b）是圆的三面投影图。

当圆为一般位置时，它的三个投影均为椭圆。

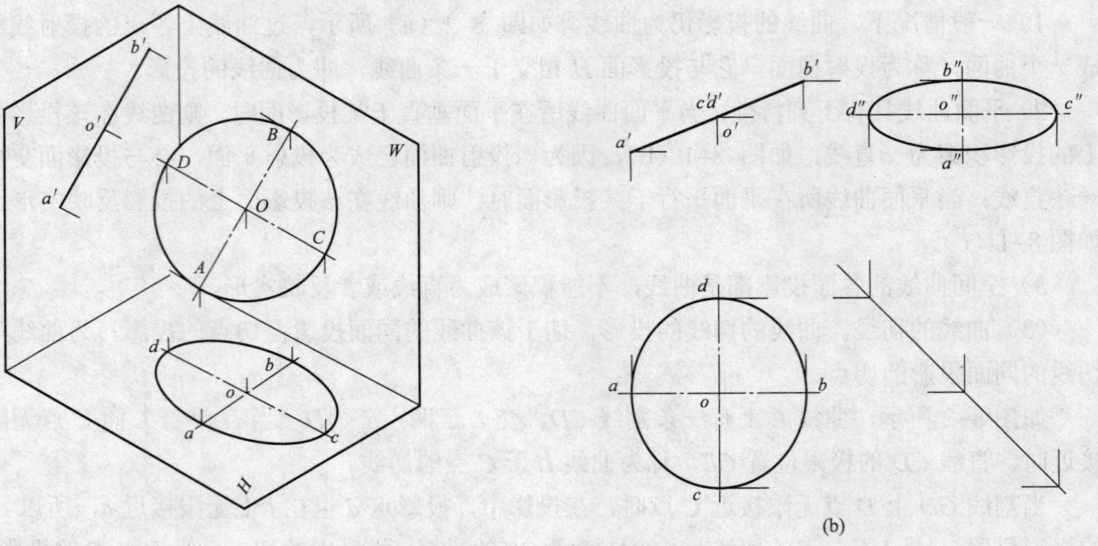

图 8-4 垂直于 V 面的圆的投影

（a）空间状况；（b）投影图

8.1.2 曲面

1. 曲面的形成

曲面视为一条线运动的轨迹。形成曲面的动线称为母线，母线的任意位置称为素线。用来控制母线运动规律的点、线、面分别称为导点、导线和导面。母线和导线可以是直线或者曲线；导面可以是平面或者曲面。如图 8-5 所示的曲面，是由母线 AA_1 沿着曲导线 L 并始终平行于直导线 S 运动而形成。AA_1 的任意位置 CC_1 称为素线。

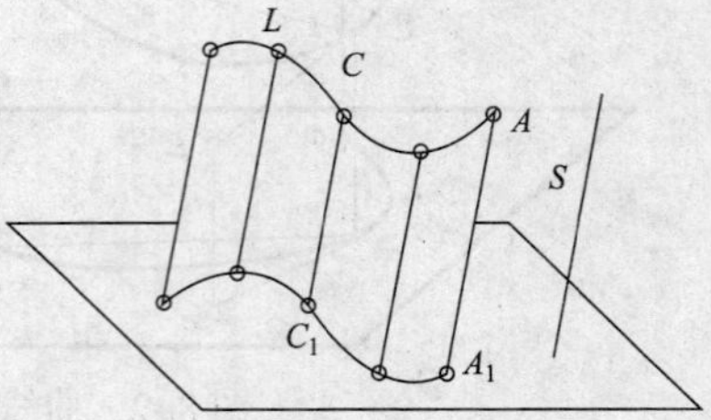

图 8-5 曲面的形成

2. 曲面的分类

（1）按曲面形成是否有规律分：

规则曲面——母线作规则运动形成的曲面；

不规则曲面——母线任意运动形成的曲面。

（2）按母线形状的不同分：

直线面——母线为直线的曲面称为直线面或直纹面，如圆柱面、圆锥面等；

曲线面——母线为曲线的曲面称为曲线面，如球面、环面等。

（3）按曲面是否能展开成平面分：

可展曲面——能展开成平面的曲面；

不可展曲面——不能展开成平面的曲面。

只有直线面才有可展与不可展之分，曲线面都是不可展的。

（4）按曲面是否由旋转来形成分：

回转面——母线绕一轴线旋转而形成的曲面称为旋转面或回转面；

非回转面——母线不是绕轴线旋转形成的曲面。

3. 曲面的投影

投影图中，只要能确定曲面形状、大小和位置的一些线的投影，即可表示曲面。

对于规则曲面，只要有形成曲面的要素，如母线、导点、导线和导面等，则曲面即被确定，并由此可以确定曲面上的任意素线。曲面的投影由这些要素的投影表示。当曲面有边线时，则要画出边线的投影。另外，为了使投影图所表示的曲面更为明显，还应画出曲面的投影的范围界线。

在工程实践中，广泛应用的是回转面，以及非回转面中直纹曲面。

8.2 回转面

8.2.1 回转面的形成和基本性质

1. 回转面的形成

以一平面曲线或直线为母线，绕同一平面内的一条定直线旋转而形成的曲面称为回转面，该定直线称为回转面的轴线。以直线为母线形成的回转面又称为直线回转面；以曲线为母线的回转面称为曲线回转面。

如图 8–6（a）所示，是以平面曲线 L 为母线，绕定直线 O 旋转形成回转面。

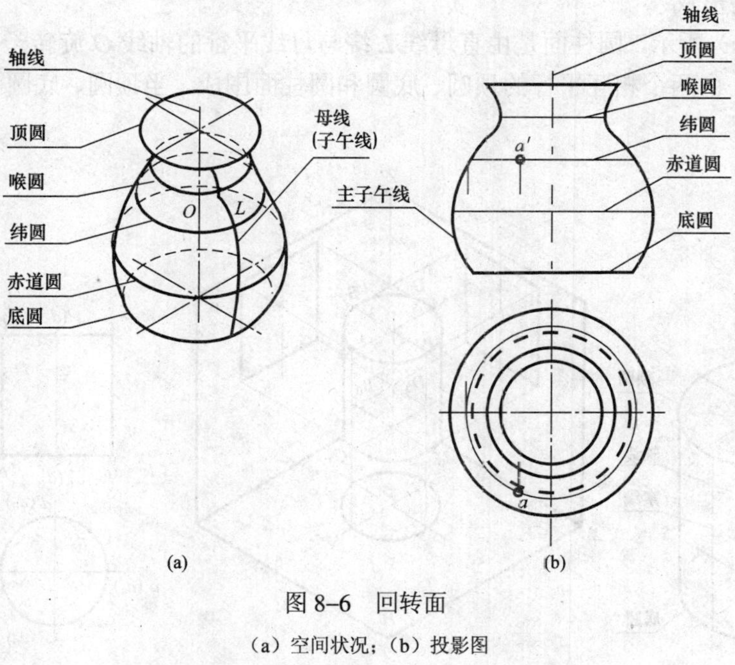

图 8–6 回转面

（a）空间状况；（b）投影图

母线的任意位置称为素线。母线绕轴线旋转时，母线上任意点如 A 的运动轨迹都是一个垂直于轴线的圆，称为纬圆。曲面上比相邻两侧都大的纬圆，称为赤道圆；都小的则称为喉圆。母线的上、下端点所形成的纬圆，分别称为顶圆和底圆。

通过轴线的平面，即素线所在的平面，称为子午面；回转面与子午面的交线称为子午线，即母线。如轴线平行于某投影面时，则平行于该投影面的子午面，称为主子午面；相应的子午线称为主子午线。

2. 回转面的投影

当回转面的轴线垂直于某一个投影面，例如 H 面时，则所有纬圆的 H 面投影反映实形，它们的 V 面和 W 面投影则为垂直于轴线的水平线段。如图 8–6（b）所示，回转面的 H 面投影，只画赤道圆、喉圆、顶圆及底圆等特殊纬圆的投影；回转面的 V 面和 W 面投影只画主子午线以及顶圆和底圆的投影。

一般情况下，回转面只画两个投影即可，但其中之一为轴线所垂直的投影面上投影，即表示纬圆实形的投影。投影图中，要用细点画线表示轴线的投影；圆形的投影中应用细点画线画出圆的中心线。对于有限的回转面，还应画出其边界线的投影，如顶圆、底圆的投影。

3. 回转面上的点和线

回转面上的点，可以由回转面上的纬圆来确定。如图 8–6（b）中，已知回转面上一点 A 的 V 面投影 a'，则可利用过 A 点的纬圆求出其在 H 面的投影 a，反之也可。

回转面上的线，可取一系列点来作出。

工程上，常见的回转面有圆柱面、圆锥面、球面、圆环面等。

8.2.2 圆柱体

1. 圆柱面的形成

如图 8–7（a）所示，圆柱面是由直母线 L 绕与母线平行的轴线 O 旋转一周而形成。圆柱体（简称圆柱），由两个相互平行的顶圆、底圆和圆柱面围成。当顶圆、底圆平面与轴线垂直时，称为正圆柱。

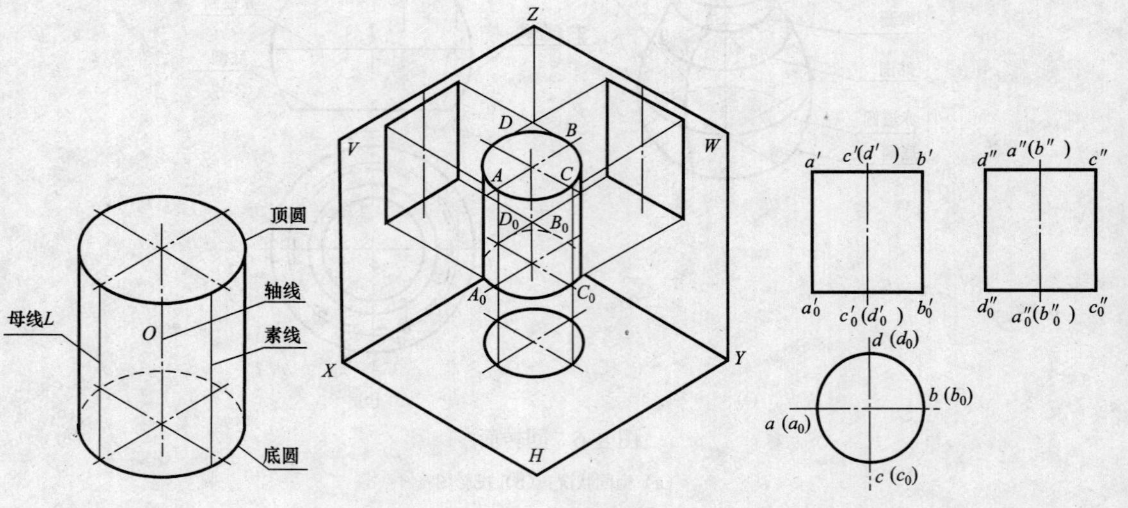

图 8–7 圆柱

（a）圆柱面的形成；（b）立体图；（c）投影图

2. 圆柱的投影

当正圆柱的轴线垂直于 H 面时，其 H 投影是一个圆周，为顶圆和底圆的重影，该圆周也是圆柱面上所有点和直线的积聚投影。如图 8–7（b）为立体图，8–7（c）为投影图。圆柱的 V 面和 W 面投影都是矩形，矩形的上下两条边为顶圆和底圆的积聚投影。V 面投影中，矩形左右边线 $a'a_0'$、$b'b_0'$ 是圆柱上最左、最右两素线 AA_0、BB_0 的投影，而与它们对应的 W 面投影 $a''a_0''$、$b''b_0''$ 则与轴线的 W 面投影重影，仍以中心线表示。W 面投影中，矩形前后两侧的边线 $c''c_0''$、$d''d_0''$ 分别是圆柱面的最前和最后两素线 CC_0、DD_0 的投影，而与它们对应的 V 面投影 $c'c_0'$、$d'd_0'$ 则与轴线的 V 面投影重影，仍以中心线表示。

圆柱可以由两个投影表示，其中之一必须是显示底圆形状的投影。

3. 可见性的判别

V 面投影，为前半个圆柱面和后半个圆柱面的重影，最左素线 AA_0 和最右素线 BB_0 把圆柱面分为前后两部分，前半部分可见，后半部分不可见。W 面投影，为左半个圆柱面和右半个圆柱面的重影，最前素线 CC_0 和最后素线 DD_0 把圆柱面分为左右两部分，左半部分可见，右半部分不可见。H 投影，为各轮廓素线的投影，分别积聚成一点，落在圆周上。

4. 圆柱表面上取点、线

圆柱表面上取点，可利用其积聚性或素线法来求。取线问题，是通过求出线上一系列点完成的。首先定出线上的特殊点，然后确定一般点，最后，根据可见性，将这些点顺序连结。

【例 8–1】如图 8–8（a），已知圆柱面上点 M、N、E 的一面投影，求作该三点的另外两投影。

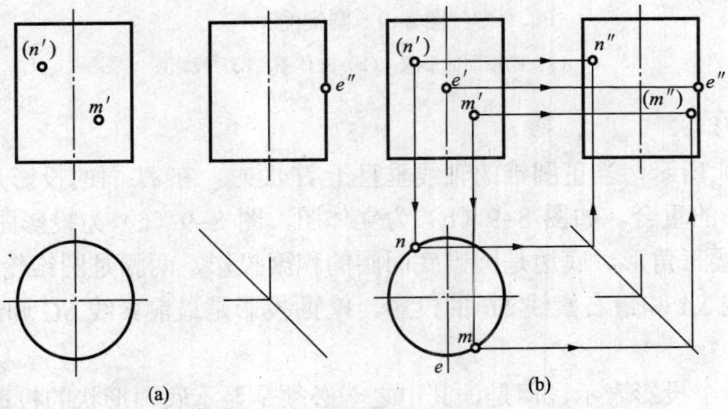

图 8–8 圆柱面上求点

（a）已知条件；（b）求作过程

分析：可以利用素线法或积聚投影法作图。

作图：（1）作 M、N、E 三点的水平投影。由于圆柱面的水平投影有积聚性，所以三点的水平投影 m、n、e 落在圆周上。

（2）作 M、N 点的侧面投影。根据两点的水平投影和正面投影求出侧面投影 m''、n''。

（3）作 E 点的正面投影。根据点的侧面投影求出正面投影 e'。

判别可见性：因为 M 点在圆柱面的右前方，N 点在圆柱面的左后方，E 点在圆柱面的前方。所以 m'' 不可见，n'' 可见，e' 可见。

8.2.3 圆锥体

1. 圆锥面的形成

如图 8–9（a）所示，圆锥面是由直母线 *SA* 绕与它相交于 *S* 点的轴线 *SO* 旋转一周而形成的曲面。所有素线均通过锥顶；母线 *SA* 上任意点运动的轨迹均为圆周，当圆周所在平面与轴线 *SO* 垂直时，称为正圆锥。圆锥体（简称圆锥）由圆锥面和一个底平面围成。

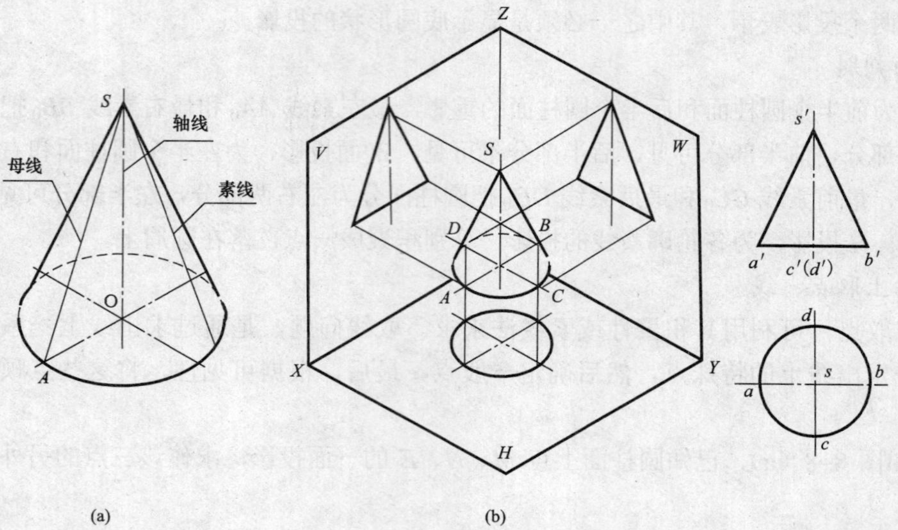

图 8–9 圆锥面

（a）圆锥面的形成；（b）立体图；（c）投影图

2. 圆锥的投影

如图 8–9（b）所示，当正圆锥的轴线垂直于 *H* 面时，在 *H* 面的投影是一个圆，是锥面与底圆的水平投影的重合。如图 8–9（b）为立体图，图 8–9（c）为投影图。圆锥的 *V* 面和 *W* 面投影都是等腰三角形，底边是圆锥底面圆的积聚投影，两腰是圆锥轮廓素线的投影，*V* 面投影是最左素线 *SA* 和最右素线 *SB* 的投影，*W* 面投影是最前素线 *SC* 和最后素线 *SD* 的投影。

圆锥可以由两个投影表示，但是，其中之一必须是显示底圆形状的投影。

3. 可见性判别

从图 8–9（b）中看出，*H* 面投影，整个圆锥面都是可见的，底面圆不可见。*V* 面投影，为前半个圆锥面和后半个圆锥面的重影，最左素线 *SA* 和最右素线 *SB* 把圆锥面分为前后两部分，前半部分可见，后半部分不可见。*W* 面投影，为左半个圆锥面和右半个圆锥面的重影，最前素线 *SC* 和最后素线 *SD* 把圆锥面分为左右两部分，左半部分可见，右半部分不可见。

4. 圆锥表面取点、线

圆锥的三个投影都没有积聚性，所以不能像圆柱那样利用积聚性求得。但圆锥表面上的点，一定在过该点的素线或纬圆上，因此，可利用素线法或纬圆法求圆锥表面上的点和线。

（1）素线法。过已知点作圆锥的素线，先求素线的投影，然后利用线上定点的方法求点的投影。这种利用素线作为辅助线来确定点的投影的方法，称为素线法。

（2）纬圆法。过点作锥面上垂直于轴线的纬圆，求出纬圆的各投影。由于点在纬圆上，则点的投影一定在纬圆的同面投影上。这种利用纬圆作为辅助线的方法称为纬圆法。

【例 8–2】 如图 8–10（a），已知点 *M* 的 *V* 面投影 *m*′，求 *m*、*m*″。

分析： 由于锥面的 *H*、*W* 面投影没有积聚性，不能根据 *m*′ 直接确定其余两投影，可以通过点作素线或纬圆来求解。

作图:

（1）纬圆法［图 8–10（b）］。

1）过点 *M* 作垂直于轴线的纬圆，则纬圆在 *V*、*W* 投影积聚成一直线，在 *H* 投影反映圆的实形。

2）因为点 *M* 在纬圆上，所以 *M* 点的投影在纬圆的同面投影上。因此，由 *m*′ 可作出 *m*、*m*″。

判别可见性： 因 *M* 在圆锥面的左前方，故 *m*、*m*″ 均可见。

（2）素线法［图 8–10（c）］。

1）过点 *M* 作素线 *SN* 的三面投影：*sn*、*s*′*n*′、*s*″*n*″。

2）因为点 *M* 在素线 *SN* 上，所以 *M* 的投影在素线 *SN* 的同面投影上，由此，在 *sn*、*s*″*n*″ 上定出 *m*、*m*″。或者只作素线 *SN* 的 *H* 面投影，由 *m*′ 求出 *m*，然后根据点的投影特性求出 *m*″。

3）判别可见性。同本题纬圆法。

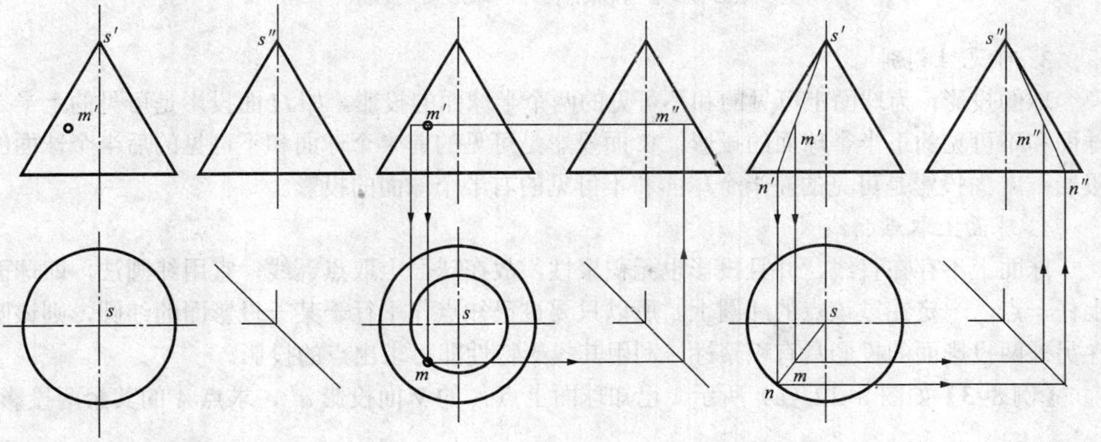

图 8–10 圆锥面上求点

（a）已知条件；（b）纬圆法；（c）素线法

8.2.4 圆球体

1. 球面的形成

如图 8–11（a）所示，以圆周为母线，并以它的一条直径为轴线旋转形成的曲面，称为圆球面。圆球体（简称球）由自身封闭的圆球面围成。

球面上各点到母线圆周的圆心的距离，均等于母线圆周的半径，故母线圆周的圆心，成为球面中心，称为球心。球面直径的长度，等于母线圆周直径的长度。过球心的平面与圆球交得的圆周，大于不过球心的平面与圆球交得的圆周（纬圆）而称为大圆。大圆的直径长度等于圆球的直径。

2. 球的投影

球的三个投影均为与球直径相等的三个圆周，如图 8-11（b）、图 8-11（c）所示，它们分别是球在三投影面上的投影轮廓线。*H* 面投影是平行于 *H* 面的最大圆的投影；*V* 面投影是平行于 *V* 面的最大圆的投影；*W* 面投影是平行于 *W* 面的最大圆的投影。

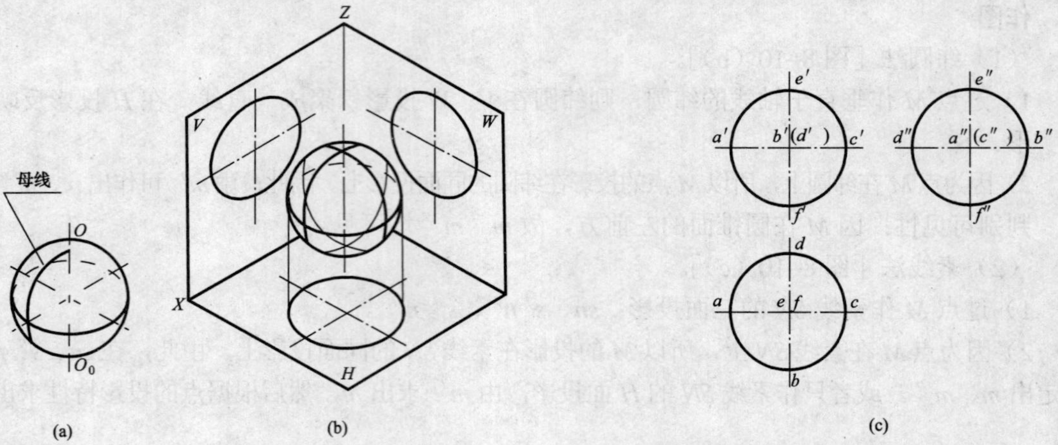

图 8-11　球

（a）圆球面的形成；（b）立体图；（c）投影图

3. 可见性判别

球的投影，为球面上可见的和不可见的两个半球面的投影。如 *H* 面投影是可见的上半个球面和不可见的下半个球面的投影；*V* 面投影是可见的前半个球面和不可见的后半个球面的投影；*W* 面投影是可见的左半个球面和不可见的右半个球面的投影。

4. 球面上取点、线

球面上不存在直线，并且投影也无积聚性，故在球面上取点、线，宜用纬圆法，即球面上任一点，一定在过该点的纬圆上。所以只要过已知点作平行于某一投影面的纬圆，则该圆在另外两投影面的投影具有积聚性。利用其投影特性即可求出点的投影。

【例 8-3】如图 8-12（a）所示，已知球面上点 *A* 的 *V* 面投影 a'，求点 *A* 的其余两投影。

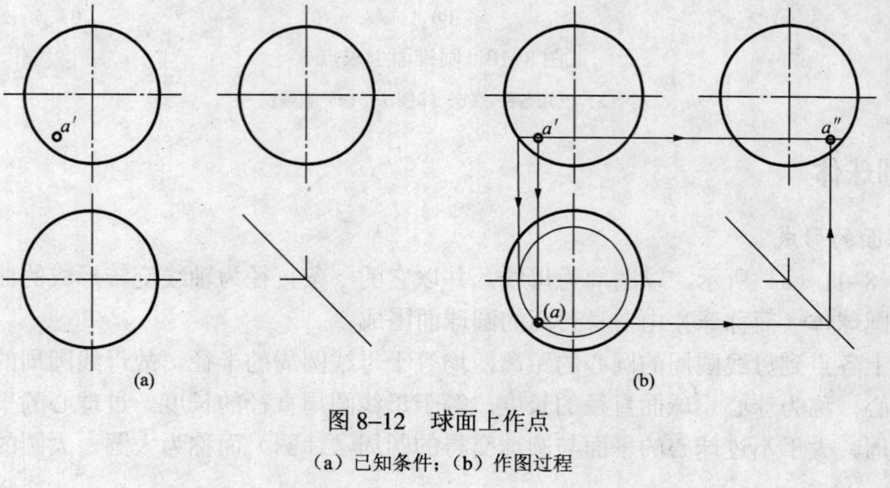

图 8-12　球面上作点

（a）已知条件；（b）作图过程

作图：（1）过点 A 作平行于 H 面的纬圆的 V 面投影——直线。

（2）作出该纬圆的 H 面投影——圆。

（3）根据点的投影规律，由 a' 求出 a、a''。

（4）判别可见性。从 V 面投影可知，点 A 位于球面的前、左、下半部，所以 a 不可见，a'' 可见。

本例也可以过 A 点作平行于 W 面或者 V 面的纬圆。读者可以试一试。

8.2.5 圆环体

1. 圆环面的形成

如图 8–13（a）所示，以圆周为母线，绕与它共面但不相交的直线为轴线旋转形成的曲面，称为圆环面。其中，外半圆旋转形成外圆环面，内半圆旋转形成内圆环面，母线上任意点的运动轨迹均为圆周，圆周所在的平面与轴线垂直，最大和最小的圆，分别称为赤道圆和喉圆。圆环体（简称圆环）由一个圆环面组成。

2. 圆环的投影

如图 8–13（b）所示，当圆环的轴线垂直于 H 面时，H 投影是两个同心圆，分别是环面的赤道圆和喉圆，也是母线上离轴最远点和最近点旋转一周的轨迹的 H 面投影，圆心则为轴线的积聚投影。其中，点画线圆为母线圆心运动轨迹的 H 面投影。

环面的 V 面和 W 面投影，都是由两个圆和与它们上下相切的两段水平轮廓线组成。V 面投影的两个圆分别是环面最左素线圆和最右素线圆的 V 面投影；W 面投影的两个圆分别是环面最前素线圆和最后素线圆的 W 面投影；两个圆的上下两水平公切线是母线上最高点和最低点运动轨迹的投影。

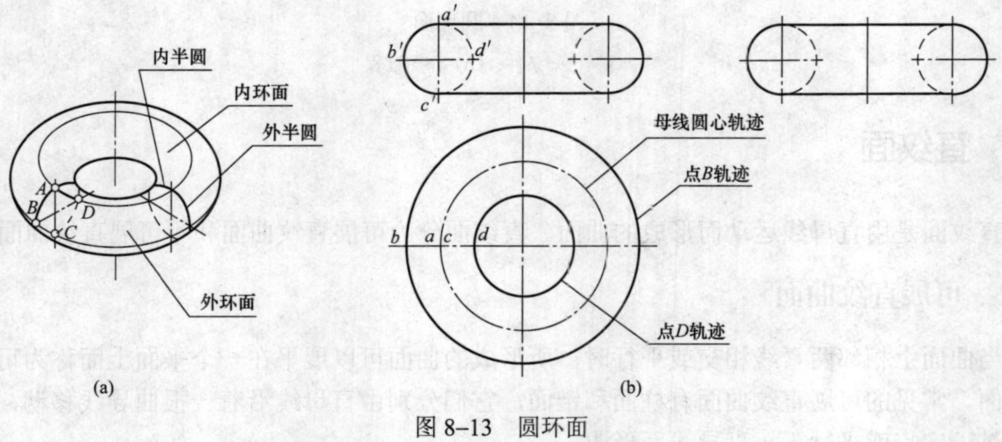

图 8–13 圆环面

（a）圆环面的形成；（b）投影图

3. 可见性判别

H 投影是可见的上半部分和不可见的下半部分的投影；V 面投影左右两素线圆都有半个圆被环面挡住而画成虚线，也是区分前后环面的分界线，外环面的前半部分可见；W 面投影前后两素线圆都有半个圆被环面挡住而画成虚线，也是区分左右环面的分界线，外环面的左半部分可见，内环面的 V、W 面投影均不可见。

4. 圆环面上取点

环面上取点可用纬圆法，即垂直于环轴线作截平面。截平面与环面的交线为两个纬圆：一个是与外环面交得的圆，另一个是与内环面交得的圆。通过判断点的位置确定点在纬圆上的投影。

【例 8–4】如图 8–14（a）所示，已知环面上点 A 的 V 面投影 a'，求其他两投影。

分析：由 V 面投影 a' 可知，A 点在外环面的前方左上部，则过 A 所作的纬圆在外环面上。

作图：[图 8–14（b）]

（1）过 a' 作平行于 H 面的纬圆的 V 面投影——直线 l'。

（2）作出该纬圆的 H 投影——圆 l。

（3）根据点的投影规律，由 a' 求出 a、a''。

可见性判别：因为 A 点在外环面的前方左上部，所以 a、a'' 均可见。

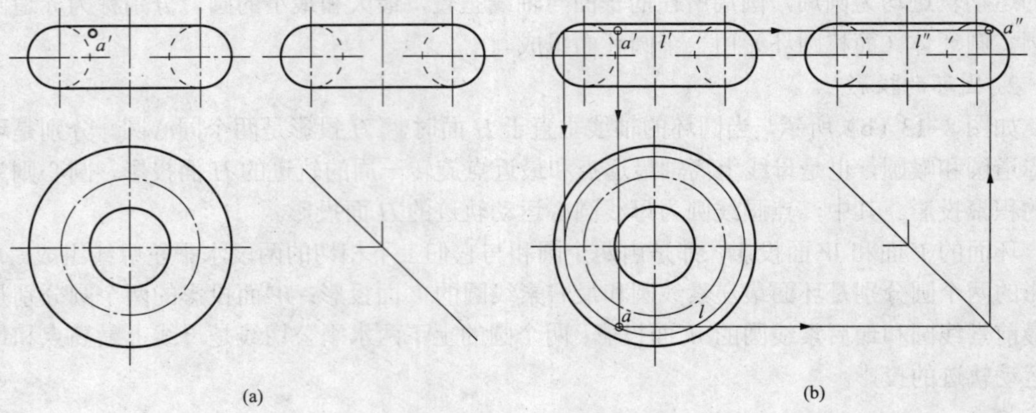

图 8–14　圆环面

（a）已知条件；（b）作图过程

8.3 直纹面

直纹面是由直母线运动而形成的曲面。直纹面分为可展直纹曲面和不可展直纹曲面。

8.3.1 可展直纹曲面

当曲面上相邻两素线相交或平行时，所形成的曲面可以展平在一个平面上而称为可展直纹曲面。常见的可展直纹曲面有柱面和锥面，它们分别由直母线沿着一根曲导线移动，并始终通过一定点或平行于一直导线而形成。

1. 柱面

一直母线平行于一直导线且沿着一曲导线运动而形成的曲面称为柱面。

如图 8–15（a）所示，直母线 AA_1 平行于一条直导线 S 且沿着一条曲导线 L 运动，所形成的曲面称为柱面。柱面上相邻素线都是平行直线。

画柱面的投影图时，必须画出曲导线、直导线和一系列素线的投影，如图 8–15（b）所示。

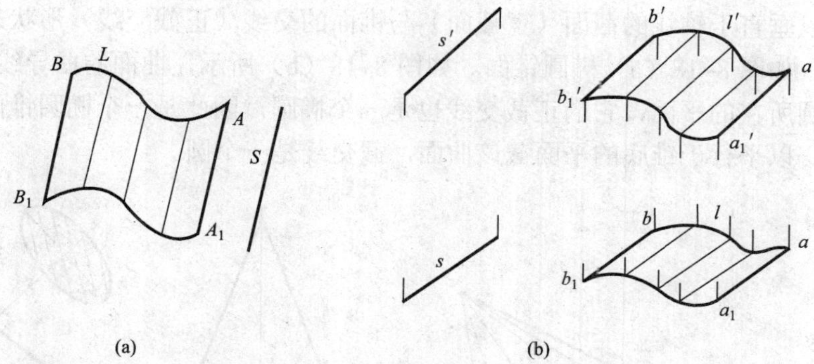

图 8–15　柱面

（a）立体图；（b）投影图

柱面一般以垂直于母线（素线）的平面与柱面的交线形状来命名。如交线为圆周时，称为圆柱面，交线为椭圆时称为椭圆柱面。有时也以边界曲线的形状以及它所在平面与素线是否垂直来区分，如边界曲线为圆周，圆周平面且与素线互相垂直时，称为正圆柱面，已如前面所述；如与素线倾斜时，称为斜圆柱面。如图 8–16（a）为椭圆柱面，图 8–16（b）为斜圆柱面。

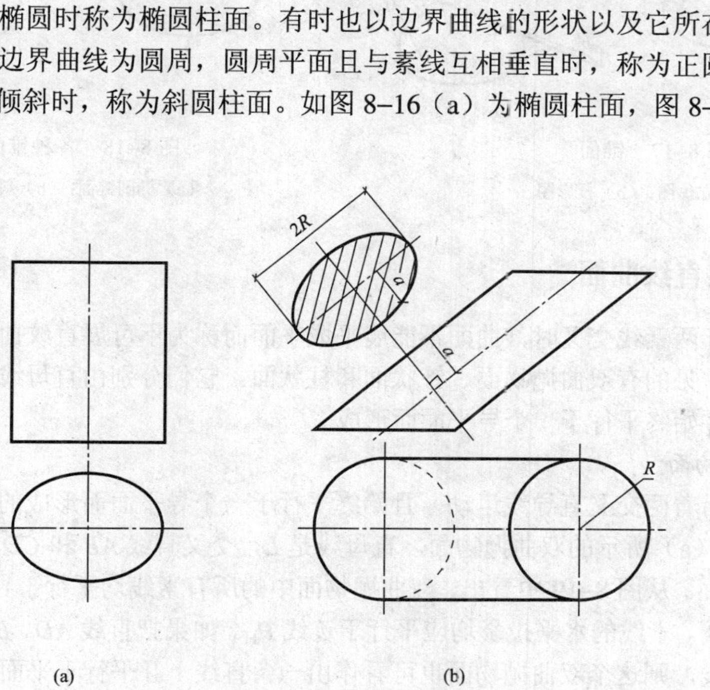

图 8–16　各种柱面

（a）椭圆柱面；（b）斜圆柱面

2. 锥面

一直母线沿着一曲导线移动，并始终通过一定点，所形成的曲面称为锥面。

如图 8–17（a）所示，直母线 P 沿着一曲导线 L 移动，并始终通过一定点 S，所形成的曲面称为锥面。定点 S 称为锥顶。曲导线 L 可以是平面曲线，也可以是空间曲线；可以是闭合的，也可以是不闭合的。锥面相邻两素线是相交直线。

如图 8–17（b）所示为锥面的投影图，必须画出锥顶 S 和曲导线 L 的投影，并画出一定数量的素线的投影，其中包括不闭合锥面的起始、终止素线（如 SA、SF），各投影轮廓的素线（如 V 投影轮廓的素线 SA、SE，H 投影轮廓素线 SB、SE）等。

各锥面是以垂直于轴线的截面（正截面）与锥面的交线（正截交线）形状来命名。正圆锥面前面已述，如图 8–18（a）椭圆锥面。如图 8–18（b）所示，曲面的曲导线虽是一个圆，但轴线倾斜于圆所在的平面，它的正截交线也是一个椭圆，因此是一个椭圆锥面，但通常称它为斜圆锥面。以平行于锥底的平面截该曲面，截交线是一个圆。

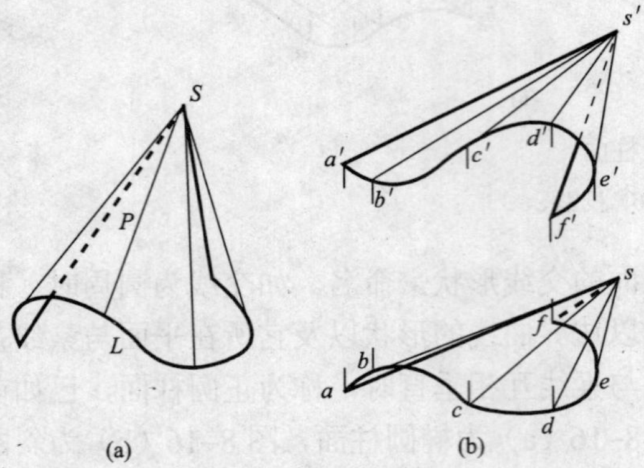

图 8–17 锥面

（a）立体图；（b）投影图

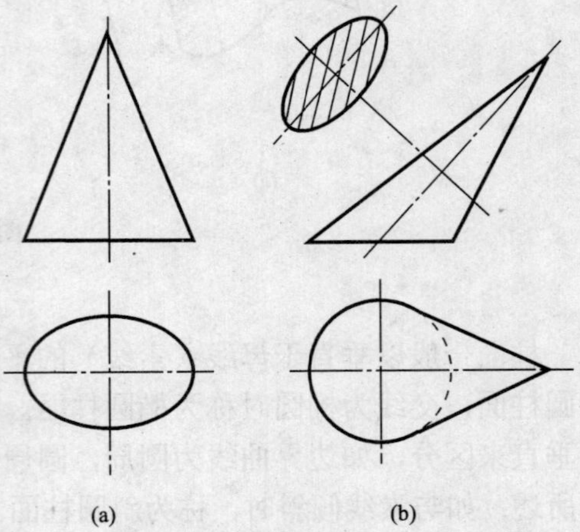

图 8–18 各种锥面

（a）椭圆锥面；（b）斜圆锥面

8.3.2 不可展直纹曲面

曲面上相邻两素线交叉时，曲面不能展平成平面而称为不可展直纹曲面。这种曲面只能近似的展开。常见的有双曲抛物面、锥状面和柱状面。它们分别由直母线沿着两根直的或曲的导线移动，并始终平行于一个导平面而形成。

1. 双曲抛物面

一直母线沿着两交叉直导线运动，且始终平行于一个导平面而形成的曲面称为双曲抛物面。如图 8–19（a）所示的双曲抛物面，直母线是 *L*，交叉直线 *AB* 和 *CD* 为一对直导线，导平面 *P* 为铅垂面。从图 8–19 中看出，双曲抛物面中的所有素线均平行于导平面 *P*，且相邻两素线是交叉直线。素线的水平投影均应平行于迹线 P_H。如果把直线 *AD*、*BC* 两交叉直线也看作为一对直导线，则这个双曲抛物面也可看作由一条直线 I II 平行于平面 *Q*，且始终沿着交叉直线 *AD*、*BC* 运动所形成。平面 *Q* 也是铅垂面，且平行于交叉直线 *AD*、*BC*。

由上述可知，同一个双曲抛物面存在两个导平面和两族素线，两个导平面的交线为双曲抛物面的法线。由空间解析几何知，过法线的平面与双曲抛物面相交，截交线为抛物线；垂直于法线的平面与双曲抛物面相交，截交线为双曲线。所以这种曲面称为双曲抛物面，在工程中也称为翘平面或扭面。

已知两交叉直导线 *AB*、*CD* 和导平面 *P*，只要画出一系列素线的投影，便可完成该双曲抛物面投影图。作图步骤如下［图 8–19（b）］：

（1）作出两交叉直导线 *AB*、*CD* 的三面投影 *ab*，*cd*，*a′ b′*，*c′ d′*，*a″ b″*，*c″ d″* 和导平面 *P* 的水平投影 P_H。

（2）分直导线 *AB* 为若干等分，例如五等分，得各等分点的三面投影。

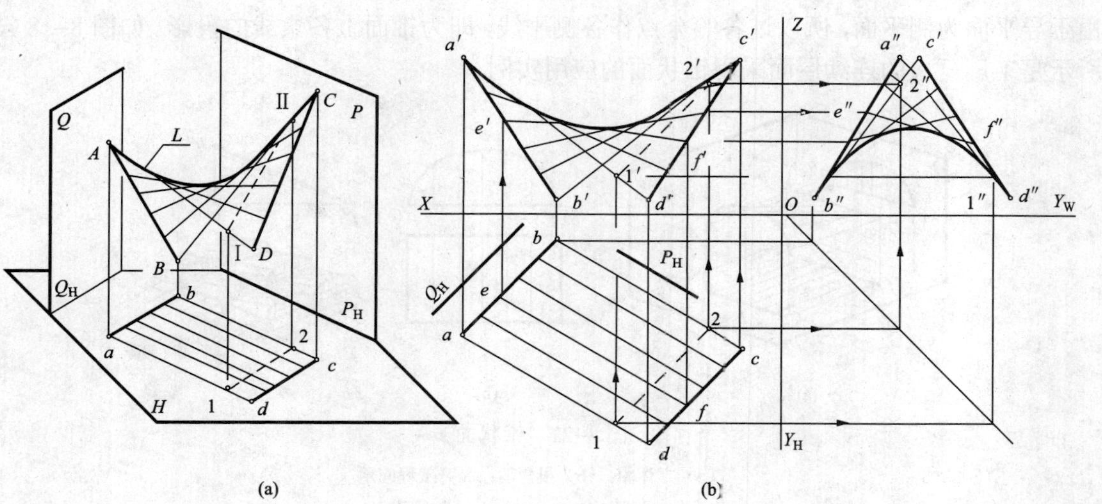

图 8-19 双曲抛物面

（a）立体图；（b）投影图

（3）由于各素线平行于导平面 P，因此素线的 H 投影都平行于 P_H。H 投影中，过各等分点作直线平行于迹线 P_H，即为双曲抛物面上素线的水平投影。然后根据水平投影作素线的其余两投影。

（4）在正面投影和侧面投影中画出各直素线的包络曲线，即为双曲抛物面的外形线。图 8-19（b）中，还画出了双曲抛物面上另一族素线的投影，如图 8-19 中 12，$1'2'$，$1''2''$ 所示。

双曲抛物面在土木建筑、水利水电工程中有着广泛的应用，如屋面、岸坡、渠道边坡等。图 8-20（a）、图 8-20（b）所示的屋面和边坡，均画出了双曲抛物面上的两族素线。

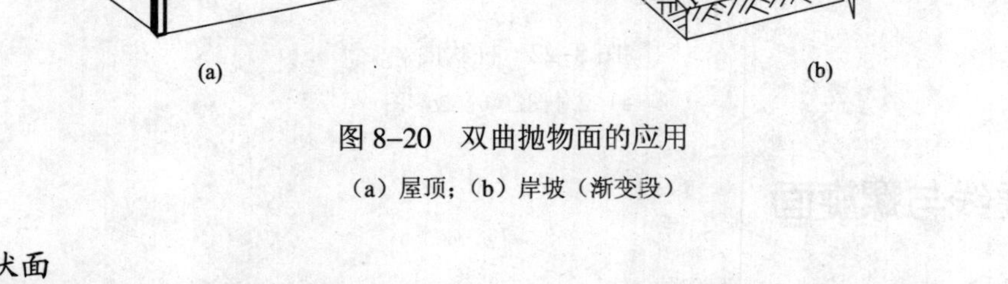

图 8-20 双曲抛物面的应用

（a）屋顶；（b）岸坡（渐变段）

2. 锥状面

一直母线沿着一条直导线和另一条曲导线运动，并始终平行于一个导平面而形成的曲面称为锥状面。如图 8-21（a）所示，锥状面的直母线 FC 沿着直导线 EF 和曲导线 ABC 移动，并始终平行于导平面 W。

投影图的作法如下［图 8-21（b）］：

首先，作出直导线和曲导线的三个投影。然后，将直导线或曲导线若干等分。如六等分。

由于导平面为侧平面，所以过各等分点作各侧平线，即为锥面上各素线的投影。如图 8–18（c）所示是工厂厂房的连续屋面采用锥状面的应用实例。

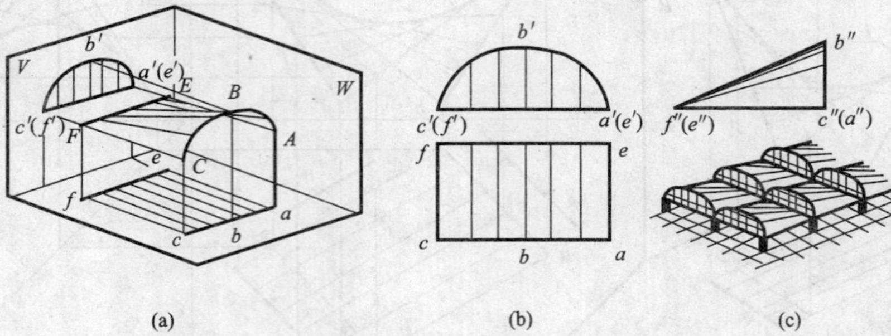

图 8–21 锥状面

（a）立体图；（b）投影图；（c）工程应用

3. 柱状面

一直母线沿着两根曲导线运动，且始终平行于一个导平面而形成的曲面称为柱状面。如图 8–22（a）所示的柱状面，是由直母线 AA_1 沿着曲导线 ABC 和 $A_1B_1C_1$ 移动，并始终平行于导平面 P 所形成。柱状面上所有素线均平行于导平面 P。

当导平面 P 平行于 W 面时，该柱状面的投影图如图 8–22（b）所示，柱面上相邻两素线都是交叉直线，并且都是侧平线，所以水平投影和正面投影同时垂直于 X 轴。

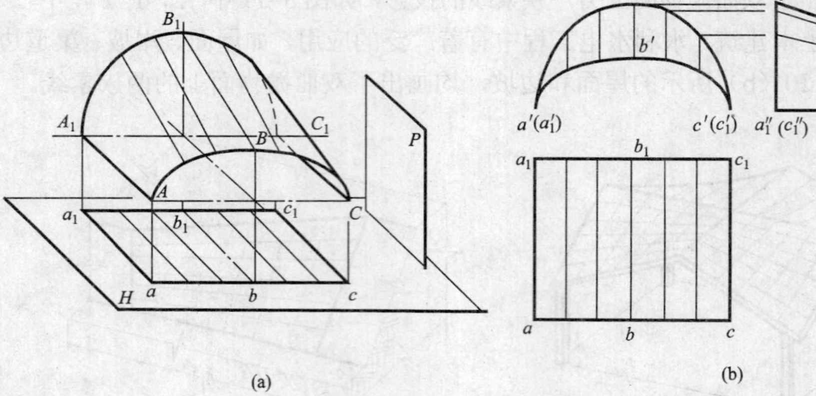

图 8–22 柱状面

（a）立体图；（b）投影图

8.4 螺旋线与螺旋面

8.4.1 圆柱螺旋线

圆柱螺旋线是工程上应用广泛的空间曲线。

1. 圆柱螺旋线的形成

一点沿着圆柱面的母线做匀速直线运动，同时，该母线又绕圆柱面的轴线做匀速旋转运动，该点的运动轨迹是位于圆柱面上的空间曲线，称为圆柱螺旋线，简称螺旋线。如图 8–23 所示，该圆柱面称为螺旋线的导圆柱；导圆柱的半径称为螺旋线半径；母线旋转一周时，该点沿母线移动的距离 *S*，称为导程。

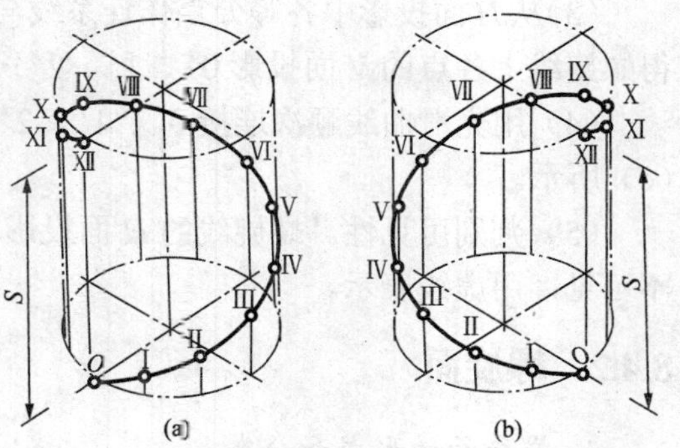

图 8–23 圆柱螺旋线的形成

（a）右螺旋线；（b）左螺旋线

2. 圆柱螺旋线的分类

螺旋线按动点移动方向的不同分为右螺旋线和左螺旋线。

以拇指表示动点沿母线移动的方向，其他四指表示母线的旋转方向，若符合右手情况时，称为右螺旋线，如图 8–23（a）所示；若符合左手情况时，称为左螺旋线，如图 8–23（b）所示。

3. 圆柱螺旋线的投影

螺旋线的半径、导程 *S*、旋转方向（右旋或左旋）是确定圆柱螺旋线的三个基本要素。若已知三个基本要素，即可确定该圆柱螺旋线的形状。

设导圆柱的轴线垂直于 *H* 面，螺旋线的直径为 *D*、导程 *S*、右旋且始点为 *O*（0，0′），求作旋转一周的圆柱螺旋线的 *H*、*V* 投影。作图步骤如下（图 8–24）：

（1）以螺旋线的直径 *D* 作导圆柱的 *H* 面投影——圆周，再以导程 *S* 作导圆柱的 *V* 面投影——矩形，如图 8–24（a）所示。

（2）将 *H* 面投影圆周分为若干等分（本图是 12 等分），按旋转方向编号，再在 *V* 面投影中将导程 *S* 作同样数目的等分，如图 8–24（b）所示。

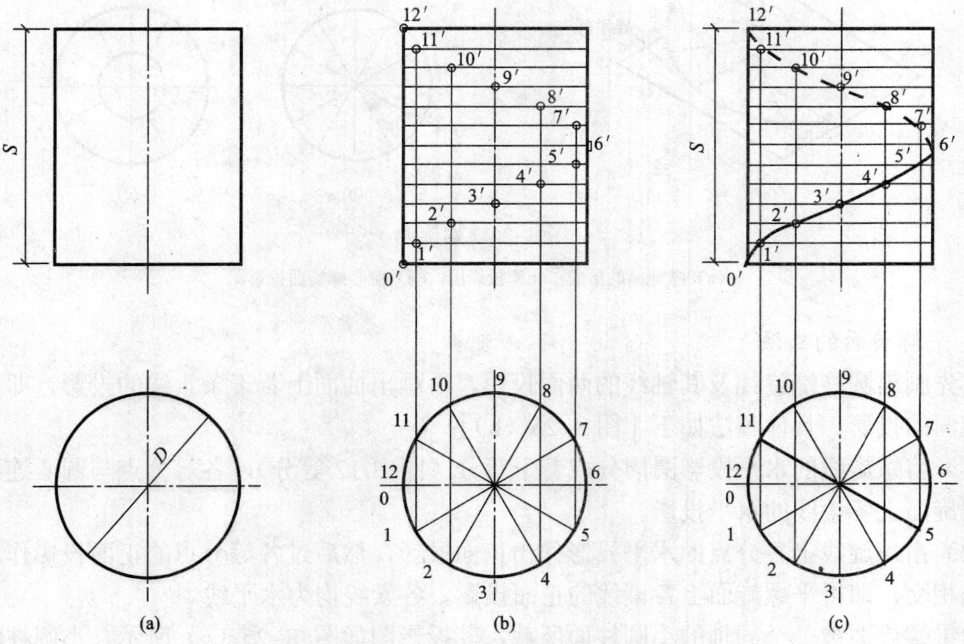

图 8–24 圆柱螺旋线投影画法

（a）作导圆柱的投影；（b）作螺旋线上各等分点的投影；（c）连线，完成投影

(3)从 H 面投影中各等分点作连系线与在 V 面投影中过相应地各等分点作的水平线相交，得螺旋线上各点的 V 面投影 $0'$、$1'$、$2'\cdots11'$、$12'$，如图 8–24（b）所示。

（4）用光滑曲线顺次连接 $0'$、$1'$、$2'\cdots11'$、$12'$，即为螺旋线的 V 面投影，如图 8–24（c）所示。

（5）判别可见性。螺旋线的 H 面投影积聚在圆周上；V 面投影中圆柱后面部分的螺旋线不可见，用虚线表示。

8.4.2 螺旋面

1. 螺旋面的形成和分类

一条直母线沿着圆柱螺旋线和圆柱轴线移动，并始终与圆柱轴线相交成定角，形成的曲面称为螺旋面［图 8–25（a)］。

根据直母线与圆柱轴线之间的关系，螺旋面分为平螺旋面和斜螺旋面。

如图 8–25（b)、图 8–25（c）是平螺旋面的投影。平螺旋面的母线垂直于轴线，因此母线运动时始终平行于轴线所垂直的平面；图 8–25 中轴线垂直于 H 面，故母线运动时，平行 H 面，相当于以 H 面为导平面，故平螺旋面也是一种锥状面。图 8–25（c）是空心平螺旋面的投影图。

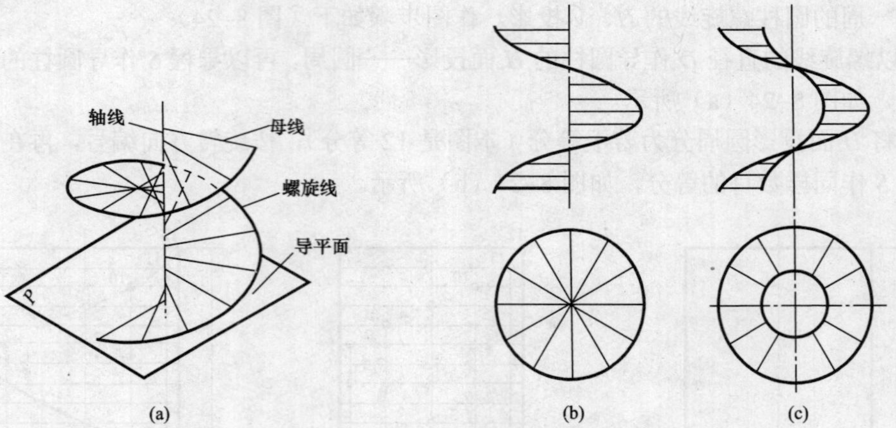

图 8–25 螺旋面

（a）螺旋面的形成；（b）投影图；（c）空心螺旋面投影图

2. 平螺旋面的画法

首先画出圆柱螺旋线及其轴线的两面投影，再画出曲面上若干条素线的投影，即可得到平螺旋面的投影，具体画法如下［图 8–25（b)]：

（1）将螺旋线的水平投影圆周分成若干等分（图中 12 等分)，各等分点与圆心连线，即为平螺旋面上各素线的水平投影。

（2）由螺旋线上各分点的水平投影作出正面投影，然后过各等分点的正面投影作水平线与轴线相交，即得平螺旋面上各素线的正面投影。各素线均为水平线。

如果螺旋面被一个同轴的小圆柱面所截，其投影图如图 8–25（c）所示。小圆柱面与螺旋面的交线，是一根与螺旋曲导线有相等导程的螺旋线。

螺旋楼梯是平螺旋面在建筑工程中的应用实例，下面举例说明螺旋楼梯投影图的画法。

【例8–5】 已知螺旋楼梯所在内、外两个导圆柱的直径分别为 d 和 D，沿螺旋上行一圈有十二个踏步，导程为 L，楼板的竖直厚度为 h。作出该螺旋楼梯（右旋）的两面投影。

分析：在螺旋楼梯的每个踏步中，踏面为扇形，踢面为矩形，两端面是圆柱面，底面是平螺旋面；将螺旋楼梯看成是一个踏步沿着两条圆柱螺旋线上升而形成，每级踏面与踢面的交线是顶部平螺旋面的素线；楼板的竖直厚度可被认为由底部与顶部平螺旋面间的厚度（图 8–26）。

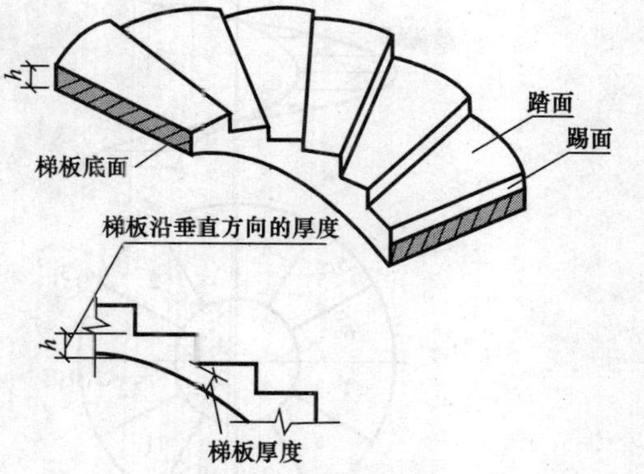

图 8–26　梯段分析

作图：（1）如图 8–27（a），根据导圆柱内外直径 d 和 D、导程 L 及梯级数画出螺旋面的两面投影。

把螺旋面的 H 投影分为 12 等分，每一等分就是螺旋梯上的一个踏面的 H 投影。螺旋梯踢面的 H 投影，分别积聚在两踏面的分界线上，如图中（1_1）2_12_2（1_2）和（3_1）4_14_2（3_2）。因此，在画螺旋梯的两投影时，只要按一个导程的步级数目等分螺旋面的 H 投影，就完成了螺旋梯的 H 投影。

（2）画第一级的 V 投影［图 8–27（b）］。第一级踢面 $\text{I}_1\text{II}_1\text{II}_2\text{I}_2$ 的 H 投影积聚成一水平线段（1_1）2_12_2（1_2），踢面的底线 I_1I_2 是螺旋面的一根素线，求出它的 V 投影 $1_1'1_2'$ 后，过两端点分别画一竖直线，截取一步级的高度，得点 $2_1'$ 和 $2_2'$。矩形 $1_1'2_1'2_2'1_2'$ 就是第一级踢面的 V 投影，它反映踢面的实形。

第一级踏面的 H 投影 $2_12_23_23_1$ 是螺旋面 H 投影的第一等分。第一级踏面的 V 投影积聚成一水平线段 $2_1'2_2'3_2'3_1'$，其中（$3_1'$）$3_2'$ 是第二级踢面底线的 V 投影。

（3）画第二步级的 V 投影［图 8–27（c）］。过点 $3_1'$ 和 $3_2'$ 分别画一竖直线，截取一步级的高度，得点 $4_1'$ 和 $4_2'$，矩形 $3_1'3_2'4_2'4_1'$ 就是第二级踢面的 V 投影。

第二步级踏面的 V 投影积聚成一水平线段 $4_1'4_2'5_2'$（$5_1'$），它与该踏面的 H 投影 $4_14_25_25_1$ 相对应，其中线段 $5_2'$（$5_1'$）也是第三步级踢面底线的 V 投影。

如此类推，以此画出其余各步级的踏面和踢面的 V 投影。注意，第四步级和第十步级踢面平行于 W 面，它的 V 投影积聚成一竖直线段。第五及第九步级的踢面，由于被螺旋梯本身所挡住，它们的 V 投影是看不见的。各步级的 V 投影如图 8–27（c）所示。

（4）最后画螺旋梯板底面的投影。梯板底面也是一个螺旋面，它的形状和大小与梯级的螺旋面完全一样，只是两者相距一个梯板沿竖直方向的厚度罢了。梯板底面的 H 投影与梯级螺旋面的 H 投影重合。

画梯板底面的 V 投影，可对应于梯级螺旋面上的各点，向下截取相同的高度，求出底板螺旋面相应各点的 V 投影。如第七步级踢面底线的两端点是 M_1 和 M_2。从它们的 V 投影 m_1' 和 m_2' 向下截取梯板沿竖直方向的厚度，得 n_1' 和 n_2' 即所求梯板底面上与 M_1、M_2 相对应的两点 N_1、N_2 的 V 投影。螺旋梯两投影如图 8–27（d）所示。

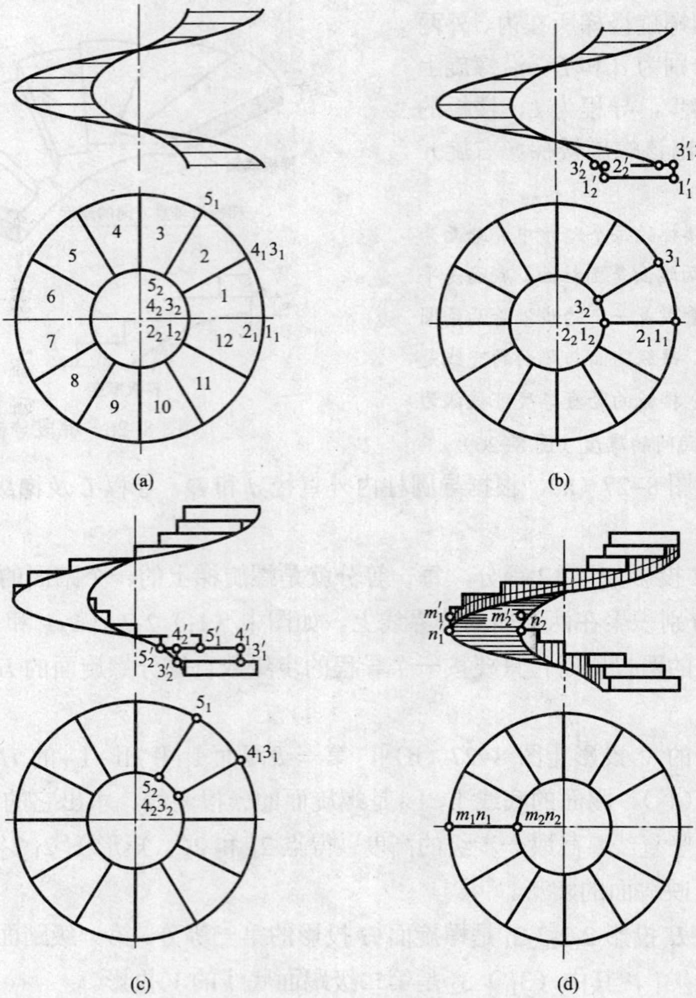

图 8–27　螺旋楼梯画法

（a）作出圆柱螺旋面以及螺旋梯的 H 投影；（b）作出第一步级踏面和踢面的 V 投影；

（c）作出第二级踏面和踢面的 V 投影，并完成其余各级；（d）螺旋梯的两面投影

思 考 题

1. 空间曲线投射后，它的投影能否成一直线？
2. 圆柱、圆锥、球的投影图各有何特点？
3. 如何在圆柱、圆锥、球的表面上作点？怎样判别可见性？
4. 在圆锥面上有直线吗？圆球面上有直线吗？
5. 过球面上一点且与投影面平行的圆有几个？
6. 圆柱螺旋线是如何形成的？它的三个基本要素是什么？
7. 柱面和锥面是如何形成的？两者有何区别？
8. 柱状面、锥状面、双曲抛物面是如何形成的？三者有何区别？
9. 试述平螺旋面的投影图作图方法。

第 9 章

截交线与相贯线

本章主要介绍空间形体上常见的两种线——截交线和相贯线的空间形成特点及其各自的投影特性。其中重点介绍基本平面体中的棱柱、棱锥上的截交线；基本曲面体中的圆柱、圆锥、球上的截交线；平面体与平面体相贯、平面体与曲面体相贯、曲面体与曲面体相贯的相贯线的空间形状及投影特点。

9.1 概述

在工程形体的表面上，经常出现一些交线。这些交线有些是由形体被平面截交而形成，有些则是由形体相交而形成。如图 9–1 所示的沈阳夏宫球顶建筑，其四周锥壳屋面的檐口曲线 1 是平面与锥面的交线；其锥壳屋面与中央主体球顶屋面相交处的空间曲线 2 则是锥面与球面的交线。

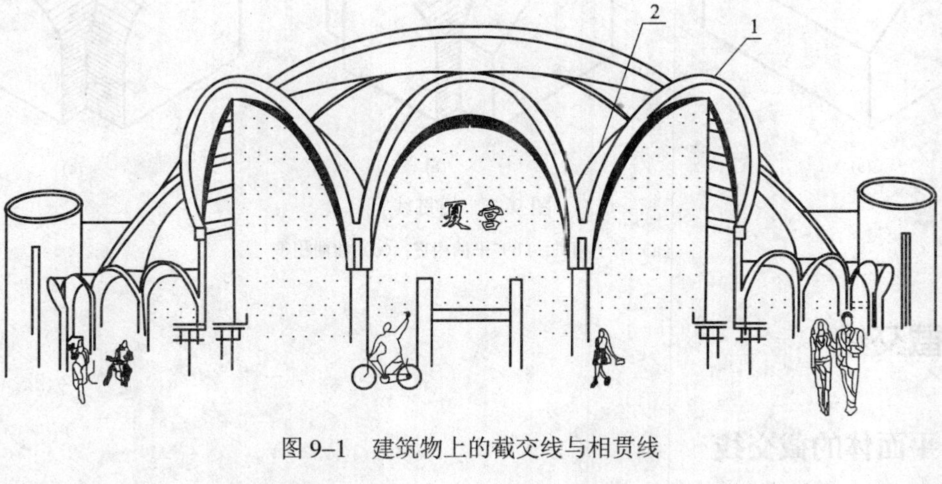

图 9–1 建筑物上的截交线与相贯线

当基本形体被平面（截平面）截切时，必然会产生交线，此交线称为截交线。截交线所围成的平面图形称为该形体的断面或截面。被截断后的形体称为该形体的截断体。由于被截的形体的不同，截交线有两种：平面体的截交线与曲面体的截交线（图 9–2）。

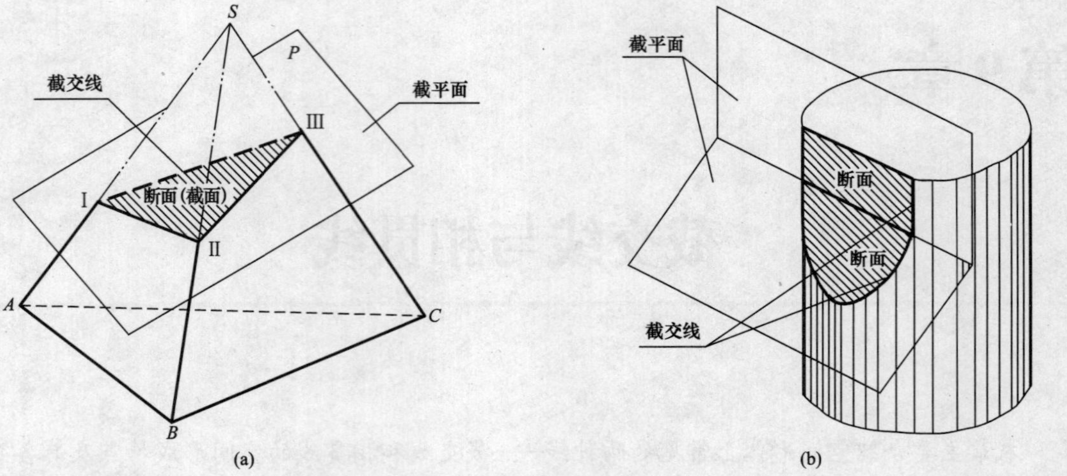

图 9–2 截交线

(a) 平面体截交线;(b) 曲面体截交线

当几个基本形体相交时，它们的表面会产生交线，这些交线称为相贯线。相交成的形体称为相贯体。由于相交的形体的不同，相贯可分为三种类型：平面体与平面体相交（平平相贯)、平面体与曲面体相交(平曲相贯)、曲面体与曲面体相交(曲曲相贯)分别如图 9–3(a)～图 9–3（c）所示。

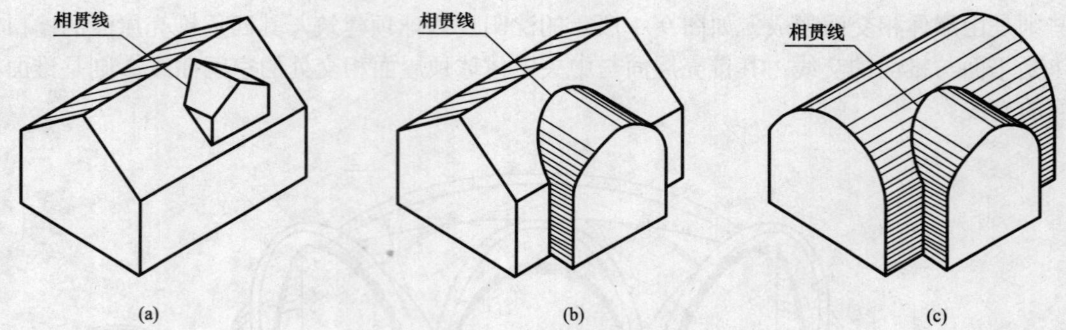

图 9–3 相贯线

(a) 平平相贯;(b) 平曲相贯;(c) 曲曲相贯

9.2 截交线

9.2.1 平面体的截交线

当基本平面体被截平面完全截断，则所得的截交线必为一闭合的平面折线。此平面折线是由若干个转折点连接的若干段直线段组成，每个转折点均为截平面与平面体棱边的交点，每段直线段均为截平面与平面体棱面的交线。如图 9–4（a）所示，五棱柱被一个截平面完全截断，所得的截交线是闭合的（如图中的 *AB–BC–CD–DE–EA* 段)。其中的每个转折点均为截平面与五棱柱棱边的交点。

当基本平面体被某个截平面部分截断，则所得的截交线必为一不闭合的平面折线。此平面折线是由若干个转折点连接的若干段直线段组成，其中的转折点一部分为截平面与平面体棱边的交点，另一部分则不是平面体棱边上的点，而是平面体某个棱面内部点，同时也是截平面终止部位处。每段直线段均为截平面与平面体棱面的交线。如图 9–4（b）中三棱锥被两个截平面所截，每个截平面都没有完全截断，因此每个截平面产生的截交线均不闭合，分别是 *BA–AC* 段和 *BD–DC* 段。其中转折点 *A*、*D* 点为截平面与三棱锥棱边的交点，而转折点 *B*、*C* 则是三棱锥两个棱面内部点，不在棱边上。

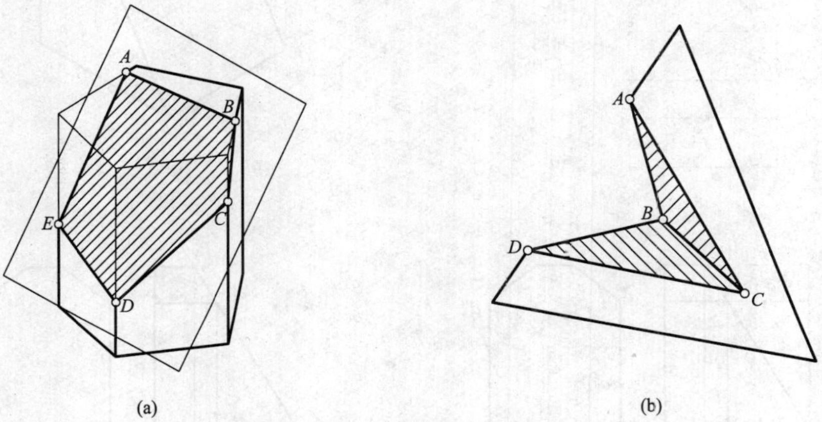

图 9–4　平面体截交线

（a）平面体闭合截交线；（b）平面体不闭合截交线

根据平面体截交线的组成特点，求作平面体截交线投影图的方法有两种：

1. 交点法

先求出截交线上所有转折点，然后将同一平面内两点连线，最后首尾相接所形成的折线即为截交线。

求转折点时，若是平面体棱边上的点，则可利用线面求交点的方法；若不是棱边上的点，则要利用在平面内作点的方法（通常需作辅助线）。

2. 交线法

直接求出截交线上的每段直线段。

每段直线段可利用截平面与平面体棱面求交线的方法来求。

求截交线的投影时还要判断可见性，即判断截交线所在的棱面在该投影面上的投影的可见性，棱面投影可见，则截交线可见；否则，不可见。

【例 9–1】已知如图 9–5（a），求被正垂面 *P* 截断的六棱柱的投影图。

分析：六棱柱被截断之后的形体，仍然是一平面体，要求该平面体的投影，需作出其上所有轮廓线的投影，该平面体的轮廓线可以分为两部分：① 原有轮廓线。② 截断后新产生轮廓线。因此，要作截断之后形体投影，首先需求出新产生的轮廓线，而新轮廓线就是截平面截六棱柱所产生的截交线。然后，整理原有轮廓线，去掉被截去的部分。

作图：（1）作出截交线。如图 9–5（b）所示，截平面将六棱柱完全截断，因此截交线是闭合的。截平面与六棱柱相交的面如图所示。产生的截交线为 *AB–BC–CD–DE–EF–FA* 段。

利用求面面交线作出 AB、BC、CD、DE、EF、FA 各段的三面投影。如图 9–5（c）。

（2）完成形体投影。去掉原有轮廓线截掉部分，如图 9–5（d）。注意各条轮廓线的可见性。

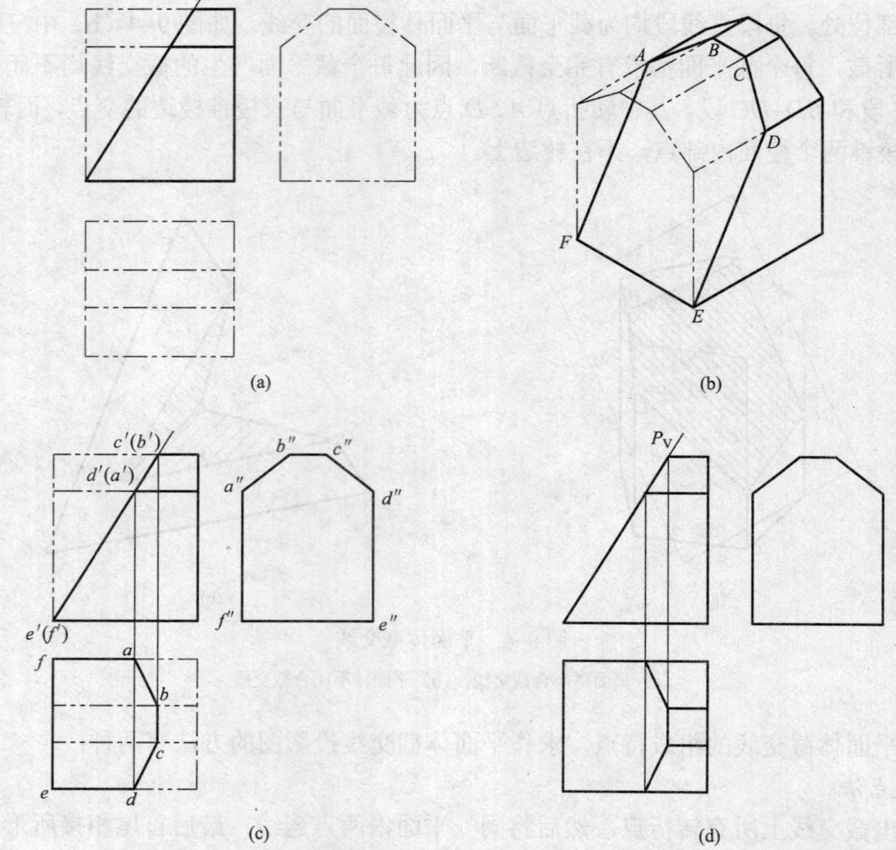

图 9–5 求六棱柱截断体投影

（a）已知条件；（b）立体图；（c）求截交线；（d）完成形体

【例 9–2】如图 9–6（a）所示，求作四棱锥被 P 面截断后的投影图。

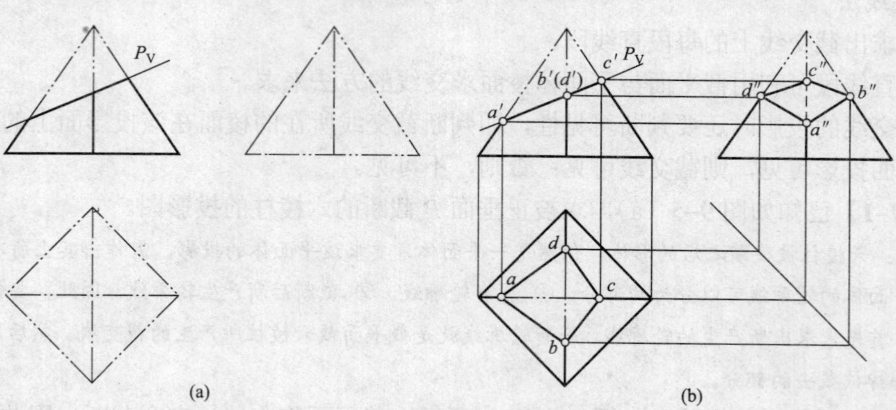

图 9–6 求棱锥被截断后的投影

（a）已知条件；（b）作图过程

分析：从正面投影中可以看出，截平面 P 为正垂面，截交线在 V 面上的投影与 P^V 重合；截平面与四棱锥的四个棱面相交，截交线是四边形；四边形的四个顶点是截平面与四棱锥的四条棱线的交点。只要求出棱线上四个顶点的投影，同一个平面上的同面投影相连即为截交线的投影。

作图：［图 9–6（b）］

（1）求截交线上四个顶点的正面投影 a'、b'、c'、d'。它们由截平面 P 的正面积聚性投影与四条棱线的正面投影的交点确定。

（2）求水平投影和侧面投影。利用直线上取点的方法，作出四个顶点的水平投影 a、b、c、d 和侧面投影 a''、b''、c''、d''。

（3）将各顶点在同一个平面上的同面投影依次相连，并判断可见性。因为四棱锥被截断，所以截交线在水平投影面和侧立投影面上的投影都是可见的。

（4）整理被截切立体的棱线。

9.2.2 曲面体的截交线

当曲面体被一个截平面截断，所产生的截交线是一条平面曲线或平面折线。与平面体上截交线相同，若一截平面将曲面体完全截断，则截交线是闭合的；若没有完全截断，则截交线不闭合。图 9–7（a）中圆柱体被一截平面完全截断，产生一条闭合截交线。图 9–7（b）中圆柱体被两个截平面所截，每个截平面都没有完全截断圆柱体，因此，每个截平面产生的截交线都是不闭合的。

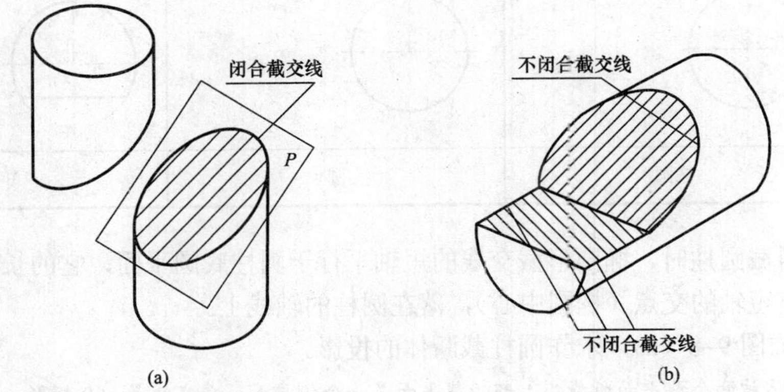

图 9–7 曲面体的截交线

（a）曲面体上闭合截交线；（b）曲面体上不闭合截交线

对于曲面体上的截交线若是平面曲线时，在作其投影图时，可以采用描点法来求。即先求出曲线上一些点，包括三类特殊点和一些一般点。特殊点包括：

（1）确定曲线轮廓的点。如：最左点、最右点、最高点、最低点、最前点、最后点。

（2）截交线上位于曲面体轮廓线上的点。

（3）截交线每面投影可见与不可见的分界点。在求每类点时，可以采用曲面体上求点的方法来求。如：素线法、纬圆法等。

1. 圆柱上的截交线

有许多构件形体是由平面截割圆柱而形成，根据截平面与圆柱轴线不同的相对位置，圆柱上的截交线有圆、椭圆、矩形三种形状（表 9–1）。

表 9-1 圆柱上的截交线

截平面的位置	倾斜于圆柱轴线	垂直于圆柱轴线	平行于圆柱轴线
立体图	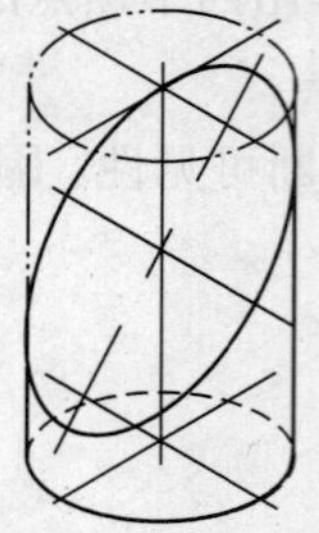	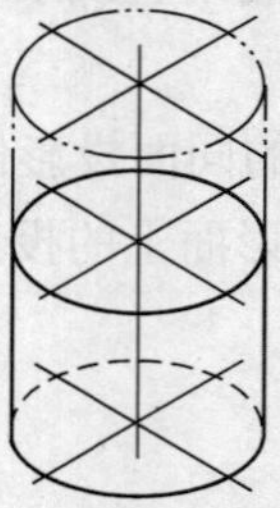	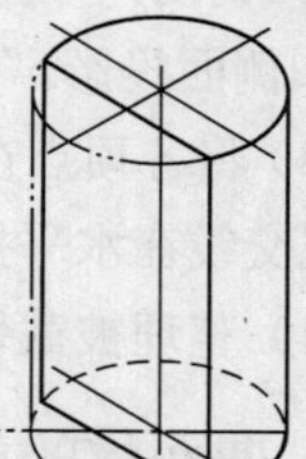
投影图	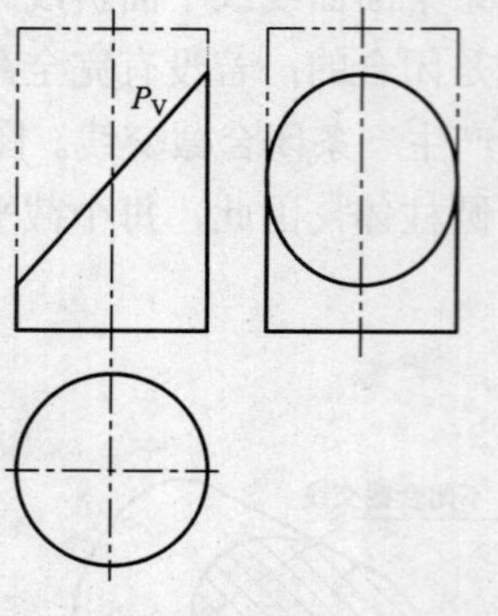	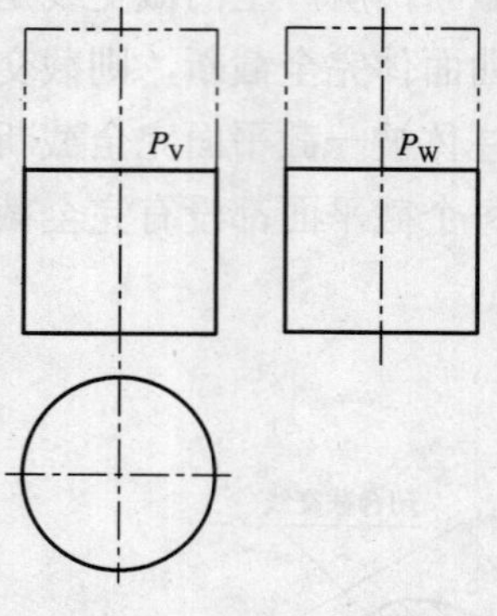	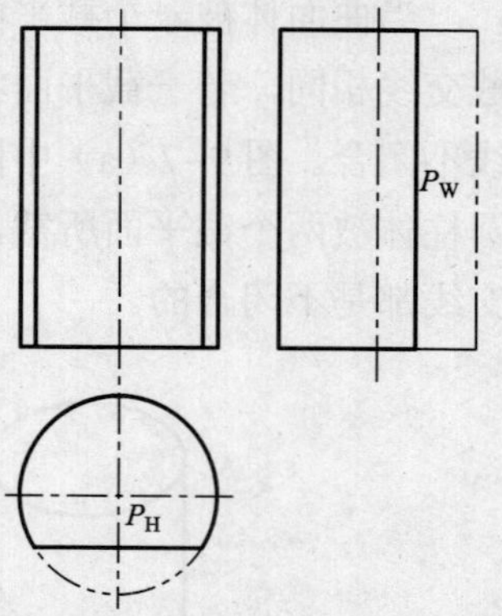
截交线	椭圆	圆	矩形

当截平面斜截圆柱时，椭圆形截交线的短轴平行于圆柱底圆平面，它的长度等于圆柱直径。椭圆长轴与短轴的交点（椭圆中心），落在圆柱的轴线上。

【例 9–3】如图 9–8（a），求作圆柱截断体的投影。

分析：圆柱体被两个截平面所截，上部的截平面是一个侧平面，截交线是一个矩形，侧面投影反映实形，正面和水平投影具有积聚性，投影为一条直线；下部截平面是一正垂面，截交线是一段椭圆弧，正面投影积聚为一条直线，水平投影积聚在圆周上，侧面投影是一段椭圆弧。

作图：（1）作侧平截平面截得的交线。该交线为三段直线段，其投影如图 9–8（b）所示。

（2）作正垂截平面截得的交线。该截交线在空间为一正垂位置的椭圆弧，其 H 投影落在圆柱的水平积聚投影——圆弧之上，侧面投影仍然为一椭圆弧。采用描点法作出侧面投影椭圆弧。

首先作出长短轴上三点：E（最前点）、F（最后点）、C（最低点）。接着作出最高点 A、B。这样，第一类特殊点作出。

接着作第二类特殊点：截交线上位于曲面体轮廓线上点。这些点包括圆柱最前素线上的

点 E、最后素线上的点 F、最左素线上的点 C。已经作出。

第三类特殊点：各面投影可见与不可见的分界点。由于最后是求截断体的投影，因此可见性应按截断体的可见性来表示。因此，截交线 H 投影可见，W 投影可见。没有分界点。

最后，为了让曲线形状更加准确，可以再作一些一般点，如图 9–8 中的 G、H 点。所有这些点作完后，将 W 投影图中所有点光滑连线，即得所求的椭圆弧［图 9–8（c）］。

（3）完成截断体投影图。首先作出两个截平面之间的交线 AB 线（新轮廓线），接着去掉原轮廓被截掉部分。最后截断体投影图如图 9–8（d）所示。

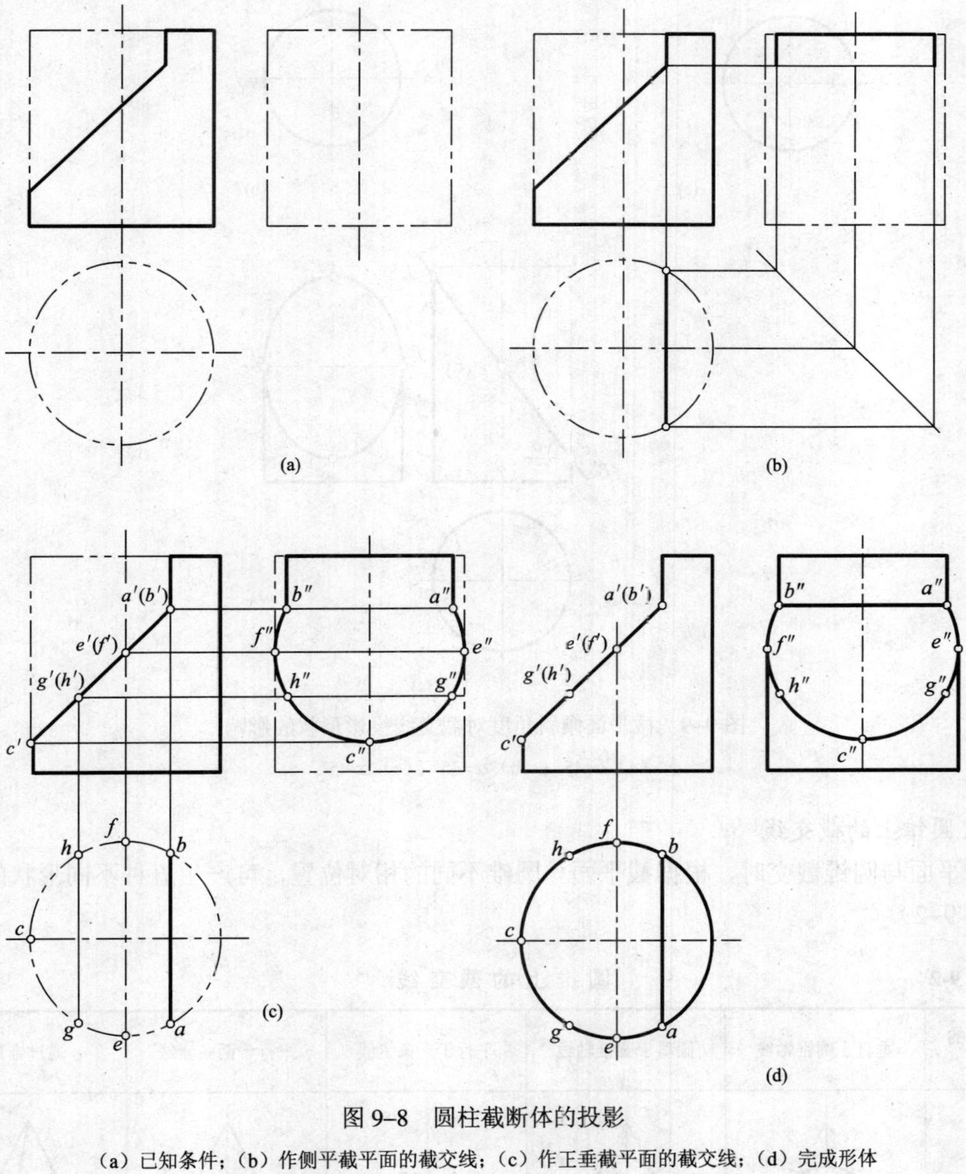

图 9–8　圆柱截断体的投影

（a）已知条件；（b）作侧平截平面的截交线；（c）作工垂截平面的截交线；（d）完成形体

注意：当截平面与圆柱轴线相交的角度发生变化时，其截交线椭圆在投影面上投影的形状，长、短轴方向及大小也要随之变化。当 α＜45° 时，$e''f''>c''d''$，W 投影是以 $e''f''$ 为长轴，$c''d''$ 为短轴的椭圆，如图 9–9（a）所示；当 α=45° 时，$e''f''=c''d''$，W 投影为圆，如图 9–9（b）所示；当 α＞45° 时，$e''f''<c''d''$，W 投影

是以 $c''d''$ 为长轴，$e''f''$ 为短轴的椭圆，如图 9–9（c）所示。

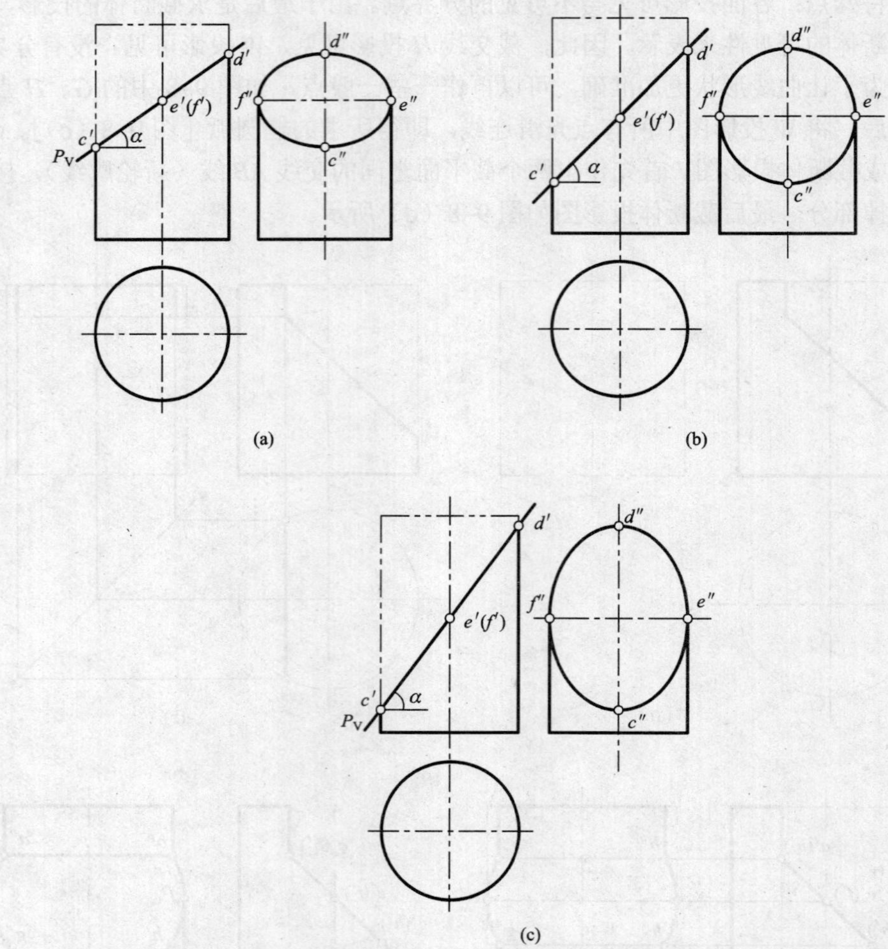

图 9–9　截平面倾斜角度对截交线投影形状的影响

（a）$\alpha<45°$；（b）$\alpha=45°$；（c）$\alpha>45°$

2. 圆锥上的截交线

当平面与圆锥截交时，根据截平面与圆锥不同的相对位置，可产生五种不同形状的截交线（表 9–2）。

表 9-2　　　　**圆 锥 上 的 截 交 线**

截平面的位置	垂直于圆锥轴线	倾斜于圆锥轴线	平行于一条素线	平行于两条素线	通过锥顶
立体图	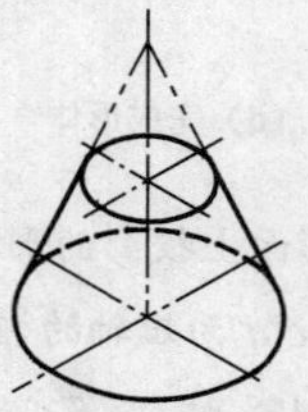	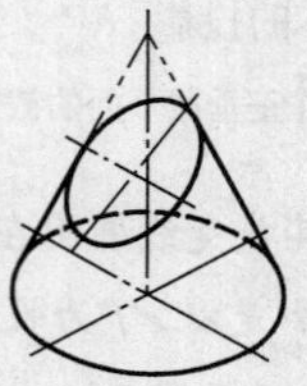	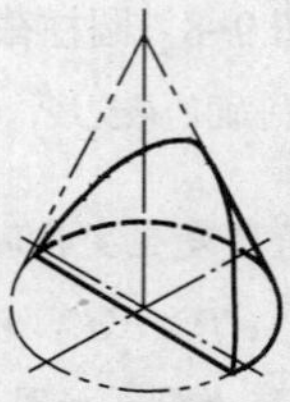	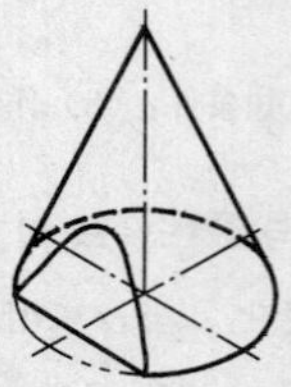	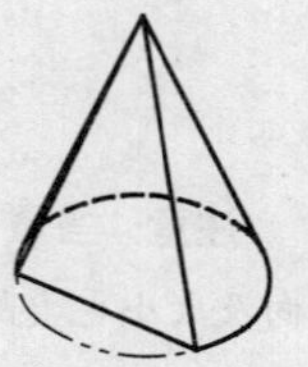

续表

截平面的位置	垂直于圆锥轴线	倾斜于圆锥轴线	平行于一条素线	平行于两条素线	通过锥顶
投影图	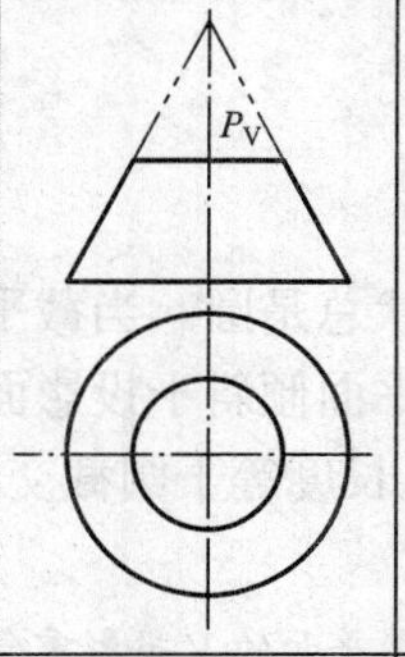	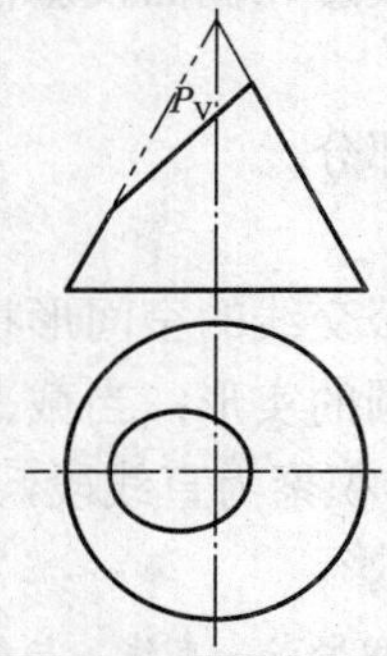	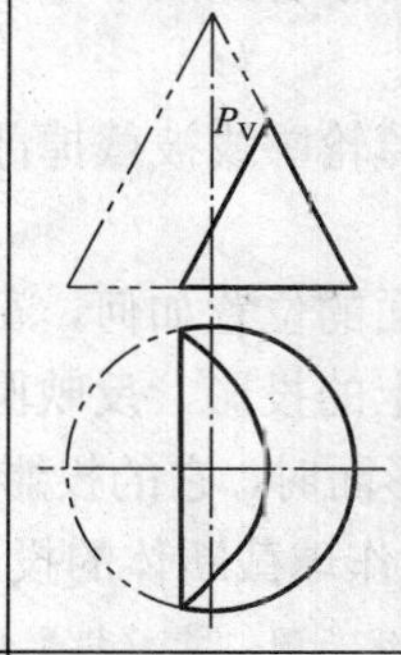	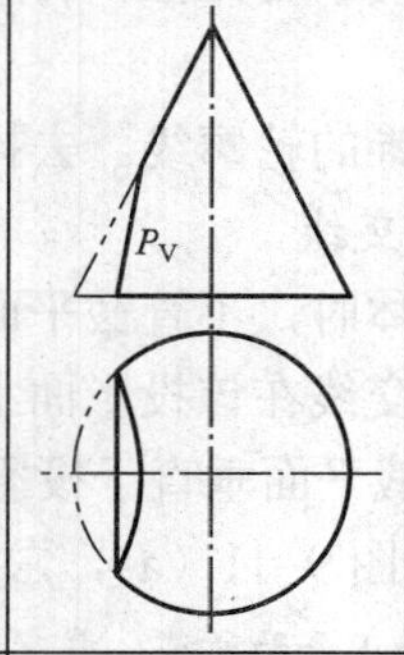	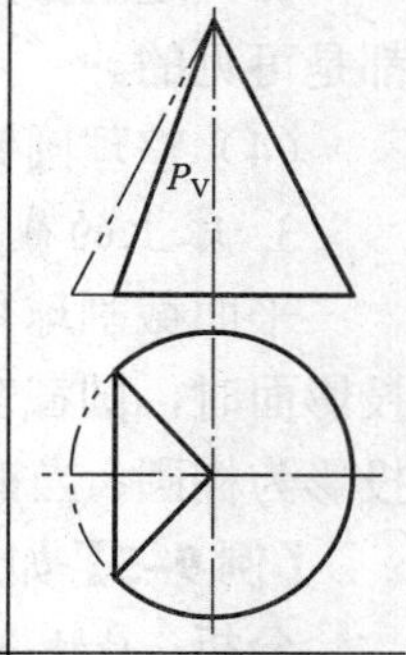
截交线	圆	椭圆	抛物线	双曲线	三角形

平面截割圆锥所得的截交线有圆、椭圆、抛物线和双曲线，统称为圆锥曲线。当截平面倾斜于投影面时，椭圆、抛物线和双曲线的投影，一般仍然为椭圆、抛物线和双曲线，但是形状相仿，大小有变化。圆的投影为椭圆，椭圆的投影也可能成为圆。

作圆锥曲线的投影，可以采用圆锥表面上作点的方法来求。用素线法或纬圆法作出截交线上若干点后，光滑连线即可。

【例 9-4】如图 9-10（a）所示，求作圆锥被 P 面截断后的投影图。

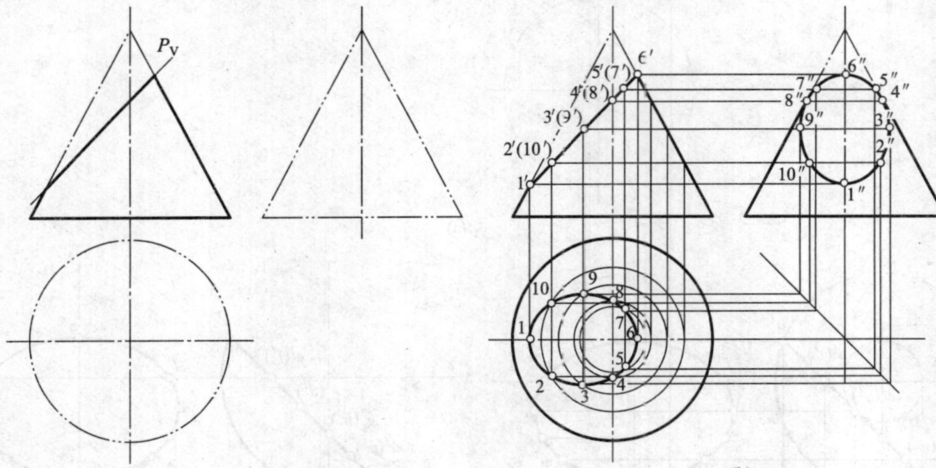

(a)　(b)

图 9-10　圆锥投影

（a）已知条件；（b）作图过程

分析：从正面投影中可以看出，截平面 P 为正垂面，与圆锥所有素线都相交，截交线为椭圆。P 面与圆锥最左最右素线的交点，为椭圆长轴的端点Ⅰ、Ⅵ。椭圆短轴Ⅲ、Ⅸ垂直于 V 面，且垂直平分Ⅰ、Ⅵ。截交线的正面投影与 P_V 重合，水平投影和侧面投影均为椭圆。

作图：[9–10（b）]

（1）求特殊点。最高（最右）点Ⅵ、最低（最左）点Ⅰ，最前点Ⅲ点、最后点Ⅸ，圆锥最前素线上的点Ⅳ、最后素线上的点Ⅷ。共六个点。根据六个特殊点的正面投影作出其他两面投影。

（2）求一般点。用纬圆法（或素线法）求出一般点Ⅱ、Ⅴ、Ⅶ、Ⅹ的投影。

（3）连线并判断可见性。将所求各点的水平投影和侧面投影依次光滑连接成椭圆，并且都是可见的。

（4）整理圆锥的轮廓线。去掉轮廓线被截掉部分。

3. 球上的截交线

平面截割球体时，不管截平面的位置如何，截交线的空间形状总是圆。当截平面平行于投影面时，圆截交线在该投影面上的投影，反映圆的实形；当截平面倾斜于投影面时，它的投影为椭圆；当截平面垂直于投影面时，它的投影积聚为直线段，长度等于圆截交线的直径。

【例 9–5】如图 9–11（a），求作球截断体的投影。

分析：球被一正垂面所截，截交线为圆，其 V 投影积聚成一直线，与截平面的 V 投影重合；H、W 投影仍为类似形——椭圆。

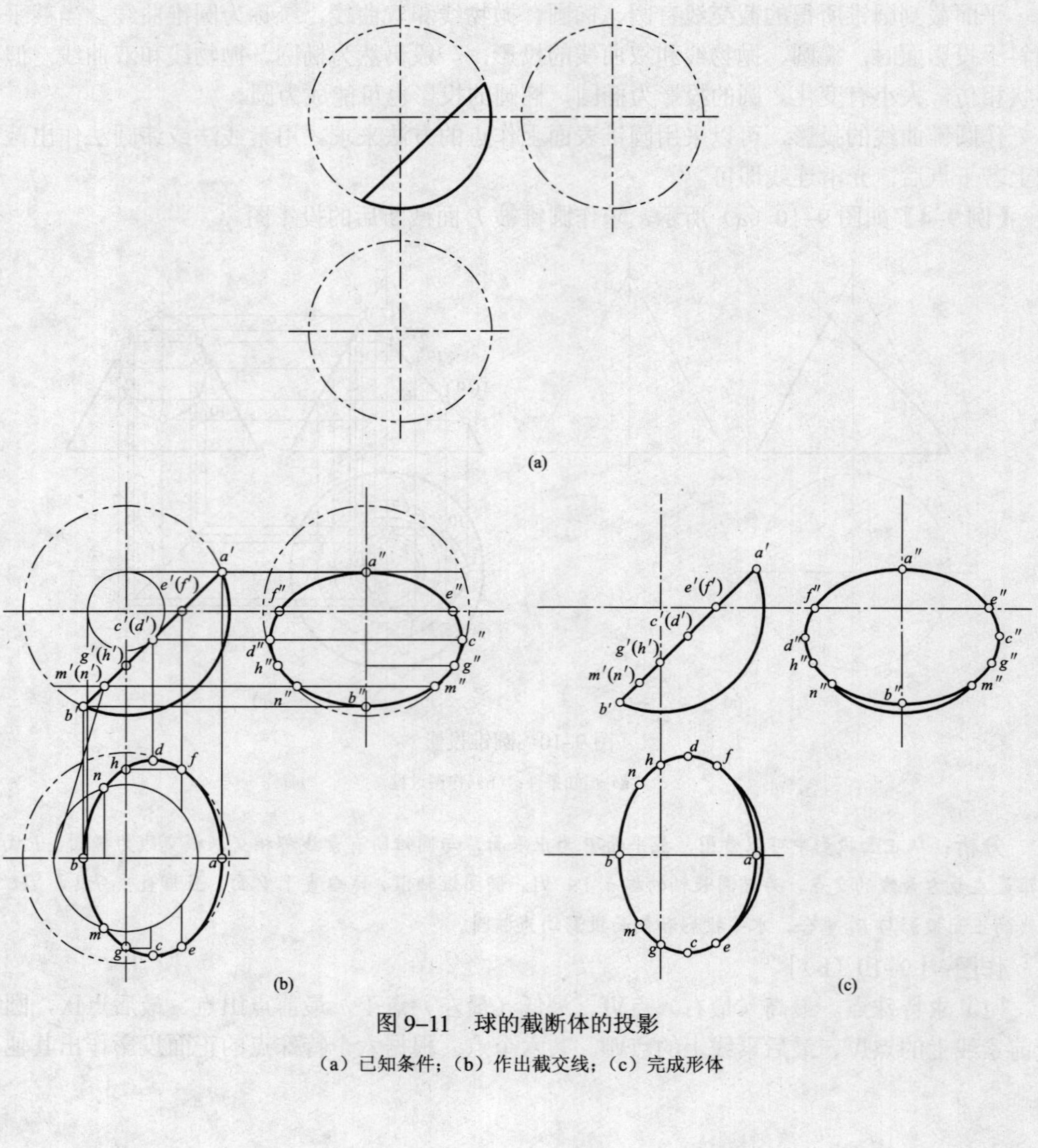

图 9–11 球的截断体的投影

（a）已知条件；（b）作出截交线；（c）完成形体

作图：（1）作出截交线的 H 及 W 投影。利用球面上取点的方法，作出最高点（最右点）A、最低点（最左点）B、最前点 C、最后点 D。球体轮廓线上的点 E、F、G、H 点。一般点 M、N 点。对于截断体投影来说，截交线的 H、W 投影均可见，因此，没有可见与不可见的分界点。将上述所有各点光滑连接，即得截交线投影，如图 9–11（b）所示。

（2）完成形体投影。去掉球体原有轮廓线被截掉部分，如图 9–11（c）所示。

【例 9–6】 如图 9–12（a），求作球截断体的投影。

分析：球被三个截平面所截，水平截平面截得的交线为球面上的一个水平纬圆的前后两段。其 H 投影为实形，W 投影积聚为两段直线段。两个侧平截平面截得的交线为球面上的两个侧平纬圆上的两段。它们的 H 投影分别积聚为直线段，W 投影为实形。

作图：（1）作出截交线［图 9–12（b）］。

（2）完成形体。首先作出三个截平面之间的交线，之后去掉球面上被截掉的轮廓线。

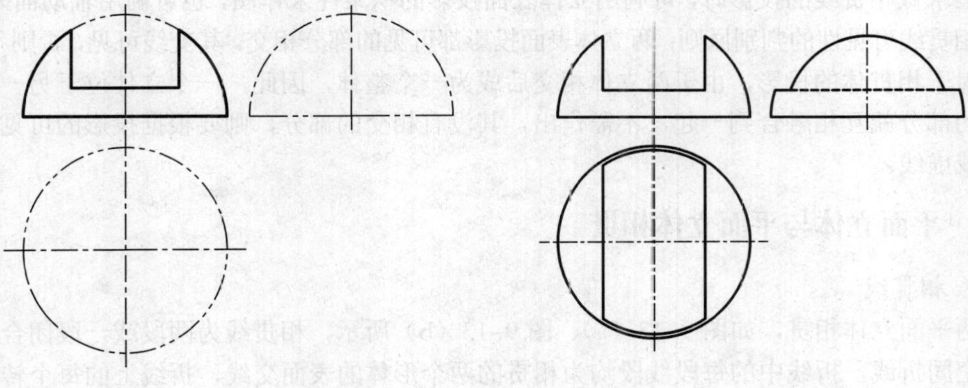

(a)　　　　　　　　　　　　(b)

图 9–12　球截断体投影

（a）已知；（b）完成形体

9.3　相贯线

9.3.1　相贯分类

前面已讲过相贯根据形体的不同，可分为平面体与平面体相贯、平面体与曲面体相贯、曲面体与曲面体相贯三类。另外根据相贯部位的不同，上述三种类型中，每一类又可分为两类：全贯、互贯。

当一个立体全部贯穿另一个立体时，产生两组封闭的相贯线，称为全贯，如图 9–13（a）所示；当两个立体相互贯穿，任何一个都没有完全贯入对方时，产生一组封闭的相贯线，称为互贯，如图 9–13（b）所示；当两立体相互贯穿，且有一公共的表面时，产生一组不闭合的相贯线，也称为互贯，如 9–13（c）所示。

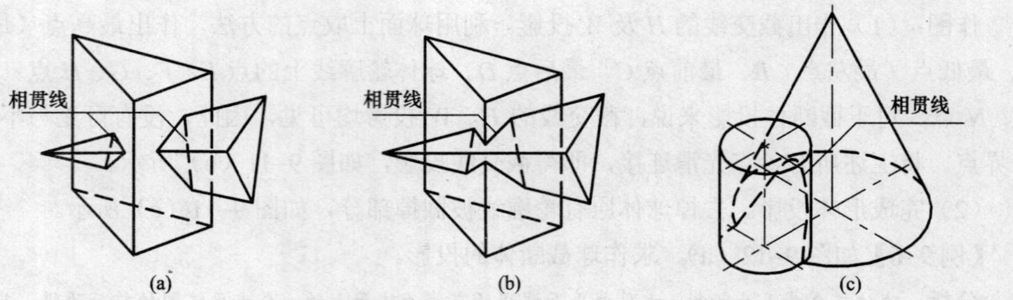

图 9–13 两立体相交

（a）全贯时有两组封闭的相贯线；（b）互贯，有一组封闭的相贯线；（c）互贯，有一公共表面时为一组不闭合的相贯线

9.3.2 相贯线特点

相贯线是两立体表面的共有线，相贯线上的点是两立体表面的共有点。

在求做相贯线的投影时，可利用立体表面投影的积聚性来作图，也可利用辅助面来作图。

相贯线可见性的判别原则：两立体表面投影都可见的部分相交，其交线可见，否则不可见。

对于相贯体的投影，由于两立体相交后成为一个整体，因此，一个立体位于另一个立体内部的部分就互相融合到一起，不需作出，其没有相交的部分，则要根据投影的可见性画为实线或虚线。

9.3.3 平面立体与平面立体相贯

1. 相贯线

两平面立体相贯，如图 9–13（a）、图 9–13（b）所示，相贯线为两段或一段闭合或不闭合的空间折线，折线中的每段线段均为相贯的两个形体的表面交线，折线上的每个转折点，均为一个平面体的棱线与另一个平面体的棱面的交点。

求平面体相贯线的方法有两种：

（1）交点法。首先求出相贯线上的转折点（即每个平面体上参加相贯的棱线与另一个平面体上参加相贯的棱面的交点），然后将各点中同时位于两立体同一表面上的两点顺次相连，即为所求相贯线。

（2）交线法。依次求出参加相贯的两个立体相交棱面的交线，各交线自然围成图形即为所求相贯线。

因此，求两平面体的相贯线实际上就归结为求直线与平面的交点和求平面与平面的交线的问题。

【例 9–7】已知屋面及屋面上气窗的 *V*、*W* 投影，如图 9–14（a）所示。求气窗与坡屋面交线的 *H* 投影，并完成整个屋面的投影图。

分析：（1）气窗可看作侧棱为正垂线的五棱柱，屋面可看作侧棱为侧垂线的三棱柱。由已知投影可知气窗完全贯入屋面，属于全贯，相贯线为一条闭合空间折线。

（2）由于屋面的前后坡面及底面的侧面投影积聚，故交线的侧面投影已知（因为交线在屋面的前坡面上），气窗的五个侧棱面正面投影积聚，故交线的正面投影已知（因为交线同时位于气窗的五个侧棱面上），如图 9–14 中的 *ABCDE* 线。求作相贯线及整个屋面的水平投影，如图 9–14（d）所示。

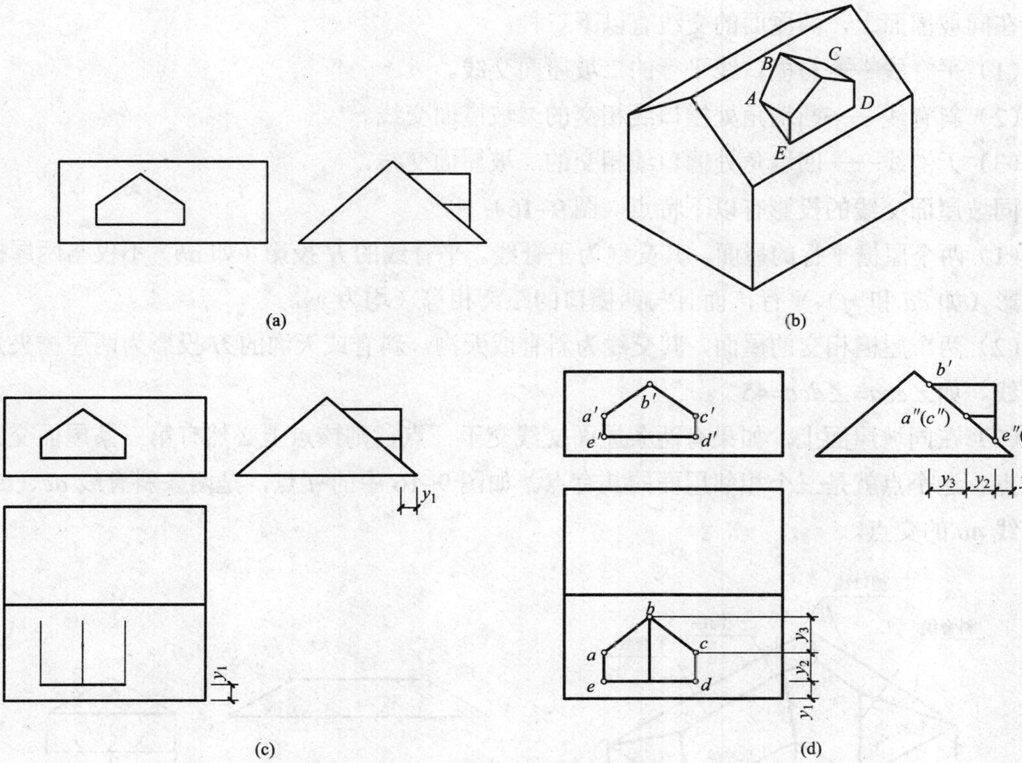

图 9–14　气窗与坡屋面的交线

（a）已知条件；（b）立体图；（c）作图（作气窗水平投影轮廓）；（d）作图（作相贯线投影及完成屋面投影）

作图：［图 9–14（c）、图 9–14（d）］

（1）补绘屋面及气窗的 H 投影。注意：气窗仅能作出各轮廓线的投影位置，如图 9–14（c）所示。

（2）完成相贯线中各段线段的 H 投影。由已知投影可知，点 A、B、C、D、E 为五棱柱（气窗）的侧棱与三棱柱（屋面）的前棱面的交点，根据投影规律，量取 y_1，y_2，y_3 的距离，作出 A、B、C、D、E 点的 H 投影，依次连接成封闭折线，如图 9–14（d）所示。由于 AB、BC 线段均位于两个形体分别向 H 面投影时可见平面内，所以各线段的 H 面投影均为实线，CD、AE、DE 线段向 H 面投影虽不可见，但所在的棱面的 H 面投影均积聚成直线，所以仍画成实线。

两立体棱线的处理：参加相贯的五棱柱（气窗）的五条侧棱均只有贯入点（分别为 A、B、C、D、E 点），无贯出点，因此各侧棱仅画到贯入点处，三棱柱（屋面）各侧棱均没有参加相贯，故各侧棱仍按原投影图作出，如图 9–14（d）所示。

2. *同坡屋面交线*

为了排水需要，屋面要设有坡度，当坡度大于 10%时称为坡屋面或坡屋顶。坡屋面分单坡、两坡和四坡。如果各坡面与地面（H 面）倾角都相等，则称为同坡屋面（图 9–15）。同坡屋面的交线是两平面体相贯的工程实例，但因其有自己的特点，其作图方法与上述方法有所不同。

在同坡屋面上，两屋面的交线有以下三种：

（1）平脊线——与檐口线平行的二坡屋面交线。

（2）斜脊线——凸墙角处檐口线相交的二坡屋面交线。

（3）天沟线——凹墙角处檐口线相交的二坡屋面交线。

同坡屋面交线的投影有以下特点（图 9–16）：

（1）两个屋檐平行的屋面，其交线为平脊线。平脊线的 *H* 投影（如 *ab*）不仅与两屋檐的 *H* 投影（如 *cd* 和 *ef*）平行，而且与两檐口的距离相等（均为 *y*）。

（2）两个屋檐相交的屋面，其交线为斜脊或天沟。斜脊或天沟的 *H* 投影为两屋檐夹角的平分线。如∠*eca*=∠*dca*=45°。

（3）在同坡屋面上，如果有两条屋面交线交于一点，则该点上必然有第三条屋面交线通过该点。这个点就是三个相邻屋面的共有点。如图 9–16 中的 *a* 点，是两条斜脊线 *ae*、*ac* 和平脊线 *ab* 的交点。

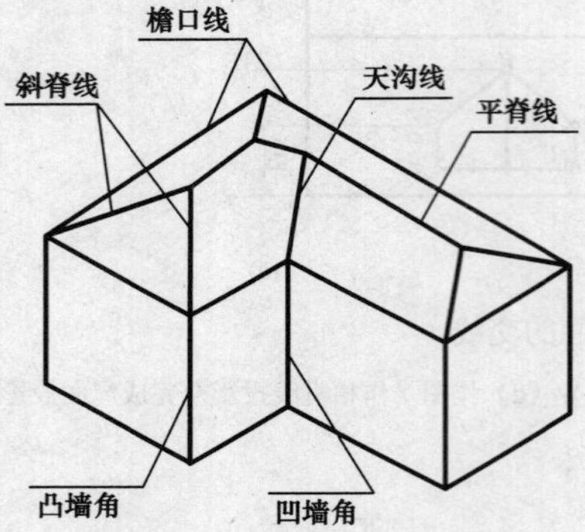

图 9–15 同坡屋面图

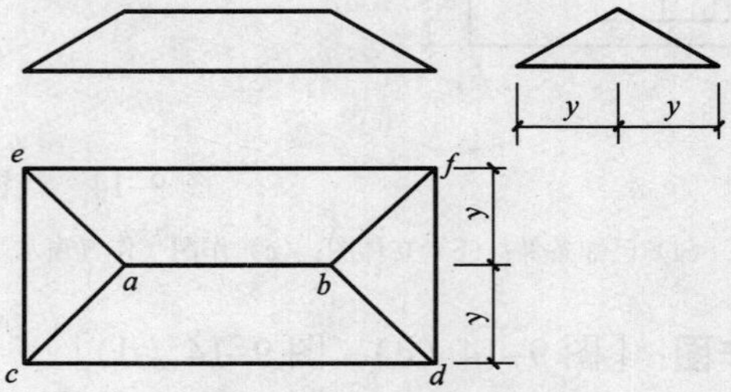

图 9–16 同坡屋面的投影特性

【例 9–8】如图 9–17（a）所示，已知同坡屋面檐口线的 *H* 投影，屋面对于地面（*H* 面）的倾角α为 30°，求作屋面交线的 *H* 投影和屋面的 *V*、*W* 投影。

根据同坡屋面的投影特性，其作图步骤如下：

（1）作屋面交线的 *H* 投影。首先在屋面的 *H* 投影上作出各相交屋檐即各墙角（∠1、∠2、∠3、∠4、∠5、∠6）的角平分线；在凸墙角上作出斜脊线 *a*1、*a*6、*d*3、*d*4、*c*5；在凹墙角上作出天沟线 *b*2 方向。延长 32 线至 56，得交点 7，以 7 点作为顶点，作出 45°分角线，其与天沟线 *b*2 方向相交得 *b* 点，可以得到斜脊线 *cb* 及天沟线 *b*2。如图 9–17（b）所示。

作出各对平行屋檐的中线，即平脊线 *ab* 和 *cd*［图 9–17（c）］。

（2）作屋面的 *V* 面及 *W* 面投影。根据屋面相对于 *H* 面的倾角 30°及投影规律，作出 *V* 面和 *W* 面投影，如图 9–17（c）。一般先作出具有积聚性的屋面投影，如 *V* 面投影中，应首先作出左右屋面的投影；*W* 面投影中，先作出前后屋面的投影，再加上屋脊线的投影，即为所求屋面的 *V* 面和 *W* 面投影。

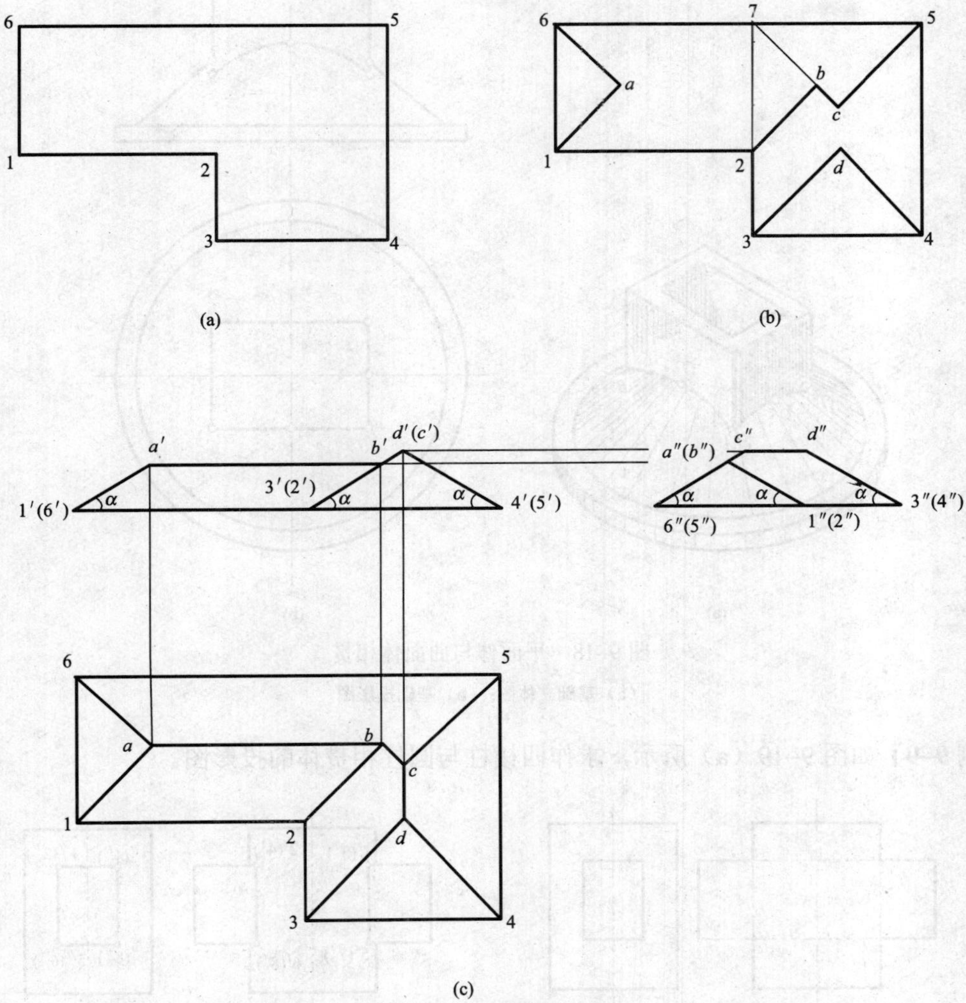

图 9–17　同坡屋面投影

（a）已知条件；（b）作图过程；（c）作图结果

9.3.4　平面立体与曲面立体相贯

平面立体与曲面立体相贯，如图 9–18 所示的基础，相贯线是：由若干个转折点所连接的若干段平面曲线或直线所组成的空间线。每段平面曲线或直线，就是平面体上各侧棱面截割曲面体表面产生的截交线。每个转折点，就是平面体的侧棱与曲面体表面的交点。因此平面立体与曲面立体相贯线的投影要分两步来作：

（1）利用求线面交点的方法求出各个转折点。

（2）利用求曲面体上截交线的方法求出每两个转折点之间的各段交线。

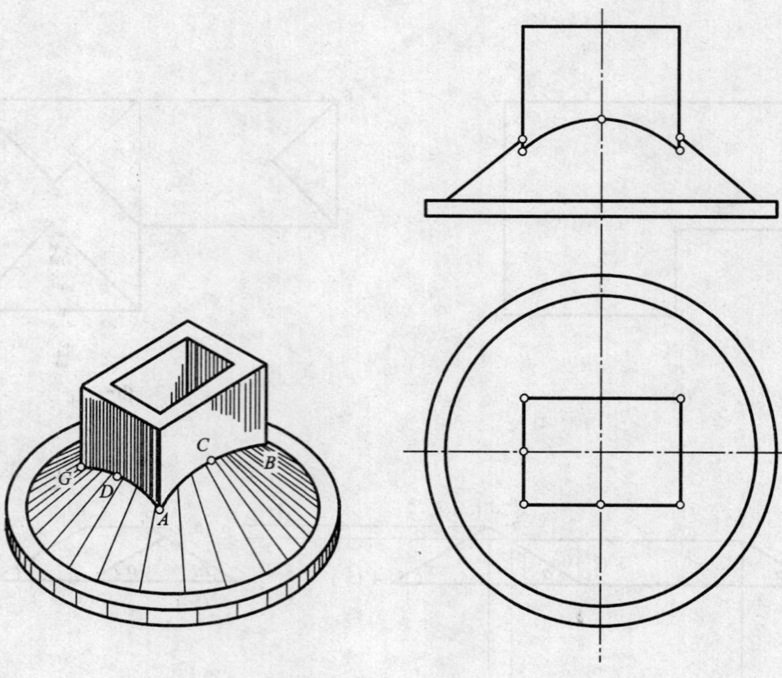

(a) (b)

图 9–18 平面体与曲面体相贯

（a）基础立体图；（b）基础投影图

【例 9–9】如图 9–19（a）所示，求作四棱柱与圆柱相贯体的投影图。

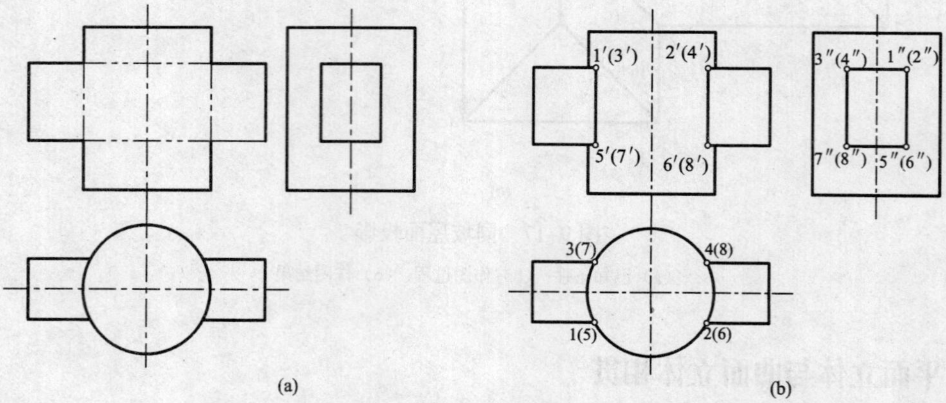

(a) (b)

图 9–19 四棱柱与圆柱相贯体的投影

（a）已知条件；（b）完成相贯体的投影图

分析：（1）由已知投影可知，四棱柱从圆柱的左面完全贯入，右面完全贯出，属于全贯，相贯线为左右对称的两组。每组相贯线由四段截交线组成。四棱柱的顶面与底面截割圆柱面截交线为两段水平圆弧；前面与后面截割圆柱面截交线为两段铅垂线段。

（2）由于圆柱面的 H 投影积聚，所以相贯线的 H 投影已知；由于四棱柱的顶面、底面、前面、后面 W 投影积聚，所以相贯线的 W 投影已知。只需作出 V 投影。

作图：［图 9–19（b）］

（1）作出四棱柱的四条侧棱与圆柱表面的交点（相贯线上转折点）。如图 9–19（b）中的Ⅰ、Ⅲ、Ⅶ、Ⅴ、Ⅱ、Ⅳ、Ⅷ、Ⅵ。

（2）分别作出贯入处和贯出处的总共八条交线的 V 面投影。如图 9–22（b）中的ⅠⅢ–ⅢⅦ–ⅦⅤ–ⅤⅠ和ⅡⅣ–ⅣⅧ–ⅧⅥ–ⅥⅡ。由于每组相贯线都是前后对称，因此各线 V 投影均可见。

（3）完成整个相贯体的投影，将四棱柱参加相贯的各棱线左端画到贯入点处，右端从贯出点处开始画出。

【例 9–10】 如图 9–20（a）所示，求作三棱柱与圆锥的相贯体的投影图。

分析：（1）由已知投影可知，三棱柱从圆锥的前面完全贯入，从后面贯出，属于全贯，相贯线为前后两组对称的空间线，每组线由一段水平圆弧，两段椭圆弧组成。

（2）由于相贯线在三棱柱的顶面及左右棱面上，而此三面的 V 投影积聚，因此，相贯线的 V 投影已知，需作出 H、W 投影。

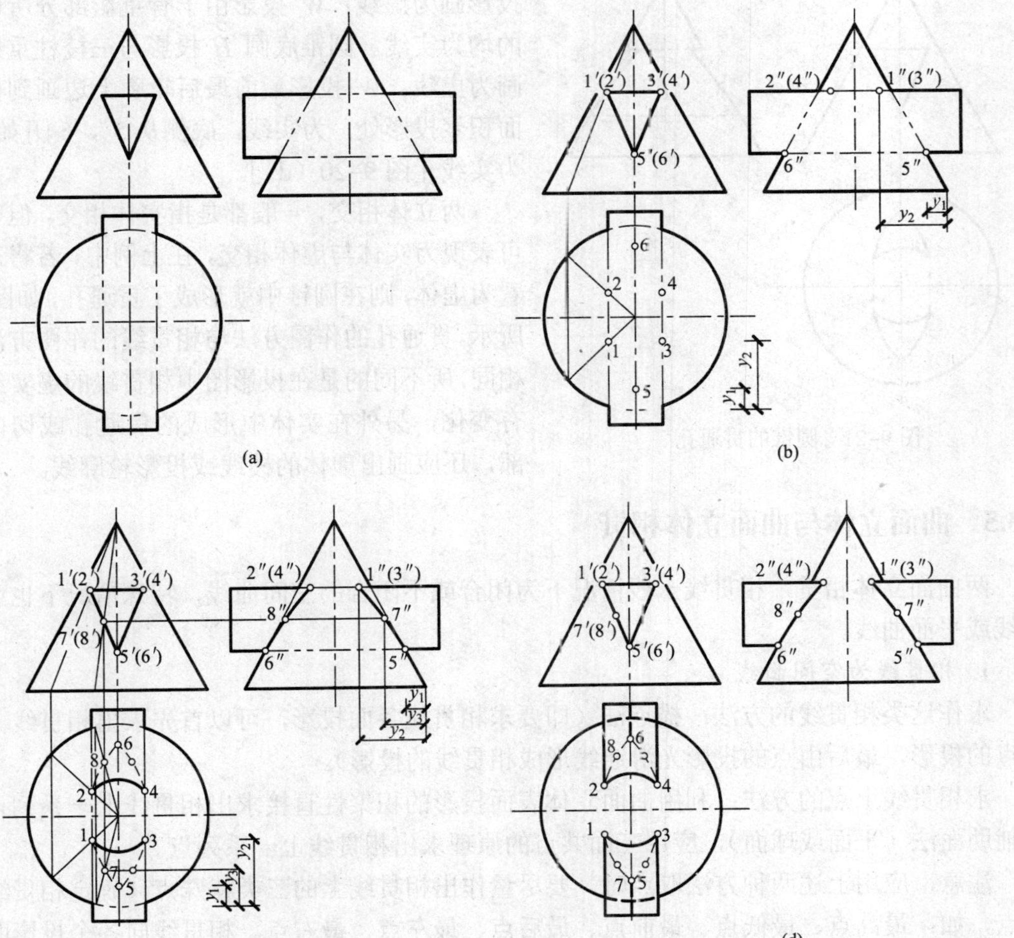

图 9–20　三棱柱与圆锥相贯体投影

（a）已知条件；（b）求出各转折点；（c）完成相贯线投影；（d）完成相贯体投影

作图：（1）作出三棱柱三条侧棱与圆锥表面的交点（相贯线上的转折点）。如图 9–20（b）中的Ⅰ、Ⅱ、Ⅲ、Ⅳ、Ⅴ、Ⅵ 点，其中Ⅰ、Ⅱ、Ⅲ、Ⅳ点可利用素线法作出，Ⅴ、Ⅵ点可直接作在圆锥的最前最后素线上，为了将椭圆弧作得更为准确，作出中间点Ⅶ、Ⅷ点，可利用素线法作出。

（2）完成相贯线中各段交线的水平投影和侧面投影。如图 9–20（c）中的Ⅰ Ⅲ–Ⅲ Ⅴ–Ⅴ Ⅰ、Ⅱ Ⅳ、Ⅳ Ⅵ Ⅱ。其中Ⅰ Ⅲ、Ⅱ Ⅳ线的 *H* 投影为圆弧，由于圆锥表面的 *H* 投影均可见，三棱柱顶面 *H* 投影可见，所以画成实线；*W* 投影积聚为线段，由于与三棱柱顶面的 *W* 积聚投影重影，所以为实线；ⅠⅤ、ⅡⅥ、ⅢⅤ、ⅣⅥ线的 *H*、*W* 投影均为椭圆弧（ⅠⅤ、ⅢⅤ线的 *W* 投影重影；ⅡⅥ、ⅣⅥ线的 *W* 投影重影）。由于此四段线均位于三棱柱 *H* 投影不可见的左右棱面上，所以四线的 *H* 投影均为虚线，ⅠⅤ、ⅡⅥ两线位于三棱柱左棱面上，圆锥的左半部分，所以 *W* 投影画为实线。

（3）完成整个相贯体的投影图。将三棱柱每条棱线上贯入点与贯出点之间的部分去掉，顶面两条棱线的 *H* 投影画为实线，底下棱线的 *H* 投影画为虚线；*W* 投影由于有重影部分所以画出的均为实线。圆锥底圆 *H* 投影与三棱柱重影部分画为虚线；*W* 投影最前最后轮廓上边画到棱柱顶面积聚投影处，为实线，底侧从 5″，6″开始画出，为实线［图 9–20（d）］。

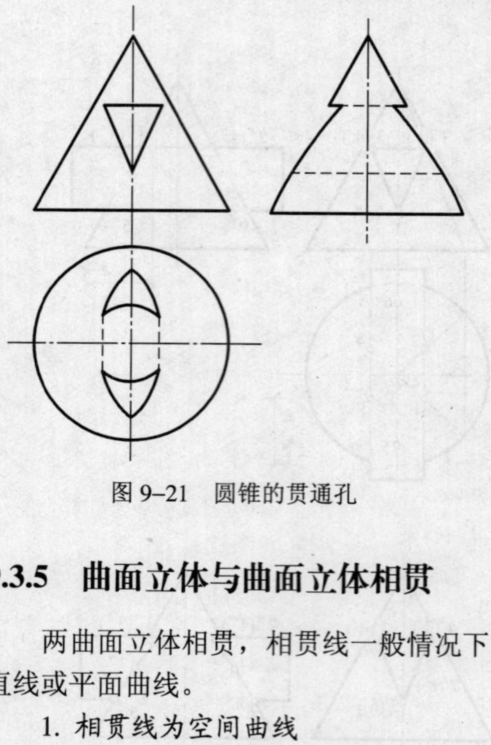

图 9–21　圆锥的贯通孔

两立体相交，一般都是指实体相交，但有时也可表现为实体与虚体相交，在上例中，若将三棱柱看为虚体，则在圆锥中就形成了贯通孔，如图 9–21 所示。贯通孔的作图方法与相贯线的作图方法基本相同，所不同的是在投影图中相贯线的虚实线可能有变化，另外在实体中形成的贯通孔或切口的内部，还应画出虚体的棱线或投影轮廓线。

9.3.5　曲面立体与曲面立体相贯

两曲面立体相贯，相贯线一般情况下为闭合或不闭合的空间曲线，特殊情况下也可能为直线或平面曲线。

1. *相贯线为空间曲线*

求作这类相贯线的方法：描点法（即要求相贯线各面投影，可以首先求出相贯线上若干个点的投影，最后由点的投影光滑连线形成相贯线的投影）。

求相贯线上点的方法：利用曲面立体表面投影的积聚性直接求出相贯线上一系列点；采用辅助面法（平面或球面），应用三面共点的原理求出相贯线上一系列点。

注意，应用上述两种方法取点时，要尽量作出相贯线上的三类特殊点（确定相贯线轮廓的点，如：最高点、最低点、最前点、最后点、最左点、最右点。相贯线向各个投影面投影时可见与不可见的分界点，相贯线上位于各曲面体的轮廓线上的点）。

再作出一些一般点（中间点），以确保相贯线能够准确作出。

（1）利用曲面的积聚投影直接求出相贯线。只要相交两曲面中某一投影有积聚性，就可利用该积聚投影作出一系列共有点，然后连成相贯线。

【例 9–11】 如图 9–22（a）所示，求两正交圆柱的相贯线。

分析：1）由已知投影可知，铅垂圆柱完全贯入侧垂圆柱中，无贯出，属于全贯，相贯线为贯入处的一条闭合空间曲线。

2）由于铅垂圆柱 H 投影积聚，侧垂圆柱 W 投影积聚，因此相贯线的 H、W 投影已知，需作出 V 投影。

作图：1）作出相贯线上特殊点。如图 9–22（c）：最左点（最高点）Ⅰ、最右点（最高点）Ⅱ、最前点（最低点）Ⅲ、最后点（最低点）Ⅳ。相贯线向 V 面投影时可见与不可见的分界点Ⅰ、Ⅱ点。相贯线上位于两个圆柱体的轮廓线上的点Ⅰ、Ⅱ、Ⅲ、Ⅳ点。一般点：Ⅴ、Ⅵ点。此六点均可利用已知的 H、W 投影确定。

2）完成相贯线投影：将作出的各点光滑连接起来。由于相贯线前后对称，所以 V 投影连成实线，如图 9–22（d）所示。

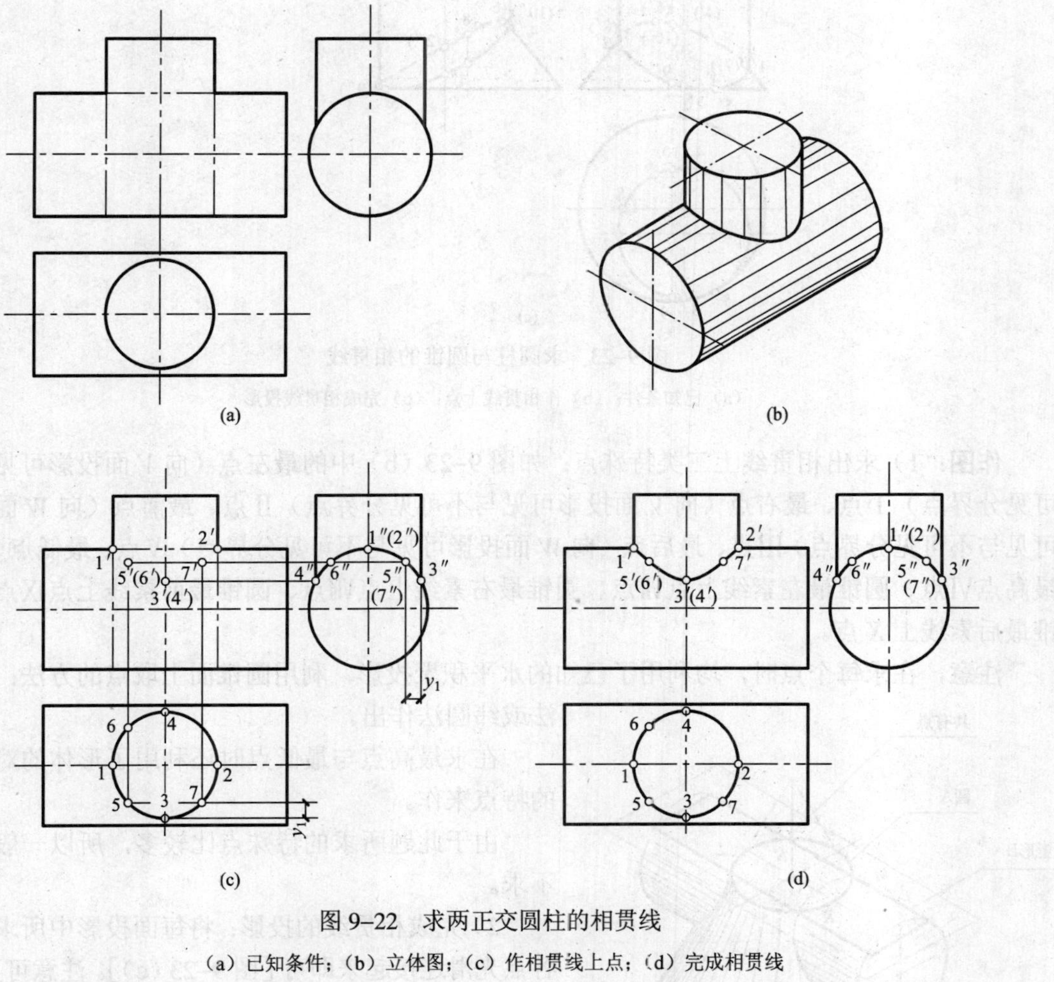

图 9–22　求两正交圆柱的相贯线

（a）已知条件；（b）立体图；（c）作相贯线上点；（d）完成相贯线

【例 9–12】 如图 9–23（a）所示，求作圆柱与圆锥相贯线的投影。

分析：1）由已知投影可知，圆柱完全贯入圆锥，无贯出，属于全贯，相贯线为一条闭合的空间曲线。

2）由于圆柱 H 投影积聚，所以相贯线的 H 投影已知，需作出 V、W 投影。

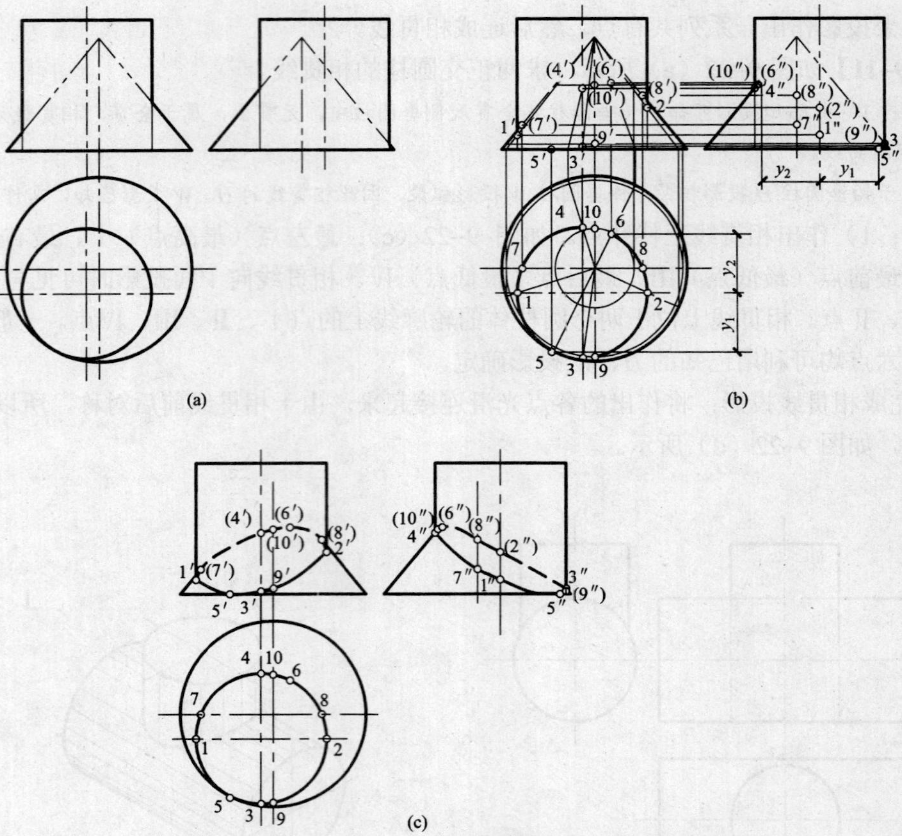

图 9–23　求圆柱与圆锥的相贯线

（a）已知条件；（b）作相贯线上点；（c）完成相贯线投影

作图：1）求出相贯线上三类特殊点：如图 9–23（b）中的最左点（向 *V* 面投影可见与不可见分界点）Ⅰ点、最右点（向 *V* 面投影可见与不可见分界点）Ⅱ点、最前点（向 *W* 面投影可见与不可见分界点）Ⅲ点、最后点（向 *W* 面投影可见与不可见分界点）Ⅳ点、最低点 *V* 点、最高点Ⅵ点、圆锥最左素线上点Ⅶ点、圆锥最右素线上点Ⅷ点、圆锥最前素线上点Ⅸ点、圆锥最后素线上 *X* 点。

注意，在求每个点时，均利用了已知的水平积聚投影，利用圆锥面上取点的方法：素线法或纬圆法作出。

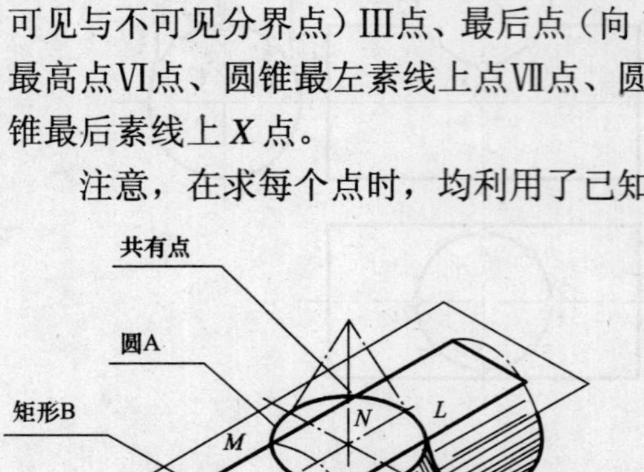

图 9–24　辅助平面法求相贯线上点

在求最高点与最低点时还利用了形体的对称性的特点来作。

由于此题所求的特殊点比较多，所以一般点可不求。

2）完成相贯线的投影：将每面投影中所求出的各点光滑连接起来即可［图 9–23（c）］。注意可见性。

（2）利用辅助平面的方法来求两形体表面的共有点，来连出相贯线。如图 9–24 所示，圆锥（甲）与圆柱（乙）相贯，在求共有点时，可以设一辅助

平面 *P*，与圆锥及圆柱同时相交，交线分别为水平圆和矩形，它们相交于 *M*、*N*、*L*、*K* 四点，即为圆锥与圆柱的共有点。可以再设这样一系列的辅助平面，再求出一系列这样的共有点，即可连出相贯线。

用此辅助平面法求共有点时，为了使得辅助平面分别与两形体相交所得的交线的投影容易作出来，要求所设辅助平面的位置相对于投影面尽量为特殊位置，且与两形体相交所得交线的形状尽量为直线或平行于投影面的圆。

【例 9-13】如图 9-25（a）所示，求斜交圆柱的表面交线及相贯体的投影。

分析：1）由已知投影图 9-25（a）可知斜向圆柱完全贯入铅垂圆柱中，无贯出，属于全贯，相贯线为一条闭合空间曲线。

2）由于铅垂圆柱 *H* 投影积聚，所以相贯线的 *H* 投影已知，需作出 *V*、*W* 面投影。

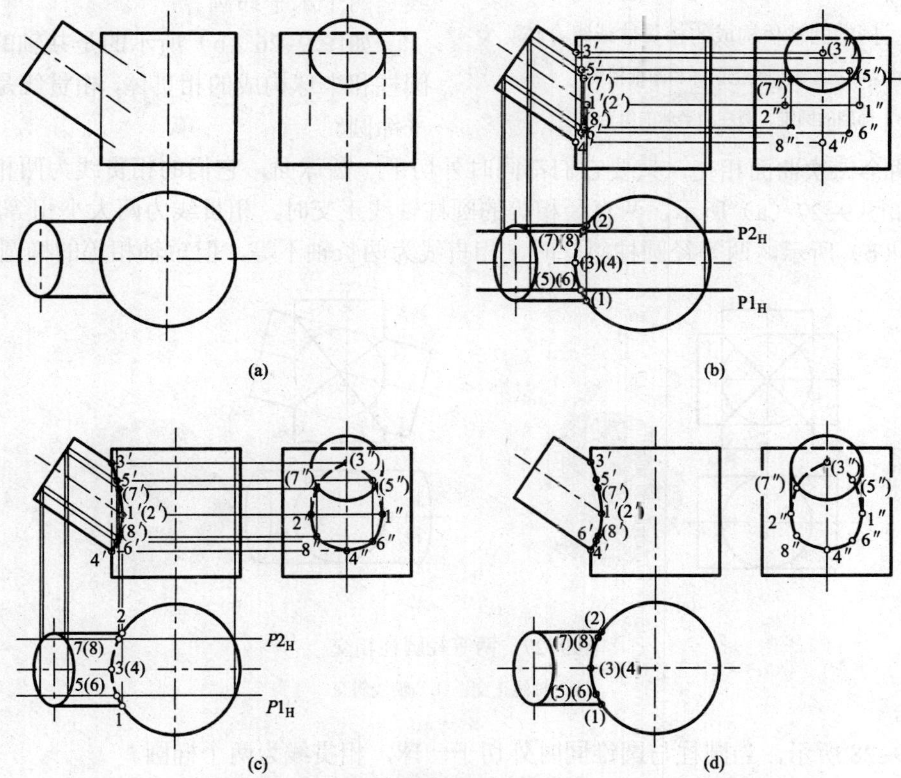

图 9-25 求两斜交异径圆柱的相贯线——辅助平面法

（a）已知条件；（b）求相贯线上点；（c）完成相贯线投影；（d）完成相贯体的投影

作图：1）求出相贯线上点：首先利用已知的 *H* 投影求出特殊点：最前点（最右点）（侧面投影可见与不可见的分界点）Ⅰ点、最后点（最右点）（侧面投影可见与不可见的分界点）Ⅱ点、最高点（最左点）（正面投影可见与不可见的分界点）Ⅲ点、最低点（最左点）（正面投影可见与不可见的分界点）Ⅳ点。

利用设立的辅助平面 *P*1 求出一般点Ⅴ点和Ⅵ点。

利用设立的辅助平面 *P*2 求出一般点Ⅶ点和ⅤⅢ点。如图 9-25（b）所示。

注意，为了解题准确及方便，辅助平面必须设立正平面。

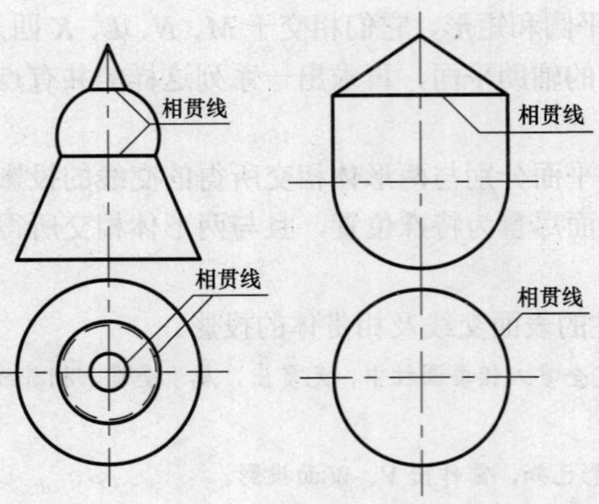

图 9–26　同轴回转体构成的相贯体或组合体

（a）球心在圆锥轴线上的球和圆锥相贯；

（b）同轴的圆锥、圆柱和半球的组合体

2）完成相贯线的投影：将找到的各点光滑连接起来，可见性如图 9–25（c）所示。

3）完成整个相贯体的投影。整理各圆柱轮廓线。如图 9–25（d）所示。

2. 相贯线为平面曲线或直线

（1）具有同一轴线的两回转体相贯时，相贯线为垂直于该轴线的圆，也是它们共有的纬圆。如图 9–26（a）所示的球与圆锥构成的相贯体，球心在圆锥的轴线上，可以看作是有公共铅垂轴线的球与圆锥相贯，相贯线是两个水平纬圆。

如图 9–26（b）所示的是共轴的圆锥、圆柱和半球构成的相贯体，相贯线是一个水平纬圆。

（2）两个二次曲面相交，只要它们都同时外切于一圆球面，它们的相贯线为两相交的平面曲线。如图 9–27（a）所示，两直径相等的圆柱轴线正交时，相贯线为两大小相等的椭圆。如图 9–27（b）所示，两等径圆柱斜交时，相贯线为两长轴不等，但短轴相等的椭圆。

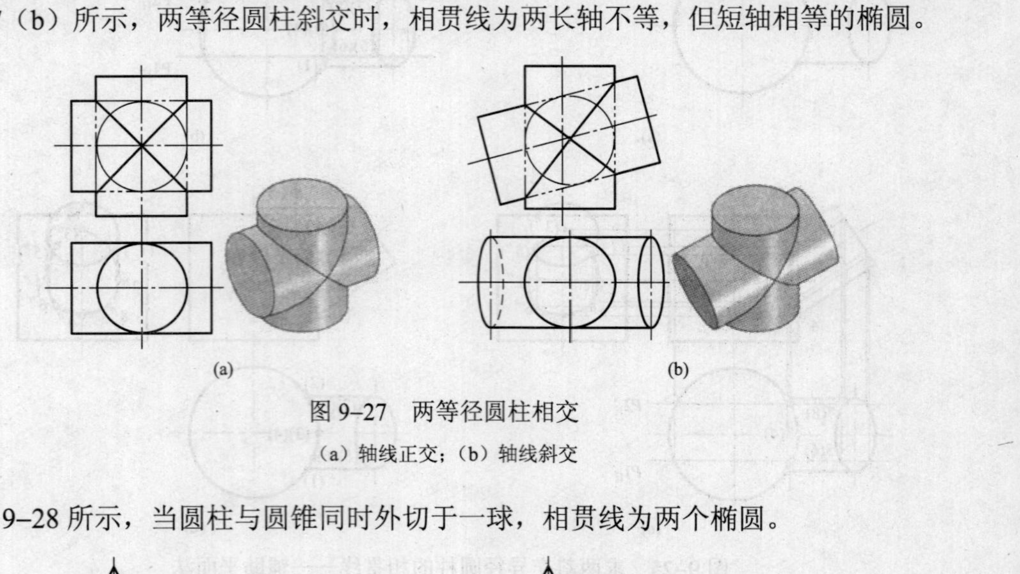

图 9–27　两等径圆柱相交

（a）轴线正交；（b）轴线斜交

如图 9–28 所示，当圆柱与圆锥同时外切于一球，相贯线为两个椭圆。

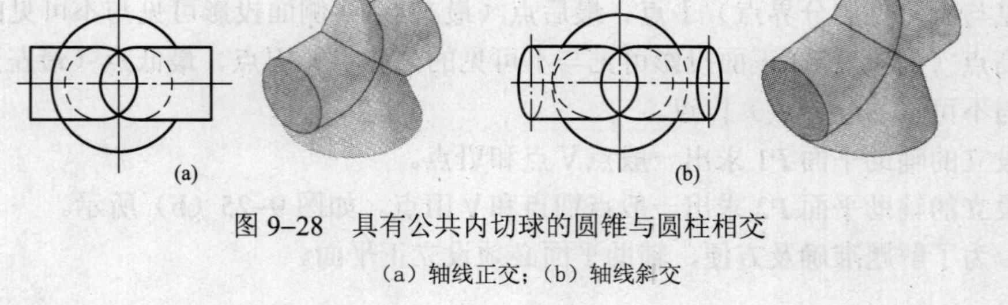

图 9–28　具有公共内切球的圆锥与圆柱相交

（a）轴线正交；（b）轴线斜交

这种有公共内切球的两圆柱、圆锥等的相贯，还常应用于管道的连接。如图 9–29 所示的等径 90° 弯管，每两段圆柱轴线的交点，即为公共内切球心，球径等于圆柱直径。对于这类形体通常只画出它在轴线所平行的那个投影面上的投影即可。

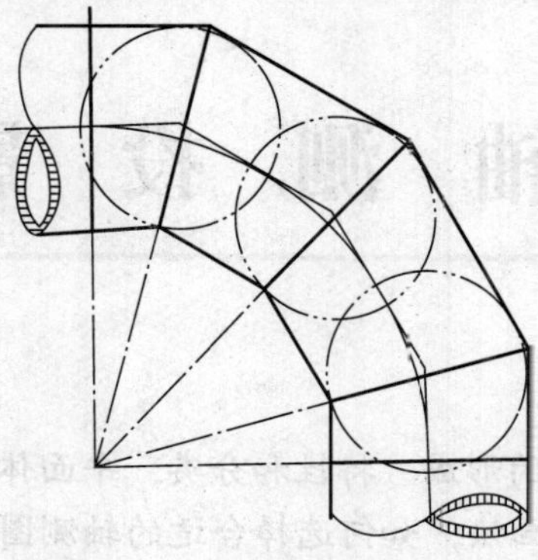

图 9–29　等径 90° 弯管

（3）两圆柱面轴线平行或两锥面共顶相交时，在各圆柱面或圆锥面上的相贯线为直线（图 9–30）。

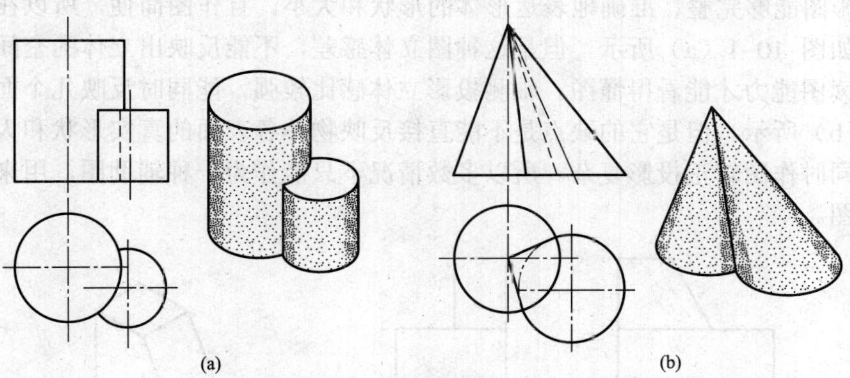

图 9–30　相贯线为直线

（a）轴线平行的两圆柱面相交；（b）共锥顶的两锥面相交

思考题

1. 截交线是如何形成的？
2. 截交线有何特点？
3. 平面立体的截交线投影如何求？曲面立体的截交线投影如何求？
4. 相贯的类型有哪些？
5. 相贯线有何特点？
6. 分别说出平平相贯、平曲相贯、曲曲相贯相贯线的投影的作法。
7. 什么叫同坡屋面？同坡屋面的投影有何特点？根据屋檐的水平投影及屋面的坡度如何作出同坡屋面的三面投影图？
8. 两曲面立体相交其相贯线有几种形状？
9. 影响两圆柱交线形状的因素有哪些？试作图说明。

第 10 章

轴 测 投 影

本章主要介绍了轴测投影的形成、特性和分类；平面体的正轴测投影和斜轴测投影的画法；圆和曲面体的轴测投影的画法；如何选择合适的轴测图类型和投射方向来表达形体。

10.1 轴测投影的基本知识

正投影图能够完整、准确地表达形体的形状和大小，且作图简便，所以在工程中被广泛应用，如图 10–1（a）所示。但是这种图立体感差，不能反映出立体的空间形象，要具有一定的读图能力才能看得懂图。轴测投影立体感比较强，能同时反映几个面的形状，如图 10–1（b）所示。但是它的缺点是不能直接反映物体各表面的真实形状和大小，因而度量性差，同时作图较正投影复杂。所以多数情况下只能作为一种辅助图，用来帮助人们读懂正投影图。

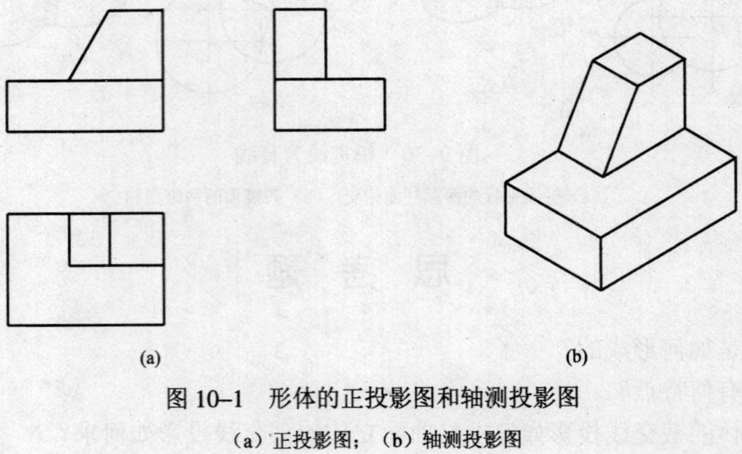

(a)　　　　(b)

图 10–1　形体的正投影图和轴测投影图

（a）正投影图；（b）轴测投影图

10.1.1 轴测投影的形成

要使物体的投影图具有立体感，就要同时将物体的长、宽、高三个方向的形状同时反映出来。如果改变立体对投影面的相对位置，或者改变投射线的方向，使得投射线能够同时通过立体三个方向的表面，都能得到具有立体感的轴测投影，如图 10–2 所示。

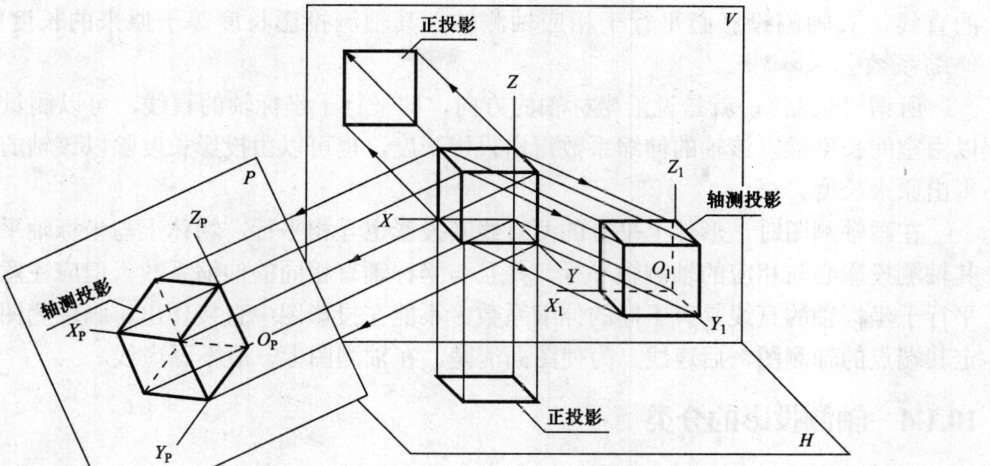

图 10–2　形体的正投影图和轴测投影图

这种将物体和确定物体位置的空间直角坐标系，按平行投影的方法一起投射到某一选定的投影面上所得到的投影，称为轴测投影。采用轴测投影的方法绘制的投影图叫做轴测图。

10.1.2　基本术语

为了便于说明轴测投影的性质和作图方法，参照图 10–2，引入以下术语：

（1）轴测投影面：轴测投影所在的投影面，称为轴测投影面（常用字母 *P* 表示）。

（2）轴测轴：空间直角坐标轴 OX、OY、OZ 在轴测投影面上的投影（O_pX_p、O_pY_p、O_pZ_p），称为轴测投影轴，简称轴测轴。

（3）轴间角：轴测轴之间的夹角，称为轴间角（$\angle X_pO_pY_p$、$\angle X_pO_pZ_p$、$\angle Y_pO_pZ_p$）。

（4）伸缩系数：直线的轴测投影长度与相应原来长度的比值，称为伸缩系数。

（5）轴向伸缩系数：轴测轴上的单位长度与原来坐标轴上单位长度的比值，称为轴向伸缩系数。分别用 p、q、r 表示 X、Y、Z 轴的伸缩系数。

$$p=\frac{O_pX_p}{OX},\quad q=\frac{O_pY_p}{OY},\quad r=\frac{O_pZ_p}{OZ}$$

10.1.3　轴测投影的特性

轴测投影是平行投影，所以它具有平行投影的一切特性，其中最基本的有两个：

（1）平行性：空间平行的直线，其轴测投影仍相互平行。在图 10–3 中，$AB /\!/ CD$，则 $A_pB_p /\!/ C_pD_p$。因此空间平行于坐标轴的线段，其轴测投影仍平行于相应的轴测轴。

（2）定比性：空间各平行线段的轴测投影的伸缩系数相等。在图 10–3 中，$AB/CD=A_pB_p/C_pD_p$。因此空间平行于坐标轴的线段，其伸缩系数等于相应的轴向伸缩系数。这样，如果知道了轴测投影中的轴测轴的方向和伸缩系数，则与每条坐标轴平行

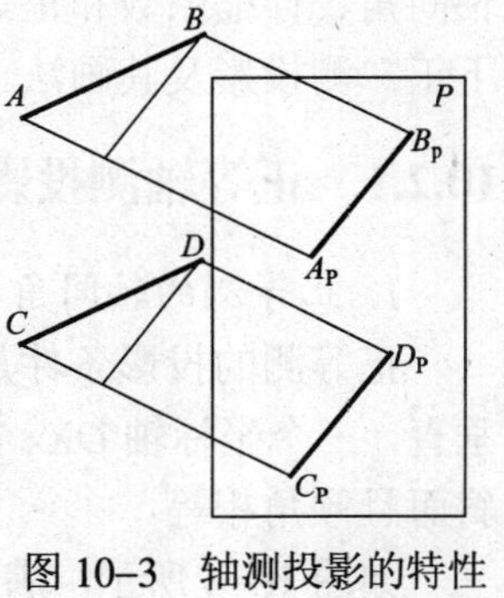

图 10–3　轴测投影的特性

的直线，其轴测投影必平行于相应轴测轴，其轴测投影长度等于原来的长度乘以该轴的伸缩系数。

所谓“轴测”，就是说沿坐标轴的方向，即平行于坐标轴的直线，可以测量长度。它可以由空间长度乘以该轴的伸缩系数得出投影长度，也可以由投影长度除以该轴的伸缩系数，得出原来长度。

在画轴测图时，形体上平行的两直线其投影也互相平行，物体上与坐标轴平行的直线，其轴测投影必与相应的轴测轴平行，并且与坐标轴有相同的伸缩系数。但应注意，物体上不平行于坐标轴的直线具有不同的伸缩系数，不能在投影图中直接作出，画轴测图时，可先确定其端点的轴测图，后连线。为使图面清楚，在轴测图上一般不画虚线。

10.1.4 轴测投影的分类

画轴测图时，首先必须确定轴测轴的方向和伸缩系数。随着空间直角坐标系对投影面的相对位置，以及投射线对投影面的倾斜方向的不同，有无限多种轴测轴的方向和伸缩系数。

按投射线对投影面是否垂直，分为：

（1）正轴测投影：投射方向垂直于投影面；

（2）斜轴测投影：投射方向倾斜于投影面。

按三个轴向伸缩系数是否相等，分为：

（1）$p=q=r$：三个轴向伸缩系数相等，称为正（或斜）等轴测投影，简称正（或斜）等测；

（2）$p=q\neq r$ 或 $p=r\neq q$ 或 $q=r\neq p$：任意两个轴的伸缩系数相等，称为正（或斜）二等轴测投影，简称正（或斜）二测；

（3）$p\neq q\neq r$：三个轴的伸缩系数都不相等，称为正（或斜）三测轴测图，简称正（或斜）三测。

各种轴测投影的名称，可由两个分类名称合并而得，如正轴测投影中的二等轴测投影，称为正二等轴测投影。此外，在斜轴测投影中，若使轴测投影面平行正立坐标面 OXZ 或水平坐标面 OXY，则可在有关名称前再加“正面”或“水平”两字，如正面斜二等轴测投影。工程上常用的有正等测、正二测、斜二测和水平斜等测。

10.2 正轴测投影

工程上常用的正轴测投影是正等测，它画法简单，立体感也好。本节主要讨论正等测的轴间角、伸缩系数和正等测的画法，其次介绍一下正二测投影及其画法。

10.2.1 正等轴测投影

1. 正等测的轴间角与伸缩系数

正等测的投影条件是投射方向与轴测投影面垂直，三个坐标轴 OX、OY、OZ 与轴测投影面倾斜而且倾角相等。

如图 10–4 所示，满足上述条件下的正等测图

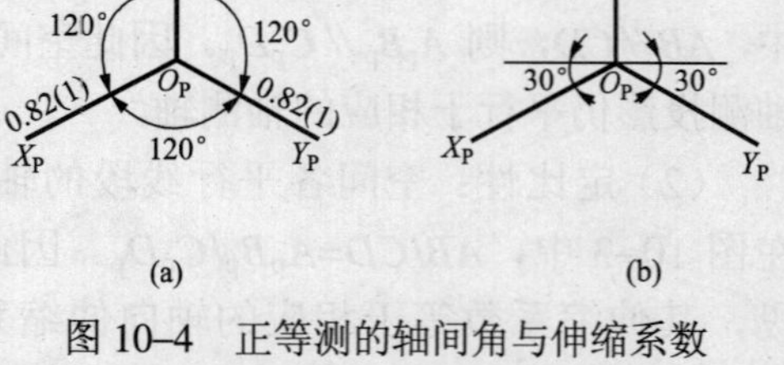

图 10–4 正等测的轴间角与伸缩系数

（a）轴间角与伸缩系数；（b）轴测轴的画法

中轴间角均为 120°。画图时，规定把 O_pZ_p 轴画成铅垂方向，O_pX_p 和 O_pY_p 轴与水平成 30°。轴向伸缩系数 $p=q=r=0.82$，这是计算出来的理论系数。当用这个系数画图时，将轴向尺寸乘以 0.82 后画很不方便，所以实际画图时取 $p=q=r=1$，这是为了简化作图而规定的简化系数，这样便可按实际尺寸画图。但画出的图形比原轴测投影大些，各轴向长度均放大 1.22 倍，但形状并不改变，不影响立体感。采用这两种伸缩系数绘图产生的差异如图 10–5 所示。

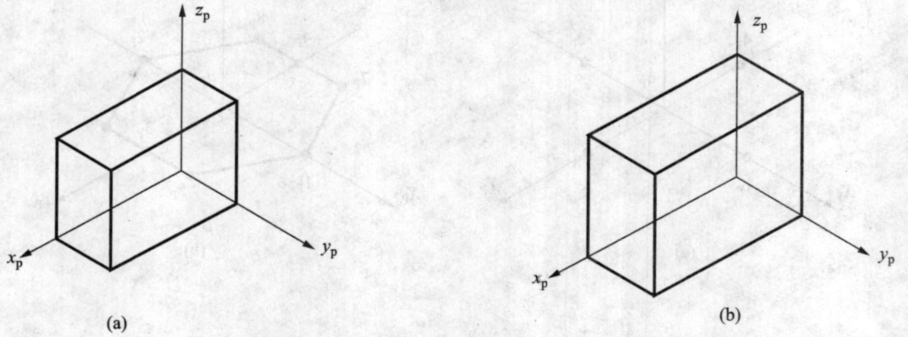

图 10–5 两种伸缩系数绘制正等测投影图的比较

（a）轴向伸缩系数为 0.82；（b）轴向伸缩系数为 1

2. 平面体的正等测画法

平面体的轴测投影，归结为作出其棱线的轴测投影。画平面体轴测投影的基本方法是坐标法，即按坐标关系画出物体上各个点、线的轴测投影，然后连成物体的轴测投影。当棱线平行坐标轴时，则棱线的长度可利用轴测轴的伸缩系数来量度。实际作图中，还应根据形体的不同特点而灵活采用其他不同的作图方法，如叠加法、端面法、切割法以及综合法等来简化作图。

画轴测投影的作图步骤一般为：

（1）确定坐标轴；

（2）画轴测轴；

（3）用上述介绍的方法画轴测图；

（4）擦去多余的图线，加深可见轮廓线，不可见轮廓线通常不画。

【例 10–1】如图 10–6 所示，已知正六棱柱的正投影图，画出其正等测图。

分析：对形体引入坐标系，确定形体上各顶点的坐标值，采用坐标法依次画出各顶点的轴测投影，然后连接各棱线就可以得到形体的轴测投影了。为了少画看不见的线或多余的线，作图时应尽量先从可见的面开始作图。

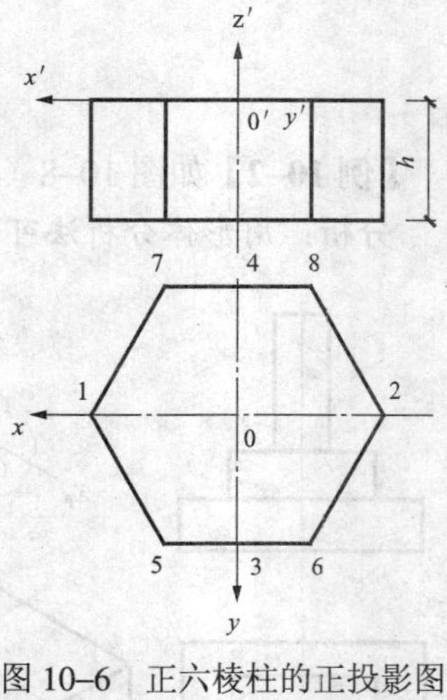

图 10–6 正六棱柱的正投影图

作图：（1）先在正投影图上定出原点和坐标轴的位置，并在水平投影图中确定坐标轴上的点 1、2、3、4 和六棱柱顶面正六边形的其余顶点 5、6、7、8，如图 10–6 所示。

（2）画出轴测轴，根据点的坐标分别作出坐标轴上点 1、2、3、4 和顶点 5、6、7、8 的轴测投影。并用直线连接各点完成顶面的轴测投影，如图 10–7（a）、图 10–7（b）所示。

（3）过顶面上的顶点作平行于 O_pZ_p 的六条棱线，长度等于六棱柱的高度 h，得底面上各点的轴测投影，如图 10–7（c）所示。

（4）连接六棱柱底面各顶点，并擦去不可见的棱线，完成轴测投影［图 10–7（d）]。

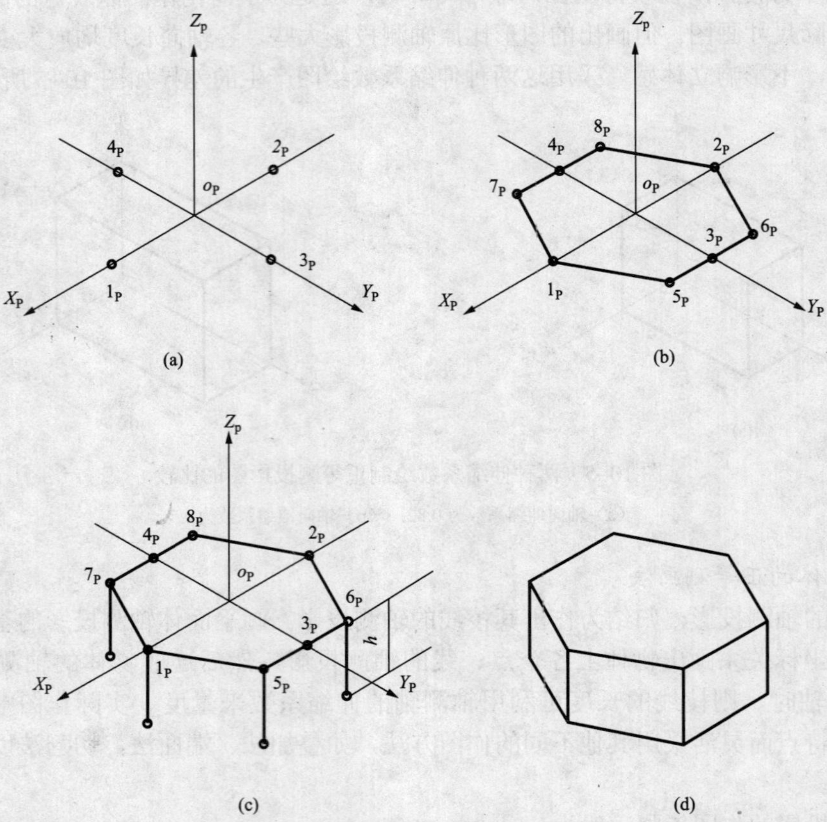

图 10–7　坐标法作正六棱柱的正等测图

【例 10–2】如图 10–8（a）所示，已知组合体的正投影图，画出其正等测图。

分析：用形体分析法可以把组合体分解为底板、中间板和上柱三部分。

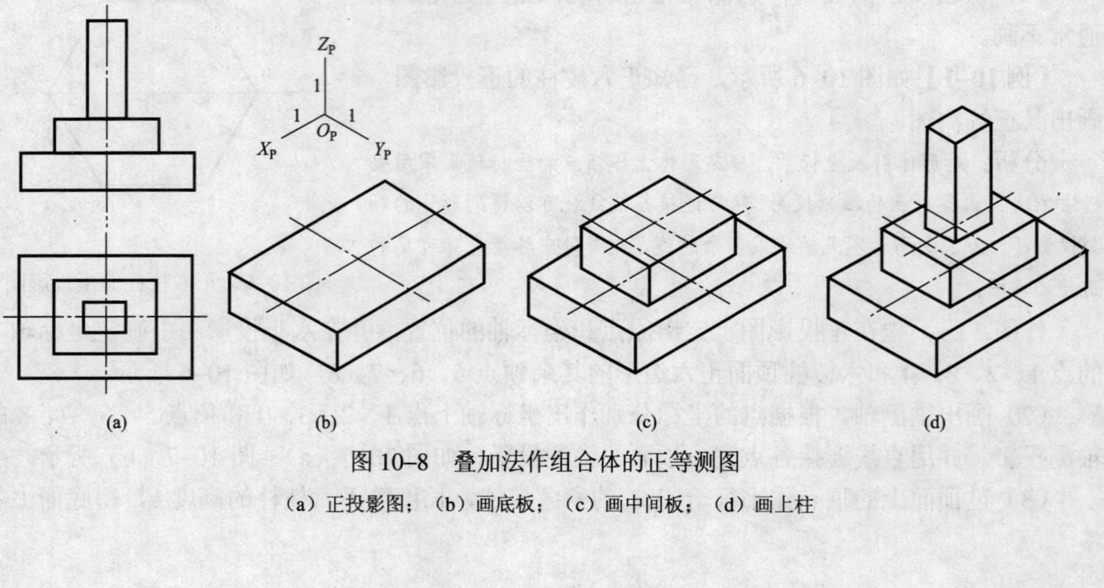

图 10–8　叠加法作组合体的正等测图

（a）正投影图；（b）画底板；（c）画中间板；（d）画上柱

作图：（1）先画底部底板的轴测图，如图 10–8（b）所示。

（2）在底板上方的正中画中间板，如图 10–8（c）所示。

（3）在中间板上方的正中画上柱，如图 10–8（d）所示。

（4）加粗可见轮廓线，完成全图。

【例 10–3】如图 10–9（a）所示，已知台阶的正投影图，画出其正等测图。

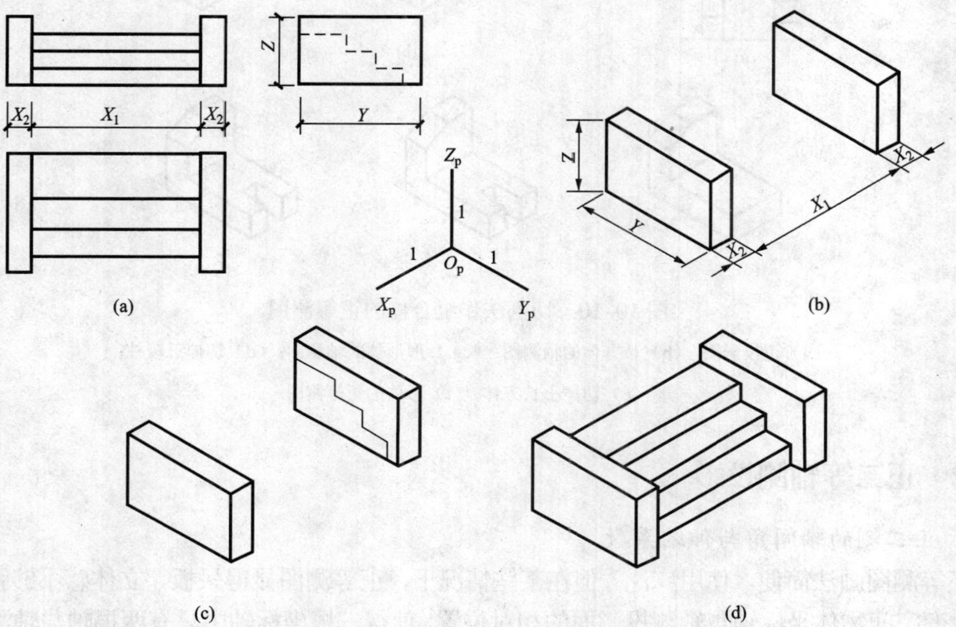

图 10–9 端面法作台阶的正等测图

（a）正投影图；（b）左右栏板的轴测图；（c）踏步轮廓线的轴测图；（d）台阶的正等测图

分析：台阶由左右两个完全相同的栏板和三个踏步组成。

作图：（1）画左右栏板的轴测图，如图 10–9（b）所示。

（2）画右栏板内侧踏步轮廓线的轴测图，如图 10–9（c）所示。

（3）由右栏板内侧踏步轮廓线的端点画踏步线至左栏板，整理完成台阶的正等测图，如图 10–9（d）所示。

【例 10–4】如图 10–10（a）所示，已知组合体的正投影图，画出其正等测图。

分析：该组合体可以看作为一长方体通过几次切割后形成的形体，因此在作其轴测图时，可先作出一个完整长方体的正等测图，然后根据该形体的构造依次进行切割，最终得到形体的正等测图。

作图：（1）根据组合体的构造特点，复原该形体为一个完整的长方体，然后选定坐标原点和坐标轴，如图 10–10（a）所示。

（2）画出正等测轴测轴，作出完整长方体的正等测图，如图 10–10（b）所示。

（3）在长方体上切割掉一个较小的长方体，形成一个 L 形形体的正等测图，如图 10–10（c）所示。

（4）在 L 形形体的右侧较高部分切掉一个三棱柱，然后再在左侧较低部分中部切掉一个小长方体，即可得到形体的正等测图，如图 10–10（d）、图 10–10（e）所示。

（5）擦去不可见的图线，然后描深图线，即完成该形体的正等测图，如图 10–10（f）所示。

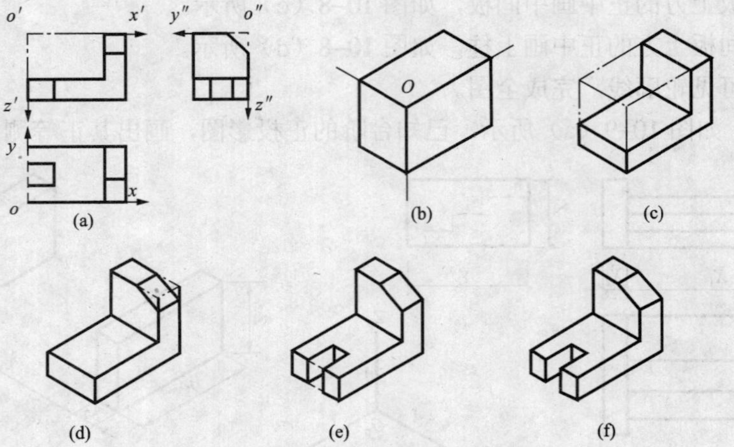

图 10–10 切割法作组合体的正等测图

（a）正投影图；（b）长方体的轴测图；（c）L 形形体的轴测图；（d）切掉三棱柱；

（e）切掉小长方体；（f）形体的正等测图

10.2.2 正二等轴测投影

1. 正二测的轴间角与伸缩系数

正等测图画法简便，使用广泛。但在某些情况下，正等测图显得呆板，立体感不够强。此时可以改变空间物体坐标轴与轴测投影面的相对位置，使得三根坐标轴中只有两根轴与轴测投影面的倾角相等，因此这两根轴的伸缩系数相等，三根轴的轴间角也只有两个相等，这样得到的正轴测投影图，称为正二等轴测投影，简称正二测。

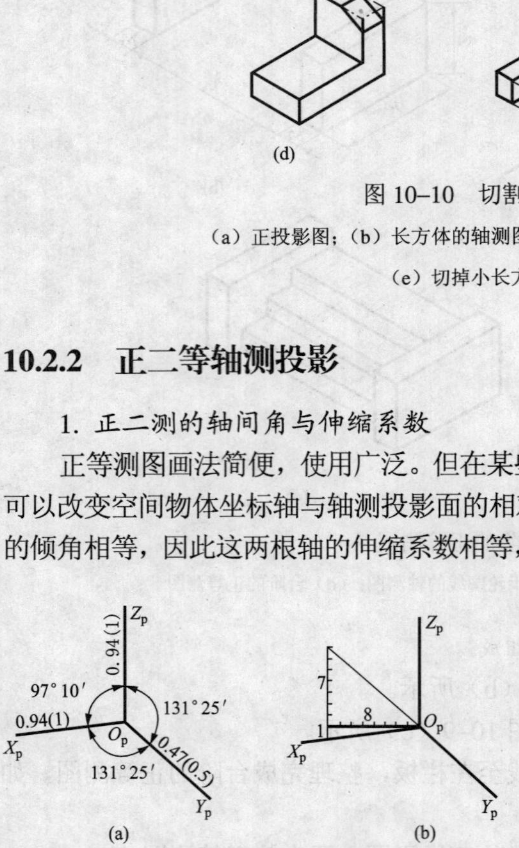

图 10–11 正二测的轴间角与伸缩系数

（a）轴间角与伸缩系数；（b）轴测轴的画法

采用正二测图时，通常使 OX 轴和 OZ 轴对轴测投影面的倾角相等，即伸缩系数 $p=r$，并选定系数 q 为 p、r 的一半。此时理论系数 $p=r=0.94$，$q=0.47$，轴间角 $\angle X_pO_pY_p=\angle Y_pO_pZ_p=131°25'$，$\angle X_pO_pZ_p=97°10'$。但为方便作图，同样取简化系数 $p=r=1$ 和 $q=0.5$。这时画出的正二测图比实际投影放大 1.06 倍。正二测图的轴测轴画法，如图 10–11（b）所示。

2. 平面体的正二测画法

正二测图的画图方法和步骤与正等测图相同。

【例 10–5】如图 10–12（a）所示，已知正五棱锥台的正投影图，画出其正二测图。

分析：对形体引入坐标系，确定形体底面上各顶点及锥顶的坐标值，采用坐标法依次画出各顶点的轴测投影，连接各棱线可以得到正五棱锥的轴测投影。再根据坐标值画出锥台上表面中心点 S_1 的轴测投影，并根据 $S_{1p}A_{1p}$ 平行 Y_p 轴的特性得到 A_{1p}，根据棱台上边线平行特性依次画出其他顶点的轴测投影。

作图：（略）。

结果如图 10–12（b）所示。

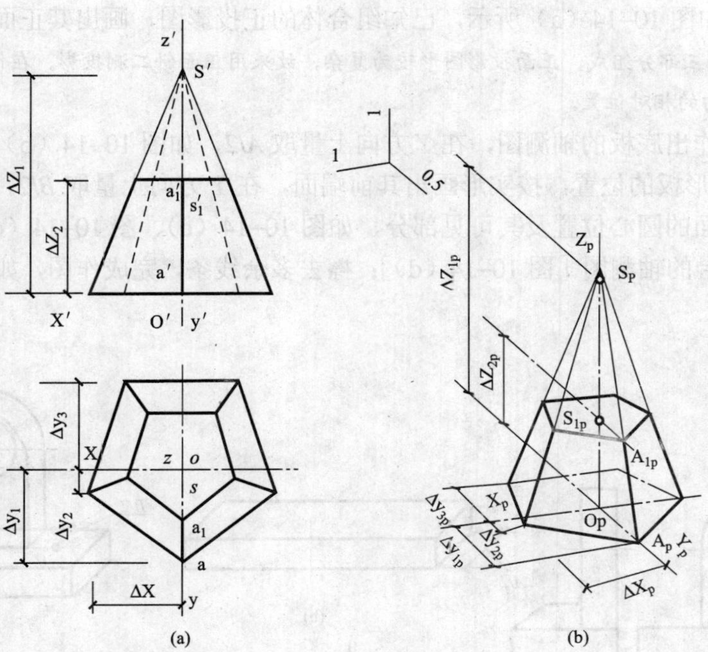

图 10–12 坐标法作正五棱锥的正二测图

（a）正投影图；（b）轴测图

10.3 斜轴测投影

当投射方向倾斜于轴测投影面时，得到的就是斜轴测投影图。当两个坐标轴的轴向伸缩系数相同时，得到的投影称为斜二等轴测投影（简称斜二测），当三个坐标轴的轴向伸缩系数都相同时，所得到的投影称为斜三等轴测投影（简称斜等测）。

本节主要讨论工程上常用斜二测和水平斜等测的轴间角和伸缩系数以及画法。

10.3.1 正面斜二测投影

1. 正面斜二测的轴间角与伸缩系数

正面斜二测图的正面反映实形，XOZ 坐标平面平行于轴测投影面，轴间角和轴向伸缩系数如图 10–13 所示。轴间角 $\angle X_pO_pZ_p=90°$，轴向伸缩系数 $p=r=1$。为简化作图及获得较强的立体效果，一般使 O_pY_p 与水平线成 45°，方向可左可右，通常选轴间角 $\angle X_pO_pY_p=\angle Y_pO_pZ_p=135°$，轴向伸缩系数取 $q=0.5$。

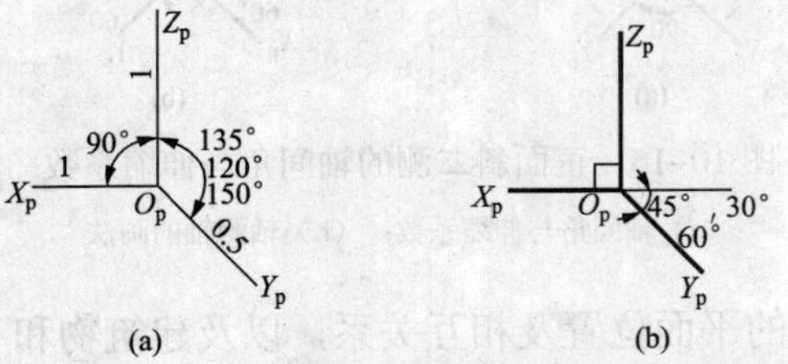

图 10–13 正面斜二测的轴间角与伸缩系数

（a）轴间角与伸缩系数；（b）轴测轴的画法

2. 平面体的正面斜二测画法

当选用正面斜二测时，由于正面形状不变，因此通常把物体形状较为复杂的一面作为正面，同时还要根据形体的特点，适当地选择 O_pY_p 的方向。正面斜二测图的画图方法和步骤与正轴测图相同。

【**例 10–6**】如图 10–14（a）所示，已知组合体的正投影图，画出其正面斜二测图。

分析：形体由三部分组成，正面投影图形较为复杂，故采用正面斜二测投影。在作轴测图时还必须注意三部分在前后方向的相对位置。

作图：（1）作出底板的轴测图，在 *Y* 方向上量取 *A*/2，如图 10–14（b）所示。

（2）定出 *U* 形板的位置，按实形画出其前端面，在 *Y* 方向上量取 *B*/2，画出其后端面的实形。注意后端面的圆心位置及其可见部分，如图 10–14（c）、图 10–14（d）所示。

（3）画出前台的轴测图［图 10–14（d）］；擦去多余线条，完成作图，如图 10–14（e）所示。

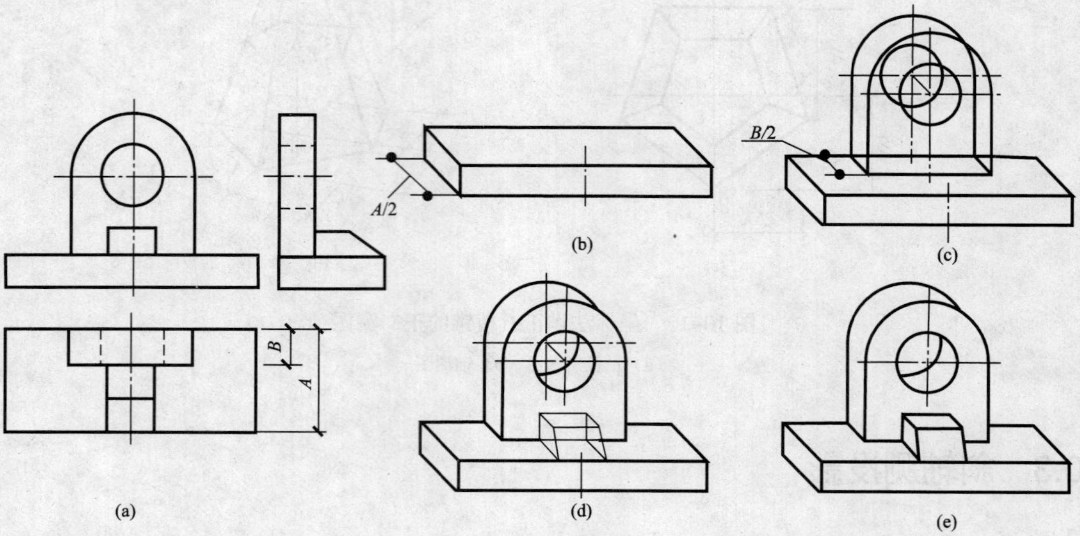

图 10–14 组合体的正面斜二测图

（a）正投影图；（b）画底板；（c）画 U 形立板；（d）画前台；（e）组合体的正面斜二测

10.3.2 水平斜等测投影

1. 水平斜等测的轴间角与伸缩系数

水平斜等测图的水平面反映实形，*XOY* 坐标平面平行于轴测投影面，轴间角和轴向伸缩系数如图 10–15 所示。轴间角 $\angle X_pO_pY_p=90°$，轴向伸缩系数 $p=q=r=1$。O_pZ_p 竖直向上，一般使 O_pX_p 与水平线成 30°、45° 或 60°，可根据具体情况而定。

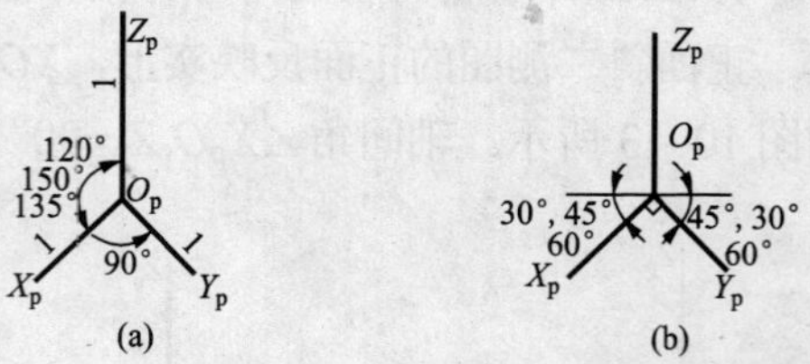

图 10–15 正面斜二测的轴间角与伸缩系数

（a）轴间角与伸缩系数；（b）轴测轴的画法

2. 平面体的水平斜等测画法

水平斜等轴测图适宜绘制一幢房屋的水平剖面或一个场区的总体布置，它可以反映出房屋内部的布置情况，或一个区域中各建筑物、道路，设施等的平面位置及相互关系，以及建筑物和设施等的实际高度。画图方法和步骤与正轴测图相同。

【**例 10–7**】如图 10–16（a）所示，已知房屋的正投影图，画出其水平斜等轴测图。

分析：用水平剖切平面剖切房屋后，将下半截房屋画成水平斜等轴测图。平面图形状和大小均不变，只是为了有较好的立体感，需要转个角度。

作图：（1）将平面图中的断面部分旋转 30°，如图 10–16（b）所示。

（2）从旋转后的断面图的墙角向下画出墙角线、门洞和柱子，长度为 Z_1，并画出房间内外地面线，根据 Z_2 画出窗洞和窗台，如图 10–16（c）所示。

（3）根据 Z_3 画出室外地面线、勒脚线和台阶，然后用不同粗细的图线加深轮廓线，完成全图，如图 10–16（d）所示。

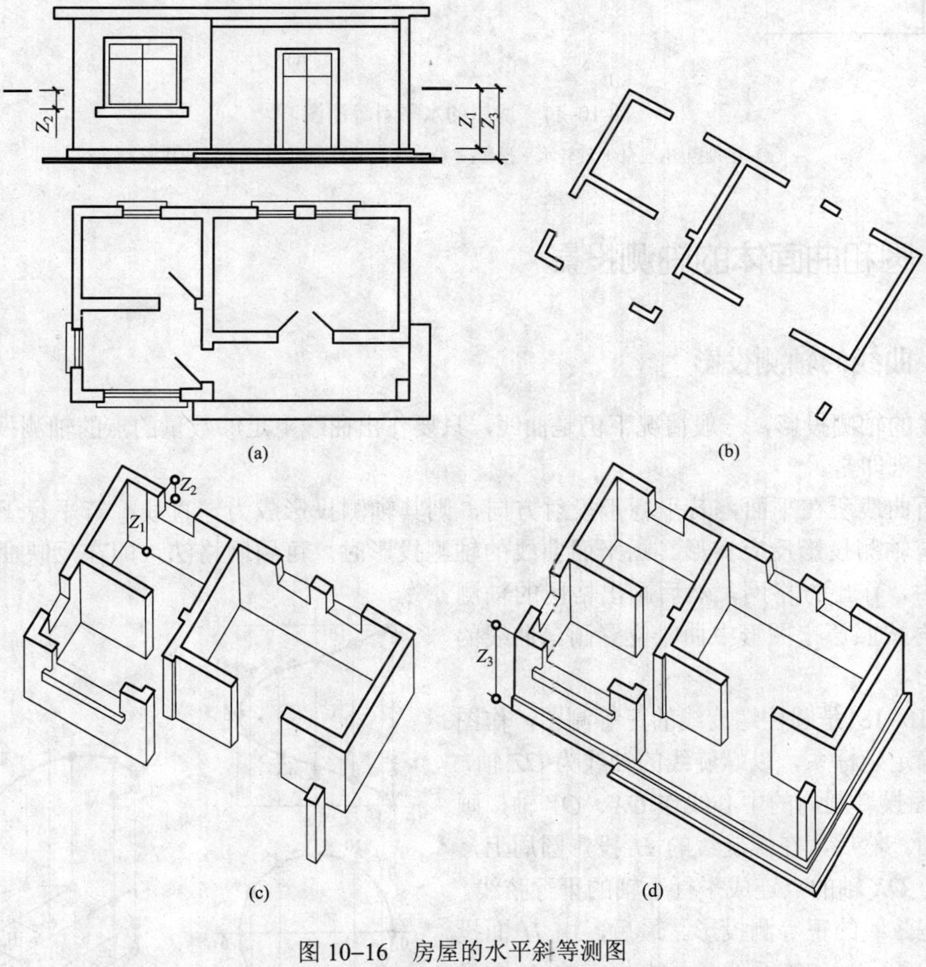

图 10–16　房屋的水平斜等测图

（a）正投影图；（b）旋转水平投影；（c）画墙角、门洞、柱子和地面线；（d）房屋的水平斜等测图

【例 10–8】 如图 10–17（a）所示，已知建筑群的正投影图，画出其水平斜等轴测图。

分析：在水平斜等测图中，水平投影的轴测图反映实形。可先作水平投影的轴测图，然后升高水平投影画出顶面。

作图：（1）将平面图旋转 30°，如图 10–17（b）所示。

（2）测量各建筑物的高度，画出各建筑物的屋顶，如图 10–17（c）所示。

（3）整理，完成作图，如图 10–17（d）所示。

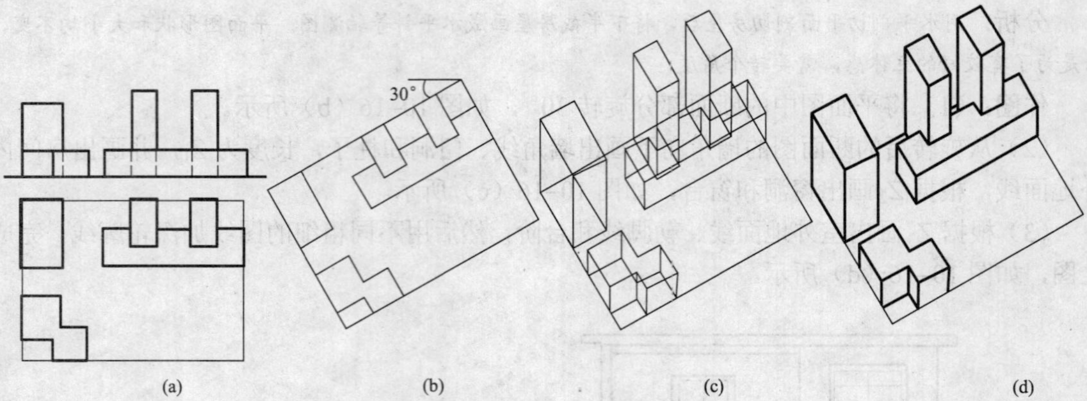

图 10–17 房屋的水平斜等测图

（a）正投影图；（b）旋转水平投影；（c）画建筑群顶面；（d）完成作图

10.4 圆和曲面体的轴测投影

10.4.1 曲线的轴测投影

曲线的轴测投影，一般情况下仍是曲线，只要作出曲线上足够数量的点的轴测投影，顺次连接起来即是。

平面曲线所在平面，若平行于投射方向，则其轴测投影成为一直线；若平行于轴测投影面时，轴测投影反应实形。画平面曲线的轴测投影时，可用网格法，即在反映曲线实形的图形中，作出方格网，然后画出格网的轴测投影，再按照原来图形中曲线位置画出曲线的轴测投影。

图 10–18 是圆柱螺旋线的正等测图，作图时首先确定坐标系，以螺旋线的轴线为 *OZ* 轴，再以 *H* 面投影圆周的中心线作 *OX*、*OY* 轴，画出轴测轴。然后，在螺旋线的 *H* 投影圆周上，将对称于 *OX* 轴的点连成平行于轴的平行弦线，作出这些弦线的正等测投影。最后，由 *H* 面投影圆周的各点，作连系线，找出相应的 *V* 面投影中各点，做出这些点的正等测投影，顺序相连，即得螺旋线的正等测投影。

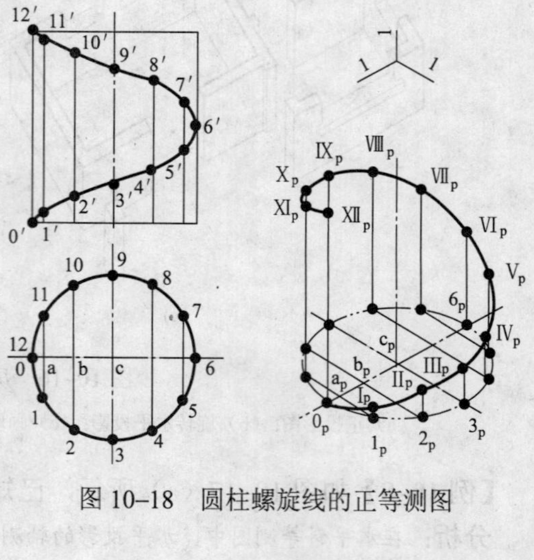

图 10–18 圆柱螺旋线的正等测图

10.4.2 圆的轴测投影

工程中用得最多的曲线就是圆或圆弧。轴测投影为平行投影，因此，当圆所在的平面平行于轴测投影面时，它的轴测图为等大的圆；当圆所在的平面平行于投射方向时，其投影为一直线段；当圆所在的平而倾斜于轴测投影面时，它的轴测图为椭圆，椭圆心为圆心的轴测投影，椭圆的直径为圆周直径的轴测投影。圆周的轴测投影椭圆作法有很多种，如八点法、四心法、平行弦法等。其中，八点法和平行弦法适用于作任何位置平面上的任何轴测投影椭圆。而四心法只适合作圆的外切四边形的轴测投影为菱形的情况。

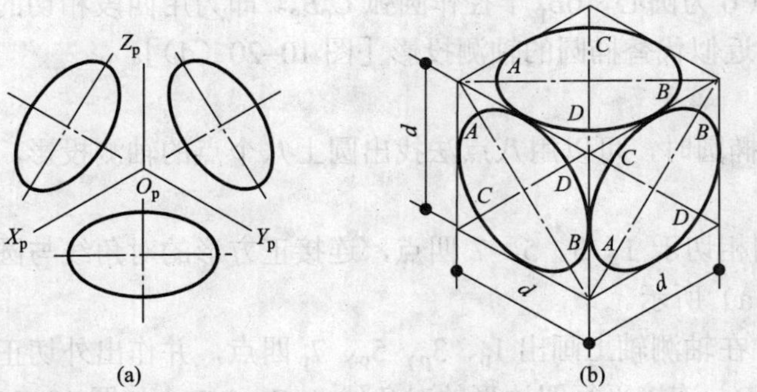

图 10–19 圆的正等测图

（a）椭圆的长短轴方向；（b）长轴为 1.22*d*，短轴约为 0.7*d*

1. 四心法作圆的正等测投影

位于或平行于坐标面的圆的正等测投影为椭圆，椭圆长轴垂直于相应的轴测轴，短轴平行于相应的轴测轴，如图 10–19（a）所示。椭圆长轴长度等于空间圆的直径 *d*，短轴长度约为 0.58*d*。当采用简化系数作图时，长轴为 1.22*d*，短轴约为 0.7*d*，如图 10–19（b）中的 *AB* 和 *CD*。

该椭圆常用四心法近似作图，即先作出空间圆的外切正方形的正等测投影——菱形，再找出四个圆心，作出四段相切的圆弧来代替椭圆。现以图 10–20（a）所示水平位置的圆为例，介绍四心法作圆的正等测投影图的过程。平行于 *XOZ* 平面和平行于 *YOZ* 平面的圆的作图方法与之相同，只是椭圆长短轴方向不同而已。具体作图步骤如下：

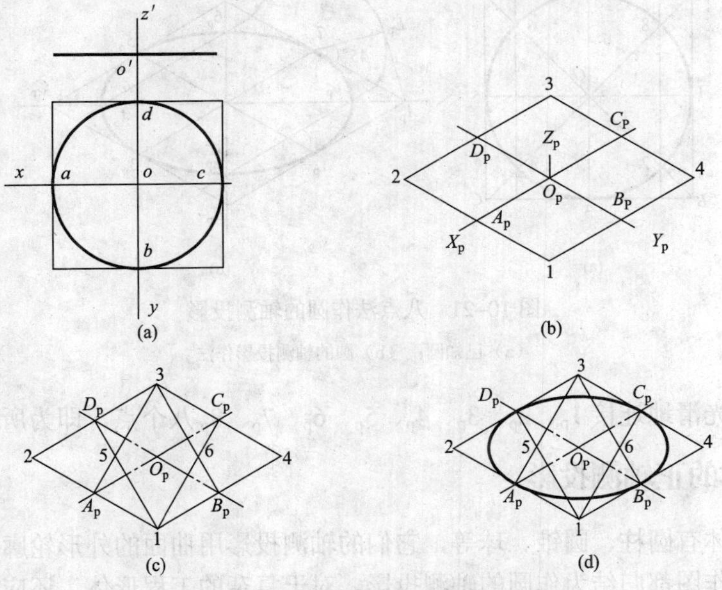

图 10–20 四心法作圆的正等测投影

（a）正投影图；（b）画出菱形；（c）画出切点和圆心；（d）四段相切的圆弧

（1）在正投影图上设坐标轴，在反映圆实形的投影上作出外切正方形，得切点 *a*、*b*、*c*、*d*，如图 10–20（a）所示。

（2）画轴测轴，作出 *A*、*B*、*C*、*D* 四点的轴测投影 A_p、B_p、C_p、D_p，然后过 A_p、B_p、C_p、D_p 作 O_pX_p 和 O_pY_p 的平行线得菱形 1234，如图 10–20（b）所示。

（3）分别过点 A_p、B_p、C_p、D_p 作 12、14、34、32 边的垂线 A_p3、B_p3、C_p1、D_p1，四条

垂线两两相交，交于点 1、3、5、6，为四段圆弧的圆心［图 10–20（c）］。

（4）以点 1 圆心，$1C_p$ 为半径作圆弧 C_pD_p，以点 3 为圆心，$3A_p$ 为半径作圆弧 A_pB_p，以点 5 为圆心，$5A_p$ 为半径作圆弧 A_pD_p，以点 6 为圆心，$6B_p$ 半径作圆弧 C_pB_p。即为用四段相切的圆弧（切点分别是 A_p、B_p、C_p、D_p）来近似代替椭圆的轴测投影［图 10–20（d）］。

2. 八点法作圆的轴测投影

不平行于坐标面的圆的轴测投影为椭圆时，可以用八点法找出圆上八个点的轴测投影，然后光滑连线而成，作图步骤如下：

（1）作圆的外切正方形 $ABCD$ 与圆相切于 1、3、5、7 四点，连接正方形的对角线与圆相交于 2、4、6、8 四点，如图 10–21（a）所示。

（2）根据 1、3、5、7 四点的坐标，在轴测轴上画出 1_p、3_p、5_p、7_p 四点，并作出外切正方形的轴测投影——平行四边形 $A_pB_pC_pD_p$，连接平行四边形的对角线 A_pC_p、B_pD_p，如图 10–21（b）所示。

（3）以平行四边形的任一边长之半如 A_p7_p 为斜边，作一等腰直角三角形△$A_p7_pE_p$。再以 7_p 为圆心，腰长 7_pE_p 为半径作圆弧与 A_pD_p 交于两点。过两交点分别作直线平行于 A_pB_p，并与 A_pC_p、B_pD_p 分别相交得到 2_p、4_p、6_p、8_p 四点，如图 10–21（b）所示。

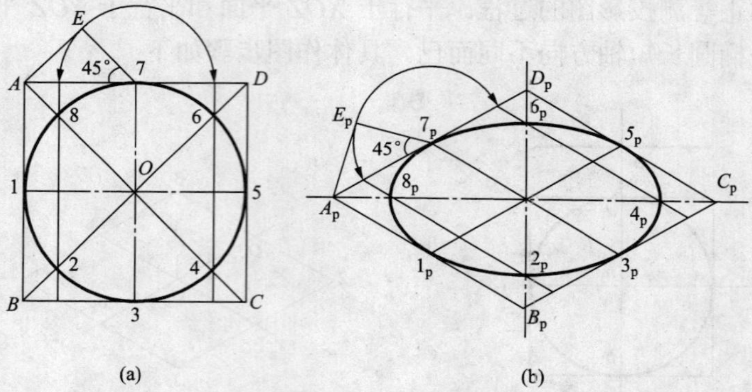

图 10–21　八点法作圆的轴测投影

（a）已知圆；（b）圆的轴测投影作法

（4）用曲线光滑地连接 1_p、2_p、3_p、4_p、5_p、6_p、7_p、8_p 八个点，即为所求椭圆。

10.4.3 曲面体的正轴测投影

常见的曲面体有圆柱、圆锥、球等，它们的轴测投影用曲面的外形轮廓线和上、下底面的投影表示，其作图都归结为作圆的轴测投影。对于复杂的工程形体，还应作出相应的截交线和相贯线的轴测投影。

【例 10–9】如图 10–22（a）所示，已知圆台的正投影图，画出其正等轴测图。

分析：用四心法作顶面和底面的椭圆，然后作两椭圆的公切线，即为圆台轴测投影的外形轮廓线。注意，该外形轮廓线不是圆台正面投影中外形轮廓线的轴测投影。

作图：（1）用四心法作顶面、底面圆的轴测投影椭圆，如图 10–22（b）所示。

（2）作两椭圆的公切线，如图 10–22（c）所示。

（3）擦去多余的线和不可见的线，然后加深图线，完成作图，如图 10–22（d）所示。

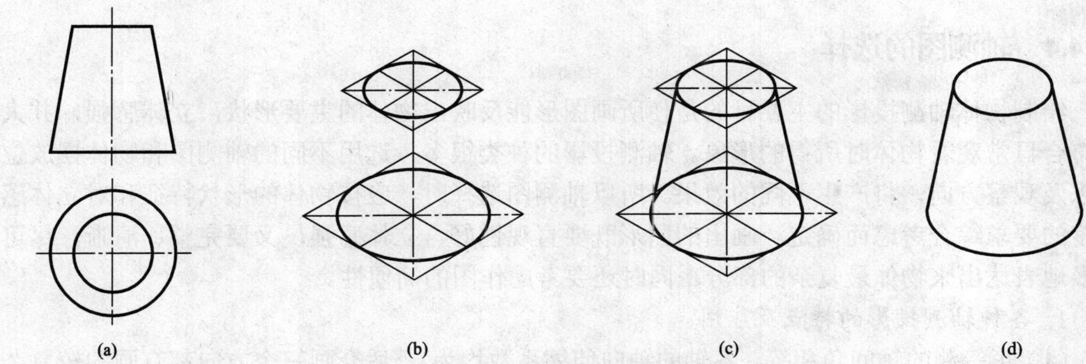

图 10–22 作圆台的正等轴测图

（a）正投影图；（b）顶面、底面椭圆；（c）作两椭圆的外公切线；（d）完成作图

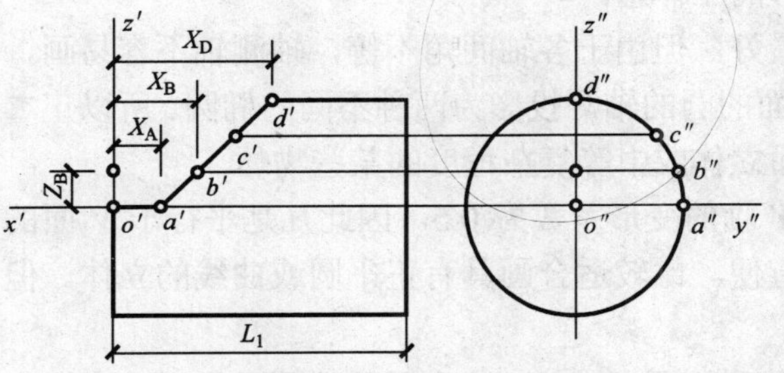

图 10–23 截切后的圆柱的正投影图

【例 10–10】如图 10–23 所示，已知截切后的圆柱的正投影图，画出其正等轴测图。

分析：圆柱被水平面截切后切口为矩形，被正垂面截切后切口为椭圆。作图时，可先画出整个圆柱体，然后再作截交线的轴测投影，对圆柱进行截切。

作图：（1）选定坐标系，以确定轴测轴，如图 10–23 所示。

（2）画出轴测轴，并画出完整圆柱体两端面的轴测椭圆，如图 10–24（a）所示。

（3）作椭圆的公切线，画出圆柱轴测投影，如图 10–24（b）所示。

（4）作截交线上一系列点的轴测投影，然后光滑连接各点，整理图线，完成作图，如图 10–24（c）～图 10–24（f）所示。

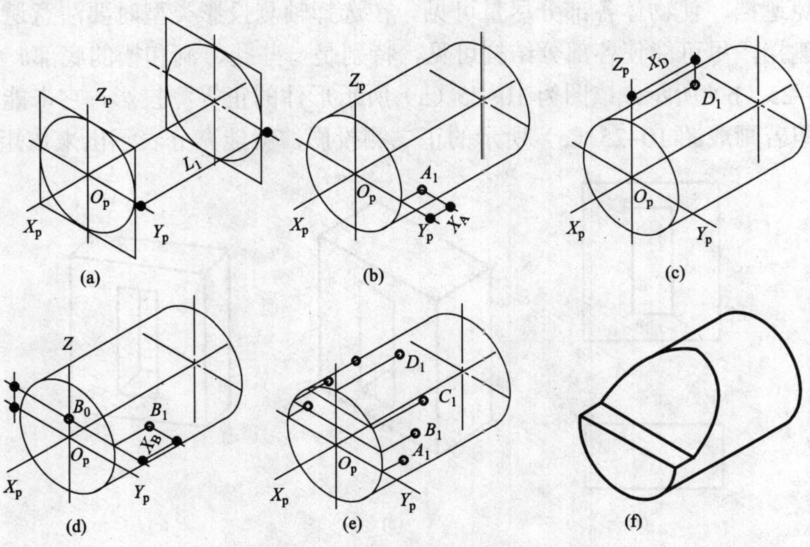

图 10–24 作截切后的圆柱的正等测

10.4.4 轴测图的选择

绘制物体轴测投影的主要目的是使所画图形能反映出物体的主要形状，立体感强，并大致符合日常观看物体时所得的形象。轴测投影的种类很多，选用不同的轴测图和物体摆放位置以及观察方向，将产生不同的效果。所以轴测图选择时，应按物体的形状特征和对立体感程度的要求综合考虑而确定。画出的图形既要直观性好，立体感强，又要完整、清晰，尽可能多地表达出来物体最复杂的部分。同时还要考虑作图的简便性。

1. 各种轴测投影的特点及应用

（1）正等测的轴间角相等，各轴的轴向伸缩系数均为1。适合画三个方向都有圆的较复杂的物体的轴测图，或具有水平或侧平圆的立体。但正方形构成的物体，或在正投影图中，物体有和水平方向成 45° 的表面，就不应采用正等测图。因为这种方向的平面在轴测图上积聚为一条直线，平面就显示不出来，削弱了图形的立体感。

（2）正二等轴测投影的直观性和立体感最好。但由于各轴间角不等，轴测轴不容易画，而且其 Y 轴的变形系数为 0.5，平行于各坐标面的圆的轴测投影为两种不同的椭圆。所以正二等轴测投影图绘制较为麻烦。常用来表达平面立体或中等复杂程度的某些物体。

（3）正面斜二测的轴间角容易画出，其 Y 轴的变形系数为 0.5。因此凡是平行于 V 面的圆或曲线，其轴测投影反映实形，绘制较为方便。比较适合画具有正平圆或曲线的立体。但它的立体感相对差些。

（4）水平斜等测绘制较为容易，因为平行于 H 面（XOY）的水平斜等测投影反映实形，再加上高度即可。往往用于绘制小区的建筑群、绿化、道路、广场或其他公共设施的总体规划的立体图。虽然比鸟瞰透视图的直观性和立体感都差些，但作图要简捷很多，当表达的直观性和立体感的要求不很高时，可以采用。

2. 轴测投影类型选择时应注意的问题

（1）避免遮挡，使物体各部分尽量可见。在选择轴测投影类型时要注意避免物体各部分之间的相互遮挡，尽可能使各部分结构可见，特别是一些孔、洞和槽的底部。

如图 10–25（b）所示，该图为 10–25（a）所示形体的正等测投影，它未能反映出形体中的矩形孔。但若画成图 10–25（c）所示的正二测投影，就能充分表示出来该矩形孔。

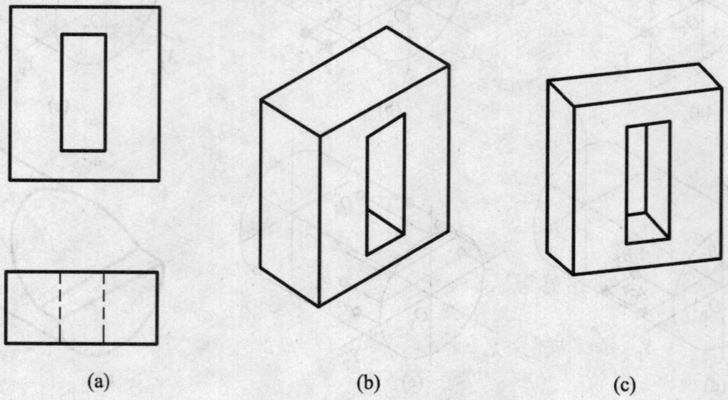

(a) (b) (c)

图 10–25 避免遮挡

（a）正投影图；（b）正等测图；（c）正二测图

（2）避免形体的表面投影成直线。如图 10–26（b）所示，该图为 10–26（a）所示形体的正等测投影，图形中有两个平面积聚成为直线，不能反映出形体的特征。但若画成图 10–26（c）所示的正二测投影，就可以避免这种情况，得到较为满意的结果。

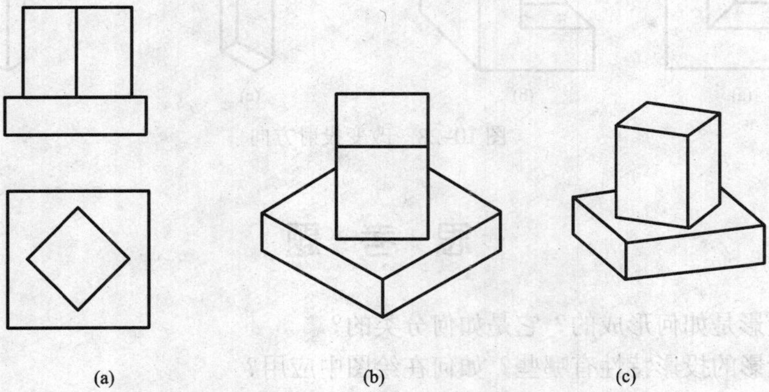

图 10–26 避免形体的表面投影成直线

（a）正投影图；（b）正等测图；（c）正二测图

（3）避免失真。如图 10–27（a）所示为直立圆柱的斜二等轴测投影，图形有弯扭失真的感觉。图 10–27（b）为直立圆柱的正等轴测投影，表达效果较好。

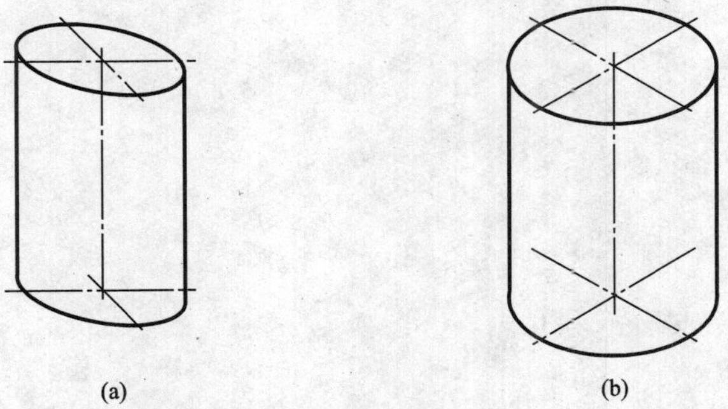

图 10–27 避免失真

（a）正面斜二测图；（b）王等测图

3. 物体摆放位置与投射方向的选择

在对物体进行轴测投影的过程中，当投射方向一定时，物体摆放位置不同，所得轴测投影不同，物体上各部分的可见性和表达效果也不同。当物体摆放位置确定时，如果改变投射方向，轴测投影效果也会不同。当确定形体的定位坐标系后，物体摆放状态不同或投射方向不同将使同一原点的同一坐标系形成不同方向和轴间角的轴测轴。灵活地设置轴测轴正方向和轴间角，即可得到不同效果的轴测图。

图 10–28（a）所示的正面斜二等轴测投影是从形体的左、前、上方投射所得，比图 10–28（b）所示的从形体的右、前、上方投射所得的正面斜二等轴测投影，表达的形体特征要明显。图 10–28（c）是柱头从下向上投射得到的轴测投影，比图 10–28（d）柱头从上向下投射得到的轴测投影更能反映柱子底部构造情况。

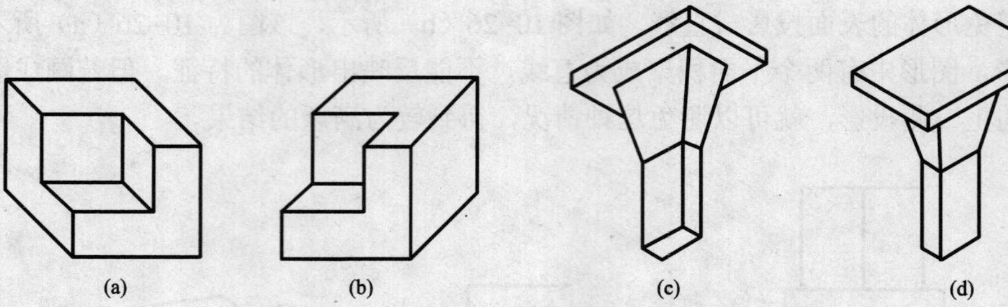

图 10–28 改变投射方向

思 考 题

1. 轴测投影是如何形成的？它是如何分类的？
2. 轴测投影的投影特性有哪些？如何在绘图中应用？
3. 什么是简化系数？为什么要采用简化系数？
4. 绘制轴测投影时常用的方法有哪些？它们各自的特点是什么？
5. 如何绘制圆的轴测投影？
6. 如何绘制回转体的轴测投影？
7. 各种轴测图类型的特点是什么？如何选择合适的轴测图类型和投射方向来表达形体？

第 11 章

透 视 投 影

本章主要介绍了点、线、面、体的透视特性及透视图作法；重点讨论了用建筑师法、全线相交法、量点法等方法绘制透视图以及简捷的绘图方法。

11.1 透视投影的基本知识

11.1.1 透视投影的形成

人们透过一个面来观看物体时，观看者的视线同该面相交所形成的图形，称为透视投影或透视图。透视投影相当于以人的眼睛为投影中心的中心投影。

透视图和透视投影简称为透视。

11.1.2 透视投影的特点

透视投影与正投影图比较，有一个明显的特点，就是形体离观察者愈近，所得透视投影愈大，距离愈远，则投影愈小，即所谓近大远小，近高远低。如图 11–1 所示，是一座建筑物的透视投影，它能逼真地反映出这座建筑物的外貌，使人看图如同亲临其境，目睹实物一样。

图 11–1 透视图

在建筑设计过程，特别是初步设计阶段，往往需要绘画所设计建筑物的透视投影，显示出建成后的外貌或内部装饰布置等，一方面供设计人员根据所绘图像来推敲设计方案的优劣，从而进行修改；另一方面，可以使人们直接领会设计者的意图，提出建议，以作出更好的设计。

透视投影和轴测投影一样，都是单面投影，都是增加立体感，丰富空间想象力。不同之处在于轴测投影是用平行投影画出的图形，而透视投影则是用中心投影画出的图形。

11.1.3 常用术语

在绘制透视投影图时，常用到一些专门的术语，必须弄清楚确切含义，有助于理解透视的形成过程和掌握透视图的作图方法。如图 11–2 所示。

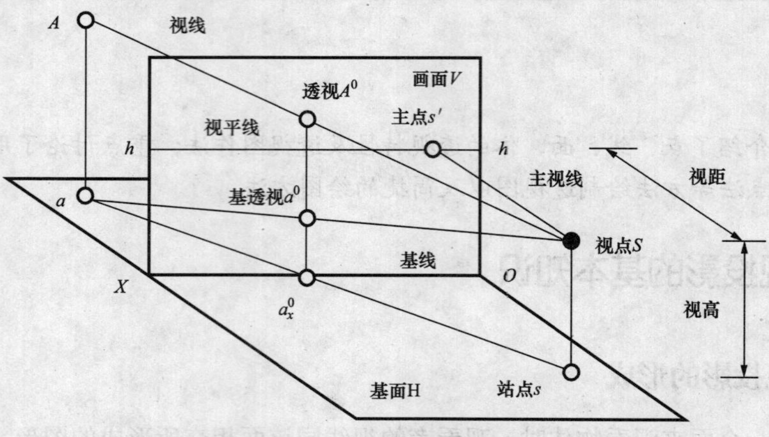

图 11–2 透视图的基本术语

画面——绘制透视图的面。一般取竖直方向的平面作为画面，如图 11–2 中以 V 面作为画面；

基面——物体所在的面。可将 H 面、地面或任何水平面作为基面。如图 11–2 中以 H 面作为基面；

基线——基面与画面的交线；

视点——相当于人眼所在的位置，即投影中心 S；

站点——视点 S 在基面上的正投影 s，相当于观看物体时，人的站立点；

视高——视点 S 到基面的距离，即人眼的高度 Ss；

主点——视点 S 在画面上的正投影 s'；

主视线——自视点 S 并垂直于画面的视线，即视点 S 和主点 s' 的连线 Ss'；

视距——视点到画面的距离，即主视线 Ss' 的长度；

视平面——过视点 S 所作的水平面；

视平线——视平面与画面的交线（过 s' 的水平线），以 h–h 表示；

空间一点 A 与视点 S 的连线，即为**视线**。视线与画面的交点 A^0 即为 A 点的**透视**。A 点在基面 H 上的正投影 a 称为**基点**，a 的透视 a^0，称为 A 点的**基透视**。

本书规定，点的透视用与空间点相同的字母并于右上角加“^{0}”来标记；基透视则用相同的小写字母、右上角也加“^{0}”来标记。

11.1.4 透视投影表达形体的条件

要使透视能够表示出空间物体，除了应知道视点、基面对画面的相对位置外，还需知道物体的基透视。如图 11–2 所示，设已知画面 V、基面 H 和视点 S 的相对位置，仅由透视 A^0，不能确定 A 点在视线 SA^0 上的位置。若已知基透视 a^0，则作视线 SA^0、sa^0，视线 sa^0 与 H 面交得 a，由 a 作投射线 aA，可与视线 SA 交得 A 点。同样地可求得其他几何形体和建筑物的空间位置。

但是，人们在观看形体的透视图时，是凭生活经验来体会出其大致形状和大小的，并且透视图又是非生产用的辅助性图样，所以在形体的透视图上，一般毋须表示出视点、基面对画面的相对位置，也不必画出基透视。

11.2 点、直线和平面的透视特性

11.2.1 点的透视

1. 点的透视与基透视

点的透视就是通过该点的视线与画面的交点。其基透视就是通过该点的基点所引的视线与画面的交点。

如图 11–3（a）所示，A 点的透视 A^0 就是视线 SA 与画面 V 的交点。其基透视 a^0 就是 Sa 与画面 V 的交点，站点 s 与基点 a 的连线与基线交于一点 a_x^0。由图中可以证明：A 点的透视 A^0 与基透视 a^0 及 a_x^0 的连线垂直于基线 OX。

若点在画面上，则透视与其本身重合。

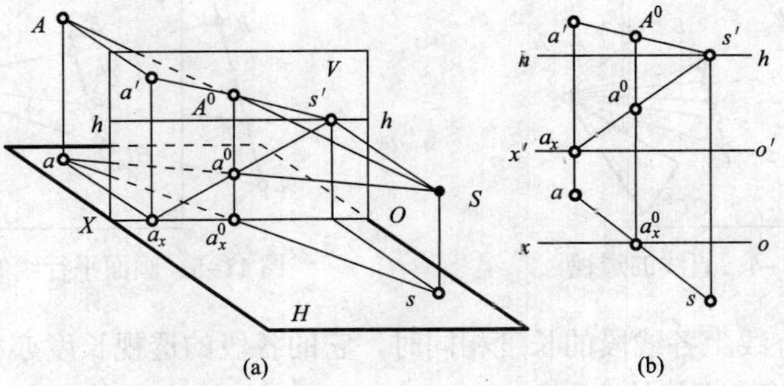

图 11–3 点的透视

（a）立体图；（b）透视作图

2. 点的透视作法

如图 11–3（a）所示，求点 A 的透视与基透视，自视点 S 向 A 和 a 引视线 SA 和 Sa。这两条视线的 V 面投影分别为 $s'a'$ 和 $s'a_x$，而这两条视线的 H 面投影则重合成一条线 sa，sa 与基线 OX 相交于点 a_x^0，这就是 A 点的透视与基透视的 H 面投影，由此向上作竖直线，与 $s'a'$ 和 $s'a_x$ 相交，就得到 A 点的透视 A^0 与基透视 a^0 了。

具体作图时，将画面 V 和基面 H 摊平在一个平面上，上、下对齐放置，如图 11–3（b）所示。投影面的边框线也毋需画出，图中画面与基面的交线 OX，在 V 面投影中为 $o'x'$，在 H 面投影中为 ox。作图步骤为：连接 $s'a'$、$s'a_x$ 及 sa；sa 与 ox 交于 a_x^0；由 a_x^0 作竖直线交 $s'a'$ 于点 A^0，交 $s'a_x$ 于点 a^0，A^0、a^0 即为 A 点的透视及基透视。

11.2.2 直线的透视

1. 直线的透视

线的透视为线上一系列点的透视的集合。线上一点的透视必在线的透视上。

直线的透视，一般情况下仍为直线；只有当直线通过视点时，其透视蜕化成为一点。如图 11–4 所示，直线 A 的透视，为通过直线 A 上各点的视线所组成的视平面与画面 V 交成的直线 A^0，故直线的透视仍为直线。但当直线 B 通过视点 S 时，通过直线上各点的视线，实际上只有一条，故这时的直线的透视 B^0 必蜕化成为一点。当直线 C 在画面上时，其透视 C^0 与其本身重合。

根据直线对画面的相对位置不同，可分为两大类，一类是画面平行线——与画面平行的直线；另一类是画面相交线——与画面相交的直线。它们有着不同的透视特性。

2. 画面平行线的透视特性

（1）画面平行线的透视，与直线本身平行，但长度不相同。如图 11–5 所示，直线 AB 平行画面 V，则通过它的视平面 SAB 与 V 面相交的直线，即透视 A^0B^0 应与 AB 平行。

推理：所有相互平行的画面平行线的透视相互平行。

（2）画面平行线上各线段的长度之比，等于这些线段的透视的长度之比。图 11–5 中，AB 上各点的视线，被平行两直线 AB，A^0B^0 相截，A^0B^0 上各线段的长度之比，应与 AB 上对应的各线段的长度之比相同。即 $A^0C^0:C^0B^0=AC:CB$。

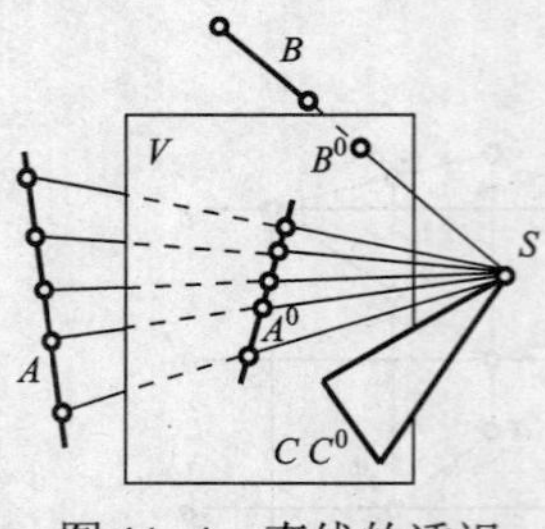

图 11–4 直线的透视

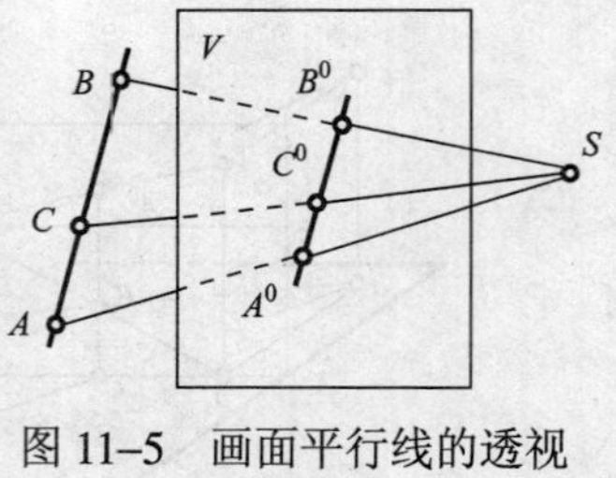

图 11–5 画面平行线的透视

故一条画面平行线上各线段的长度相同时，它的各段的透视长度亦相同。

3. 画面相交线的透视特性

（1）迹点——画面相交线（或其延长线）与画面的交点，称为画面迹点，简称迹点。

画面相交线的透视，必通过该直线的迹点。如图 11–6 所示，直线 A 与画面 V 交于迹点 N_A，因 N_A 在 V 上，其透视为本身；且由于直线的透视必通过直线上各点的透视，故 A^0 必通过 N_A。

（2）灭点——画面相交线上无限远点的透视，称为灭点。

画面相交线的透视（或其延长线）必通过该直线的灭点。图 11–6 所示，画面相交线上的点离开视点 S 愈远，则其视线与直线间的夹角愈小，若该点在直线上的无限远处，则通过该点的视线将平行于画面相交线，且与画面相交于一点 F，即为画面相交线上无限远点的透视。因为整条直线的透视好像消灭于此，故称为灭点。

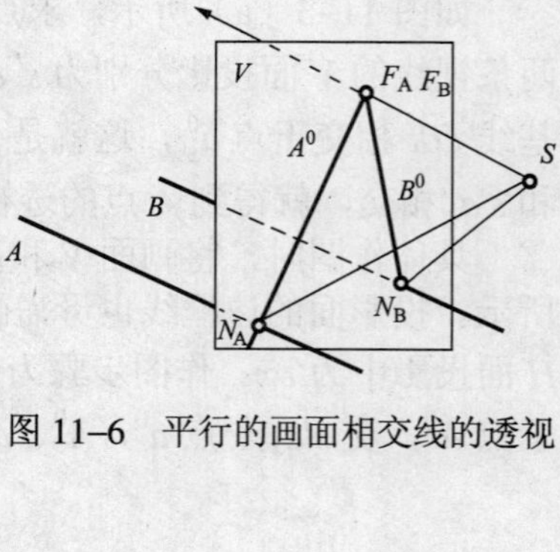

图 11–6 平行的画面相交线的透视

由上可知，一直线的灭点，为平行于该直线的视线与画面的交点。

显然，所有互相平行的画面相交线的透视，都通过同一灭点，图 11–6 中，直线 A 平行于直线 B，并且与画面相交，则两直线通向同一个灭点。

灭点与迹点的连线，就是该直线自迹点开始向画面后无限延伸所形成的一条无限长直线的透视，也称为该直线的**全线透视**。

4. 相交两直线

两相交直线的交点的透视，必为两直线的透视的交点。

5. 直线的透视高度量取

（1）位于画面上的直线透视反映实长。根据前述可知：铅垂线若位于画面上，则其透视即该直线本身，因此，能反映该直线的实长，称为真高线。如图 11–7 为一矩形 $ABCD$ 的透视 $A^0B^0C^0D^0$，AB 在画面上，透视 A^0B^0 反映实高，称真高线。而 CD 不在画面上，透视 C^0D^0 不反应真高。

（2）利用真高线作透视。如图 11–8 所示，已知 A 到基面的距离 L，且已知 a^0，求 A 的透视 A^0。解题步骤如下：

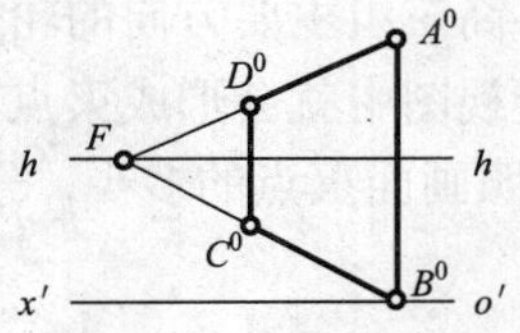

图 11–7 真高线

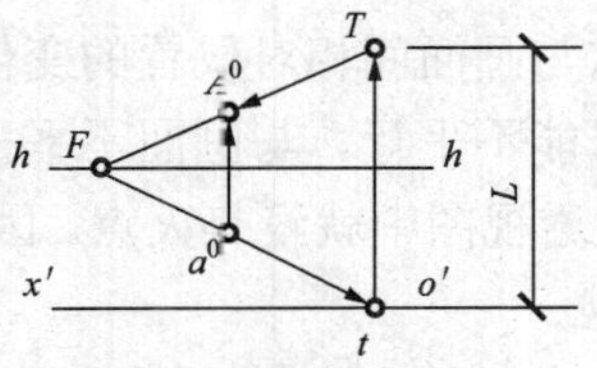

图 11–8 真高线应用

首先在视平线上适当处取一灭点 F（图 11–8），连接 F 和 a^0 两点，使 Fa^0 延长，与基线交于点 t。再自 t 作铅垂线，并在其上量取 tT 等于真实高度 L。再连接 T 和 F，TF 与 a^0 处的铅垂线相交于点 A^0，则 a^0A^0 就是真实高度为 L 的铅垂线 Aa 的透视。

11.2.3 平面图形的透视

1. 平面图形的透视

平面图形的透视，就是构成平面图形边线的透视。一般情况下，平面多边形的透视仍为一个边数相同的平面图形。如图 11–9 是一个长方形网格的透视图，仍然是网格平面；如果平面图形所在平面通过视点，其透视成为一直线；平面图形位于画面上时，其透视即为图形本身，即形状、大小和位置不变。

2. 画面平行面的透视特性

与画面平行的平面，称为画面平行面。画面平行面的透视，为一个与原形相似的图形。如图 11–10 所示，经过平面图形边线上各点的视线，组成一个以视点为顶点的锥面，其透视相当于以画面为截平面的截交线。又因为画面 V 与锥面的底面平行，所以相当于截交线的透视图形，必与底面的形状相似。

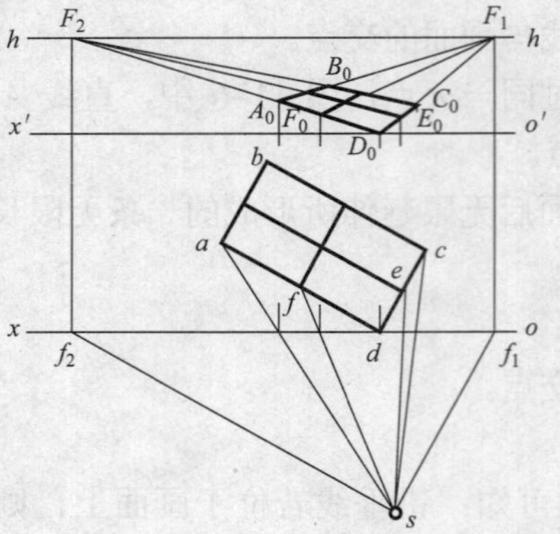

图 11–9 平面的透视

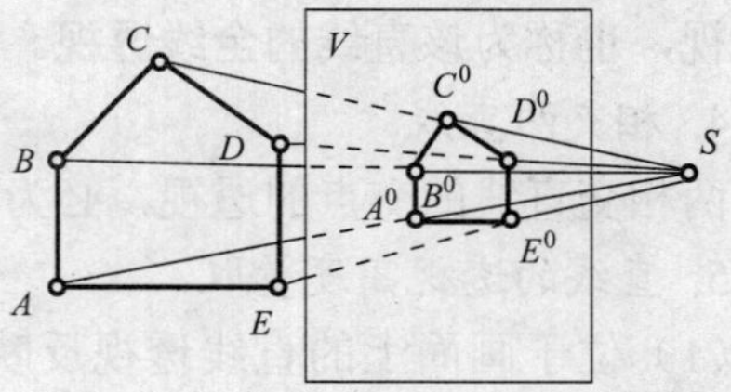

图 11–10 画面平行面的透视

11.3 透视图的种类和透视要素的选定

11.3.1 透视图的种类

物体由于它与画面间相对位置的变化，它的长、宽、高三组主要方向的轮廓线，可能与画面平行，也可能不平行。与画面不平行的轮廓线，在透视图中就会形成灭点；而与画面平行的轮廓线，在透视图中就没有灭点。因而透视图一般按照画面灭点的多少，分为以下三种：

1. 一点透视

如果物体上有两组主向轮廓线平行于画面，那么这两组轮廓线的透视就没有灭点，而第三组轮廓线就必然垂直于画面，即只有一个方向的灭点，其灭点就是主点 s'，如图 11–11 所示。这样画出的透视图，称为一点透视。在此情况下，物体只有一个方向的立面平行于画面，故又称正面透视。

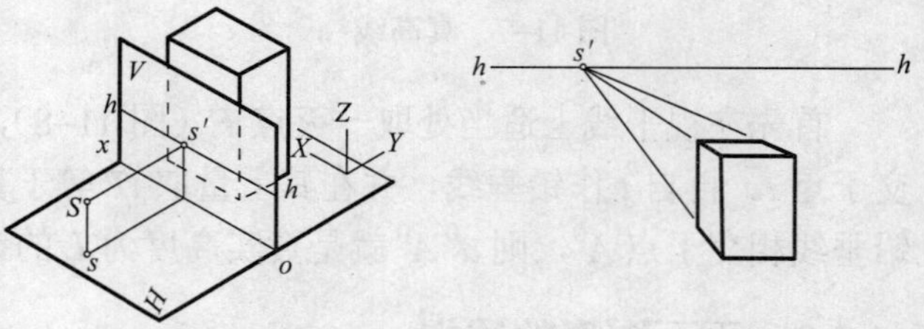

图 11–11 一点透视的形成

一点透视显得端庄、稳重，适合表现一些气氛庄严、横向场面宽广，能显示纵向深度的建筑群，如政府大楼、纪念性建筑物的门廊、入口或出于林荫道底景的建筑物等。此外，一些小空间的室内透视，多灭点易造成透视变形过大，为了显示室内家俱或庭院的正确比例关系，一般也适合用一点透视。

2. 两点透视

如果物体上仅有铅垂轮廓线与画面平行，而另外两组水平的主向轮廓线，均与画面斜交，于是在画面上形成了两个灭点 F_x 及 F_y，这样画出的透视图，称为两点透视，如图 11–12 所示。因为建筑物的两个立面均与画面成一定倾角，故又称成角透视。

两点透视的特点是图面效果真实、自然、立体感强，为常用的一种透视作图方式。如广场、街景、庭院及一般建筑等采用这种方式。

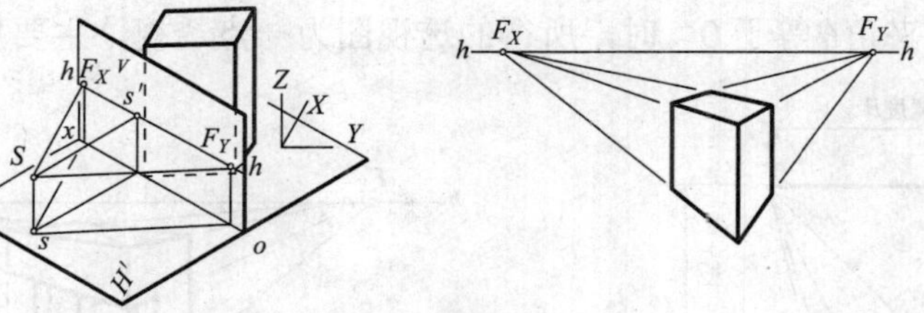

图 11–12　两点透视的形成

3. 三点透视

如果画面倾斜于基面，即与物体的三个主向轮廓线均相交，这样，在画面上就会形成三个灭点，这样画出的透视图，称为三点透视。因为画面是倾斜的，又称为斜透视，图 11–13 所示。

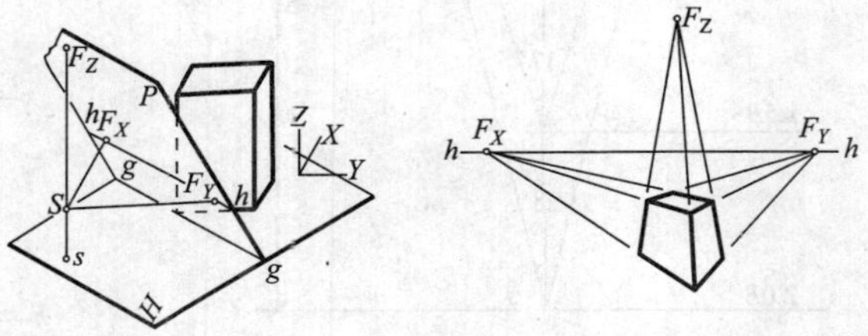

图 11–13　三点透视的形成

三点透视的三度空间表现力强，竖向高度感突出，适合于表达一些高层建筑，以突出其高大的形象。三点透视因作图复杂，很少采用。

11.3.2　视点选择

视点、物体、画面是透视作图的三要素。它们之间的相对位置关系决定了透视图的形象。因此，绘制透视图之前，要进行认真的筹划，合理地安排它们之间的相对位置，使画出的透视图既能准确表达设计意图，又能获得最佳的透视效果。

视点的选定，包括在平面图上确定站点的位置和在画面上确定视平线的高度。

1. 站点

从视点引两水平视线分别与形体的最左最右两侧棱相接触，这两视线之间的夹角，称为视角。在绘制透视图时，视角通常被控制在 60° 范围内，最清晰的在 28° ～37° 范围内。在特殊情况下，如绘制室内透视，视角可稍大于 60°，但无论如何也不宜超过 90°，否则会失真。由于视角的 *H* 投影反映实形，因此，从站点引出的分别与物体最左最右两侧棱接触的直线，称为边缘视线，之间的夹角即为视角。

设两边缘视线与画面相交，交点之间距称为画面宽度，用 *B* 表示，将主点置于画面的中央 1/3 范围内，则视距取（1.5～2.0）*B* 时，视角就能满足大致 28° ～37° 的要求，如图 11–14 所示。

2. 视高

视高，即视平线与基线间的距离。视高不同，所产生的图面效果不一样，一般可按人的平均身高（1.5～1.8m）确定。但有时为使透视图取得特殊效果，而将视高适当提高或降低。升高视平线，能产生俯视效果；降低视平线，能产生仰视效果，如图 11–15 所示，三种不同视高得到不同的效果。

此外，还要注意到视平线的位置不宜放在透视图高度的 1/2 处，因为这样放置的视平线将透视图分成上下对等的两部分，图像显得呆板。

3. 画面位置的选择

（1）画面与物体立面的夹角对透视的影响。画面的选择是透视作图的关键一步。当物体的主立面与画面的夹角θ等于0°时，所得的透视图为一点透视，主要反映该立面的形象。

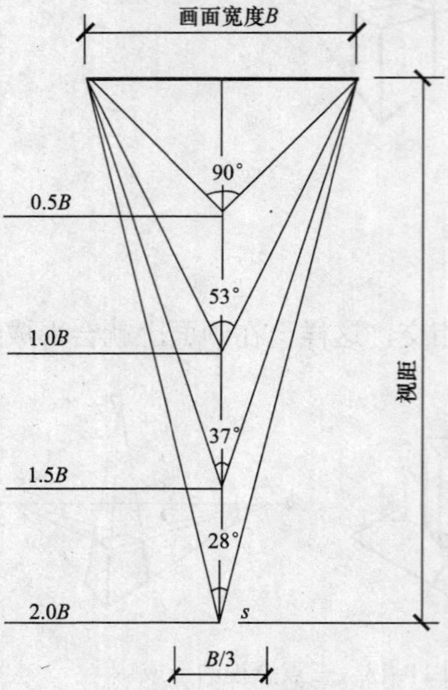

图 11-14 站点的确定

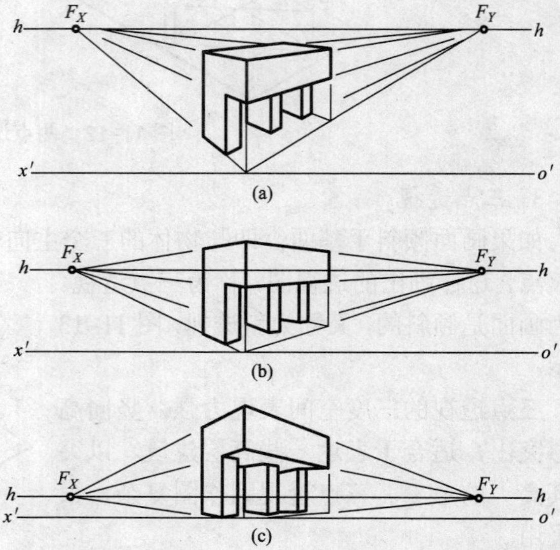

图 11-15 视平线的提高与降低对透视的影响

（a）提高视平线的效果；（b）一般视平线的效果；（c）降低视平线的效果

当θ不为0°时，所得的透视为两点透视。θ不为0°时，某个立面的θ愈小，该立面的透视宽度就愈宽阔；反之，其透视就愈狭窄。通常在选择θ时，尽量使两个立面的透视宽度之比大致与立面的实际宽度之比相符为宜，图11-16中为三种不同的角度，得到三种效果，其中，θ_1角的选择较合理。

（2）画面在物体的前后位置对透视的影响。物体与画面的远近，影响透视图的大小，但不改变图形的形状。

如图11-17所示，当画面位于建筑物之前时，图11-17（a）所示，所得透视较小；当画

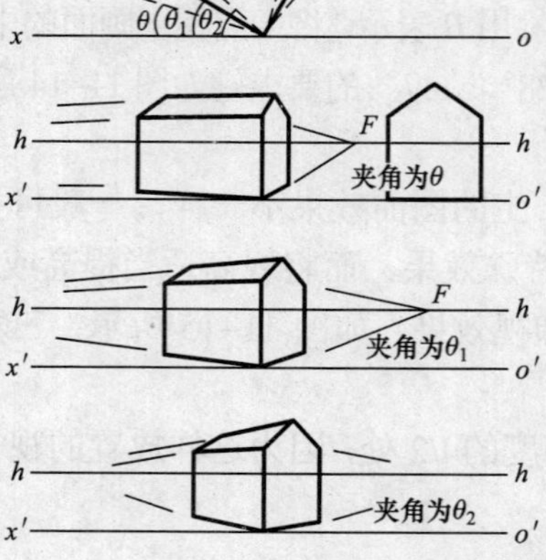

图 11-16 画面与建筑物立面的夹角对透视的影响

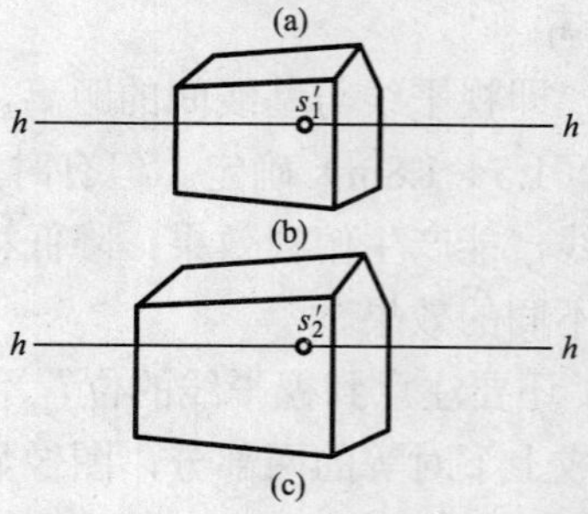

图 11-17 画面在建筑物的前后位置对透视的影响

面位于建筑物之后时，图 11–17（c）所示，所得透视较大；当画面穿过建筑物时，图 11–17（b）所示，则位于画面前的那部分建筑物透视较大，位于画面后的那部分建筑物透视较小，而建筑物与画面相交所得的图形，其透视不变。

11.4　透视图的基本画法

透视图可以通过多种方法画出，各种方法各有特点，在作图过程中可以用单一方法，也可以几种方法配合使用。下面介绍常用的绘制透视图的方法。

11.4.1　建筑师法和全线相交法

1. 直线的透视画法

（1）基面平行线的透视作法。

已知画面 *V*、基面 *H*、视点 *S*（*s*）及视平线 *h–h*。设直线 *AB*∥*H* 面，与 *V* 面相交，其 *H* 面投影为 *ab*。*AB* 到 *H* 面的距离 *h*。求 *AB* 的透视及基透视。

分析：如图 11–18（a）所示，根据透视定义，视线 *SA*，*SB* 与 *V* 面交得透视 A^0，B^0，连线 A^0B^0。即为 *AB* 的透视。又视线 *Sa*，*Sb* 与 *V* 面交得透视 a^0，b^0，a^0b^0 为 *ab* 的透视，即为 *AB* 的基透视，且连系线 A^0a^0，B^0b^0 分别为平行于 *V* 面的、竖直方向的投射线 *Aa*、*Bb* 的透视．仍是竖直方向。

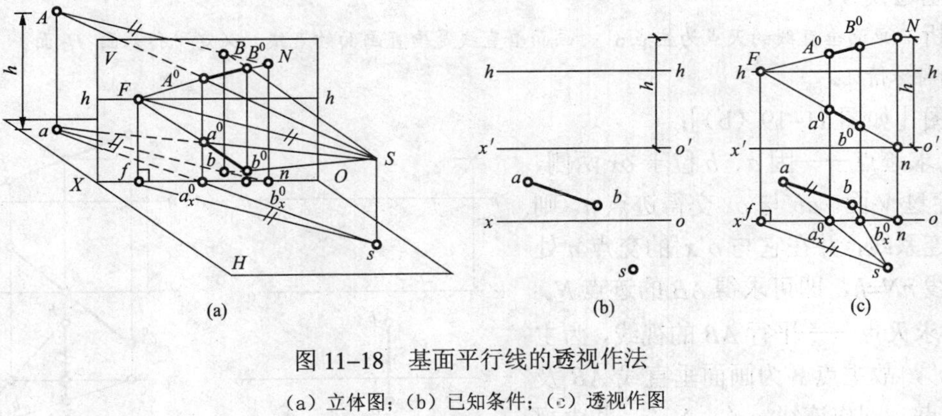

图 11–18　基面平行线的透视作法

（a）立体图；（b）已知条件；（c）透视作图

作图：现介绍利用直线的迹点、灭点和视线的 *H* 面投影来作透视的方法：

1）投影图布置——把画面 *V* 和基面 *H* 拆开，并上下对齐，如图 11–18（b）所示。

2）求迹点和真高线——图 11–18（a）中，延长 *AB*，可与 *V* 面交得迹点 *N*。则 *H* 面上 *ab* 延长，与 *V* 面交于 *OX* 上的 *n* 点为 *ab* 的迹点，亦为 *N* 的 *H* 面投影。故投射线 *nN* 垂直 *OX*，且长度 *nN* 反映了 *AB* 离开 *H* 面的高度，连线 *nN* 称为 *H* 面平行线的**真高线**。

在图 11–18（c）中，延长 *ab* 与 *ox* 交于 *n* 点。由 *n* 作竖直线，又与 *o′x′* 交于 *n* 点，由之量取高，使 *nN* 等于 *h*，即得 *AB* 的迹点 *N*，***nN* 即为真高线**。

3）求灭点——*H* 面平行线的灭点位于视平线 *h*—*h* 上。如图 11–18（a）所示，过 *S* 作视线 *SF*∥*AB*，可与 *V* 面交得灭点 *F*。因 *AB* 为 *H* 面平行线，故 *SF* 也为一条 *H* 面平行线，且位于通过 *S* 的水平的视平面内，因而 *SF* 与 *V* 面交得的灭点 *F*，应位于该视平面与 *V* 面交得的视平线 *h*—*h* 上。又因 *AB*∥*ab*，故 *SF* 也必平行 *ab*，即 *F* 亦为 *ab* 的灭点。

SF 的 H 面投影为 sf，因 SF 为 H 面平行线，故 $sf /\!/ SF$；又因 $SF /\!/ AB$，$ab /\!/ AB$，故 $sf /\!/ ab$。sf 与 OX 的交点 f，为 F 的 H 面投影，故连系线 $fF \perp OX$。

在图 11–18（c）中，先过 s 作 $sf /\!/ ab$，与 ox 交于 f 点。再由 f 作连系线 fF，即可与 h—h 交得灭点 F。

4）作直线的透视——视线法。如上所述，如先求出 AB（ab）的迹点 N（n）和灭点 F，则连线 NF 为直线 AB 延长后的透视，A^0B^0 必在其上。NF（以及延长线），称为直线 AB 的**全线透视或透视方向**。同样 a^0b^0 必在连线 nF 上。

再利用视线的 H 面投影来定出端点 A、B 在 NF 上 A^0、B^0 的位置和 a、b 在 nF 上 a^0、b^0 的位置。

在图 11–18（c）中，引连线 sa，与 ox 交于 a_x^0 点，作连系线 $a_x^0A^0$，即可与 NF 交得透视 A^0，与 nF 交得基透视 a^0。

同法，求出 B 点的透视 B^0 和基透视 b^0。则线段 A^0B^0 为 AB 的透视；a^0b^0 为 ab 的透视，即 AB 的基透视。

这种利用直线的迹点、灭点和视线的 H 面投影作透视的方法，称为**视线法，为作建筑物的透视时最常用的基本作法，故也称为建筑师法。**

（2）画面垂直线的透视作法。

如 11–19（a）图中，已知画面垂直线 AB 的 H 面投影 ab，且离开 H 面的高度 h。作透视 A^0B^0 及基透视 a^0b^0。

分析：画面垂直线的灭点为主点 s'。画面垂直线是垂直画面的直线，必定平行基面 H 面，而为基面平行线的特殊情况。

作图［如图 11–19（b）］：

1）求迹点——因 a、b 位于 ox 两侧，故 AB 穿过 V 面。ab 与 ox 交得迹点 n。则由 n 作连系线，并在它与 $o'x'$ 的交点 n 处作真高线 $nN=h$，即可求得 AB 的迹点 N。

2）求灭点——平行 AB 的视线，为主视线 Ss'，故主点 s' 为画面垂直线 AB 及 ab 的灭点。则作连线 ns'、Ns'，并由视线的 H 面投影 sa、sb 与 ox 的交点 a_x^0、b_x^0 作连系线，即可与 Ns'、ns' 交得透视 A^0B^0 及基透视 a^0b^0。

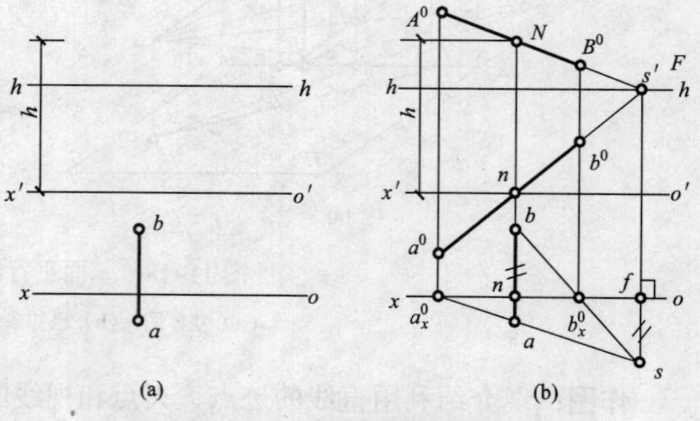

图 11–19　画面垂直线的透视作法

（a）已知条件；（b）透视作图

（3）基面垂直线的透视作法

如图 11–20（a）所示，设空间有一条高度为 h 的 H 面垂直线 Aa，其下端 a 在 H 面上。在图 11–20（b）中，已知 ox、s、a 及 $o'x'$、高度 h，h-h，作透视 A^0a^0。

分析：H 面垂直线亦平行画面 V，故透视 A^0a^0 亦为一条竖直线。

图 11–20（c）中，引连线 sa，在它与 ox 的交点 a_x^0 处作连系线，则 A^0a^0 必在其上。

至于端点 A^0、a^0 的位置，如图 11–20（a）所示，可过 A、a 任作两条平行的 H 面平行线 $A\overline{A}$、$a\overline{a}$ 作为辅助线，并与 V 面交得迹点 $\overline{A}$、$\overline{a}$。因 a 在 H 面上，故 $\overline{a}$ 在 OX 上，且 $\overline{A}\,\overline{a} \perp OX$，其长度则等于 Aa 的高度 h，即为真高线。

再作辅助线 $A\overline{A}$、$a\overline{a}$ 的灭点 F，则连线 $\overline{A}F$、$\overline{a}F$ 为辅助线的全线透视，必通过 A^0、a^0。该例还可以简化作图，采用特殊的辅助图线——画面垂直线，即过 A、a 作两条画面垂直线作为辅助线，它们的灭点 F 与主点 s' 重合。

故在图 11–20（c）中，过 a 作连系线交 $o'x'$ 于一点 $\overline{a}$，由该点量取高度 h，得到 $\overline{A}$。则 A^0 在 $\overline{A}s'$ 上，a^0 在 $\overline{a}s'$ 上。

连结 sa 与 ox 交一点 a_x^0，由该点作连系线交得透视 A^0a^0。

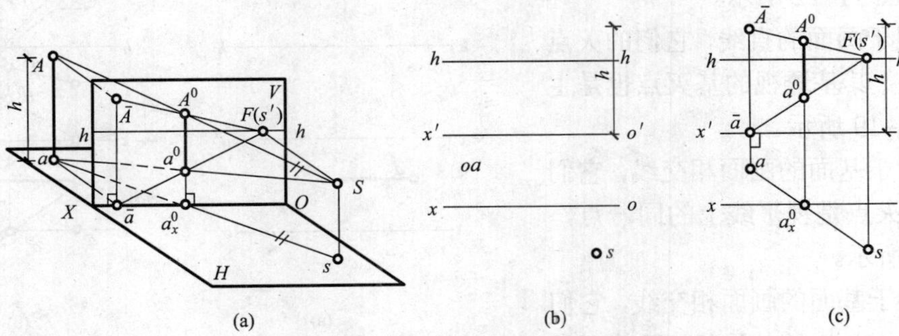

图 11–20 基面垂直线的透视作法

（a）立体图；（b）已知条件；（c）透视作图

（4）平行于画面的直线的透视。

1）平行于基线的直线的透视及基透视均表现为水平线段。

如图 11–21（a）所示，已知 AB 是一条平行于基线的直线，并知 ab、h–h、s；且 AB 距基面的高度为 h，求 AB 的透视及基透视。

因为直线 AB 平行于基线，所以既平行于基面又平行于画面，在画面上的透视及基透视均平行于基线。

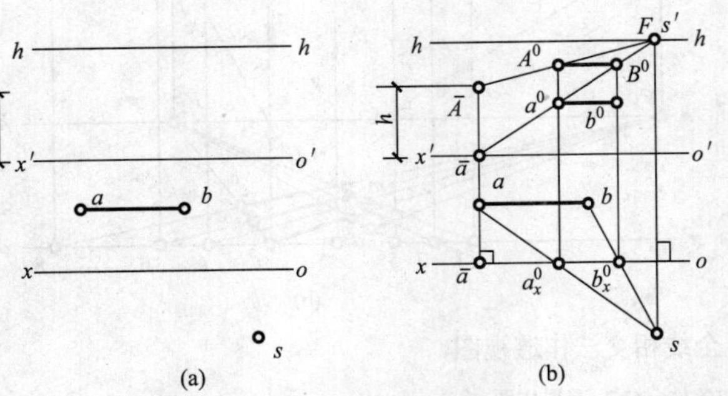

图 11–21 基线平行线的透视作法

（a）已知条件；（b）透视作图

可以先求出一个端点的透视。图 11–21（b）中，利用图 11–20 方法先求出端点 A 的透视 A^0 及基透视 a^0。然后分别过点 A^0、a^0 作水平线交由 b_x^0 点作的连系线于 B^0、b^0，A^0B^0、a^0b^0 即为所求。

2）倾斜于基面的画面平行线。

如图 11–22（a）所示，已知画面平行线 AB 的 H 面投影 ab，又知它的左下端 A 离开 H 面的高度 h，以及 AB 与基面的夹角为 45°。求透视 A^0B^0 和基透视 a^0b^0。

作图：

先求 A 点的透视及基透视，方法如图 11–20（c）所示。

因 $AB /\!/ V$，故 $A^0B^0 /\!/ AB$，即 A^0B^0 与水平方向夹角亦为 45°；又因 $AB /\!/ V$，故 $ab /\!/ OX$，因而 a^0b^0 亦为水平方向。

于是由 A^0 向右上方作 45° 直线；并由 a^0 作水平线，与由 sb 同 ox 交点 b_x^0 处所作的连系线相交，即可交得 B^0、b^0 得出 A^0B^0 和 a^0b^0。

综上所述，画面平行线与画面相交线的典型形式：

1）垂直于基面的直线（即铅垂线）它们的透视，如图 11–20 所示，仍表现为铅垂线段。

2）平行于基线的直线，其透视与基透视均表现为水平线段，如图 11–21 所示。

3）倾斜于基面的画面平行线，它们的透视仍为倾斜线段，它和基线的夹角反映了该线段在空间对基面的倾角，其基透视则为水平线段，如图 11–22 所示。

4）垂直于画面的直线，它们的灭点就是主点 s'；其基透视的基灭点也是主点，如图 11–19 所示。

5）平行于基面的画面相交线，它们的灭点和基灭点是视平线上的同一点，如图 11–18 所示。

6）倾斜于基面的画面相交线，它们的灭点在视平线上方或下方，但基灭点是视平线上的同一个点。

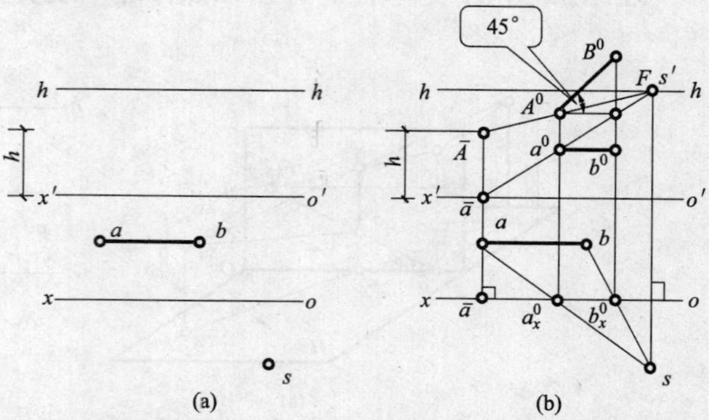

图 11–22　倾斜于基面的画面平行线的透视作法

（a）已知条件；（b）透视作图

2. 平面图的透视作图

如图 11–23 所示，已知基面上的平面图以及站点、基线、视平线。用全线相交法求该平面的透视图。

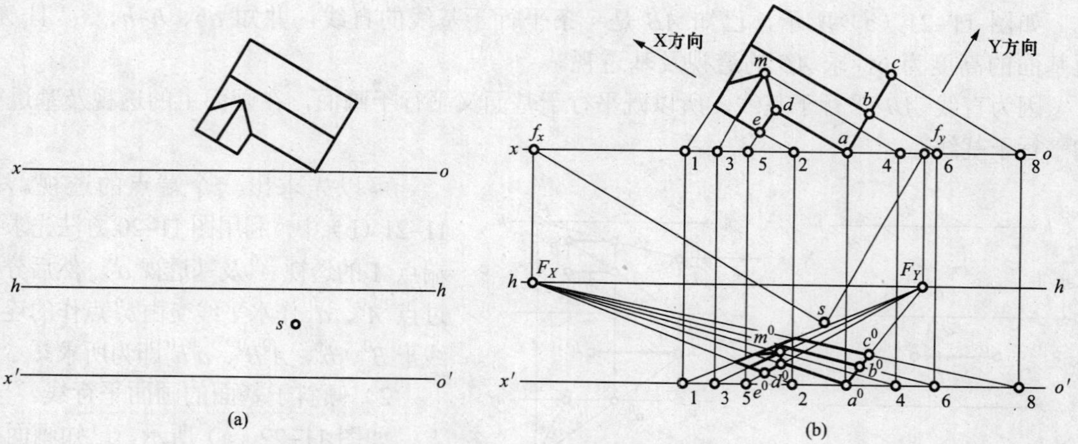

图 11–23　全线相交法作透视图

（a）已知条件；（b）透视作图

（1）求出平面图中两主向直线的灭点 F_X 和 F_Y。

（2）将平面图上两组主要方向的所有直线都延长到与画面相交。求得全部迹点。1、3、5 和 a 是 Y 方向直线的迹点，2、a、4、6 和 8 是 X 方向直线的迹点。

（3）将基线上的所有迹点与相应的灭点连接，就得到两组主向直线的全线透视，这两组全线透视是彼此相交的，形成一个透视网络。

（4）平面图上各顶点的透视，就是由这个透视网络中相应的两直线的全线透视相交而确定，从而画出整个平面图的透视。

这种利用两组主向直线的全线透视直接相交而得到透视平面图的画法，称为全线相交法。作图步骤明确，道理简单。

图 11–23 中，要注意到增加了一条 x 方向的辅助线 $4m$，是为了确定小屋脊的端点 m 的透视位置。

3. 圆的透视作法

平行于画面的圆的透视仍是圆。作图时可先求出圆心的透视，然后求出半径的透视长度，即可画出圆的透视。不平行于画面的圆的透视为椭圆。可用八点法，即先求出圆的外切四边形的透视，得到四个切点的透视，然后求出外切四边形对角线与圆周相交的四个点的透视，再光滑连接各点形成椭圆。

（1）水平位置圆的透视。画水平位置圆的透视，作图步骤为（图 11–24）：

1）在平面图上，画出外切四边形 $abcd$。

2）作外切四边形的透视 $A^0B^0C^0D^0$，然后画对角线和中线，得圆上四个切点的透视 1^0、2^0、3^0、4^0。

3）求对角线上四个点的透视。首先以 A^04^0 为斜边，作等腰直角三角形；然后以腰长为半径，以点 4^0 为圆心，作圆弧交 A^0B^0 于两点；分别将该两点和 s' 相连，交对角线 A^0C^0 和 B^0D^0 于点 5^0、7^0、6^0、8^0。

4）光滑连接 1^0、2^0、3^0、4^0、5^0、6^0、7^0、8^0 八个点，即得椭圆。

（2）垂直于地面的圆的透视。当圆所在平面垂直于地面时，但不平行于画面时，作图方法与上述类似，用八点法，如图 11–25 所示。不再重述。

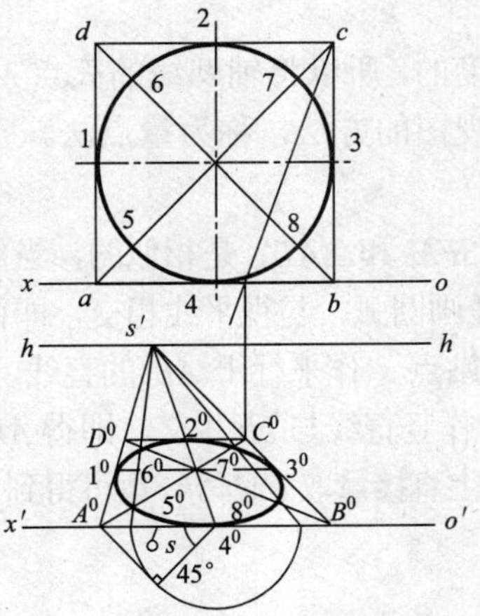

图 11–24 水平位置圆的透视

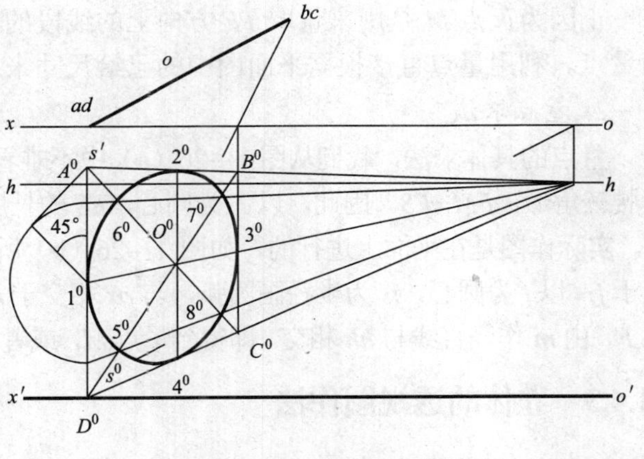

图 11–25 铅垂圆的透视

11.4.2 量点法作透视图

1. 量点的概念

图 11–26（a）所示为量点法作基面上直线 AB 的透视图，T 是直线 AB 的迹点，F 是其灭点，则基面上 AB 的透视 A^0B^0 必位于全线透视 TF 上，其中 T 是基面上直线 AB 的迹点，点 F 是其灭点。

A 点的透视 A^0 可通过点 A，在基面上作辅助线 AA_1，与基线交于迹点 A_1，使 $TA_1=TA$。该辅助线的灭点，可由视点 S 作平行于 AA_1 的视线，与画面相交于视平线上的点 M 而求得。连线 A_1M 就是辅助线 A_1A 的全线透视。A^0 既在 TF 上，又在 A_1M 上，必在两直线的交点上，所以，A_1M 与 TF 的交点 A^0，就是点 A 的透视。

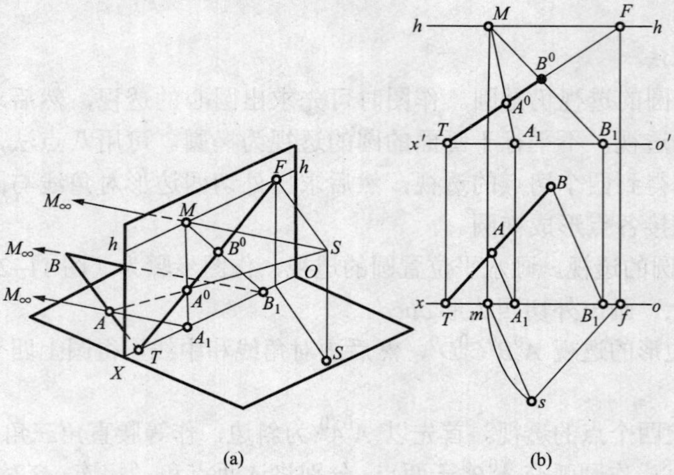

图 11–26 量点的概念

（a）量点的概念；（b）作图方法

同理，为了求得 TF 线上另一点 B 的透视，仍作同样的辅助线 BB_1，使 $TB_1=TB$。由于辅助线 BB_1 和 AA_1 是互相平行的，所以 BB_1 的灭点还是点 M。连线 B_1M 与 TF 的交点 B^0，就是点 B 的透视。

正因为灭点 M 是用来量取 TF 方向上的线段的透视长度的，所以将辅助线的灭点 M 特称为量点。利用量点直接根据平面图中的已给尺寸来求作透视图的方法，称为量点法。

2. 量点求法

量点的具体求法，我们从图 11–26（a）中不难看出：$\triangle SFM$ 和 $\triangle ATA_1$ 是相似的，当然也是等腰三角形，$FM=FS$。因此，以 F 为圆心，FS 的长度为半径画圆弧，与视平线相交，即得量点 M。实际作图是在平面上进行的，如图 11–26（b）所示，自站点 s 作平行于 AB 的直线，与 ox 交于 f；以 f 为圆心，fs 为半径画圆弧，与 ox 相交于 m；由 f 作竖直线与 hh 相交，即得 AB 的灭点 F，由 m 作竖直线与 hh 相交。即得到量点 M，或者，在 hh 上直接量取 $FM=sf$，也可得到 M 点。

11.4.3 立体的透视图作法

立体的透视，即为立体表面的透视。立体的表面由平面、曲面所组成，故绘制立体的透视即为绘制平面或曲面的透视。

工程形体可看成由多个基本形体叠加、切割而成，其透视图一般也可看成是多个基本形体透视的叠加与切割。

基本平面立体的表面形状、大小和位置，由它的棱线所决定。故作平面立体的透视，实为作各种位置直线的透视。当作曲面立体的透视时，除了画出它的轮廓线的透视外，还要画出曲面的透视外形线等。

1. 坡屋顶房屋的透视

已知房屋的 H 面投影、V 面投影和 W 面投影，如图 11–27 所示。建筑师法作该房屋的两点透视。

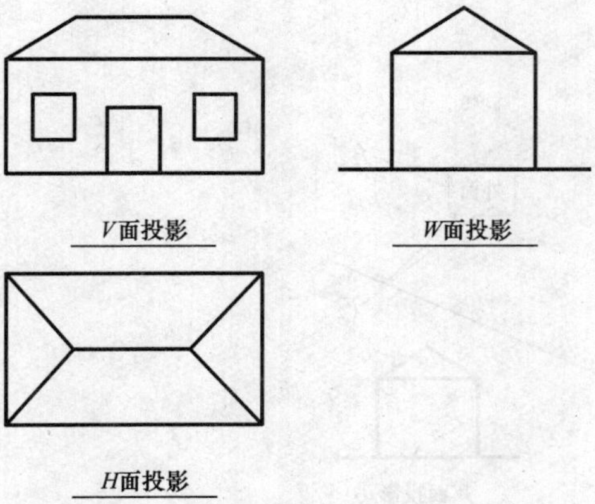

图 11–27 房屋的三面投影

作图：

（1）设房屋的主要立面与画面成 30° 夹角，两立面相交的棱线 A_1A_2（墙角线）在画面上，根据前面知识确定站点 s、视平线 h–h、基线 OX，如图 11–28（a）所示。

（2）求灭点。如图 11–28（a）所示，过站点 s 分别作房屋长宽两方向的平行线 sf_1、sf_2 交 ox 于 f_1、f_2 点；再分别过 f_1、f_2 点作竖直线交 h–h 线于 F_1、F_2 点，即为所求灭点。

（3）作墙身线的透视。该房屋的墙身是一个长方体，两组棱线与基面平行，与画面相交，作图时，可利用直线的透视特性作图。

先作画面上的线 A_1A_2 的透视。因为 A_1A_2 在画面上，所以其透视 A_1^0 A_2^0 与本身重合，高度等于实高，从 W 面投影中量取；然后由 A_1^0、A_2^0 分别引线到灭点 F_1、F_2，与由 sb_2（b_1）与 ox 轴交点处作连系线交于点 B_1^0、B_2^0，连结 B_1^0 与 B_2^0，A_2^0 与 B_2^0，A_1^0 与 B_1^0，即可得到 B_1B_2、A_2B_2、A_1B_1 线的透视；同理可求得 C_1C_2、A_1C_1、A_2C_2 线的透视。房屋墙身其他线看不见，不必画出，如图 11–28（b）所示。

（4）作屋顶的透视。屋檐 A_2B_2、A_2C_2 线的透视已经作出，只要作出屋脊线 DE 的透视，就可以了。而 DE 线是一条基面平行线，利用建筑师法求出 D^0E^0；连结 D^0 与 A_2^0、D^0 与 B_2^0、E^0 与 C_2^0，完成屋顶的透视，如图 11–28（c）所示。

（5）门窗洞形状也是长方体，其透视用上述同样的方法求出，最后整理图线，如图 11–28（c）所示。

2. 用量点法作出建筑形体的透视图

图 11–29（a）所示，已知建筑形体的平面图和左侧立面图。并给出了站点 s、ox、$o'x'$、h-h。用量点法作出透视图。

作图：

（1）首先，用前述方法在平面图中定出灭点及相应的量点的投影。从站点 s 按两个主方向引出视线的投影，与 ox 相交于点 f_x、f_y，这就是 x 和 y 两个不同方向的灭点的投影；与 f_x、f_y 相应，求得两个量点的投影 m_x 和 m_y，如图 11–29（a）所示。

（2）再将平面图中求得的点 f_x、m_y、m_x 和 f_y，不变其相互距离地移到 h-h 上，得到两组主向水平线的灭点 F_x、F_y 和相应的量点 M_x、M_y，如图 11–29（a）所示。

（3）由图 11–29（a）中看出 a 在基线上，其透视就是本身。将点 a 移到 $o'x'$ 上，与灭点左右的距离不变，得到点 a 的透视 a^0。连结 a^0F_y 和 a^0F_x，即为 ad、ae 两个方向的全线透视。根据平面图中 ad 线上 a、b、c、d 各点间的实际距离，在 $o'x'$ 线上，自 a^0 向右量得点 b_1、c_1、d_1；由 b_1、c_1、d_1 各点向量点 M_y 引直线 b_1M_y、c_1M_y、d_1M_y 与 a^0F_y 相交，即得透视点 b^0、c^0 和 d^0，如图 11–29（a）所示。

同样，根据平面图中 ej 线上 e、a、j 各点间的实际距离，在 $o'x'$ 上量得点 e_1 和 j_1。注意平面图中 e 点在画面之后，而 j 点在画面之前，故点 a^0 向左量得 e_1，而向右量得 j_1。连线 e_1M_x、j_1M_x 与 a^0F_x 相交，即得透视点 e^0 和 j^0。透视点 j^0 在 $o'x'$ 下方，因为空间点 J 是画面前方的点。

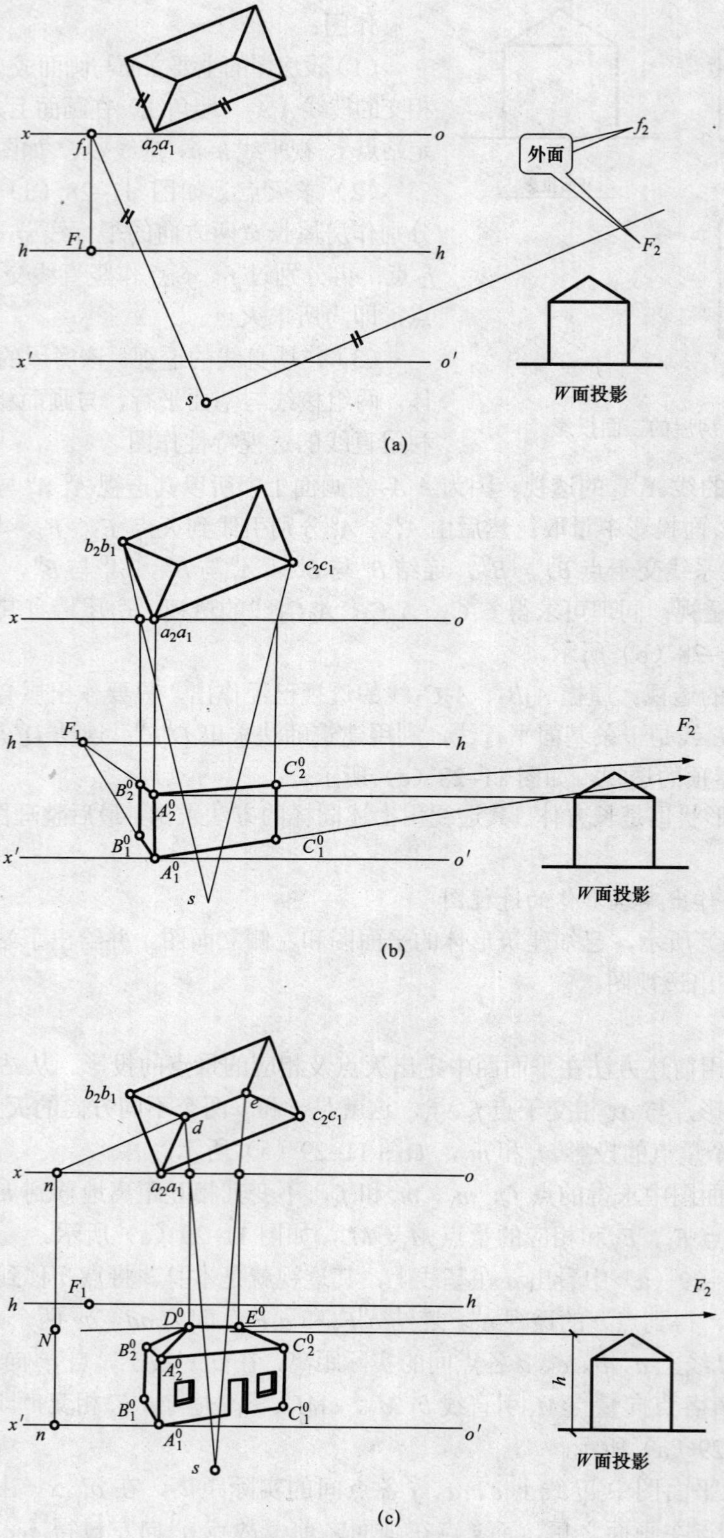

图 11–28 坡屋顶房屋的透视作法

（a）求灭点；（b）作墙身线的透视；（c）完成坡屋顶房屋的透视

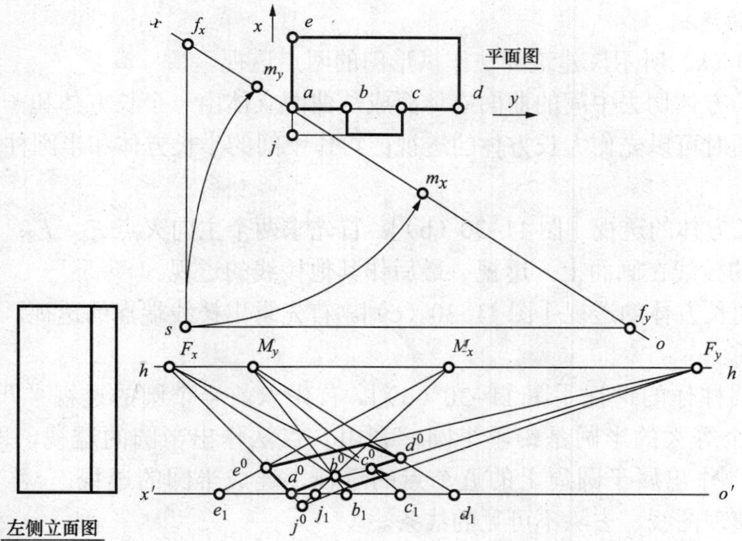

(a)

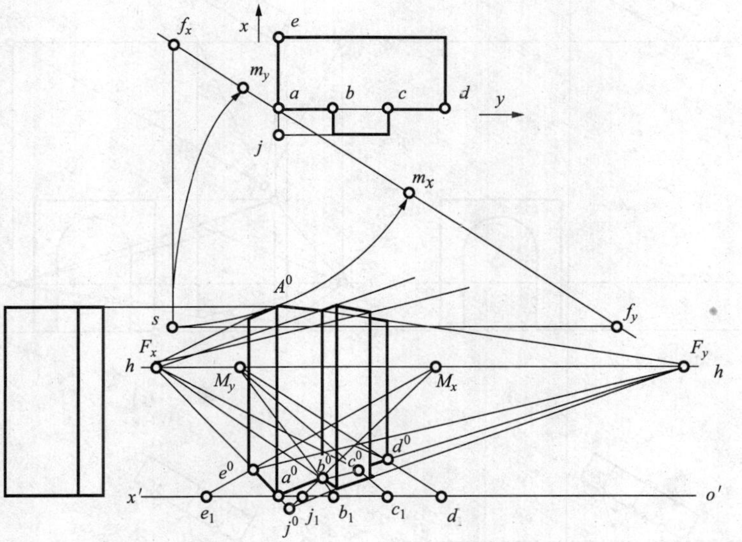

(b)

图 11–29　量点法作透视图

（a）求灭点和量点，作透视平面图；（b）利用真高线完成透视作图

通过 b^0、c^0、d^0 向 F_x 引直线，通过 e^0、j^0 向 F_y 引直线，从两组直线组成的网格中，就可勾画出透视平面图来。

（4）竖直高度。该建筑形体的侧棱线都是铅垂线，其透视仍然是竖直线。而过 a 点的竖直棱线在画面上，所以其透视即为自身，反映真高。因此由 a^0 作竖直线，根据侧面投影高度定出真实高度 a^0A^0。连结 A^0F_x、A^0F_y，由 b^0、c^0、d^0 引竖直线交 A^0F_y 各点，由 e^0 引竖直线交 A^0F_x，即得到顶部各点的透视。同样方法求出其他点透视，如图 11–29（b）所示。

最后整理、描深图形轮廓线，不可见线一般不画。

3. 拱形门的透视

如图 11–30（a）所示，建筑师法作拱形门的两点透视。

拱形门由长方体切去中间的曲面立体而成，曲面立体由一个长方体和一个半圆柱组合而成。因此，作图时可以先作大长方体的透视；再作中间的小长方体和半圆柱体的透视。

作图：

（1）作大长方体的透视［图 11–30（b）］。首先求两个主向灭点 F_1、F_2；然后作画面上的棱线（过 *A* 点的棱线在画面上）透视；最后作其他棱线的透视。

（2）作中间长方体的透视［图 11–30（c）］。首先求出棱线端点的透视，然后作出棱线的透视，方法同前。

（3）作半圆柱体的透视［图 11–30（d）］。首先求前半个圆的透视（八点法），半圆柱体上，前后两个等大的半圆是铅垂半圆，利用八点法作出半圆的透视，即利用半圆的半个外切正方形，作出属于圆周上的五个点的透视，连成半圆的透视。

（4）最后整理图线，去除不可见的线条。

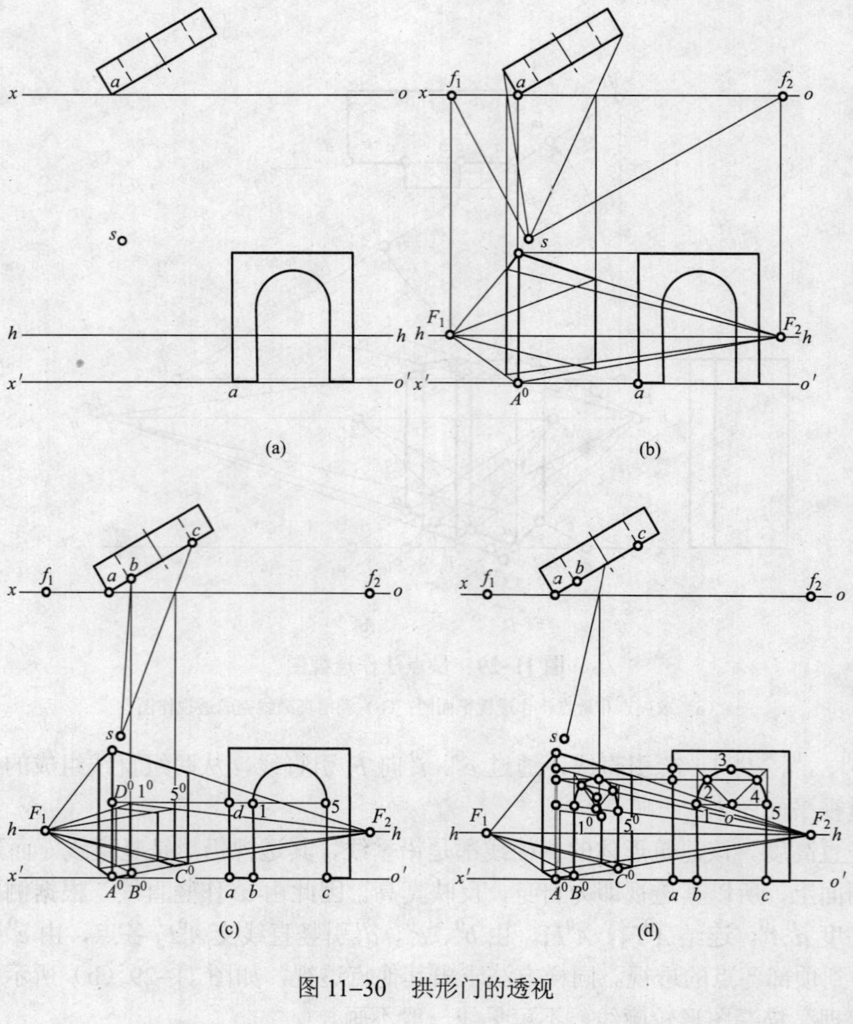

图 11–30 拱形门的透视

11.5 透视图的简捷画法

在画透视图时，除了运用前述方法之外，还要将初等几何知识灵活运用到透视作图中来，这样可以简化作图，提高效率。下面介绍几种常用简捷作法。

11.5.1 直线的分段

在一条透视直线上，截取等长线段，或不等长但成定比的各线段，可以利用平面几何的理论，即一组平行线可将任意两直线分成比例相等的线段，如图 11–31 所示，$ab:bc:cd=a_1b_1:b_1c_1:c_1d_1$。

1. 在画面平行线上分线段

若画面平行线位于画面上，则其透视即为直线本身，直线上的点将直线分成若干段的长度在透视图中仍保持不变，当然各线段间长度之比也不会改变。图 11–32 中，由于 a^0b^0 与基线重合，所以透视 A^0B^0 就是 AB 直线本身，这样就可以按实际长度，直接将 A^0B^0 分成两段。

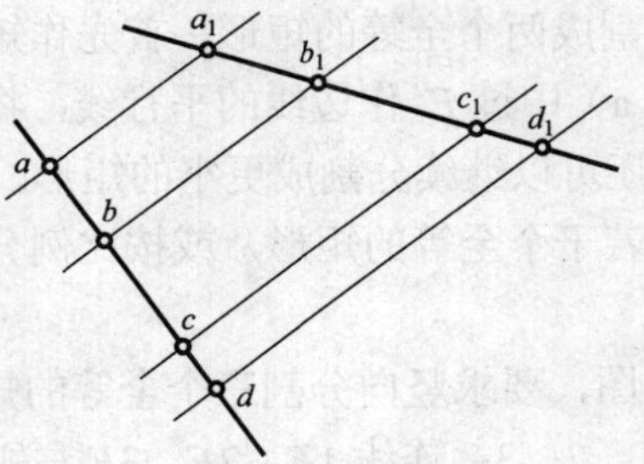

图 11–31 透视直线分段的依据

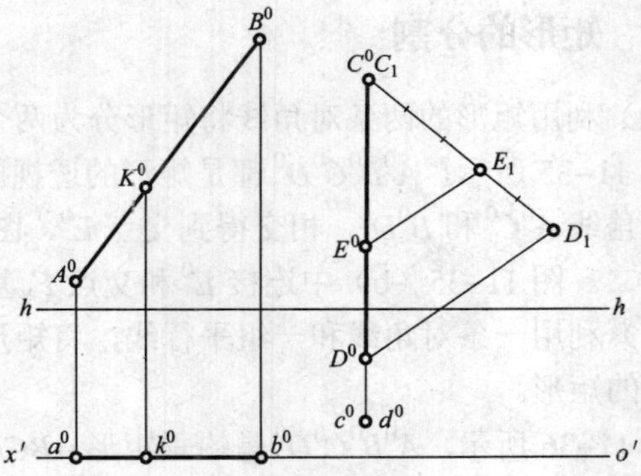

图 11–32 在画面平行线上分段

若画面平行线不在画面上，则其透视长度虽有变化，但是，线上的点将该直线分成若干段的长度之比，在透视图中是不会改变的。图 11–32 中，由于基透视 c^0d^0 重合成一点，可以看出 C^0D^0 是一条铅垂线的透视，当然也是画面平行线。欲将该线段按 3:2 分成两段，就可任作一直线 C_1D_1，使 C_1 点与 C^0 点重合，以适当长度为单位，在 C_1D_1 线上截得 E_1、D_1 两点，使 $C_1E_1:E_1D_1=3:2$。将 D_1 和 D^0 相连，自 E_1 点作 D_1D^0 线的平行线，与 C^0D^0 相交于点 E^0，即为所求分点。

2. 在基面平行线上分段

图 11–33 所示，A^0B^0 为基面平行线 AB 的透视。要求将 A^0B^0 分为三段，三段实长之比为 3:1:2，定透视图中的分点 C^0 和 D^0。首先，自 A^0B^0 的任一端点如 A^0，作一水平线，在其上以适当长度为单位，自 A^0 向右截得分点 C_1、D_1 和 B_1，使 $A^0C_1:C_1D_1:D_1B_1=3:1:2$。连接点 B_1 和 B^0，并延长使与 hh 相交于点 F_1。再从点 F_1 向分点 C_1 和 D_1 引直线，而与 A^0B^0 交得点 C^0 和 D^0。由于直线 F_1C_1、F_1D_1 和 F_1B_1 都汇交于 hh 上的同一灭点 F_1，所以它们实际上是互相平行的基面平行线的透视，从而将 A^0B^0 和 A^0B_1 分成三段，两条直线上的三段之比，相互间是“透

视的”相等。但 A^0B^0 有透视变形，因此不能在其上直接按长度之比定出分点 C^0 和 D^0。

3. 在一般位置直线上的分段

先将线段的基透视按图 11–34 的画法进行分段，然后从各分点作垂线，与线段的透视相交，这些点就将线段按定比分点了。

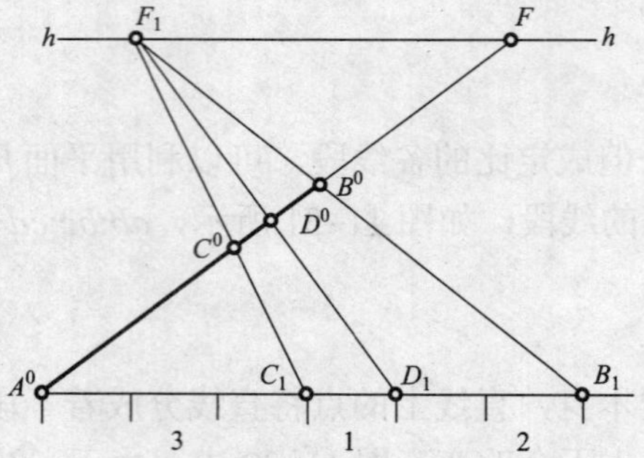

图 11–33　在基面平行线上分段

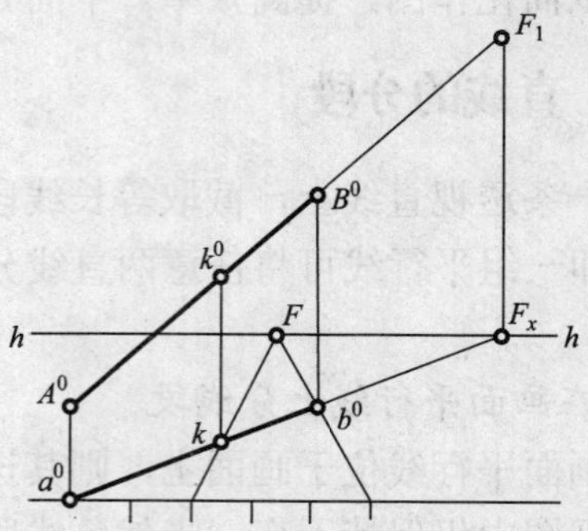

图 11–34　在一般位置直线上分段

11.5.2　矩形的分割

（1）利用矩形的两条对角线将矩形分为两个全等的矩形。

图 11–35 所示，$A^0B^0C^0D^0$ 都是矩形的透视图，要分割成两个全等的矩形，首先作矩形的两条对角线 A^0C^0 和 B^0D^0，相交得到交点 E^0，图 11–35（a）中过 E^0 作边线的平行线，将矩形一分为二。图 11–35（b）中连接 E^0 和交点 F_y 重复使用还可以继续分割成更小的矩形。

（2）利用一条对角线和一组平行线，将矩形分割成若干个全等的矩形，或按比例分割成几个小的矩形。

图 11–36 所示，$A^0B^0C^0D^0$ 是铅垂矩形 $ABCD$ 的透视图，要求竖向分割三个全等的矩形。以适当长为单位，在铅垂边 A^0B^0 上自 A^0 截取三个分点 1、2、3；连线 1F、2F、3F 与矩形的透视 $A^0$36C^0 的对角线 3C^0 交于点 4 和 5；分别过 4 和 5 作铅垂线，即将矩形分割成全等的三个矩形。

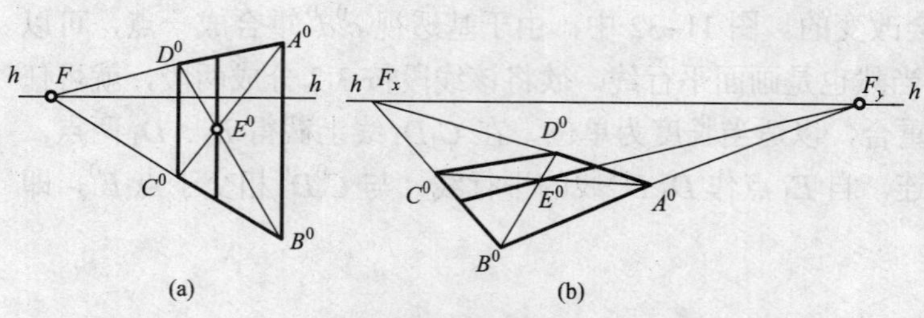

图 11–35　将透视矩形等分为二

（a）竖直矩形两等分；（b）水平矩形两等分

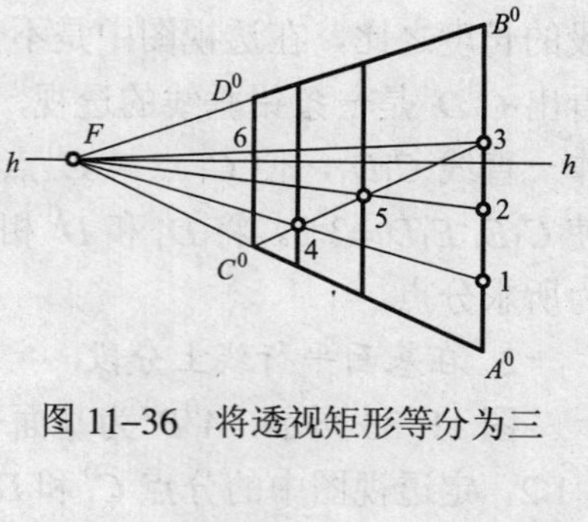

图 11–36　将透视矩形等分为三

11.5.3　矩形的延续

已知一个矩形的透视，延续地作一系列等大矩形的透视，是利用矩形的对角线相互平行的特性解决作图问题的。

图 11–37 所示，$A^0B^0C^0D^0$ 是铅垂矩形 $ABCD$ 的透视图，要求延续作出几个相等的矩形。

作两条水平线的灭点 F_x 及对角线的灭点 F_1（与 F_x 在一条竖直线上）；连结 D^0F_1 与 B^0F_x 交于点 E^0，D^0E^0 即为第二个矩形对角线；同理，作出其他矩形的透视。

如果对角线的灭点越出图板之外，可按下列方法作图，如图 11–38 所示。

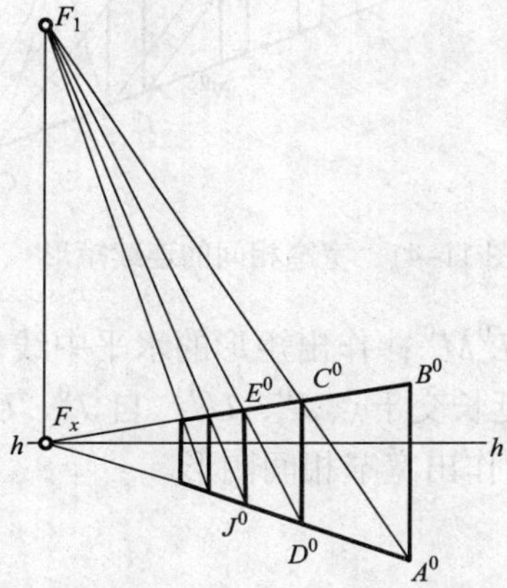

图 11–37 作一系列等大的矩形

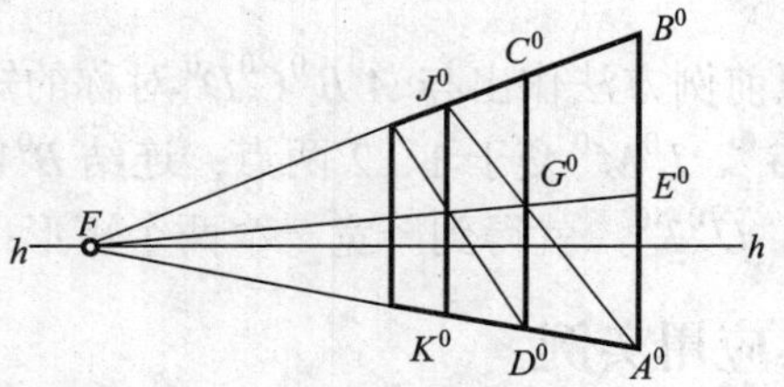

图 11–38 作一系列等大的矩形

作矩形 $A^0B^0C^0D^0$ 水平中线 E^0G^0；连结 A^0G^0 延长交 B^0C^0 于点 J^0；过 J^0 作铅垂线 J^0K^0 交 A^0D^0 于点 K^0；同理，作出其他矩形的透视。

图 11–39 中给出了矩形 $ABCD$ 的两点透视 $A^0B^0C^0D^0$，要在纵横两个方向上，延续作若干个全等的矩形。

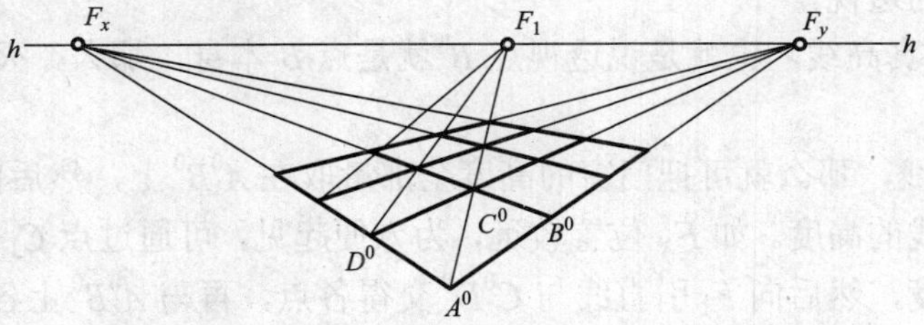

图 11–39 作一系列等大连续的矩形

首先作出矩形两个主向灭点 F_x、F_y，对角线 A^0C^0 与 F_xF_y 交于 F_1，F_1 即为对角线的灭点，其他矩形的对角线均平行于 AC，透视消失于同一灭点 F_1，据此可画出一系列连续的矩形。

11.5.4 作对称形的透视

对称图形的透视作图，也是利用对角线来解决的。

图 11–40 所示，已知矩形 $ABCD$ 和 $CDGE$ 的透视，作出与 $ABCD$ 对称于 $CDGE$ 的矩形 $EGLM$ 的透视。

首先作出 $C^0D^0G^0E^0$ 的两条对角线的交点 K^0，连结 B^0K^0 并延长交 A^0F 于点 M^0；自 M^0 作垂线 M^0L^0 交 B^0F 于点 L^0；$E^0G^0L^0M^0$ 即为所求。

图 11–41 所示，给出一宽一窄，两相连的矩形 $ABCD$ 与 $CDGE$ 的透视。要求作出若干组宽窄相间的矩形。

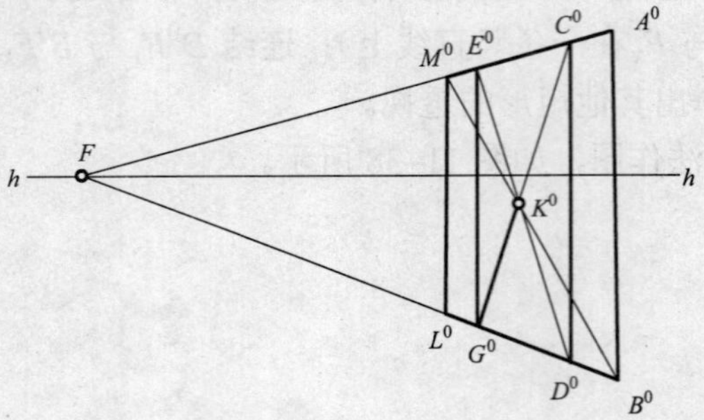

图 11–40 作对称矩形

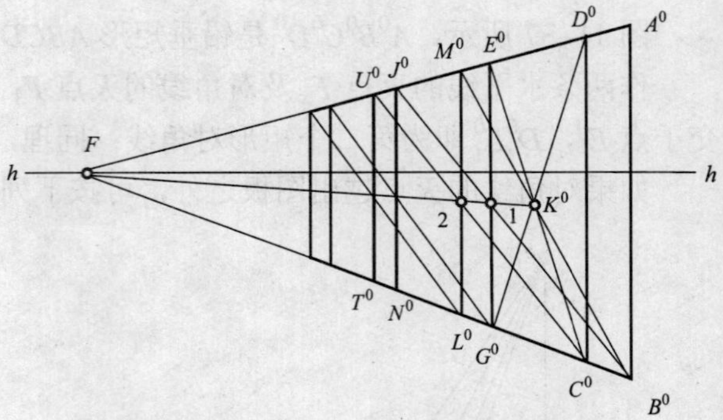

图 11–41 宽窄相间的连续矩形

按照前例方法作出与 $A^0B^0C^0D^0$ 对称的矩形 $E^0G^0L^0M^0$；作出矩形的水平中线 FK^0 与铅垂线 E^0G^0、L^0M^0 交于 1、2 两点；连结 B^01、C^02 并延长交于点 J^0、U^0；自 J^0、U^0 作铅垂线 J^0N^0、U^0T^0，就得到一宽一窄两个矩形；同理连续作出宽窄相间图形。

11.5.5 应用实例

已知房屋的立面图，以及主要轮廓的透视。作出房屋立面上门窗的透视。

图 11–42 中，设已作出房屋主要立面的透视。按要求作出立面图［图 11–42（a)］给出的门窗大小和位置，在墙面 $A^0B^0C^0D^0$ 上画出门窗的透视。将立面图［图 11–42（a)］上各部分宽度移到过点 B^0 的水平线上，得到 1、2、3…C_1，连接 C_1 和 C^0，并延长，使与 hh 相交于点 F_1。再从点 F_1 向 1、2、3…各点引直线，与 B^0C^0 相交得 1^0、2^0、3^0…点，由此作铅垂线，即为门窗左右边线的透视。

如果 A^0B^0 就是真高线，也就是说透视点 B^0 就是点 B 本身，那么，灭点 F_1 就是与 F_X 灭点相应的量点 M_X。

A^0B^0 既是真高线，那么就可把门窗的高度全部量取在 A^0B^0 上，然后向灭点 F_X 引直线，就得到门窗上下边线的高度。如 F_X 位置较远，为方便起见，可通过点 C_1 作铅垂线 C_1D_1，在其上定出门窗的高度，然后向 F_1 引直线与 C^0D^0 交得各点，再与 A^0B^0 上各高度点相连，就完成了门窗透视的全部作图，作图步骤略。

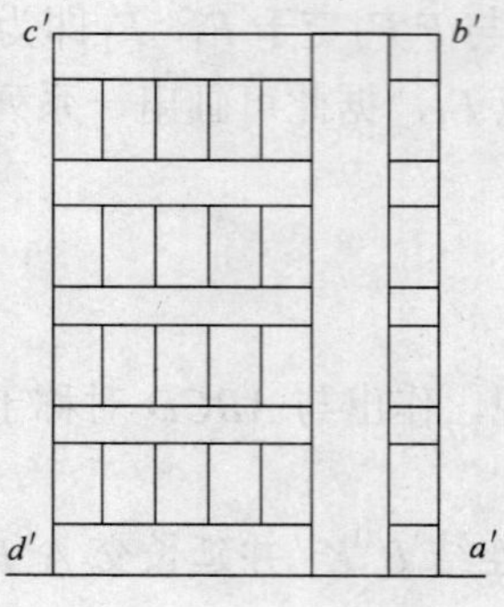

(a)

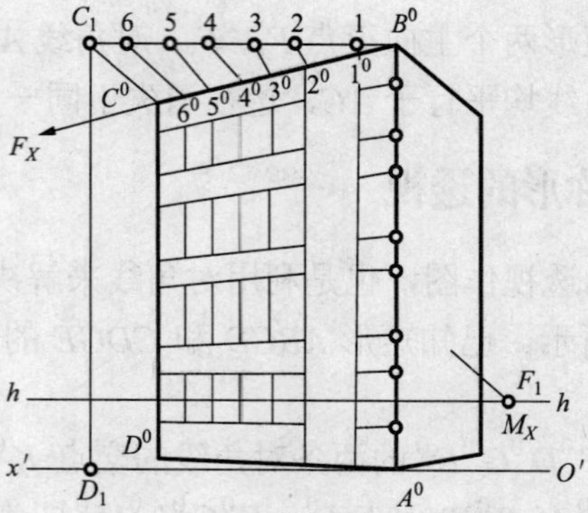

(b)

图 11–42 房立面窗的分格

（a）建筑物的立面图；（b）透视图立面上的分割

思考题

1. 什么是透视投影？
2. 透视投影与轴测投影有何不同？
3. 什么叫直线的灭点和迹点？如何确定与画面相交的直线的透视方向？
4. 如何求基面平行线和基面垂直线的透视投影？
5. 透视图分几类？怎样作出四棱柱的一点透视和两点透视？
6. 为什么相互平行的直线的透视相交于同一个灭点？水平线的灭点在什么地方？
7. 什么叫真高线？
8. 怎样作圆的透视？
9. 建筑师法和全线相交法有什么不同？
10. 量点法的作图原理是什么？
11. 如何用简捷的作图方法分割矩形？

第 12 章

标 高 投 影

本章主要介绍标高投影的基本知识，点、线、面、立体的标高投影的特性及作图方法。

土木工程中，对于不规则的地面、弯曲的道路等，不宜也不便采用前面介绍的各种投影方法来表达，为此，常用一组平行、等间距的水平面截切地面等，所得截交线均为水平曲线或直线，其上的各点都有相等的高度，故称为等高线。把这些等高线的水平投影标上高度数字，能够表示出地面的起伏变化。这种用水平投影与高度数字结合起来表达空间形体的方法称为标高投影法，所得的单面正投影图称为标高投影，如图 12–1 所示。由于标高投影是正投影，所以具有正投影的性质。

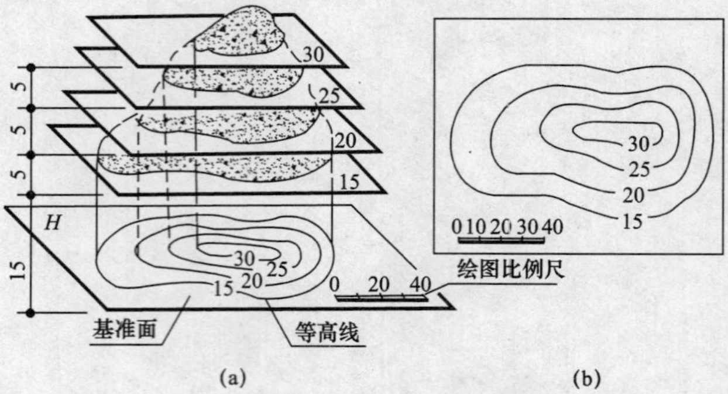

图 12–1　标高投影

（a）立体图；（b）标高投影

当水平面为黄海的平均海平面时，工程形体或地形等高线相对黄海的平均海平面的高度称为绝对标高，其尺寸单位以 m 计，一般注到小数点后两位，并且不需注写“m”。标高投影中还应画出绘图比例尺或给出绘图比例。

12.1　点、直线和平面的标高投影

12.1.1　点的标高投影

如图 12–2 所示，作出已知空间点 *A*、*B*、*C* 在 *H* 面上的正投影 *a*、*b*、*c*，并在点 *a*、*b*、*c* 的右下角，标注该点距 *H* 面的高度，所得水平投影 a_5、b_0、c_{-3} 为点 *A*、*B*、*C* 的标高投影。

在标高投影中，设水平基准面（本例是 H 面）的高度为零，如 b_0；当一点高于 H 面时，标高为正，如 a_5；低于 H 面时为负，在数字前加负（–）号，如 c_{-3}。图中并应画带有刻度的，水平方向的一粗一细的平行双线所表示的比例尺。

反之，根据一点的标高投影，就可确定该点在空间的位置。如由 a_5 点作垂直于 H 面的投射线，向上量 5m，即得 A 点。

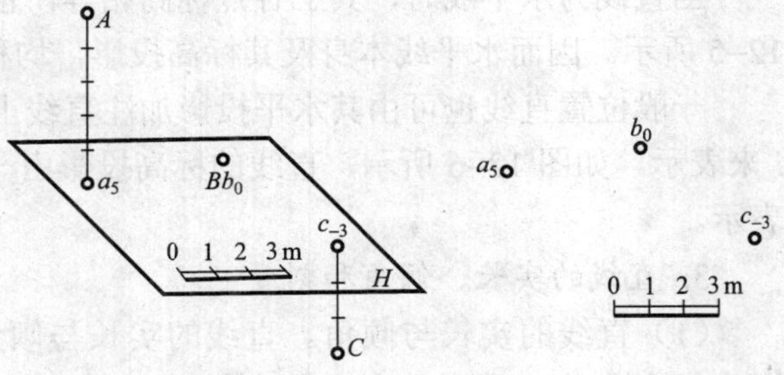

(a)　(b)

图 12–2　点的标高投影

（a）立体图；（b）标高投影

12.1.2　直线的标高投影

1. 直线的坡度和平距

直线上任意两点间的高度差 H 同其水平距离 L 之比，称为坡度，记为 i，如图 12–3 所示。也为直线对 H 面的倾角 α 的正切值 $\tan\alpha$。即坡度：

$$i=\frac{H}{L}=\tan\alpha=\frac{6}{9}=\frac{2}{3}=2:3$$

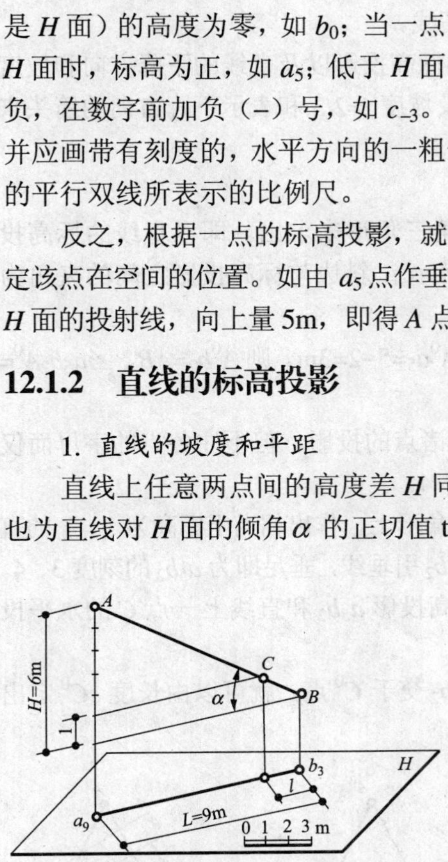

图 12–3　直线的坡度和平距

直线上任意两点 B 和 C 的高差为一个单位时的水平距离，称为该直线的平距，记为 l。

$$i=\frac{1}{l}=1:l\text{，或平距 }l=\frac{1}{i}$$

故平距 l 与坡度 i 互为倒数。坡度大，则平距小；坡度小，则平距大。直线坡度的大小是指直线对水平面倾角的大小。例如，i=1 的坡度大于 i=0.5 的坡度。

2. 直线的标高投影表示法

直线的标高投影，由它的水平投影加注直线上的两点的标高投影来表示，如图 12–4 中一般位置直线 AB、竖直线（H 面垂直线）CD 和水平线（H 面平行线）EF，它们的标高投影分别为 a_5b_2、c_5d_2 和 e_3f_3。

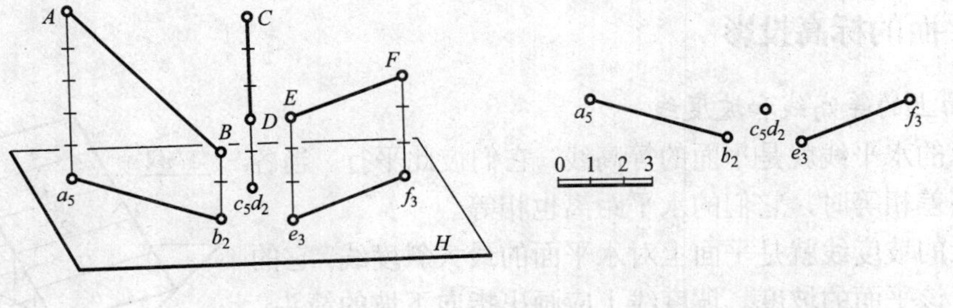

(a)　(b)

图 12–4　标高投影

（a）立体图；（b）标高投影

当直线为水平线时，其上各点标高相等，也可由其水平投影加注一个标高来表示，如图 12–5 所示。因而水平线本身及其标高投影，均称为等高线。

一般位置直线也可由其水平投影加注直线上一点的标高投影以及直线的下降方向和坡度 i 来表示。如图 12–6 所示，直线的标高投影由一点 a_5 及坡度 i=2/3 和表示下降方向的箭头来表示。

3. 直线的实长、倾角和刻度

（1）直线的实长与倾角。直线的实长与倾角由直角三角形来求出。即以直线的标高投影为一直角边，两点的高度差为另一直角边，斜边为实长；斜边与标高投影之间的夹角为倾角 α。

在图 12–7（a）中，如已知 a_5b_2，作 $A^0a_5 \perp a_5b_2$，取 A^0a_5=5–2=3m，则 $A^0b_2=AB$，$\angle a_5b_2A^0=\angle\alpha$。

（2）刻度。标高投影的刻度为直线上有整数标高的诸点的投影，但不注各点的字母而仅注各点的标高。如图 12–7（b）所示 a_5b_2 上仅注数字 3、4。

在图 12–7（b）中，如已知 a_5b_2，可在表示实长的三角形上，作出相当于标高为 3、4 的直线，3、4 平行于 a_5b_2，则由它们与斜边 b_2A^0 的交点，向 a_5b_2 引垂线，垂足即为 a_5b_2 的刻度 3、4。

【例 12–1】如图 12–7（b）所示，已知直线 AB 的标高投影 a_5b_2 和直线上一点 C 的水平投影 c，求 C 点的标高。

解：可在求刻度的图中，由 c 作 a_5b_2 的垂线，与 A^0b_2 交于 C^0 点，就可以由长度 cC^0 定出 C 点的标高为 3.5m。

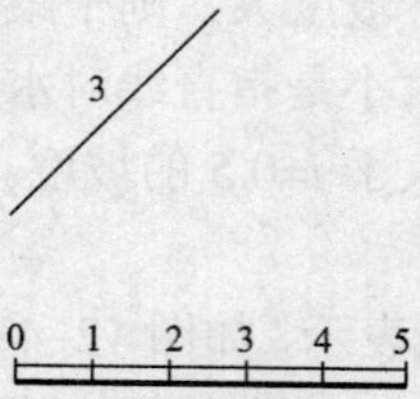

图 12–5 等高线

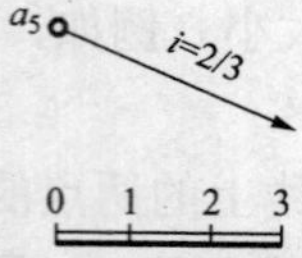

图 12–6 直线标高投影的表示

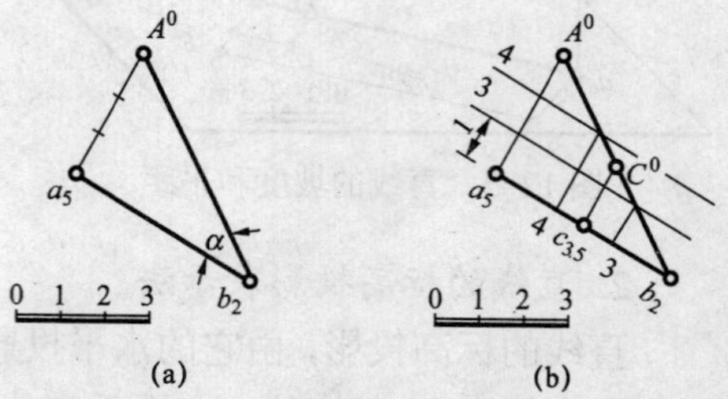

图 12–7 求直线的实长和倾角

（a）求实长；（b）求刻度和平距

12.1.3 平面的标高投影

1. 平面上的等高线和坡度线

平面上的水平线就是平面的等高线，它们彼此平行。当各等高线的高差相等时，它们的水平距离也相等。

平面上的坡度线就是平面上对水平面的最大斜度线，它的坡度代表了该平面的坡度。坡度线上应画出指向下坡的箭头。平面的坡度线与等高线互相垂直，它们的标高投影也互相垂直（图 12–8）。

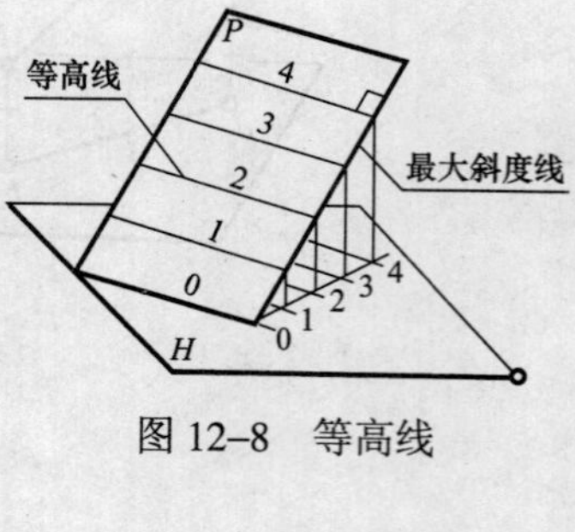

图 12–8 等高线

2. 平面的标高投影表示法

平面的标高投影，与正投影相同，可由不在一直线上的三个点，一直线和线外一点，两相

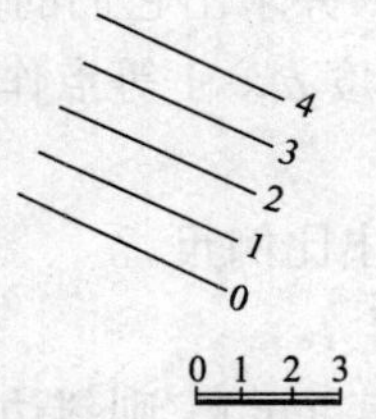

图 12-9 用一组等高线表示平面

交直线，两平行直线或其他平面图形表示。但在标高投影中，还有简化的特殊表示法：

（1）平面用一组等高线表示。如图 12-9 所示表示用高差为 1，标高从 0 到 4 的一组等高线表示平面。该平面的倾斜角度和平面的坡度都是确定的。

（2）平面用坡度比例尺表示。如图 12-10 所示，坡度比例尺就是平面上带有刻度的最大坡度线（最大斜度线）的标高投影，仍用一组平行的一粗一细的双线表示。因为平面的坡度就是平面上最大坡度线的坡度，并且最大坡度线与等高线互相垂直，所以根据坡度比例尺就可定出等高线来决定平面。

（3）平面由任意一条等高线和一条最大坡度线表示。如图 12-11 所示，该最大坡度线用注有坡度 i 和带有下降方向箭头的细直线表示。

（4）平面由任意一条一般位置直线和该面的最大斜度线表示。如图 12-12 所示，画出了平面上一条倾斜直线的标高投影 a_3b_{10}。因为平面上的坡度线不垂直于该面上的倾斜直线，所以在平面的标高投影中坡度线不垂直于倾斜直线的标高投影，把它们画成带有箭头的弯折线，箭头仍然指向下坡，并注有坡度。

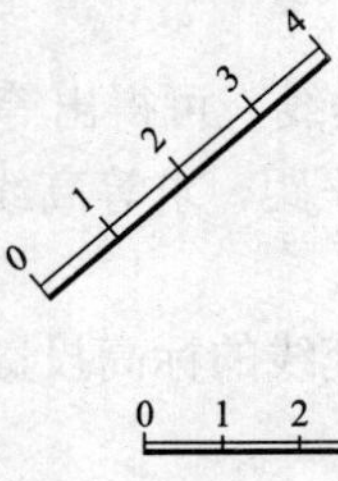

图 12-10 坡度比例尺

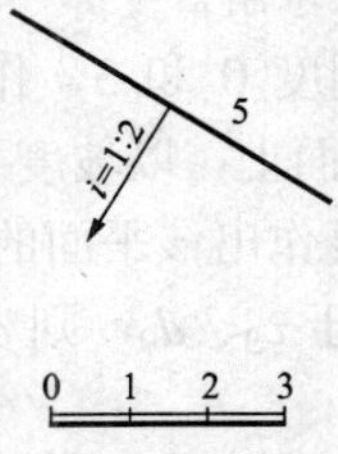

图 12-11 坡度线

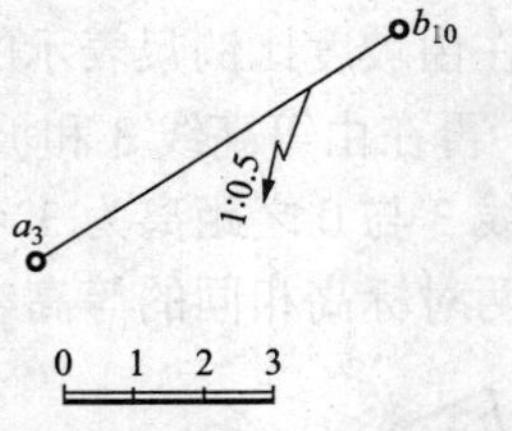

图 12-12 用倾斜线和坡度表示

（5）水平面标高的标注形式。在标高投影图中，水平面的标高，可用等腰直角三角形标注，如图 12-13（a）所示；可用标高数字外画细实线矩形框表示，如图 12-13（b）所示；也可用涂黑的等腰直角三角形标注，如图 12-13（c）所示。本章采用 12-13（c）所示的标注形式。

【例 12-2】如图 12-14 所示，已知平面上 A、B、C 三点的标高投影 a_0、b_4、$c_{1.5}$，求该平面的等高线、坡度比例尺、平距 l 和倾角 α。

图 12-13 水平面标高的标注形式

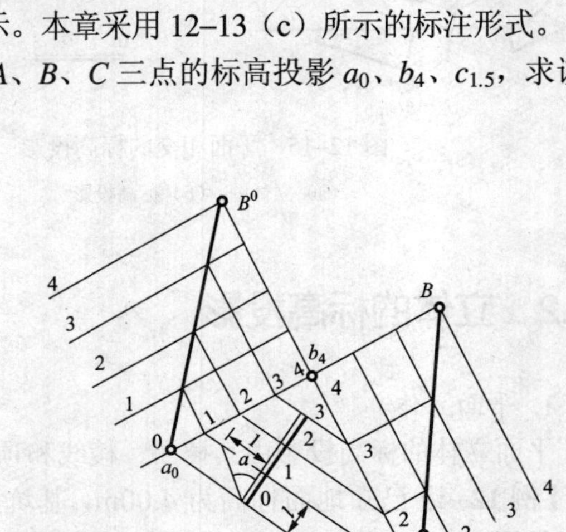

图 12-14 求平面的等高线、坡度比例尺及倾角

解：（1）作等高线。先任作两点连线如 AB（a_0b_4）和 BC（$b_4c_{1.5}$），并求出它们的刻度 2、3 等。然后把刻度相同的点相连，可得等高线 2、3 等；再由 a_0b_4 上刻度 a_0、1 等点作它们的平行线，又得等高线 0、1 等。

（2）作坡度比例尺。在任意适当位置，作等高线的垂线，即可画出比例尺。

（3）定平距。等高线间距 l 或坡度比例尺上刻度间距离，即为平距 l。

（4）求倾角。作一直角三角形，使两直角边分别为 l 和 1 单位长度（m），则斜边与坡度比例尺间的夹角 α 即为倾角

3. 平面的交线

在标高投影中，两平面的交线，就是两平面上两对相同标高的等高线相交后所得交点的连线。

如图 12–15 所示，平面 P 的坡度为 1:1.1，平面 Q 的坡度为 1:1.2，根据已知的绘图比例分别作出 P 和 Q 上标高数值相同的两条等高线 9 和 6，相同标高等高线的交点分别为点 a_9 和 b_6，直线 a_9b_6 即为两面交线的标高投影。

【例 12–3】如图 12–16 所示，已知两个平面的标高投影，其中一个由坡度比例尺 a_0b_4 表示，另一个由等高线 3 和坡度线表示，坡度为 1:2。求两平面交线的标高投影。

解：取两组标高为 0 和 3 的等高线来求解。

在由坡度比例尺表示的平面上，由刻度 0 和 3，作坡度比例尺的垂线，可得出等高线 0 和 3；再在由等高线 3 和坡度线表示的平面上，以坡度 1:2 的倒数 2 为平距，求等高线 0，则等高线 3 与 0 之距离为 3×2=6m，由之可作出该平面的等高线 0。

两对标高相同的等高线 3、0 分别交于 c_3、d_0，则 c_3d_0 即为两平面交线的标高投影。

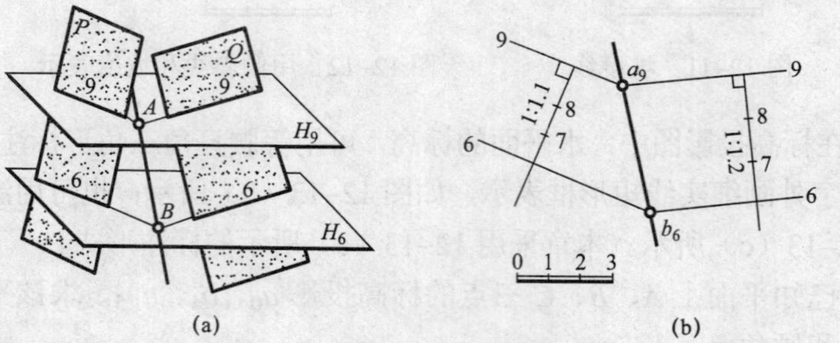

图 12–15 平面相交的标高投影

（a）立体图；（b）标高投影

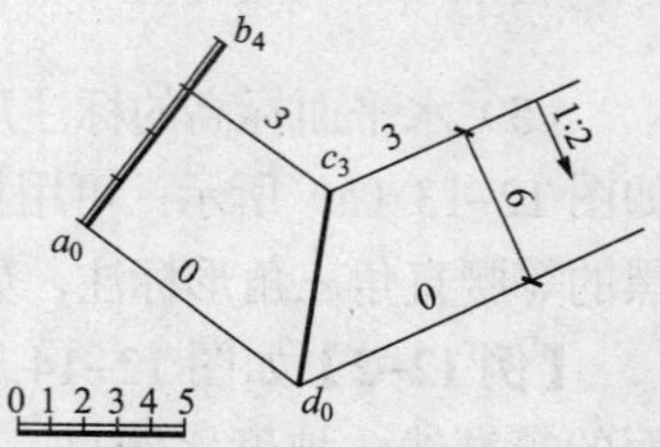

图 12–16 两平面的交线

12.2 立体的标高投影

1. 平面立体

平面立体的标高投影由其棱面、棱线和顶点的标高投影表示。

【例 12–4】已知地面标高为 4.00m，基坑底面标高为 1.00m；坑底形状和各开挖坡面的坡度如图 12–17（a）所示，求作各坡面间、坡面与地面的交线，并画出各坡面上部分示坡线。

解：由图 12–17（a）可知，基坑有 4 个坡面，等高线的最小标高均为 1.00m。4 个坡面

与地面相交，交线为等高线，且标高值均为4.00m。标高为1.00等高线与4.00等高线之间的水平距离L，可根据各坡面的计算得到，即：

$$H=3\text{m}，L_1=H/i_1=3\text{m}，L_2=H/i_2=4.5\text{m}，L_3=H/i_3=6\text{m}$$

基坑4个开挖坡面都是平面，相邻两坡面上标高相同的两等高线的交点，是两坡面的共有点，也是坡面交线上的点。因此分别连接地面线（标高为4.00）的交点与坑底（标高为1.00）边线的交点，即得四条坡面交线。最后，用细实线画出部分示坡线，它们与等高线垂直，且从标高为4.00的等高线画向标高为1.00的等高线（指向下坡）。如图12–17（b）所示。

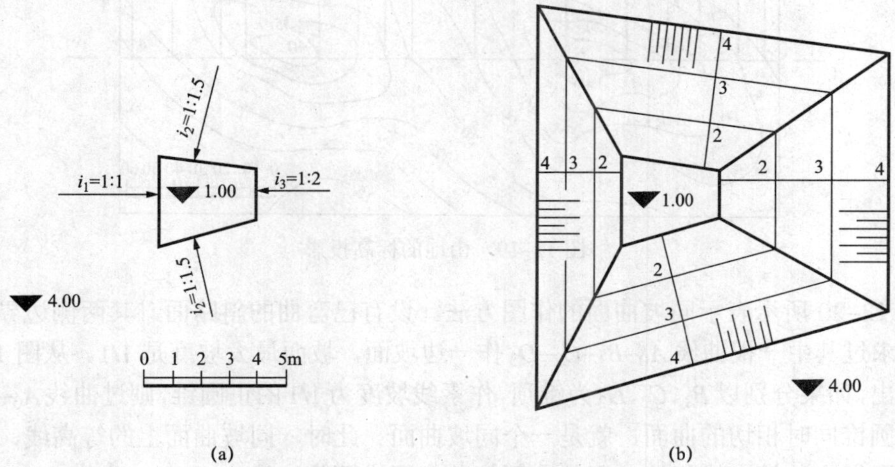

图12–17 求面面交线

（a）已知条件；（b）作图

2. 曲面立体

曲面立体的标高投影由其表面（曲面）的等高线表示。这组等高线，相当于一组水平面与曲面的交线。本节主要介绍土木工程中常见的圆锥面、地形图和同坡曲面的标高投影。

（1）圆锥面。如图12–18所示，为正圆锥和斜圆锥的标高投影。假设用一系列整数标高的水平面切割圆锥，把所得截交线的H投影注上相应标高值，得圆锥的一系列等高线。正圆锥标高投影的各等高线是同心圆，通过锥顶所引的锥面各素线，间距相等，如图12–18（a）所示。斜圆锥的标高投影各等高线是异心圆，过锥顶所引锥面各素线的间距不相等。间距最小的锥面素线就是锥面的最大斜度线［图12–18（b）］。

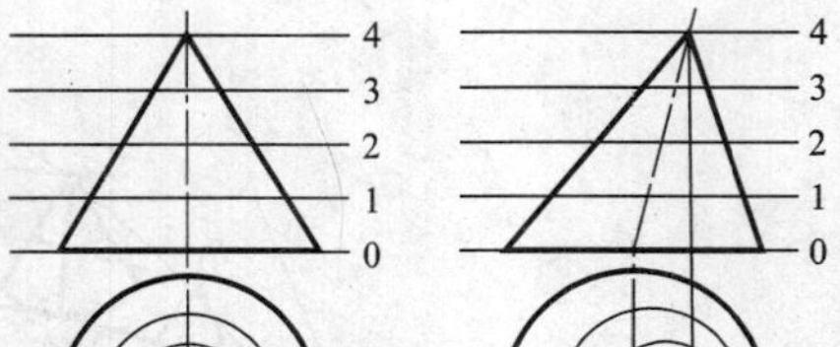

图12–18 圆锥的标高投影

（a）正圆锥；（b）斜圆锥

（2）地形图。对于形状不规则的曲面，如山地表面，以一系列整数标高的水平面与其相截，把所得的等高截交线投射到水平投影面上，得一系列不规则形状的等高线，注上相应的标高值，如图12–19下方是一个山地的标高投影图，称为地形图。上方是断面图，可以明显的表示断面处地面的起伏形状。

（3）同坡曲面。曲面上各处的坡度相同时，该曲面称为同坡曲面。正圆锥面、弯曲的路堤等都是同坡曲面。

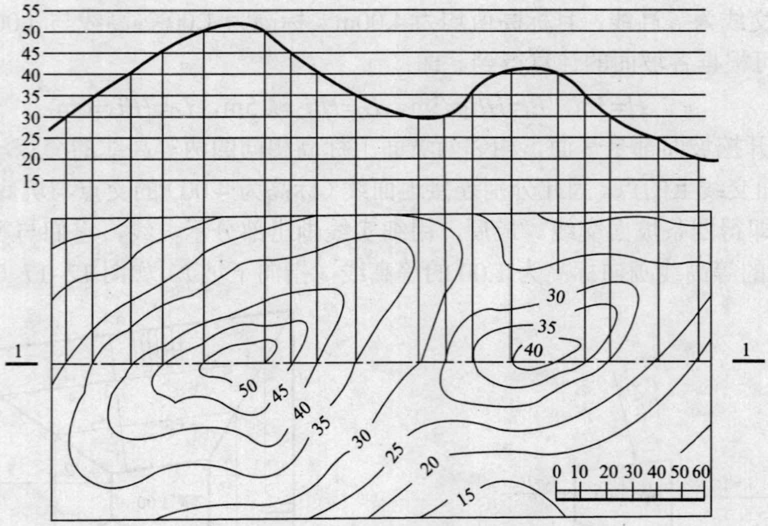

图 12–19 山地的标高投影

如图 12–20 所示表示同坡曲面的作图方法。设有已弯曲的斜路面，其两侧边界都是空间曲线。要求过其中一根曲线 A_0–B_1–C_2–D_3 作一边坡面，坡面最大坡度是 1/1。从图 12–20（a）中可以看出，如果分别以 B_1、C_2、D_3 为锥顶，作素线坡度为 1/1 的正圆锥，则过曲线 A_0–B_1–C_2–D_3 并与各正圆锥同时相切的曲面，就是一个同坡曲面。此时，同坡曲面上的等高线，与各正圆锥面上相同标高的等高线相切。同坡曲面与各正圆锥面的切线 B_1b_0、C_2c_0、D_3d_0，都是同坡曲面上的最大斜度线，它们的坡度都是 1/1。

在标高投影图上的作图方法如图 12–20（b）所示。

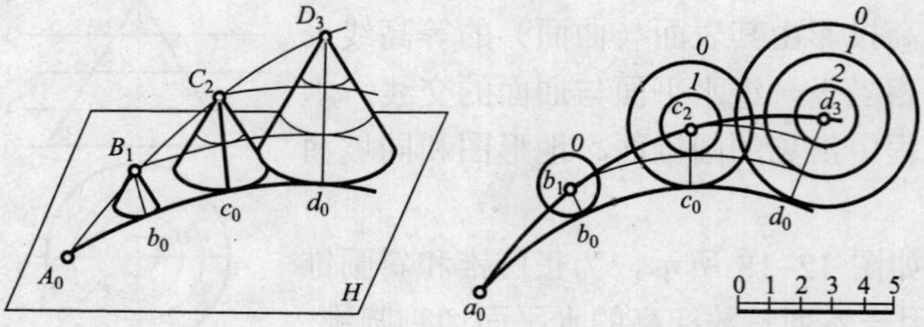

(a) (b)

图 12–20 求同坡曲面的作法

（a）立体图；（b）标高投影

【例 12–5】 已知同坡曲面上一条空间曲线的标高投影，曲线上 A 点的标高投影为 a_8，曲线的坡度 i_0=1:6。又知同坡曲面的坡度 i=1:2 和坡面的倾斜方向，如图 12–21（a）所示。试作出同坡曲面上整数标高的等高线。

解：

1）求出空间曲线上高差为 1m 的整数标高点之间的平距。

$$l_0 = \frac{1}{i_0} = \frac{1}{1/6} = 6\ \text{m}$$

根据已知的绘图比例尺可作出曲线上的点 b_7、c_6、d_5，如图 12–21（b）所示。

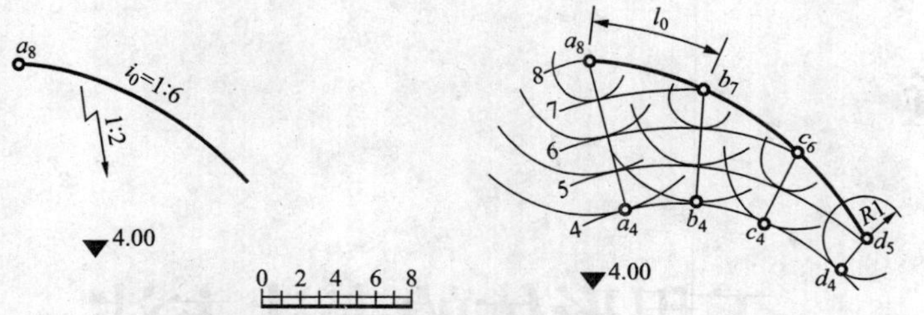

图 12–21 求同坡曲面上等高线

（a）已知条件；（b）作图

2）计算出同坡曲面上高差为 1m 的整数标高等高线之间的平距。

$$l=\frac{1}{i}=\frac{1}{1/2}=2\ \text{m}$$

以点 d_5、c_6、b_7、a_8 为圆心，分别以 l、$2l$、$3l$、$4l$ 为半径作同心圆，即为各圆锥面的等高线。

3）作各圆锥面上相同标高的等高线（圆）的公切线（包络曲线），即为同坡曲面上相应标高的等高线 4、5、6、7。同一圆锥面上各切点的连线为圆锥面与同坡曲面的切线，也是同坡曲面的坡度线，如图 12–21（b）中 a_8a_4、b_7b_4、c_6c_4 等。

【例 12–6】如图 12–22 所示，已知地面的等高线及一水坝的圆弧形坝顶的标高投影。填坡的 i=3∶2；并知坝的断面 A–A 和水面的标高 132.5m。完成标高投影。

解：先作出坝坡的等高线，为半径差等于平距 l=2/3 的同心圆弧，再求出它们与地面标高等高线的交点，即可连得坝坡与地面的交线。图中作出了处于地面等高线 130m 及 135m 之间的水面与地面的交线 132.5m，实为地面上标高为 132.5m 的等高线。

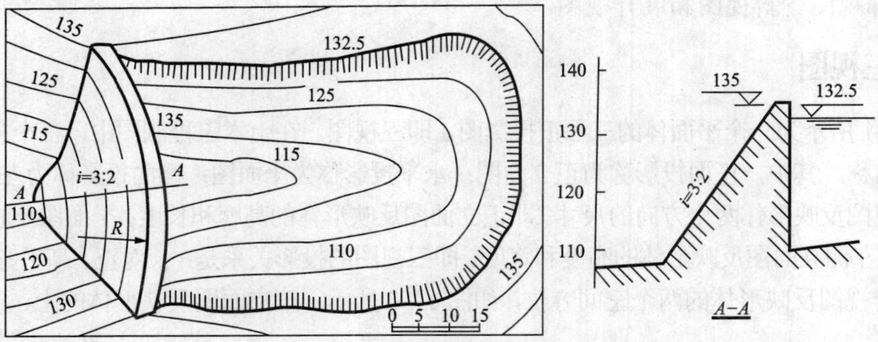

图 12–22 水坝的标高投影

思 考 题

1. 什么是标高投影？
2. 什么是直线的平距和坡度？两者之间有什么关系？
3. 平面的标高投影有几种表示法？
4. 在标高投影图上如何作出两平面的交线？
5. 如何作出同坡曲面上的等高线？

第 13 章

工程形体的表达方法

本章主要介绍了形体视图的形成和画法相关规定；剖面图和断面图的形成、分类和绘制要求；工程中常用的一些简化画法；工程形体的尺寸标注以及如何绘制和阅读工程图。

实际工程形体的形状和结构往往是比较复杂的，为了正确、完整、清晰、规范地将物体的内外形状表达出来，国家相关制图标准规定了各种画法，如视图、剖面、断面、简化画法等，本章将逐一举例进行介绍。

13.1 视图

工程中常把形体在某个投影面上的投影称为视图。视图通常有三视图、基本视图、镜像视图、局部视图、斜视图和展开视图。

13.1.1 三视图

图 13–1 所示为一个平面体的三面正投影图，即三视图。在土木工程制图中，三个视图又分别有各自的名称。其中，正面投影称为正立面图；水平投影称为平面图；侧面投影称为左侧立面图。

每个视图反映形体两个方向的尺寸。即正立面图反映形体的高度和长度；平面图反映形体的长度和宽度；左侧立面图反映形体的高度和宽度。即三视图的投影关系是：长对正、高平齐、宽相等。

每一个视图反映形体的两个空间方位，如图 13–2 所示，正立面图反映形体的上、下和左、右

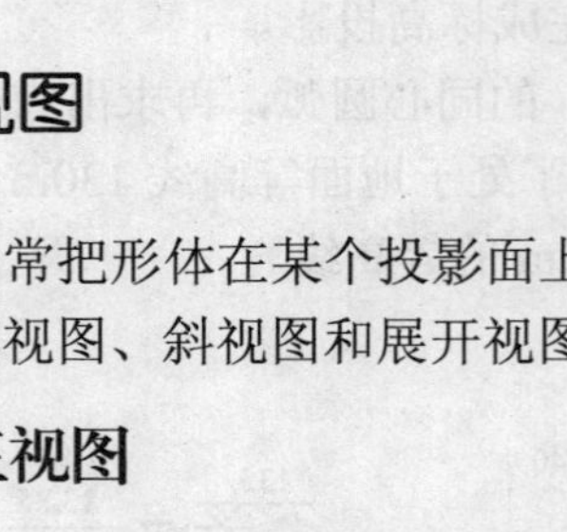

图 13–1　三视图

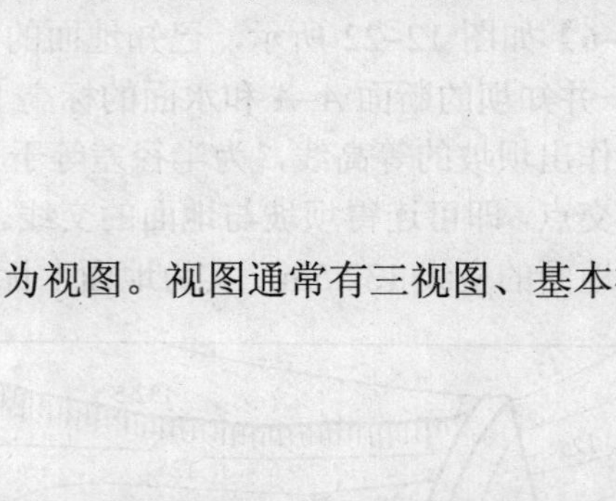

图 13–2　三视图的方位

方位；平面图反映形体的前、后和左、右方位；左侧立面图反映形体的上、下和前、后方位。

13.1.2　基本视图

对于较为复杂的工程形体，三视图往往不能满足需要，则需要增加新的投影面，画出新的视图来表达。即在三视图的基础上，再增加三个分别平行于 H、V、W 面的新投影面 H_1、V_1 和 W_1，这样，就形成了六个投影面和六个视图，通常称为基本投影面和基本视图。如图 13–3（a）所示，是六个视图的投影方向，图 13–3（b）是形体的投影面展开的方法。展开后六个视图的配置关系和视图名称见图 13–4。

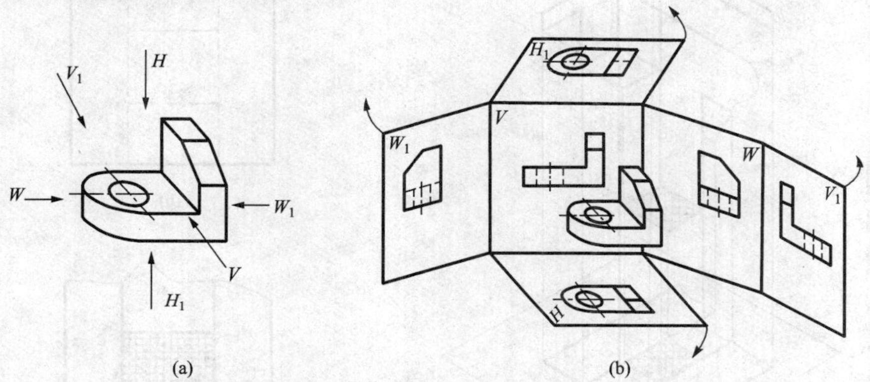

图 13–3　六个基本视图的形成及展开方法

基本视图的投影对应关系，符合“长对正、高平齐、宽相等”的投影关系（图 13–4）。即正立面图、平面图、底面图、背立面图等长；正立面图、左侧立面图、右侧立面图、背立面图等高；左侧立面图、右侧立面图、平面图、底面图等宽的“三等”关系。

基本视图的方位对应关系，仍然反映物体的上、下、左、右、前、后的位置关系。

在实际工作中，当在同一张图纸上绘制同一个物体的若干个视图时，为了合理地利用图纸可以将各个视图的位置按照图 13–5 的顺序进行配置。此时，每个视图均应标注图名，图名宜写在视图的下方或一侧，并在图名下用粗实线绘一条横线，其长度以图名所占长短为准。使用详图符号作图名时，符号下不再画线。

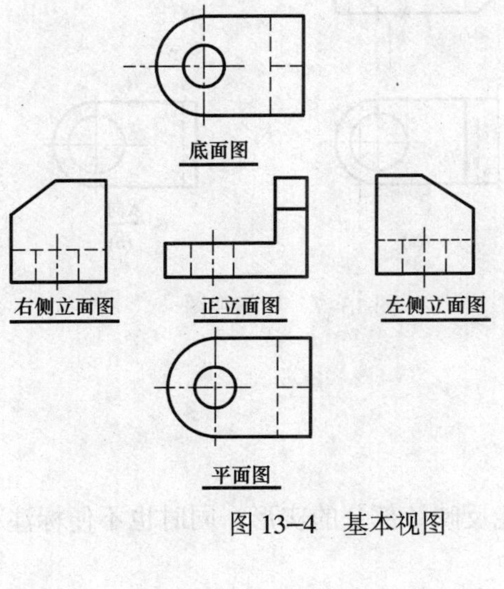

图 13–4　基本视图

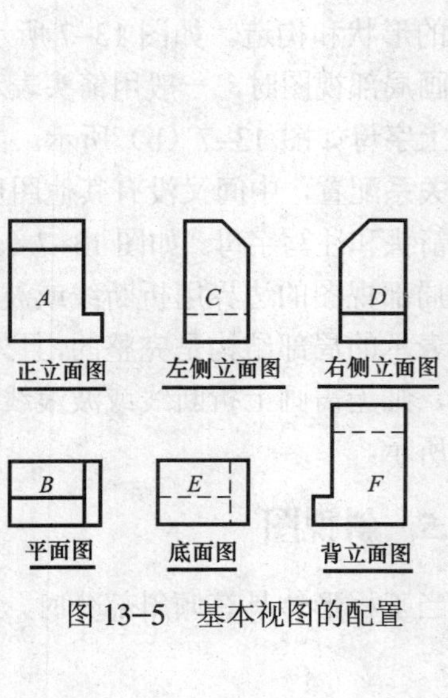

图 13–5　基本视图的配置

13.1.3 镜像视图

在房屋建筑图中一般不采用底面图，但有些建筑物如梁、柱在楼板的下面。其平面图，用虚线画出，如图 13–6（b）所示，这样虚线太多，图形显得杂乱，会给读图带来不便。如果把镜面放在物体的下面，代替水平投影面，梁、柱等在镜面中反射得到的图像，称为镜像视图。该视图和平面图形状相同，但虚实线变化了。图名为“平面图（镜像）”，如图 13–6（c）所示。

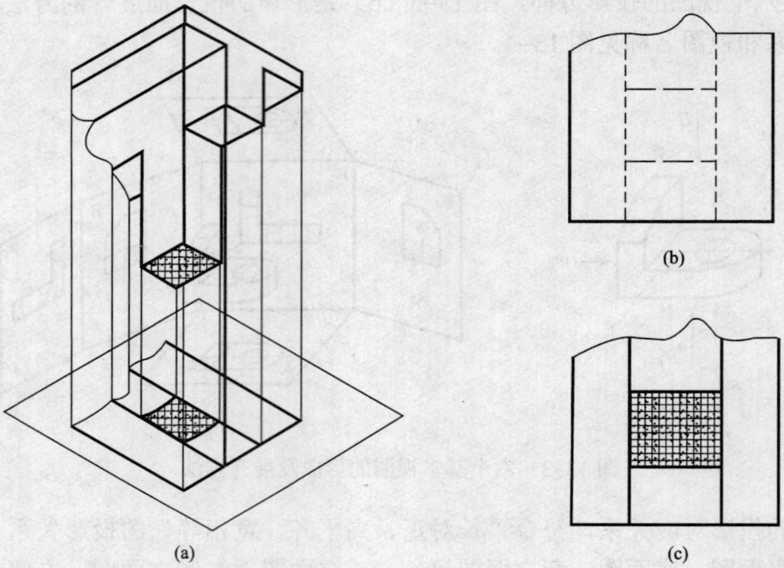

图 13–6 镜像视图

（a）垂直映像；（b）平面图；（c）平面图（镜像）

13.1.4 局部视图

将物体的某一部分向基本投影面投射所得的视图称为局部视图。局部视图只表达物体某个局部的形状和构造。如图 13–7 所示。

画局部视图时，一般用箭头表示观看方向，并注上字母如图 13–7（b）所示。当局部视图按投影关系配置，中间又没有其他图形隔开时，不必画箭头和注写字母。如图 13–7（a）的平面图。

局部视图的边界用折断线或波浪线表示，但当所表示的局部结构是完整的，且外形轮廓线封闭时，则无需画上折断线或波浪线，如图 13–7（b）所示。

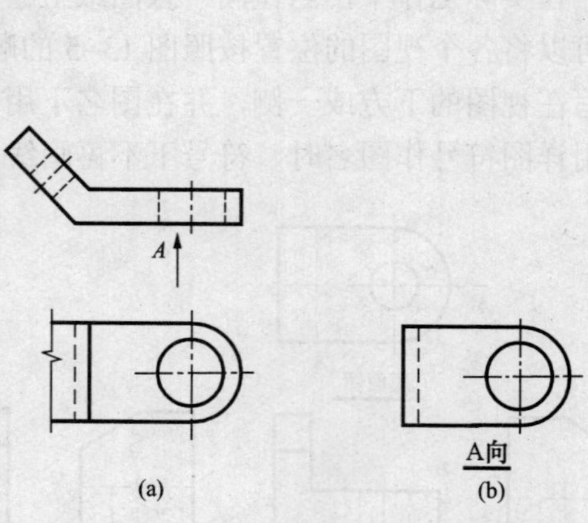

图 13–7 局部视图

13.1.5 斜视图

当工程形体具有倾斜部分时，在基本视图上就不能反映该部分的实形，同时也不便标注其倾斜结构的尺寸。为此，可加设一个与该倾斜部分平行的投影面并进行投影，即可得到反映其实形的视图。这种将物体向不平行于任何基本投影面的平面投影所得的视图称为斜视图。如图 13–8 所示。

斜视图必须进行标注，其标注方法与局部视图相同。斜视图可布置在箭头所指的方向上，如图 13–8（a）所示。也可布置在紧靠该箭头所指的平面上，如图 13–8（b）所示。必要时允许将斜视图的图形平移至适当位置，也可将图形旋转至水平位置，但必须在图名后加注“旋转”，如图 13–8（c）所示。应注意，不论斜视图如何配置，指明投影方向的箭头一定垂直于被表达的倾斜部分，而字母按水平位置书写。

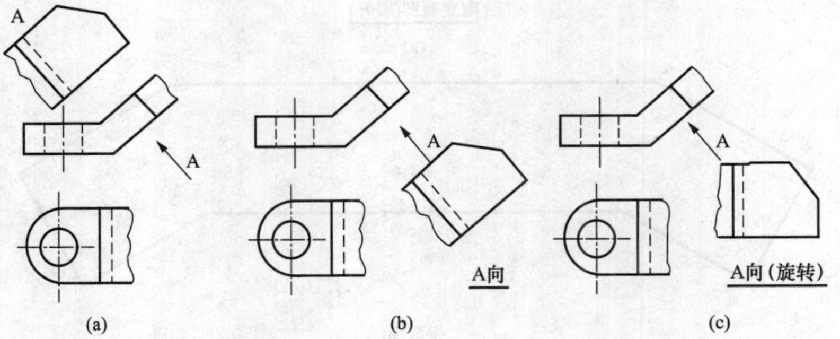

图 13–8　斜视图

斜视图只要求表达出倾斜部分的图形，边界线以波浪线或折断线断开，而其余部分仍在基本视图中表示。

13.1.6　展开视图

当形体上具有倾斜部分时（如图 13–9 的左右两侧是倾斜的），也可采用展开视图反映该部分的实形。

图 13–9　带有倾斜侧翼的某办公楼

把图 13–9 所示房屋的平面图中［图 13–10（b）］左右两边的倾斜部分旋转到与中间部分同一平面内，然后作房屋的正立面图，即得到此房屋的展开视图。展开视图的配置与基本视图的配置相同，但是必须在图名后加注“展开”，如图 13–10（a）所示。

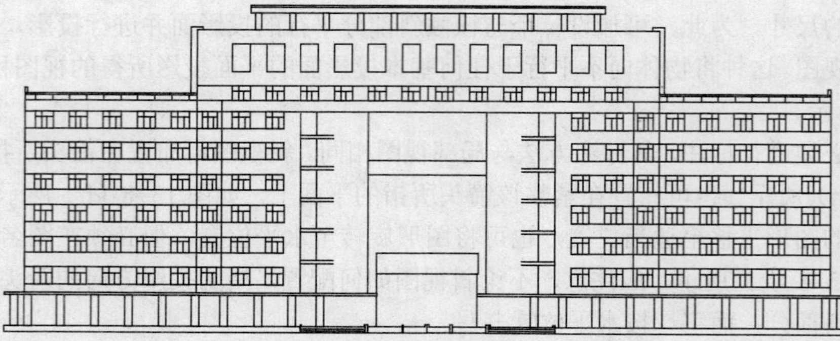

南立面图(展开)

(a)

平面图

(b)

图 13–10 房屋展开视图

(a) 南立面图（展开）；(b) 房屋平面图

13.2 剖面图

物体上不可见部分的投影，在视图中是用虚线表示的。若物体的内部结构较复杂，在视图中就会出现很多虚线，这些虚线往往与其他线条重叠在一起而影响图形的清晰，不便于看图及标注尺寸，因此，采用剖面图来表达物体。

13.2.1 剖面图的形成

假想用一剖切面在形体的适当位置将形体剖开，移去观察者和剖切面之间的部分，将剩余部分向投影面投影，所得的投影图称为剖面图（简称为剖面）。如图 13–11 所示，采用侧平面作为剖切面，在台阶的对称平面处假想将它剖开，移去左面部分，从而在左侧立面图上得到剖面图。这样原来不可见的台阶轮廓线在剖面图上成为可见的部分，画成实线。由此可见，剖面图主要用于表达形体内部或被遮盖部分的形状。

13.2.2 剖面图的剖切表示

1. 剖切位置

形体的剖切平面位置应根据表达的需要来确定。一般应使剖切平面通过形体内部孔、洞、槽等的对称面或轴线，且使其平行于某一投影面，以便使剖切后的孔、洞、槽的投影反映实形。则剖切平面在所垂直投影面上的投影积聚成一直线，这一直线表明了剖切平面的位置，称为剖切位置线，简称剖切线。剖切线用断开的两段短粗实线表示，长度宜为 6～10mm，并且不能与图中的其他图线相交或重合，如图 13–12、图 13–13 所示。

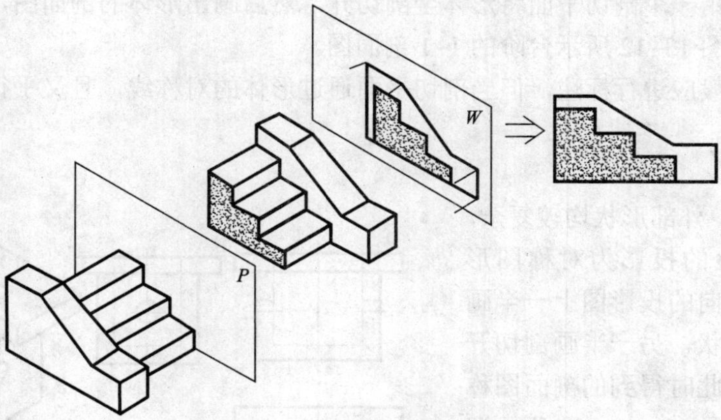

图 13–11　剖面图的形成

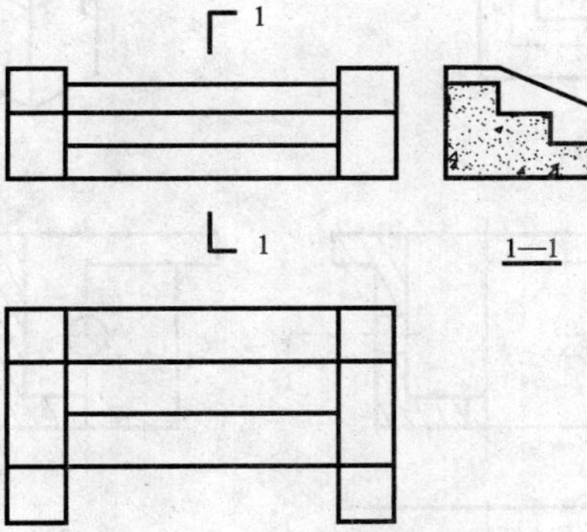

图 13–12　台阶的三面投影图

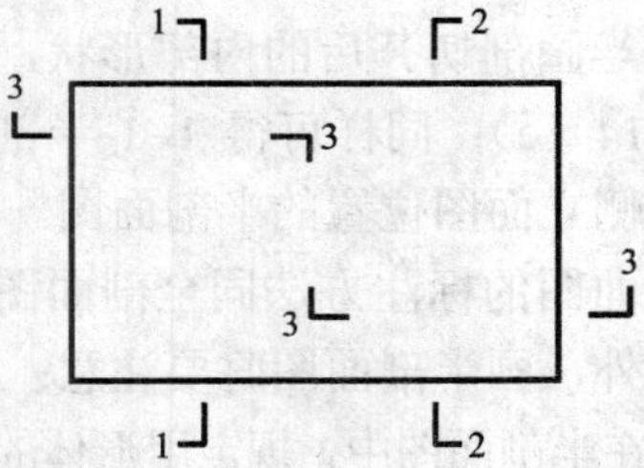

图 13–13　剖面图的标注

2. 剖视方向

画剖面图时，在剖切线两端的同侧各画一段与它垂直的短粗实线，称为剖视方向线，简称视向线。其长度宜为 4～6mm，表示观看方向为朝向这一侧。如图 13–12、图 13–13 所示。

3. 编号

剖切符号的编号宜采用阿拉伯数字，水平地注写在视向线的端部。在剖面图的下方应注写与编号对应的图名。如图 13–12 中的 1–1 剖面。需要转折的剖切位置线，应在转角的外侧加注与该符号相同的编号。如图 13–13 中的 3–3 标注。

4. 材料图例

在剖面图中，剖切平面与形体的接触部分，称为断面，在断面图上要画上材料图例（各种材料图例见表 1–8）。当不注明材料种类时，可用等间距、同方向的 45° 细实线表示。如图 13–12 所示的断面是混凝土材料。

13.2.3　剖面图的剖切方式

画剖面图时，可以根据形体的不同形状特点采用如下几种处理方式：

1. 全剖面图

对于不对称的工程形体，或虽然对称但外形较简单，或在另一投影中已将其外形表达清楚时，可以假想用一个剖切平面将形体全剖切开，然后画出形体的剖面图，这样的剖面图称为全剖面图，如图 13–12 所示台阶的 1–1 剖面图。

全剖面图一般应进行标注，但当剖切平面通过形体的对称线，且又平行于某一基本投影面时，可不标注。

2. 半剖面图

当形体的内、外部形状均较复杂，且在某个方向上的投影为对称图形时，可以在该方向的投影图上一半画未剖切的外部形状，另一半画剖切开后的内部形状，此时得到的剖面图称为半剖面图。如图 13–14（a）所示沉井，其正立面图是对称图形，可假想用一正平面作剖切平面，沿沉井的前后对称线剖开，然后在正立面图上，以对称线为界，一半画沉井的外部形状，另一半画剖切开后的内部形状，如图 13–14（c）；同样可得 1–1 半剖和位于左侧立面图位置的半剖面图。

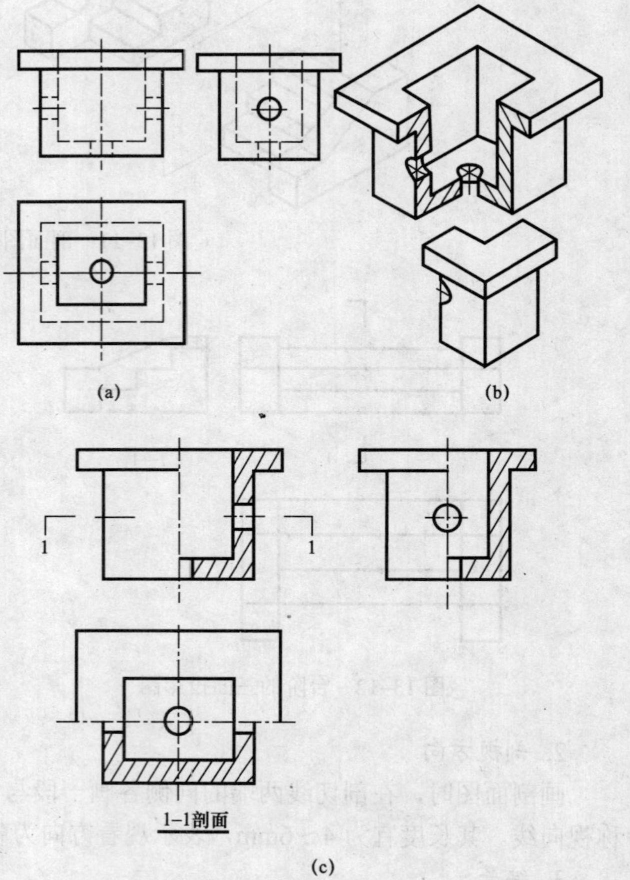

图 13–14　沉井的半剖面图

半剖面图的标注方法同全剖面图一样。另外，画半剖面图时要注意：

（1）在半剖面图中，规定用形体的对称线（或细点画线）作为剖面图和外形视图的分界线。

（2）半剖面图中的半个剖面图通常画在图形的垂直对称线的右方或水平对称线的下方。

（3）由于在剖面图一侧的图形已将形体的内部形状表达清楚。因此，在未剖一侧不应再画表达内部形状的虚线。

（4）对于同一图形来说，所有剖面图的建筑材料图例要一致。

3. 局部剖面图

当形体某一局部的内部形状需要表达，但又没必要作全剖或不适合作半剖时，可以保留原投影图的大部分，用剖切平面将形体的局部剖切开而得到的剖面图称为局部剖面图。如图 13–15 所示的杯形基础，在其正立面图的位置上为全剖面图，其断面上详细表达了钢筋竖直方向的位置，所以在画平面图时，保留了该基础的大部分外形，仅将其一角画成剖面图，反映内部在水平方向的配筋情况。

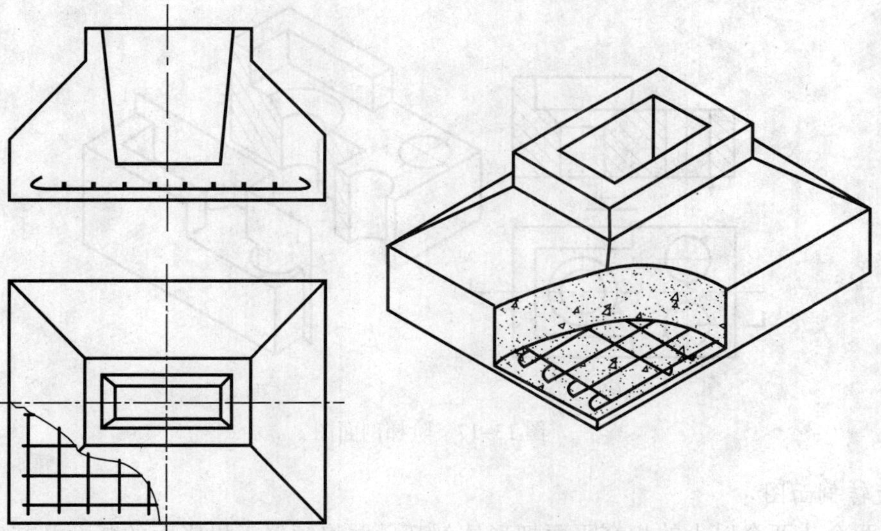

图 13–15　杯形基础的局部剖面图

4. 分层局部剖面图

图 13–16 表示应用分层局部剖面图，反映地面各层所用的材料和构造的做法，多用来表达房屋的楼面、地面、墙面和屋面等处的构造。分层局部剖面图应按层次以波浪线将各层分开，波浪线也不应与任何图线重合。

局部剖面图一般不需标注，但局部剖面图与投影图之间要用波浪线隔开。需要注意的是，波浪线不能与投影图中的轮廓线重合，也不能超出图形的轮廓线。

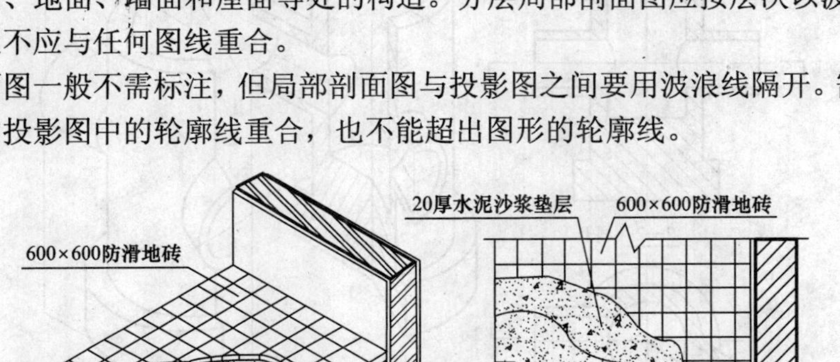

图 13–16　分层局部剖面图

5. 阶梯剖面图

当形体上有较多的孔、槽等内部结构，且用一个剖切平面不能都剖到时，则可假想用几个互相平行的剖切平面，分别通过孔、槽等的轴线将形体剖开，所得的剖面图称为阶梯剖面图，如图 13–17 所示。

在阶梯剖面图中，不能把剖切平面的转折平面投影成直线，并且要避免剖切平面在图形轮廓线上转折。阶梯剖面图必须要进行标注，其剖切位置的起、止和转折处都要用相同的阿拉伯数字标注，如图 13–17 所示。

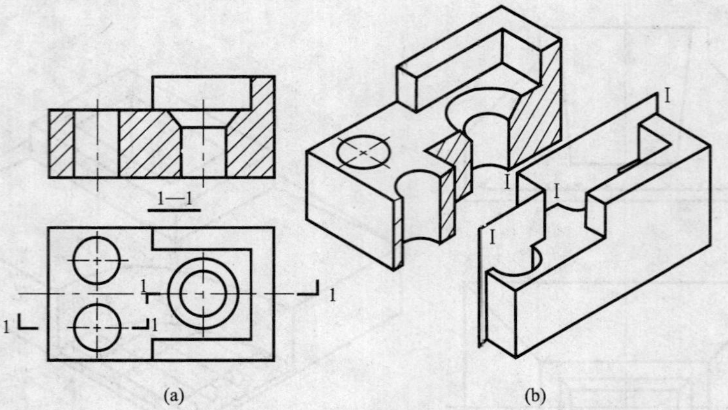

图 13-17 阶梯剖面图

6. 旋转剖面图

采用两个或两个以上的相交平面把形体剖开，并将倾斜于投影面的断面及其所关联部分的形体绕剖切面的交线旋转到与基本投影面平行后再进行投影，所得的剖面图称为旋转剖面图，如图 13-18 所示。

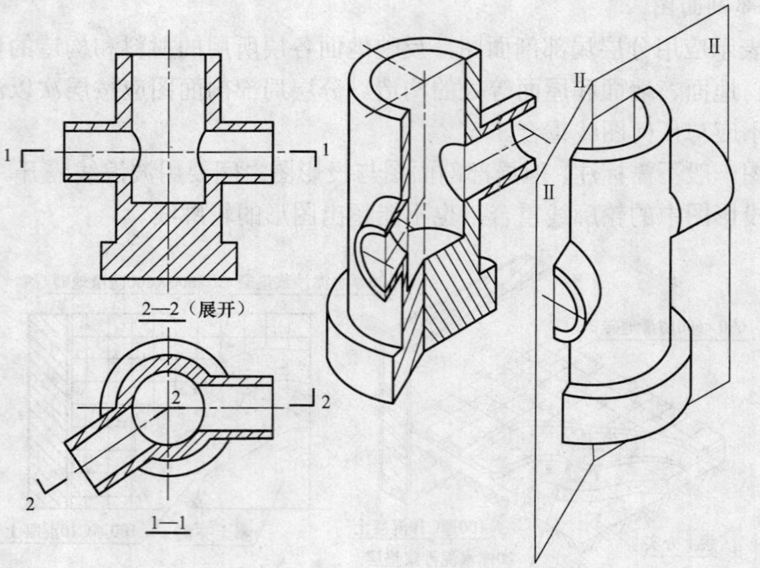

图 13-18 旋转剖面图

旋转剖面图的标注与阶梯剖面图相同，并在剖面图的图名后加注“展开”字样，如图 13-18（a）的 2-2 剖面图。

13.2.4 画剖面图的注意事项

（1）由于剖切是假想的，因此当形体的一个视图画成剖面图后，其他视图仍应完整地画出。若在一个形体上作几次剖切时，每次剖切都应认为是对完整形体进行的，即与其他的剖切无关。根据物体内部形状、结构表达的需要，可把几个视图同时画成剖面图，它们之间相互独立，互不影响。

（2）剖切平面一般应通过物体的对称面或通过内部的孔、槽等结构的轴线和对称中心线，以便反映结构实形。剖切时，要避免产生不完整要素或不反映实形的截断面。

（3）剖面图中已表达清楚的物体内部形状，在其他视图中投影为虚线时，一般不必画出；但对没有表示清楚的内部形状，仍应画出必要的虚线。

（4）基本视图配置的规定同样适用于剖面图，即剖面图既可按投影关系配置在与剖切符号相对应的位置，必要时也允许配置在其他适当的位置。

（5）在同一形体的各图中，各剖面图上的剖面线方向及间距应一致。

（6）画剖面图时，被剖切面切到部分的轮廓线用粗实线绘制，未切到、但可以看到的部分，用中实线绘制。初学时往往容易漏画的一些线条，必须给予特别注意，如图 13–19（c）所示。

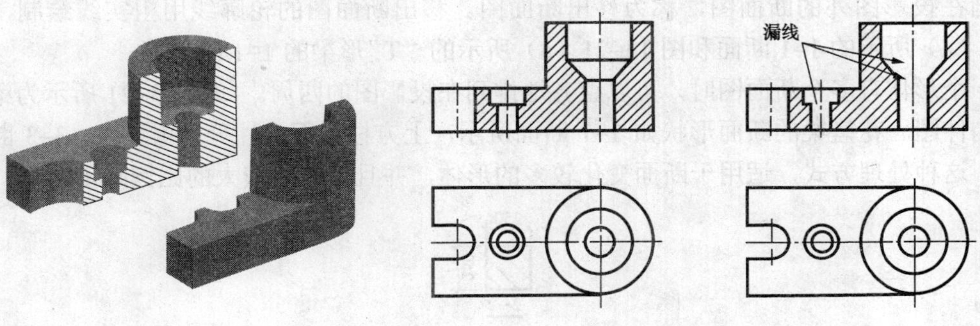

(a)　(b)　(c)

图 13–19　不要漏画剖切平面后面的可见轮廓线

13.3　断面图

13.3.1　断面图的形成

如上节所述，用一个剖切平面将形体剖开之后，剖切平面与形体接触的部位称为断面。如果把这个断面投影到与它平行的投影面上，所得到的投影，表示出断面的实形，称为断面图，如图 13–20 所示的 1–1 断面。与剖面图一样，断面图也是用来表示形体的内部形状的。但剖面图与断面图又存在一定的区别：

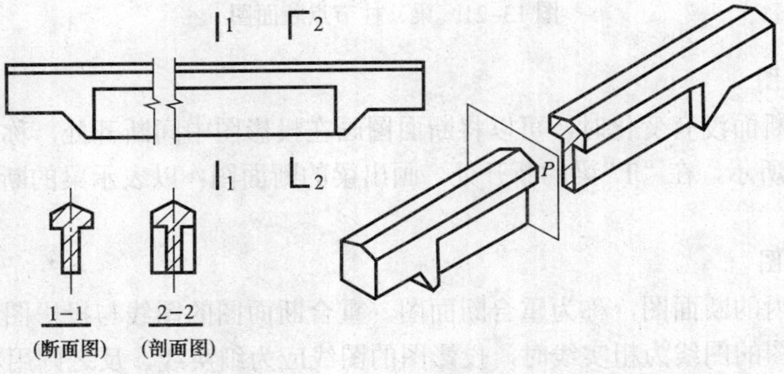

(a)　(b)

图 13–20　剖面图与断面图的区别

（1）断面图只画出形体被剖开后断面的投影，是面的投影。而剖面图要画出形体被剖开后整个余下部分的投影，是体的投影。

（2）剖切符号的标注不同。断面图的剖切符号只画出剖切位置线，不画投射方向线，而是用编号的注写位置来表示剖切后的投射方向。如编号写在剖切位置线下侧，表示向下投射；注写在左侧，表示向左投射。

（3）剖面图中的剖切平面可转折，断面图中的剖切平面则不能转折。

13.3.2 断面图的画法

1. 移出断面图

画在投影图外的断面图，称为移出断面图。移出断面图的轮廓线用粗实线绘制，如图 13–20（a）所示的 1–1 断面和图 13–21（a）所示的“T”形梁的 1–1 断面等。

一个形体有多个断面图时，可以整齐地排列在投影图的四周。如图 13–21 所示为梁、柱节点构件图。花篮梁的断面形状如 1–1 断面所示，上方柱和下方柱分别用 2–2、3–3 断面图表示。这种处理方式，适用于断面变化较多的形体，并且往往用较大的比例画出。

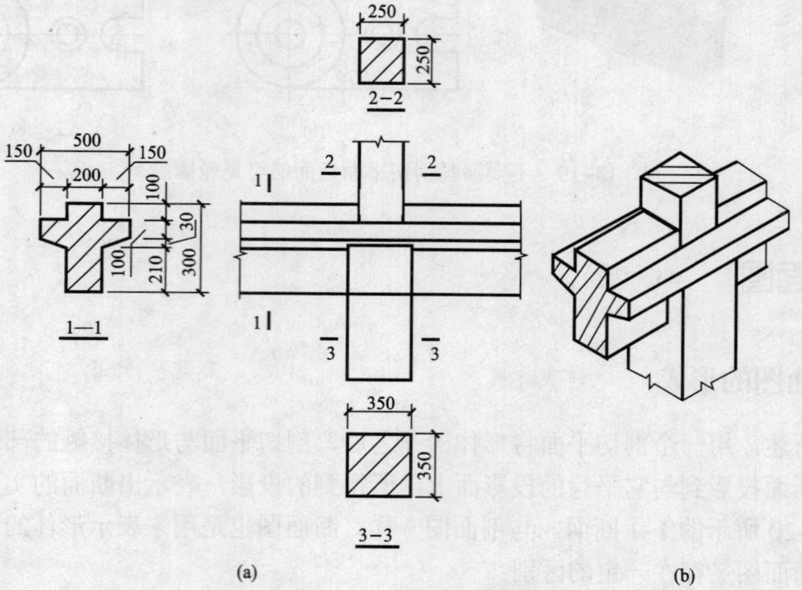

图 13–21 梁、柱节点断面图

2. 中断断面图

形体较长且断面没有变化时，可以将断面图画在投影图中间断开处，称为中断断面图。如图 13–22（b）所示，在“T”梁的断开处，画出梁的断面图，以表示梁的断面形状。这样的断面图不需标注。

3. 重合断面图

画在投影图内的断面图，称为重合断面图。重合断面图的图线与投影图的图线应有所区别，当重合断面图的图线为粗实线时，投影图的图线应为细实线，反之则用粗实线。

如图 13–23（a）所示，可在墙壁的正立面图上加画断面图，比例与正立面图一致，表示墙壁立面上装饰花纹的凹凸起伏状况。图中右边小部分墙面没有画出断面，以供对比。这种断面是假想用一个与墙壁立面相垂直的水平面作为剖切平面，剖开后向下旋转到与立面重合的位置得出来的。这种断面图也不需标注。

如图 13–23（b）所示为屋顶平面图，是假想用一个垂直屋脊的剖切平面将屋面剖开，然后将断面向左旋转到与屋顶平面图重合的位置得出来的。

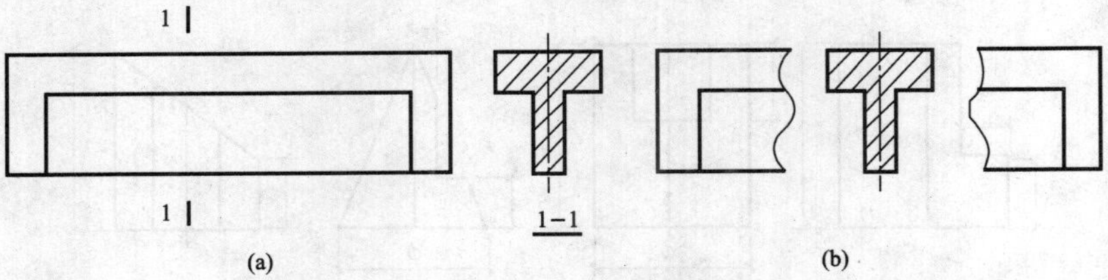

图 13–22　断面图

（a）移出断面；（b）中断断面

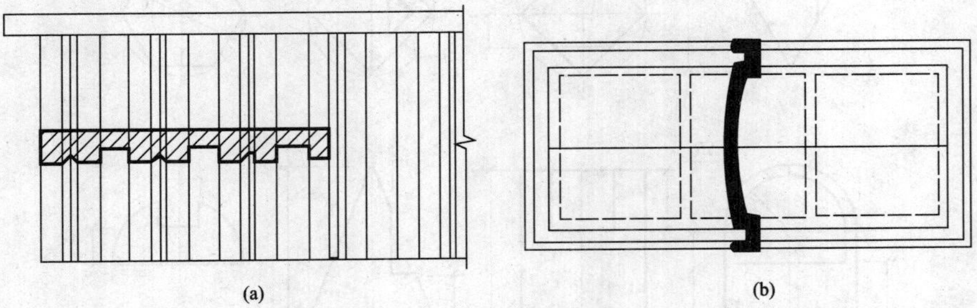

图 13–23　重合断面图

13.4　尺寸标注

形体的投影图虽然已清楚地表达了形体的形状和各部分的相互关系，但还需要标注尺寸表示形体的大小和各部分的相互位置。

尺寸是施工的重要依据，尺寸标注的要求是：准确、完整、清晰。准确是指投影图上标注的尺寸应符合制图国家标准中关于尺寸标注的基本规定；完整是指这些尺寸标注可以唯一地确定形体的形状、大小及各部分的相互位置；清晰是指标注的所有尺寸在投影图中的位置明显、整齐、有条理，并符合施工的要求。为此，在标注尺寸时，要考虑两个问题：一是形体上应标注哪些尺寸，二是尺寸应标注在投影图的什么位置。

13.4.1　基本形体的尺寸标注

要掌握工程形体的尺寸标注，必须先了解基本形体的尺寸标注方法。对于基本形体，一般只标注长、宽、高尺寸，但由于各自的形状不同，也采用了一些不同的标注方法。如球体只用一个视图，标为 $S\phi15$ 即可，其中 S 表示球体，ϕ 表示直径，15 是直径大小数字。圆柱、圆锥也可用一个主视图，并注上高度和直径即可。标注示例如图 13–24 所示。

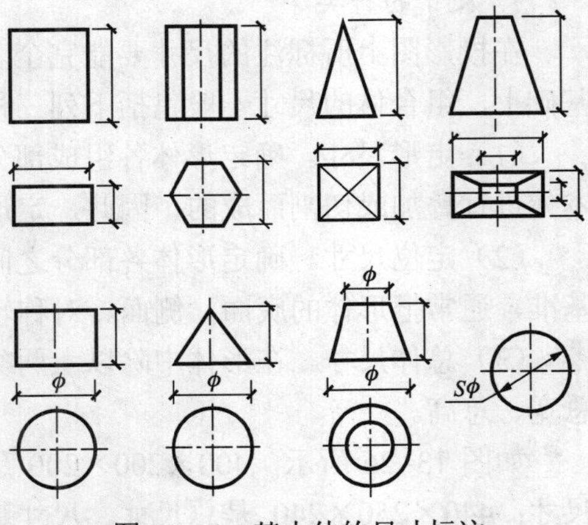

图 13–24　基本体的尺寸标注

13.4.2 带切口形体的尺寸标注

当基本形体被截切后，除标注出基本形体的尺寸外，还应标注出截平面位置的尺寸。但不要标注截交线的位置及长度尺寸，如图 13–25 所示。

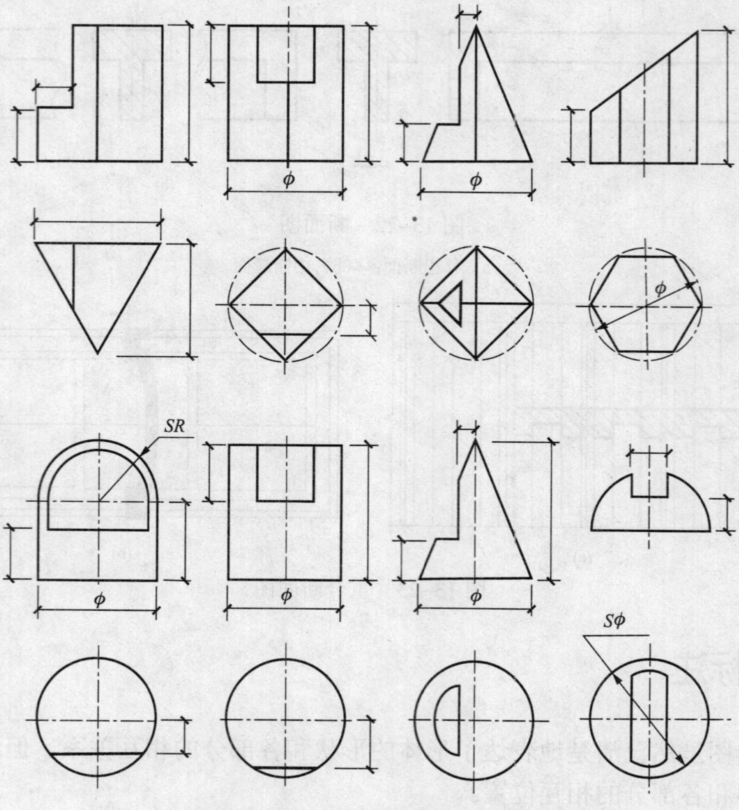

图 13–25 基本形体截切后的尺寸标注

13.4.3 组合体的尺寸标注

1. 尺寸的种类

在投影图上所标注的尺寸要能完全表达出组合体各部分大小和相互位置。在形体分析的基础上，组合体的尺寸一般包括下列三种：

（1）定形尺寸。确定形体各组成部分大小的尺寸即为定形尺寸。由于组合体是由多个基本体进行叠加或切割而成的，因此，定形尺寸的标注应以基本形体的尺寸标注为基础。

（2）定位尺寸。确定形体各部分之间相对位置的尺寸即为定位尺寸。标注定位尺寸要有基准，通常把形体的底面、侧面、对称轴线、中心轴线等作为尺寸标注的基准。

（3）总体尺寸。在形体中除以上两类尺寸外，还常需要标注出形体的总体尺寸：总长、总宽、总高。

如图 13–26 所示，400×200×200 是体 I 的定形尺寸；正立面图中的 300 是体III的定位尺寸；440×250×240 是总尺寸。尺寸基准选的是底面、后面和右面。体III为回转体，它的位置用轴线确定；体IV是对称体，它的位置是用对称面确定。

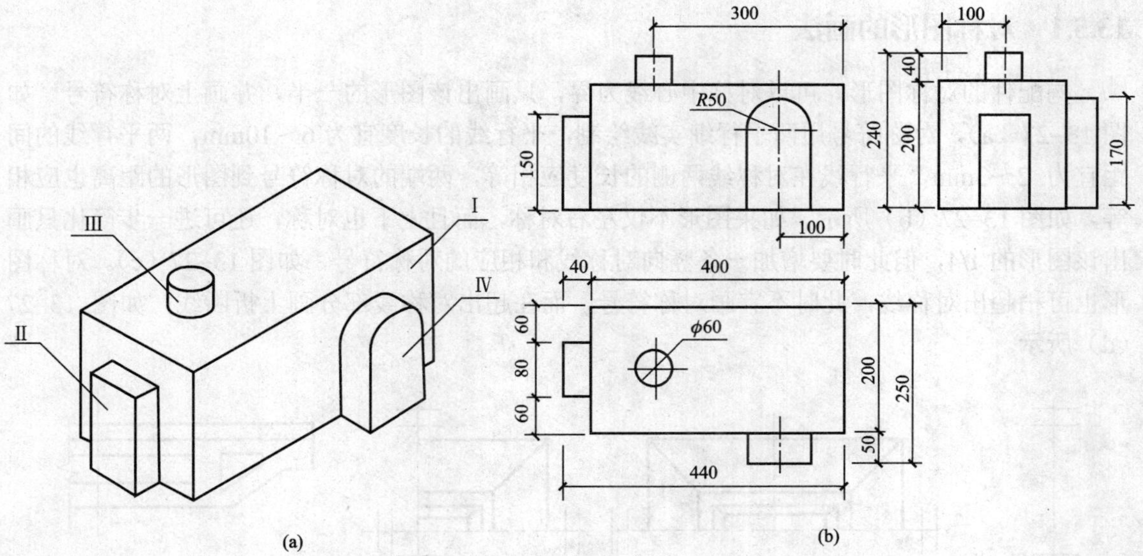

图 13–26　组合体的尺寸标注

2. 尺寸标注的步骤

（1）运用形体分析法分析形体的各组成部分以及相对位置，进而分析形体的尺寸。

（2）标注定形尺寸。

（3）标注定位尺寸。

（4）标注总体尺寸。

尺寸标注示例见图 13–39 所示。

13.4.4　尺寸的配置原则

（1）尺寸标注要严格遵守国家制图标准的有关规定。

（2）尺寸标注要齐全，即所标注的尺寸完整不遗漏。为了施工方便，一般都将尺寸标注为封闭的尺寸。

（3）尺寸尽量标注在反映该形体特征的投影图上，并将表示同一部分的尺寸集中在同一投影图上。

（4）尺寸尽量标注在轮廓线之外，但又要靠近被标注的基本形体。

（5）应尽量避免在虚线上标注尺寸。

（6）与两投影图有关的尺寸尽量标注在两投影图之间。并将同一方向的尺寸组合起来，排成几道，小尺寸在内，大尺寸在外，相互间要平行、等距。

13.5　简化画法

为了节省绘图时间，或由于图幅位置不够，制图标准规定了一些简化画法，此外，还有一些在工程制图中惯用的简化画法。

13.5.1 对称图形的画法

构配件的对称图形，可以对称中心线为界，只画出该图形的一半，并画上对称符号。如图 13–27（a），对称符号用两平行细实线绘制，平行线的长度宜为 6～10mm，两平行线的间距宜为 2～3mm，平行线在对称线两侧的长度应相等，两端的对称符号到图形的距离也应相等，如图 13–27（b）所示。如果图形不仅左右对称，而且上下也对称，还可进一步简化只画出该图形的 1/4，但此时要增加一条竖向对称线和相应的对称符号，如图 13–27（c）。对称图形也可稍超出对称线，此时不宜画对称符号，而在超出对称线部分画上折断线，如图 13–27（d）所示。

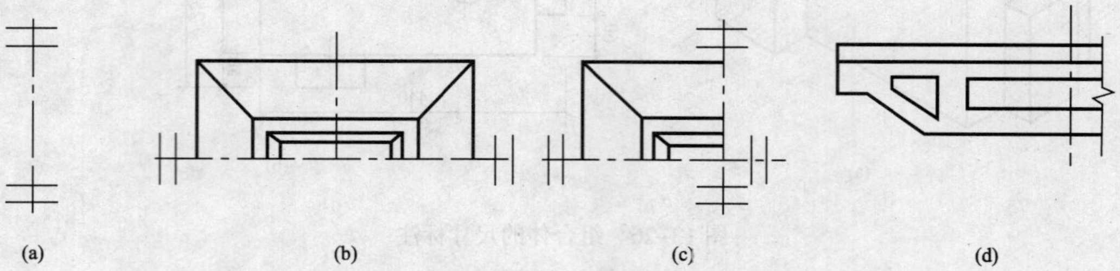

图 13–27 对称图形的画法

13.5.2 相同构造要素的画法

建筑物或构配件图中，如果图上有多个完全相同且连续排列的构造要素，可以仅在两端或适当位置画出其完整形状，其余部分以中心线或中心线交点确定它们的位置即可，如图 13–28（a）～图 13–28（c）所示。

如连续排列的构造要素少于中心线交点，则其余部分应在相同构造要素位置的中心线交点处用小圆点表示，如图 13–28（d）所示。

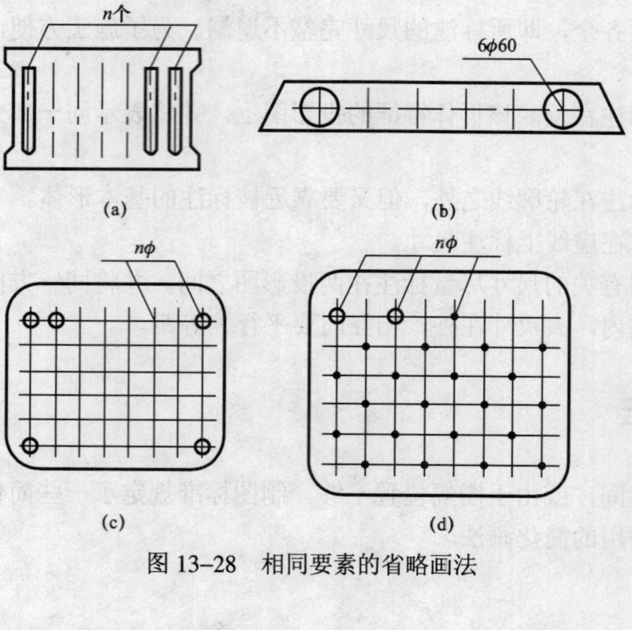

图 13–28 相同要素的省略画法

13.5.3 较长构件的画法

较长的构件，如沿长度方向的形状相同，或按一定规律变化，可折断省略绘制。断开处应以折断线表示，如图 13–29 所示。应注意：当在用折断省略画法所画出的图样上标注尺寸时，其长度尺寸数值应标注构件的全长。

13.5.4 构件的分部画法

绘制同一个构件，如幅面位置不够，可分成几个部分绘制，并以连接符号表示相连。连接符号用折断线表示需连接的部位，并以折断线两端靠图样一侧用大写拉丁字母表示连接编号。两个被连接的图样，必须用相同的字母编号，如图 13–30 所示。

13.5.5 构件局部不同的画法

当两个构配件仅部分不相同时，则可在完整地画出一个后，另一个只画不相同部分，但应在两个构配件的相同部分与不同部分的分界处，分别绘制连接符号。两个连接符号应对准在同一线上，如图 13–31 所示。

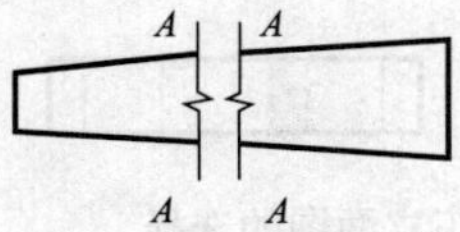

图 13–29 较长构件的画法

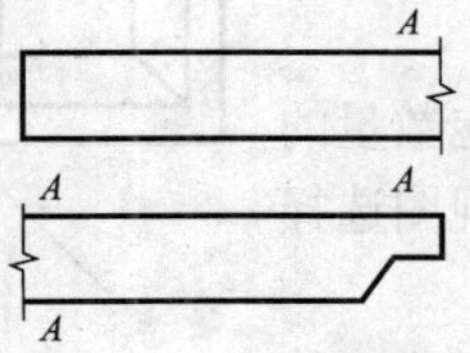

图 13–30 同一构件的分部画法

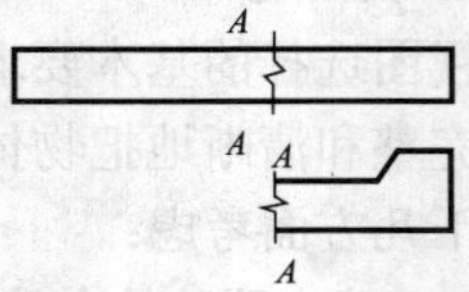

图 13–31 构件局部不同省略画法

13.5.6 相贯线投影的简化画法

在不致引起误解时，允许简化相贯线投影的画法，例如用圆弧或直线代替非圆曲线。图 13–32 所示的是两个最常见的实例。图 13–32（a）是两个半径差既不很小，又不很大的轴线

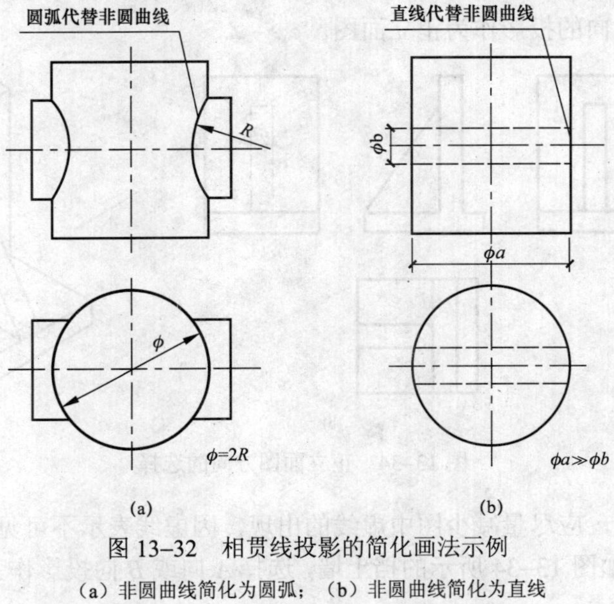

图 13–32 相贯线投影的简化画法示例

（a）非圆曲线简化为圆弧；（b）非圆曲线简化为直线

正交的圆柱相贯，相贯线在正立面图中应是非圆曲线。制图时，常用圆心在小圆柱的轴线上，半径为大圆柱的半径 R，并通过两圆柱面外形线交点、凸向大圆柱的圆弧代替。图 13–32（b）是一个大圆柱，被一个轴线与大圆柱轴线正交的小圆柱孔贯通，大圆柱的直径 ϕa 比小圆柱孔的直径 ϕb 大得多，其相贯线在正立面图中也应是非圆曲线。制图时，则常用直线来代替，也就是用大圆柱面的外形线延伸过孔口的这段直线来代替。

13.6 画图和读图

13.6.1 画图

1. 形体分析

画工程形体的投影时，首先要用形体分析法把一个复杂的形体分解为若干个基本形体，并分析它们之间的结合形式和各部分之间的相对位置，并据此进行画图。

2. 视图选择

视图选择的基本要求是能够用一定数量的视图完整和清晰地把物体表达出来。视图选择从以下几方面考虑：

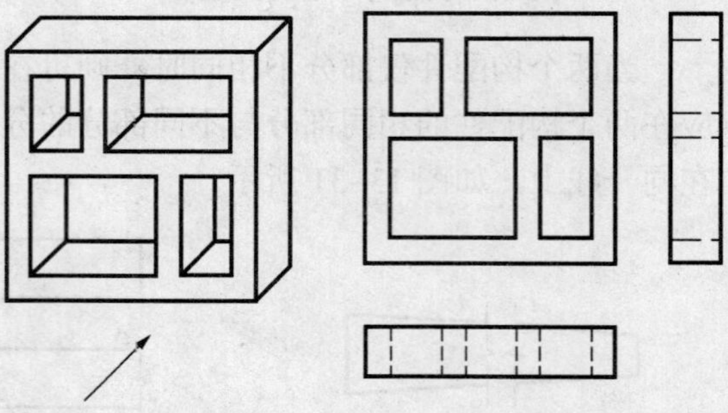

图 13–33 正立面图的选择

（1）确定形体的安放位置。一般形体按自然位置或工作位置安放。如图 13–33、图 13–34 都是选择底面与 H 面平行。有些形体按加工制作时的位置放置，如预制桩一般平放。

（2）选择正立面图。正立面图通常作为形体的主要投影，因此要求它的投射方向能尽量反映物体总体或主要组成部分的形状特征，以及各组成部分的相对位置关系。如图 14–33 所示的花格砖，箭头所指的方向不仅反映了砖的总体形状特征，同时也反映了花格部分的形状特征，所以选择该方向的投影作为正立面图。

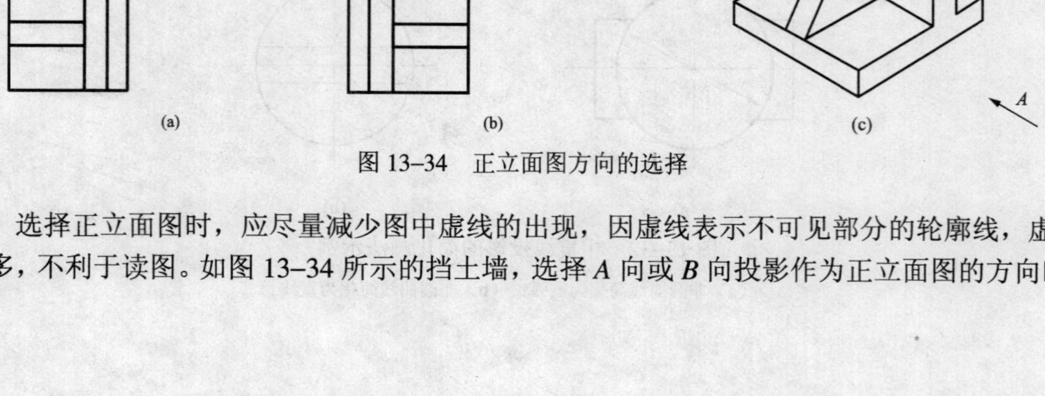

图 13–34 正立面图方向的选择

选择正立面图时，应尽量减少图中虚线的出现，因虚线表示不可见部分的轮廓线，虚线过多，不利于读图。如图 13–34 所示的挡土墙，选择 A 向或 B 向投影作为正立面图的方向时，正立面所反映的轮廓线特征是完全相同的，但前者的侧立面图［图 13–34（a）］中无虚线，后者［图 13–34（b）］有虚线，显然选择 A 向比较恰当。

（3）合理布置图纸。此外，画正立面图时还要合理利用图纸。如图 13–35 所示的条形基础，一般选择较长的一面作为正立面图，这样投影所占的图幅较小，图形间隔匀称、协调，如图 13–35（a）所示。而图 13–35（b）右下角空白太多，图面布置不合理。

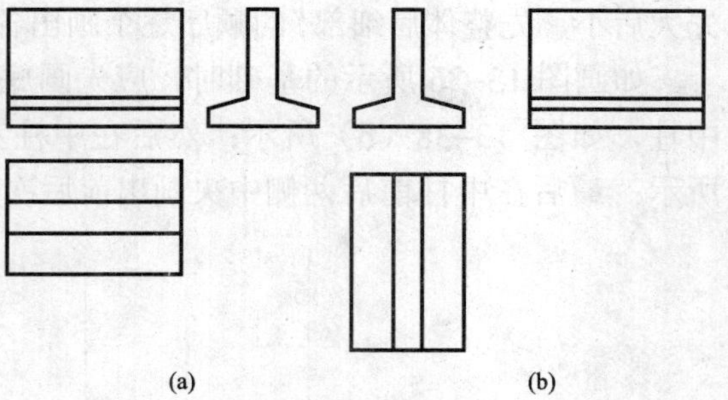

图 13–35　图面布置

（a）图面布置合理；（b）图面布置不合理

（4）确定投影数量。确定投影数量的原则是：在完整、清晰地表达物体形状的条件下，投影数量应尽量减少。如图 13–35 所示挡土墙，画出正立面图后，底板和支撑板还必须用平面图或侧立面图表示形状和宽度，而直墙则必须用平面图和侧立面图确定其形状和宽度，综合起来需要用三个投影表示。

3. *工程形体的画图步骤*

以图 13–36 所示的板式基础为例，介绍工程形体的画图步骤。

（1）形体分析。如图 13–36（a）所示，该板式基础由底板、中柱、左右主梁和前后次梁四部分组成，其中底板是一个四棱柱；中柱在底板的中央，也是一个四棱柱；左右主梁在中柱左右两侧的中央，在两个大小不同的四棱柱叠合的基础上再在小的四棱柱上边各切割 1/4 圆柱；前后次梁位于中柱的前后两侧中央，由一个小四棱柱和三棱柱叠合而成，如图 13–36（b）所示。

（2）选择投影。该板式基础按正常工作位置放置，使底板底面与 H 面平行。选能够反映基础各组成部分的形状特征及相对位置的方向作为正立面图方向。按上述步骤选定的三面投影，如图 13–37 所示。

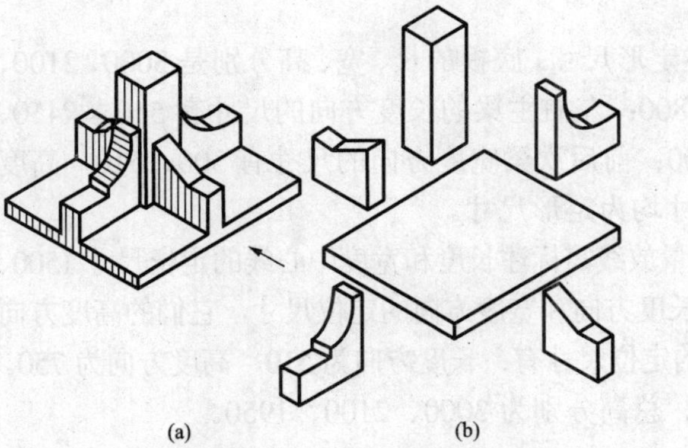

图 13–36　板式基础的形体分析

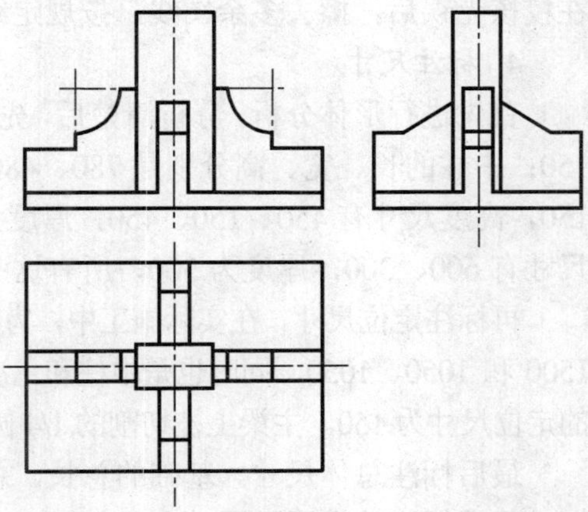

图 13–37　板式基础的三面投影

（3）画三面投影图底稿。选定了三面投影后，应根据形体的大小和注写尺寸所占的位置，选择适宜的图幅和比例，画图框和标题栏，布置各投影的位置，然后画底稿。画底稿的次序是：先画出各投影的基准线；然后从主要形体入手，按各自之间的相互位置及“先主后次、先大后小、先整体后细部”的顺序逐个画出各基本体的投影。

如画图 13–36 所示的基础时，应先画底板，如图 13–38（a）所示；再在底板上方画出中柱，如图 13–38（b）所示；然后在中柱左右两侧中央画出左右主梁，如图 13–38（c）所示；最后在中柱前后两侧中央画出前后次梁，如图 13–38（d）所示。

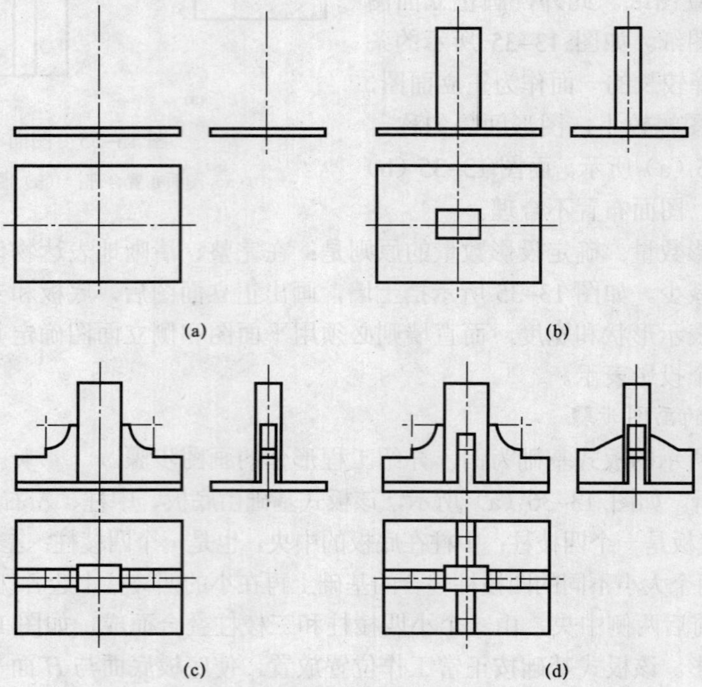

图 13–38 板式基础的投影画图步骤

（4）加深。底稿完成后，检查各部分的投影是否完整，各投影之间是否符合投影规律。在校核无误后，擦去多余图线，按规定线型加深，如图 13–37 所示。

4. 标注尺寸

首先进行形体分析，分析清楚后，先标注定形尺寸。底板的长、宽、高分别是 3000、2100、150；中柱的长、宽、高分别是 780、480、1800；左右主梁的长度方向的尺寸有 510、*R*450、150，高度尺寸有 450、150、450，厚度为 300；前后次梁宽度方向的尺寸有 300、510，高度尺寸有 600、300，厚度为 300，所有这些尺寸均为定形尺寸。

再标注定位尺寸。在实际施工中，为了测量放线需标注长度和宽度中心线的定位尺寸 1500、1500 和 1050、1050，同时也是中柱和主次梁长度方向和宽度方向的定位尺寸，它们的高度方向的定位尺寸为 150。主梁上被切割的 1/4 圆柱的定位尺寸有：长度方向为 510，高度方向为 750。

最后标注总体尺寸。基础的总长、总宽、总高分别为 3000、2100、1950。

尺寸标注的位置见图 13–39。

13.6.2 读图

1. 工程形体的读图方法

画图是把工程形体用一组投影图在一个平面上表示出来；读图则是根据形体在平面上的

一组投影，通过分析，想象出形体的空间形状。读图和画图是互逆的两个过程，两者在方法上是相同的，因此，读图时，主要用形体分析法，当图形较复杂时，也常用线面分析法帮助读图。

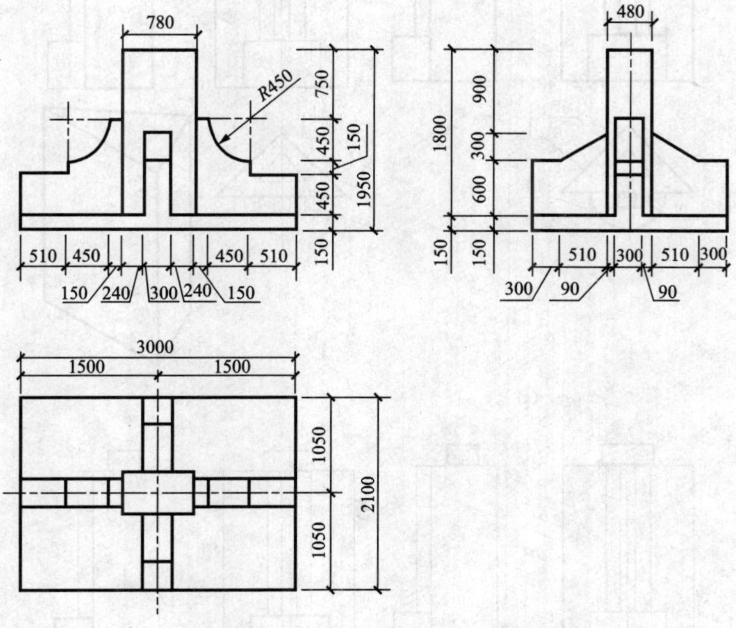

图 13–39　板式基础的尺寸标注

（1）形体分析法。由于组合体的投影是用多面正投影图来表达的，而在多面正投影图中的每一个投影，只能表达形体的长、宽、高三个方向中的两个方向，所以在读图时，要根据投影图间的对应关系，把各个投影联系起来看，通过分析，想象出形体的空间形状。而不能孤立地看一两个投影图来确定形体的空间形状。如图 13–40（a）和图 13–40（b）所示，虽然正立面图和平面图都相同，但由于侧立面图不同，因此这两个形体的形状也不相同。如图 13–40（b）和图 13–40（c）所示，虽然它们的平面图相同，但由于正立面图和侧立面图不同，因此，这两个形体的形状不相同。

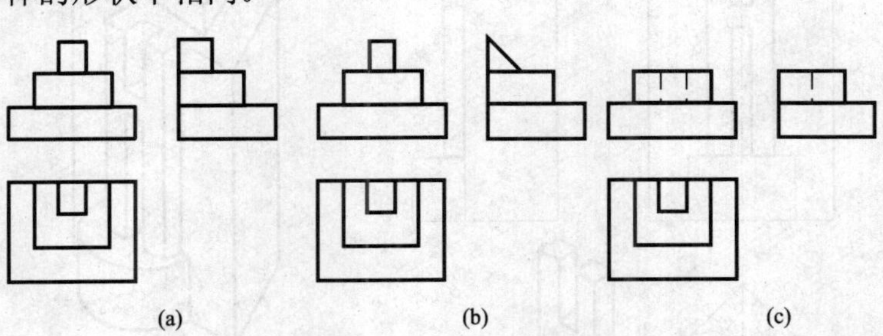

图 13–40　某些投影相同的形体

除了应将各个投影图互相联系起来对照阅读以外，还要从反映形体形状特征比较明显的投影入手，根据投影关系，把形体分解成几部分，分别对每一部分的投影进行分析，从而想象出它们的形状，再根据它们之间的相互位置，想象出整个形体的空间形状。

下面以图 13–41 所示的某银行大楼的投影图为例，说明用形体分析法读图的方法和步骤。

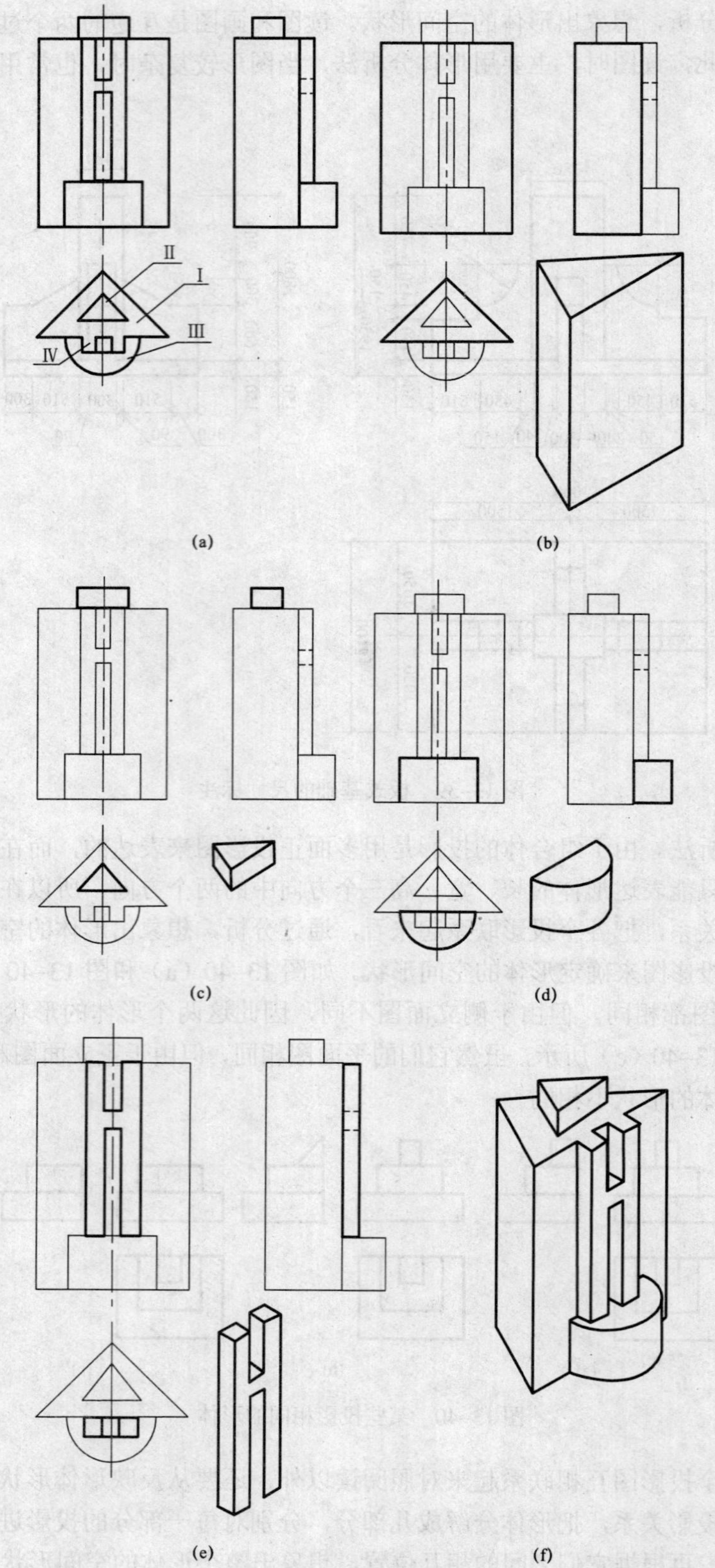

图 13–41　形体分析法读图示例

1）划分形体，找出各部分对应的投影。一般从反映形体形状特征比较明显的投影进行划分，将形体分成几部分。在图 13–41（a）中，从反映该大楼特征比较明显的正立面图进行划分，结合其余两个投影，将形体分成四个部分。

2）确定各部分的形状。根据投影图，将各基本形体的形状逐一分析清楚。如图 13–41（b）所示，该大楼主体为一大三棱柱；同时上面叠加了一小三棱柱，如图 13–41（c）所示；裙楼为半圆柱体，如图 13–41（d）所示；电梯间外凸在大楼的前表面上，是一个被切去两个小四棱柱的大四棱柱，如图 13–41（e）所示。

3）由各部分之间的相对位置，想出形体的整体形状。按正立面图反映它们的左右、上下相对位置，平面图反映它们的前后、左右相对位置，侧立面图反映它们的前后、上下相对位置，读懂各部分之间的相对位置，然后按照它们的组合形式，组合成一个整体。如图 13–41（f）所示。

（2）线面分析法。组成组合体的各个基本形体在各投影图中比较明显时，用形体分析法读图是便捷的，但当组合体或其某一局部构成比较复杂且又无法分解时，可以采用线面分析法。

所谓线面分析法，就是根据投影图上的线框，根据投影关系找出其他投影上对应的线或线框，从而分析出形体上各个面的空间形状和位置，想象出被围成的整个形体的空间形状。

用线面分析法读图，首先要知道线和线框在投影图中的含义。

1）投影中的线可能表示形体上具有积聚性的一个面，也可能表示两个面的交线，还可能表示曲面的投影轮廓线，如图 13–42 所示。圆柱体的圆柱面和正六棱柱的侧棱面在平面图中分别是曲线和直线；正六棱柱的侧棱面的交线在正立面图中是竖直的直线；圆柱面的正面投影轮廓线也是直线。

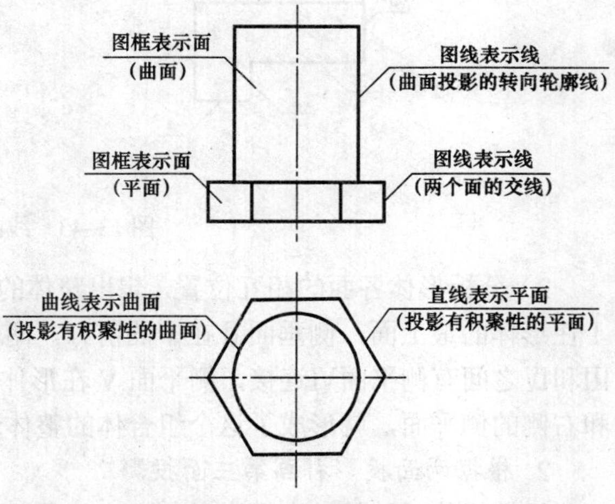

图 13–42 线和线框的含义

2）投影图中的线框可能表示一个平面，也可能表示一个曲面，还可能表示一个孔。如图 13–42 所示，正六棱柱的侧棱面和圆柱体的圆柱面在正立面图中是线框，若投影中的线框是平面的一个投影，则这个平面在其他投影中或者是类似图形，或者是一条直线。如图 13–42 所示，正立面图中的三个矩形线框是平面的投影，在平面图中没有对应的类似图形。因此它们在平面图中是直线，即六边形的各边。

下面以图 13–43（a）所示挡土墙的三面投影为例，说明用线面分析法读图的方法和步骤。

1）根据投影图上的线框，找出它们的对应投影，分析形体上各个面的形状和空间位置。如图 13–43（b）所示，平面图上有 1，2 两个线框，按投影图之间的三等关系，找出 1 所对应的正立面图上的水平直线 1′ 和侧立面图上的水平直线 1″。可知 I 面是一个水平面，1 反映该水平面的实形；线框 2 在正立面图上对应线框 2′，在侧立面图上对应斜线 2″，可知 II 面是一个侧垂面，2′ 和 2 是它的类似图形。如图 13–43（c）所示，正立面图上除线框 2′ 外，还有 3′、4′ 两个线框，找出它们在平面图上的水平直线 3、4 和侧立面图上的竖直线 3″、4″，可知Ⅲ和Ⅳ面都是正平面，3′和4′分别反映这两个正平面的实形。侧立面图上还有线框5″、6″，对应着正立面图上的竖直线5′、6′和平面图上的铅直线5、6，可知Ⅴ、Ⅵ都是侧平面，5″、6″分别反映这两个侧平面的实形。

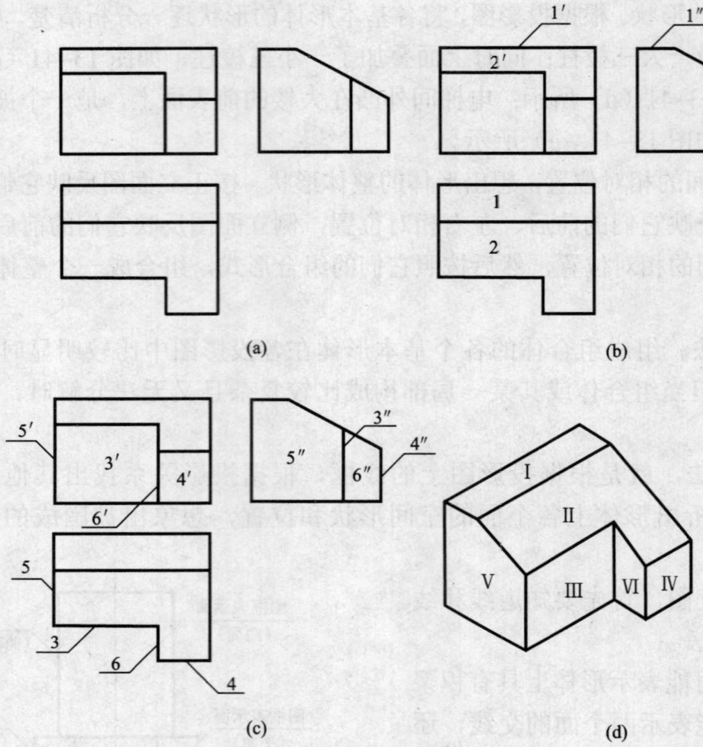

图 13–43 线面分析法示例

2）分析形体各面的相互位置，想出整体的形状。对照形体的三个投影可以看出，水平面Ⅰ在形体的最上面，侧垂面Ⅱ在Ⅰ的前方，两个正平面Ⅲ和Ⅳ一前一后在Ⅱ的前面的下方，Ⅲ和Ⅳ之间有侧平面Ⅵ连接，侧平面Ⅴ在形体的左侧，再加上底面的水平面，后面的正平面和右侧的侧平面，就形成了这个组合体的整体形状，如图 13–43（d）所示。

2. *根据两面投影补画第三面投影*

根据形体已知的两个投影以及投影关系，运用形体分析法或线面分析法，想象出形体的空间形状，然后补画出第三面投影，最后处理虚、实线和各线段的起止，并与想出的形体的空间形状进行对照，检查所画的投影图有无错误。

下面以图 13–44 所示的组合体投影图为例，说明读图练习的步骤。

（1）根据已知两面投影，想出形体的空间形状。如图 13–44（a）所示，由正立面图和侧立面图，采用形体分析法读图，可以确定该形体是由上、下两部分叠加而成。下部底板是一个长方体，上部是在一个四棱台的右上方切割掉一个水平四棱柱而成的切割体，图 13–44（b）是该形体的轴测图。

（2）由投影图之间的三等关系，补画各部分的第三面投影。首先补画底板的水平投影，再画上部四棱台，最后画出四棱台的右上方切割掉的部分的截交线。如图 13–44（c）～图 13–44（e）所示。

（3）处理虚、实线的起止，检查并加深。如图 13–44（e）所示，平面图上四棱台顶面的两条水平直线，切割后，有一部分被切掉了，应擦去。

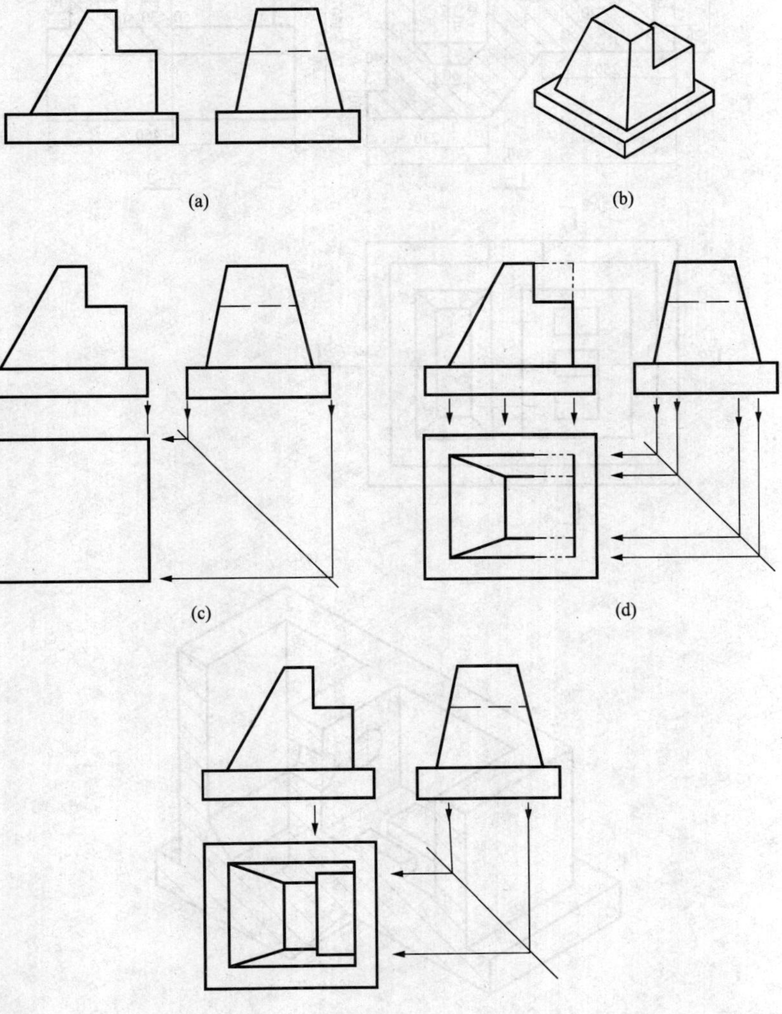

(a) (b) (c) (d) (e)

图 13–44 “二补三”读图示例

3. 看图示例

【例 13–1】图 13–45 所示为一建筑构件，为了清楚表达形体的内部形状，从平面图上的剖切位置线可知，它采用了两个剖切平面。因该形体前后是对称的，故把侧立面图改用半剖面图表示，即 2–2 剖面。因该形体的左右不对称，故把正立面图改用全剖面图表示，即 1–1 剖面。此外因为形体中部的三个圆孔的形状已由两个剖面图表示清楚，故平面图中只要画出圆孔的三条轴线即可；又因为底板的底面上的二条转折线，已由两个剖面图所确定，所以在平面图上不再画出虚线。

图 13–45（b）所示为该构件的轴测剖面图。

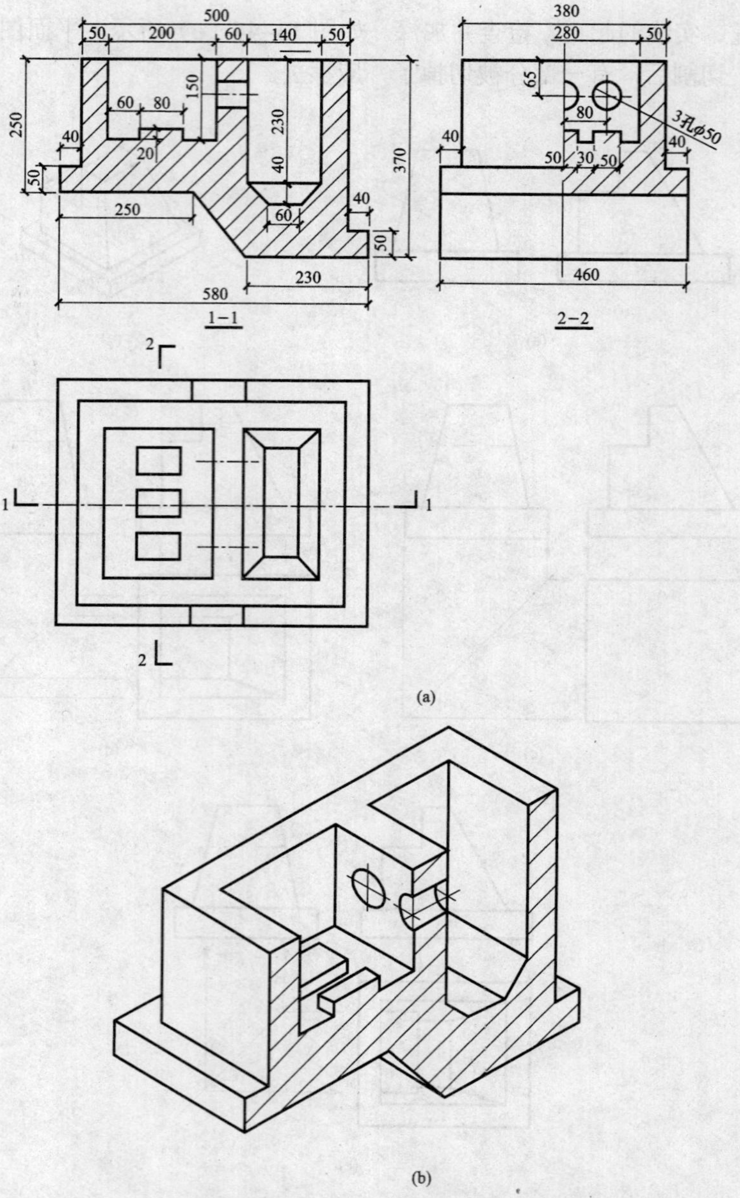

图 13-45 形体的剖面图

思考题

1. 基本视图有哪几个？它们的名称是什么？如何配置？在图纸上是否应标注出各视图的名称。

2. 如果选用基本视图尚不能清楚地表达物体时，按国标规定尚有几种视图可以用来表达？

3. 斜视图和局部视图在图中如何配置和标注？

4. 剖面图与断面图有何区别？

5. 剖面图有哪几种？要得到这些剖面图，按国标规定有哪几种剖切方法？
6. 在剖面图中，剖切面后的虚线应如何处理？
7. 在剖面图中，什么地方应画上剖面符号？剖面符号的画法有什么规定？
8. 半剖面图中，外形视图和剖面图之间的分界线为何种图线？能否画成粗实线？
9. 常用的简化画法有哪些？
10. 组合体尺寸标注包括哪几部分？举例说明。
11. 读图的方法有哪几种？
12. 举例说明用形体分析法和线面分析法读图的方法步骤。

第14章

建筑施工图

本章主要介绍了建筑施工图的基本知识和国标中关于建筑施工图绘制的相关规定；建筑总平面图、建筑平面图、建筑立面图、建筑剖面图的形成、作用、主要内容、规定要求，以及绘制步骤；还介绍了几种常见的建筑详图。

14.1 概述

14.1.1 房屋的基本组成

房屋是供人们生活、生产、工作、学习和娱乐的重要场所。图14-1所示，是一幢房屋的剖切轴测图，由此图可大致了解房屋建筑的构造及主要构件的名称。各种建筑尽管使用功能、形式规模等各有不同，但组成房屋的主要部分是相似的，一般都由基础、墙与柱、楼（地）面、楼梯、屋顶、门、窗等部分组成。

14.1.2 施工图的产生及组成

房屋的建造一般需经设计和施工两个过程。而设计工作又分为两个阶段：初步设计阶段、施工图设计阶段。

初步设计有时也称方案设计，其主要任务是根据建设单位的要求，通过调查研究、收集资料、反复论证，提出设计方案，以便于建设单位和有关部门进行方案的论证和审查。

施工图设计的主要任务是为施工服务，即在初步设计的基础上，建筑、结构、设备等各专业设计人员相互配合、协调和校核，把满足施工的各项具体要求反映在图纸中，作为建造房屋的技术依据。完成的整套图纸应完整统一，内容表达明确无误，尺寸标注齐全。

一套完整的房屋施工图根据其专业内容或作用的不同，一般包括图纸目录、设计总说明、建筑施工图、结构施工图和设备施工图。

（1）图纸目录。图纸目录排在整套施工图的最前面，列出所有的图纸名称、编号及所用图幅等。先列出新绘制的图纸，后列所选用的标准图纸或重复利用的图纸。

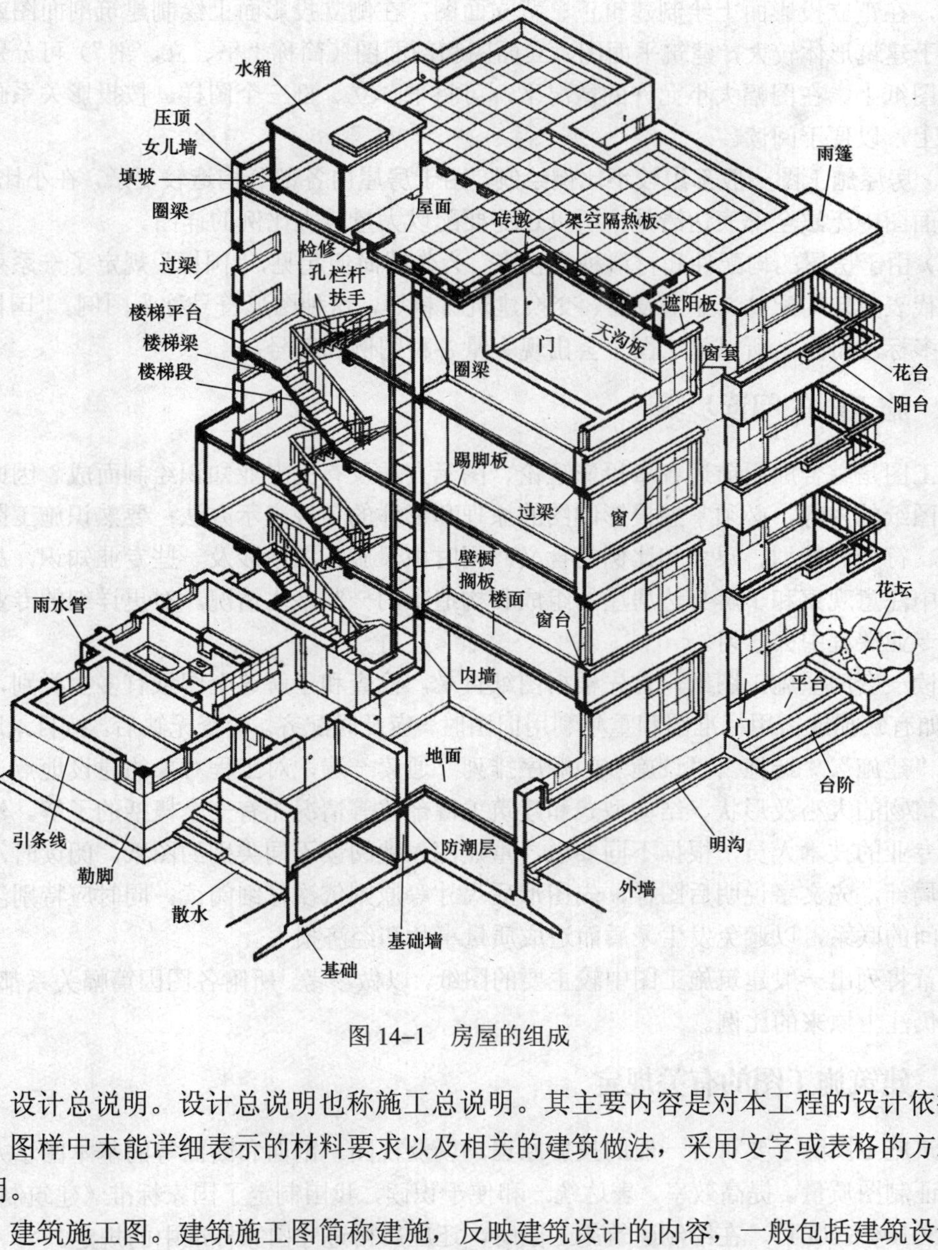

图 14–1　房屋的组成

（2）设计总说明。设计总说明也称施工总说明。其主要内容是对本工程的设计依据、工程概况、图样中未能详细表示的材料要求以及相关的建筑做法，采用文字或表格的方式进行具体说明。

（3）建筑施工图。建筑施工图简称建施，反映建筑设计的内容，一般包括建筑设计总说明、总平面图、建筑平面图、建筑立面图、建筑剖面图和建筑详图。

（4）结构施工图。结构施工图简称结施，反映建筑结构设计的内容，一般包括基础图，结构平面布置图和结构详图。

（5）设备施工图。设备施工图简称设施，反映设备设计的内容，一般包括给排水、暖通和空调、电气等设备的平面布置图、系统图和详图。

14.1.3　施工图的图示特点

（1）施工图中的各图样，主要是采用正投影法绘制的。通常，在水平投影面上绘制建筑平面图，在正立投影面上绘制建筑正、背立面图，在侧立投影面上绘制建筑剖面图或侧立面图。由于建筑形体较大，建筑平面图、立面图和剖面图（简称“平、立、剖”）可分别单独画在几张图纸上。在图幅大小允许的情况下，可将平、立、剖三个图样，按投影关系画在同一张图纸上，以便于阅读。

（2）房屋施工图一般都用较小比例绘制。由于房屋内各部分构造较复杂，在小比例的平、立、剖面图中无法全部表达清楚，所以还需要配以大量较大比例的详图。

（3）由于房屋的构配件和材料种类较多，为作图简便起见，“国标”规定了一系列的图形符号来代表建筑构配件、卫生设备、交换建筑材料等，这种图形符号称为图例。“国标”还规定了许多标注符号。所以施工图上会出现大量各种图例和符号。

14.1.4 施工图的阅读步骤

施工图是综合应用前述各章投影理论、图示方法及有关专业知识绘制而成。因此，要读懂施工图纸的内容，必须掌握投影制图的原理和形体的各种表示方法；要熟识施工图中常用的图例、符号、线型、尺寸和比例的含义；同时由于施工图中涉及一些专业知识，故应在学习过程中注意观察和了解身边房屋的组成和构造上的一些基本情况。对更详细的专业知识则应留待专业课程中去学习。

阅读一套房屋施工图纸，首先根据图纸目录，检查和了解这套图纸有多少类别，每类有几张。如有缺损或需用标准图和重复利用旧图时，应及时配齐。检查无缺后，按目录顺序（一般是按“建施”、“结施”、“设施”的顺序排列）通读一遍，对工程对象的建设地点、周围环境、建筑物的大小及形状、结构型式和建筑关键部位等情况先有一个概括的了解。然后，负责不同专业的技术人员，根据不同要求，重点深入地阅读不同类别的图纸。阅读时，应按先整体后局部，先文字说明后图样，先图形后尺寸等原则依次仔细阅读。同时应特别注意各类图纸之间的联系，以避免发生矛盾而造成质量事故和经济损失。

本章将列出一般建筑施工图中较主要的图纸，以做参考。所附各图因篇幅关系都缩小了，但图中仍注上原来的比例。

14.1.5 建筑施工图的有关规定

建筑施工图除了要符合一般的投影原理，以及视图、剖面和断面等的基本图示方法外，为了保证制图质量、提高效率、表达统一和便于识读，我国制定了国家标准《建筑制图标准》（GB/T 50104—2001），在绘制建筑施工图时，还应严格遵守国家标准中的规定。

绘制施工图时，除应符合第一章中的制图基本规格外，现再选择下列几项来说明相关规定内容和表示方法。

1. 图线

在房屋施工图中，采用不同线型和宽度的图线来表达不同的内容。建筑施工图的图线线型、宽度应根据图样的复杂程度和比例，按《房屋建筑制图统一标准》（GB/T 50001—2001）有关图线的规定选用。绘图时，一般采用三种线宽的线宽组，即 b:0.5b:0.25b；在绘制较简单的图时，可采用两种线宽的线宽组，其线宽比宜为 b:0.25b。

2. 比例

建筑物是庞大复杂的形体，必须采用各种不同的比例来绘制，对于整幢建筑物、建筑物的局部和细部都分别予以缩小，特别细小的如线角等有时不缩小，甚至需要放大画出。建筑施工图选用的比例宜符合表 14–1 的规定。

表 14–1　　**建筑施工图常用比例**

图　名	比　例	图　名	比　例
建筑总平面图	1:500、1:1000、1:2000	建筑物或构筑物的局部放大图	1:10、1:20、1:25、1:30、1:50
建筑物或构筑物的平面图、立面图、剖面图	1:50、1:100、1:150、1:200、1:300	配件及构造详图	1:1、1:2、1:5、1:10、1:15、1:20、1:25、1:30、1:50

3. 字体

图纸上的字体，不论汉字、阿拉伯数字、拉丁字母或罗马数字，都应按照《房屋建筑制图统一标准》（GB/T 50001—2001）中的规定注写。

4. 定位轴线及其编号

定位轴线是施工定位、放线的重要依据。凡是承重的墙、柱、梁、屋架、基础等构件都要画上轴线并进行编号，以确定其位置，这些轴线称为定位轴线。对于非承重的分隔墙、次要承重构件等，一般采用附加轴线来定位，也可注明它们与附近轴线的相关尺寸来确定。

定位轴线采用细单点长画线表示。轴线的端部画细实线圆圈，直径为 8～10mm，其圆心应在轴线的延长线或延长线的折线上，并在圆圈内注写轴线编号。在平面图上横向编号采用阿拉伯数字，从左至右顺序编写，竖向编号采用大写拉丁字母从下至上顺序编写，其中 *I*、*O*、*Z* 三个字母不得用作轴线编号，以免与数字 1、0、2 混淆（图 14–2）。

附加轴线用分数编号，分母表示前一轴线的编号，分子表示附加轴线的编号，编号宜用阿拉伯数字顺序编写（图 14–3）。

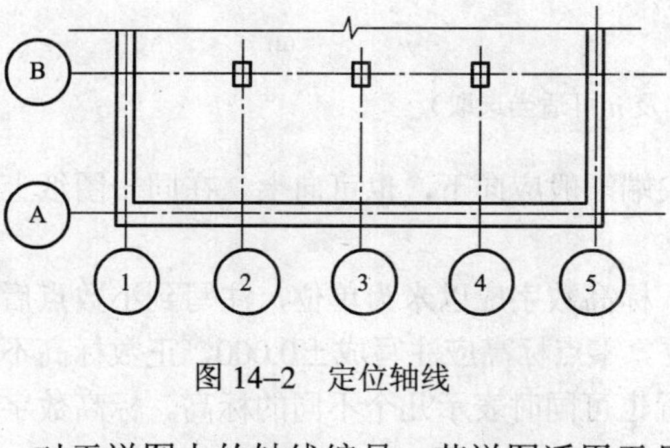

图 14–2　定位轴线

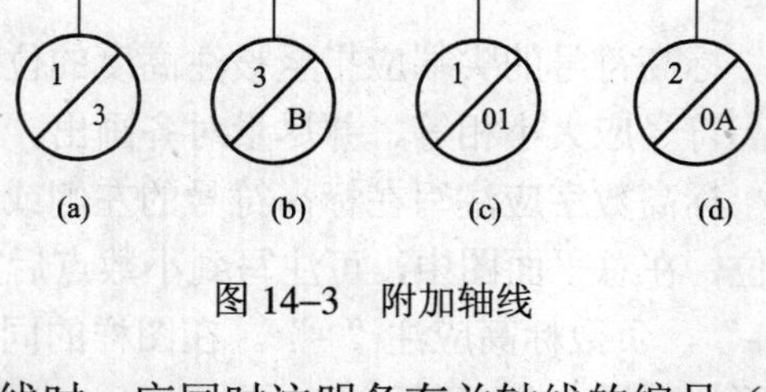

图 14–3　附加轴线

对于详图上的轴线编号，若详图适用于几根轴线时，应同时注明各有关轴线的编号（图 14–4）。通用详图中的定位轴线，应只画圆，不注写轴线编号。

平面图中的轴线编号，一般标注在图样的下方与左侧。较复杂或不对称的房屋，图样上方和右侧也可标注。对于更复杂的组合平面或特殊形状的平面，其定位轴线注写形式可参照“国标”有关规定。

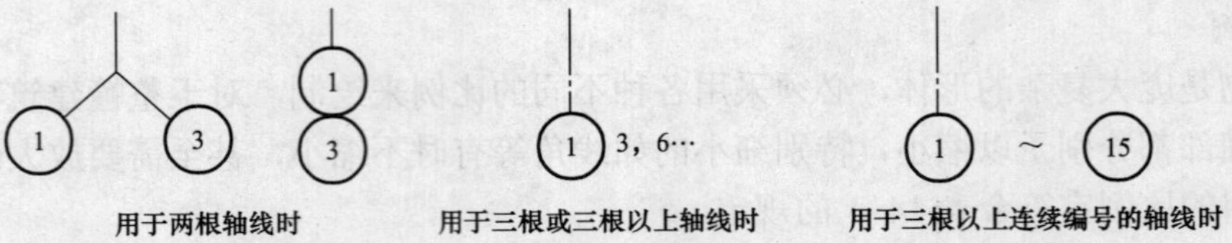

图 14–4　详图轴线

5. 标高

建筑物各部位的竖向高度，在图上常用标高来表示。标高有绝对标高和相对标高两种。

（1）绝对标高。我国把青岛附近某处黄海的平均海平面定为绝对标高的零点，其他各地标高都以它作为基准。

（2）相对标高。在建筑物的施工图上要注明许多标高，如果全用绝对标高，不但数字繁琐，而且不容易得出各部分的高差。因此除总平面图外，一般都采用相对标高，即把底层室内主要地坪标高定为相对标高的零点，并说明相对标高和绝对标高的关系。再由当地附近的水准点（绝对标高）来测定拟建工程的底层地面标高。

另外按标高所注的建筑部位的不同又可分为建筑标高和结构标高。建筑标高是指标注在建筑物装饰面层处的标高，结构标高是指标注在建筑物结构部位的标高（图 14–5）。

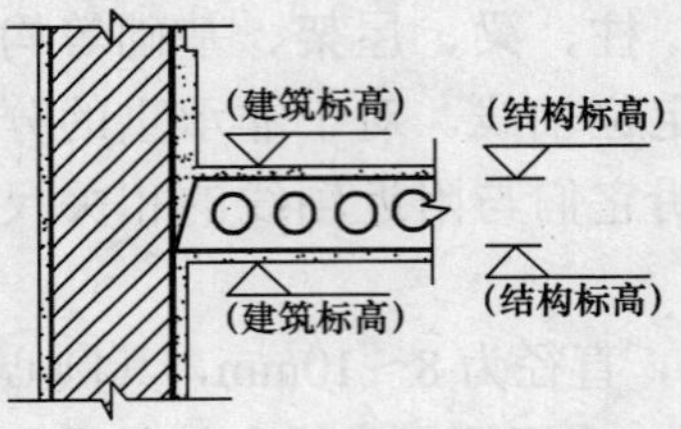

图 14–5　建筑标高与结构标高

标高符号应以直角等腰三角形表示，按图 14–6（a）所示形式用细实线绘制，如标注位置不够，也可按图 14–6（b）所示形式绘制。标高符号的具体画法如图 14–6（c）、图 14–6（d）所示。总平面图室外地坪标高符号，宜用涂黑的三角形表示，具体画法如图 14–7 所示。

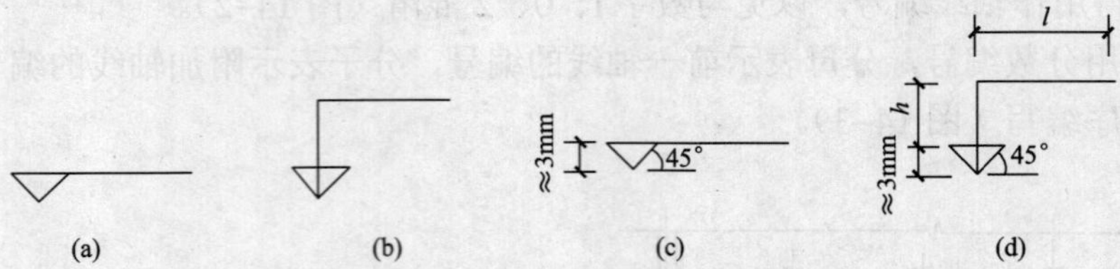

图 14–6　标高符号（l 及 h 可适当选取）

标高符号的尖端应指至被注高度的位置。尖端一般应向下，也可向上。在同一图纸上的标高符号应大小相等、并尽量对齐画出。

标高数字应注写在标高符号的左侧或右侧。标高数字应以米为单位，注写到小数点后第三位，在总平面图中，可注写到小数点后第二位。零点标高应注写成±0.000，正数标高不注“+”，负数标高应注“–”。在图样的同一位置也可同时表示几个不同的标高。标高数字注写形式如图 14–8 所示。

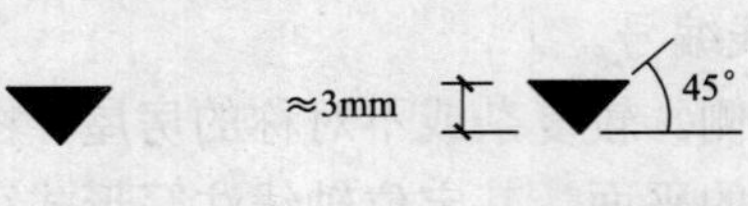

图 14–7　总平面图室外地坪标高符号

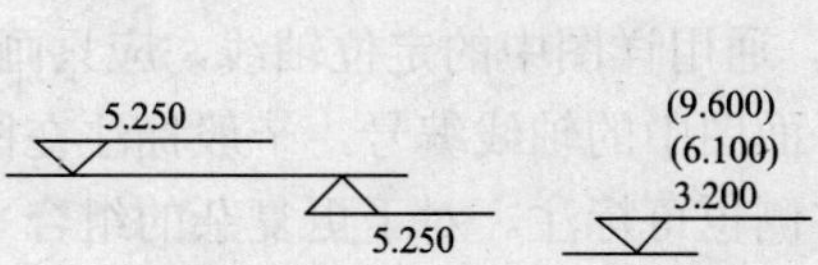

图 14–8　标高数字注写形式

6. 索引符号和详图符号

图中某一局部或某一构件无法表达清楚时，通常将这些局部或构件用较大的比例画出，这种图称为详图。为便于相关图纸的查找及对照阅读，可通过索引符号和详图符号来反映它们之间的对应关系。即在需要另画详图的部位编上索引符号，并在所画的详图上编上详图符号，两者必须对应一致。有关索引符号和详图符号的编写规定详见表 14–2。

表 14–2 索引符号与详图符号

名称	符 号	说 明
详图索引符号	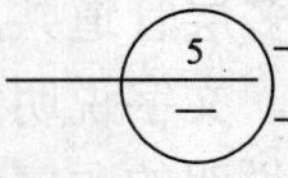 详图的编号；详图在本张图纸上	直径为 10mm 的细实线圆
	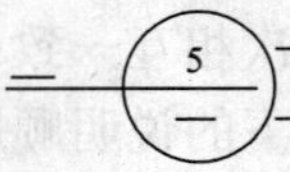 局部剖面详图的编号；剖面详图在本张图纸上	详图在本张图纸上，剖开后从上往下投影
	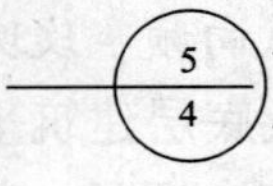 详图的编号；详图所在的图纸编号	
	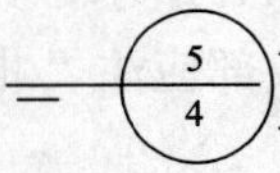 局部剖面详图的编号；剖面详图所在的图纸编号	详图不在本张图纸上，剖开后从下往上投影
	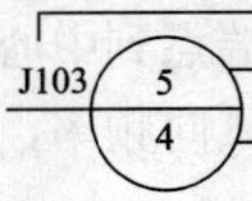 标准图册编号；标准详图编号；详图所在的图纸编号	采用标准详图
详图符号	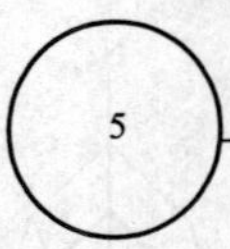 详图的编号	直径为 14mm 的粗实线圆 被索引的在本张图纸上
	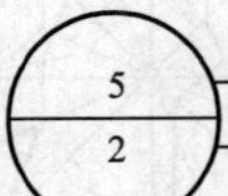 详图的编号；被索引的图纸编号	被索引的不在本张图纸上

7. 引出线

对于图样中某些部位由于图形比例较小，其具体内容或要求无法标注时，常用引出线注写文字说明或索引符号。

引出线应以细实线绘制，宜采用水平方向的直线、与水平方向成 30°、45°、60°、90°的直线，或经上述角度再折为水平线。文字说明宜注写在水平线的上方，也可注写在水平线的端部。索引详图的引出线，应与水平直径线相连接。各种注写形式如图 14–9（a）～图 14–9（c）所示。

同时引出几个相同部分的引出线，宜互相平行，也可画成集中于一点的放射线，如图 14–9（d）、图 14–9（e）所示。

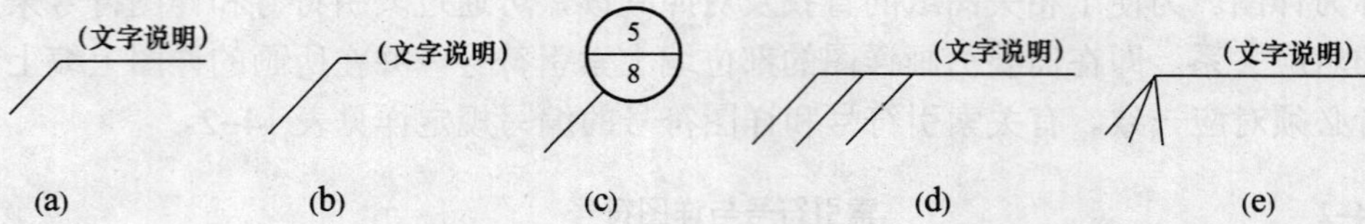

图 14–9 引出线

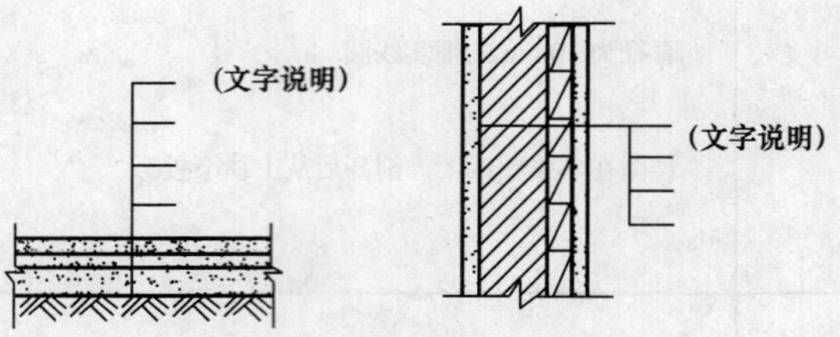

图 14–10 多层构造引出线

多层构造或多层管道共用引出线，应通过被引出的各层。文字说明宜注写在水平线的上方或端部，说明的顺序应由上至下，并应与被说明的层次相互一致；如层次为横向排序，则由上至下的说明顺序应与从左至右的层次相互一致，如图 14–10 所示。

8. 指北针及风向频率玫瑰图

在总平面图及底层建筑平面图上，一般都画有指北针，以指明建筑物的朝向。指北针的形状宜如图 14–11 所示，其圆的直径宜为 24mm，用细实线绘制；指针涂成黑色，尾部的宽度宜为 3mm，头部应注“北”或“N”字。需用较大直径绘制指北针时，指针尾部宽度宜为直径的 1/8。

总平面图中一般绘出风向频率玫瑰图，简称风玫瑰图。它是根据该地区多年平均统计的各个方位上刮风次数的百分率，一般画出八个或十六个方向，从端点到中心的距离按一定的比例绘制而成。其中粗实线表示全年风向频率，细实线表示冬季风向频率，虚线表示夏季风向频率。由各方位端点指向中心的方向为风的方向（图 14–12）。

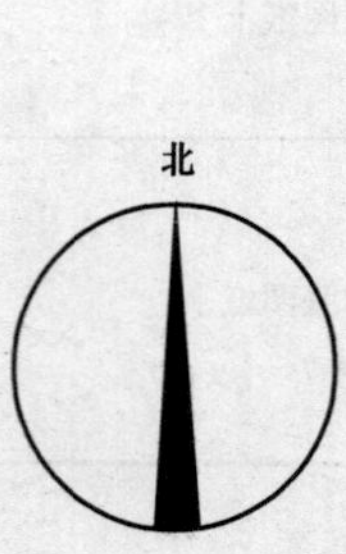

图 14–11 指北针

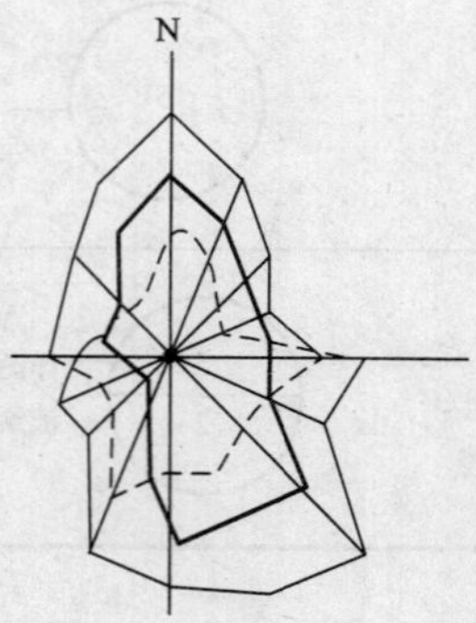

图 14–12 风玫瑰图

9. 图例及代号

建筑物和构筑物是按比例缩小绘制在图纸上的，对于有些建筑细部、构件形状以及建筑材料等，往往不能如实画出，也难于用文字注释来表达清楚，所以都按统一规定的图例和代号来表示，可以得到简单明了的效果。因此，在“国标”中规定有各种各样的图例。常用的总平面图图例和建筑构配件图例分别见附录一和附录二。

14.2 设计总说明及总平面图

14.2.1 设计总说明

设计总说明主要是对整套施工图中未能详细注写的用料和做法等要求给出具体的文字说明。它一般包括该建设项目的工程概况、设计依据、相对标高和绝对标高的对应关系、室内外的构造做法和用料选择及门窗表等。见下面建筑设计总说明（节选）。

建筑设计总说明（节选）

一、工程概况：

1. 工程名称：9 号别墅
2. 建设性质：住宅
3. 建筑耐久年限：50 年
4. 耐火等级：二级
5. 建筑层数：地下 1 层，地上 2 层

二、设计依据

1. 建设单位提供的施工图设计指导书、相关要求及资料等
2. 现行国家有关设计规范、规定、通则
3. 地质勘查报告及道路、管网资料

三、主要应用规范及标准

1.《建筑设计防火规范》（GBJ 16—1987）（2001 年版）
2.《民用建筑设计通则》（GB 50352—2005）
3.《住宅设计规范》（GB 50096—1999）（2005 年版）
4.《屋面工程技术规范》（GB 50345—2004）
5.《外墙外保温工程技术规程》（JGJ 144—2004）

四、建筑主要构造及做法要求

1. 设计标高：建筑室内设计标高±0.000m 与之相当的绝对标高 66.900m
2. 所有墙基外及地下室墙外侧均做 SBS 改性沥青防水卷材
3. 外墙除注明外均为 200 厚加气混凝土砌块，轴线居墙中；内墙除注明外均为 200 厚加气混凝土砌块墙，轴线均与墙体中心线重合
4. 本工程屋面防水等级为Ⅲ级，采用一道防水设防，详见建筑做法说明表
5. 内外装修做法详见建筑做法说明表，具体使用部位详见各立面图
6. 本工程窗采用铝合金窗，应由有相应资质的厂家根据门窗立面规格设计，制作和安装
7. 本工程各专业埋件，留洞参见各专业施工图要求，并要求尺寸无误，位置准确
8. 住宅节能设计详见建筑节能设计专篇

14.2.2 建筑总平面图

1. 建筑总平面图的形成及作用

建筑总平面图简称总平面图。它是由建设场区的上空向下投影，将新建工程四周一定范

围内的新建、拟建、原有和要拆除的建筑物、构筑物连同其周围的场地、道路、绿化等地形地物状况，采用相应的图例画出的水平投影图。

总平面图表明一个工程的总体布局，反映了新建房屋的平面形状、位置、朝向及其与周围环境的相互关系。它是新建房屋的定位放线、土方施工以及施工现场布置的依据，也是其他专业（如水、电、暖、煤气）的管线总平面图规划布置的依据。

2. 建筑总平面图的图示内容

（1）图名、比例

建筑总平面图所表示的范围比较大，一般都采用较小的比例，总平面图常用的比例有1:500、1:1000、1:2000。

（2）图例

由于总平面图所采用的比例较小，一般使用对应图例（参见附录一）来表明各建筑物和构筑物的位置、平面形状、层数以及周围场地、道路和绿化等的布置情况。在总平面图上一般应画上所采用的主要图例及名称。对于国标中缺乏规定的图例，可以自己编制，但必须在总平面图中绘制清楚，并注明其名称。总平面图中还应注出各建筑物和构筑物的名称，并在房屋图形的右上角用小圆点或数字表示其层数。

（3）定位

新建房屋的具体位置可以用定位尺寸或坐标来确定。定位尺寸一般根据原有房屋或道路中心线来确定。当新建成片的建筑物和构筑物或较大的工程，往往标出坐标网来确定每一建筑物的位置。测量坐标网应画成交叉十字线，坐标代号宜用“*X*、*Y*”表示；建筑坐标网应画成网格通线，坐标代号宜用“*A*、*B*”表示。表示建筑物、构筑物位置的坐标，宜注写其三个角的坐标，如建筑物、构筑物与坐标轴线平行，可注其对角坐标。

总平面图中应标注出新建建筑物的总长、总宽及与周围房屋或道路的间距。同时还应标注出新建房屋底层室内地面和室外整平地面的绝对标高。当场地的地形起伏较大时，在总平面图中还应画出等高线来表示地面的自然状态和起伏情况。

总平面图中的坐标、标高、距离宜以米为单位，并宜取至小数点后两位，不足时以“0”补齐。

（4）朝向

总平面图中应画出指北针或风玫瑰图来表示新建建筑物的朝向。

3. 总平面图的读图示例

图 14–13 所示为某住宅小区联体别墅总平面图。从图中可以看出，总平面图的绘制比例为1:500。整个小区依山而设，场地起伏较大。小区北临城市主干道，其他三面环水，其中8号、9号为新建别墅。由指北针可以看出，新建9号别墅位于小区的西南角，为西南朝向，共两层。在该小区的东北角有拟拆除的原有一层建筑物一幢，有规划建设的二层幼儿园（局部三层）一所。

由于该新建别墅平面形状依地形而建较为复杂，所以由建筑物几个角点的坐标来确定该别墅的位置。该别墅的总长为24.33m，总宽为16.50m。由标高标注可以看出，别墅室内底层主要地坪标高±0.000相当于绝对标高66.90m，南侧庭院室外地坪绝对标高为63.60m，北侧车库入口处地坪绝对标高为66.45m。

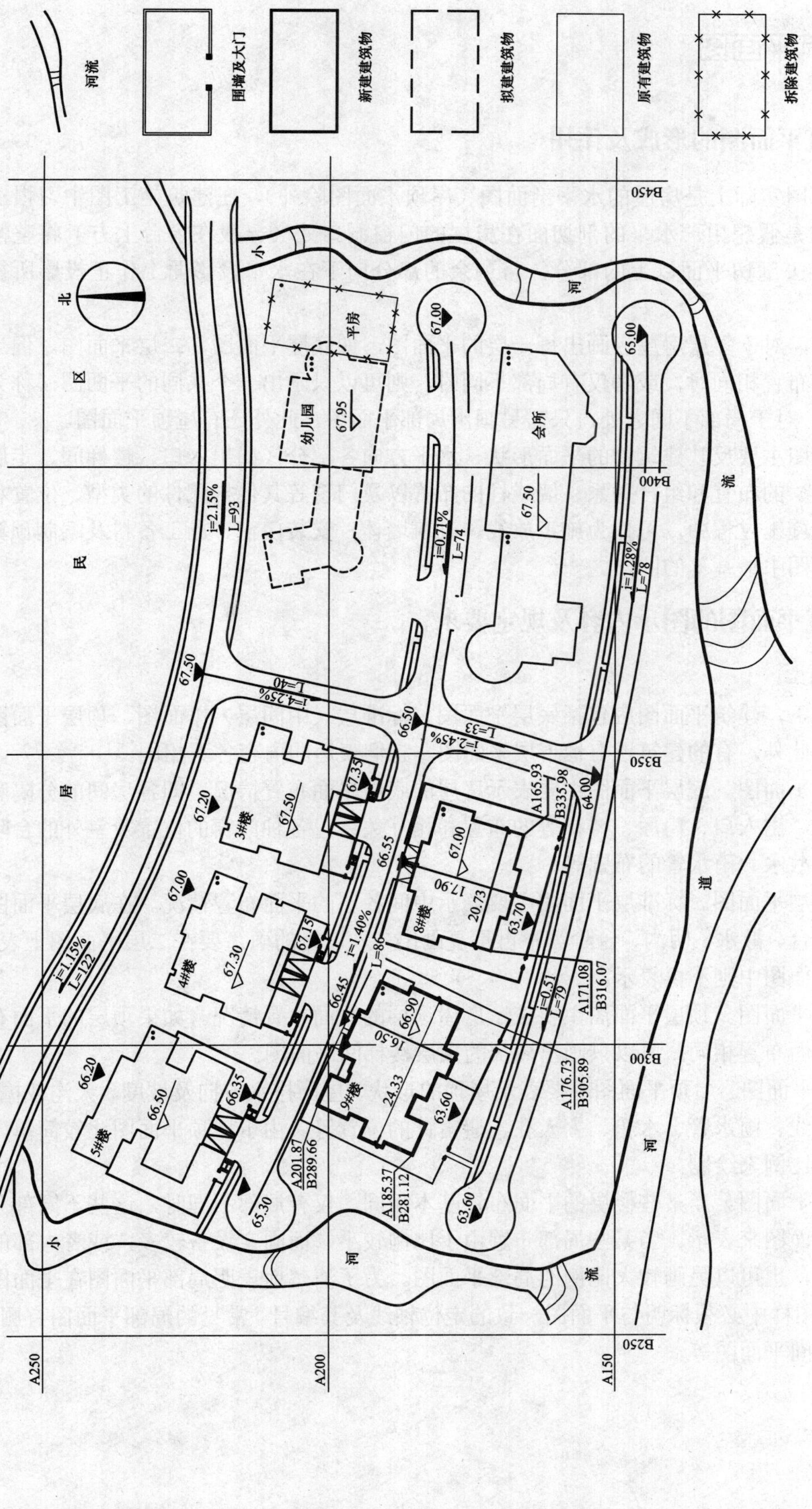

注：1. 建筑以轴线交点坐标定位。
2. 景观设计，道路定位另见景观设计施工图。

总平面图　1:500

图14-13　总平面图

由文字说明可知，该小区的场区绿化、景观设计及道路定位另见景观设计施工图。

14.3 建筑平面图

14.3.1 建筑平面图的形成及作用

建筑平面图实际上是房屋的水平剖面图（屋顶平面图除外），在建筑施工图中习惯上称为平面图。它是假想用一水平的剖切面在房屋的门窗洞口处（一般在窗台上方）将整幢房屋剖开后，移去剖切平面以上的部分，将剩余的部分向下在水平投影面上作正投影所得到的图样。

一般地说，对于多层房屋应画出每一层的平面图，如底层平面图、二层平面图。但当有些楼层的平面布置相同时，或者仅有局部不同时，则可以只画出一个共同的平面图（称为标准层平面图）。对于局部不同之处，只需另画出局部平面图。此外还有屋顶平面图。

建筑平面图主要反映建筑物的平面形状、水平方向各部分（如出入口、楼梯间、走廊、房间、阳台等）的布置和组合关系、墙或柱的布置以及门窗等其他构配件的类型、位置和大小等情况。在施工过程中，可作为施工放线、砌筑墙体、安装门窗、施工备料及编制预算的依据，是施工图中最基本的图样之一。

14.3.2 建筑平面图的图示内容及规定要求

1. 图示内容

一般情况下，建筑平面图应包括底层平面图、标准层（中间层）平面图、顶层平面图和屋顶平面图，此外，有的建筑还有地下层平面图。它们表达的内容各不相同。

（1）底层平面图。底层平面图主要表示房屋的底层平面布置情况，即各房间的分隔和组合、房间名称、出入口、门厅、楼梯等的布置和相互关系，各种门窗的位置及室外的台阶、花台、明沟、散水、雨水管的布置等。

（2）标准层平面图。标准层平面图主要表示中间各层的平面布置情况。在底层平面图中已经表明的花台、散水、明沟、台阶等不再重复画出。入口处的雨篷要在二层平面图上表示，二层以上的平面图中则不再表示。

（3）顶层平面图。顶层平面图主要表示房屋顶层的平面布置情况。如果顶层的平面布置与标准层的平面布置相同，可以只画出局部的顶层楼梯间平面图。

（4）屋顶平面图。屋顶平面图主要表示屋顶的形状、屋面排水方向及坡度、天沟或檐沟、女儿墙、屋脊线、雨水管、水箱、上人孔、避雷针的位置等。由于屋顶平面图比较简单，所以可用较小的比例来绘制。

（5）局部平面图。当某些楼层的平面布置基本相同，仅有局部不同时，这些不同部分就可以用局部平面图来表示。当某些局部布置由于比例较小、而固定设备较多，或者内部的组合比较复杂时，也可以另画较大比例的局部平面图。为了清楚地表明局部平面图在平面图中所处的位置，图样中必须标明与平面图一致的定位轴线及其编号。常见的局部平面图有厕所、盥洗室、楼梯间平面图等。

2. 规定要求

（1）图名、比例。建筑平面图的图名通常由它表示的楼层而定，如底层平面图、屋顶平面图等。平面图可以采用 1:50、1:100、1:150、1:200、1:300 等比例绘制，其中 1:100 的比例在实际工程中最为常用。比例应注写在图名的右侧。

（2）定位轴线及编号。具体要求详见 14.1.5。

（3）图线。建筑平面图实质上是水平剖面图，应符合剖面图的有关规定和要求。凡被剖到的墙、柱的断面轮廓线以及剖切符号用粗实线表示；未剖切到的可见轮廓线，如窗台、花台、台阶、梯段等用中粗实线画出，另外门的开启符号和尺寸起止符号也采用中粗实线画出；其他图形线，如图例线、尺寸线、尺寸界线、标高符号、轴线圆圈等用细实线表示。定位轴线则用细单点长画线表示。

（4）图例。由于建筑平面图一般采用较小的比例，所以门、窗、孔洞、烟道、花格等构配件均应按规定的图例表示，参见附录二。门和窗还应分别进行编号。门的代号为 M，窗的代号为 C，同一类型的门或窗编号应相同，如 M1、C1 等。当门窗采用标准图时，应注写出标准图编号及门窗编号。图中会在适当的位置给出门窗表，它是为了计算出每幢房屋不同类型的门窗数量（表 14–3）。

表 14–3　　门　窗　表（部分）

类别	编号	洞口尺寸		数量				采用标准图编号	备注
		宽	高	地下层	一层	二层	合计		
铝合金平开门	LM0924	900	2400		1		1	L03J602-PLM-GR-K	外门
	LM0927	900	2700		1		1	L03J602-PLM-GR-K	外门
	LM1224	1200	2400			2	2	L03J602-PLM-GR-K	外门
	LM1524	1500	2400	1			1	L03J602-PLM-GR-K	外门
	LCM1224	1200	2400		1		1	L03J602-PLM-GR-K	外门　乙级防火门窗
铝合金推拉门	TLM2424	2400	2400		1		1	L03J602-PLM-GR-K	外门
	TLM1422	1400	2200		1		1	L03J602-PLM-GR-K	内门
车库门	CM2822	2800	2200		2		2		自动车库门
铝合金固定窗	GC0406	400	600			8	8	L03J602-GR-K	固定窗
	GC0409	600	900			3	3	L03J602-GR-K	固定窗
	GC0609	600	900		5		5	L03J602-GR-K	固定窗
铝合金平开窗	C0615	600	1500	1		2	3	L03J602-PLC-GR-K	平开窗
	C0618	600	1800	2			2	L03J602-PLC-GR-K	平开窗
	C1818	1800	1800	1	1		2	L03J602-PLC-GR-K	平开窗
	C0915	900	1500			2	2	L03J602-PLC-GR-K	平开窗
铝合金圆弧平窗	HC1218	1200	1800		1		1	L03J602-PLC-GR-K	圆弧平开窗
	HC0613	600	1350			5	5	L03J602-PLC-GR-K	圆弧平开窗
	HC0615	600	1500			2	2	L03J602-PLC-GR-K	圆弧平开窗
	HC0915	900	1500			9	9	L03J602-PLC-GR-K	圆弧平开窗

在平面图中，被剖到的部分应画出材料图例。但当平面图采用 1:100 及以下的比例绘制时，对于剖到的砖墙断面轮廓线内可以不画出材料图例，剖到的钢筋混凝土构件的断面轮廓线内，可涂黑表示。当比例不小于 1:50 时，则应分别画出建筑材料图例。

另外墙体的粉刷层在 1:100 的平面图中不必画出，但在 1:50 或更大比例的平面图中则用细实线表示。

（5）尺寸和标高。建筑平面图中的尺寸按其注写位置的不同分为外部尺寸和内部尺寸。

1）外部尺寸。建筑平面图中，一般应在图形的下方和左方标注相互平行的三道尺寸。最外面的一道是总尺寸，表示建筑物的总长和总宽；中间一道尺寸是轴线之间的距离，表示房间的“开间”和“进深”；最内的一道是细部尺寸，表示门窗洞口、洞间墙的尺寸（从轴线注起）。当建筑物的平面图形不对称时，平面图的四周均应标注外部尺寸。底层平面图中还需注明台阶、花台、散水等的尺寸。

2）内部尺寸。为了说明建筑物的内墙厚度、内部门窗洞口、门跺以及固定设备的大小和位置，建筑平面图中还应标注相关的内部尺寸。

3）标高。建筑平面图中还应标注出各层楼地面、台阶顶面、楼梯休息平台面以及室外地面的相对标高。标高的单位以米为单位且保留到小数点后三位。

（6）其他。在±0.000 所在平面图中还应画出指北针以表示房屋朝向，画出剖切符号以确定建筑剖面图的剖切位置和剖视方向。平面图中凡需绘制详图的部位，均应画出详图索引符号。

14.3.3 建筑平面图读图示例

由图名可知，图 14–14 为别墅的地下层平面图，采用 1:100 比例绘制。房屋的平面形状为近似矩形，总长为 25 200mm，总宽为 16 500mm，室内地坪标高为相对标高–3.000m，庭院内室外地坪相对标高为–3.300m。由定位轴线的标注可以看出，横向轴线从①～⑮，纵向轴线从Ⓐ～Ⓟ。尺寸标注表达了各房间的开间、进深以及各建筑构配件的位置和大小。

由图 14–14 中墙体的布置和房间名称可以了解到房屋内部各房间的用途、数量以及相互之间的联系。该房屋的底层主要用于休闲娱乐，同时兼具贮藏、洗衣和工人居住的功能。

由图中门窗的图例及其编号可以了解到本层所用的门窗类型、数量。如图所示，该联体别墅共两户，南侧设有入户的大门。楼梯间设在房屋的中部。图中还表示出了室外台阶、暗埋式散水和雨水管的位置。另外，详图索引符号说明了节点详图的位置。

图 14–15 为别墅的地上一层平面图。本层室内主要地坪标高设为相对标高零点±0.000。图中指北针表明了房屋的朝向。由房间名称可以看出本层主要用来日常生活起居，分别设有卧室、起居室、家庭室、休息室、厨房和餐厅等。房屋东西两侧设有庭院通往一层的室外台阶和入户的大门。在房屋北侧设有坡道及车库，在南侧设有露台。另外，剖切符号表示出了相应建筑剖面图的剖切位置和投影方向。

图 14–16 和图 14–17 分别为别墅的二层平面图和屋顶平面图。二层平面图表明了该别墅二层房间的布置情况和一层屋顶的投影。屋顶平面图则完全表明了整幢别墅的屋顶形状、排水方向及坡度、天沟的设置情况、出屋面的风道位置等。其余图请自行阅读分析。

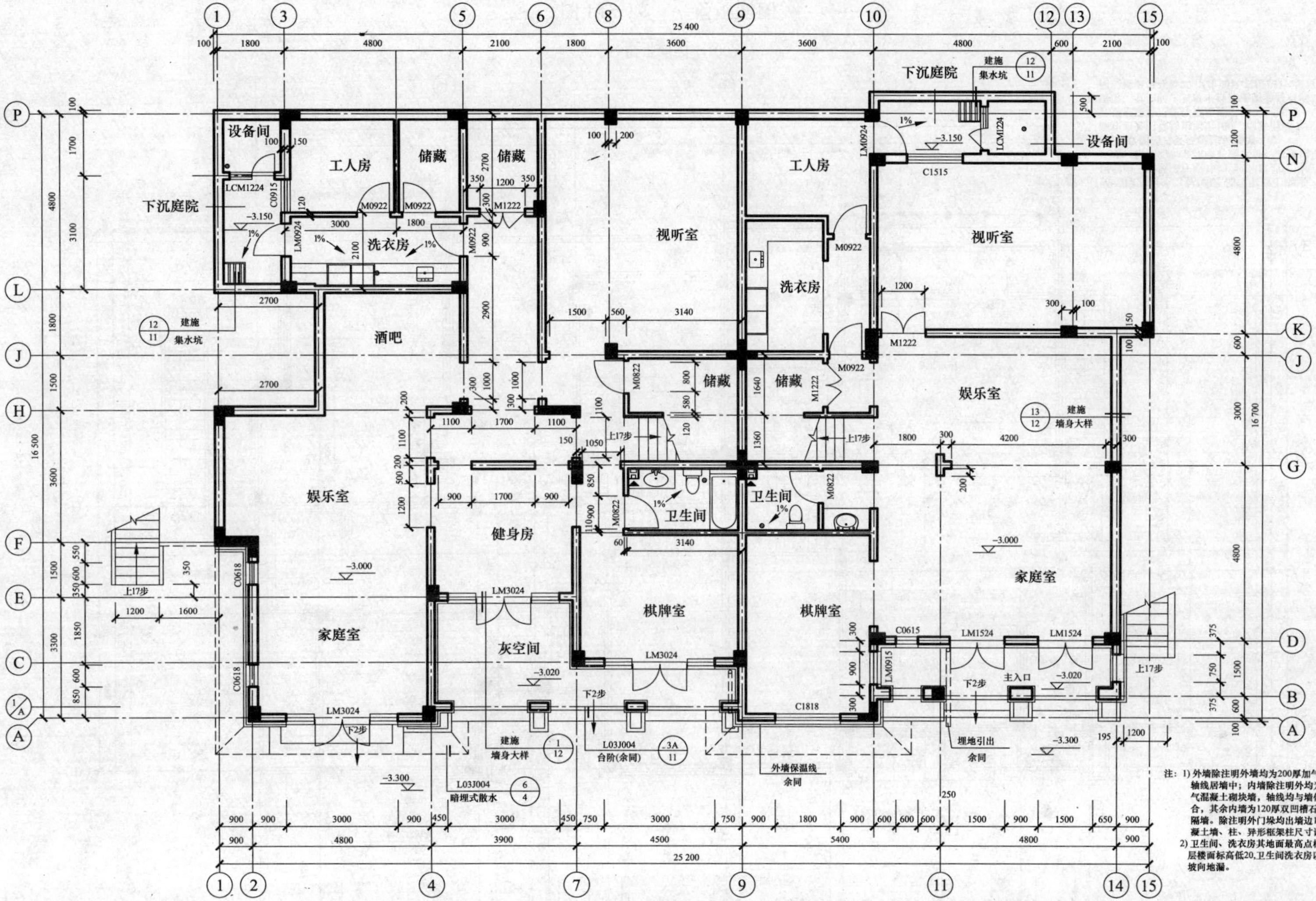

注：1) 外墙除注明外墙均为200厚加气混凝土砌块，轴线居墙中；内墙除注明外均为200厚加气混凝土砌块墙，轴线均与墙体中心线重合，其余内墙为120厚双凹槽石膏条板抹灰隔墙。除注明外门垛均出墙边100。钢筋混凝土墙、柱、异形框架柱尺寸详见结施。

2) 卫生间、洗衣房其地面最高点标高均比同层楼面标高低20,卫生间洗衣房以1%坡度坡向地漏。

地下层平面图1:100

图 14－14　地下层平面图

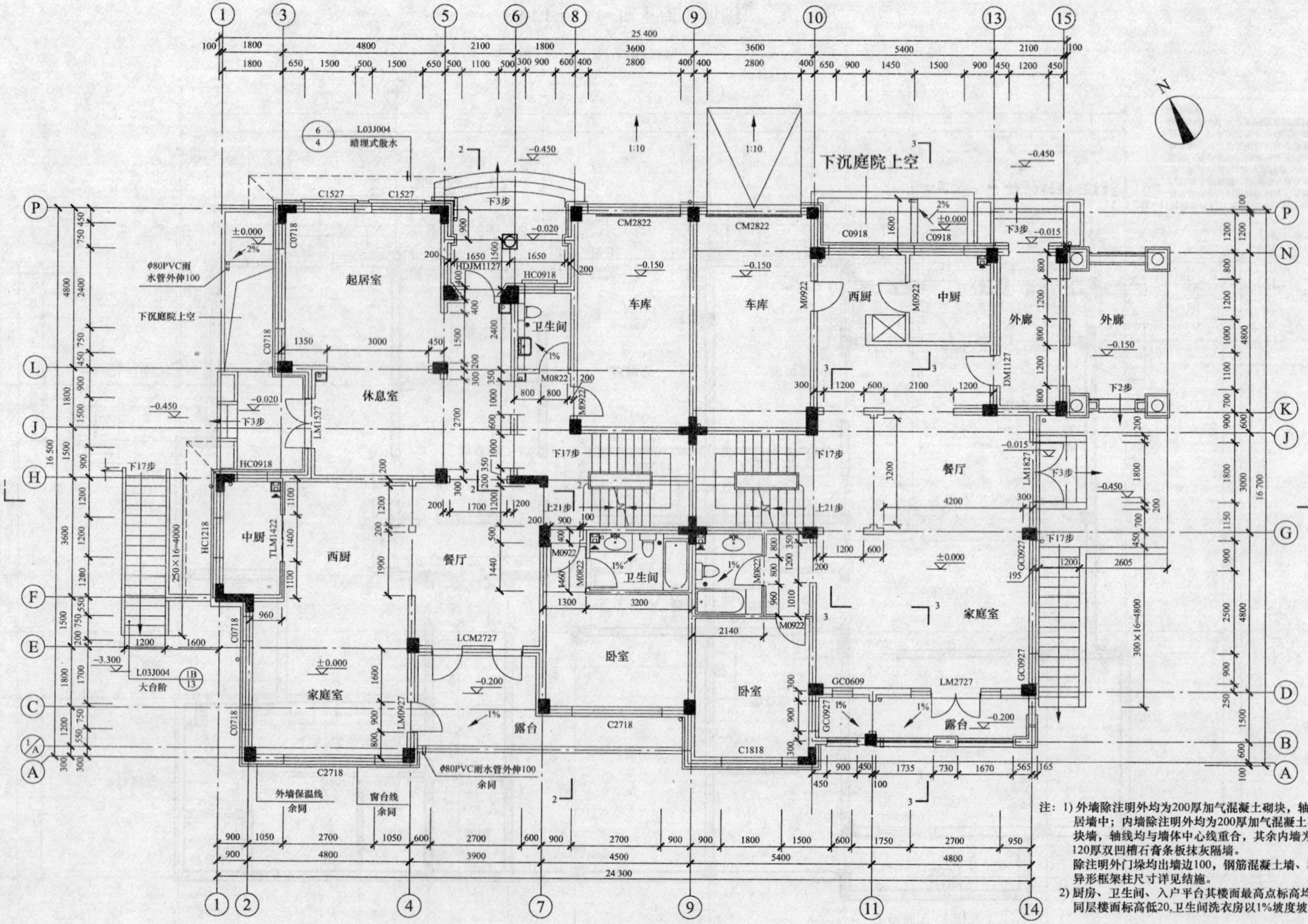

注：1) 外墙除注明外均为200厚加气混凝土砌块，轴线居墙中；内墙除注明外均为200厚加气混凝土砌块墙，轴线均与墙体中心线重合，其余内墙为120厚双凹槽石膏条板抹灰隔墙。
除注明外门垛均出墙边100，钢筋混凝土墙、柱、异形框架柱尺寸详见结施。
2) 厨房、卫生间、入户平台其楼面最高点标高均比同层楼面标高低20,卫生间洗衣房以1%坡度坡向地漏。

一层平面图 1:100

图 14－15　一层平面图

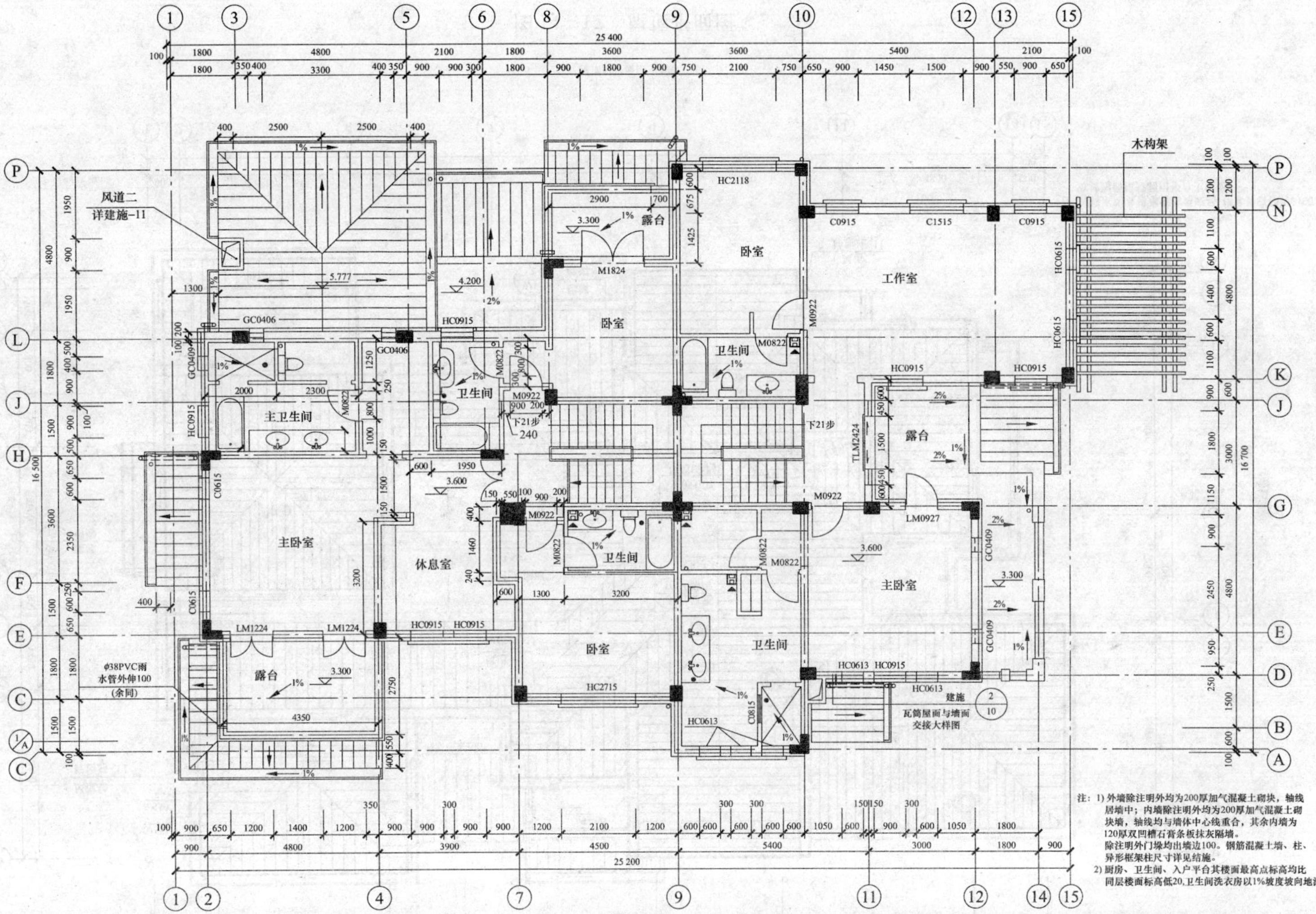

二层平面图1:100

注：1) 外墙除注明外均为200厚加气混凝土砌块，轴线居墙中；内墙除注明外均为200厚加气混凝土砌块墙，轴线均与墙体中心线重合，其余内墙为120厚双凹槽石膏条板抹灰隔墙。
除注明外门垛均出墙边100。钢筋混凝土墙、柱、异形框架柱尺寸详见结施。
2) 厨房、卫生间、入户平台其楼面最高点标高均比同层楼面标高低20,卫生间洗衣房以1%坡度坡向地漏。

图 14-16　二层平面图

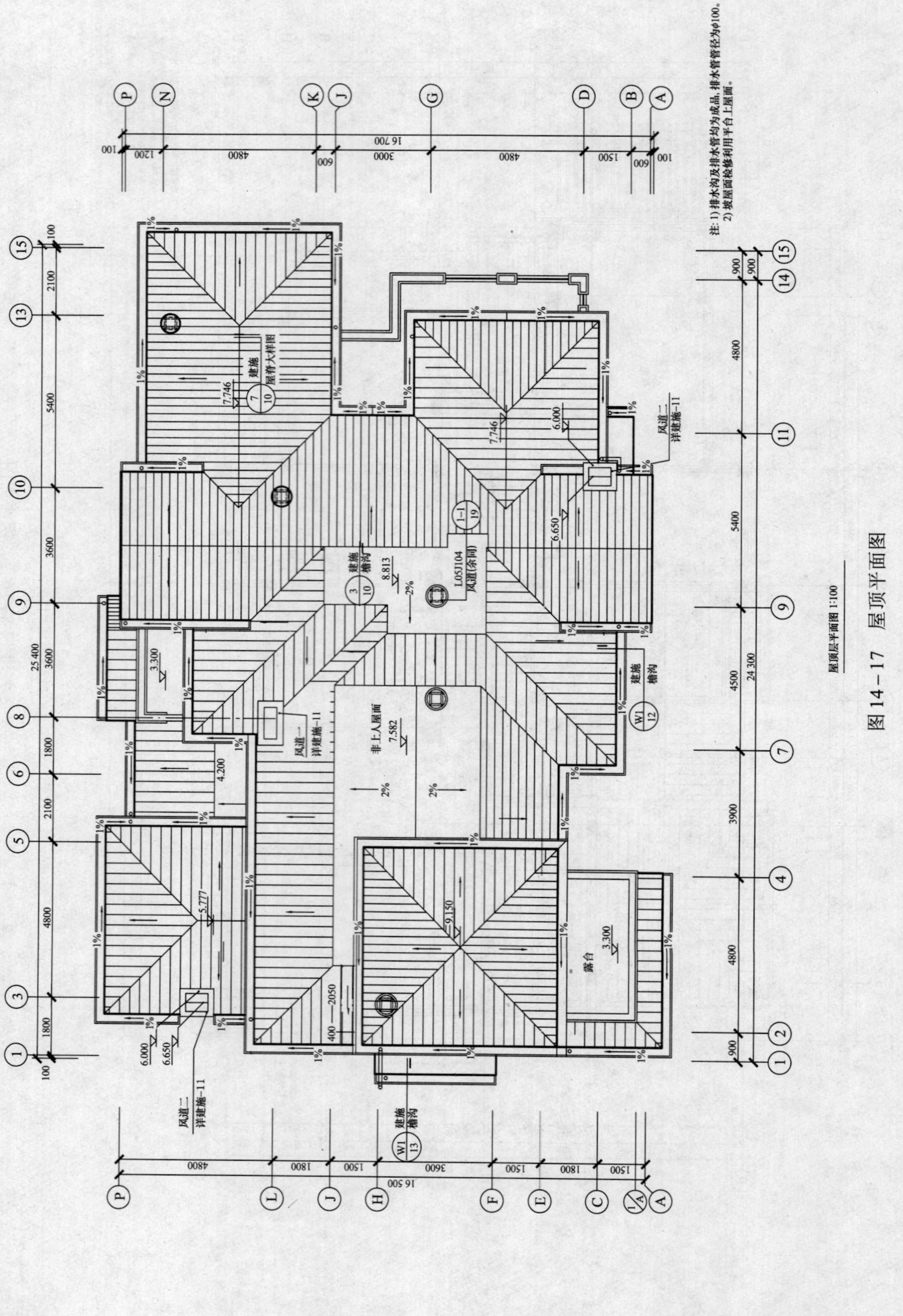
注：1) 排水沟及排水管均为成品，排水管管径为φ100。
2) 坡屋面检修利用平台上屋面。
屋顶层平面图 1:100
非上人屋面
露台

图 14-17 屋顶平面图

14.3.4　建筑平面图的画图步骤

根据建筑物的总尺寸确定绘图比例和图纸幅面后，进行建筑平面图的绘制。绘图步骤如下：

（1）画定位轴线。

（2）根据轴线画墙身或柱子的轮廓线。

（3）画细部，如门窗洞、楼梯、台阶、卫生间等。

（4）画尺寸线、尺寸界线、尺寸起止符号以及轴线圆圈。

（5）检查无误后，擦去多余的线，按要求加深图线。

（6）标注轴线编号、尺寸、标高、剖切符号、索引符号、各房间名称、门窗编号、图名比例及其他的文字说明。

14.4　建筑立面图

14.4.1　建筑立面图的形成及作用

在与房屋各立面平行的投影面上所作的房屋正投影图，称为建筑立面图，简称立面图。其中反映主要出入口或房屋显著外貌特征的那一面的立面图，称为正立面图，其余的立面图相应地称为背立面图和侧立面图。立面图也可按两端轴线编号来命名，如①～⑮立面图或Ⓐ～Ⓟ立面图等。也可按房屋的朝向来命名，如南立面图、北立面图、东立面图和西立面图等。

房屋立面如果有一部分不平行于投影面，例如成圆弧形、折线形、曲线形等，可将该部分展开到与投影面平行，再用正投影法画出其展开视图。对于平面为“回”字形的房屋，它在院落中的局部立面，可在相关的剖面图上附带表示。如不能表示时，则应单独绘出。

一幢建筑物是否美观，很大程度上取决于它在主要立面上的艺术处理。因此，建筑立面图是建筑师表达立面设计效果的重要图纸，通过它来反映房屋的体型外貌、门窗类型及其排列位置和立面装修做法。建筑立面图在施工中是立面造型、外墙装修、工程概预算以及备料的依据。

14.4.2　建筑立面图的内容及有关规定

建筑立面图表示出房屋室外地坪线以上的全貌。内容应包括各外墙面、台阶、雨篷、花台、窗台、阳台、屋顶、檐口、雨水管、勒脚及其他装饰构件的位置、形状、用料和做法，立面上门、窗的形状、位置以及开启方向等。同时还应有必要的尺寸标注。绘制建筑立面图的有关规定如下。

1. 图名、比例

图名可按立面图的主次、轴线编号、朝向来命名。立面图常用的比例有 1:50、1:100、1:150、1:200、1:300 等。实际工程中往往采用与建筑平面图相同的比例。

2. 定位轴线

在建筑平面图上，各定位轴线表示的比较清楚。立面图中，一般只画出两端的定位轴线以及编号，以便与平面图对照识读。

3. 图线

为使图面清晰、层次分明，立面图中采用各种线型表示不同的内容。建筑立面图的外形轮廓线用粗实线表示；室外地坪线用加粗实线（1.4b）表示；立面上凸出或凹进墙面的轮廓线、门窗洞口、台阶、雨篷、阳台、檐口等较大建筑构配件的轮廓线用中粗实线表示；较小的建筑构配件以及门窗扇、墙面分格线、雨水管、文字说明引出线等均用细实线表示。

4. 图例

由于立面图的比例较小，因此在建筑立面中一些细部结构如门窗、阳台、栏杆以及墙面复杂的装修应按规定图例绘制。对于相同类型的门窗可以只画出一、两个完整图形，其余的只画出主要轮廓线即可。立面图中窗户应画出开启方向，而门可不表示开启方向。

5. 尺寸标注

建筑立面图中用标高的形式标注高度方向的尺寸。标注标高的部位一般有室内外地坪、出入口平台顶面、各层楼面、门窗顶、窗台、檐口、女儿墙压顶、雨篷底面、阳台底面或阳台栏杆顶面等。标高符号应排列整齐。

有时立面图两侧也可沿竖直方向标注三道尺寸来表示各部分的高度。最内一道尺寸标注室内外高差、门窗洞口高度、窗间墙及檐口高度；中间一道尺寸标注层高；最外一道尺寸标注房屋的总高度。也可在立面图内部标注必要的局部尺寸来确定构配件的大小和位置。立面图中一般不标注水平方向的尺寸。

6. 其他

在建筑立面图中应在适当的位置用文字注写出外墙面的装饰做法。凡需绘制详图的部位，应画上详图索引符号。

14.4.3 建筑立面图读图示例

由图 14–18 的图名，结合平面图中指北针的方向可知，该图为别墅的南立面图，与平面图一样采用 1:100 比例绘制。该立面是该房屋的主要立面，底层中部设有几个主要的入户门洞和大门，东西两侧则是庭院通往一层的室外台阶。一层部分在④～⑨和⑪～⑭轴线之间分别设有室外露台，二层部分在②～④和⑭～⑮轴线之间设有室外露台。图中可以看出该立面上各层的门窗形式、排列位置和开启方向。此外还表示出了入口台阶、雨水管以及屋顶部分屋檐以及天沟的形状和位置、排水坡度。相应的尺寸标注表示出了立面上各构配件的大小和各台面的标高。立面图中以图例的方式说明了该立面上各部分的面层装饰做法。如底层外墙主要是浅褐色文化石，屋面采用的是橘红色筒瓦等。

图 14–19 是别墅的东立面图，反映出了房屋东立面的造型和面层装饰做法。请自行阅读分析。

14.4.4 建筑立面图的绘图步骤

立面图的绘图步骤如下：

（1）画室外地坪线、轴线、外形轮廓线和屋面线。

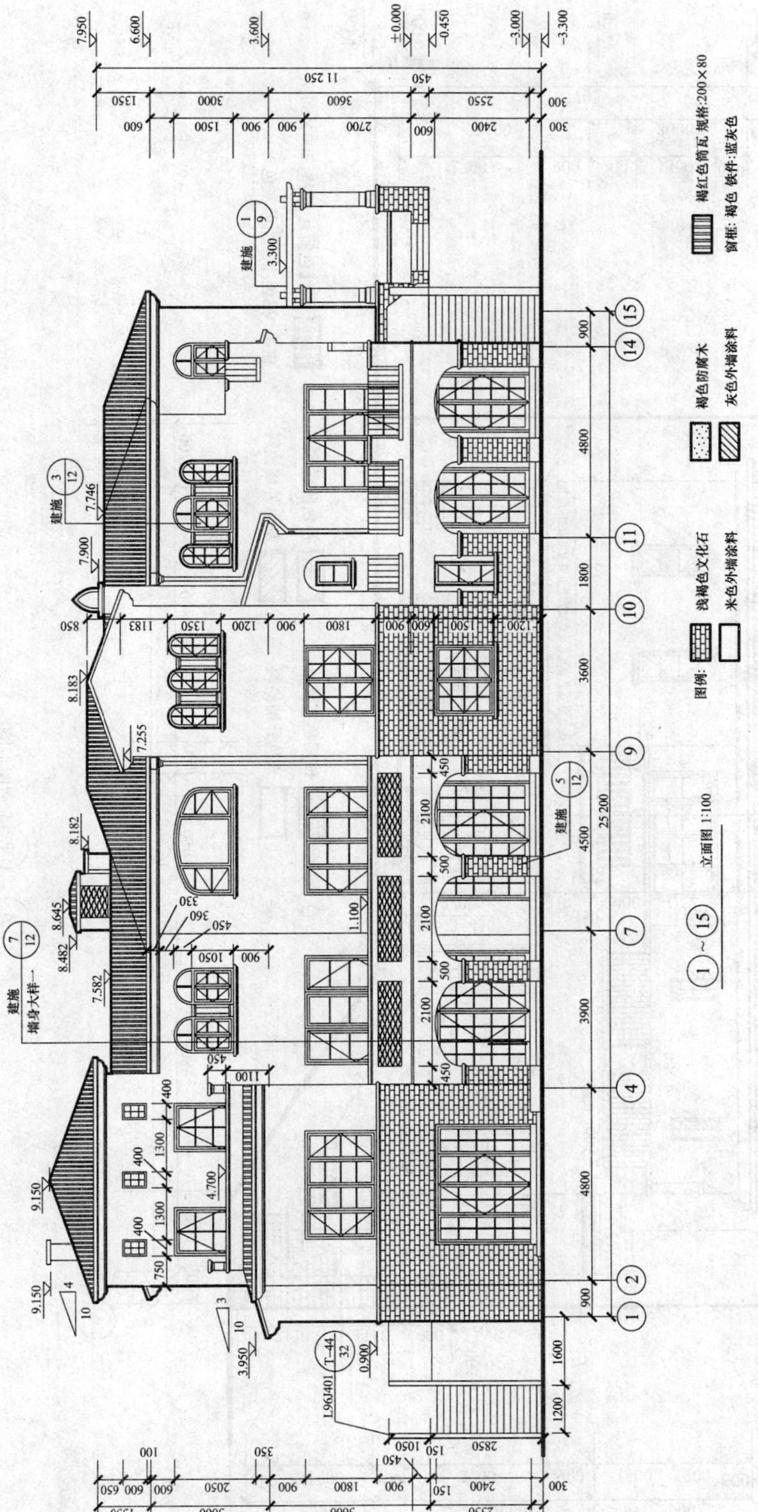
①~⑮ 立面图 1:100
图例:
浅褐色文化石
米色外墙涂料
褐色防腐木
灰色外墙涂料
褐红色筒瓦 规格:200×80
窗框: 褐色 铁件:蓝灰色

图14-18　①~⑮立面图

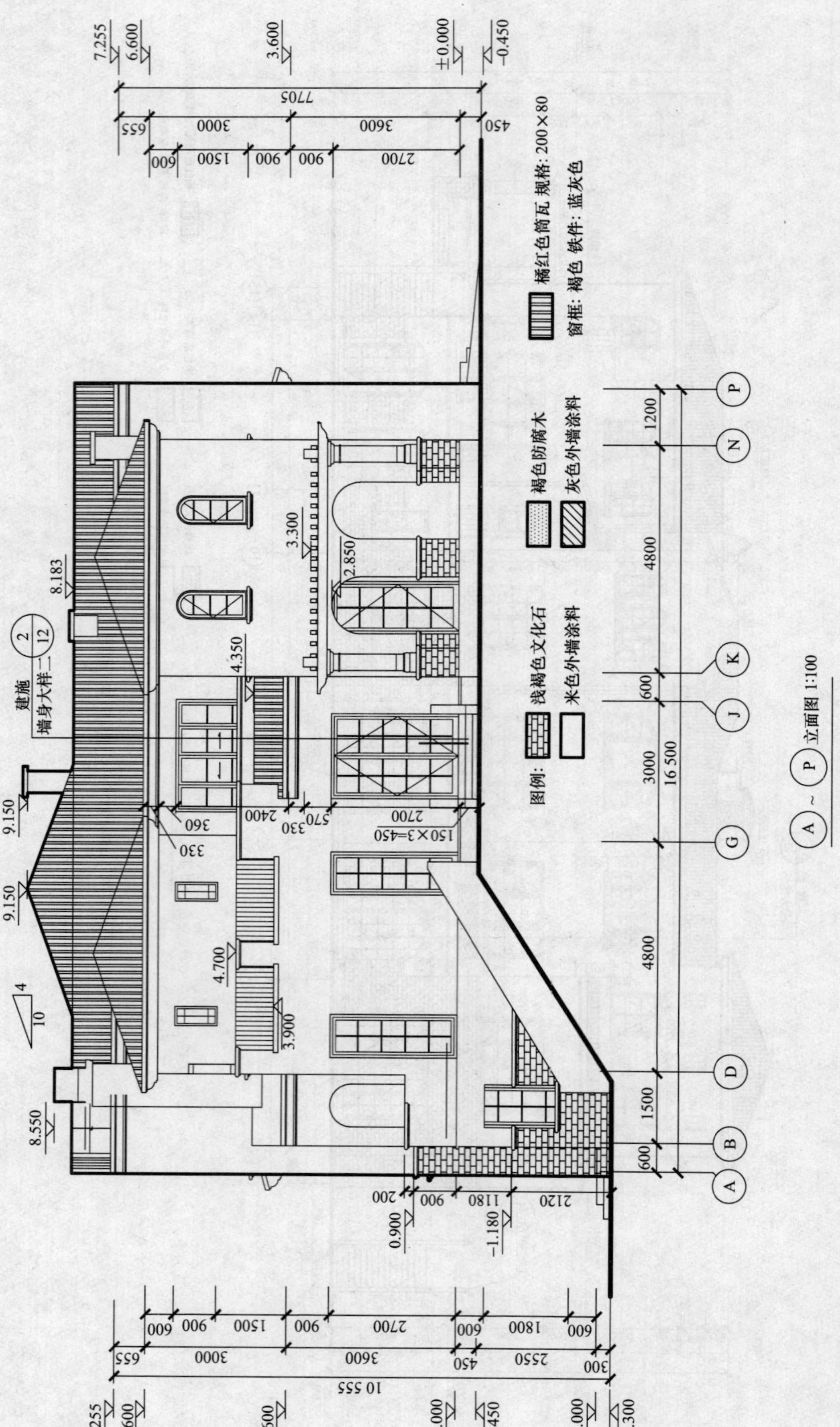
建施
墙身大样二
图例:
浅褐色文化石
米色外墙涂料
褐色防腐木
灰色外墙涂料
橘红色筒瓦 规格: 200×80
窗框: 褐色 铁件: 蓝灰色
Ⓐ~Ⓟ立面图 1:100

图14-19 Ⓐ~Ⓟ立面图

（2）画门窗洞口定位线，确定门窗位置。

（3）画细部结构，如台阶、雨篷、檐口、窗台、门窗扇、雨水管、勒脚等。

（4）画标高符号、尺寸线、尺寸界线、尺寸起止符号。

（5）检查无误后，擦去多余的线，按要求加深图线。

（6）标注轴线编号、尺寸、标高、外墙装饰做法、索引符号、图名比例及其他的文字说明。

14.5 建筑剖面图

14.5.1 建筑剖面图的形成及作用

建筑剖面图一般是指建筑物的垂直剖面图，也就是假想用一个或多个垂直于外墙轴线的铅垂剖切面将房屋剖开，移去剖切平面与观察者之间的部分，对剩余的部分所作的正投影图称为建筑剖面图，简称剖面图。但习惯上剖面图中不画出基础以下部分。

建筑剖面图用以表示房屋内部的结构和构造形式、垂直空间的利用和各部位的高度、组合关系、所用材料及其做法等。建筑剖面图与平面图、立面图相互配合来表示整幢房屋，是施工图中不可缺少的重要图样之一。

建筑剖面图的数量是根据房屋的复杂程度和施工的实际需要而定。剖切面一般为横向，即平行于侧面，必要时也可为纵向，即平行于正面。剖面图的剖切部位，应选择在内部结构和构造比较复杂或有变化以及有代表性的部位。如门窗洞口、主要出入口、楼梯间等处。其数量视建筑物的复杂程度和实际情况而定。

14.5.2 建筑剖面图的图示内容及有关规定

建筑剖面图的内容应包括剖切面和投影方向上可见的建筑构造、构配件以及必要的尺寸、标高等。绘制建筑剖面图的有关规定如下。

1. 图名、比例

建筑剖面图的图名是根据建筑±0.000 所在层平面图上所标注剖切符号的编号来命名的，如 1–1 剖面图、2–2 剖面图。剖面图的常用比例有 1:50、1:100、1:150、1:200、1:300 等。实际工程中往往采用与平面图、立面图相同的比例。

2. 定位轴线

在剖面图中通常也只需画出两端的轴线及其编号，以明确剖切位置及剖视方向，以便与平面图对照。为了将图示内容表示的更清楚，有时也画出中间剖到的主要承重构件的轴线及其编号。

3. 图线

在剖面图中的室内外地坪线用加粗实线表示。剖切到的部位如墙身、梁、楼板、屋面板、楼梯段及休息平台等用粗实线表示。未剖切到但可见的轮廓线如门窗洞、楼梯梯段及栏杆扶手、女儿墙压顶、内外墙、踢脚、勒脚等轮廓线用中粗实线表示。较小的建筑构配件、门窗扇及其分格线、雨水管、墙面分格线等用细实线表示。尺寸线、尺寸界线、引出线、标高符号和索引符号等均按规定用细实线画出。

4. 图例

在剖面图中的门、窗均按规定图例绘制。砖墙和钢筋混凝土的材料图例画法与平面图相同。

5. 尺寸、标高

建筑剖面图中应标注出剖到部分的竖直方向的尺寸和标高。

外墙的竖向尺寸一般也标注三道。最外一道尺寸为室外地面以上的总高尺寸；中间一道尺寸为层高尺寸；最内一道尺寸为门窗洞口及洞间墙的高度尺寸（将楼面以上以及楼面以下分别标注）。此外，还需标注某些局部尺寸，如内墙上的门窗洞高度尺寸、窗台的高度以及有些不另画详图的构配件尺寸，如栏杆扶手的高度尺寸、屋檐和雨篷等的挑出尺寸以及剖面图上两轴线间的尺寸等。

建筑剖面图中还应标注室内外地面、各层楼面、楼梯休息平台面、阳台顶面、屋顶、檐口或女儿墙顶面等的标高和某些梁、雨篷等构件的底面标高。

标注尺寸和标高时，注意与平面图和立面图相一致。

6. 其他

建筑剖面图中楼、地面各层构造做法一般可用引出线说明。若需绘制详图的部位，应画上详图索引符号。对于剖到的建筑物倾斜的地方如屋面、散水等应用坡度来表示其倾斜的程度。

14.5.3 建筑剖面图读图示例

图 14–20 为别墅的 1–1 剖面图，采用 1:100 比例绘制。从图名和轴线编号与平面图上的剖切位置对照可知，该剖面图为纵向的单一全剖面图，剖切平面在Ⓖ Ⓙ轴线之间，通过房屋的主要大厅和楼梯间，投影方向从前向后。从图示房屋的楼地面、屋面、墙体和楼梯的构造及结构形式可以看出，房屋的水平方向承重构件（梁和板）和竖直方向承重构件（柱）均采用的是钢筋混凝土材料，属于框架结构形式。楼梯为钢筋混凝土板式楼梯。尺寸标注则说明了房屋内部相应门洞的高度、楼地面、屋面、部分构件的表面高度。图中还表示出了被剖切到的相应坡屋面的坡度。根据图中的详图索引符号可以查阅相应部位的详细构造情况。

图 14–21 为别墅的 3–3 剖面图。它是房屋的横向阶梯剖面图，图示内容请自行阅读分析。

14.5.4 建筑剖面图的绘图步骤

剖面图的绘图步骤如下：

（1）画室外地坪线、定位轴线、楼面线、屋面线。

（2）确定门窗洞口的位置画墙身线，根据厚度画楼板及屋面板的轮廓线，确定楼梯的位置画楼梯轮廓线。

（3）画其他细部如门窗、梁、台阶、雨篷、檐口、踢脚等构配件。

（4）画标高符号、尺寸线、尺寸界线、尺寸起止符号。

（5）检查无误后，擦去多余的线，按要求加深图线。

（6）标注轴线编号、尺寸、标高、索引符号、图名比例及其他的文字说明。

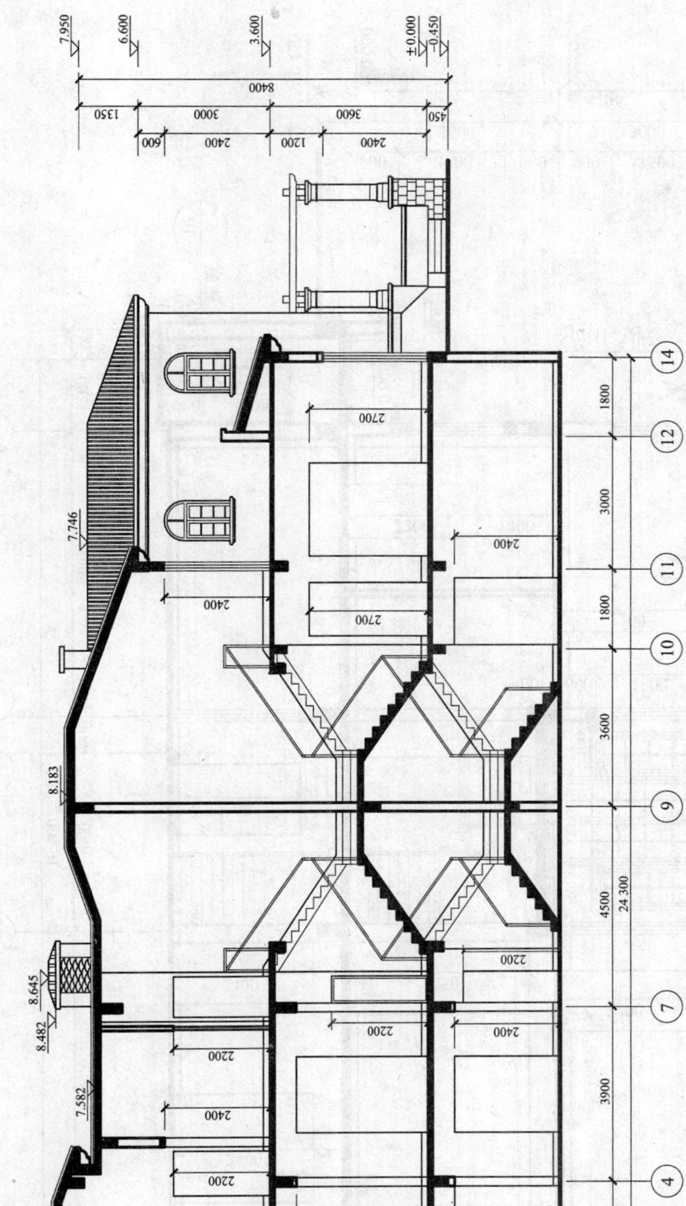

1-1剖面图 1:100

图 14－20　1-1剖面图

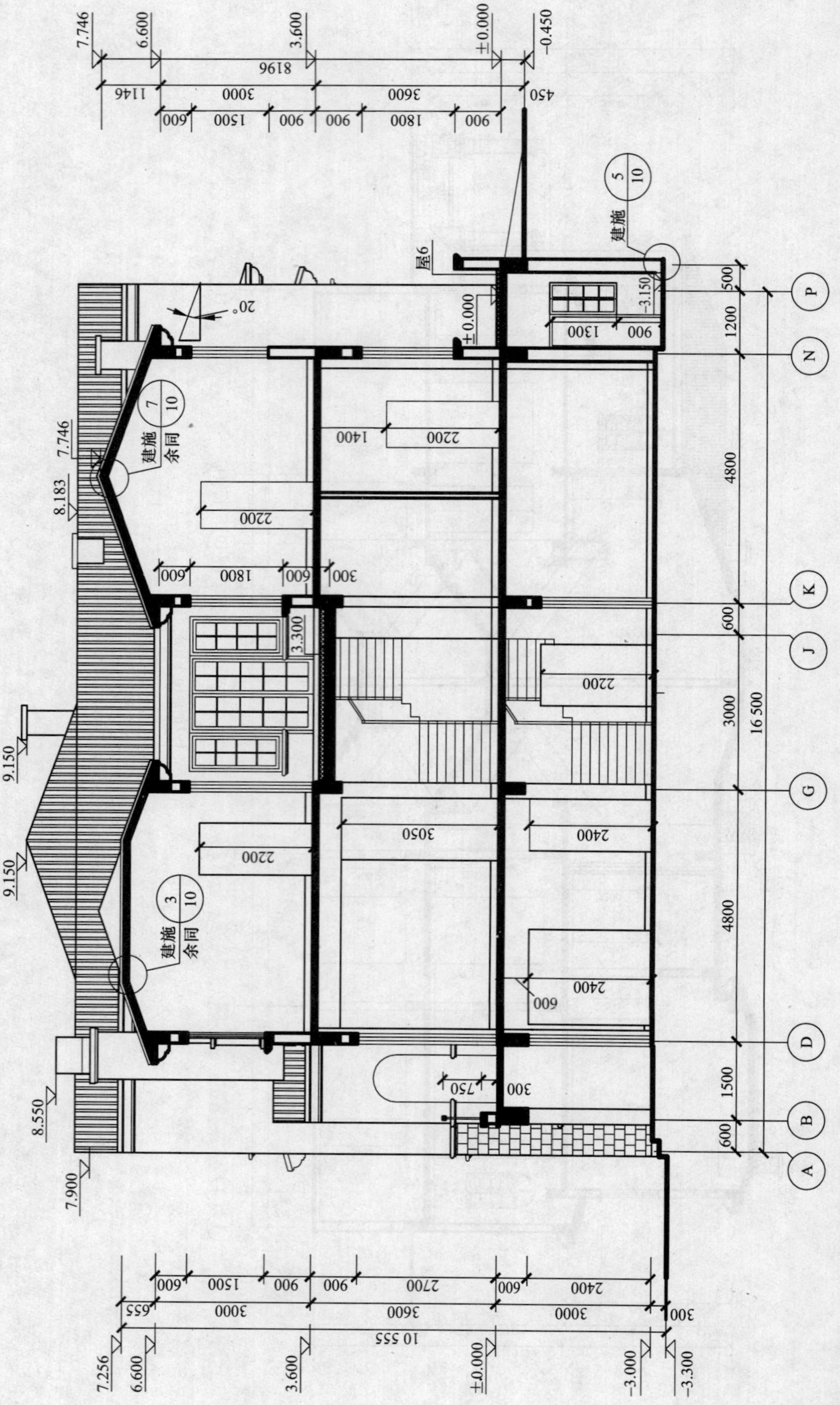

3-3剖面图 1:100

图 14－21　3-3剖面图

14.6　建筑详图

14.6.1　概述

1. 基本概念

由于建筑平、立、剖面图一般采用较小的比例绘制，建筑物的某些细部及构配件的详细构造和尺寸无法表示清楚。为了满足施工的要求，必须将这些部位的形状、尺寸、材料、做法等用较大的比例详细表达出来，这种图称为建筑详图，简称详图。详图又称大样图或节点图。

2. 特点及作用

相对于建筑平、立、剖面图，建筑详图具有三个特点：① 绘制比例较大，如 1:5、1:10、1:25、1:30 等；② 图示内容详尽清楚，把细部的形状大小、层次构造、材料做法都清楚地表示出来；③ 尺寸标注齐全，并注有详尽的文字说明。

建筑详图是建筑细部或构配件的大比例图样，是建筑平、立、剖面图的深化和补充，是指导房屋细部施工、建筑构配件的制作以及编制预算的重要依据。

3. 分类及内容

建筑详图可分为节点构造详图和构配件详图两类。凡表达房屋某一细部的形状大小、构造做法和材料组成的详图称为节点详图，如墙身详图（包括檐口、窗台、勒脚、明沟、散水等）。凡表明构配件本身构造的详图，称为构件详图或配件详图，如门、窗详图、楼梯详图、花格详图等。

建筑详图的数量与房屋的复杂程度及建筑平、立、剖面图的内容及比例有关。对于引用标准图或通用详图的建筑构配件和剖面节点，只要注明所用图集的名称、页次、编号，则可不必再画详图。常用的详图主要有墙身剖面详图、楼梯详图、门窗详图、厨房、浴室、卫生间详图等。

现以外墙身剖面详图、楼梯详图、门窗详图为例介绍建筑详图的内容。

14.6.2　外墙身剖面详图

外墙身剖面详图实际上是建筑剖面图的局部放大图，它主要表达房屋的屋面、楼地面、檐口、楼板与墙的连接、门窗顶、窗台、勒脚和散水等处的尺寸、材料以及做法等构造情况，是指导外墙施工的重要依据。

多层房屋中，若各层的情况一样时，可只画底层或加一个中间层来表示。画图时，往往在窗洞中间处断开，成为几个节点详图的组合。有时，也可不画整个墙身的详图，而是把各个节点的详图分别单独绘制。详图的线型要求与剖面图一样，断面轮廓线内应画出材料图例。当引用标准图集时，应注写清楚图集名称及详图编号。

现以图 14–22 为例，说明外墙身节点详图的内容与阅读方法。在详图中，对屋面、楼面和地面的构造，采用多层构造线说明方法来表示。

详图共包括的节点有檐口及二层窗顶、二层窗台、二层楼面、一层楼面及室外露台和地面部分。多层构造线说明了地下层地面的构造做法。其他的部位如屋面、楼面、内外墙的构造做法详见标准图集 L06J002。Ⓔ轴线基础部位的外侧构造做法则需要查阅图集 L06J301。另外，节点详图 a 还表示出了立面上木构件端面的具体造型。在详图中，还注出有关节点的标高和细部尺寸。

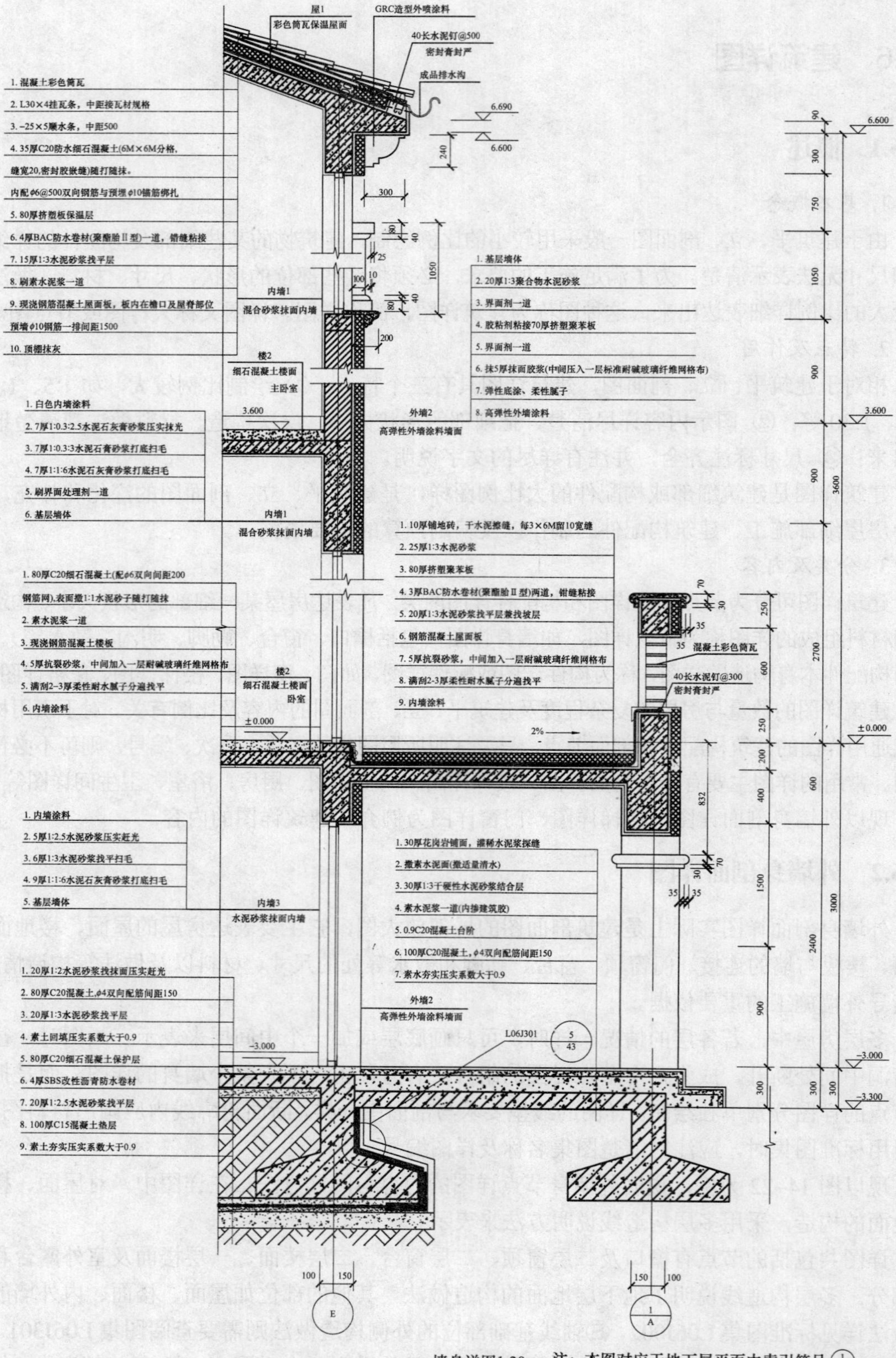

墙身详图1:20　注：本图对应于地下层平面中索引符号 1/12

图 14–22　墙身详图

14.6.3　楼梯详图

在多层房屋中，楼梯是上下交通的主要设施。楼梯通常由梯段、楼梯梁、休息平台、栏杆或栏板和扶手组成。建造楼梯的材料有钢、木、钢筋混凝土等，在房屋建筑中最广泛应用的是预制或现浇的钢筋混凝土楼梯。

楼梯详图一般分建筑详图和结构详图，并分别绘制，分别编入建筑施工图和结构施工图中。当楼梯的构造和装修都比较简单时，也可将建筑详图与结构详图合并绘制，编入建筑施工图或结构施工图中。

楼梯详图主要表明楼梯形式、结构类型、楼梯间各部位的尺寸及装修做法，为楼梯的施工制作提供依据。它一般包括楼梯平面图、楼梯剖面图及栏杆或栏板、扶手、踏步等大样图。楼梯平面图、楼梯剖面图的常用比例为 1:50 或更大比例。

1. 楼梯平面图

楼梯平面图是楼梯间的一个水平剖面图。它的剖切位置与建筑平面图的剖切位置相同。楼梯平面图主要反映梯段的水平长度和宽度、各级踏步的宽度、平台的宽度和栏杆扶手的位置，以及其他一些平面的形状。

楼梯平面图一般应分层绘制，对于三层以上的建筑物，当中间各层楼梯完全相同时，可用一个图表示，同时标有中间各层的楼面标高。楼梯底层平面图的剖切位置在第一跑梯段上，因此在底层平面图中只画半个梯段，梯段断开处画 45° 折断线；中间层平面图的剖切位置在某楼层向上的梯段上，所以在中间层平面图上既有向上的梯段，又有向下的梯段，在向上梯段断开处画 45° 折断线；顶层平面图的剖切位置在顶层楼面上一定高度处，并没有剖切到楼梯段，因而在顶层平面图中只有向下梯段，平面图中没有折断线，如图 14–23 所示。由于本例中两部楼梯是左右对称的，楼梯结构形式和构造做法完全一样。下面仅以一侧楼梯为例说明楼梯平面图的内容及阅读步骤。

（1）了解楼梯在建筑平面图中的位置及有关轴线的布置。由图 14–23 可知，此楼梯位于横向⑧～⑨轴线、纵向Ⓖ～Ⓙ轴线之间。

（2）了解楼梯的梯段走向和踏步尺寸。该楼梯间的平面为矩形，其开间尺寸 3600mm，进深尺寸 3000mm，中间休息平台宽 1300mm，楼梯井宽 400mm，地下层至一层踏步数为 17 级，其他层为 21 级。在楼梯段中部，用带箭头的细实线“→”表示楼梯走向，并注有“上”或“下”的字样。其中，“上”或“下”均是相对该层楼地面而言，即以该层楼地面为起点，表示出某段楼梯是上还是下。需要注意的是，由于楼梯段的踏步最后一级踏面与平台面或楼面重合，因此平面图中梯段踏面数总是比梯段的步级数少 1。

（3）了解楼梯间各楼层及休息平台面的标高。

（4）了解楼梯剖面图在楼梯一层平面图中的剖切位置。在一层楼梯平面图中用剖切符号表示楼梯剖面图的剖切位置、投影方向及剖面图的编号。

2. 楼梯剖面图

楼梯剖面图是楼梯垂直剖面图的简称，其剖切位置应通过各层的一个梯段和门窗洞口，向另一未剖到的梯段方向投影所得到的剖面图，如图 14–24 所示。

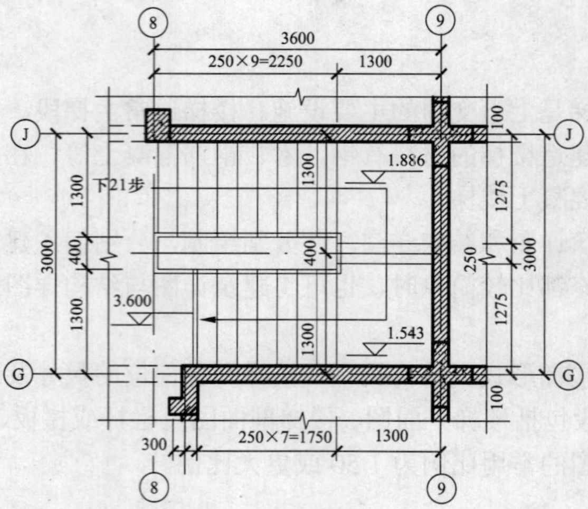

户内楼梯二层平面图1:50

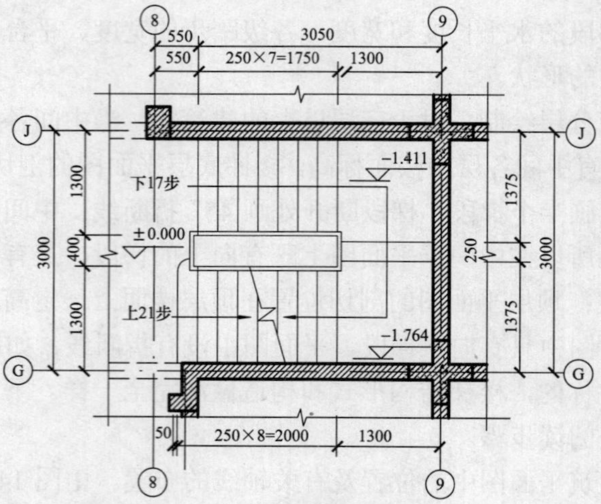

户内楼梯一层平面图1:50

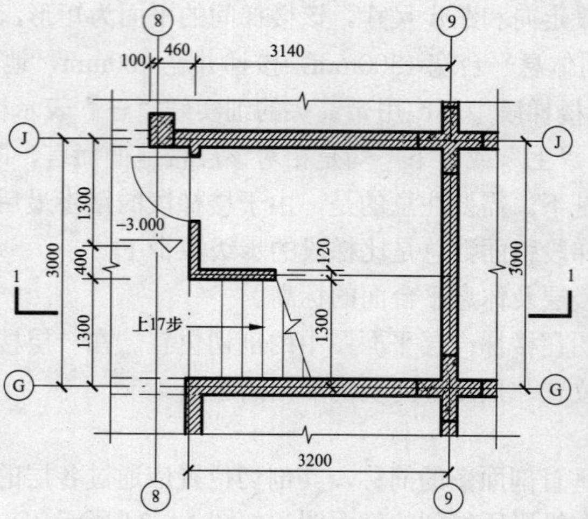

户内楼梯地下层平面图1:50

图 14–23　楼梯平面图

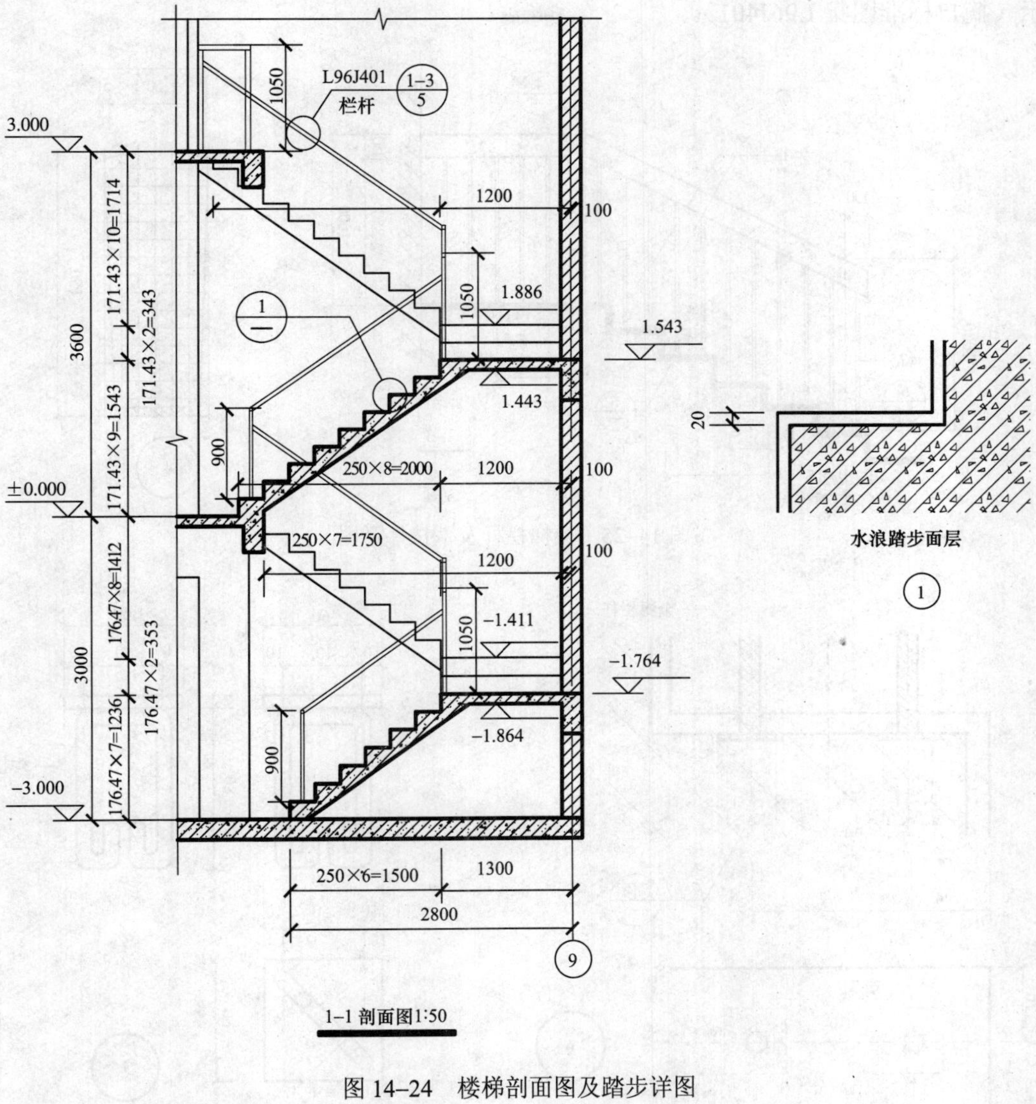

图 14–24　楼梯剖面图及踏步详图

楼梯剖面图主要表达楼梯的梯段数、踏步数、类型及结构形式，表示各梯段、平台、栏杆等的构造及其相互关系。习惯上，若楼梯间屋面没有特殊之处，可用折断线断开不必画出。在多层房屋中，若中间各层的楼梯构造相同时，剖面图可只画出底层、中间层和顶层，中间层用折断线分开。

楼梯剖面图中应注明建筑物的层数、楼梯段数及每段楼梯踏步个数和踏步高度以及室内地面、楼面、休息平台面等处的标高。标注细部尺寸说明栏杆高度、楼梯间门窗、窗下墙、过梁、圈梁等位置以及楼梯段、休息平台及平台梁之间的相互关系。另外细部节点的构造做法用索引符号标出。本楼梯的节点细部的构造做法引用自标准图集 L96J401。

3. 楼梯节点详图

楼梯节点详图一般包括踏步、扶手、栏杆详图和梯段与平台处的节点构造详图。依据所画内容的不同，详图可采用不同的比例，以反映它们的断面型式、细部尺寸、所用材料、构件连接及面层装修做法等。本例中楼梯节点详图需参见相关标准图集，如图 14–25～图 14–27 所示（摘自标准图集 L96J401）。

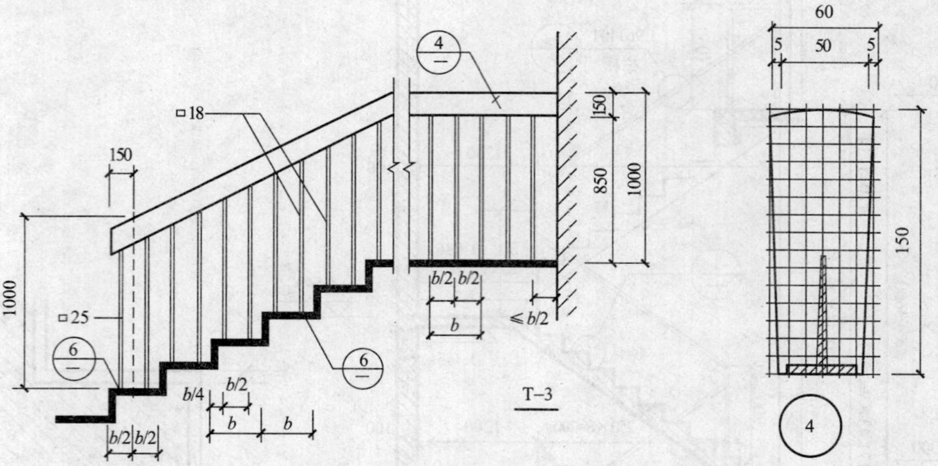

图 14–25　楼梯栏杆及木扶手详图

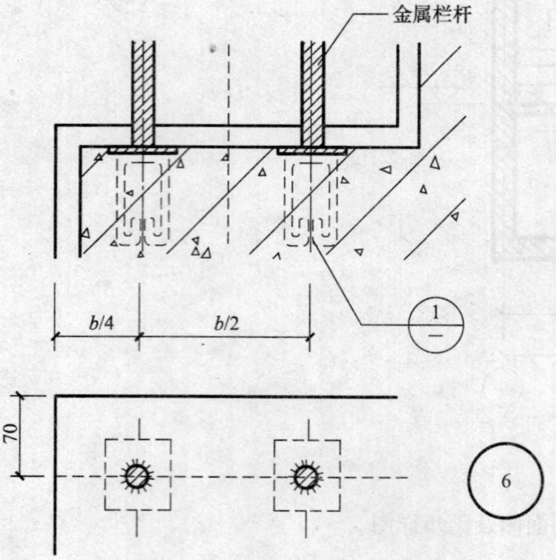

图 14–26　栏杆与踏步连接详图

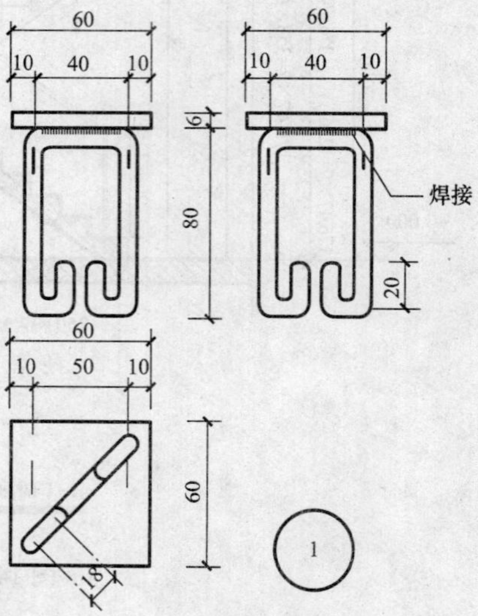

图 14–27　楼梯栏杆预埋件详图

14.6.4 门窗详图

门窗详图，一般都有预先绘制好的各种不同规格的标准图，供设计者选用。因此，在施工图中，只要说明该详图所在标准图集中的编号，就可不必另画详图。如果没有标准图时，就一定要画出详图。

门窗详图一般用立面图、节点详图、断面图以及五金表和文字说明等来表示。按规定，在节点详图与断面图中，门窗料的断面一般应加上材料图例。

现以铝合金窗为例，介绍门窗详图的特点如下：

如图 14–28（a）所示的为某型号的铝合金窗立面图。

立面图尺寸一般有三道：第一道为窗洞口尺寸；第二道为窗框外包尺寸；第三道为窗扇、窗框尺寸。洞口尺寸应与建筑平、剖面图的窗洞口尺寸一致。窗框和窗扇尺寸均为成品的净尺寸。

立面图上的线型，除轮廓线用粗实线外，其余均用细实线。

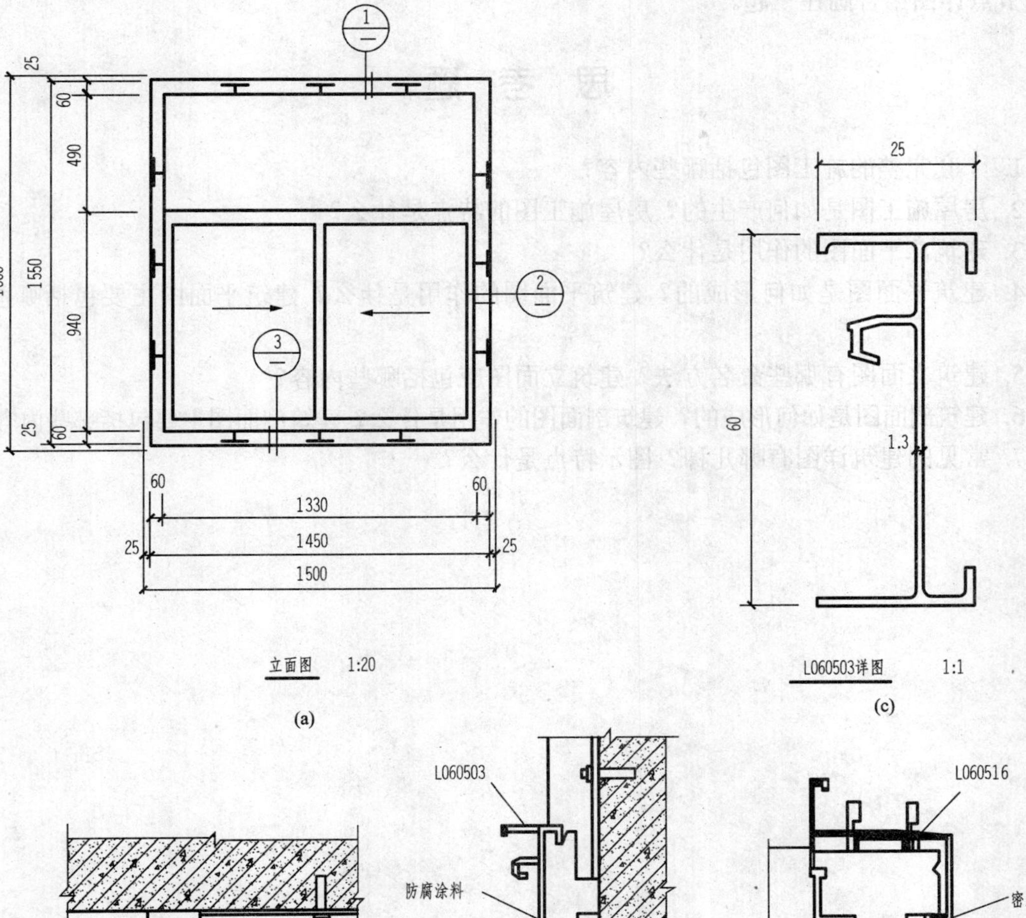

图 14–28 某型号铝合金推拉窗详图

2. 节点详图

一般画出剖面图和安装图，并分别注明详图符号，以便与窗立面图相对应。节点详图比例较大，能表示各窗的断面形状、定位尺寸、安装位置和窗扇的连接关系等内容，如图 14–28（b）所示。

3. 断面图

用较大比例（1:5、1:2）将各不同窗料的断面形状单独画出，注明断面上各截口的尺寸，以便于下料加工，如图 14–28（c）的 L060503 详图所示。有时，为减少工作量，往往将断面图与节点详图结合画在一起。

思 考 题

1. 一套完整的施工图包括哪些内容？
2. 房屋施工图是如何产生的？房屋施工图的特点是什么？
3. 建筑总平面图的作用是什么？
4. 建筑平面图是如何形成的？建筑平面图的作用是什么？建筑平面图主要包括哪些内容？
5. 建筑立面图有哪些命名方法？建筑立面图应包括哪些内容？
6. 建筑剖面图是如何形成的？建筑剖面图的作用是什么？建筑剖面图主要包括哪些内容？
7. 常见的建筑详图有哪几种？图示特点是什么？

第 15 章

结 构 施 工 图

本章主要介绍了结构施工图的基本知识和国标中关于结构施工图绘制的相关规定；钢筋混凝土结构的基本知识和图示方法；基础的基本知识和基础图形成、作用、主要内容和绘制要求；结构平面布置图的形成、作用、主要内容和绘制要求；几种常见的钢筋混凝土构件详图；结构施工图平面整体设计方法。

15.1 概述

结构是由一些承重构件（基础、墙、柱子、梁、板等）组成的整体，如图 15–1 所示。结构施工图主要表达结构设计的内容，它是表示建筑物各承重构件的布置、形状、大小、材料、构造，及其相互关系的图样。它还要反映出其他专业（如建筑、给排水、暖通、电气等）对结构的要求。

常见的房屋结构按承重构件的材料分为：混合结构、钢筋混凝土结构、砖木结构、钢结构、木结构等。本章重点介绍钢筋混凝土结构施工图的相关内容。

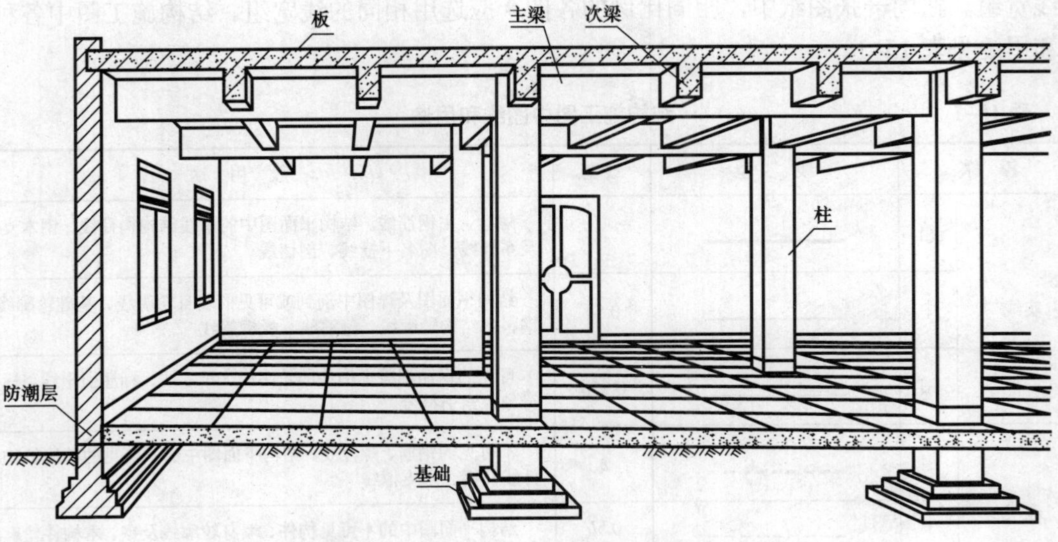

图 15–1 钢筋混凝土结构示意图

15.1.1 结构施工图的内容

结构施工图一般包括结构设计总说明、结构平面布置图、构件详图等内容。

1. 结构设计总说明

结构设计总说明是结构方面带全局性的文字说明，对于较小的房屋一般不必单独编写。它包括：抗震设计与防火要求，选用材料的类型、规格、强度等级，地基情况，施工注意事项，选用标准图集等。

2. 结构平面布置图

结构平面布置图是表示房屋中各承重构件总体平面布置的图样。它包括：

（1）基础平面图，工业建筑还有设备基础布置图；

（2）楼层结构平面布置图，工业建筑还包括柱网、吊车梁、柱间支撑、连系梁等构件的布置图；

（3）屋面结构平面图，包括屋面、天沟、屋架、天窗架及支撑布置等。

3. 构件详图

构件详图包括：

（1）梁、板、柱及基础结构详图。

（2）楼梯结构详图。

（3）屋架结构详图。

（4）其他详图，如天窗、雨篷、过梁、柱间支撑等详图。

15.1.2 结构施工图的一般规定

1. 图线

结构施工图中图线宽度 b 应按《房屋建筑制图统一标准》(GB/T 50001—2001)中“图线”的规定选用。每个图应根据复杂程度与比例大小，先选用适当的基本线宽度 b，再选用相应的线宽组。在同一张图纸中，相同比例的各图，应选用相同的线宽组。结构施工图中各种图线和用途见表 15–1。

表 15–1　　结构施工图中图线和用途

名称		线型	线宽	一般用途
实线	粗	————	b	螺栓、主钢筋线、结构平面图中的单线结构构件线、钢木支撑及系杆线，图名下横线、剖切线
	中	————	$0.5b$	结构平面图及详图中剖到或可见的墙身轮廓线、基础轮廓线、钢、木结构轮廓线、箍筋线、板钢筋线
	细	————	$0.25b$	可见的钢筋混凝土构件的轮廓线、尺寸线、标注引出线，标高符号，索引符号
虚线	粗	- - - - - -	b	不可见的钢筋、螺栓线，结构平面图中的不可见的单线结构构件线及钢、木支撑线
	中	- - - - - -	$0.5b$	结构平面图中的不可见构件、墙身轮廓线及钢、木构件轮廓线
	细	- - - - - -	$0.25b$	基础平面图中的管沟轮廓线、不可见的钢筋混凝土构件轮廓线

续表

名称		线型	线宽	一般用途
单点长画线	粗		b	柱间支撑、垂直支撑、设备基础轴线图中的中心线
	细		$0.25b$	定位轴线、对称线、中心线
双长画线	粗		b	预应力钢筋线
	细		$0.25b$	原有结构轮廓线
折断线			$0.25b$	断开界线
波浪线			$0.25b$	断开界线

2. 比例

绘制结构施工图时应根据图样的用途，被绘物体的复杂程度，选用表15–2中的常用比例，特殊情况下也可选用可用比例。当构件的纵、横向断面尺寸相差悬殊时，可在同一详图中的纵、横向选用不同的比例绘制。轴线尺寸与构件尺寸也可选用不同的比例绘制。

表15–2 结构施工图绘图比例

图名	常用比例	可用比例
结构平面图 基础平面图	1:50、1:100 1:150、1:200	1:60
圈梁平面图、总图中管沟、地下设施等	1:200、1:500	1:300
详图	1:10、1:20	1:5、1:25、1:50

3. 构件代号

房屋结构的基本构件，种类繁多，布置复杂，为了图示简明扼要，并把构件区分清楚，便于施工、制表、查阅，构件名称应用代号来表示。代号后应用阿拉伯数字标注该构件的型号或编号，也可以是构件的顺序号。构件的顺序号采用不带角标的阿拉伯数字连续编排。常用的构件代号见表15–3。

表15–3 常用构件代号

序号	名称	代号	序号	名称	代号	序号	名称	代号
1	板	B	6	密肋板	MB	11	墙板	QB
2	屋面板	WB	7	楼梯板	TB	12	天沟板	TGB
3	空心板	KB	8	盖板或沟盖板	GB	13	梁	L
4	槽形板	CB	9	挡雨板或檐口板	YB	14	屋面梁	WL
5	折板	ZB	10	吊车安全走道板	DB	15	吊车梁	DL

续表

序号	名　称	代号	序号	名　称	代号	序号	名　称	代号
16	单轨吊车梁	DDL	29	托架	TJ	42	柱间支撑	ZC
17	轨道连接	DGL	30	天窗架	CJ	43	垂直支撑	CC
18	车挡	CD	31	框架	KJ	44	水平支撑	SC
19	圈梁	QL	32	刚架	GJ	45	梯	T
20	过梁	GL	33	支架	ZJ	46	雨篷	YP
21	连系梁	LL	34	柱	Z	47	阳台	YT
22	基础梁	JL	35	框架柱	KZ	48	梁垫	LD
23	楼梯梁	TL	36	构造柱	GZ	49	预埋件	M–
24	框架梁	KL	37	承台	CT	50	天窗端壁	TD
25	框支梁	KZL	38	设备基础	SJ	51	钢筋网	W
26	屋面框架梁	WKL	39	桩	ZH	52	钢筋骨架	G
27	檩条	LT	40	挡土墙	DQ	53	基础	J
28	屋架	WJ	41	地沟	DG	54	暗柱	AZ

注：1. 预制钢筋混凝土构件、现浇钢筋混凝土构件、钢构件和木构件，一般可直接采用本附录中的构件代号。在绘图中，当需要区别上述构件的材料种类时，可在构件代号前加注材料代号，并在图纸中加以说明。
2. 预应力钢筋混凝土构件的代号，应在构件代号前加注“Y–”，如 Y–DL 表示预应力钢筋混凝土吊车梁。

15.2 钢筋混凝土结构的基本知识和图示方法

15.2.1 钢筋混凝土构件的基本知识

1. 钢筋混凝土构件

钢筋混凝土构件由钢筋和混凝土两种材料组合而成。它充分发挥了钢筋抗拉强度高和混凝土抗压强度高的特点，是目前使用最为广泛的一种建筑材料，由它制成的构件称为钢筋混凝土构件。没有钢筋的混凝土构件称为混凝土构件或素混凝土构件。

2. 钢筋

在钢筋混凝土构件中，根据需要配置有各种各样的钢筋，如图 15–2 所示。如果按其所起的作用可分为以下几种：

（1）受力筋——承受拉力或压力的钢筋，在梁、板、柱等各种钢筋混凝土构件中都有配置。

（2）架立筋——一般只在梁中使用，与受力筋、箍筋一起形成钢筋骨架，用以固定箍筋位置。

（3）箍筋——也称钢箍，一般多用于梁和柱内，用以固定受力筋位置，并承受一部分斜拉力。

（4）分布筋——一般用于板内，与受力筋垂直，用以固定受力筋的位置，与受力筋一起构成钢筋网，使力均匀分布给受力筋，并抵抗热胀冷缩所引起的温度变形。

（5）构造筋——因构件构造上的要求或施工安装需要而配置的钢筋。如图 15–2 中板两端的吊环。

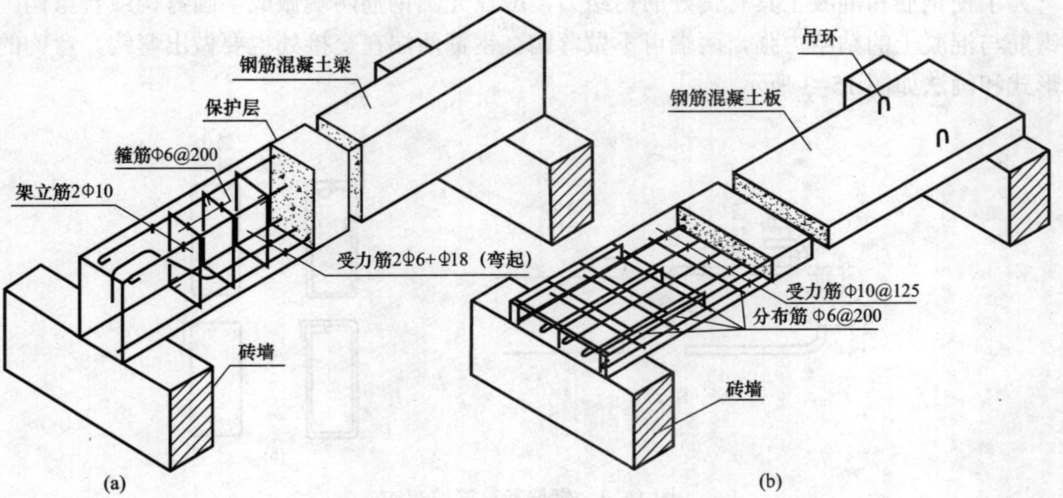

图 15–2　钢筋的形式

（a）梁；（b）板

钢筋按其强度和品种分成不同的等级，并分别用不同的直径符号表示，详见表 15–4。

表 15–4　　钢 筋 的 种 类 和 符 号

种　类		符号	d/mm	f_{yk}	$f_y(f'_y)$
热轧钢筋	HPB235（Q235）	Φ	8～20	235	210
	HRB335（20MnSi）	Φ	6～50	335	300
	HRB400（20MnSiV、20MnSiNb、20MnTi）	Φ	6～50	400	360
	RRB400（K20MnSi）	$Φ^R$	8～40	400	360

注：HPB 为热轧光圆钢筋，HRB 为热轧带肋钢筋，RRB 为余热处理钢筋。直径 d 指热轧钢筋的公称直径。f_{yk} 为钢筋的强度标准值，f_y 和 f'_y 分别是钢筋的抗拉设计值和抗压设计值，单位均为 N/mm^2。

3. 保护层和弯钩

为了保护钢筋，防锈、防火、防腐蚀，在钢筋的外边缘与构件表面之间应留有一定厚度的混凝土保护层。表 15–5 列出各种情况下混凝土保护层最小厚度。

表 15–5　　纵向受力钢筋的混凝土保护层最小厚度　　（单位：mm）

环境类别		板、墙、壳			梁			柱		
		≤C20	C25～C45	≥C50	≤C20	C25～C45	≥C50	≤C20	C25～C45	≥C50
一		20	15	15	30	25	25	30	30	30
二	a	–	20	20	–	30	30	–	30	30
	b	–	25	20	–	35	30	–	35	30
三		–	30	25	–	40	35	–	40	35

为了使钢筋和混凝土具有良好的粘结力，应在光圆钢筋两端做成半圆弯钩或直弯钩。带纹钢筋与混凝土的粘结力强，两端可不做弯钩。钢箍两端在交接处也要做出弯钩。弯钩的常见形式和画法如图 15–3 所示。

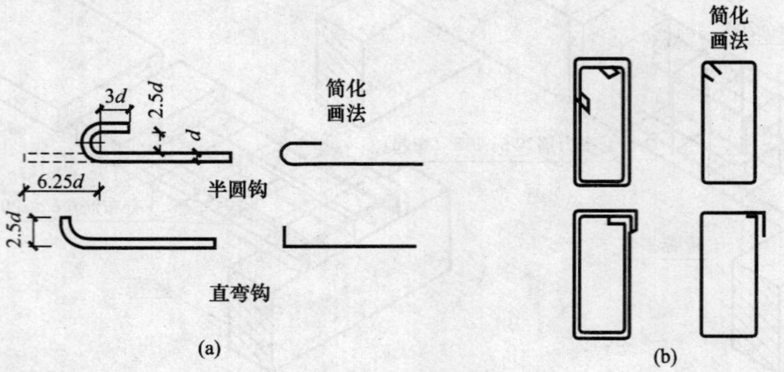

图 15–3 钢筋和箍筋的弯钩

（a）钢筋的弯钩；（b）箍筋的弯钩

15.2.2 钢筋混凝土结构图的图示方法

1. 钢筋的图示方法

为了突出表示钢筋的配置状况，在构件的立面图和断面图上，构件外轮廓线用中或细实线画出，图内不画材料图例，而用粗实线（立面图上）和黑圆点（断面图上）表示钢筋。对于外形比较复杂或设有预埋件（因构件安装或与其他构件连接需要，在构件表面预埋钢板或螺栓等）的构件，还要另外画出表示构件外形和预埋件位置的图，叫做模板图。在模板图中，应标注出构件的外形尺寸（也称模板尺寸）和预埋件型号及其定位尺寸，它是制作构件模板和安放预埋件的依据。对于外形比较简单、又无预埋件的构件，因在配筋图中已标注出构件的外形尺寸，就不需要再画出模板图。钢筋的表示方法参见表 15–6、表 15–7、图 15–4、。

表 15–6　　　　一般钢筋的表示方法

序号	名　称	图　例	说　明
1	钢筋横断面	●	
2	无弯钩的钢筋端部		下图表示长、短钢筋投影重叠时，短钢筋的端部用45°斜划线表示
3	带半圆形弯钩的钢筋端部		
4	带直钩的钢筋端部		
5	带丝扣的钢筋端部		
6	无弯钩的钢筋搭接		
7	带半圆弯钩的钢筋搭接		
8	带直钩的钢筋搭接		
9	花篮螺丝钢筋接头		
10	机械连接的钢筋接头		用文字说明机械连接的方式（或冷挤压或锥螺纹等）

表 15–7　　钢 筋 的 画 法

序号	说　　明	图　例
1	在结构平面图中配置双层钢筋时，底层钢筋的弯钩应向上或向左，顶层钢筋的弯钩则向下或向右	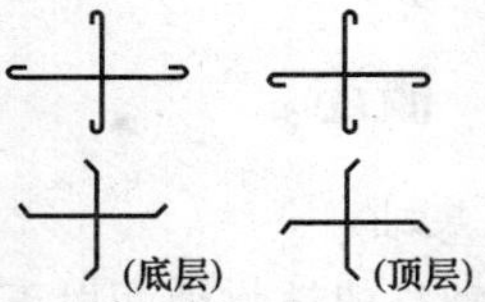
2	钢筋混凝土墙体配双层钢筋时，在配筋立面图中，远面钢筋的弯钩应向上或向左，而近面钢筋的弯钩向下或向右（JM 近面；YM 远面）	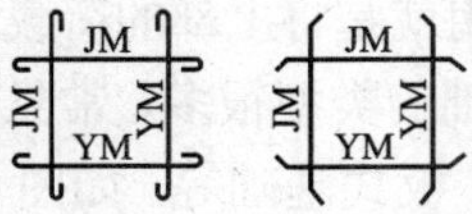
3	若在断面图中不能表达清楚的钢筋布置，应在断面图外增加钢筋大样图（如：钢筋混凝土墙、楼梯等）	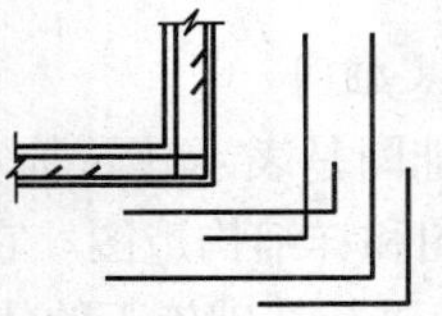
4	图中所表示的箍筋、环筋等若布置复杂时，可加画钢筋大样及说明	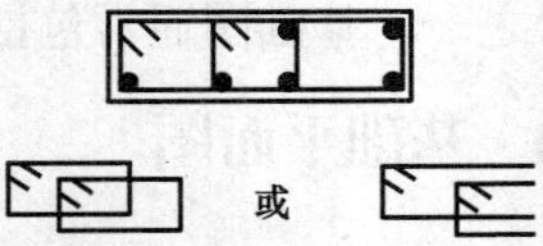
5	每组相同的钢筋、箍筋或环筋，可用一根粗实线表示，同时用一两端带斜短划线的横穿细线，表示其余钢筋及起止范围	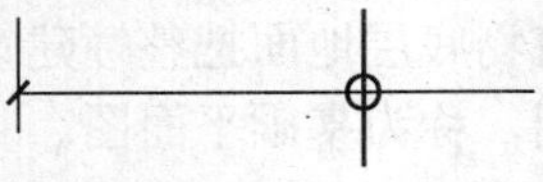

2. 钢筋的标注

钢筋的直径、根数或相邻钢筋中心距一般采用引出线方式标注，钢筋的尺寸标注有下面两种形式：

（1）标注钢筋的根数和直径，如梁、柱内的受力筋和架立筋。如图 15–4（a）所示为 3 根直径为 10mm 的 HRB400 钢筋；

（2）标注钢筋的直径和相邻钢筋中心距，如梁内箍筋和板内钢筋。如图 15–4（b）所示为直径为 6mm 的 HPB235 钢筋连续排列，相邻钢筋中心距不大于 600mm。

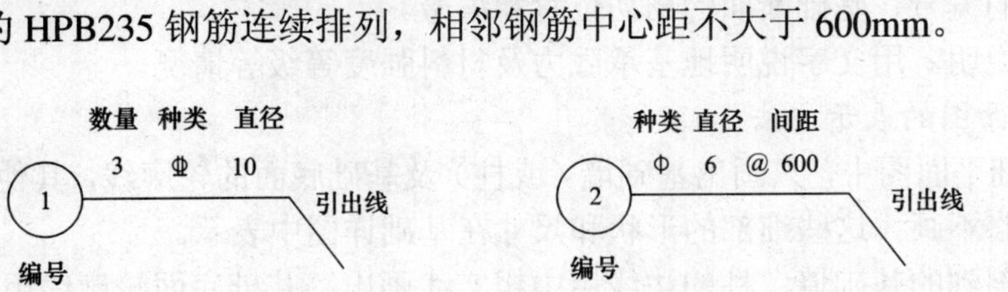

(a)　　(b)

图 15–4　钢筋的标注

钢筋的长度在配筋图中一般不予标注，常列入构件的钢筋材料表中，而钢筋材料表通常由施工单位编制。

15.3 基础图

15.3.1 概述

1. 基础

基础是建筑物地面以下承受房屋全部荷载的构件（地下室除外）。基础以下称为地基。基础的作用就是将上部的荷载均匀地传递给地基，起到承上传下的作用。

基础的类型很多，常见的有独立基础、条形基础、桩基础、板式基础等，如图 15–5 所示是墙下条形基础示意图。

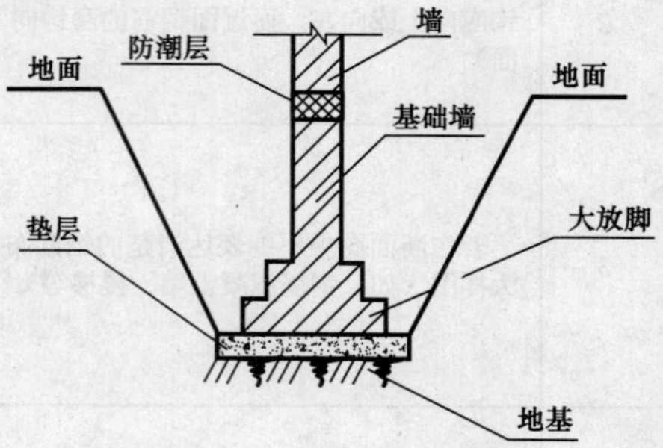

图 15–5 基础组成示意

2. 基础图

基础图是表示建筑物室内地面以下基础部分的平面布置图和详细构造图。它是施工时在场地上放灰线、挖基槽、进行基础施工的依据，是结构施工图的重要组成部分之一。基础图通常包括基础平面图和基础详图。

15.3.2 基础平面图

基础平面图是表示基槽未回填土时基础平面布置的图。它是用一个假想的水平剖切平面，沿建筑物底层地面把整幢建筑物剖开，移去剖切平面以上的房屋和基础回填土，得到的水平剖面图，称为基础平面图。基础平面图主要表示基础的平面布置以及墙、柱与轴线的关系，为施工放线、开挖基槽或基坑和砌筑基础提供依据。

1. 基础平面图的主要内容

（1）图名和比例。基础平面图的比例应与建筑平面图相同。

（2）基础平面图应标出与建筑平面图相一致的定位轴线及其编号和轴线之间的尺寸。

（3）基础的平面布置。基础平面图应反映基础墙、柱、基础底面的形状、大小及基础与轴线的尺寸关系。

（4）基础梁的布置与代号。

（5）基础的编号、基础断面的剖切位置和编号。

（6）施工说明。用文字说明地基承载力及材料强度等级等情况。

2. 基础平面图的表示方法

（1）在基础平面图中，只画出基础墙（或柱）及基础底面的轮廓线，其他细部轮廓线（如大放脚）都省略不画。这些细部的形状和尺寸在基础详图中表示。

（2）凡被剖到的基础墙、柱的边线用中粗实线画出；基础底面轮廓线用细实线画出；在基础内留有孔、洞及管沟位置用虚线画出。

（3）不同类型的基础、柱分别用代号 J1、J2、…、Z1、Z2、…表示。凡基础截面形状、尺寸不同时，均应标有不同的断面剖切符号，表示画有不同的基础详图。根据断面剖切符号的编号可以查阅基础详图。

（4）不同形式的基础梁或地梁分别用代号 JL1、JL2、…或 DL1、DL2…表示。基础梁或地梁可用细实线画出其轮廓线，或用粗点划线表示出中心线位置。

15.3.3　基础详图

基础平面图只表明了基础的平面布置，而基础各部分的形状、大小、材料、构造以及基础的埋置深度等都没有表达出来，这就需要画出各部分的基础详图。基础详图一般采用垂直断面图来表示。断面图的剖切位置见基础平面图。

不同构造的基础应分别画出其详图，当基础构造相同或仅部分尺寸不同时，也可用一个详图表示，但需标出不同部分的尺寸。基础详图的断面内应画出材料图例，但若是钢筋混凝土基础，则只画出配筋情况，不画出混凝土材料图例。详图的内容一般应包括：

（1）图名（或基础代号）与比例。

（2）轴线及其编号。若为通用断面图，则轴线圆圈内不予编号。

（3）基础的详细尺寸，包括基础的宽、高，基础墙的厚度，垫层的厚度等。

（4）室内外地面标高及基础底面标高。

（5）基础及垫层的材料、强度等级、配筋规格及布置。

（6）防潮层、基础梁的做法和位置。

（7）施工说明等。

15.3.4　基础图阅读示例

1. 基础平面图

图 15-6 为别墅的基础平面图。该别墅的基础共有三种类型，不同的基础类型对应于上部不同的结构形式。其中别墅北侧墙下设置的是条形基础，J5、J6、J11 和 J12 分别是同时承重两个上柱而由地梁连接的联合基础，其余均为柱下独立基础。由定位轴线及尺寸标注可以确定出每个基础底面尺寸和位置。每个基础的具体形状和详细尺寸则由基础详图表示。

2. 基础详图

图 15-7 为别墅的基础详图，分别表示了独立基础、联合基础和墙下条形基础的详细构造情况，如基础的断面尺寸、配筋和标高。由于柱下独立基础的外形及内部构造相似，故采用了共用的平面图和断面图，并集中列表分别加以说明。联合基础和墙下条形基础则以断面图的方式表明了截面尺寸及内部配筋情况。

15.4　结构平面图

15.4.1　结构平面图的形成及作用

结构平面图是表示室外地面以上各层平面承重构件布置的图样。主要用来表示各层梁、板、柱、墙、过梁和圈梁等的平面布置情况，以及现浇楼板的构造与配筋情况。在楼层房屋中，当房屋底层地面直接坐在地基上（无架空层）时，它的地面层次、做法和用料已在建筑详图中表明，无需再画底层结构平面图。结构平面图一般包括楼层结构平面图和屋顶结构平面图。

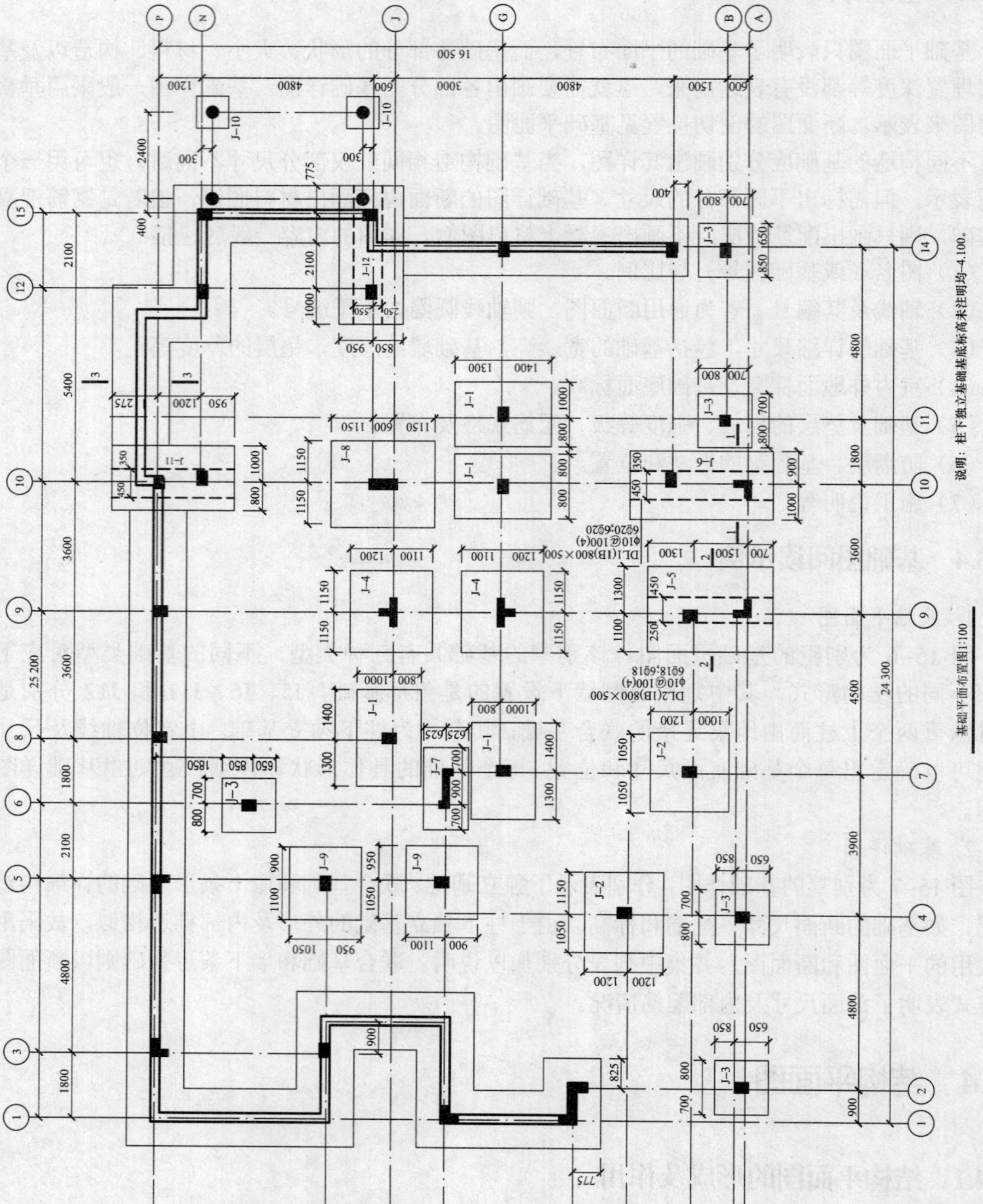

说明：柱下独立基础基底标高未注明均-4.100。

图15-6 基础平面布置图

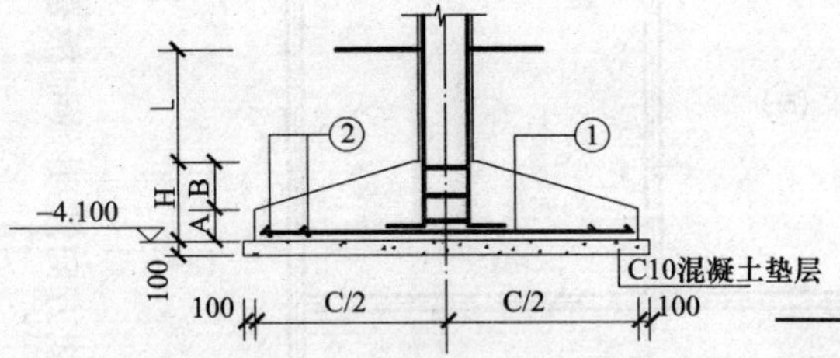

4–4 1:30

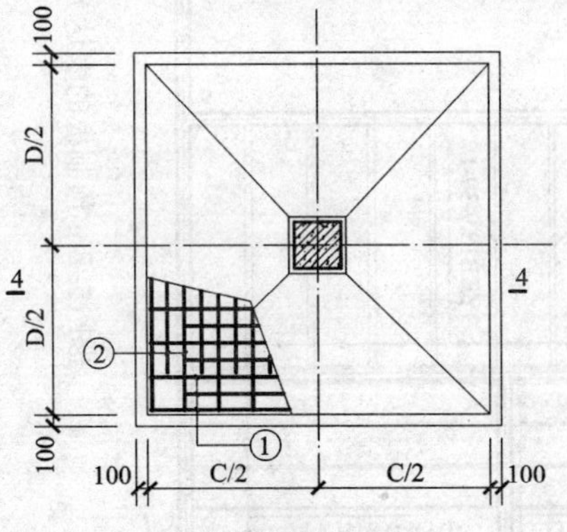

独立柱基大样图 1:30

独立柱基配筋表

编号	A(mm)	B(mm)	C(mm)	D(mm)	H(mm)	① 筋	② 筋
J–1	250	250	2700	1800	500	Φ12@150	Φ12@150
J–2	250	250	2200	2200	500	Φ12@150	Φ12@150
J–3	200	100	1500	1500	300	Φ10@170	Φ10@170
J–4	250	250	2300	2300	500	Φ12@150	Φ12@150
J–7	200	200	2300	1250	400	Φ10@120	Φ10@120
J–8	250	250	2400	2900	500	Φ12@150	Φ12@150
J–9	250	250	2000	2000	500	Φ12@150	Φ12@150
J–10	250	0	900	900	250	Φ10@200	Φ10@200

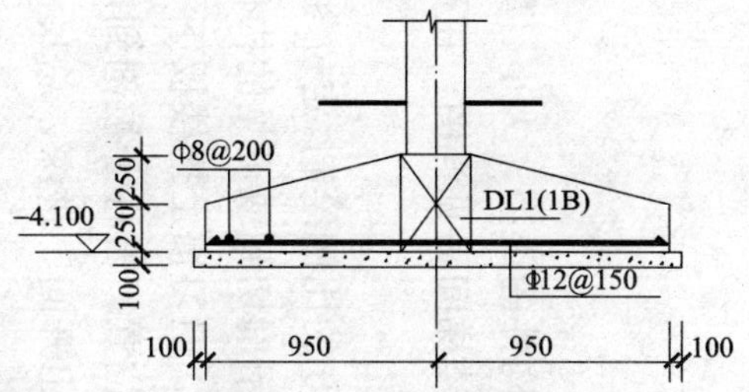

1–1 1:25

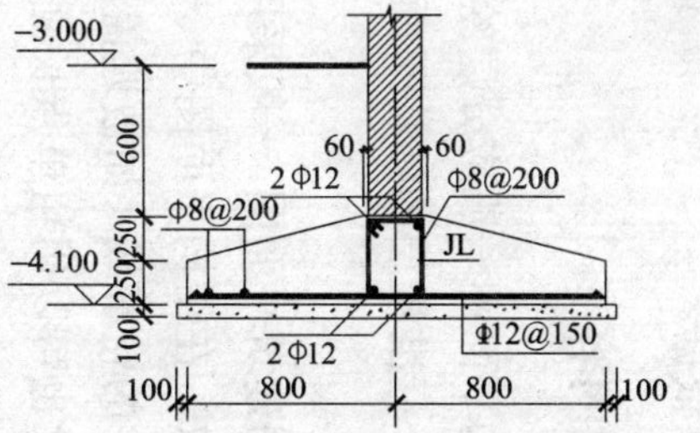

3–3 1:25

图15–7 基础详图

结构平面图为施工中安装梁、板、柱等各种构件提供依据，同时为现浇构件立模板、绑扎钢筋、浇筑混凝土提供依据。

15.4.2 结构平面图的内容

在多层建筑中，结构平面图一般应分层绘制，但若各层构件的类型、大小、数量等布置情况相同时，可只画一个标准楼层的结构平面图。电梯间或楼梯间另见详图，在平面图上空出相应的位置。

结构平面图的比例同建筑平面图，一般采用1:100或1:200的比例绘制。定位轴线的画法、编号应与建筑平面图一致。在结构平面图中一般用中实线表示剖切到或可见的构件轮廓线，用中虚线表示不可见构件的轮廓线（如被遮盖的墙体、梁等）。但习惯上把楼板下不可见墙体的虚线改画为细实线。梁也可以用粗单点长画线表示出中心位置。若柱子被剖到，均涂成黑色。门窗洞一般可不画出。结构平面图的尺寸，一般只标注出开间、进深、总尺寸及个别地方容易弄错的尺寸，尺寸标注应与建筑平面图一致。

结构平面图中各种柱子和梁的位置、尺寸及配筋情况在混凝土结构施工图平面整体表示法一节详细说明，本节只介绍结构平面图中楼板的表示方法。

1. 预制楼板的表达方式

对于预制混凝土空心楼板，用粗实线表示楼层平面轮廓，用细实线表示预制板的铺设。常用的预制板布置方式有两种表达形式。

（1）在结构单元范围内，按实际投影分块画出楼板，并注写数量及型号。对于楼板的铺设方式相同的单元，用相同的编号，如甲、乙、丙等表示，而不一一画出楼板的布置，如图15–8所示。

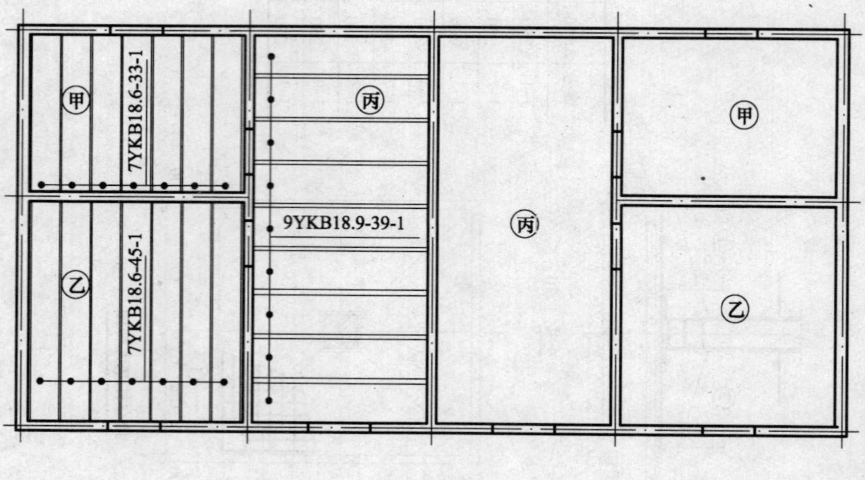

图15–8 预制板的表达方式之一

（2）在结构单元范围内，画一条对角线，并沿着对角线方向注明预制板数量及型号，如图15–9所示。

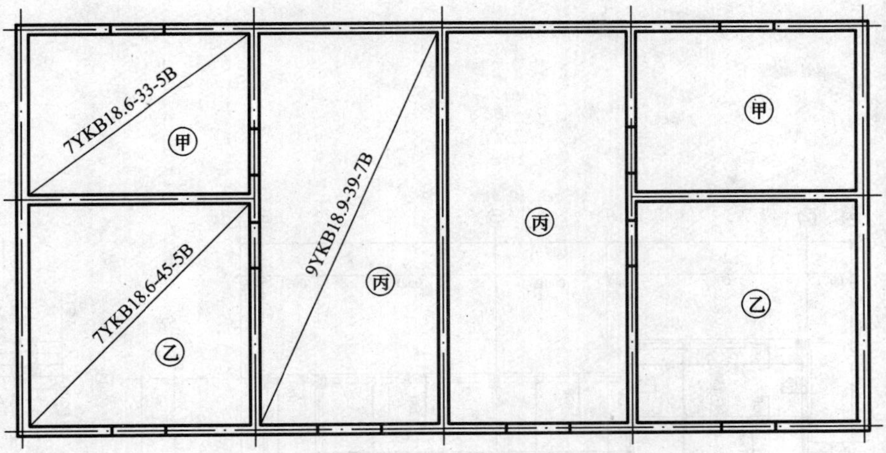

图 15-9　预制板的表达方式之二

空心板的标记由名称、高度、标志长度、标志宽度、荷载序号（或预应力配筋）组成，其表示方法如图 15-10 所示。荷载序号以阿拉伯数字 1、2、3…标记。预应力配筋以英文字母 A、B、C…标记。A、B 分别代表公称直径为 5mm、7mm 的 1570MPa 螺旋肋钢丝，C 代表公称直径为 9mm 的 1470MPa 螺旋肋钢丝，D、E、F、G 分别代表公称直径为 9.5mm、11.1mm、12.7mm、15.2mm 的 1680MPa 七股钢绞线。同一设计中应选择荷载序号或预应力配筋两者中的一种形式表达。

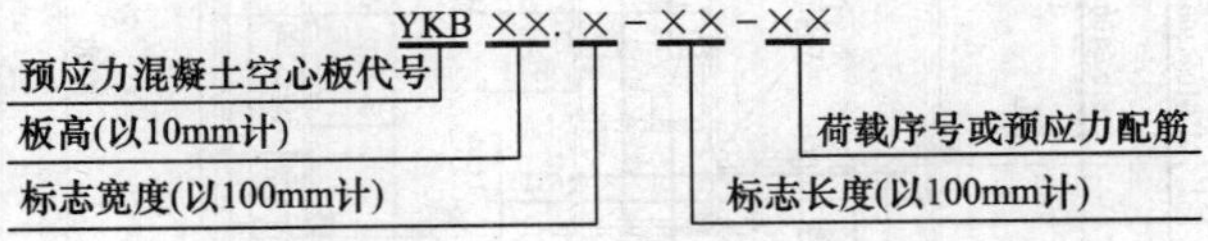

图 15–10　空心板的标记

如图中所示型号 9YKB18.9-39-1 是以荷载序号表达的板高 180mm、标志宽度 900、标志长度 3.9m、荷载序号为 1 预应力混凝土空心板。图中所示型号 9YKB18.9-39-7B 则是以预应力配筋表达的板高 180mm、标志宽度 900、标志长度 3.9m、配置 7 根直径 7mm 的 1570MPa 螺旋肋钢丝的预应力混凝土空心板。

2. 现浇楼板的表达方式

对于现浇楼板，用粗实线画出板中的各种钢筋，用细实线表示板的轮廓线，各种形式的钢筋应严格按照相应的图例来表示。每一种钢筋可以只标注出一根并进行编号，其他位置处相同钢筋仅标出钢筋编号即可。结构平面图中还应注明板厚及板的标高。下面以图 15–11 为例来说明结构平面图的内容和表示方法。

由图 15–11 可知，该层楼板均为现浇板，中粗实线代表剖切到的墙体轮廓线，中虚线是板下梁的投影。由文字说明可知，板顶标高未注明者均为–0.080m，所有未注明板钢筋为 HRB400Φ8@200，板厚未注明均为 100mm。所配钢筋均为 HRB400，直径从 8～10mm 不等。所有楼板均在板底单层双向配筋，在板的上部沿梁和墙均配置伸向跨中的负弯矩筋，尺寸标注表示了该负弯矩筋伸入跨中的长度。楼梯间板的配筋情况另见详图。

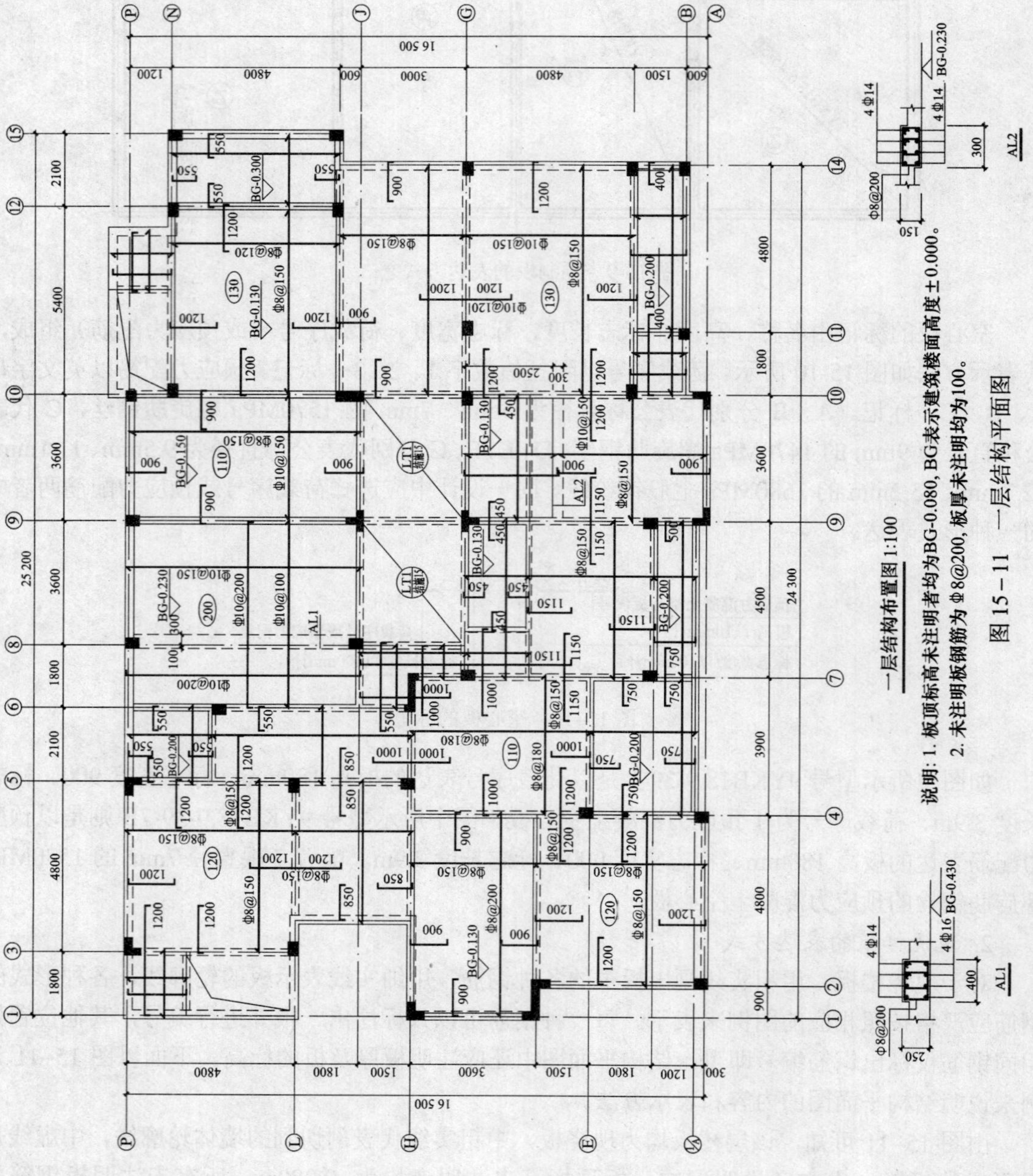

一层结构布置图 1:100

说明：1. 板顶标高未注明者均为BG-0.080，BG表示建筑楼面高度±0.000。

2. 未注明板钢筋为 ⌀8@200，板厚未注明为100。

图 15－11 一层结构平面图

15.5 钢筋混凝土构件结构详图

结构平面图只表示出建筑物各承重构件的平面布置情况，至于它们的形状、大小、构造和连接情况等，则需要画出各承重构件的结构详图来表示。下面分别以梁、柱及楼梯为例来说明钢筋混凝土构件详图所表达的内容。

15.5.1 钢筋混凝土梁

钢筋混凝土梁的结构详图一般用立面图和断面图表示，有时会画出钢筋详图。图 15–12 为两跨钢筋混凝土梁的立面图和断面图。

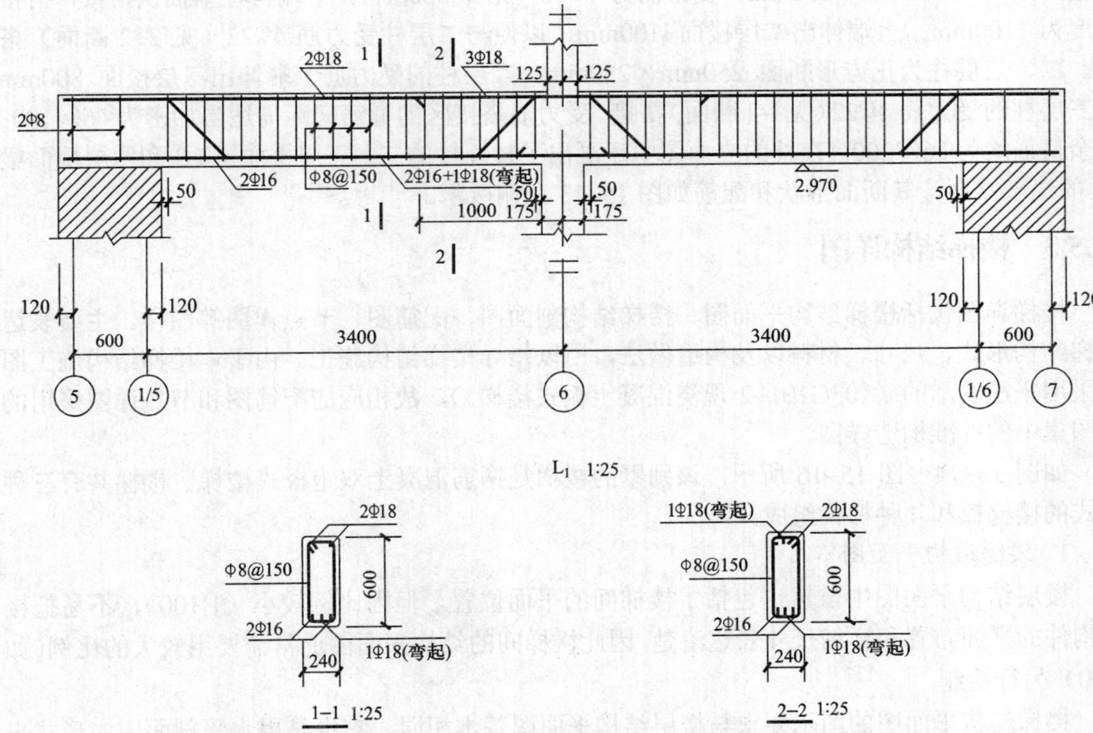

图 15–12 钢筋混凝土梁结构详图

1. 梁的位置

该梁的两端搁置在砖墙上，中间与钢筋混凝土柱连接。由于两跨梁上的断面、配筋和支承情况完全对称，则可在中间对称轴线的上下端部画上对称符号。这时只需要在梁的左边一跨内详细画出钢筋的配置，并标注出各种钢筋的尺寸，而右边一跨可以只画梁的外形。本例右边一跨也画出了钢筋配置情况。

2. 梁内钢筋的配置

梁的跨中下面配置三根钢筋（即 2Φ16+1Φ18），中间的一根 1Φ18 钢筋在近支座处按 45° 方向弯起，弯起钢筋上部弯平点的位置离墙或柱边缘距离为 50mm。墙边弯起钢筋伸入到靠近梁的端面（留一保护层厚度）；柱边弯起钢筋伸入梁的另一跨内，距下层柱边缘为 1000mm。

由于此类钢筋的端部不需要做弯钩，因此在立面图中当几根纵向钢筋的投影重叠时，就反映不出钢筋的终端位置。按规定用 45° 方向的短粗线作为无弯钩钢筋的终端符号。

梁的上面配置两根通长钢筋（即 2Φ18），箍筋为Φ8@150。按构造要求，靠近墙或柱边缘的第一道箍筋的距离为 50mm，即与弯起钢筋上部弯平点位置一致。在梁的进墙支座内布置二道箍筋。梁的断面形状、大小以及不同断面的配筋，则用断面图表示。1–1 为跨中断面，2–2 为近支座处断面。

图中除了详细注出梁的定形尺寸和钢筋尺寸外，还应注明梁底的结构标高。

15.5.2 钢筋混凝土柱

图 15–13 是现浇钢筋混凝土柱的立面图和断面图。该柱从柱基起直通四层楼面。底层柱为正方形断面 350mm×350mm。受力筋为 4Φ22（见 3–3 断面），下端与柱基插铁搭接，搭接长度为 1100mm；上端伸出二层楼面 1100mm，以便与二层柱受力筋 4Φ22（见 2–2 断面）搭接。二、三层柱为正方形断面 250mm×250mm。二层柱的受力筋上端伸出三层楼面 800mm 与三层柱的受力筋 4Φ22（见 1–1 断面）搭接。受力筋搭接区的箍筋间距需适当加密为Φ6@100；其余箍筋均为Φ6@200。在柱的立面图中还画出了柱连接的二、三层楼面梁 L3 和四层楼面梁 L8 的局部立面，其断面形状和配筋如图 15–13 左侧所示。

15.5.3 楼梯结构详图

楼梯详图包括楼梯结构平面图、楼梯结构剖面图、配筋图、节点详图等图样。主要表达楼梯结构形式、尺寸、材料以及构造做法，用以指导楼梯结构施工。由于本楼梯结构施工图是采用平法表示的（《03G101–2 现浇混凝土板式楼梯》），故相应的配筋图和节点详图采用的是图集中的标准构造详图。

如图 15–14～图 15–16 所示，该别墅的楼梯是钢筋混凝土双跑板式楼梯。楼梯共有三种形式的楼梯板和 4 种梯梁组成。

1. 楼梯结构平面图

楼层结构平面图中虽然也包括了楼梯间的平面位置，但因比例较小（1:100），不易把楼梯构件的平面布置和详细尺寸表达清楚。因此楼梯间的结构平面图通常需要用较大的比例（如 1:50）另行绘制。

楼梯结构平面图的图示要求与楼层结构平面图基本相同，它也是用水平剖面图的形式来表示的。楼梯结构平面图一般也应分层画出，当中间几层的结构布置和构件类型完全相同时，则可只画出一个标准层楼梯平面图。

楼梯结构平面图注写内容，包括集中标注和外围标注。集中标注表达出梯板的类型代号及序号、梯板的竖向几何尺寸和配筋；外围标注表达梯板的平面几何尺寸以及楼梯间的平面尺寸，如图 15–14 所示。图中 AT～CT 为三种梯板的类型代号，主要作用是指明所选用的标准构造详图。其中 AT 型表示梯板全部由踏步段构成；BT 型表示梯板由低端平板和踏步段构成；CT 型表示梯板由踏步段和高端平板构成。三种梯板的两端分别以低端和高端梯梁为支座，楼梯间内部既设置了楼层梯梁，也设置了层间梯梁以及与其相连的楼层平台板和层间平台板。三种梯板的厚度均为 100mm，梯板的下部纵向钢筋均为Φ8@150，梯板的分布钢筋均为Φ8@200。尺寸标注表达了梯板的平面几何尺寸以及楼梯间的平面尺寸。

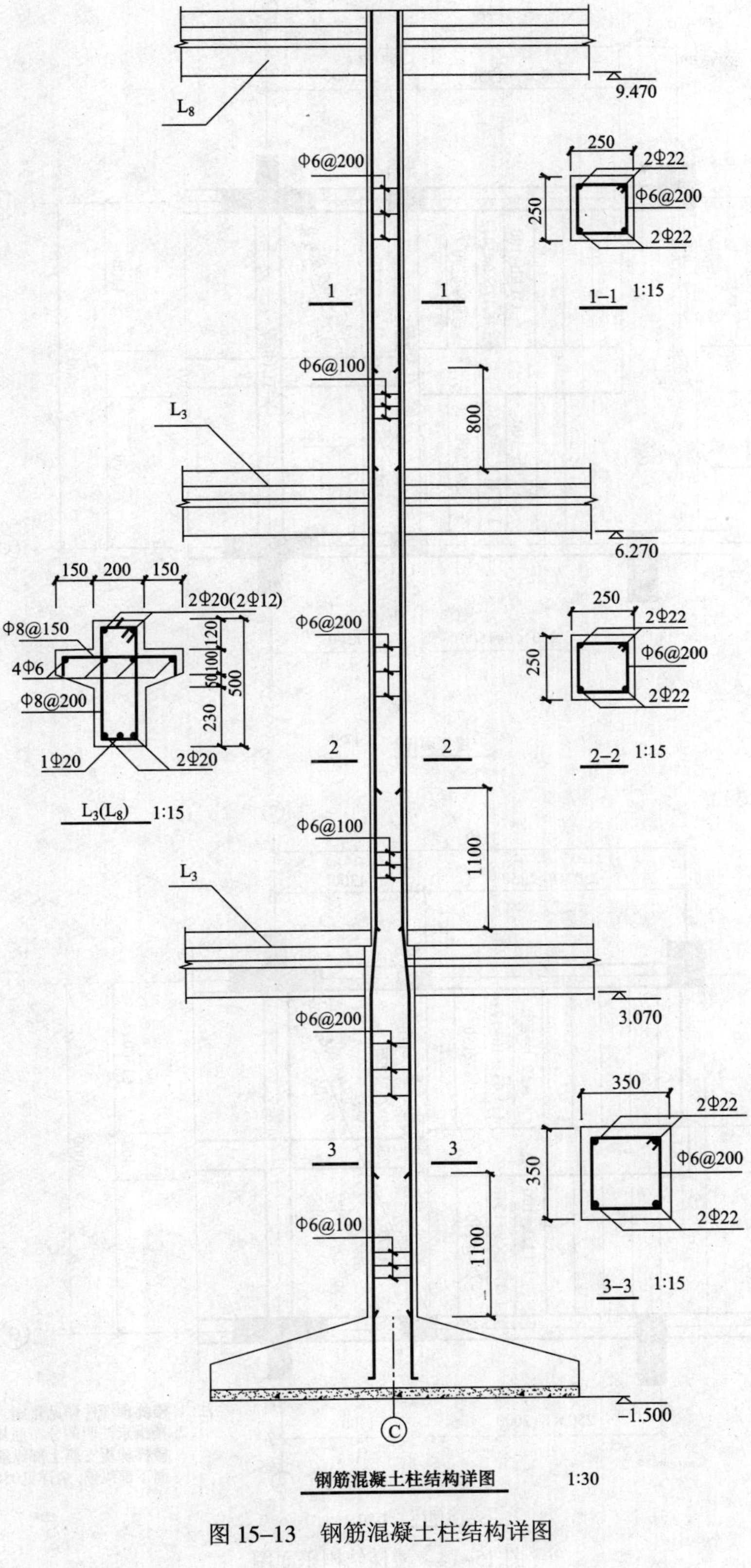

图 15–13　钢筋混凝土柱结构详图

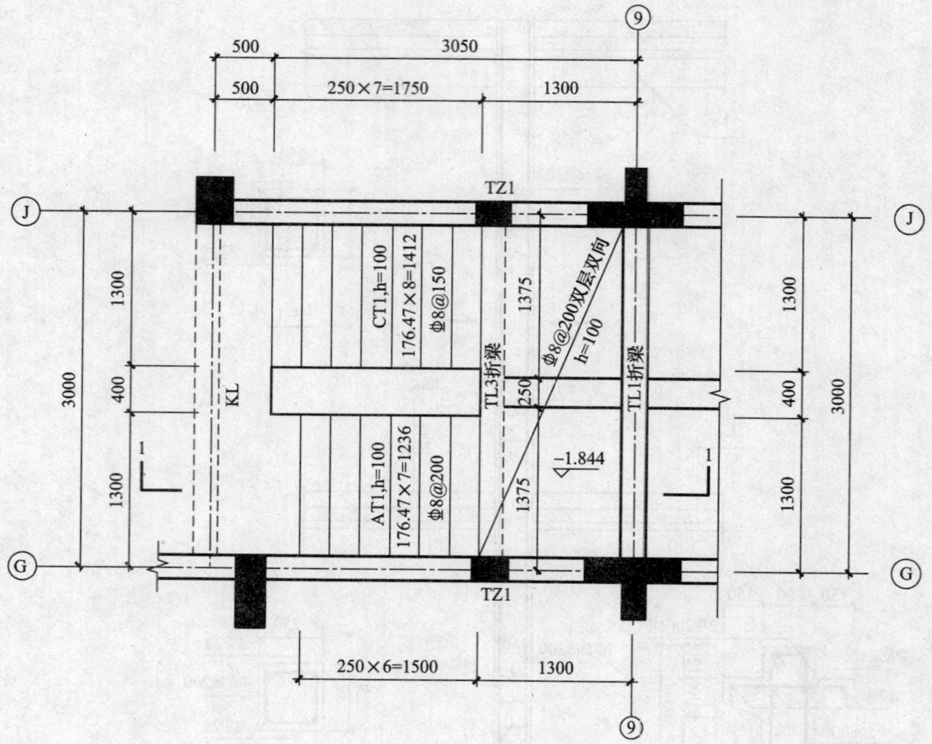

一层平面图 1:50

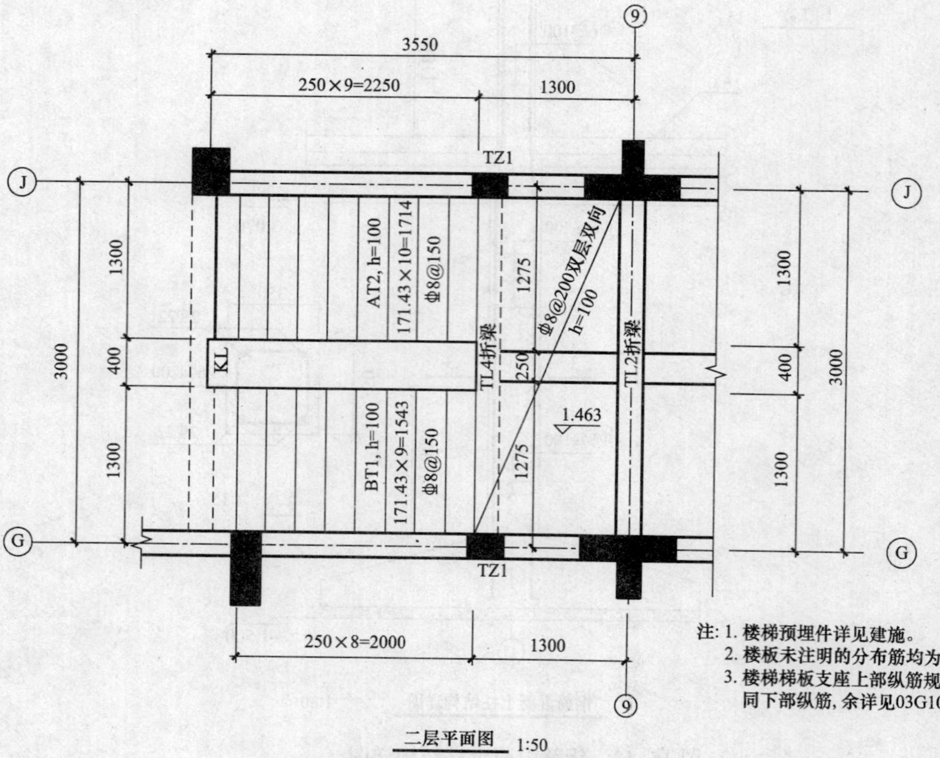

注: 1. 楼梯预埋件详见建施。
2. 楼板未注明的分布筋均为ф8@200。
3. 楼梯梯板支座上部纵筋规格及数量均同下部纵筋, 余详见03G101-2。

二层平面图 1:50

图 15-14 楼梯结构平面图

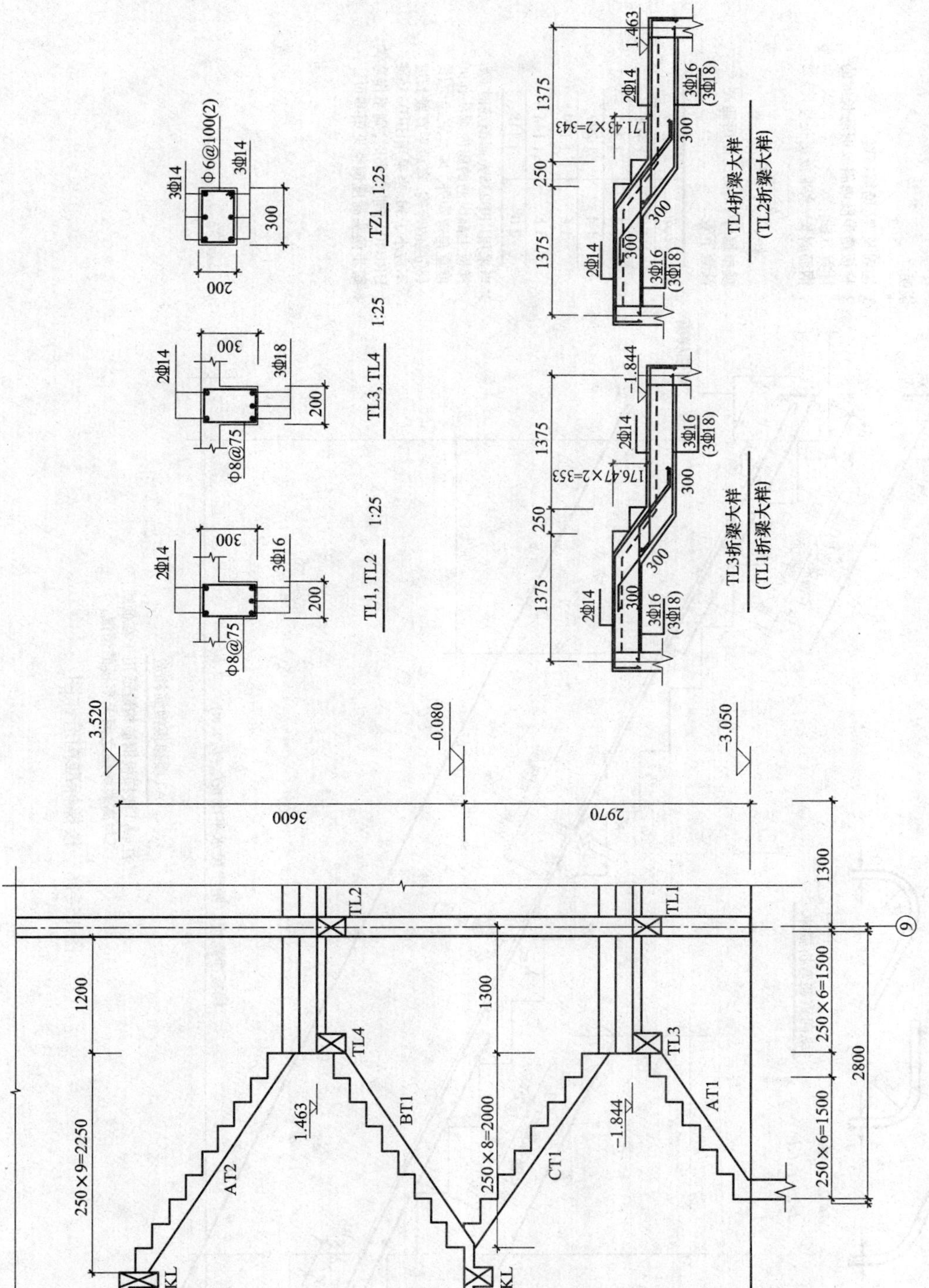

图 15-15　楼梯结构剖面图

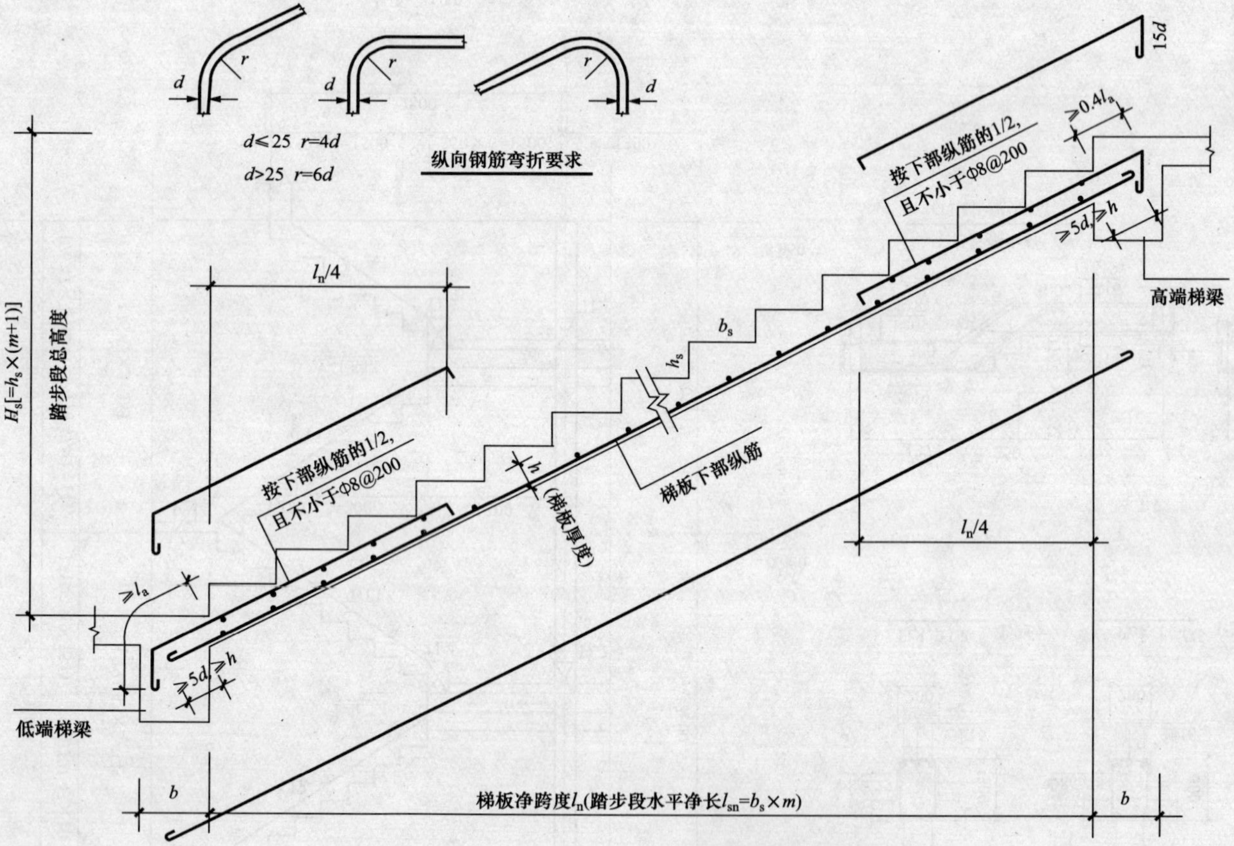

AT楼梯板钢筋构造

注：AT楼梯板钢筋构造适用于在低端与高端梯梁之间无平板的情况。

说明:

1. 锚固长度l_a见第15页。
2. 梯板踏步段内斜放钢筋长度的计算方法：
钢筋斜长=水平投影长度×k

$$k=\frac{\sqrt{b_s^2+h_s^2}}{b_s}$$

或根据b_s与h_s的比值用插入法查下表：

b_s/h_s	k
1.0	1.414
1.2	1.302
1.4	1.229
1.6	1.179
1.8	1.144
2.0	1.118

3. 当采用HPB235光面钢筋时，除梯板上部纵筋的跨内端头作90度直角弯钩外，所有末端应作180度的弯钩，弯后平直段长度不应小于3d；当采用HRB335或HRB400带肋钢筋时，则不作弯钩。
4. 踏步两头高度调整见第49页。

图 15–16　楼梯标准构造详图

2. 楼梯结构剖面图

楼梯的结构剖面图是表示楼梯间的各种构件的竖向布置和构造情况的图，是沿楼梯结构平面图中所画出的 1–1 剖切位置的剖切后得到的楼梯 1–1 剖面图，如图 15–15 所示。由于采用平法表示，图中只表明了楼梯截面形状和支座位置，并未详细给出配筋情况。图中还分别画出了梯梁和梯柱的断面形状、尺寸和配筋。

3. 梯板标准构造详图

由梯板代号可以查阅梯板的标准构造详图。图 15–16 为 AT 楼梯板钢筋构造详图，其余梯板标准构造详图详见图集 03G101–2。图中详细表达了梯板中钢筋的混凝土保护层厚度、钢筋搭接、锚固长度以及其他的详细构造。标准构造详图与楼梯结构平面图、楼梯结构剖面图以及梯梁、梯柱断面图相互结合，即可清楚地表达出整个楼梯的形状、大小以及配筋情况，用来指导楼梯施工。

15.6　平面整体表示法的制图规则

15.6.1　概述

建筑结构施工图平面整体设计方法，简称平法，是对我国目前混凝土结构施工图的设计表示方法的重大变革。平法的表达形式，就是把结构构件的尺寸和配筋等，按照平面整体表示方法制图规则，整体直接地表达在各类构件的结构平面布置图上，再与标准构造详图相配合，即构成一套完整的结构施工图。改变了传统的那种将构件从结构平面图中索引出来，再逐个绘制配筋详图的繁琐表示方法。

为了规范使用建筑结构施工图平面整体设计方法，特制定如下规则：

（1）按平法设计绘制的施工图，一般是由各类结构构件的平法施工图和标准构造详图两大部分构成，但对于复杂的工业与民用建筑，尚需增加模板、开洞和预埋件等平面图，只有在特殊情况下才需增加剖面配筋图。

（2）平法设计绘制结构施工图时，必须根据具体工程设计，按照各类构件的平法制图规则，在按结构（标准）层绘制的平面布置图上直接表示各构件的尺寸、配筋和所选用的标准构造详图。出图时，宜按基础、柱、剪力墙、梁、板、楼梯及其他构件的顺序排列。

（3）在平面布置图上表示各构件尺寸和配筋的方式，分平面注写方式、列表注写方式和截面注写方式三种。

（4）按平法设计绘制结构施工图时，应将所有的构件进行编号，编号中含有类型代号和序号等。其中，类型代号的主要作用是指明所选用的标准构造详图。在标准构造详图上，也应按其所属构件类型注明代号，以明确该详图与平法施工图中相同构件的互补关系，使两者结合构成完整的结构设计图。

（5）按平法设计绘制结构施工图时，应当用表格或其他方式注明包括地下和地上各层的结构层楼（地）面标高、结构层高及相应的结构层号。其结构层楼面标高和结构层高在单项工程中必须统一，以保证基础、柱与墙、梁、板等用同一标准竖向定位。为施工方便，应将统一的结构层楼面标高和结构层高分别放在柱、墙、梁等各类构件的平法施工图中。

为了确保施工人员准确无误地按平法施工图进行施工，在结构设计总说明中必须写明以下内容：

（1）注明所选用平法标准图的图集号（如 03G101–1），以免图集升版后在施工中用错版本。

（2）写明混凝土结构的使用年限。

（3）当有抗震设防要求时，应写明抗震设防烈度和结构抗震等级，以明确选用相应抗震等级的标准构造详图；当无抗震设防要求时，也应写明，以明确选用非抗震的标准构造详图。

（4）写明柱、墙、梁各类构件在其所在部位所选用的混凝土强度等级和钢筋级别，以确定相应纵向受拉钢筋的最小锚固长度及最小搭接长度等。

这里仅以 03G101–1 图集为例，介绍目前常用的现浇混凝土柱、梁的平法制图规则。

15.6.2 柱平法施工图制图规则

柱平法施工图是在柱的结构平面布置图上，采用列表注写方式或截面注写方式表达的柱配筋图。施工人员依据平法施工图及相应的标准构造详图进行施工，故称柱平法施工图。

首先，按一定比例绘制柱的平面布置图，分别按照不同结构层（标准层），将全部柱绘制在该图上，并按规定注明各结构层的标高及相应的结构层号。然后，采用列表注写方式或截面注写方式表达柱的截面及配筋。

1. *列表注写方式*

列表注写方式系在柱平面布置图上，分别在同一编号的柱中选择一个（有时需要选择几个）截面标注几何参数代号。在柱表中注写柱号、柱段起止标高、几何尺寸（含柱截面对轴线的偏心情况）与配筋的具体数值，并配以各种柱截面形状及其箍筋类型图的方式，来表达柱平法施工图。这种方式适于柱子截面形状较为规则、沿柱高方向截面形状变化不大或有规律、各层平面位置相对固定的情况，如图 15–17（a）所示。柱表注写内容规定如下。

（1）注写柱编号，柱编号由类型代号和序号组成（表 15–8）。

表 15–8 柱 编 号

柱类型	代 号	序 号	柱类型	代 号	序 号
框架柱	KZ	XX	梁上柱	LZ	XX
框支柱	KZZ	XX	剪力墙上柱	QZ	XX

（2）注写各段柱的起止标高，自柱根部往上以变截面位置或截面未变但配筋改变处为界分段注写。框架柱和框支柱的根部标高系指基础顶面标高；梁上柱的根部标高系指梁顶面标高；剪力墙上柱的根部标高分两种：当柱纵筋锚固在墙顶部时，其根部标高为墙顶面标高；当柱与剪力墙重叠一层时，其根部标高为墙顶面往下一层的结构层楼面标高。

（3）写柱截面尺寸 $b \times h$ 及与轴线关系的几何参数代号 b_1、b_2 和 h_1、h_2 的具体数值，须对应于各段柱分别注写。其中 $b=b_1+b_2$，$h=h_1+h_2$。当截面的某一边收缩变化至与轴线重合或偏到轴线的另一侧时，b_1、b_2、h_1、h_2 中的某项为零或为负值。对于圆柱，表中 $b \times h$ 一栏改用在圆柱直径数字前加 d 表示。为表达简单，圆柱截面与轴线的关系也用 b_1、b_2 和 h_1、h_2 表示，并使 $d=b_1+b_2=h_1+h_2$。

（4）注写柱纵筋。当柱纵筋直径相同，各边根数也相同时，将纵筋注写在“全部角筋”一栏中；除此之外，柱纵筋分角筋、截面 b 边中部筋和 h 边中部筋三项分别注写（对于采用对称配筋的矩形截面柱，可仅注写一侧中部筋，对称边省略不注）。当为圆柱时，表中角筋一栏注写圆柱的全部纵筋。

（5）注写箍筋类型号及箍筋肢数。在柱表的上部或图中的适当位置须画出具体工程所设计的各种箍筋类型图以及箍筋复合的具体方式，并在其上标注与表中相对应的 b、h 和编上类型号。在柱表中箍筋类型栏内注写箍筋类型号。

（6）注写柱箍筋，包括钢筋级别、直径与间距。当为抗震设计时，用斜线“/”区分柱端箍筋加密区与柱身非加密区长度范围内箍筋的不同间距。施工人员根据几种长度值取其最大者作为加密区长度。当箍筋沿柱全高为一种间距时，则可不使用“/”线。当为非抗震设计时，在柱纵筋搭接长度范围内的箍筋加密，应由设计者另行注明。

2. 截面注写方式

此方式系在分标准层绘制的柱平面布置图的柱截面上，分别在不同编号的柱中各选一截面，在其原位上以一定比例放大绘制柱截面配筋图，注写柱编号、截面尺寸 $b \times h$、角筋或全部纵筋、箍筋的级别、直径以及加密区与非加密区的间距。同时，在柱截面配筋图上尚应标注柱截面与轴线关系。各项内容表示方法与列表方式相同。这种方式适于柱子截面形状较为复杂、沿柱高方向各层柱子截面形状及平面位置变化较大的情况，如图 15–17（b）所示。

15.6.3 梁平法施工图制图规则

梁平法施工图是在梁的结构平面布置图上，采用平面注写方式或截面注写方式表达的梁配筋图。施工人员依据平法施工图及相应的标准构造详图进行施工，故称梁平法施工图。

首先，按一定比例绘制梁的平面布置图，分别按照梁的不同结构层（标准层），将全部梁以及与之相关联的柱、墙绘制在该图上，并按规定注明各结构层的标高及相应的结构层号。对轴线未居中的梁，应标注其偏心定位尺寸，但贴柱边的梁可不注。然后，采用平面注写方式或截面注写方式表达梁的截面及配筋。

1. 平面注写方式

平面注写方式是在梁平面布置图上，分别在不同编号的梁中各选一根梁，在其上注写截面尺寸和配筋具体数值的方式来表达梁平法施工图。平面注写包括集中标注和原位标注。集中标注表达梁的通用数值，原位标注表达梁的特殊数值。当集中标注的某项数值不适用于梁的某部位时，则将该项数值原位标注。施工时原位标注取值优先。这种方式适于梁的截面形状及内部配筋较为规则的情况，如图 15–18 所示。

层号	标高(m)	层高(m)
屋面2	65.670	
塔层2	62.370	3.30
屋面1 (塔层1)	59.070	3.30
16	55.470	3.60
15	51.870	3.60
14	48.270	3.60
13	44.670	3.60
12	41.070	3.60
11	37.470	3.60
10	33.870	3.60
9	30.270	3.60
8	26.670	3.60
7	23.070	3.60
6	19.470	3.60
5	15.870	3.60
4	12.270	3.60
3	8.670	3.60
2	4.470	4.20
1	-0.030	4.50
-1	-4.530	4.50
-2	-9.030	4.50

结构层楼面标高
结构层高

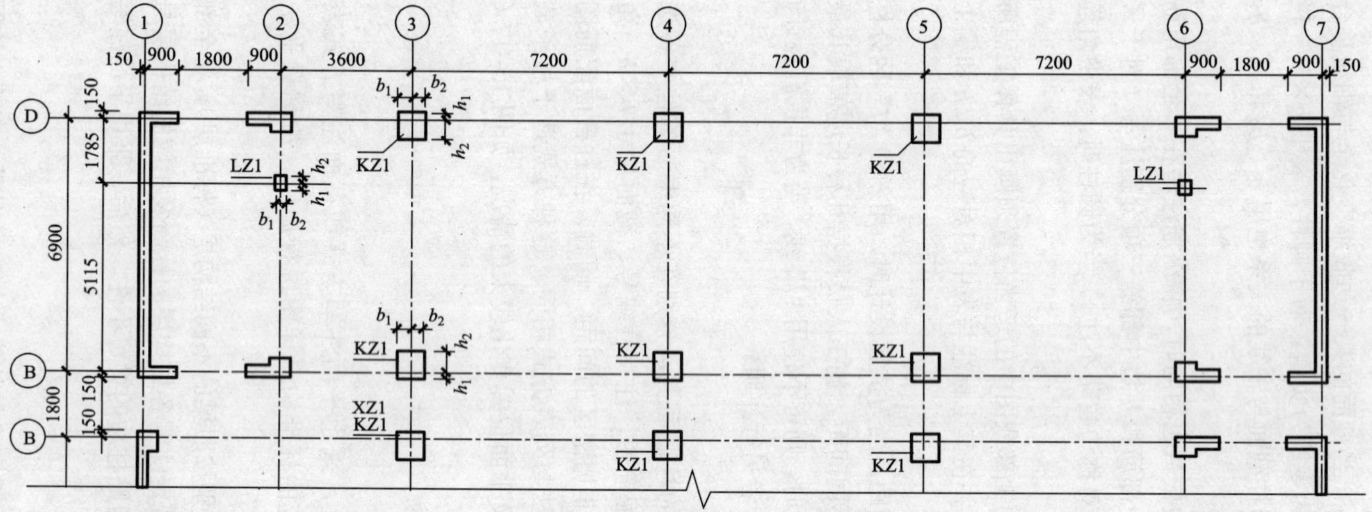

柱表

柱号	标 高	$b\times h$ (圆柱直径D)	b_1	b_2	h_1	h_2	全部纵筋	角 筋	b边一侧中部筋	h边一侧中部筋	箍筋类型号	箍 筋	备 注
KZ1	−0.030—19.470	750×700	375	375	150	550	24Φ25				1(5×4)	Φ10@100/200	
	19.470—37.470	650×600	325	325	150	450		4Φ22	5Φ22	4Φ20	1(4×4)	Φ10@100/200	
	37.470—59.070	550×500	275	275	150	350		4Φ22	5Φ22	4Φ20	1(4×4)	Φ8@100/200	
XZ1	−0.030—8.670						8Φ25				按标准构造详图	Φ10@200	③×Ⓑ轴KZ1中设置

−0.030~59.070柱平法施工图(局部)

注: 1.如采用非对称配筋, 需在柱表中增加相应栏目分别表示各边的中部筋。
2. 抗震设计箍筋对纵筋至少隔一拉一。
3. 类型1的箍筋肢数可有多种组合, 右图为5×4的组合, 其余类型为固定形式, 在表中只注类型号即可。

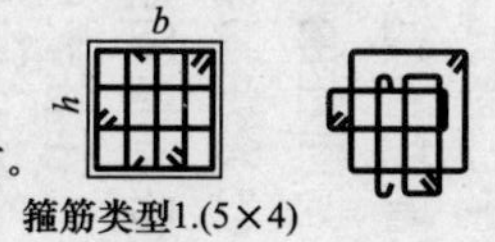

箍筋类型1.(5×4)

图 15-17(a) 柱平法施工图列表注写方式示例

层号	标高(m)	层高(m)
屋面2	65.670	
塔层2	62.370	3.30
屋面1 (塔层1)	59.070	3.30
16	55.470	3.60
15	51.870	3.60
14	48.270	3.60
13	44.670	3.60
12	41.070	3.60
11	37.470	3.60
10	33.870	3.60
9	30.270	3.60
8	26.670	3.60
7	23.070	3.60
6	19.470	3.60
5	15.870	3.60
4	12.270	3.60
3	8.670	3.60
2	4.470	4.20
1	−0.030	4.50
−1	−4.530	4.50
−2	−9.030	4.50

结构层楼面标高
结　构　层　高

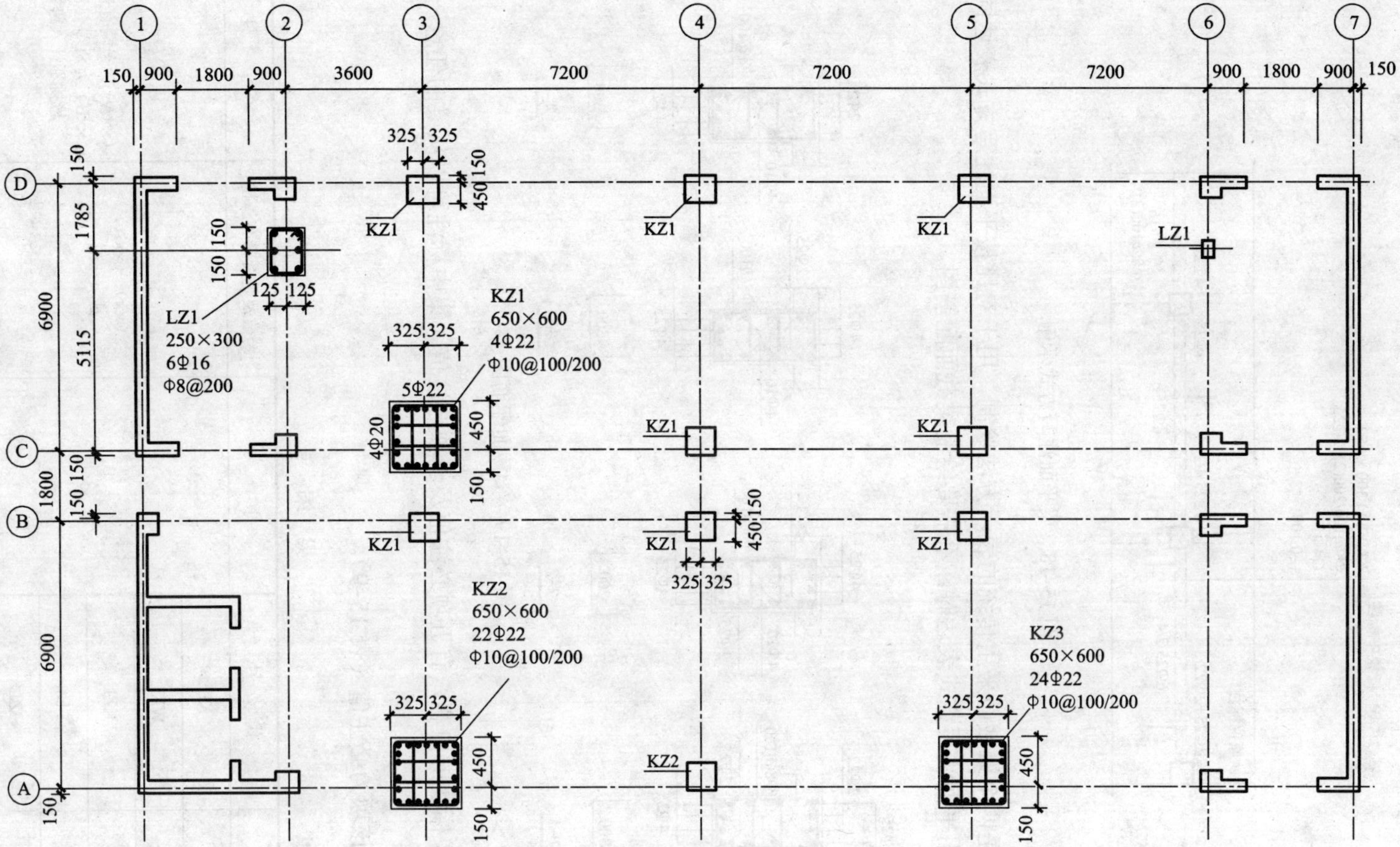

19.470—37.470柱平法施工图

图 15－17(b)　柱平法施工图截面注写方式示例

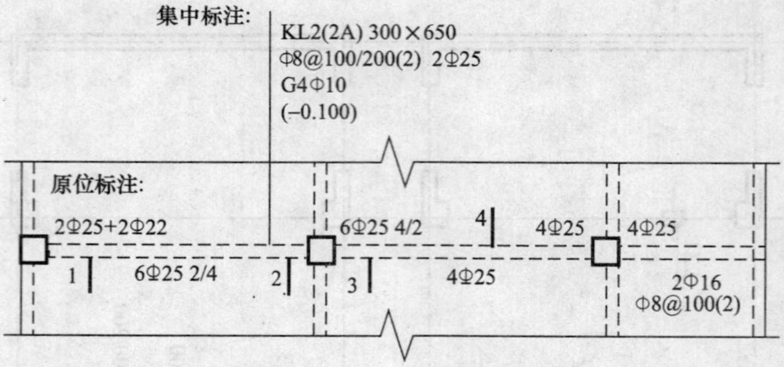

图 15-18 梁平面注写方式示例

图 15-19 是四个梁截面采用传统的表示方法绘制，用于对比按平面注写方式表达同样的内容。实际采用平面注写方式表达时，不需要绘制梁截面配筋图。

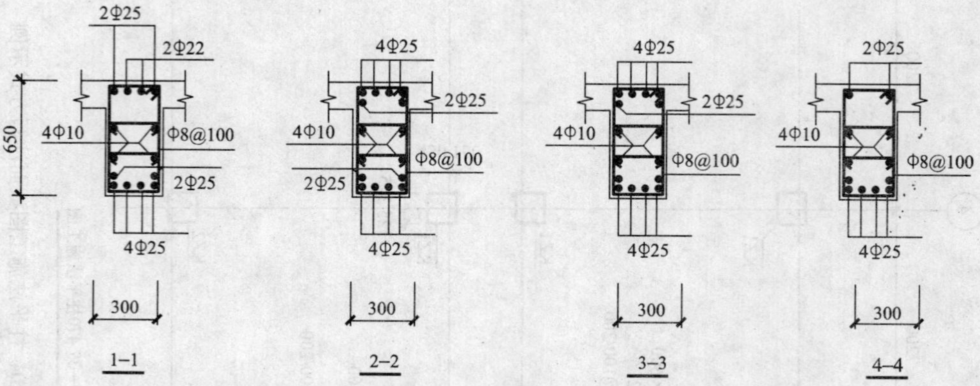

图 15-19 梁截面配筋图

（1）梁集中标注的内容，有五项必注值及一项选注值（集中标注可以从梁的任意一跨引出），规定如下：

1）编号，该项为必注值（表 15-9）。

表 15-9 梁 编 号

<table>
<tr><th>梁类型</th><th>代 号</th><th>序 号</th><th>跨数及是否带有悬挑</th><th>备 注</th></tr>
<tr><td>楼层框架梁</td><td>KL</td><td rowspan="6">××</td><td rowspan="5">（××）、（××A）或（××B）</td><td rowspan="6">（××A）为一端有悬挑，（××B）为两端有悬挑，悬挑不计入跨数</td></tr>
<tr><td>屋面框架梁</td><td>WKL</td></tr>
<tr><td>框支梁</td><td>KZL</td></tr>
<tr><td>非框架梁</td><td>L</td></tr>
<tr><td>井字梁</td><td>JZL</td></tr>
<tr><td>悬挑梁</td><td>XL</td><td></td></tr>
</table>

2）梁截面尺寸，该项为必注值。当为等截面梁时，用 $b \times h$ 表示；当为加腋梁时，用 $b \times h$ Y$c1 \times c2$ 表示，其中 $c1$ 为腋长，$c2$ 为腋高（图 15-20）；当有悬挑梁且根部和端部的高度不

同时，用斜线分隔根部与端部的高度值，即为 $b \times h1/h2$（图 15–21）。

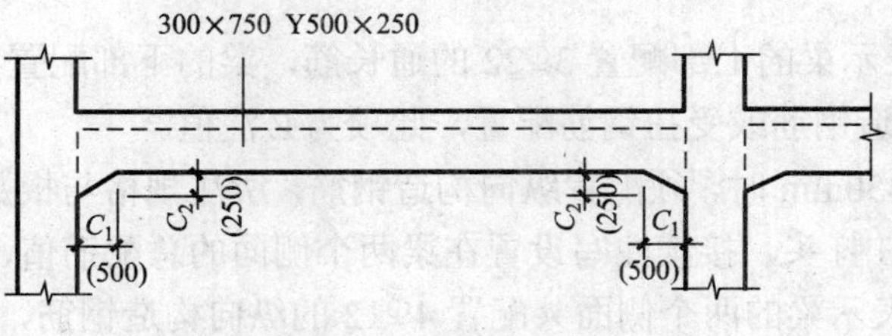

图 15–20　加腋梁截面注写方式

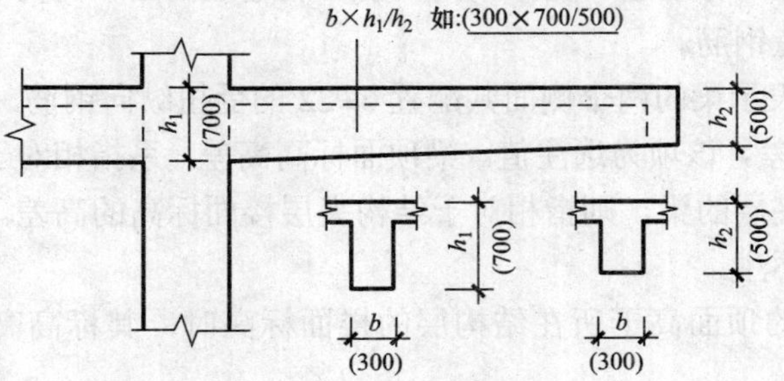

图 15–21　悬挑梁不等高截面尺寸注写方式

3）梁箍筋，包括钢筋级别、直径、加密区与非加密区间距及肢数，该项为必注值。箍筋加密区与非加密区的不同间距及肢数需用斜线“/”分隔；当梁箍筋为同一种间距及肢数时，则不需用斜线；当加密区与非加密区的箍筋肢数相同时，则将肢数注写一次；箍筋肢数应写在括号内。加密区范围见相应抗震级别的标准构造详图。

如Φ10@100/200（4），表示箍筋为 HPB235 钢筋，直径为 10，加密区间距为 100，非加密区间距为 200，均为四肢箍。再如Φ8@100（4）/150（2），表示箍筋为 HPB235 钢筋，直径为 8，加密区间距为 100，四肢箍；非加密区间距为 150，两肢箍。

当抗震结构中的非框架梁及非抗震结构中的各类梁采用不同的箍筋间距及肢数时，也用斜线“/”将其分隔开来。注写时，先注写梁支座端部的箍筋（包括箍筋的箍数、钢筋级别、直径、间距与肢数），在斜线后注写梁跨中部分的箍筋间距及肢数。

如 13Φ10@150/200（4），表示箍筋为 HPB235 钢筋，直径为 10，梁的两端各有 13 个四肢箍，间距为 150，梁跨中部分间距为 200，四肢箍。

如 18Φ12@150（4）/200（2），表示箍筋为 HPB235 钢筋，直径为 12，梁的两端各有 18 个四肢箍，间距为 150，梁跨中部分，间距为 200，双肢箍。

4）梁上部通长筋或架立筋配置（通长筋可为相同或不同直径采用搭接连接、机械连接或对焊连接的钢筋），该项为必注值。所注规格与根数应根据结构受力要求及箍筋肢数等构造要求而定。当同排纵筋中既有通长筋又有架立筋时，应用加号“+”将通长筋和架立筋相连。注写时须将角部纵筋写在加号的前面，架立筋写在加号后面的括号内，以示不同直径及与通长筋的区别。当全部采用架立筋时，则将其写入括号内。

如 2Φ22 用于双肢箍；2Φ22+（4Φ12）用于六肢箍，其中 2Φ22 为通长筋，4Φ12 为架立筋。

当梁的上部纵筋和下部纵筋为全跨相同，且多数跨配筋相同时，此项可加注下部纵筋的配筋值，用分号“；”将上部与下部纵筋的配筋值分隔开来。少数跨不同者，进行原位标注。

如 3Φ22；3Φ20 表示梁的上部配置 3Φ22 的通长筋，梁的下部配置 3Φ20 的通长筋。

5）梁侧面纵向构造钢筋或受扭钢筋配置，此项为必注值。

当梁腹板高 $h_w \geqslant 450$mm 时，须配置纵向构造钢筋，所注规格与根数应符合规范规定。此项注写值以大写字母 G 打头，接续注写设置在梁两个侧面的总配筋值，且对称配置。

如注写 G4Φ12，表示梁的两个侧面共配置 4Φ12 的纵向构造钢筋，每侧各配置 2Φ12。

当梁侧面需配置受扭纵向钢筋时，此项注写值以大写字母 N 打头，接续注写配置在梁两个侧面的总配筋值，且对称配置。受扭纵向钢筋应满足梁侧面纵向构造钢筋的间距要求，且不再重复配置纵向构造钢筋。

如注写 N6Φ22，表示梁的两个侧面共配置 6Φ22 的受扭纵向钢筋，每侧各配置 3Φ22。

6）梁顶面标高高差，该项为选注值。梁顶面标高高差，系指相对于结构层楼面标高的高差值，对于位于结构夹层的梁，则指相对于结构夹层楼面标高的高差。有高差时，须将其写入括号内，无高差时不注。

注写时，当某梁的顶面高于所在结构层的楼面标高时，其标高高差为正值，反之为负值。

如某结构层的楼面标高为 44.950m 和 48.250m，当某梁的梁顶面标高高差注写为（–0.050）时，即表明该梁顶面标高分别相对于 44.950m 和 48.250m 低 0.05m。

（2）原位标注的内容规定

1）梁支座上部纵筋，该部位含通长筋在内的所有纵筋：

① 当上部纵筋多于一排时，用斜线“/”将各排纵筋自上而下分开。

如梁支座上部纵筋注写为 6Φ25 4/2，则表示上一排纵筋为 4Φ25，下一排纵筋为 2Φ25。

② 同排纵筋有两种直径时，用“+”将两种直径的纵筋相连，注写时将角部纵筋写在前面。

如梁支座上部有四根纵筋，2Φ25 放在角部，2Φ22 放在中部，在梁支座上部应注写为 2Φ25+2Φ22。

③ 当梁中间支座两边的上部纵筋不同时，须在支座两边分别标注；当梁中间支座两边的上部纵筋相同时，可仅在支座的一边标注配筋值，另一边省去不注（图 15–22）。

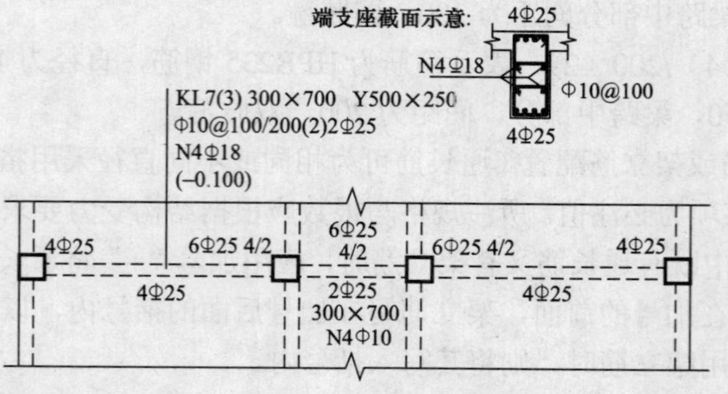

图 15–22 大小跨梁的注写方式

2）梁下部纵筋。

① 当下部纵筋多于一排时，用斜线“/”将各排纵筋自上而下分开。

如梁下部纵筋注写为 6Φ25　2/4，则表示上一排纵筋为 2Φ25，下一排纵筋为 4Φ25，全部伸入支座。

② 当同排纵筋有两种直径时，用“+”将两种直径的纵筋相联，注写时角筋写在前面。

③ 当梁下部纵筋不全部伸入支座时，将梁支座下部纵筋减少的数量写在括号内。

如梁下部纵筋注写为 6Φ25 2（−2）/4，则表示上排纵筋为 2Φ25，且不伸入支座。下一排纵筋为 4Φ25，全部深入支座。

梁下部纵筋注写为 2Φ25+3Φ22（−3）/5Φ25，则表示上排纵筋为 2Φ25 和 3Φ22，其中 3Φ22 不伸入支座；下一排纵筋为 5Φ25，全部伸入支座。

④ 梁的集中标注中已按规定分别注写了梁上部和下部均为通长的纵筋值时，则不需要在梁下部重复做原位标注。

3）附加箍筋或吊筋，将其直接画在平面图中的主梁上，用线引注总配筋值（附加箍筋的肢数注在括号内）见图 15–23，当多数附加箍筋或吊筋相同时，可在梁平法施工图上统一注明，少数与统一注明值不同时，在原位引注。

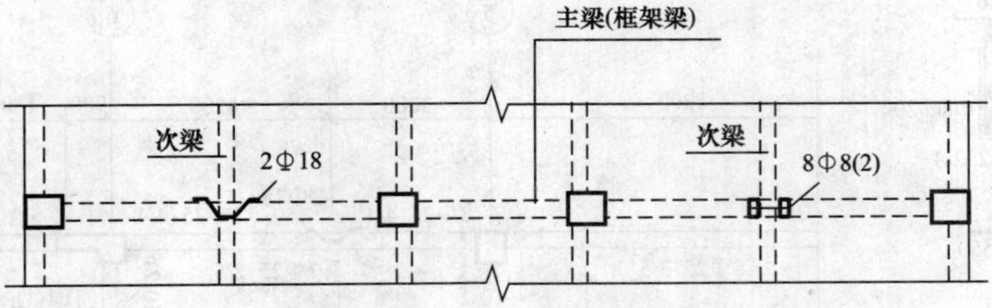

图 15–23　附加箍筋和吊筋的画法

施工时应注意，附加箍筋或吊筋的几何尺寸应按照标准构造详图，结合其所在位置的主梁和次梁的截面尺寸而定。

4）梁上集中标注的内容（即梁截面尺寸、箍筋、上部通长筋或架立筋，梁侧面纵向构造钢筋或受扭钢筋，以及梁顶面标高高差中的某一项或几项数值）不适用于某跨或某悬挑部分时，则将其不同数值进行原位标注在该跨或该悬挑部位，施工时应按原位标注数值取用。

当在多跨梁的集中标注中已注明加腋，而该梁某跨的根部却不需要加腋时，则应在该跨原位标注等截面的 $b\times h$ 以修正集中标注中的加腋信息，如图 15–24 所示。

2. *截面注写方式*

截面注写方式，是在分标准层绘制的梁平面布置图上，分别在不同编号的梁中各选择一根梁用剖面号引出配筋图，并在其上注写截面尺寸和配筋具体数值的方式来表达梁平法施工图。

同样要对所有梁编号，从相同编号的梁中选择一根梁，先将“单边截面号”画在该梁上，再将截面配筋详图画在本图或其他图上。当某梁的顶面标高与结构层的楼面标高不同时，尚应继其梁编号后注写梁顶面标高高差（注写规定与平面注写方式相同）。

在截面配筋详图上注写截面尺寸 $b\times h$、上部筋、下部筋、侧面筋和箍筋的具体数值时，其表达形式与平面注写方式相同。截面注写方式既可以单独使用，也可与平面注写方式结合使用。

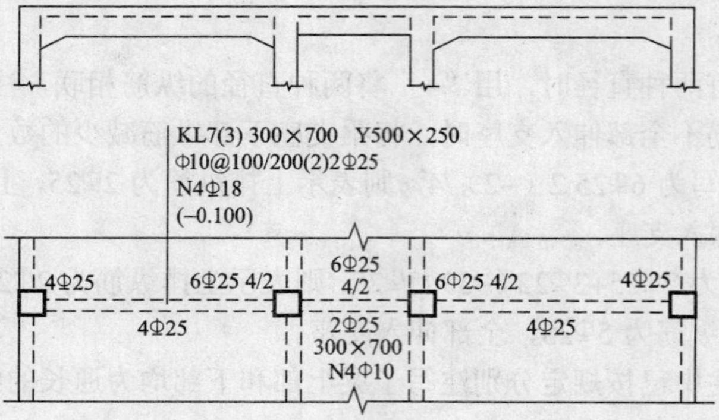

图 15–24 梁加腋平面注写方式表达示例

图 15–25 为采用截面注写方式表示的梁平法施工图。

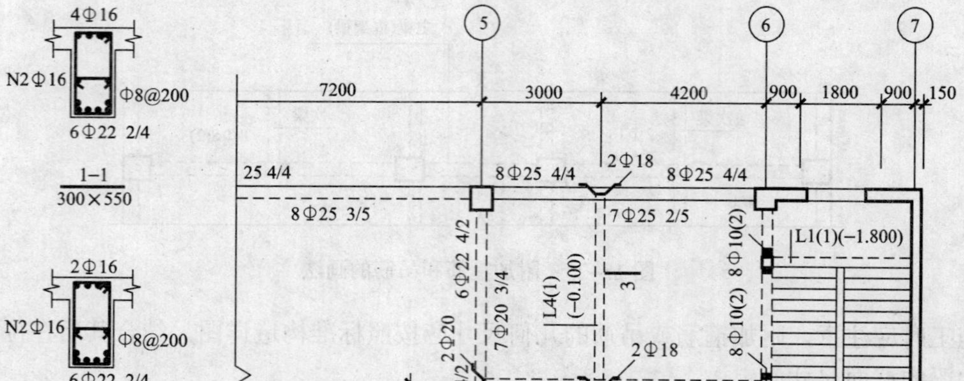

图 15–25 梁平法施工图截面注写方式（局部）

15.6.4 平法读图示例

图 15–26 为别墅的地下室柱平法施工图。该施工图是采用截面注写方式表示地下层的柱平面布置情况，并对各柱子进行编号。其中 KZ1、KZ2、KZ5 和 KZ10 等柱子各选一截面，在其原位上以一定比例放大绘制柱截面配筋图，并注写柱编号、截面尺寸及配筋情况。通过相应的

尺寸标注确定柱截面与轴线关系，对柱子进行定位。如图 15–26 所示，KZ1 的截面为 300×400mm，柱子角部配置了 4 根 HRB400 直径 16 的纵筋，每侧中部配置 2 根 HRB400 直径 14 的纵筋，箍筋配置为 HPB235 直径为 8 的钢筋，其中加密区箍筋间距为 100，非加密区间距为 200，尺寸标注表示了柱子对轴线的偏移情况。但由于该图面内容较多且个别框架柱截面较为复杂，图中仅表示出其他柱子的位置。具体的截面尺寸及配筋情况由附表统一列出，详见表 15–10。柱中钢筋的详细构造情况需查阅相应的标准构造详图。

表 15–10　　　　地下层柱平法施工图附表

截面	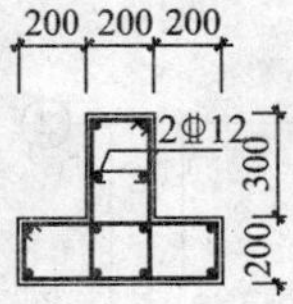	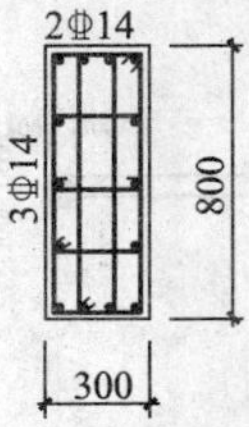	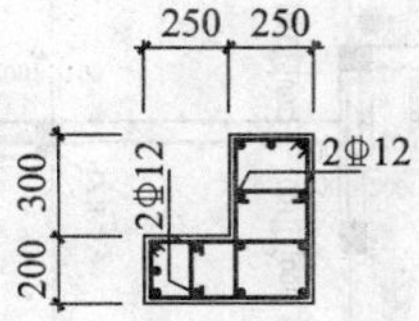	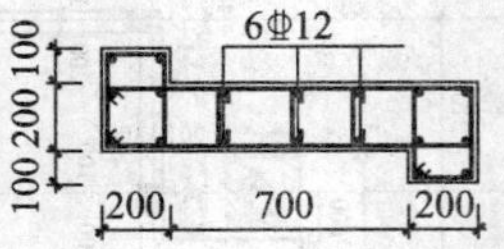
编号	KZ3	KZ4	KZ6	Q3
标高	基底～–0.080	基底～–0.080	基底～–0.080	基底～–0.080
纵筋	10Φ16+2Φ12	4Φ16	10Φ14+4Φ12	12Φ14+6Φ12
箍筋	ϕ10@100	ϕ8@100	ϕ8@100/200	ϕ10@100
截面	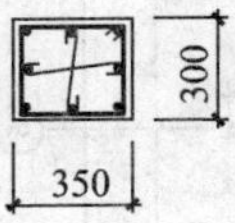	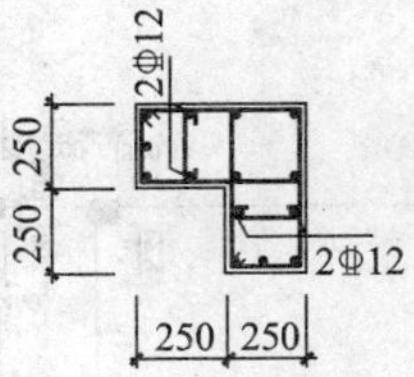	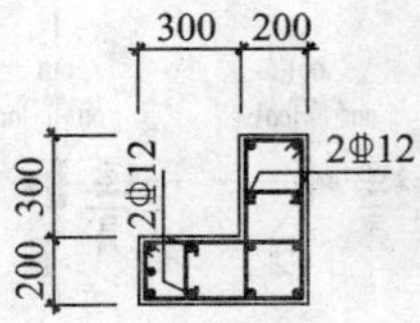	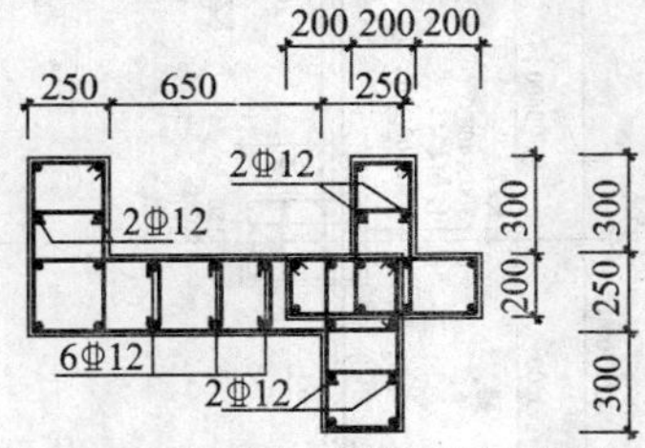
编号	KZ8	KZ9	KZ7	GJZ1
标高	基底～–0.080	基底～–0.080	基底～–0.080	基底～–0.080
纵筋	8Φ14	10Φ14+4Φ12	8Φ16+4Φ12	12Φ14+10Φ12
箍筋	ϕ8@100/200	ϕ8@100/200	ϕ8@100/200	ϕ8@100

图 15–27 为别墅的一层梁平法施工图。该施工图是采用平面注写方式表示一层梁的平面布置情况，并对不同的梁分别进行了编号。图中分别从不同编号的梁中各选一根梁，在其上注写截面尺寸和配筋具体数值，表示梁的截面形状和配筋情况。读图时注意原位标注取值优先。如图 15–27 所示，框架梁 KL3 的集中标注表示该梁为两跨连续梁，梁的截面为宽度 200、高度 400 的矩形；梁中箍筋配置为 HPB235 直径为 8 的钢筋，其中加密区箍筋间距为 100，非加密区间距为 200，均为两支箍；沿梁上部通长配置 2 根 HRB400 直径 18 的纵筋。由原位标注可知，在梁的各个支座上部分别配置的是 3 根 HRB400 直径 18 的纵筋，即在原有 2 根 HRB400 直径 18 的纵筋的基础上增加 1 根同型号的钢筋。在梁的跨中下部分别配置的是 2 根 HRB400 直径 16 的纵筋和 3 根 HRB400 直径 18 的纵筋。梁的侧面没有配置纵向构造钢筋或受扭钢筋，梁顶面标高对于结构层楼面标高无高差。在梁的边跨中还配置有附加箍筋。梁中钢筋的详细构造情况需查阅相应的标准构造详图。

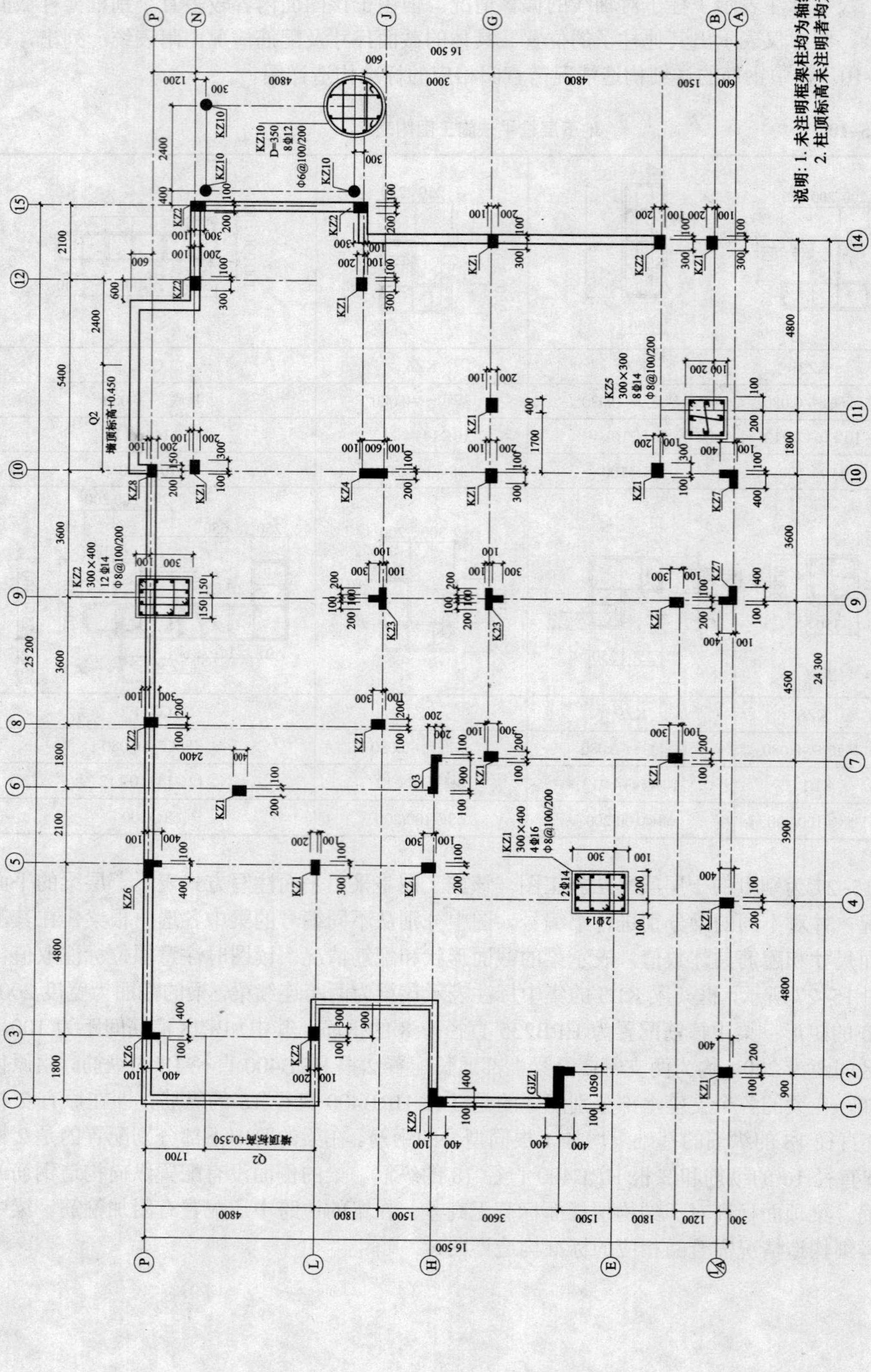

图 15-26 地下室柱平法施工图

说明：1. 未注明的梁均沿轴线居中或与墙边齐。

2. 梁顶面基准标高为BG-0.080，BG为建筑标高±0.000。

3. 主次梁交换处，次梁两侧均箍筋加密 3 Φd@50，(d为主梁箍筋直径)；

4. 画出未注明附加吊筋为2Φ14。

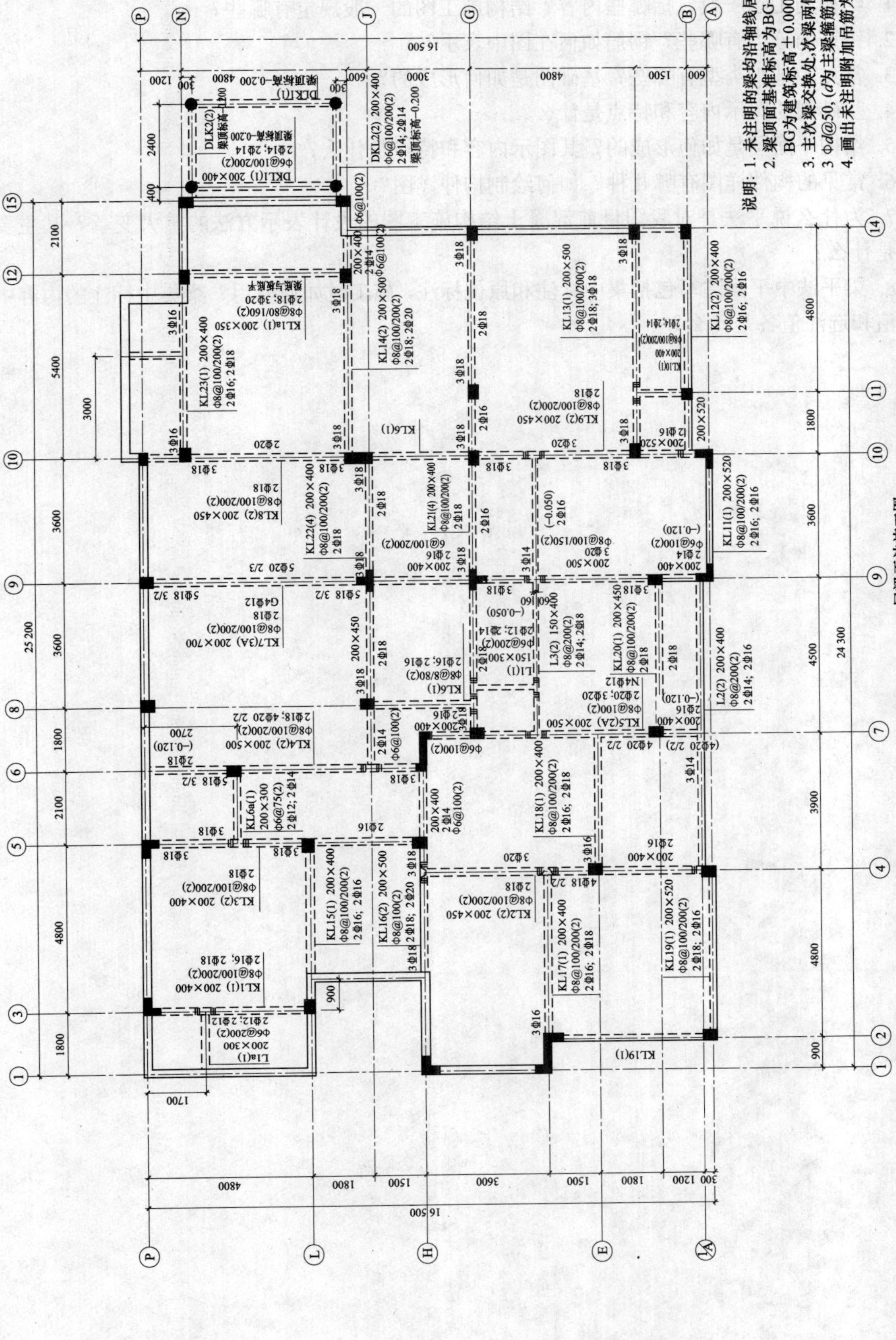

图 15－27　一层梁平法施工图

思 考 题

1. 结构施工图一般包括哪些内容？结构施工图的一般规定有哪些？

2. 钢筋的分类有哪些？钢筋如何在图中表示？

3. 常见的基础类型有哪些？基础图是如何形成的？

4. 基础图的图示内容和特点是什么？

5. 结构平面图是如何形成的？其图示内容和特点是什么？

6. 常见的构件详图有哪几种？如何绘制构件详图？

7. 为什么说平法是对我国目前混凝土结构施工图的设计表示方法的重大变革？其主要特点是什么？

8. 梁平法中平面注写包括集中标注和原位标注，施工时如何取用？梁集中标注的内容中必注值和选注值各是什么？

第 16 章

设 备 施 工 图

本章主要介绍了设备施工图的内容和特点；给排水系统设备施工图的图示内容、特点和绘制步骤；供暖、通风系统设备施工图的图示内容、特点和绘制步骤。

16.1 概述

16.1.1 设备施工图的内容

一幢房屋，除了具有建筑和结构两大部分外，还要包括一些配套设备的施工，例如给水、排水、采暖、通风、电气照明、消防报警、电话通讯、有线电视、煤气等各种设备系统。根据建筑物功能的要求，按照建筑设备工程的基本原则和相关标准规范进行设计，然后根据设计结果绘制成图样，以反映设备系统布置形式、材料选用、连接方式、细部构造及其它技术参数，并指导设备系统安装施工，这种图样称为设备施工图。

设备施工图的种类很多，常见的有给排水设备施工图、供暖通风设备施工图、电气系统设备施工图、煤气设备施工图等。设备施工图虽然有多种多样的类型，但是都包括设计总说明、设备平面图、设备系统图、详图等内容。

1. 设计总说明

用文字的形式表述设备施工图中不易用图样表达的有关内容，如设计数据、引用的标准图集、使用的材料器件列表、施工要求以及其他技术参数等。

2. 设备平面图

表示设备系统的平面布置方式，各种设备与建筑、结构的平面关系，平面上的连接形式等。平面图一般是在建筑平面图的基础上绘制的。

3. 设备系统图

表示设备系统的空间关系或者器件的连接关系。系统图与平面图相结合能很好地反映系统的全貌和工作原理。

4. 详图

表示设备系统中某一部位具体安装细节或安装要求的图，通常采用已有的标准图集。

16.1.2 设备施工图的特点

（1）设备施工图和建筑施工图、结构施工图一起组成一套完整的房屋施工图，有着密切的联系。因此，在设计过程中，必须注意与其他工程的紧密配合和协调一致，只有这样，才能使建筑物的各种功能得到充分发挥。

（2）设备施工图一般采用规定的图形符号表示各种设备、器件、管网、线路等。而这些图例符号一般不反映实物的原形，因此，在识图前应首先了解各种符号表示的实物。

（3）设备施工图中用系统图等表示设备系统的全貌和工作原理。

（4）设备施工图往往直接采用通用的标准图集上的内容，表达某些构件的构造和作法。

（5）设备施工图中有许多安装、使用、维修等方面的技术要求不在图中表达，因为有关的标准和规范中都有详细的明确规定，在图中只需说明参照某一标准执行即可。

（6）各种设备系统都有自己的走向，在识图时，按顺序去读，使设备系统一目了然，更加易于掌握。

16.2 给排水系统设备施工图

给排水工程包括给水工程和排水工程两方面。给水工程是指水源取水、水质净化、净水输送、配水使用等工程；排水工程是指污水排出、污水处理、污水排放等工程。给排水工程都是由各种管道及其配件和水处理设备、构件组成。在房屋建筑工程中给排水工程是必不可少的。因此，给排水工程的施工图是工程图的一个主要内容。给排水施工图包括室内给排水施工图和室外给排水施工图两部分。

16.2.1 室内给排水施工图

室内给排水施工图是表示建筑物内各卫生器具、设备、管道及其附件的类型、大小，在建筑物内的位置及安装方式的图样。主要包括室内给排水平面图、给排水系统图、安装详图、图例及施工说明。

1. 室内给排水平面图

（1）图示内容。室内给排水平面图是表明建筑物内给排水管道及设备的平面布置情况的。可将室内给水管道和室内排水管道平面图合画在一起，也可以分开绘制。本例是合画在一起的（图 16–3）。主要包括以下内容：

1）室内卫生设备的类型、数量以及平面位置。

2）室内给水系统和排水系统中各个干管、立管、支管等的平面位置、走向、立管编号和管道的安装方式（明装或暗装）。

3）管道器材设备如阀门、消火栓、地漏、清扫口等的平面位置。

4）给水引水管、水表节点和污水排出管、检查井等的平面位置、走向，以及与室外给水排水管网的连接（底层平面图）。

5）管道及设备安装、预留洞的位置，预埋件、管沟等方面对土建的要求。

（2）图示特点。

1）图例及说明。管道系统上的附件及附属设备应按国标规定的图例绘制。给水排水施工图中常用图例见表 16–1。为了便于阅读图纸，无论是否采用标准图例，相应的图纸最好都附上各种管道、管道附件及卫生设备等的图例，并对施工要求、有关材料等情况用文字加以说明。图 16–3 中列出了房屋给排水平面图所用的相关图例。

2）比例。给排水平面图的比例，可与房屋建筑平面图相同，一般为 1:100。根据需要也可用更大的比例，如 1:50，或较小的比例，如 1:200 等。

表 16–1 给水排水施工图中的常用图例

名　称	图　例	说　明
给水管	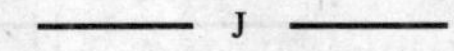 J	
废水管	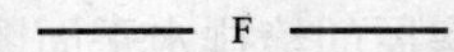 F	
污水管	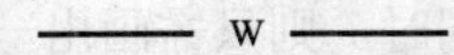 W	
雨水管	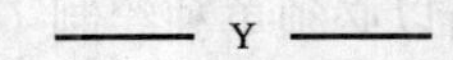 Y	
多孔管		
管道立管	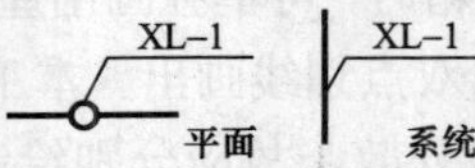 XL–1 平面　XL–1 系统	X：管道类别 L：立管 1：编号
立管检查口	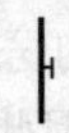	
清扫口	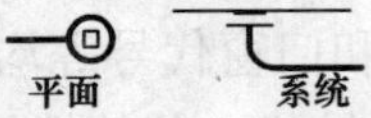 平面　系统	
通气帽	 成品　铅丝球	
圆形地漏	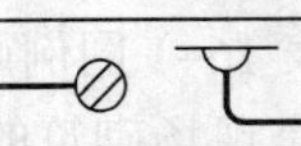	
自动冲洗水箱	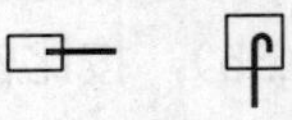	
防回流污染止回阀		
法兰堵盖		
存水弯	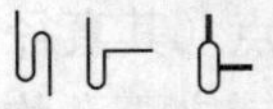	
闸阀	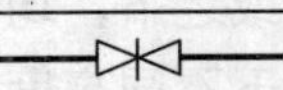	
截止阀	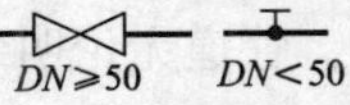 $DN \geqslant 50$　$DN < 50$	
放水龙头		左侧为平面，右侧为系统
混合水龙头	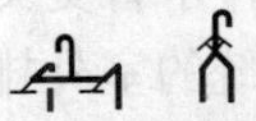	
台式洗脸盆		
浴盆	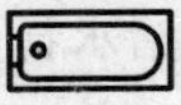	

续表

名　称	图　例	说　明
污水池		
坐式大便器		
淋浴喷头	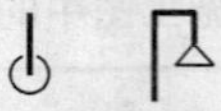	
水表井		

3）给排水平面图的数量。多层房屋的给排水平面图原则上应分层绘制。若楼层平面用水房间和卫生设备及管道布置完全相同时，则只需画出一个平面图。但由于底层给排水平面图中的室内管道须与户外管道相连，所以必须单独绘制（图 16–3）。而其他楼层给排水平面图，如果不影响表达效果，只需把有卫生设备和管路布置的盥洗房间范围的平面图画出即可，不必画出整个楼层的平面图。若屋顶有水箱时，可单独画出屋顶的平面图，但当管路布置较简单时，可将水箱画在顶层平面布置图中，用双点划线画出。本工程各层平面图用水房间和卫生设备及管道布置均不相同，且用水房间较为分散，故应分别绘制各层给排水平面图。

4）房屋平面图。给排水平面图中所画的房屋平面图不是用于房屋的土建施工，仅作为管道系统各组成部分的水平布局和定位基准。因此，仅需抄绘房屋的墙身、柱、门窗洞、楼梯、台阶等主要构配件，至于房屋的细部和门窗代号等均可略去。房屋平面图的轮廓图线都用细线（0.25b）绘制。底层平面图要画全轴线，其他楼层平面图可仅画边界轴线。±0.000 所在平面图上应画出指北针。

5）卫生器具平面图。常用的配水器具和卫生设备，如洗脸盆、大便器、淋浴器等是定型产品，不必详细画出其形体，可按表 16–1 图例画出；施工时，可按《给水排水国家标准图集》来安装。而盥洗槽、小便槽等是现场砌筑的，另有详图。所有的卫生器具图线都用细线（0.25b）绘制。也可用中粗线（0.5b），按比例画出其平面图形的外轮廓，内轮廓则用细实线表示。

6）给水排水平面图。管道是平面布置图的主要内容，通常用各种线型来表示不同性质系统的管道。表 16–1 所列：给水管，污、废水管、雨水管均用粗实线（b）表示，并在其上标有 *J*、*W*、*F*、*Y* 等。管道的立管用黑圆点（其直径约为 3b）表示。

各种管道不论在楼面（地面）之上或之下，均不考虑其可见性，仍按管道类别用规定的线型画出。当在同一平面布置有几根上下不同高度的管道时，若严格按投影来画平面图，会重叠在一起，此时可以画成平行排列，管道无论明装或暗装，平面图中的管线仅示意其安装位置，并不表示其具体平面定位尺寸。即使明装的管道也可画入墙线内，但要在施工说明中注明该管道系统是明装的。当给水管与排水管交叉时，应连续画出给水管，断开排水管。

给水系统的引入管和污、废水管系统的室外排出管仅需在底层给排水平面图中画出，楼层给排水平面图中一概不需绘制。

7）管道系统及立管的编号。为了便于读图，当室内给排水管路系统的进出口数大于等于两个时，各种管路系统应分别予以编号。给水管可按每一室外引入管为一系统，污、废水管道以每一个承接排水管的检查井为一系统。系统索引符号如图 16–1 所示，用细线（0.25b）单圆圈表示，圆圈直径以 12mm 为宜；圆圈上部的文字代表管道系统的类别，以汉语拼音的第一个字母表示，如“J”代表给水系统，“W”代表污水系统，“F”代表废水系统，“P”代表排水系统，圆圈下部用阿拉伯数字顺序注写系统编号。图中有立管时，用指引线标上立管代号 XL，X 表示的是管道类别（如 J，W、F 或 P）代号；若一种系统的立管数在两个或两个以上时，应注出管道类别代号、立管代号及数字编号。如 JL–1 表示 1 号给水立管，JL–2 表示 2 号给水立管，如图 16–2 所示。

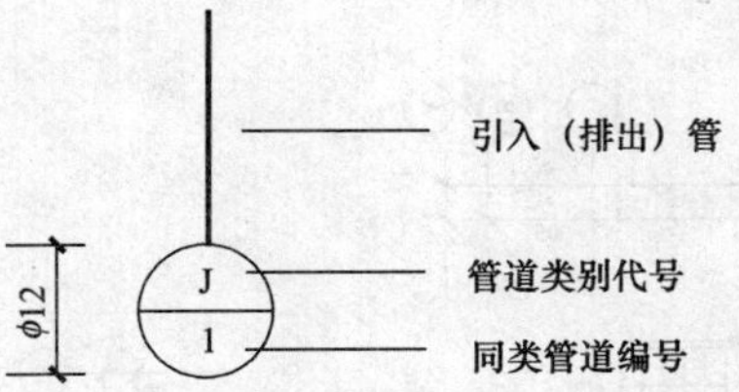

图 16–1　给排水进出口编号表示法

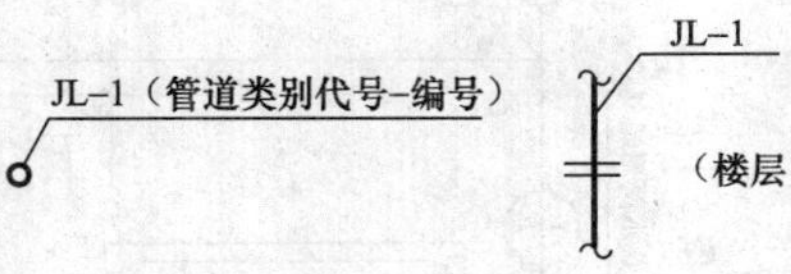

图 16–2　立管编号表示法

8）尺寸和标高。房屋的水平方向尺寸，一般在底层管道平面图中只需注出其轴线间尺寸。至于标高，只需标注室外地面的地坪标高和各层楼（地）面标高。

卫生器具和管道一般都是沿墙靠柱设置的，不必标注定位尺寸。必要时，以墙面或柱面为基准标出。卫生器具的规格可用文字标注在引出线上，或在施工说明中写明。

管道的长度在备料时只需用比例尺从图中近似量出，在安装时则以实测尺寸为依据，所以图中均不标注管道长度。至于管道的管径、坡度和标高，因管道平面图不能充分反映管道在空间的具体布置、管路连接情况，故均在管道系统图中予以标注。管道平面图中一概不标。

（3）室内给排水平面图示例。如图 16–3 所示为连体别墅的地下层室内给排水平面图，其中给水系统又包括冷水供水和热水供水，而排水系统则是污水和废水混排。从图 16–3 中看出，1 号冷水给水管自房屋的南侧进入左侧房屋，穿过棋牌室到达卫生间，然后分两路送到用水处。第一路通过立管 JL–2 向上供水，JL–2 接水平干管向卫生间各用水设备供水；第二路向北穿过走廊进入洗衣间，然后再分为两路分别向洗涤设备和锅炉进行供水。从锅炉加热出来的热水则通过热水给水管分别向洗衣间和卫生间供水，并通过 RJL–2 向上层供应热水。

左侧房屋的排水系统共有三路。一路是锅炉房中的废水通过管道排入下沉庭院中的雨水井中，然后连同该处收集的雨水共同排入(Y/1)；另一路是娱乐室中的 WL–7 及酒吧中的 WL–8 收集的上层污水以及本层洗衣间中的废水共同汇入(P/1)由房屋北侧排出；还有一路是卫生间中的 WL–4 收集的上层污水以及本层污水共同汇入(P/2)由房屋北侧排出。

右侧房屋的给排水情况与左侧类似，在此不再详述。

（4）绘图步骤。

1）画出用水房间的平面图。

2）画出卫生设备的平面布置。

3）画出管道的平面布置。

4）标注有关尺寸、标高、编号、注写有关的图例及文字说明等。

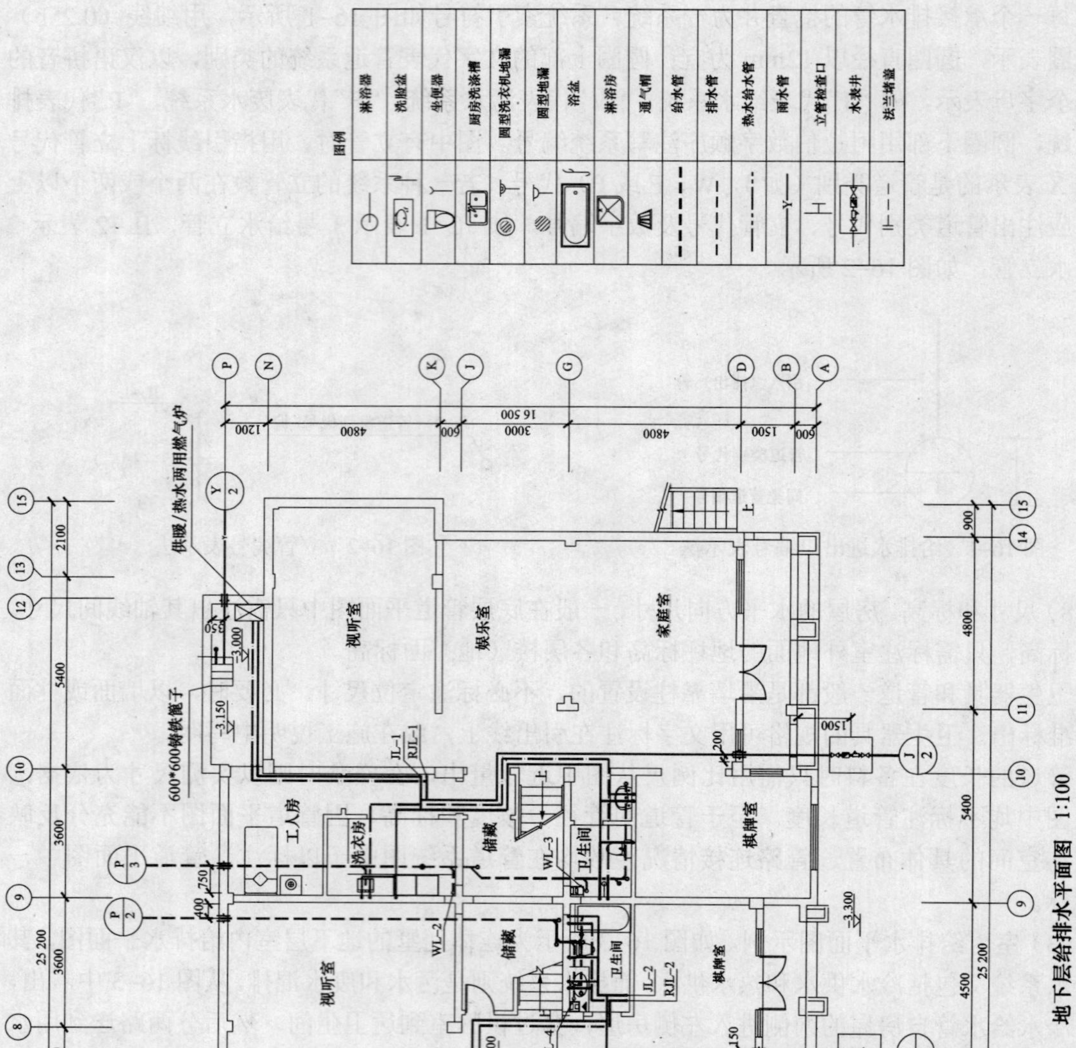

图 16－3 地下层给排水平面图

2. 给排水系统图

（1）给排水系统图的图示内容。为了清楚地表示给水排水管道的空间布置情况，室内给水排水施工图，除平面布置图外，还需要有一个同时能反映空间三个方向的图来表达。这种图被称为给排水系统图（或称管系轴测图）。

给排水系统图表示给水管道和排水管道系统的空间走向，各管段的管径、标高、排水管道的坡度以及各种附件在管道上的位置。

（2）给排水系统图的图示特点。

1）比例。一般采用与管道平面图相同的比例 1:100。当管道系统复杂或简单时，也可采用 1:50，1:200，如局部表达有困难时，该处可不按比例绘制。

2）轴测轴。为了完整、全面地反映管道系统，管道系统的轴测图一般采用三等正面斜轴测图。即 O_PX_P 轴处于水平位置；O_PZ_P 轴垂直；O_PY_P 轴一般与水平线成 45° 的夹角。三轴的伸缩系数 $P_X=P_Y=P_Z=1$。如图 16–4 所示。管道系统图的轴向要与管道平面图的轴向一致，即 O_PX_P 轴与管道平面图的水平方向一致，O_PZ_P 轴与管道平面图的水平方向垂直。

3）管道系统。各种不同性质的管道系统，可按平面图上的编号分别绘制管道系统图。这样可避免过多的管道重叠和交叉，但当管道系统简单时，可画在一起。

管道的画法与管道平面图一样，用各种线型来表示各个系统。管道附件及附属构筑物也都用图例表示（表 16–1）。当空间交叉的管道在图中相交时，应区分可见性，可见管道画成连续，不可见管道被遮挡的部分应断开，如图 16–5 所示。

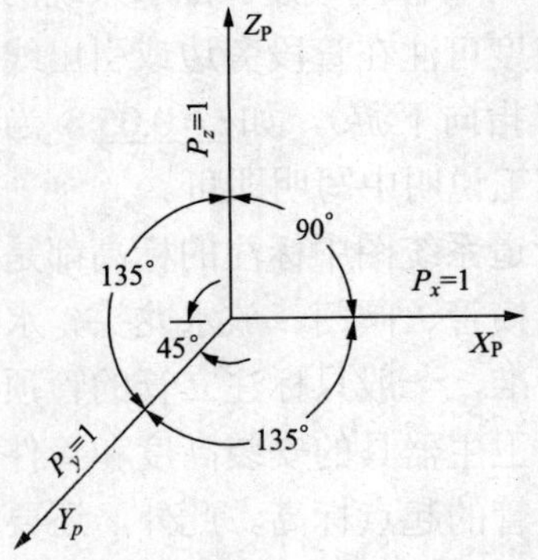

图 16–4　三等正面斜轴测图

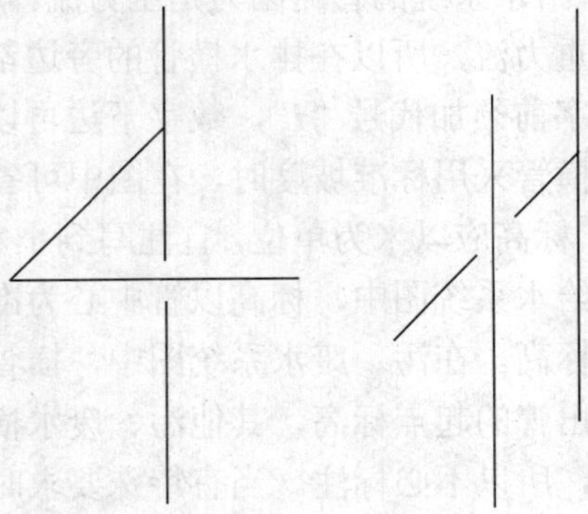

图 16–5　交叉管线的表示

在管道系统图中，当管道过于集中、无法画清楚时，可将某些管段断开，移至别处画出，并在断开处用细点划线（0.25*b*）连接。如图 16–6 所示，前面淋浴喷头的管道，若按正确画法，将与后面的引入管混杂在一起，使图样不清楚，因此，在 *A* 点将管道断开，把前面的管道平移至空白处画出，图中移向右边，中间连以点画线，断开处画以断裂符号“波浪线”，并注明连接点的相应符号“*A*”，以便对应查阅。

4）房屋构件位置的表示。为了反映管道与房屋的联系，在管道系统图中还要画出被管道穿过的墙、梁、地面、楼面和屋面的位置，其表示方法如图 16–7 所示。这些构件的图线均用细线（0.25b）画出，剖面线的方向按剖面轴测图的剖面线方向绘制。

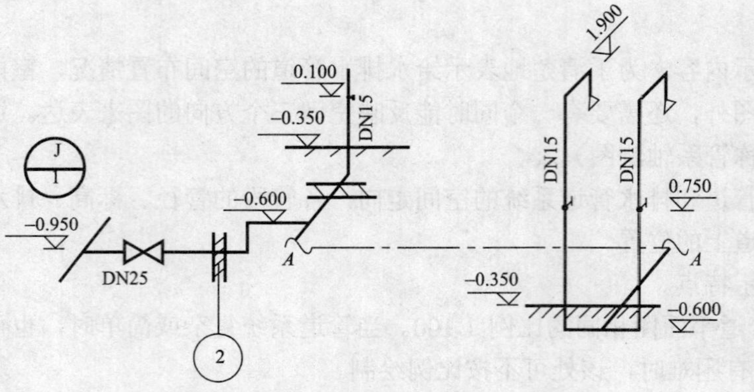

图 16–6 管道过于集中时的画法

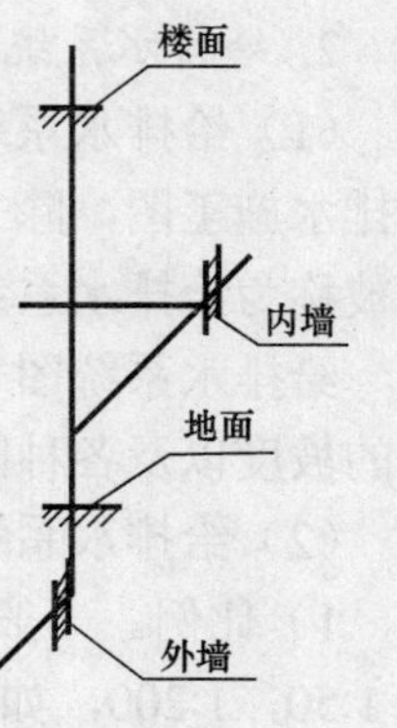

图 16–7 房屋构件的画法

5）管道的标注。管道系统中所有管段的直径，坡度和标高均应标注在管道系统图上。

① 各管段的直径可直接标注在该管段旁边或引出线上。管径尺寸应以毫米为单位。煤气输送钢管（镀锌或非镀锌）、铸铁管等管材，宜标注“公称直径”，在管径数字前加注代号“*DN*”。如 *DN*50 表示公称直径为 50mm。无缝钢管、焊接钢管（直缝或螺旋缝）、铜管、不锈钢管等管材，管径宜以外径 *D*×壁厚表示（如 *D*108×4、*D*159×4.5 等）。钢筋混凝土（或混凝土）管、陶土管、耐酸陶瓷管、缸瓦管等管材，管径宜以内径 *d* 表示（如 *d*230、*d*380 等）。塑料管材，管径宜按产品标准的方法表示。当设计均用公称直径 *DN* 表示管径时，应有公称直径 *DN* 与相应产品规格对照表。

② 给水系统的管路因为是压力流，当不设置坡度时，可不标注坡度。排水系统的管路一般都是重力流，所以在排水横管的旁边都要标注坡度，坡度可注在管段旁边或引出线上，在坡度数字前须加代号“*i*”，数字下边再以箭头表示坡向（指向下游），如 $\underrightarrow{i=0.05}$。当污、废水管的横管采用标准坡度时，在图中可省略不注，而在施工说明中写明即可。

③ 标高应以米为单位，宜注写到小数点后第 3 位。管道系统图中标注的标高都是相对标高。在给水系统图中，标高以管中心为准，一般要求注出横管、阀门、放水龙头、水箱等各部位的标高。在污、废水系统图中，横管的标高以管底为准，一般只标注立管的管顶、检查口和排出管的起点标高，其他污、废水横管的标高一般由卫生器具的安装高度和管件的尺寸所决定，所以不必标注。当有特殊要求时，亦应注出其横管的起点标高。此外，还要标注室内地面、室外地面、各层楼面和屋面等的标高。

6）图例。管道平面图和管道系统图应统一列出图例，其大小要与图中的图例大小相同。

（3）给排水系统图示例。识读给排水系统图必须与给排水平面图配合。在底层给排水平面图中，可按系统索引符号找出相应的管道系统；在各楼层给排水平面图中，可根据该系统的立管代号及位置找出相应的管道系统。

给水系统图一般从室外引入管开始识读。依次为引入管—水平干管—立管—支管—卫生器具；如有水箱，则要找出水箱的进水管，再从水箱的进水管—水平干管—立管—支管—卫生器具；排水系统图则要按照卫生器具—连接管—横支管—立管—排出管—检查井的顺序进行识读。

由于房屋给水管道复杂，且受图幅限制，该别墅的给水系统图分层来绘制。图 16–8 是该别墅的局部给水系统图。由图可以看到：$\frac{J}{1}$管道系统的室外总引入管为 *DN*32，水表井内装有闸阀、泄压阀和止回阀等，管中心标高为–4.000m。穿墙后通过冷水水平干管（管径为 *DN*32，管中心标高为–3.400m）引至卫生间（参照图 16–3 所示平面图）分二路供水。第一路通过立管 JL–2 向上供水，地下层 JL–2 接水平管（管径为 *DN*20，沿地面敷设）向卫生间各用水设备供水，各支管管径均为 *DN*15；第二路由水平干管（管径为 *DN*25，管中心标高为–3.400m）向北穿过走廊进入洗衣间，然后通过转向、下沉、转向到达锅炉房，出地面（标高为–3.000m）最后向锅炉供水。该冷水给水管在洗衣间内又分出水平支管（管径为 *DN*20）向洗涤设备供应冷水。

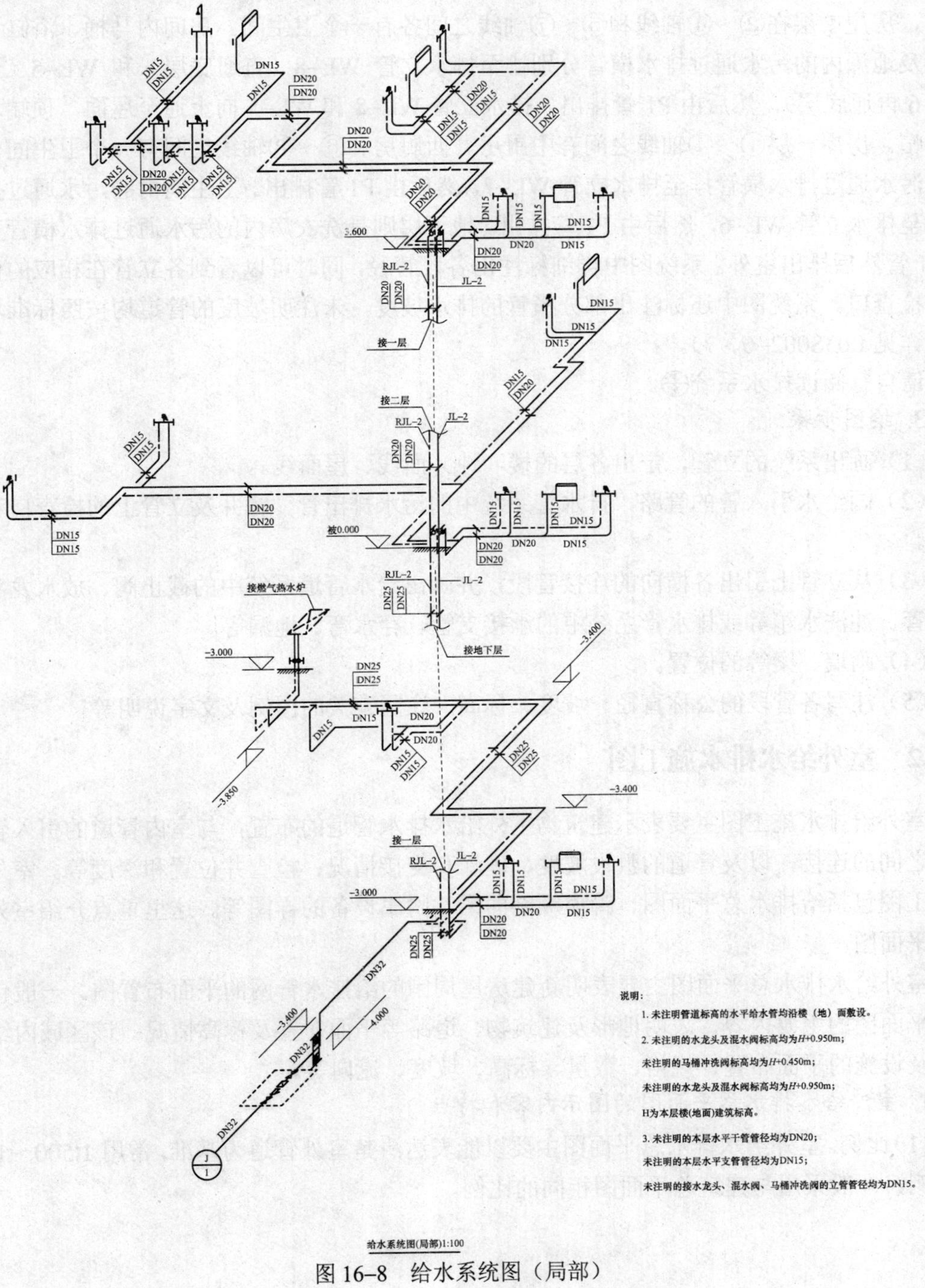

给水系统图(局部)1:100

图 16–8　给水系统图（局部）

冷水经锅炉加热后则通过热水给水管分别向洗衣间和卫生间供水，并通过 RJL–2 向上层供应热水。冷水给水管和热水给水管均为平行等高布置。

由图可以看到：$\left(\frac{J}{1}\right)$管道系统通过立管 JL–2 和 RJL–2 穿过一层楼面（标高为±0.000m）和二层楼面（标高为 3.600m）分别一、二层供应冷水和热水。在每一层又通过相应的水平管向各房间供应冷水和热水，水平管的布置和走向与地下层相似，不再详述。

图 16–9 是该别墅的局部排水系统图。下面以$\left(\frac{P}{1}\right)$为例进行识读。对照各层给排水平面图可知，房屋二层在②～④轴线和⑤～⑦轴线之间各有一个卫生间。房间内马桶、浴缸、洗手盆以及地漏内的污水通过排水横管分别排至排水立管 WL–8（直通底层）和 WL–5（通一层 WL–6 再通底层），然后由 P1 管排出。排水立管 WL–8 和 WL–5 向上通至屋面，顶端均设有通气帽。房屋一层①～④轴线之间有中厨房、西厨房和⑥～⑧轴线之间有一个卫生间。厨房中的污水通过排水横管排至排水立管 WL–7，然后由 P1 管排出。卫生间内的污水通过排水横管排至排水立管 WL–6，然后由 P1 管排出。地下层则是洗衣房内的污水通过排水横管直接排入 P1 管然后排出室外。系统图中详细标注出各段管径，同时可以看到各立管在相应的位置设置的检查口。系统图中还标注出部分横管的排水坡度，未注明坡度的管道均按照标准坡度敷设（详见 L03S002–6、7）。

请自行阅读排水系统$\left(\frac{P}{2}\right)$。

3. 绘图步骤

（1）画出系统的立管，定出各层的楼（地）面线、屋面线。

（2）画给水引入管的管路，排水管系统中的污水排出管、窨井及立管上的检查口和通气帽等。

（3）从立管上引出各横向的连接管段，并画出给水管道系统中的截止阀、放水龙头、连接支管、冲洗水箱等或排水管系统中的承接支管、存水弯、地漏等。

（4）画墙、梁等的位置。

（5）注写各管段的公称直径、坡度、标高，注写有关的图例及文字说明等。

16.2.2 室外给水排水施工图

室外给排水施工图主要表示建筑物室外给水排水管道的布置，与室内管道的引入管、排出管之间的连接，以及管道的敷设坡度、埋深和交接情况、检查井位置和深度等。室外给排水施工图包括给排水总平面图、管道纵剖面图、附属设备的详图等。这里重点介绍室外给排水总平面图。

室外给水排水总平面图主要表明新建房屋周围的给排水管网的平面布置图。一般包括建筑总平面图的主要内容，表明地形及建筑物、道路等平面布置及标高情况；该区域内给排水管道及设施的平面布置、规格、数量、标高、坡度、流向等。

1. 室外给水排水总平面图的图示内容和特点

（1）比例。室外给水排水总平面图主要以能表达清楚室外管道为基准，常用 1:500～1:2000 的比例，一般采用与建筑总平面图相同的比例。

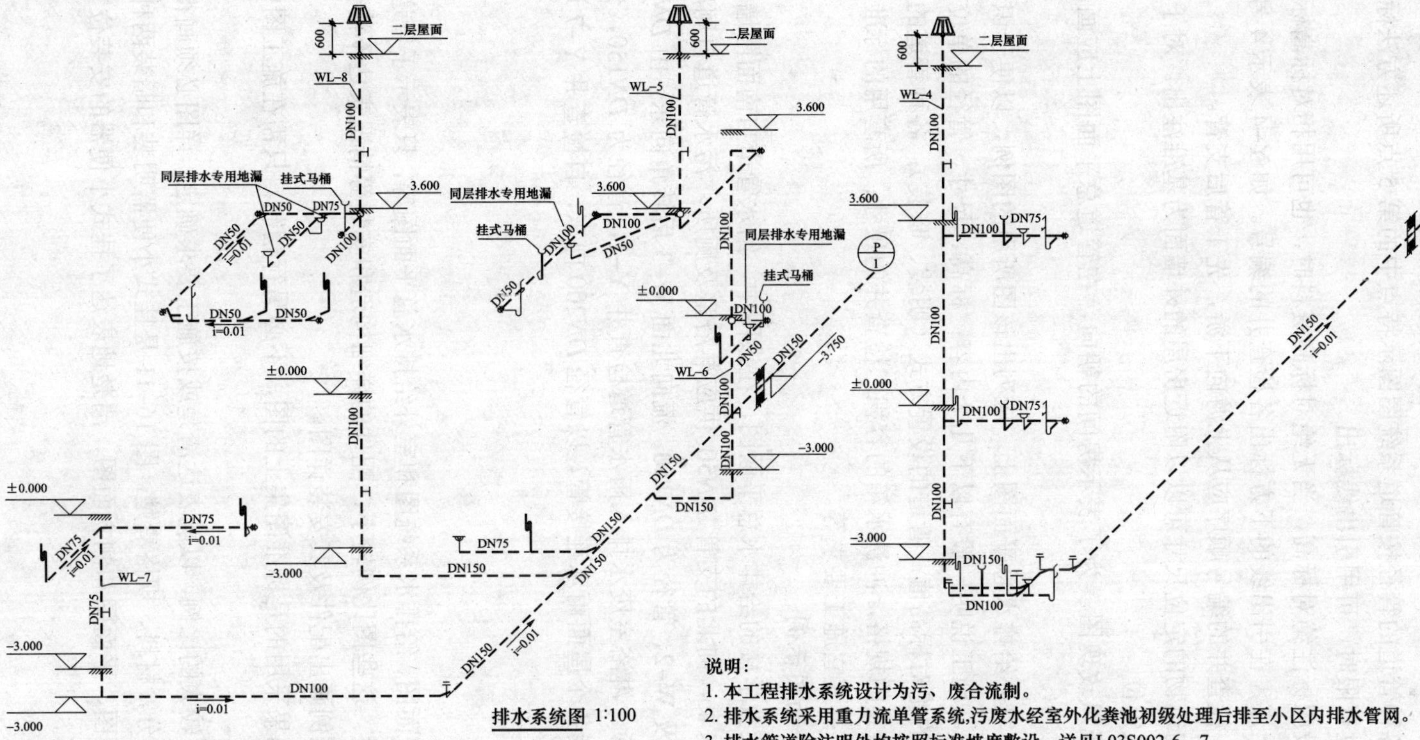

说明：
1. 本工程排水系统设计为污、废合流制。
2. 排水系统采用重力流单管系统,污废水经室外化粪池初级处理后排至小区内排水管网。
3. 排水管道除注明外均按照标准坡度敷设。详见L03S002-6、7。

图 16－9　排水系统图

（2）建筑物及各种附属设施。各种建筑物、道路、围墙等均按建筑总平面图的图例绘制，用中粗线画出建筑物外轮廓，其余地貌、道路、围墙等用细线画出，绿化可不画。

（3）管道。一般把各种管道合画在一张总平面图上。各种管道可用不同线型表示。各种管道和附属构筑物都按相应的图例绘制。附属构筑物都用细线（0.25b）画出。

（4）尺寸。各种管道的管径按管道系统图图示特点中的第 5 点所述方法标注，一般注在管道旁边，当地位有限时，可用引出线标出。

室外管道一般应标注绝对标高，当无绝对标高资料时，也可用相对标高标出。这些标高都标在引出线的上方，在引出线的下方标出各检查井的编号。如 Y–4 表示 4 号雨水井，W–l 表示 1 号污水井。检查井的编号顺序应从上游向下游，先干管后支管。

管道及附属构筑物的定位尺寸可以以附近房屋的外墙面为基准注出。对于复杂工程可以用标注建筑坐标来定位。

（5）指北针或风玫瑰图。为了表示房间的朝向，在管道总平面图上应画出指北针（或风玫瑰）。

（6）图例。在室外给排水总平面图上，应列出该图所用的图例，以便于识读。

（7）施工说明。施工说明一般有以下几个内容：标高、尺寸、管径的单位；与室内地面标高±0.000 相当的绝对标高值；管道的设置方式（明装、暗装）；各种管道的材料及防腐、防冻措施；卫生器具的规格，冲洗水箱的容积；检查井的尺寸；所套用的标准图的图号；安装质量的验收标准；其它施工要求等。

2. 给排水总平面图示例

图 16–10 是某教学楼的给排水总平面图，在该图中，给水管道自南面围墙城市室外给水管引入后，经过水表，向北的支管 *DN*50 供应淋浴室及厕所。污水管道自厕所排出，直接排入检查井 W–1 及 W–2，管径为 *DN*150，流向北面 W–3 后转角向东，由 *DN*200 管径接至围墙外城市污水管。淋浴室废水排入雨水管道检查井 Y–1，管径为 *DN*150，然后沿着教学楼南面外墙，承接各个屋面雨水连接管，以管径 *DN*200 向东，自检查井 Y–7 通向城市雨水管道。

16.2.3 详图

室内给排水平面图、给排水系统图和室外给排水总平面图等，只表示了管道的连接情况、走向和配件的位置。这些图比例较小，配件的详细构造和安装等情况表达不清楚。为了便于施工，需用较大比例画出配件及其安装详图。

常用的配件如果采用的是标准图集上的图，不必另行绘制，只需在施工图中，注明所套用的详图编号即可。

详图一般采用较大的比例，以能表达清楚或按施工要求确定。详图必须画得详尽、具体、明确，尺寸注写充分，材料、规格清楚。图 16–11 是挂式小便器明装和暗装两种形式的详图。图中绘制了正立面图、平面图和侧立面图，清楚地表达了挂式小便器的安装位置、管件连接方式、固定方法等。

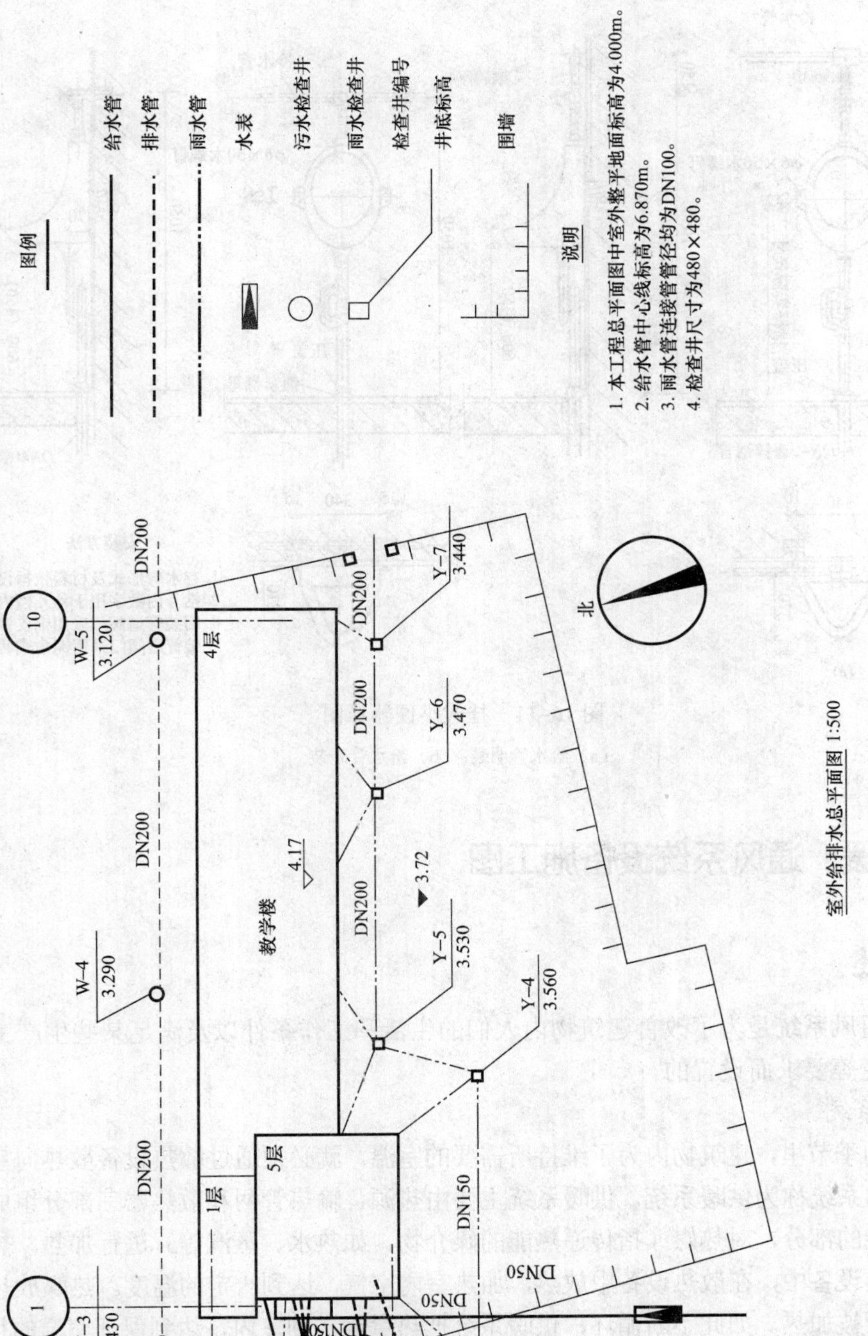

图 16-10　给排水总平面图

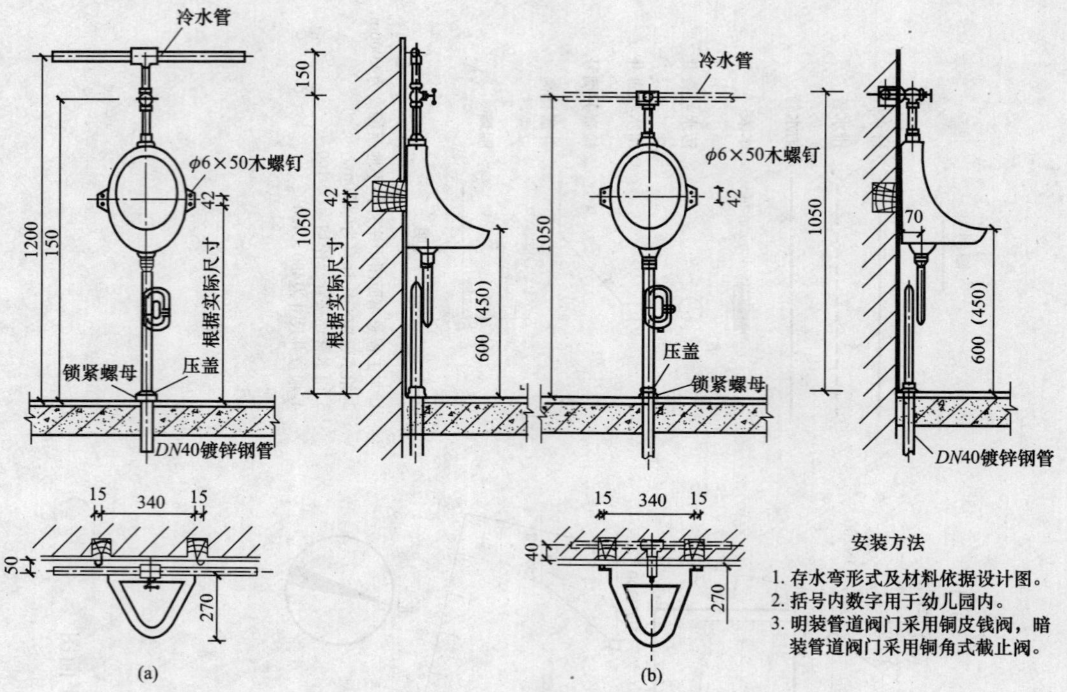

图 16–11 挂式小便器详图

（a）给水管明装；（b）给水管暗装

16.3 供暖、通风系统设备施工图

16.3.1 概述

供暖和通风系统是为了改善建筑物内人们的生活和工作条件以及满足某些生产工艺、科学实验的环境等要求而设置的。

1. 供暖系统

在寒冷的季节里，建筑物内为了维持所需要的室温，就必须通过散热设备散热向室内补充热量，这样的系统称为供暖系统。供暖系统主要由热源、输热管网和散热器三部分组成。热源是能产生热能的部分，对热媒（指传递热能的媒介物，如热水、蒸汽等）进行加热，热媒经管道输送到散热设备中，在散热设备中放热，加热室内空气，达到一定的温度。热媒放热后再回到热源中重新被加热。如此不断循环，供暖系统把热量输送到室内，达到保证室温的目的。

2. 通风系统

建筑通风包括排风和送风两个方面的内容，从室内排出污浊的空气叫排风，向室内补充新鲜空气叫送风。为了实现排风和送风所采用的一系列设备、装置构成了通风系统。

16.3.2 室内供暖施工图

室内供暖施工图表示一栋建筑物的供暖工程，包括供暖平面图、系统图和详图。供暖施工图中，各种图线参考表 16–2，常见图例见表 16–3。

表 16–2 线型及其含义

名称		线型	线宽	一般用途
实线	粗		b	单线表示的管道
	中粗		05b	本专业设备轮廓、双线表示的管道轮廓
	细		0.25b	建筑物轮廓；尺寸标注线；非本专业设备轮廓
虚线	粗		b	回水管线
	中粗		05b	本专业设备及管道被遮挡的轮廓
	细		0.25b	地下管沟、改造前风管的轮廓线；示意性连线
波浪线	中粗		05b	单线表示的软管
	细		0.25b	断开界线
单点划线			0.25b	轴线、中心线
双点划线			0.25b	假想或工艺设备轮廓线
折断线		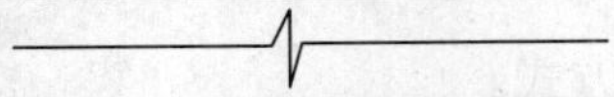	0.25b	断开界线

表 16–3 供暖施工图常用代号及图例

名称	代号或图例	说明
热水管	——R——	1. 用粗实线、粗虚线区分供水、回水时，可省略代号 2. 可附加阿拉伯数字 1、2 区分供水、回水 3. 可附加阿拉伯数字 1、2、3……表示一个代号、不同参数的多种管道
蒸汽管	——Z——	需要区分饱和、过热、自用蒸汽时，可在代号前分别附加 B、G、Z
膨胀水管、排污管、排气管、旁通管	——P——	需要区分时，可在代号后附加一位小写拼音 字母，即 Pz、Pw、Pq、Pt
补给水管	——G——	
泄水管	——X——	
循环管、信号管	——XH——	循环管为粗实线，信号管为细虚线。不致引起误解时，循环管也可为“X”
闸阀		
蝶阀		
平衡阀		
截止阀		轴测图画法 
止回阀	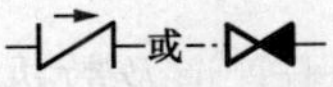	左图为通用，右图为升降式止回阀，流向同左。其余同阀门类推
固定支架	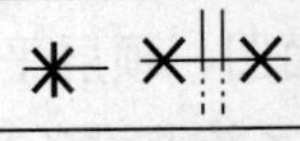	
散热器及手动放气阀		左为平面图画法，中为剖面图画法，右为系统图、Y 轴侧图画法
水泵		左侧为进水，右侧为出水
温度传感器	—[T]—或—[温度]—	
压力传感器	—[P]—或—[压力]—	

续表

名　　称	代号或图例	说　　明
温度计		左为圆盘式温度表，右为管式温度计
流量计	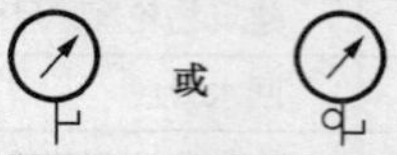	
能量计	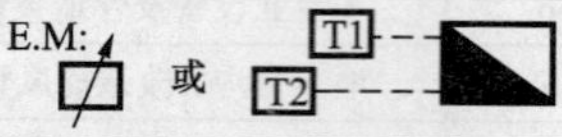	

1. 供暖平面图

（1）供暖平面图的内容。室内供暖平面图是表明建筑物内供暖管道、附件及散热设备的平面布置及它们之间的相互关系。主要内容如下：

1）散热器的平面位置、规格、数量以及安装方式。

2）供暖管道系统的干管的位置、走向、管路的坡度、各管段的管径。

3）各立管的位置、编号。供暖立管的系统编号为字母“L”加阿拉伯数字。

4）供暖干管上的阀门、固定支架、补偿器等构配件的平面位置。

5）在供暖系统上有关设备如膨胀水箱、集气罐（热水采暖）、疏水器（蒸汽采暖）的平面位置、规格、型号以及这些设备与连接管道的平面布置。

6）标明供热总管入口和回水出口的位置，同时平面图上要标明热媒来源、流向以及与室外热沟的连接情况。

7）在平面图上还要标明管道及设备安装的预留洞、预埋件、管沟等与土建施工关系和要求等。

（2）供暖平面图的图示特点。

1）比例。一般采用 1:100。当管道系统复杂或简单时，也可采用 1:50，1:200。

2）编号。一项工程中，同时有供暖、通风等两个及以上不同系统时，应进行系统编号，如图 16–12（a）所示，其中，X 表示系统的代号，n 为顺序号。当一个系统出现分支时，可用如图 16–12（b）的形式。圆圈直径是 6～8mm。

竖向布置的管道系统，应标注立管编号，如图 16–12（c）所示，“L”表示立管，“n”表示立管的序号。在不致引起误解时，可只标序号。

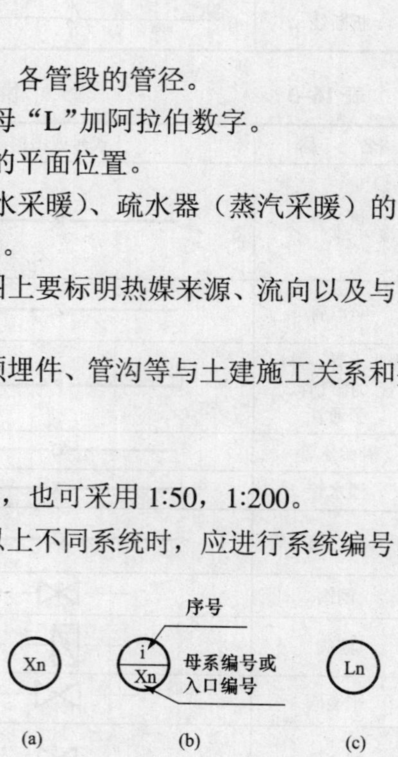

图 16–12　编号

3）数量。多层供暖平面图原则上分层绘制，但是对于管道及散热设备布置相同的楼层平面图可绘制一个平面图。一般绘制底层平面图、楼层平面图、顶层平面图。

4）房屋平面图。本专业需要的建筑部分仅作为管道系统及设备平面的布置和定位基准，因此仅需抄绘建筑平面图的主要内容如房间、走廊、门窗、楼梯、台阶等主要构配件。

5）散热器。散热器等主要设备及部件均为工业产品，不必详画，可按表 16–3 所列的图例表示。

6）管道。各种管道不论在楼地面之上或之下，都不考虑可见性问题，仍按管道的类型以规定的线型和图例画出。管道系统一律用单线绘制。

7）尺寸标注。房屋的平面尺寸一般只需在底层平面图中注出轴线间尺寸，另外标注室外地面和各层楼地面标高；散热器要标注规格和数量。

（3）供暖平面图的示例。

图 16–13 是联体别墅的地下层供暖平面图。以左户为例介绍供暖平面图的内容。系统供暖采用安装的两用燃气炉（天然气），系统供、回水总管，管径均为 *DN*32mm。供水、回水总管标高均为–3.400m。该供暖系统采用的是垂直单管系统，每层每户为 1 个环路（两户独立）。还可以看出供回水干管的管径、供回水立管的位置、立管的编号、散热器的位置及标注的散热器数量等。右户与左户供暖情况相似，请自行阅读。别墅的一层、二层供暖情况与地下层相似，不在赘述。

2. 供暖系统图

（1）供暖系统图的内容。供暖系统轴测图主要表明供暖管路系统的空间布置情况和散热器的空间连接形式的立体图。

供暖系统图一般采用三等正面斜轴测投影图绘制的。主要表示从供暖入口至出口的供暖管道、散热器、主要附件的空间位置和相互关系。图中供暖管道用粗实线，回水管道用粗虚线，散热器用中实线，其他标高线、引出线等用细实线。在多层房屋内，当管道过于集中，无法表达清楚时，可将某些管道断开，引出绘制，表示方法同给排水系统图。

在系统图上，要标明各管段的管径大小、水平干管的坡度、立管的编号、系统编号和散热器的片数等。此外，在管道安装时与房屋密切相关的标高尺寸，也要标出。系统图的所有标注必须与平面图中的有关标注相同。

（2）供暖系统图示例。

图 16–14（a）、图 16–14（c）为该别墅左户的采暖干管、立管系统图以及楼层采暖支管连接系统图。由图可以看出，室内供暖系统由燃气炉供水总管开始（管径 *DN*32mm，标高为–3.40m）按水流方向经供水水平干管到达立管，经供水立管、支管到把水送到散热设备。散热之后的回水经回水支管、立管、回水干管再回到燃气炉中。从系统图上可以看出，供回水管的坡度为 0.003。另外，图中还给出了各层立管与楼层供暖支管连接的情况。

图 16–14（b）是该别墅的地下层供暖系统图。由图可以看出，热水经供水立管送入供水支管，热水经水平支管到达散热设备。从散热设备中流出的水经回水支管汇入回水立管中，实现热媒的循环。还可以看出散热器的位置及标注的散热器数量等。

3. 供暖详图

由于平面图和系统图采用的比例较小，管路及设备等均用图例符号画出，它们本身的构造和安装情况都不能表示清楚。因此，要用较大的比例画出其构造及安装详图。

若采用的是标准构配件，不用画出其详图，只要写明标准图集的编号即可。

16.3.3　通风施工图

通风施工图由通风系统平面图、剖面图和系统轴测图及详图组成。通风施工图一般都是用一些图例符号表示的。表 16–4 列出通风施工图常用的图例符号。

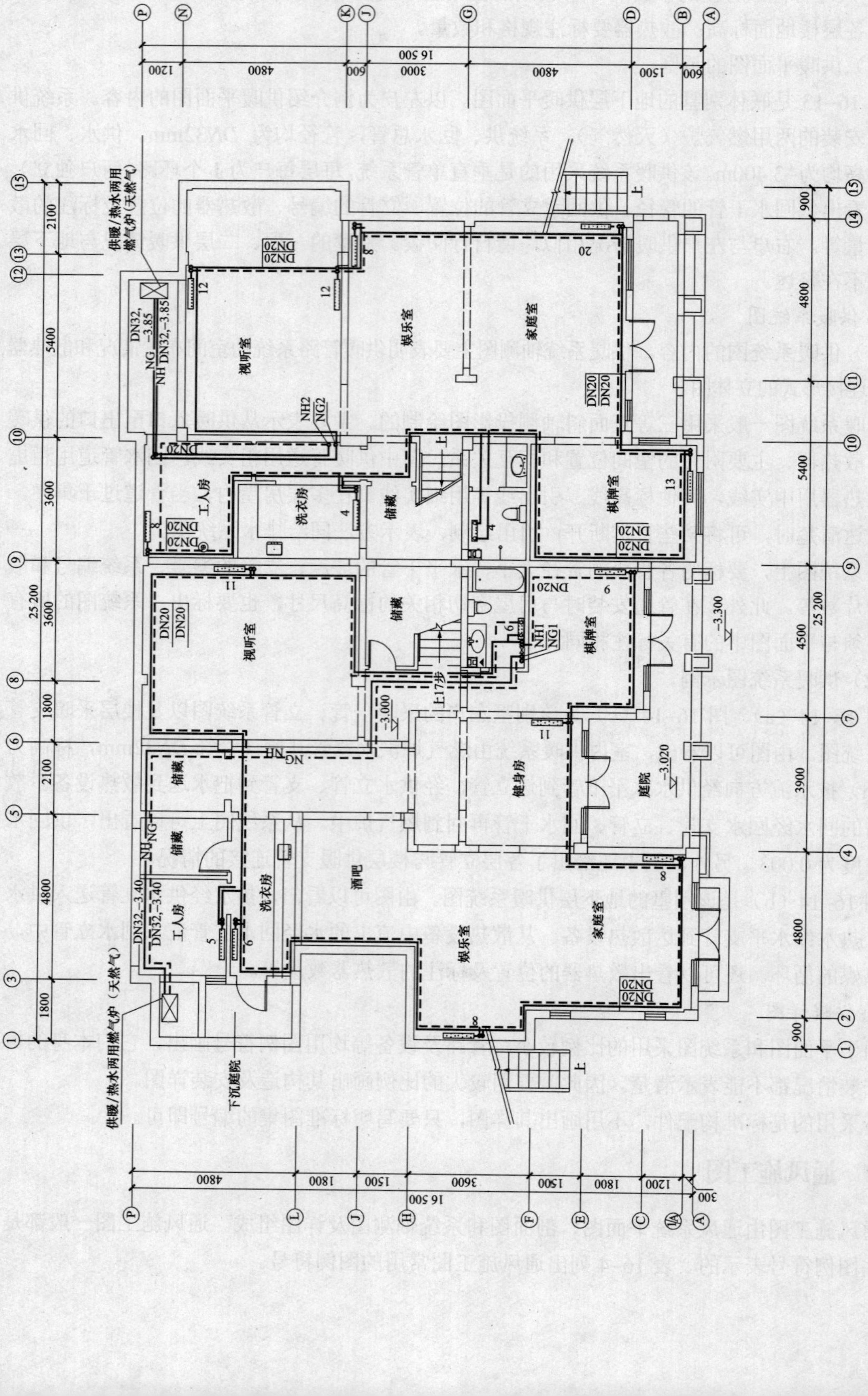

地下层供暖平面图 1:60

图 16-13 地下层供暖平面图

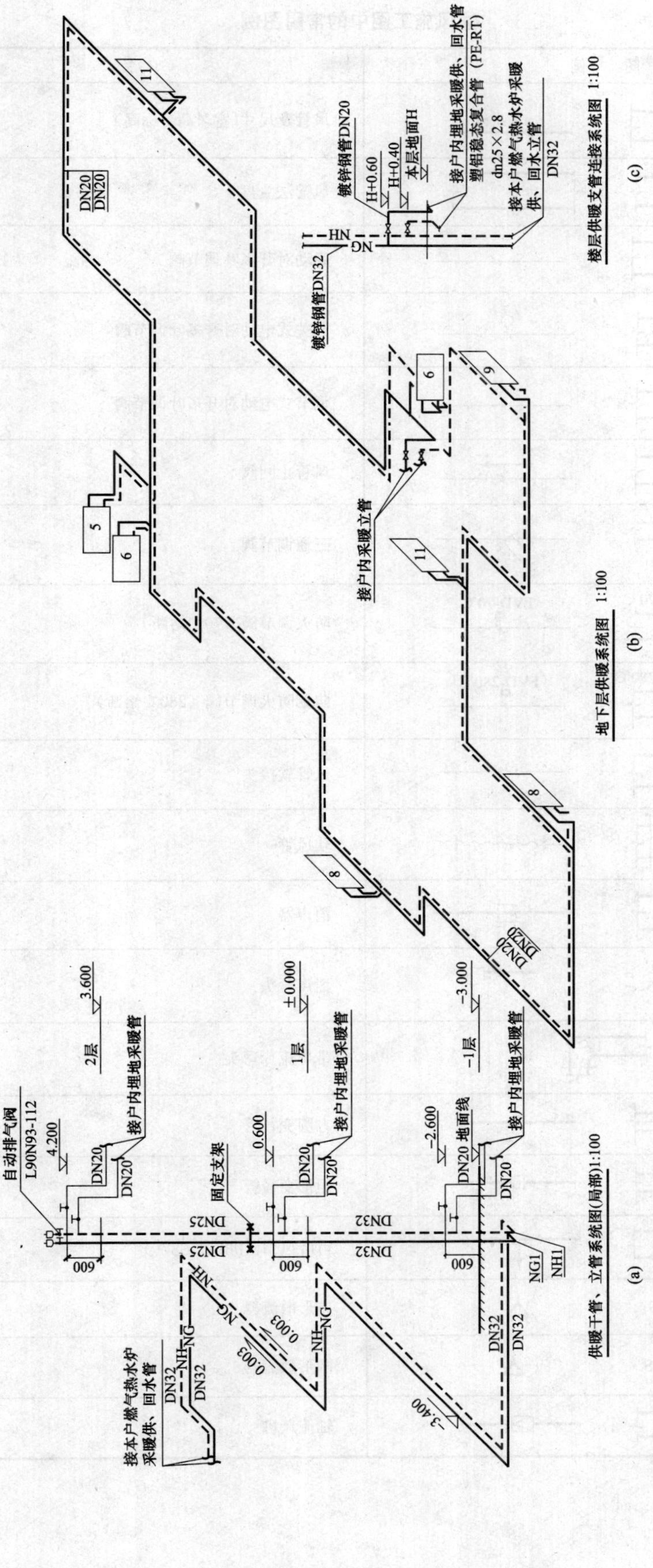
自动排气阀
L90N93-112
4.200
2层
3.600
接户内埋地采暖管
DN20
固定支架
DN25
0.600
1层
±0.000
DN32
-2.600
地面线
-1层
-3.000
NG1
NH1
NG
NH
-3.400
0.003
600
接本户燃气热水炉采暖供、回水管
(a)
供暖干管、立管系统图(局部) 1:100
接户内采暖立管
(b)
地下层供暖系统图 1:100
镀锌钢管DN20
H+0.60
H+0.40
本层地面H
接户内埋地采暖供、回水管
塑铝稳态复合管 (PE-RT)
dn25×2.8
接本户燃气热水炉采暖供、回水立管
镀锌钢管DN32
(c)
楼层供暖支管连接系统图 1:100

图16-14 供暖系统图

表 16–4　　通风施工图中的常用图例

图　例	名　称
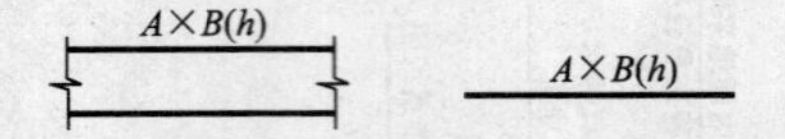	风管及尺寸[宽×高（标高）]
	风管法兰盘
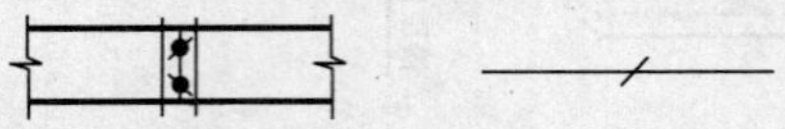	手动对开多叶调节阀
	开关式电动对开多叶调节阀
	调节式电动对开多叶调节阀
	风管止回阀
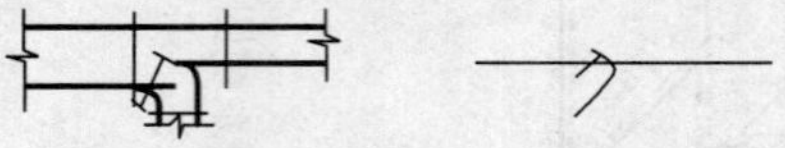	三通调节阀
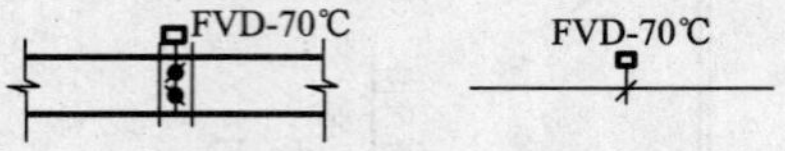	防火调节阀（70℃熔断）
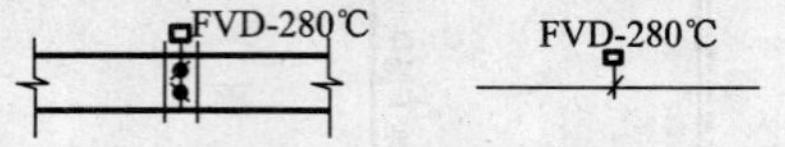	防烟防火调节阀（280℃熔断）
	风管软接头
	软风管
	消声器
	消声弯头
	带导流片弯头
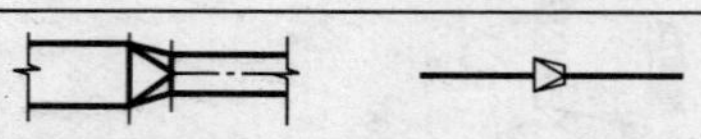	方圆变径管
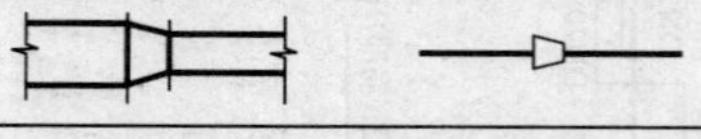	矩形变径管
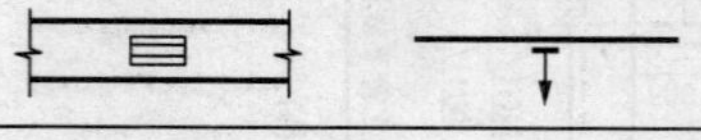	百叶风口（DBY-，SBY-）
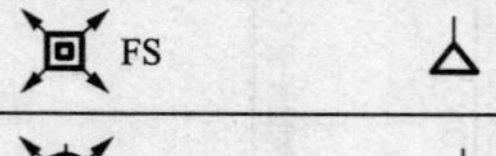	方形散流器
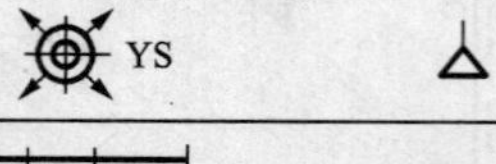	圆形散流器
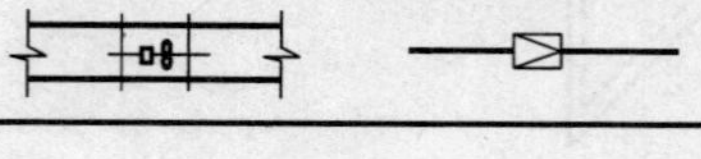	轴流风机

续表

图　　例	名　　称
	离心风机
	屋顶风机
	送风气流方向
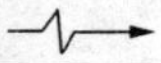	回风气流方向

1. 通风系统平面图

通风系统平面图是表示通风管道和设备的平面布置。主要内容如下：

（1）通风管道、风口和调节阀等设备和构件的位置。

（2）各段通风管道的详细尺寸，如管道长度和断面尺寸，送风口和回风口的定位尺寸及风管的位置、尺寸等。

（3）用图例符号注明送风口或吸风口的空气流动方向。

（4）系统的编号。

（5）风机、电机等设备的形状轮廓及设备型号。

图 16–15 是送风系统平面图。图中详细标注各段通风管的长度、断面尺寸；绘出了截面变化的位置以及分支方式和分支位置；表示了风口的位置和方向。

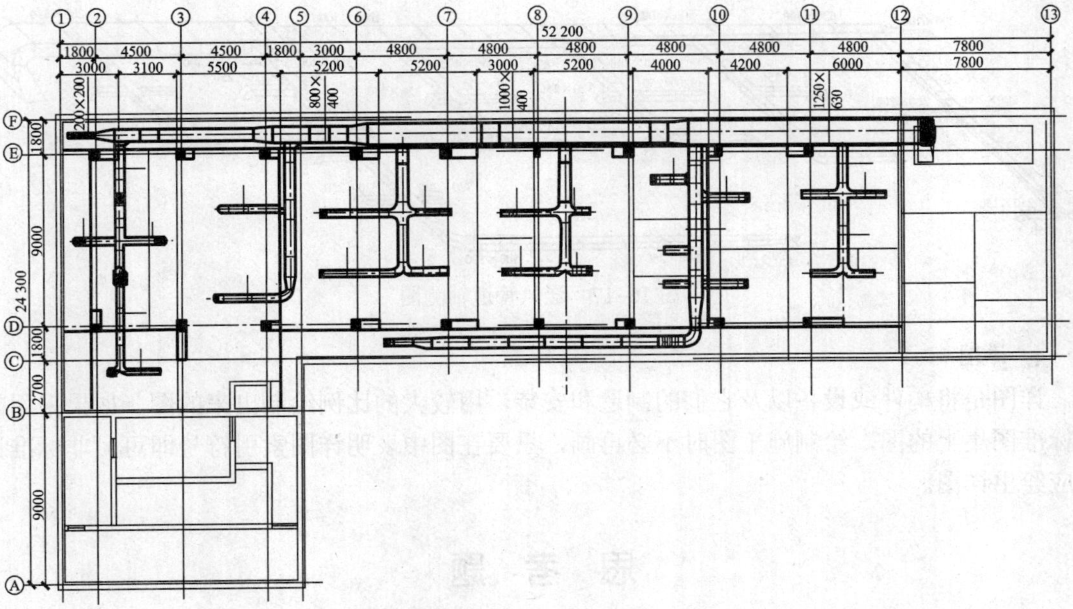

图 16–15　送风系统平面图

2. 通风系统剖面图

通风系统剖面图主要表示通风管道竖直方向的布置，送风管道、回风管道、排风管道间的交叉关系。有时用来表达风机箱、空调器、过滤器的安装、布置。

图 16–16 中 1–1 剖面表达了空调机箱的构造与布置。

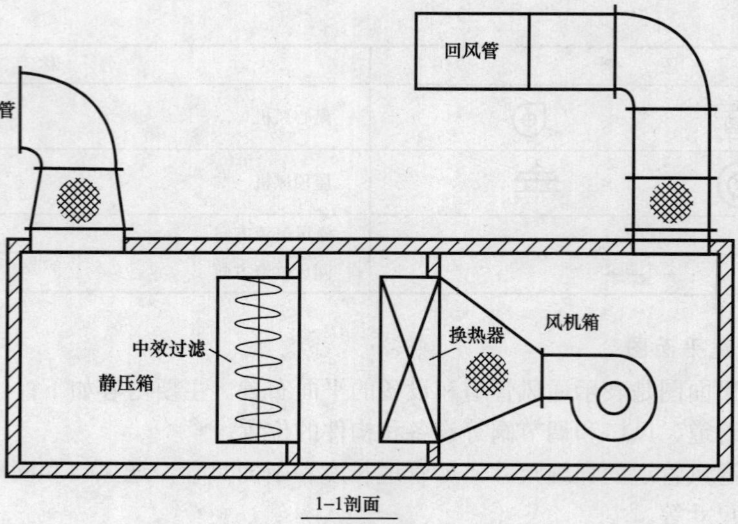

图 16–16 通风系统剖面图

3. 通风系统轴测图

通风系统轴测图表明通风系统的空间布置情况。它是采用正面斜轴测投影法绘制的立体图。图中注有通风系统的编号、风管的截面尺寸、设备名称及规格型号等。图 16–17 为送风管道轴测图。

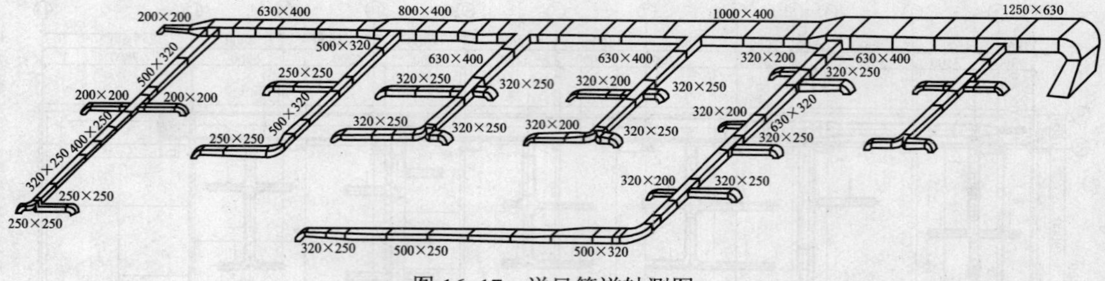

图 16–17 送风管道轴测图

4. 详图

详图是将构件或设备以及它们的制造和安装，用较大的比例绘制出来的图。如果采用的是标准图集上的图，绘制施工图时不必再画，只要在图中表明详图索引符号即可。非标准详图应绘出详图。

思 考 题

1. 设备施工图的内容包括什么？设备施工图有什么特点？
2. 室内给排水平面图的图示特点有哪些？
3. 室内给排水系统图采用何种投影绘制？其图示特点有哪些？
4. 试述供暖系统平面图和系统图的图示内容，分别有什么特点？
5. 试述通风系统平面图和系统图的图示内容，分别有什么特点？

第 17 章

道路、桥涵、隧道工程图

本章主要阐述道路工程图、桥梁工程图、涵洞工程图、隧道工程图的组成、图示内容以及表达方法。

17.1 概述

道路是建筑在大地表面的一种带状工程构造物。就广义而言，道路的组成部分包括：路基、路面、桥梁、涵洞、隧道等基本构造物以及线路交叉工程、路基防护工程、排水工程等。

道路工程组成复杂，工程图样也很多，一般包括表达道路整体的路线工程图和表达各其他组成部分的单项工程图，如桥梁工程图、涵洞工程图、隧道工程图等。

17.2 道路工程图

道路路线是建筑在大地表面的狭长地带，它以道路中心线来表示。由于受地形、地质等自然条件限制，道路路线在平面上有弯曲变化，在纵向有上下起伏。因此，道路中心线是一条空间曲线。另外在垂直于道路的横向方向还要确定道路的全宽，路基的形状和路基、路面的宽度等。所以，路线工程与一般工程图样不完全相同，它包括：路线平面图、路线纵断面图、路基横断面图，并且大都各自画在单独的图纸上。利用这三种图样来表达道路的空间位置、线形、尺寸等。

17.2.1 路线平面图

路线平面图的作用是表达路线的方位、平面线形（直线和曲线）、沿路线两侧一定范围内的地形情况和地物位置，以及路线与地形之间的关系，如图 17–1 所示。

1. 路线平面图的形成

首先，通过查找资料了解该地的地质、水文等情况，经过勘测，用等高线表示地貌，再用《道路工程制图标准》（GB 50162—1992）中所规定的图例表示村庄、房屋、田地、桥涵等地物及其位置，这样就形成了地形图。最后在这个地形图上绘出路线的平面线形，就形成了路线平面图。

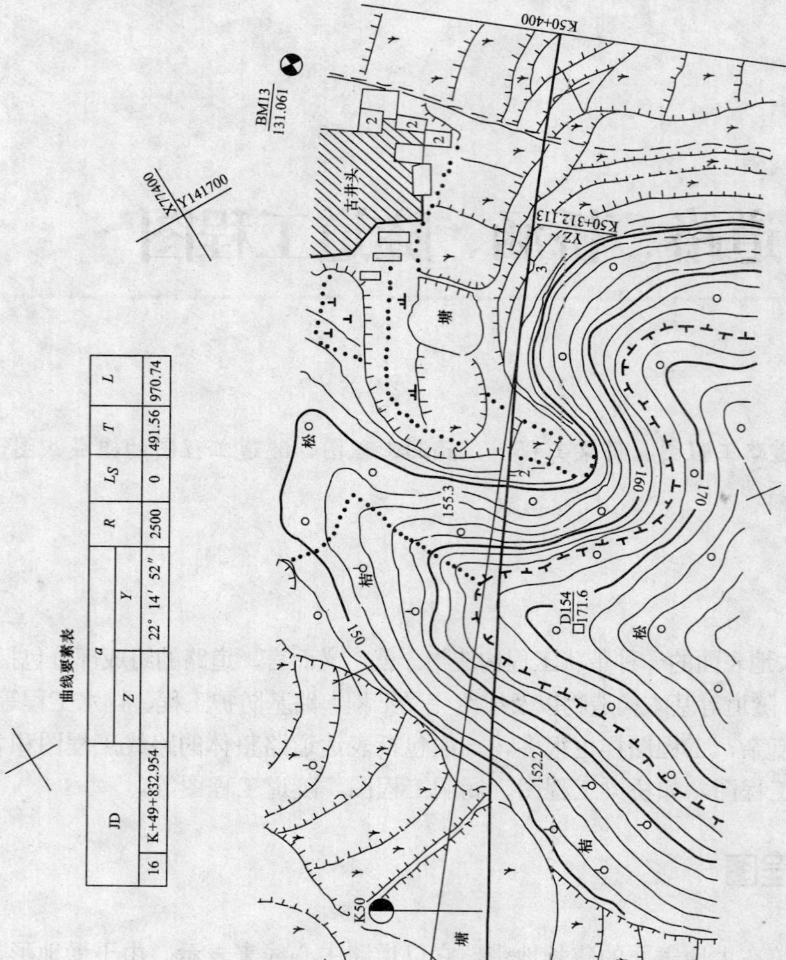

JD		α		R	L_S	T	L
		Z	Y				
16	K+49+832.954		22° 14′ 52″	2500	0	491.56	970.74

图 17-1　路线平面图

2. 路线平面图的内容

路线平面图包括地形和路线两部分。图 17–1 为某公路 K49+700 至 K50+400 段的路线平面图。

（1）地形部分。

1）比例。为了清晰表示图样，根据地形起伏情况的不同，地形图采用不同的比例。通常，山岭重丘陵区采用 1:2000，微丘陵和平原采用 1:5000。

2）指北针或坐标网。为了确定方位和路线的走向，地形图上必需画出指北针或坐标网。坐标网格应采用细实线绘制，南北方向轴线代号应为 *X*（*X* 表示北），东西方向轴线代号应为 *Y*（*Y* 表示东），坐标值的标注应靠近被标注点，书写方向应平行于网格或在网格延长线上，数值前应标注坐标轴线代号，当无坐标轴线代号时，图纸上应绘制指北针标志。

3）地形、地物。在地形图中，等高线愈密表示地势愈陡峭，反之则地势愈平坦。等高线每隔四根加粗一条并注明标高，称为计曲线。如图 17–1 所示，计曲线的高差为 10m，等高线的高差为 2m。

（2）路线部分。

1）里程桩号。路线平面图中以一条加粗实线表示道路中心线。在中心线两侧标注道路里程桩号。规定按左小右大的顺序布置桩号，并将公里桩标在路线前进方向的左侧，用符号表示桩位。图 17–1 中，在 K50 公里桩前后还设有百米桩。

2）平曲线。现代道路的平面线形通常由直线、圆曲线、缓和曲线所组成。实际上，只需直线和圆曲线即可满足车辆直行和转向的需求，但在直线和圆曲线的连接处存在曲率半径的突变，从而造成车辆行驶离心力的突变，故为保证行车安全，在直线和圆曲线间通常还需设置曲率半径逐渐变化的缓和曲线。图 17–2 为道路平面线形示意图，其中 *JD* 表示交点、α表示偏角、*QZ* 表示曲线中点、*HY* 和 *YH* 表示缓和曲线与圆曲线的转折点、*ZH* 和 *HZ* 表示直线与缓和曲线的转折点。在路线平面图图 17–1 中，不仅绘出了圆曲线，还在图上方附有曲线要素表，内容包括：交点（*JD*）编号、偏角（α）、曲线半径（*R*）、切线长（*T*）、曲线长（*L*）、外矢距（*E*）等。

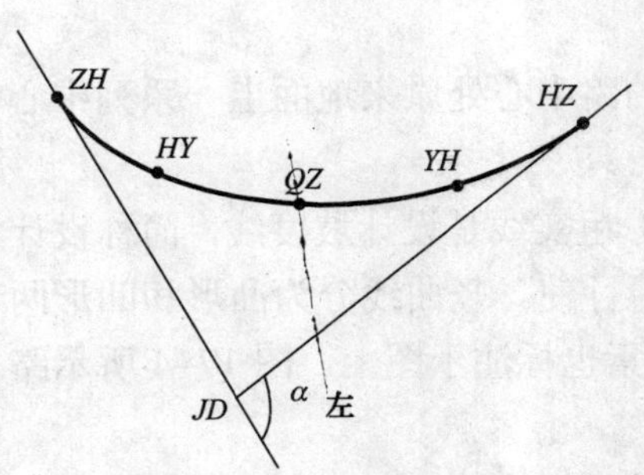

图 17–2　道路平面线形

3）控制点和结构物：路线平面图中应标出沿线结构物和控制点，如桥涵、水准点等。

3. 绘制路线平面图的注意事项

1）先画地形图，然后画路线中心线（两倍于计曲线粗度画出）。

2）等高线按先粗后细步骤徒手画出，要求线条顺滑。

3）路线平面图应从左向右绘制，桩号为左小右大。

4）由于道路路线狭长曲折，用一张纸不可能把整条路线表示清楚，为此，需要把整条路线分段画在若干张图纸上，使用时将图拼接起来。路线分段应在直线部分取整数桩号断开。断开两端画上垂直于路线中心线的接图线（用点画线表示）。接图时应以相邻两图纸的路线中心线对准，并使接图线重合在一起。

5）平面图上的植物图例应朝上或朝北绘制。

17.2.2 路线纵断面图

路线纵断面图的作用是表达路线中心纵向线形、地面起伏、地质和沿线构造物及其概况。

1. 路线纵断面图的形成

路线纵断面图是用假设的铅垂面（由平面和曲面组成）沿道路中心线进行剖切，然后将剖切平面展开成一平面，画出其投影，再附上必要的内容，便形成了路线纵断面图。图 17–3 为路线纵断面图形成示意图。

图 17–3 路线纵断面图的形成

2. 路线纵断面图的内容

路线纵断面图包括图和资料表两部分。图 17–4 是某公路的路线纵断面图。

（1）图部分。

1）比例。路线纵断面图水平向表示路线长度，垂直向表示地面及设计路基边缘的标高。由于地面线和设计线的高差比路线长度要小得多，为了显示出高程变化。规定铅垂向的比例比水平向大 10 倍。一条道路纵断面图有若干张，应在第一张的适当位置注明铅垂、水平向所用比例。

2）地面线。图上不规则的细折线是地面线。它是设计的路中心处原来地面上一系列中心桩的连线。

3）设计坡度线。图上比较规则的（直线与曲线相间的）粗实线是设计坡度线，简称设计线。在设计线纵坡变更处，需设置竖曲线，以便于汽车平稳行使。竖曲线分为凸形和凹形两种。其中竖曲线半径（R）、切线长（T）、外矢距（E）等要素也标注于图上。图 17–4 所示路线纵断面图中 K50+120 处设置了一凸形竖曲线。

4）沿线构造物。当路线上设有桥涵、通道、立体交叉等人工构造物时，应在其相应里程处用图例标明构造物的名称、种类、大小、中心里程桩号等。如图 17–4 在 K49+755、K49+802、K49+931、K50+000 处分别设有圆管涵洞。

（2）资料表部分。路线纵断面图的资料表是与图上下对应布置的。主要是对设计线和地面线作具体说明。一般包括：地质说明、坡度/坡长、设计标高、地面标高、挖高、填高、桩号以及该路线对应的平面线形。

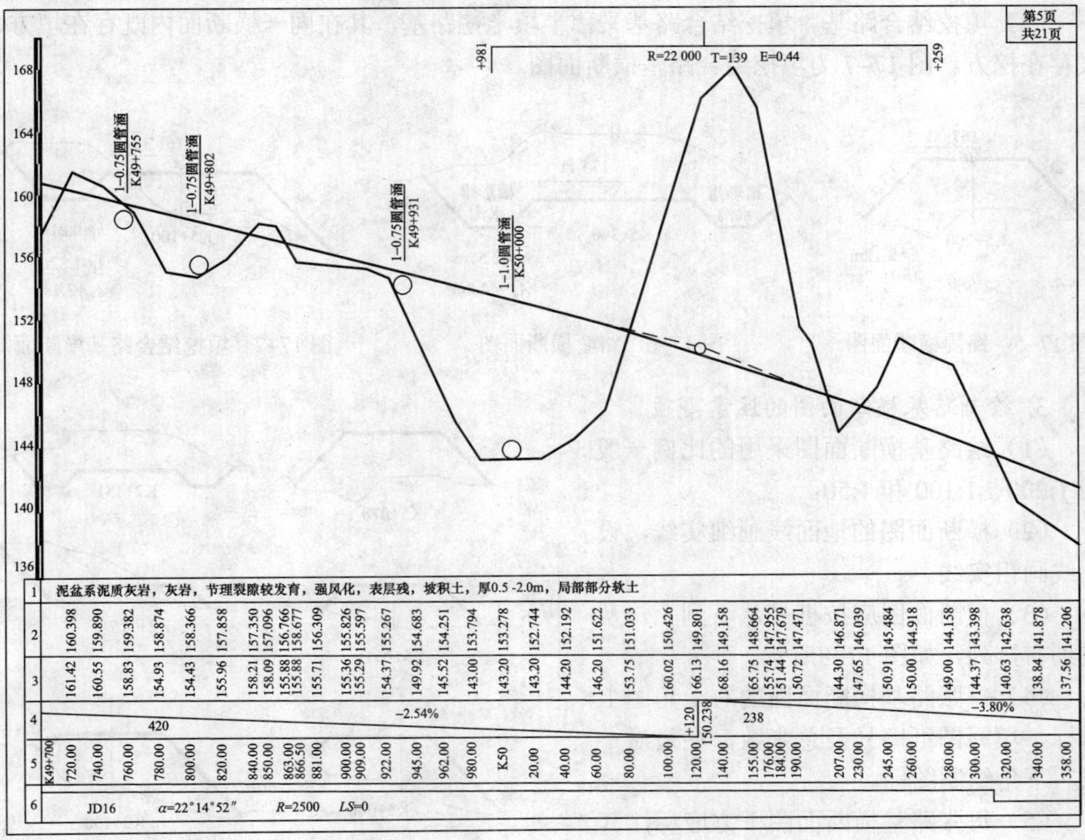

图 17–4　路线纵断面图

3. 绘制路线纵断面图的注意事项

（1）画路线纵断面图与平面图一样，应从左至右按里程顺序画出。

（2）纵断面图的图标绘在最后一张图或每张图的右下角，每张图的右上角应有角标。

17.2.3　路基横断面图

路基横断面图的作用是表达各中心桩处横向地面起伏以及设计路基横断面情况。工程上用它来计算土石方数量和作为路基施工的依据。

1. 路基横断面图的形成

在路线每一中心桩处假设用一垂直于设计中心线的剖切平面进行剖切，画出剖切平面与地面的交线，再根据挖填高度和设计的路基宽度、边坡画出路基横断面设计线，即为路线横断面图。

2. 路基横断面图的基本形式

路基横断面图主要有以下三种基本形式：

（1）路堤。路堤是道路设计线标高高于原地面标高，通过填方所形成的路基。图 17–5 为路堤横断面图。

（2）路堑。路堑是道路设计线标高低于原地面标高，通过挖方所形成的路基。路堑底部两侧需设置排水沟。图 17–6 为路堑横断面图。

（3）填挖结合路基。填挖结合路基又称半填半挖路基，其在同一横断面内既存在填方、又存在挖方。图 17–7 为填挖结合路基横断面图。

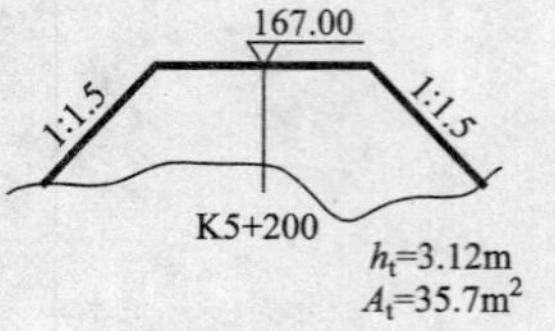

图 17–5　路堤横断面图

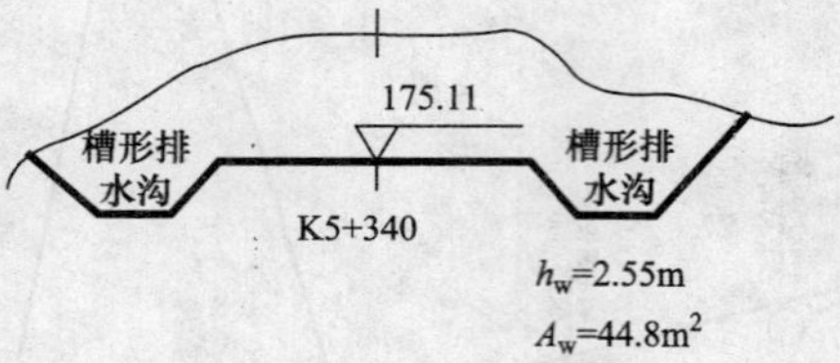

图 17–6　路堑横断面图

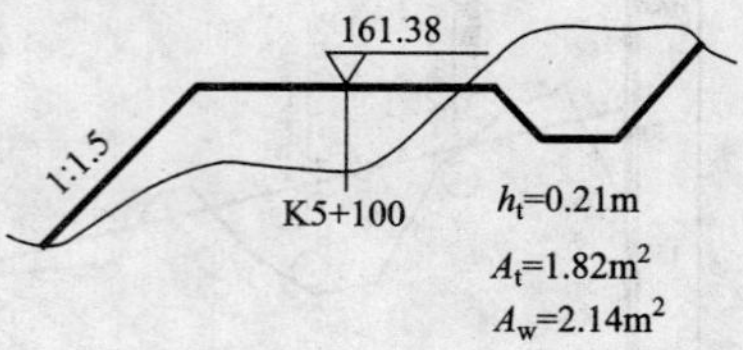

图 17–7　填挖结合路基横断面图

3. 绘制路基横断面图的注意事项

（1）绘路基横断面图采用的比例一般为 1:200、1:100 和 1:50。

（2）横断面图的地面线画细实线，设计线画粗实线。

（3）横断面图应按桩号从下到上，从左到右排列，如图 17–8所示。

（4）每张路基横断面图的右上角画上角标，填写图纸序号及总张数。在最后一张右下角绘制图标。

（5）每张路基横断面图下方应标注其桩号、填高（h_t）或挖高（h_w）、填方面积（A_t）或挖方面积（A_w），如图 17–5～图 17–7 所示。

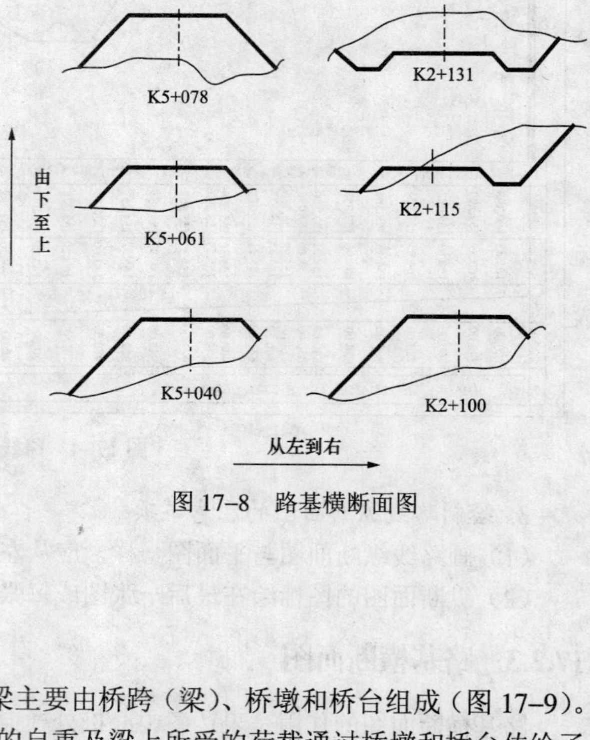

图 17–8　路基横断面图

17.3　桥梁工程图

桥梁的结构形式繁多，但一般来说，桥梁主要由桥跨（梁）、桥墩和桥台组成（图 17–9）。其中桥梁墩台是桥梁两端和中间的支柱，梁的自重及梁上所受的荷载通过桥墩和桥台传给了地基。

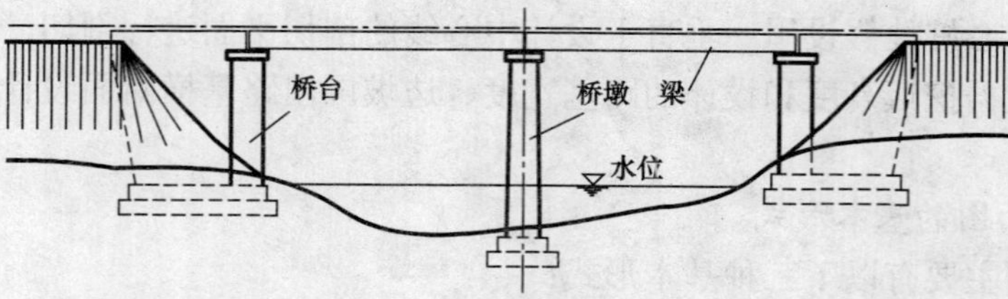

图 17–9　桥梁的组成

表达桥梁需要的图纸数量较多。一般，首先需要提供桥址平面图（图 17–10）、全桥总图，然后需要进一步画出桥的各个组成部分的工程图和局部详图，所采用的仍是先全局、再个体、再局部的表达方法。

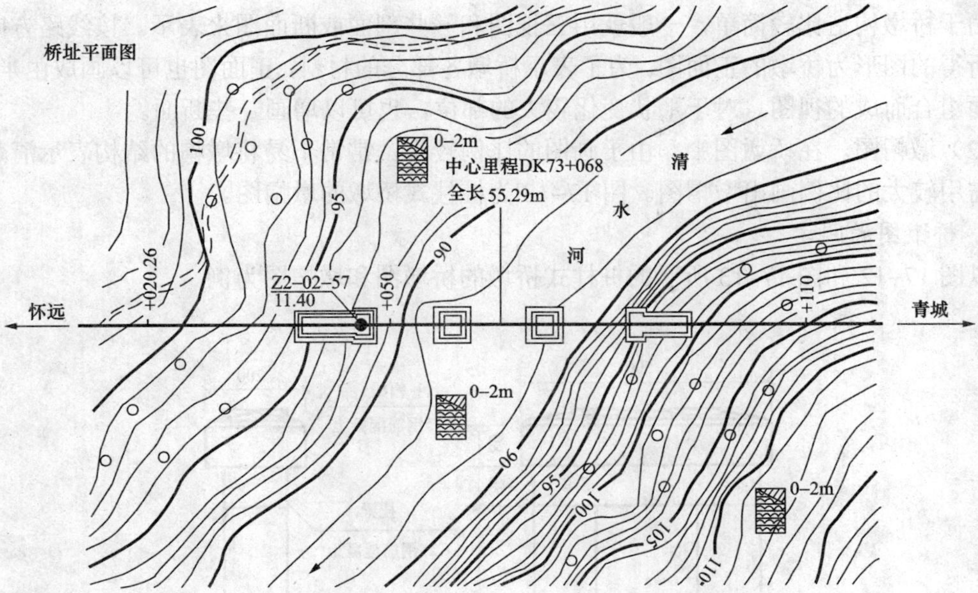

图 17–10　桥址平面图

17.3.1　桥墩图

1. 桥墩的构造

桥墩由基础、墩身和墩帽组成，见图 17–11。

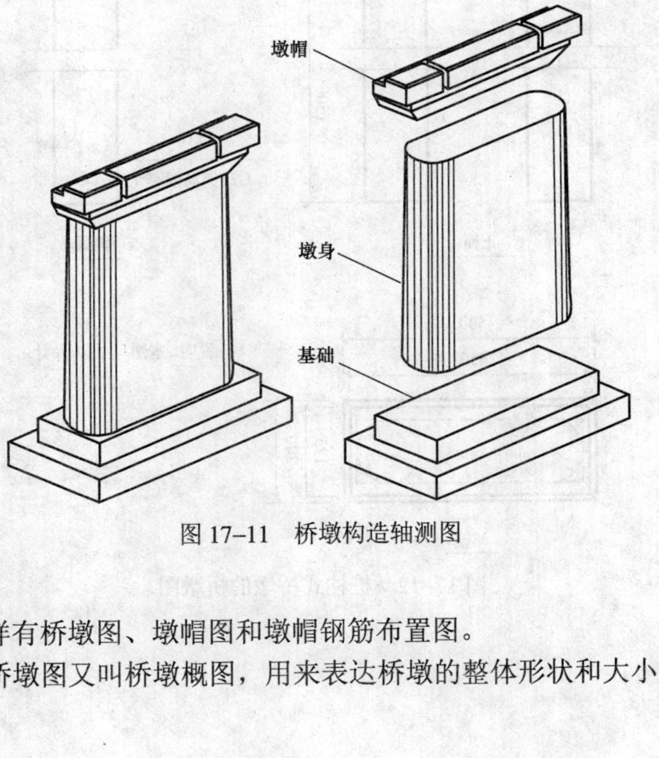

图 17–11　桥墩构造轴测图

2. 桥墩的表达

表示桥墩的图样有桥墩图、墩帽图和墩帽钢筋布置图。

（1）桥墩图。桥墩图又叫桥墩概图，用来表达桥墩的整体形状和大小，其中包括墩帽的基本形状和主要尺寸、墩身的形状和尺寸、桥墩各部分所用的材料等。图 17–12 是桩柱式桥墩的桥墩图。

由于桥墩构造比较简单，一般就用三视图和一些剖面或断面图来表示。按线路方向投射桥墩所得的图形为桥墩的正面图。为了表示桥墩各部分的材料，正面图也可以画成由半正面、半剖面组合而成的视图。对于形状变化较大的部位，也可以增画一些断面。

（2）墩帽图。在桥墩图中，由于画图的比例较小，常常不易将墩帽的结构表示清楚。因此还需用较大的比例画出墩帽图。图 17–13 为桩柱式桥墩的墩帽图。

3. 桥墩图的阅读

以图 17–12 和图 17–13 所示的桩柱式桥墩的桥墩图和墩帽图为例。

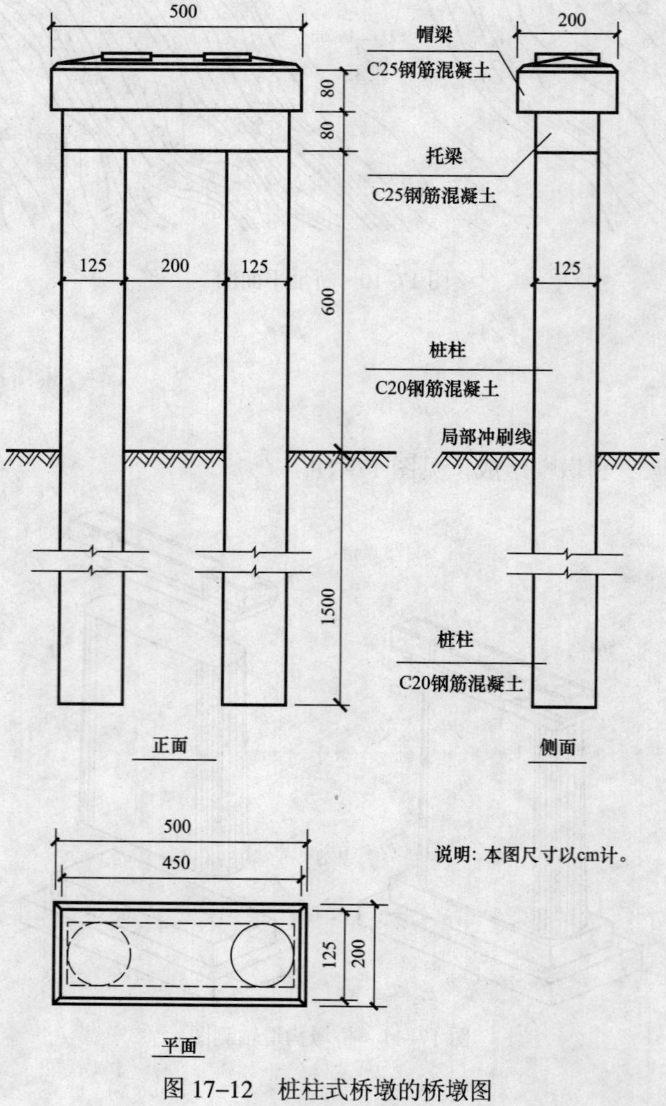

图 17–12　桩柱式桥墩的桥墩图

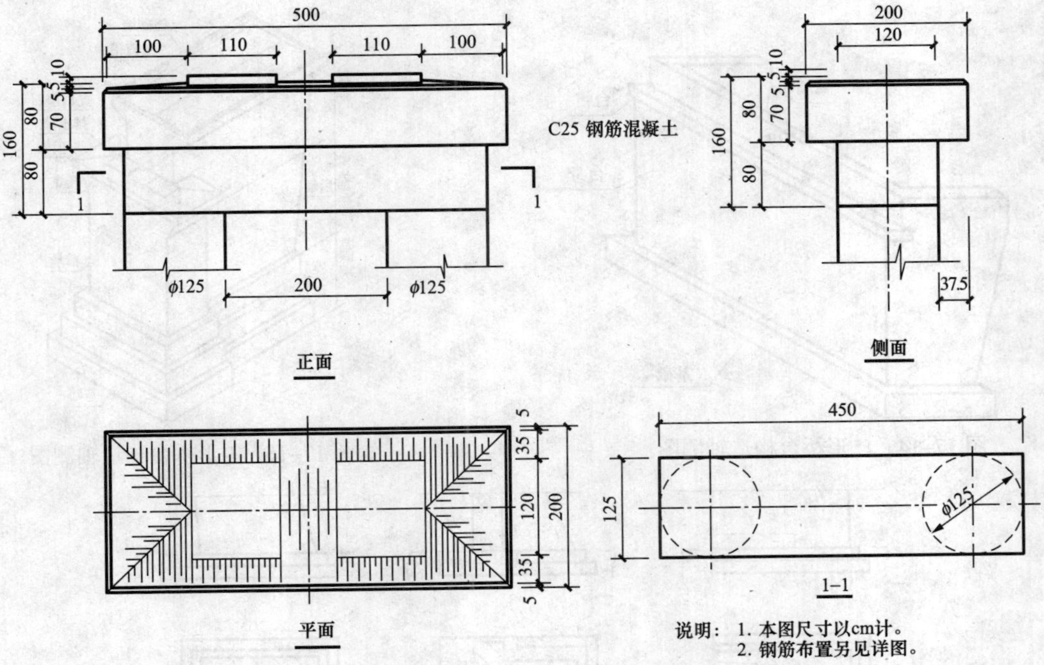

图 17–13　墩帽图

（1）根据桥墩图的标题和说明，得知该图表示的是桩柱式桥墩，图中尺寸单位是 cm。

（2）弄清获得各视图的投射方向以及各视图之间的关系。桥墩图由平面、正面和侧面图组成。墩帽图中除三个基本视图外还有一个 1–1 剖面图。

（3）阅读桥墩的各组成部分，弄清它们的形状和大小。

（4）最后，根据桥墩各部分的形状和尺寸以及它们之间的相对位置，可以想象出桥墩的总体形状和大小。

17.3.2　桥台图

桥台是桥梁的下部结构，位于桥梁的两端，是桥梁与路基连接处的支撑。它一方面支承梁，另一方面承受桥头路基填土的压力。

1. 桥台的构造

图 17–14 是公路上用得较多的 U 形桥台，它由基础、台身、翼墙、台帽所组成。

图 17–15 是铁路上用得较多的 T 形桥台，它由基础、台身、台顶所组成。台身分前墙和后墙两部分，前墙的上部设有托盘，承托着顶帽。台顶上的道渣槽，是个周围有墙的槽子，里面可铺设道床。

常用的铁路桥台除 T 形桥台外，还有 U 形桥台、十字形桥台和矩形桥台等，它们台身水平断面的形状分别为 U 形、十字形和矩形（图 17–16）。

2. 桥台的表达

图 17–17 是公路上常用的 U 形桥台的桥台图。由于这类桥台构造比较简单，所以只需用一张总图就可以将其形状和尺寸表达清楚。该桥台总图包括纵剖面图、平面图和台前、台后组合视图。

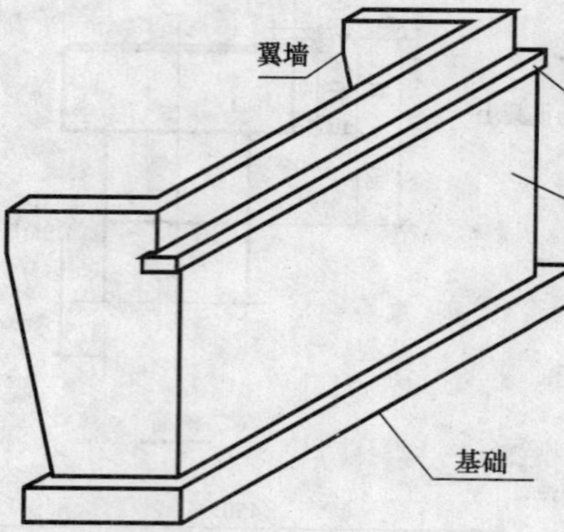

图 17-14 U 形桥台构造轴测图

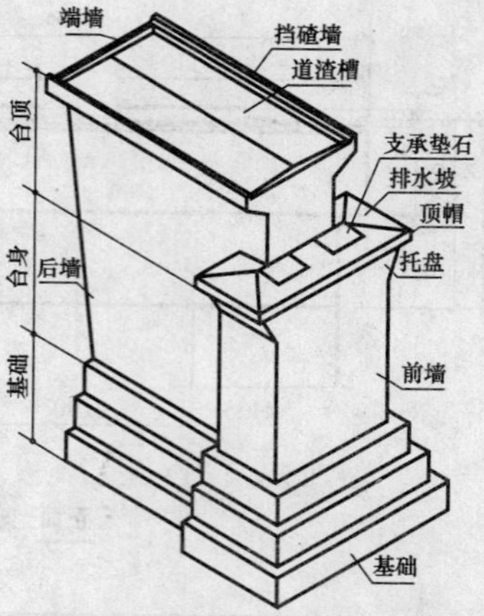

图 17-15 T 形桥台构造轴测图

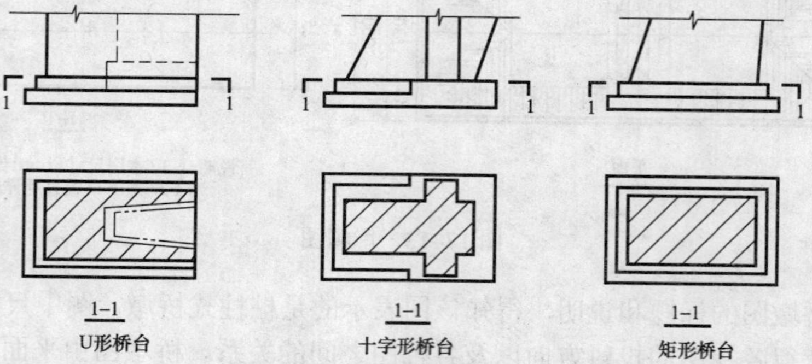

图 17-16 其他常用铁路桥台台身断面图

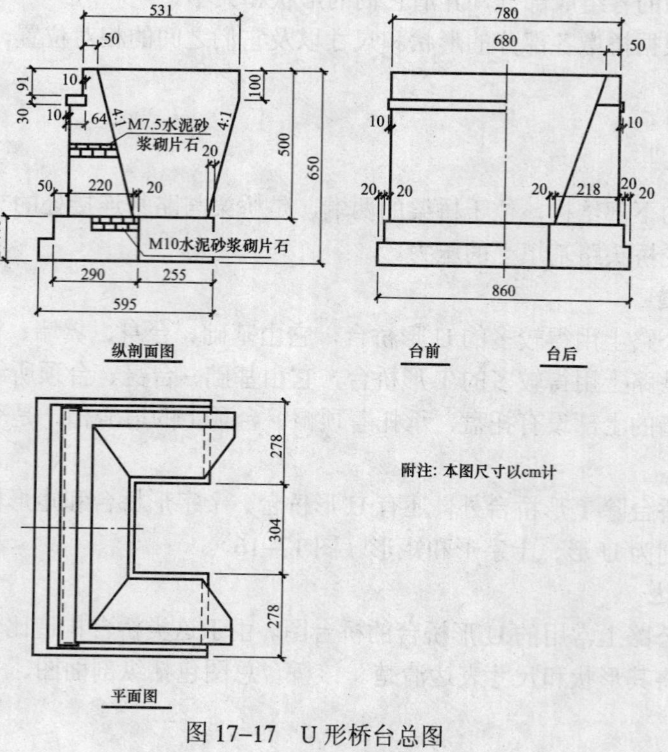

图 17-17 U 形桥台总图

对于铁路桥台，由于其台顶构造比较复杂，而总图（图 17–18）的比例较小，因此台顶部分有些局部构造的形状和尺寸在总图中无法表示清楚，所以除桥台总图外，还要用较大的比例画出台顶构造图（图 17–19）。同时为了表明顶帽和道渣槽内钢筋的情况，还需要画出顶帽和道渣槽的钢筋布置图。

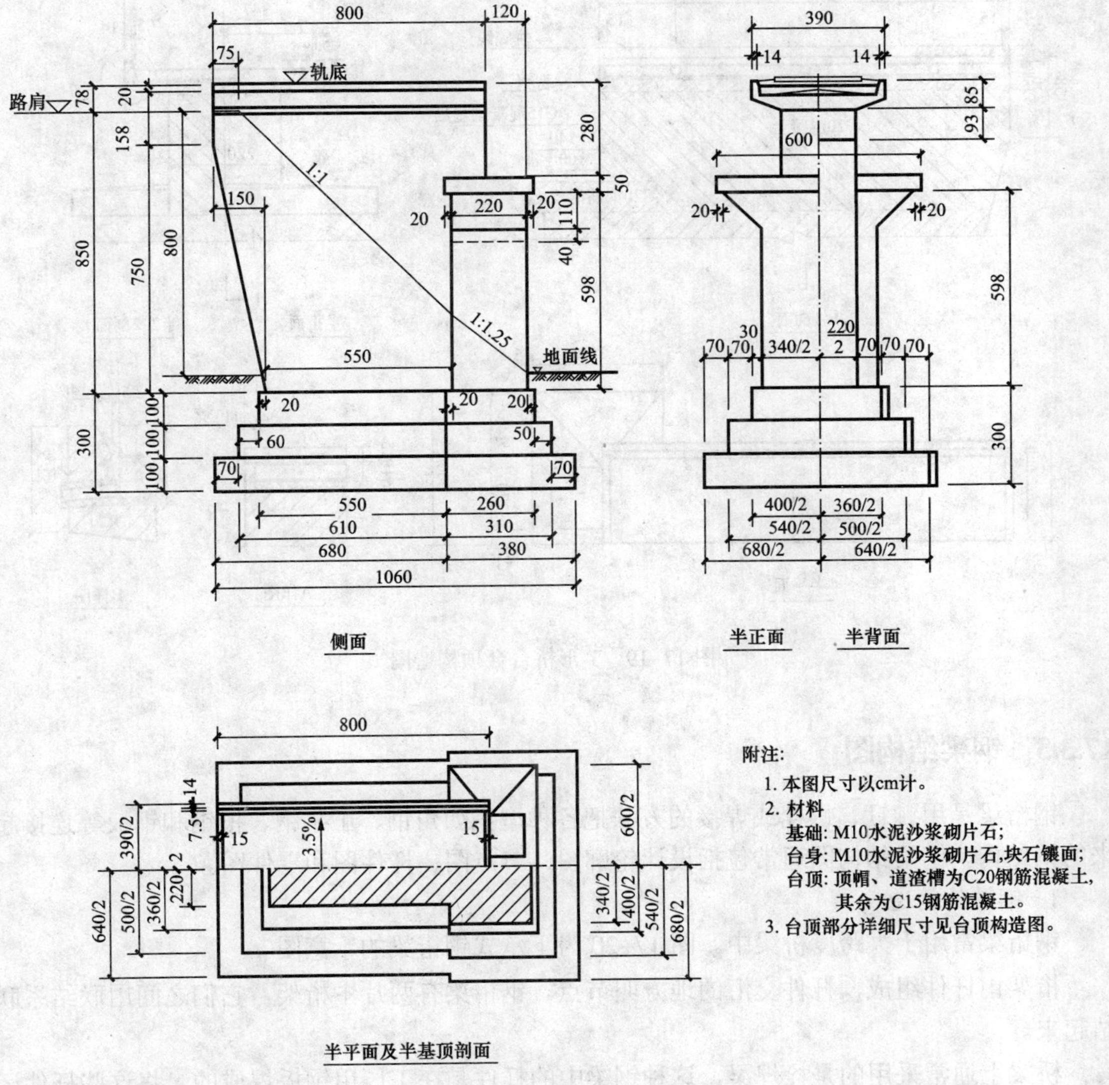

附注：

1. 本图尺寸以cm计。
2. 材料
   基础：M10水泥沙浆砌片石；
   台身：M10水泥沙浆砌片石，块石镶面；
   台顶：顶帽、道渣槽为C20钢筋混凝土，
   其余为C15钢筋混凝土。
3. 台顶部分详细尺寸见台顶构造图。

图 17–18　T 形桥台总图

3. 桥台图的阅读

阅读桥台图时，应同时阅读桥台总图和台顶构造图（图 17–19），从中了解桥台的形状和尺寸、桥台在线路中的位置、高程和桥台各组成部分所使用的材料等。若要知道顶帽和道渣槽内钢筋的情况，则还要阅读这些部分的钢筋布置图。

阅读桥台图的步骤如下：首先读标题栏、附注，从中了解桥台的类型、图样的比例、尺寸单位以及各部分所使用的材料等；然后根据各视图间的投影关系进行分析研究，弄清桥台各部分的形状和尺寸，从而获得对整个桥台的形状和大小的了解。

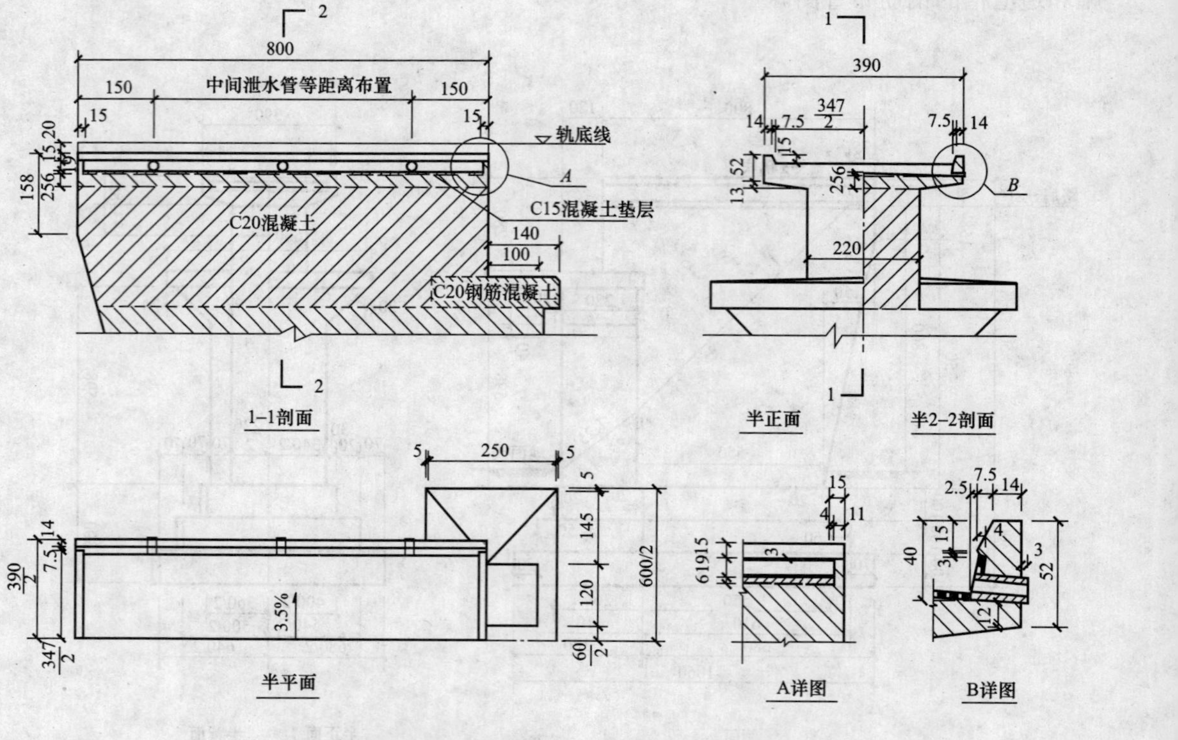

图 17–19 T 形桥台台顶构造图

17.3.3 钢梁结构图

钢桁梁是用铆钉、螺栓或焊接的方法把各种型钢如角钢、工字钢、槽钢和钢板等连接起来的钢结构。钢梁结构图通常包括设计轮廓图、节点图、杆件图和零件图。

1. 钢梁的构造

钢桁梁常用于大跨度桥梁中。图 17–20 为下承式钢桁梁的示意图。

桁架由杆件组成，杆件交汇的地方叫节点。钢桁梁有两片主桁架，它们之间用联结系联结起来。

桥梁上通常采用的是栓焊梁，这种钢梁中的杆件是在工厂用钢板焊成的。将这些杆件运往工地，在工地用高强度螺栓将各杆件连接起来，形成一个空间桁架。图 17–21 是某桁梁一个节点的轴测图。

2. 设计轮廓图

钢桁梁的设计轮廓图通常用示意图的形式画出，它通常由主桁立面图（主桁架的立面图）、上平纵联图（上平纵联的平面图）、下平纵联图（下平纵联的平面图）、横联图（中间横联的侧面图）、桥门架图（斜视图）五个图形组成（图 17–22）。

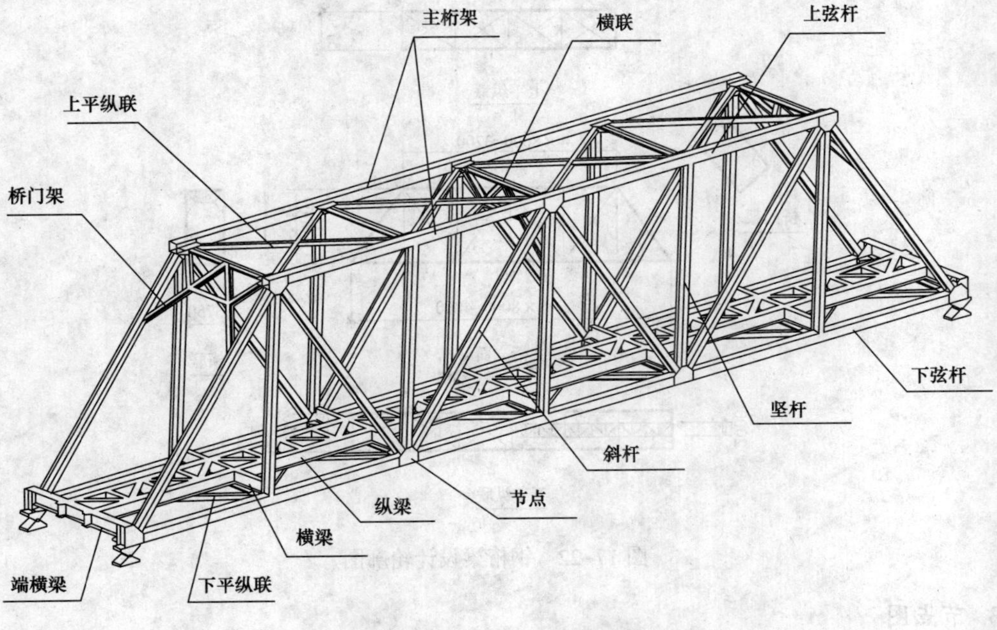

图 17–20　钢桁梁示意图

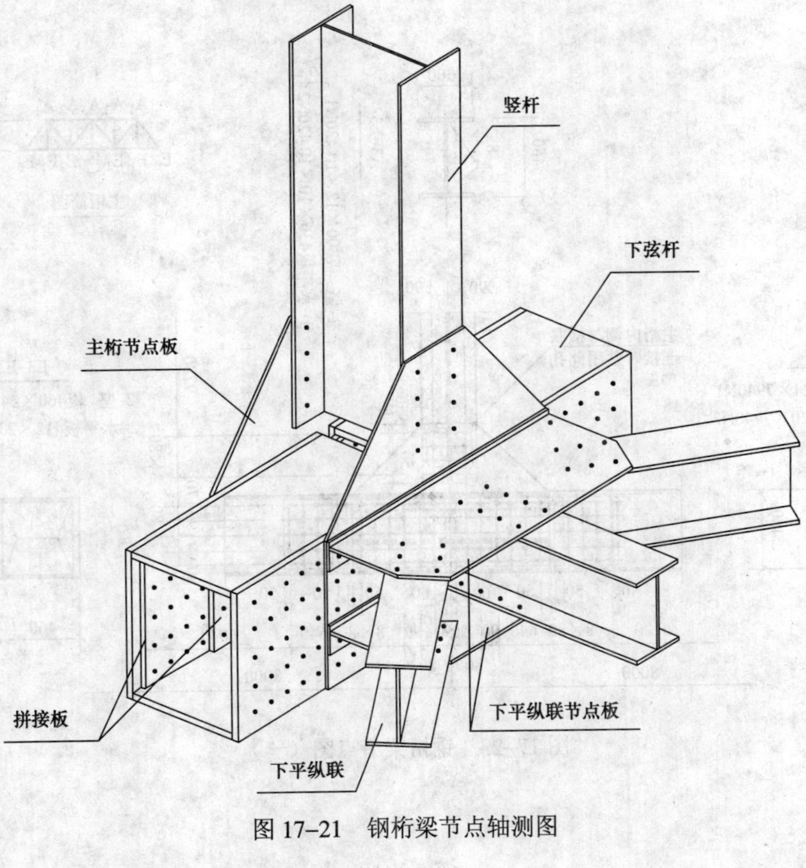

图 17–21　钢桁梁节点轴测图

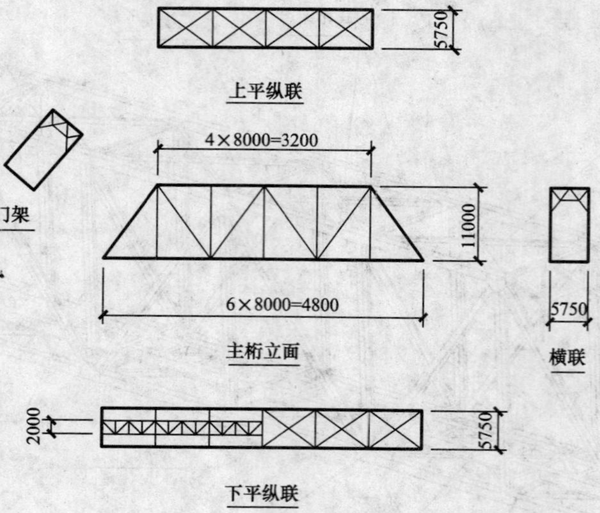

图 17–22 钢桁梁设计轮廓图

3. 节点图

钢桁梁的节点图是表示节点详细构造的图，见图 17–23。

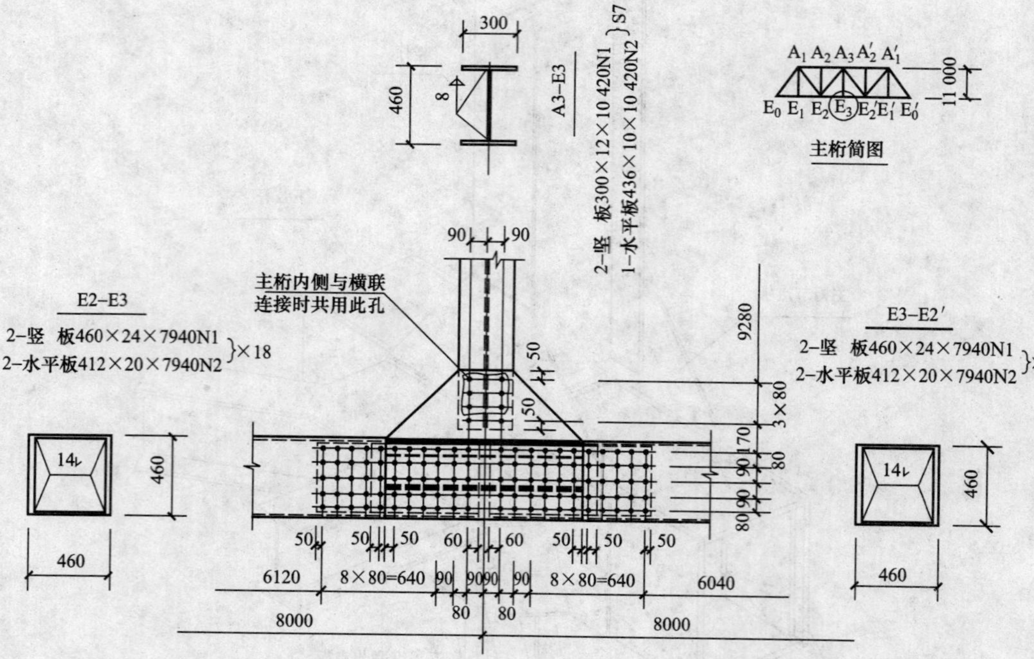

图 17–23 钢桁梁节点图（一）

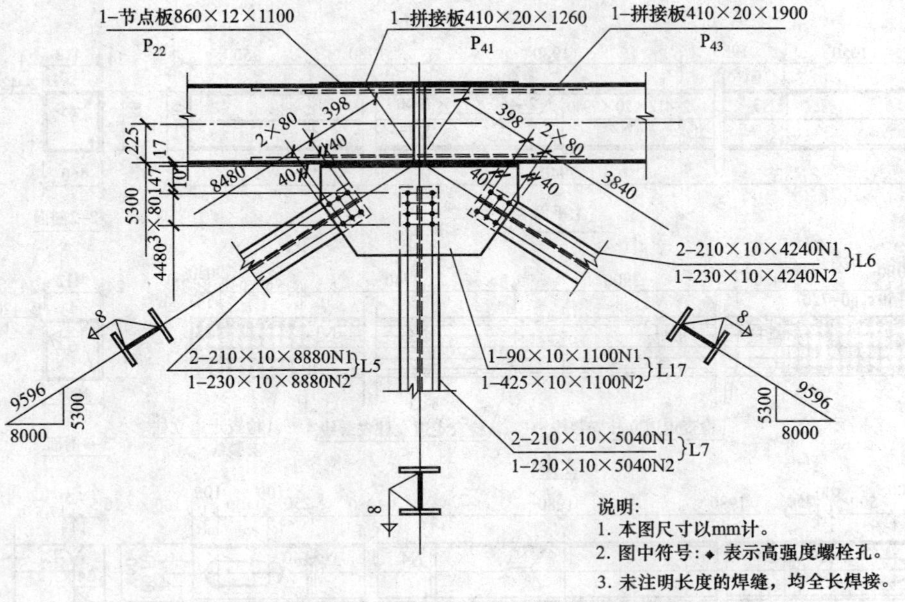

图 17-23　钢桁梁节点图（二）

由于节点图主要表示的是型钢之间的连接关系，其在图示方法上主要有以下特点：

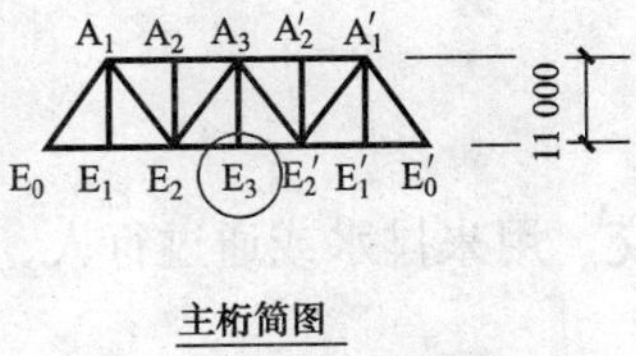

图 17-24　主桁简图

（1）节点图上一般都画有整个桁架的示意简图，称为主桁简图（图 17-24），用以表示桁架的式样、总长、总高，以及所绘节点在桁架中的位置。这种图用单线条、小比例绘出。这些单线条就是杆件的中心线。所画节点用小圆圈标出。

（2）节点图通常采用两个基本视图和各杆件的断面表示。如图 17-23 所示，节点图包括正面图、平面图及各杆件的断面图。

（3）为使图形清晰，节点图中经常采用拆卸画法。拆卸画法指的是如果某些杆件的形状、位置、连接方式等在一个或两个基本视图中已表达清楚，则这些杆件在其他视图中可省略不画。例如，平面图中联结系杆件 L5、L6、L7 在正面图中即假想拆掉未画。

（4）节点图上表示螺栓孔用涂黑的小圆圈表示，其中心位置则用细实线定出。

（5）节点图上的尺寸有三种标注类型：一种是和一般标注形式相同，用以确定螺栓或孔洞的位置。第二种尺寸是用注解的形式标出，用以确定各杆件或零件的尺寸。第三种是用直角三角形标出的用以确定斜杆斜度的尺寸。

（6）桁架杆件由型钢焊接而成，图中所示的焊缝形式和尺寸是采用引出线的方法标注的，焊缝符号标注在引出线的横线上。

4. 杆件图和零件图

表示钢桁梁结构中某一杆件或零件的形状和大小的图叫杆件图或零件图，如图 17-25 所示。

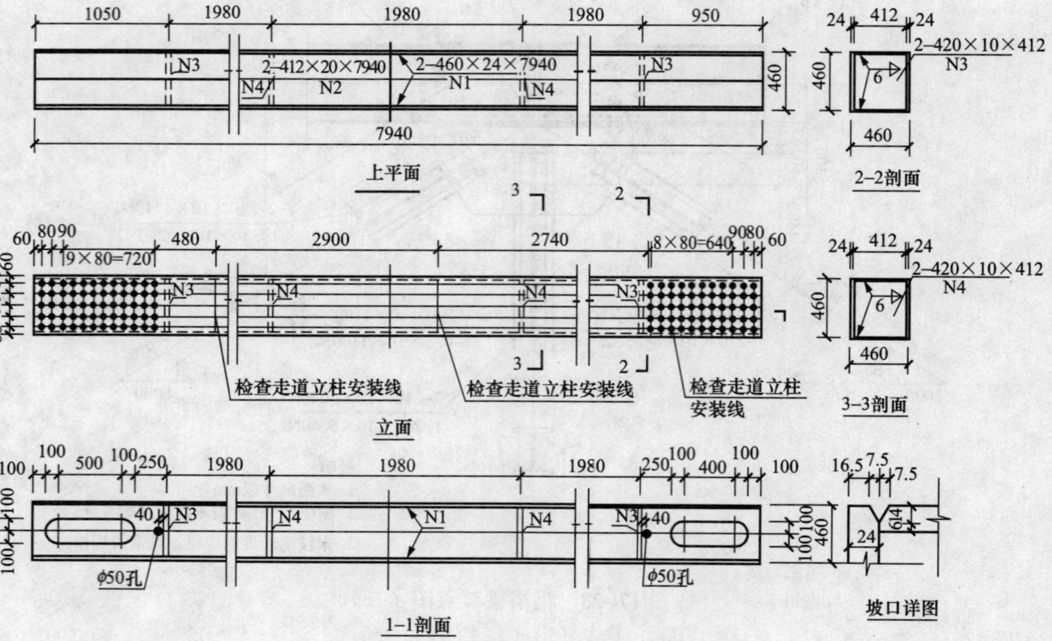

图 17–25 钢桁梁杆件图

17.4 涵洞工程图

涵洞是埋设在路基内的建筑物，其轴线与线路方向正交或斜交，用来排水或通过行人、车辆等。

17.4.1 涵洞的构造

1. 涵洞的种类

涵洞有多种形式，常用的按其断面形状可分为拱涵（图 17–26）、盖板箱涵（图 17–27）、圆涵（图 17–28）等，它们的主要组成部分基本相同。

2. 涵洞的组成

涵洞主要由出口、入口、洞身所组成。

由图 17–26 可见，拱涵的洞身节由基础、边墙和拱圈组成，每节长 3～5m。基础是长方体。边墙位于基础之上。拱圈是等厚的圆拱。洞身各节的形状和尺寸基本相同，只是与入口处抬高节相邻的那一节，在拱圈上部做有一段挡墙，挡墙的上表面与抬高节拱圈上表面一致。挡墙的一边做成斜面。

涵洞出口和入口的构造基本相同，由基础、翼墙、雉墙及其上带有抹角的帽石所组成。基础是 T 形板。

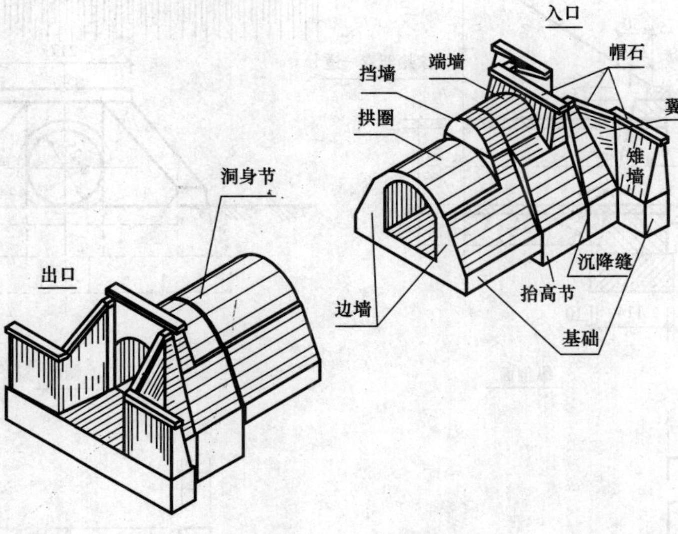

图 17–26　拱涵构造图

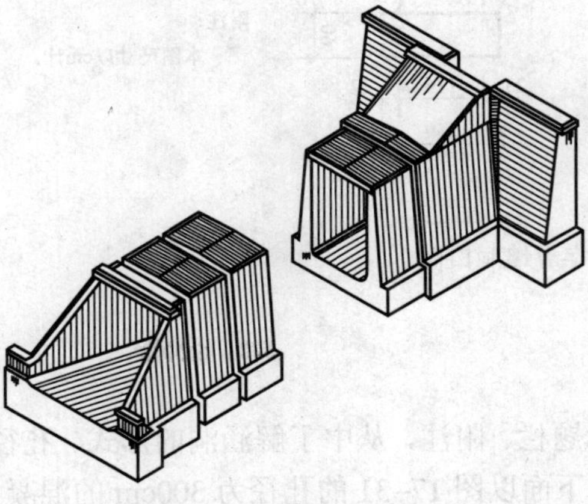

图 17–27　盖板箱涵构造图

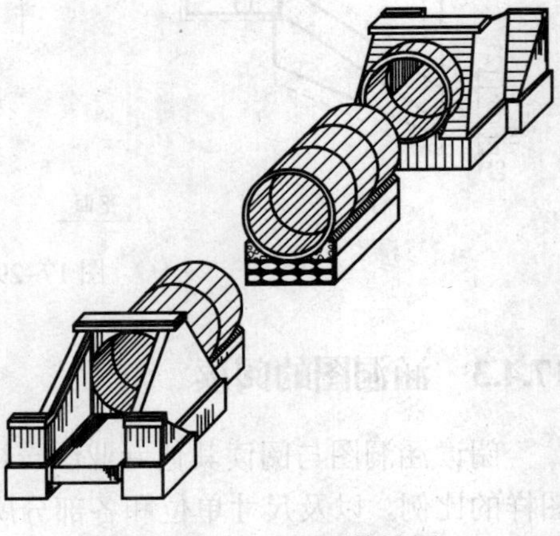

图 17–28　圆涵构造图

17.4.2　涵洞的表达

涵洞一般用一张总图来表示，有时也可单独画出洞口构造图或某些细节的构造详图，如圆涵的管节图、盖板箱涵的盖板钢筋布置图、拱涵的拱圈等，有时也画涵洞出入口的防护布置图或各节基础高程示意图。

图 17–29 是用于公路的正交圆涵八字翼墙洞口图。该圆涵洞口由平面图、纵剖面图、侧面图和 1–1 断面图表示。

图 17–30 是铁路用端墙式圆形涵洞图，图上画出了入口和管节。共有四个视图：中心纵剖面、半平面及半 1–1 剖面、正面、2–2 断面。表现构造除使用材料图例外，还用了引出线和文字说明。

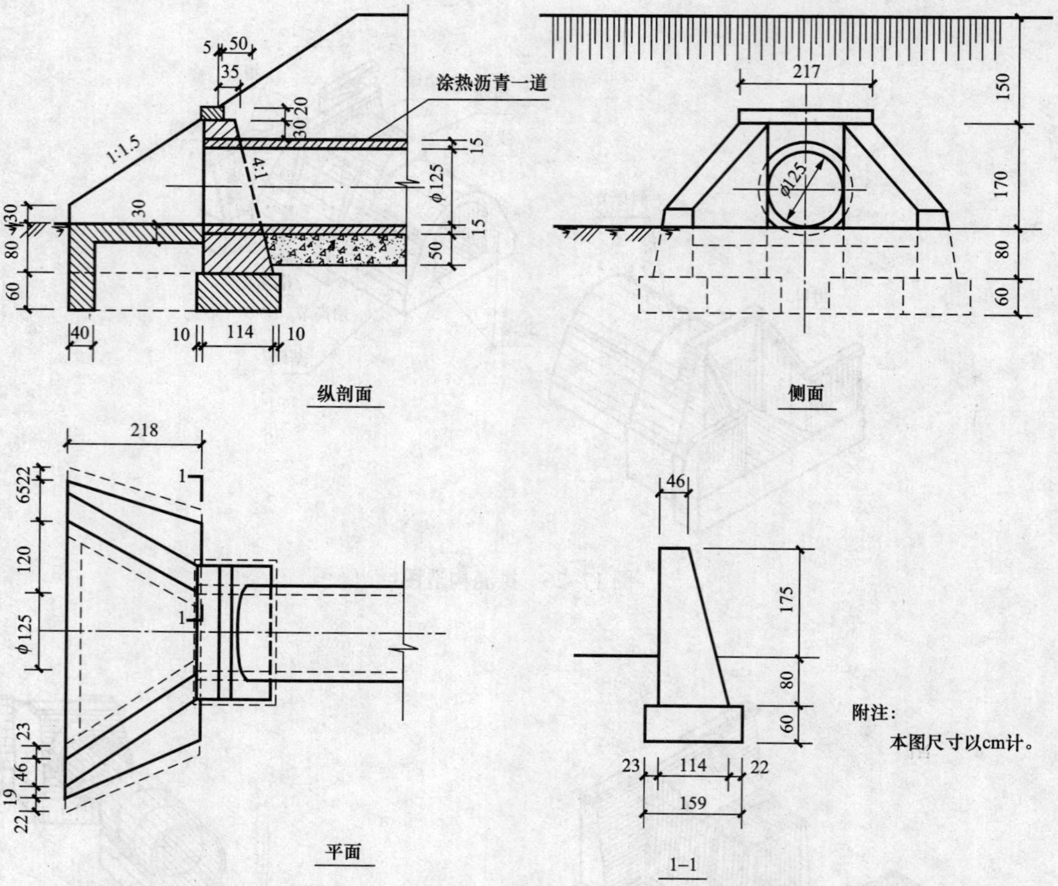

图 17–29 正交圆涵八字翼墙洞口图

17.4.3 涵洞图的阅读

阅读涵洞图与阅读其他专业图一样，首先读标题栏、附注，从中了解涵洞的形式、孔径、图样的比例，以及尺寸单位和各部分所用材料等。下面以图 17–31 的孔径为 300cm 的混凝土拱形涵洞为例，来说明涵洞工程图的阅读。

拱涵图由中心纵剖面图、入口正面、出口正面、半平面及半剖面、1–1 剖面、2–2 剖面和拱圈图组成，应根据各图形间的投影关系逐一弄清涵洞和各组成部分的形状和大小。

1. 洞身

由图 17–31 中的中心纵剖面图可知，每一洞身节的长度是 400cm，共有 n+1 节，两节间有 3cm 宽的沉降缝，外面铺有防水层。

2. 出入口

入口正面图就画在中心纵剖面图入口端的左面；出口正面图画在中心纵剖面图出口端的右面。

3. 锥体护坡和沟床加固

由图 17–31 中的出入口正面图和中心纵剖面图可以看出，出入口外的锥体护坡是四分之一椭圆锥，沟床铺砌由出入口起延伸到锥体护坡之外。

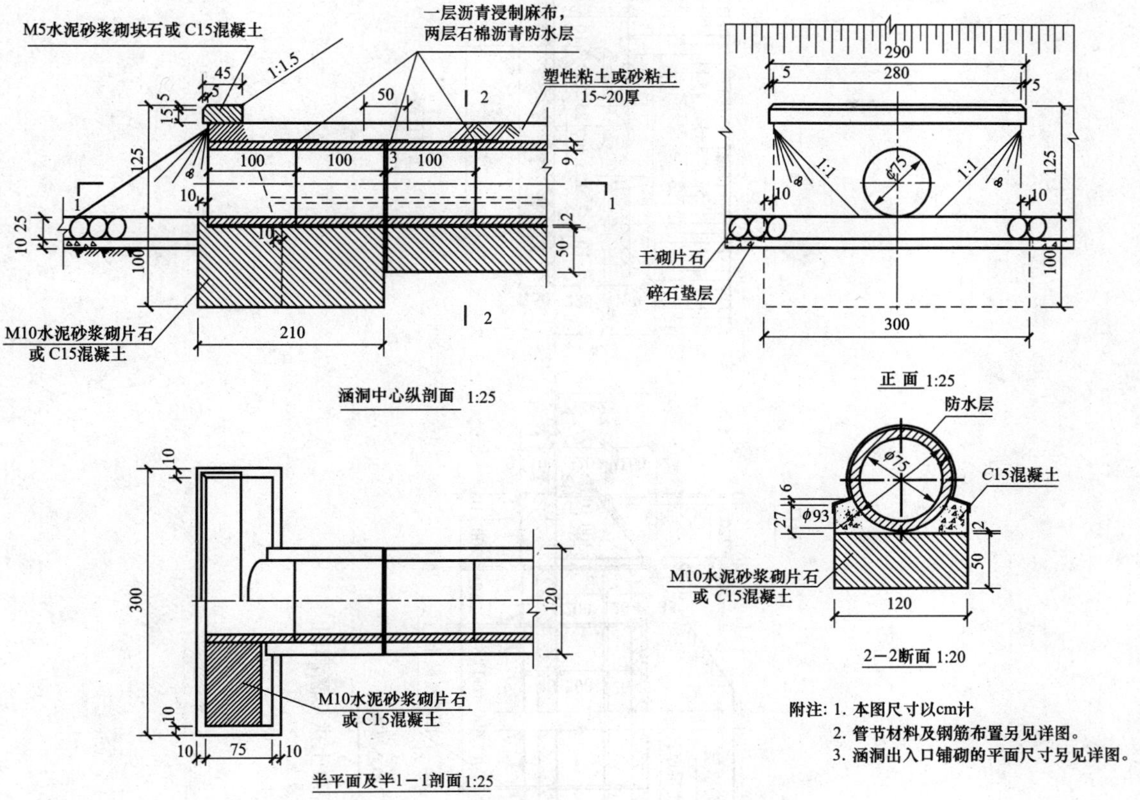

图 17–30　端墙式圆形涵洞图

17.5　隧道工程图

隧道是道路或铁路穿越山岭而修建的支护结构，它主要由洞门、洞身组成，此外还有一些附属设施，如排水、通风等设施。最能体现隧道工程特点的工程图样是隧道洞门图。

17.5.1　隧道洞口的结构形式

隧道洞门按地质情况和结构要求，有下列几种基本形式：

1. 洞口环框

当洞口石质坚硬稳定，可仅设洞口环框（图 17–32），起加固洞口和减少洞口雨后漏水等作用。

2. 端墙式洞门

端墙式洞门（图 17–33）适用于地形开阔、石质基本稳定的地区。端墙的作用在于支护洞门顶上的仰坡，保持其稳定，并将仰坡水流汇集排出。

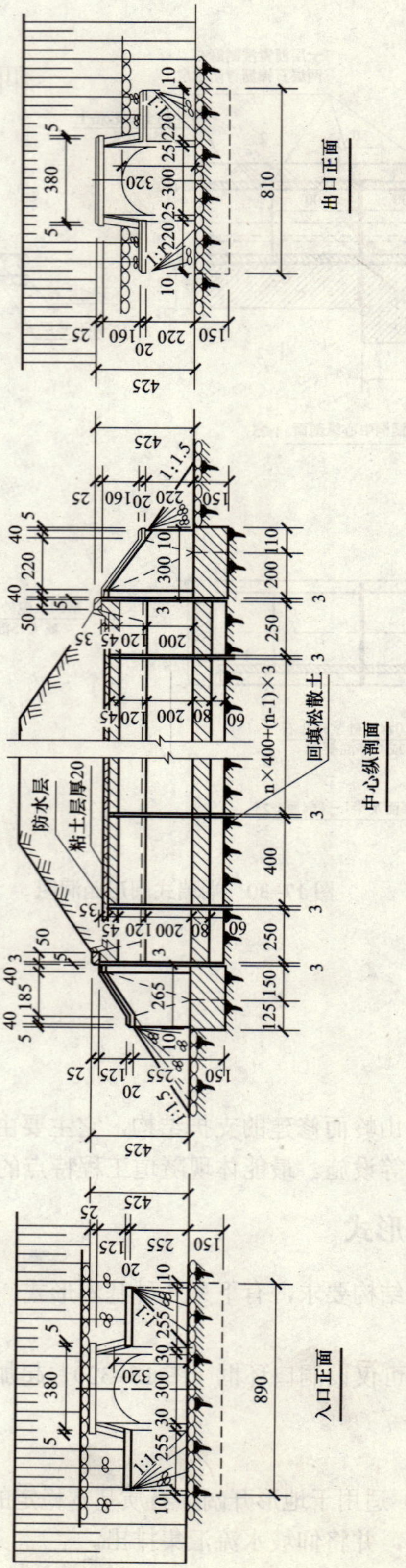

图 17-31　混凝土拱形涵洞图

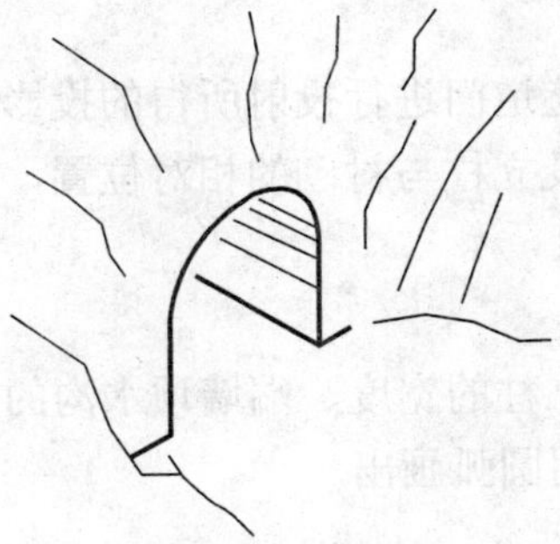

图 17–32　洞口环框

图 17–33　端墙式洞门

3. 翼墙式洞门

当洞口地质条件较差时，在端墙式洞门的一侧或两侧加设挡墙，构成翼墙式洞门（图 17–34）。

4. 柱式洞门

当地形较陡，地质条件较差，仰坡下滑可能性较大，而修筑翼墙又受地形、地质条件限制时，可采用柱式洞门（图 17–35）。柱式洞门比较美观，适用于城市要道、风景区或长大隧道的洞口。

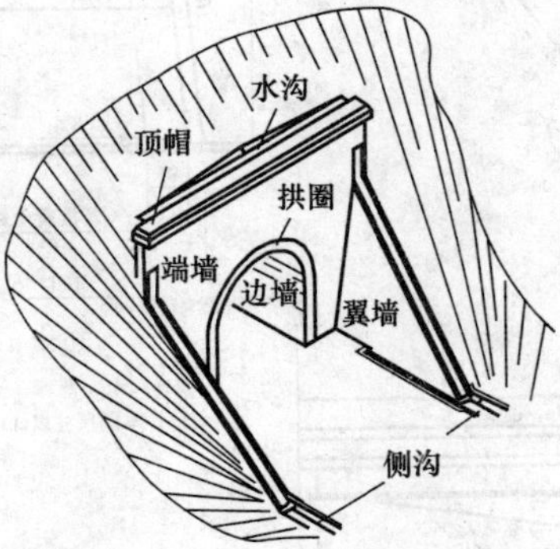

图 17–34　翼墙式洞门

图 17–35　柱式洞门

5. 凸出式洞门

近年来不论是公路还是铁路隧道采用凸出式新型洞门（图 17–36）的越来越多了。这类洞门是将洞内衬砌延伸至洞外，一般凸出山体数米。它适用于各种地质条件。构筑时可不破坏原有边坡的稳定性，减少土石方的开挖工作量，降低造价，而且能更好地与周边环境相协调。

图 17–36　凸出式洞门

17.5.2　隧道洞门的表达

隧道洞门图一般包括隧道洞门的立面、平面和剖面、断面等。图 17–37 是用于公路的柱式隧道洞门。

1. 立面图

立面图也就是隧道洞门的正面图，它是沿线路方向对隧道门进行投射所得的投影。它主要表示洞口衬砌的形状和尺寸、端墙的高度和长度、端墙及立柱与衬砌的相对位置，以及端墙顶水沟的坡度等。

2. 平面图

平面图是隧道洞门的水平投影，用来表示端墙顶帽和立柱的宽度、端墙顶水沟的构造和洞门处排水系统的情况等。洞门拱圈在平面图中可近似地用圆弧画出。

3. 剖面图

图 17–37 中的 1–1 剖面图是沿隧道中线所作的剖面图。它表示端墙、顶帽和立柱的宽度、端墙和立柱的倾斜度 10:1、端墙顶水沟的断面形状和尺寸，以及隧道顶上仰坡的坡度 1:0.75 等。

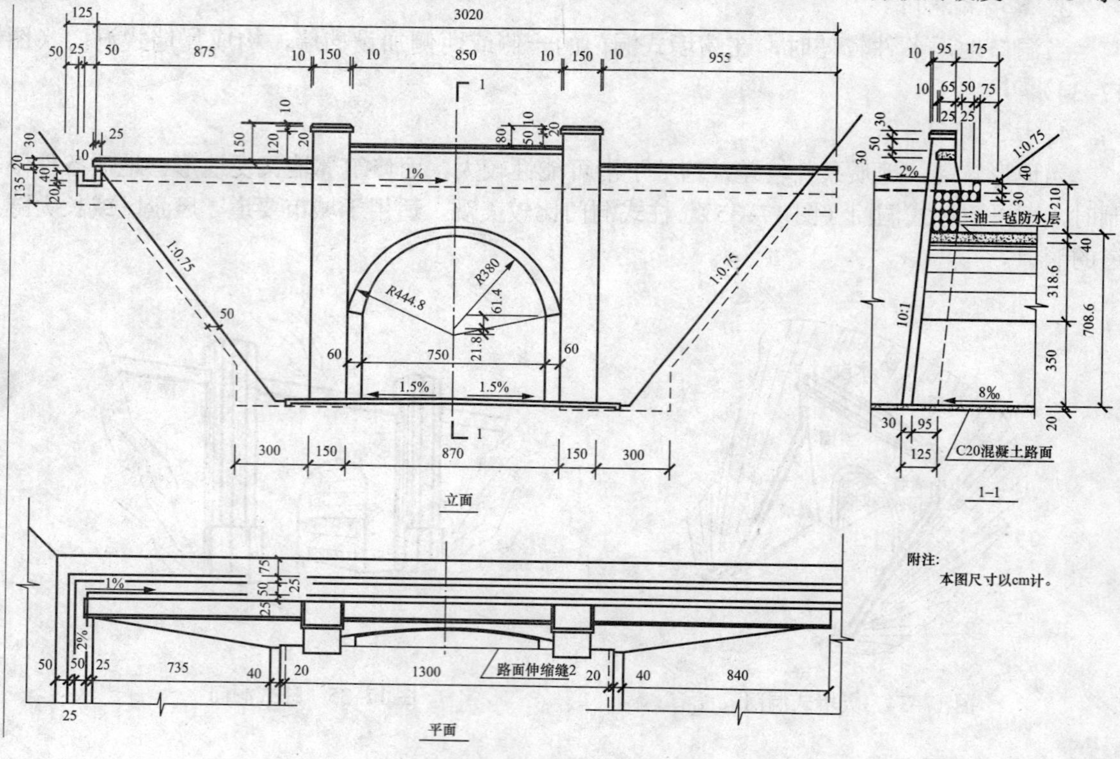

图 17–37　柱式隧道洞门图

17.5.3　隧道洞门图的阅读

首先，应作总体了解。图 17–38 中的隧道门是带翼墙的单线曲边墙铁路隧道洞门。它由五个图形组成。除正面图和平面图外，还画出了 1–1 剖面图和 2–2、3–3 两个断面图。

其次，应根据投影关系，弄清楚洞门各组成部分的形状和尺寸。

1. 端墙和端墙顶水沟

由图 17–38 可知，洞门端墙是一堵靠山坡倾斜的墙，倾斜度为 10:1。墙顶的背后有水沟，水沟是从墙的中间向两旁倾斜的，坡度 i=0.05。端墙顶水沟的两端有厚为 30cm 的挡墙，用来挡水。汇集于沟中的水通过埋设在墙体内的水管流到墙面上的凹槽里，然后流入翼墙顶部的排水沟中。

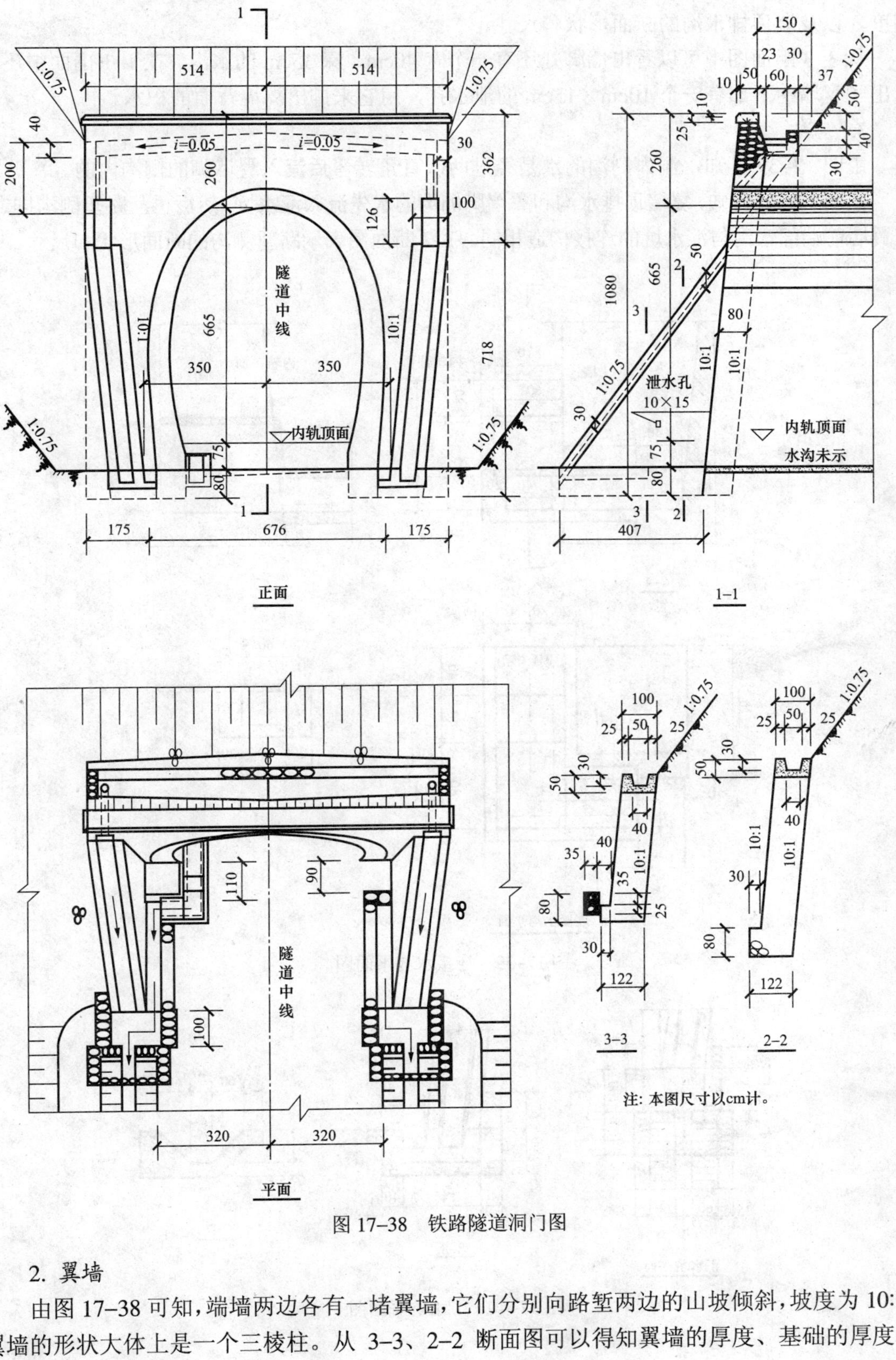

图 17–38　铁路隧道洞门图

2. 翼墙

由图 17–38 可知，端墙两边各有一堵翼墙，它们分别向路堑两边的山坡倾斜，坡度为 10:1。翼墙的形状大体上是一个三棱柱。从 3–3、2–2 断面图可以得知翼墙的厚度、基础的厚度和高度，以及墙顶排水沟的断面形状和尺寸。

从 3–3 断面图中可以看出墙脚处还有一个宽 40cm、深 35cm 的水沟。在 1–1 剖面中还表示出了翼墙中下部有一个 10cm×15cm 的泄水孔，用它来排出翼墙背面的积水。

3. 侧沟

由图 17–39 可知，洞内侧沟的水是经过两次直角转弯后流入翼墙脚的侧沟内的。

由图 17–40 可知，翼墙顶排水沟和翼墙脚侧沟的水先流入汇水坑，然后再从路堑侧沟排走。右翼墙前端部水沟与汇水坑的连接构造相同。7–7 断面图表示路堑侧沟的断面形状和尺寸。

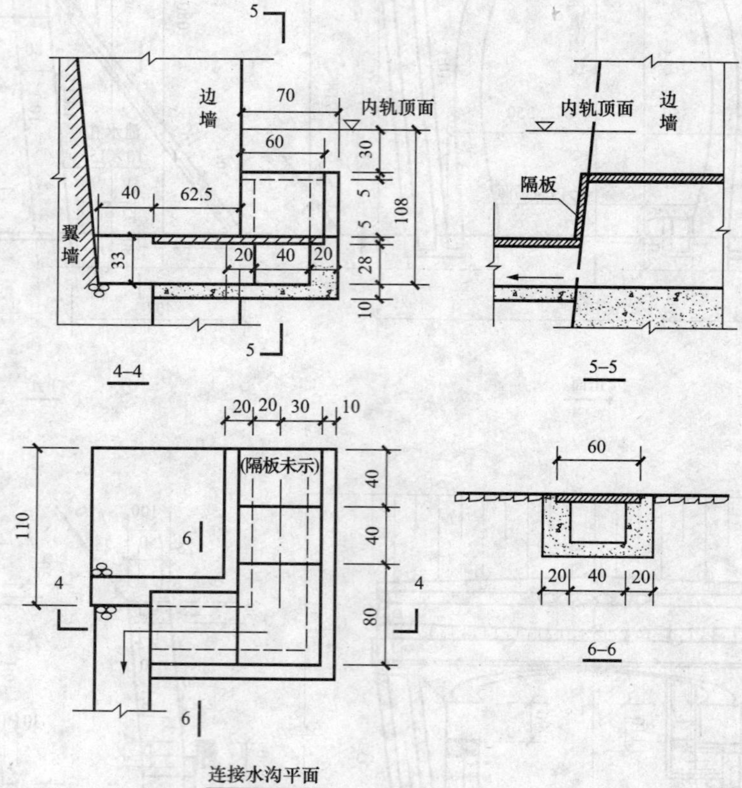

图 17–39　连接水沟平面图

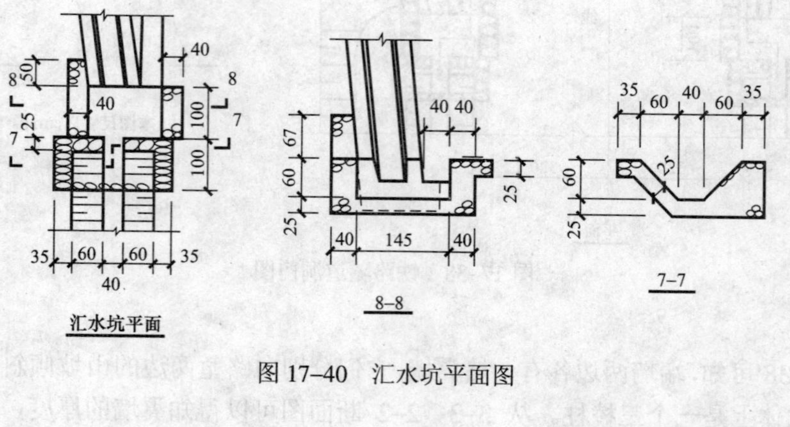

图 17–40　汇水坑平面图

思 考 题

1. 在土木工程中，道路、桥涵、隧道各有何工程用途？其工程图有何特点？
2. 道路工程图主要包括哪些工程图？它们各自反映了道路工程的何种特征？
3. 桥梁工程图具体包括哪些工程图？它们各自反映了桥梁工程的何种特征？
4. 涵洞工程常见的形式有哪些？其构造组成如何？应怎样通过工程图样来表达？
5. 隧道工程由哪些结构组成？隧道洞口常用的形式有哪些？隧道工程图有何特点？

附录一 总平面图图例

名称	图例	名称	图例
新建建筑物	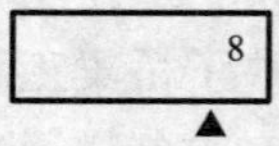	计划扩建的道路	
原有建筑物		人行道	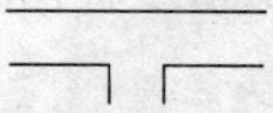
计划扩建的预留地或建筑物		道路曲线段	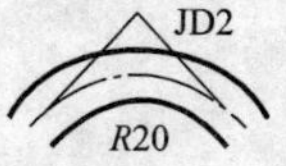
拆除的建筑物	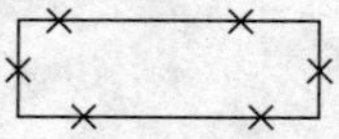	常绿针叶树	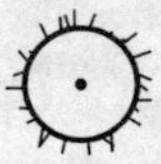
围墙及大门	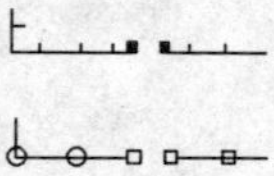	落叶阔叶乔木	
挡土墙		常绿阔叶灌木	
挡土墙上设围墙		花卉	
坐标	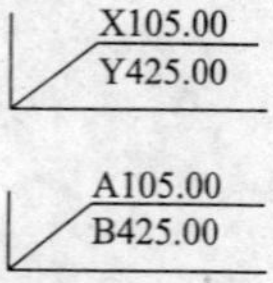	草坪	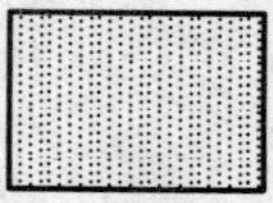
护坡		花坛	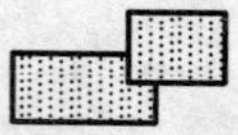
原有道路		绿篱	
新建的道路	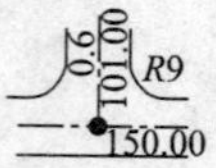	植草砖铺地	

附录二　建筑构配件图例

名　称	图　例	名　称	图　例
墙体		长坡道	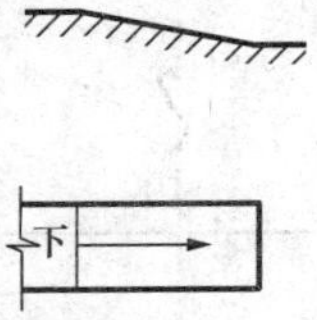
电梯	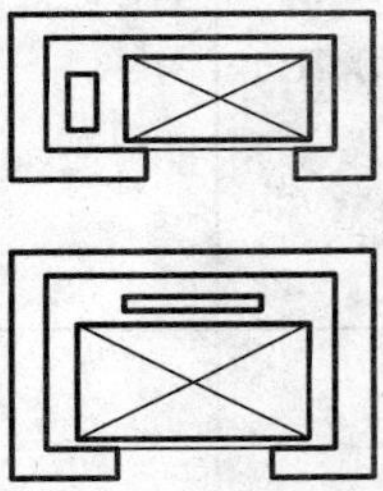	门口坡道	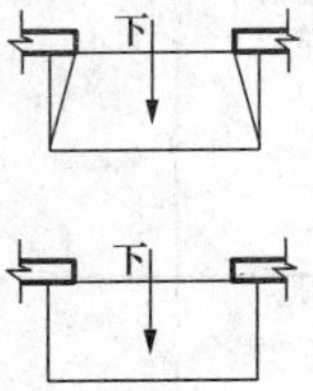
自动扶梯	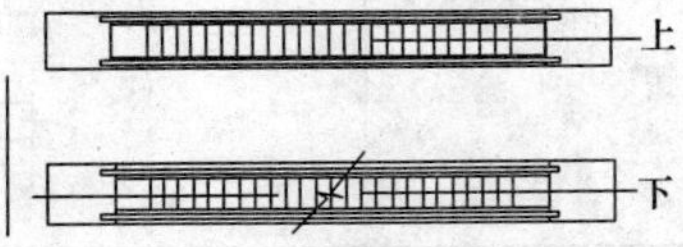	孔洞	
底层楼梯	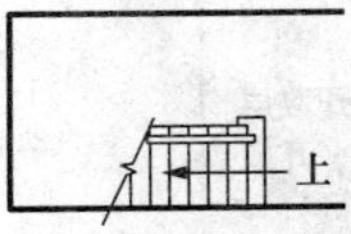	墙预留洞	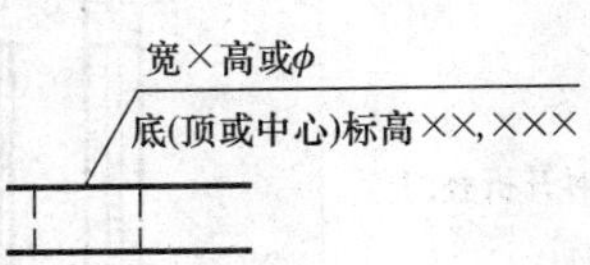
中间层楼梯	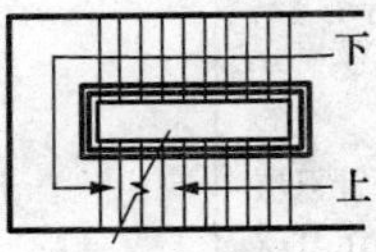	烟道	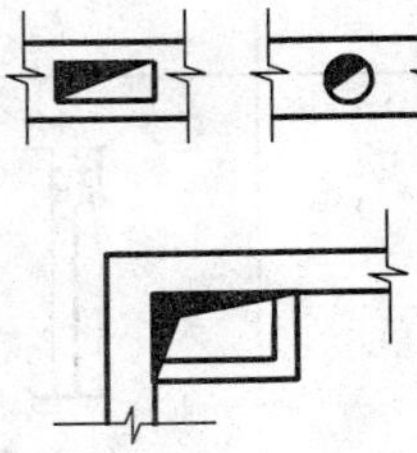
顶层楼梯	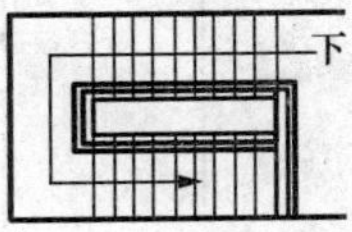	通风道	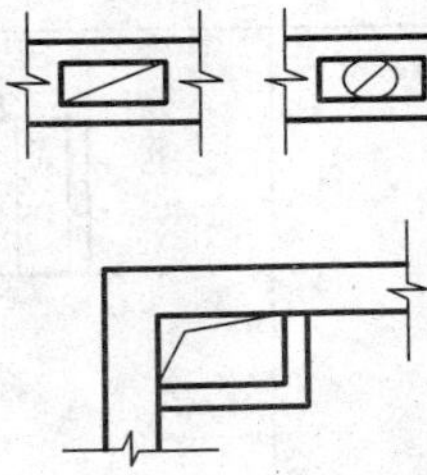

续表

名　称	图　例	名　称	图　例
空门洞	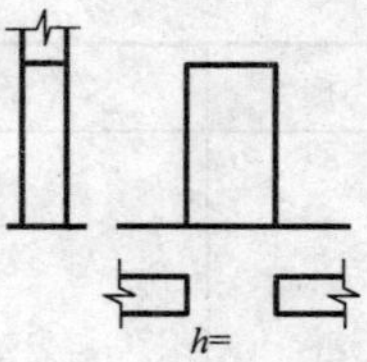	推拉门	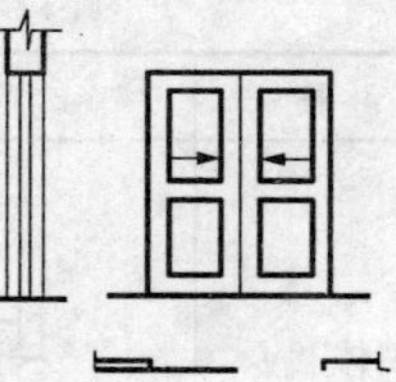
单扇门（包括平开或单面弹簧）	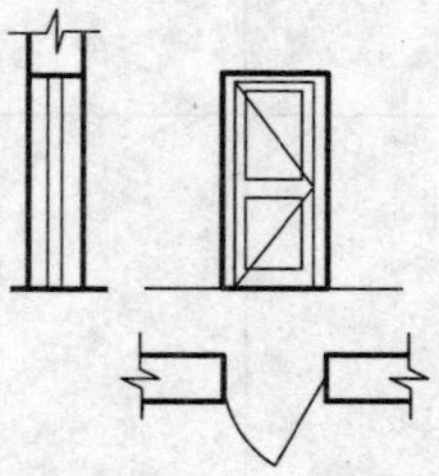	单扇双面弹簧门	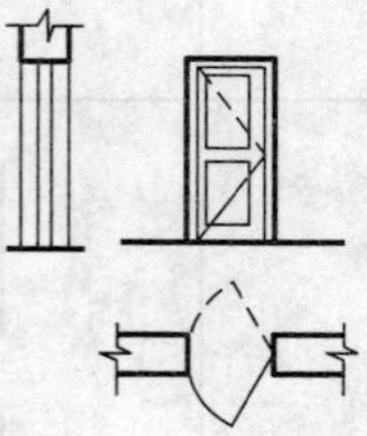
双扇门（包括平开或单面弹簧）	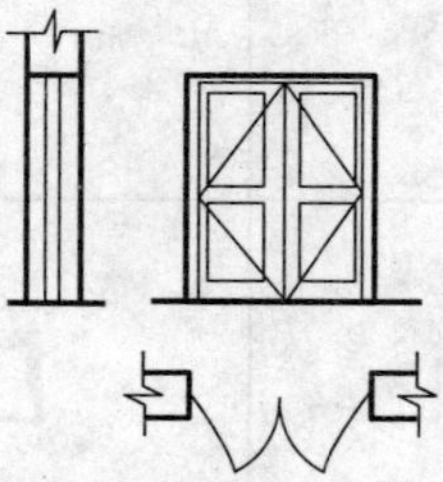	双扇双面弹簧门	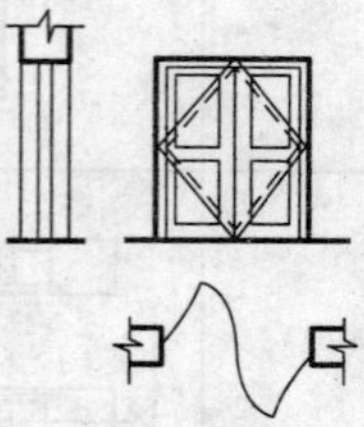
对开折叠门	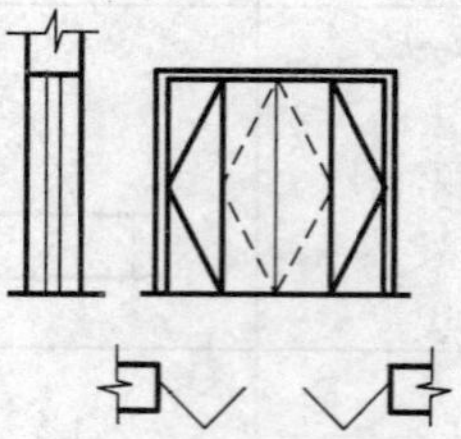	单扇内外开双层门（包括平开或单面弹簧）	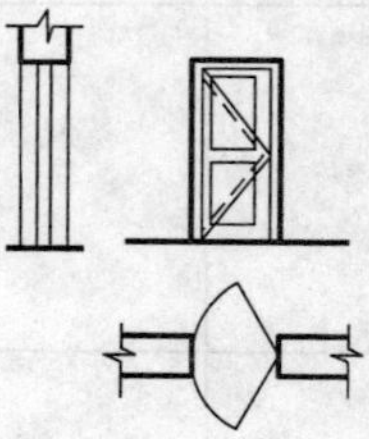
自动门	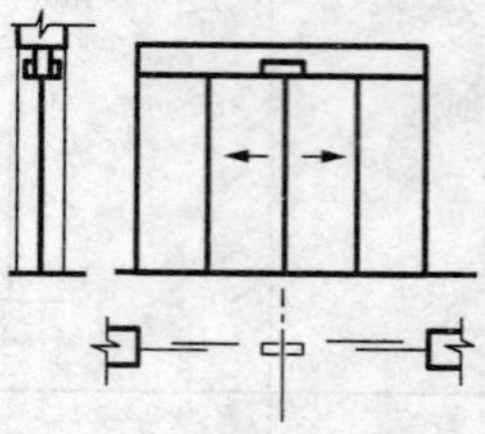	双扇内外开双层门（包括平开或单面弹簧）	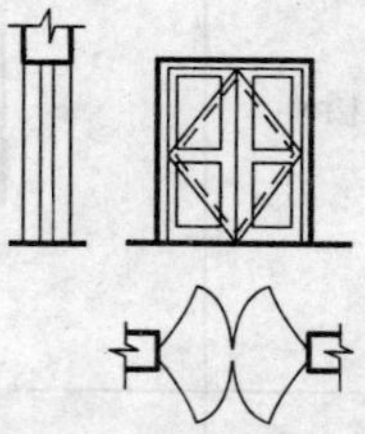
转门	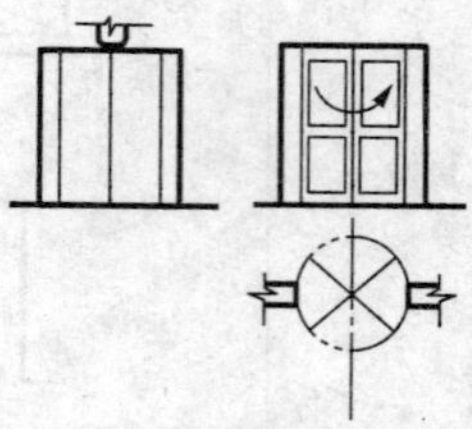	竖向卷帘门	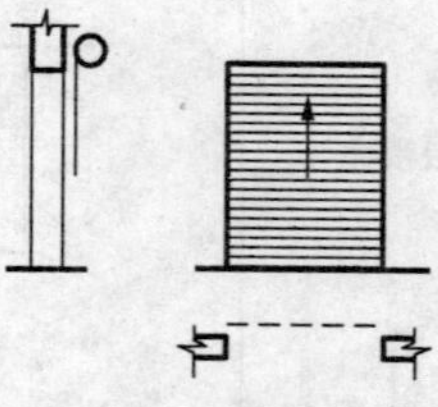

续表

名　称	图　例	名　称	图　例
单层固定窗	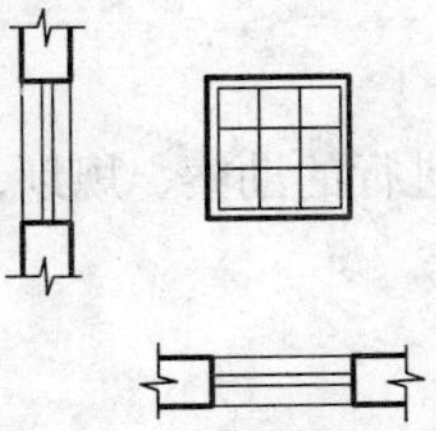	单层外开上悬窗	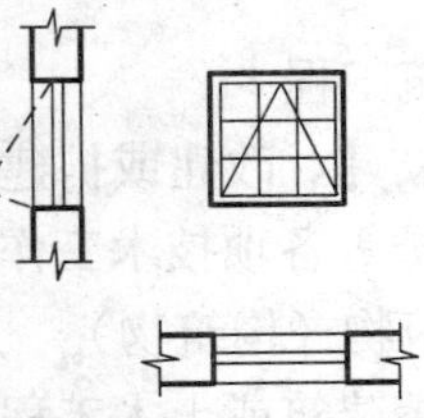
单层中悬窗	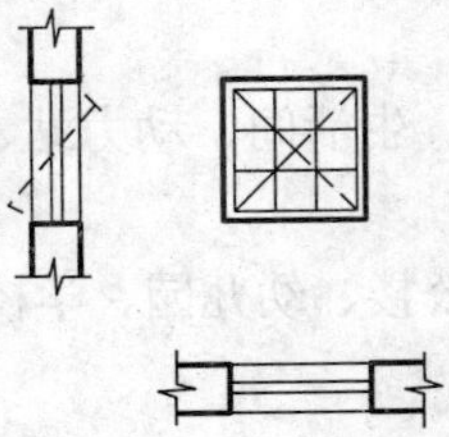	单层内开下悬窗	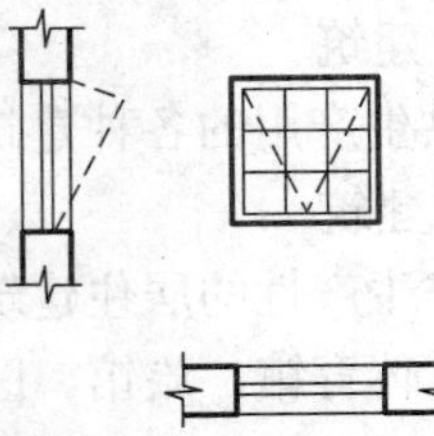
立转窗	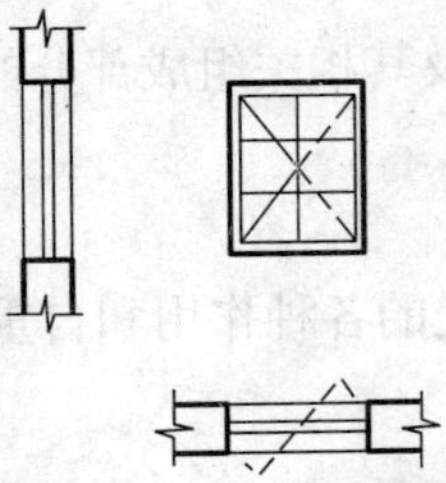	单层外开平开窗	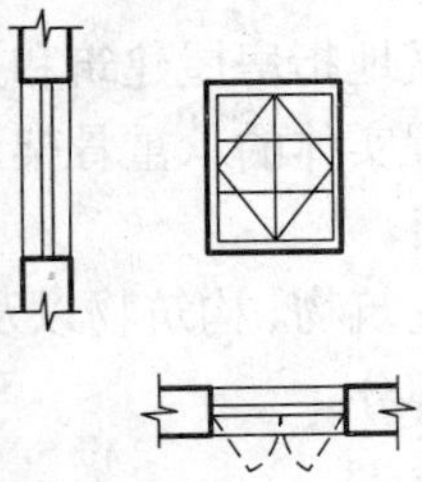
单层内开平开窗	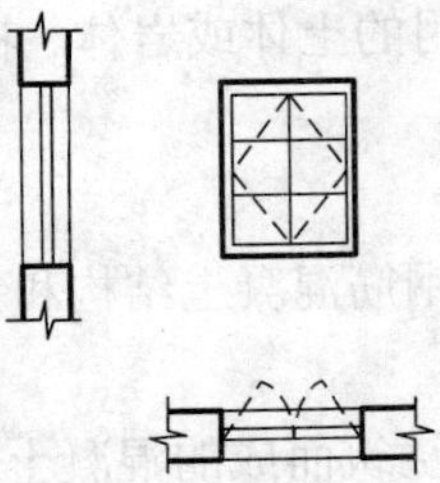	双层内外开平开窗	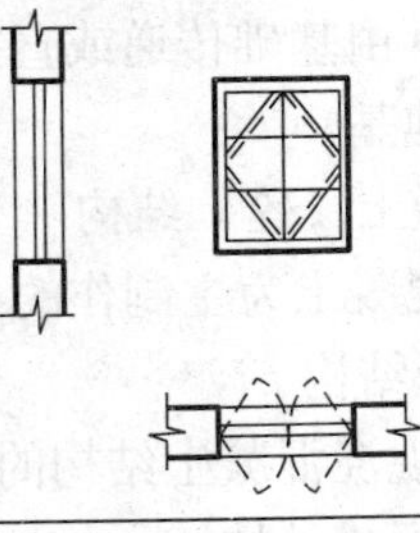
推拉窗	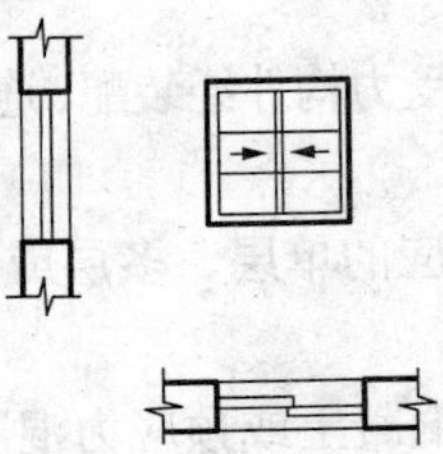	上推窗	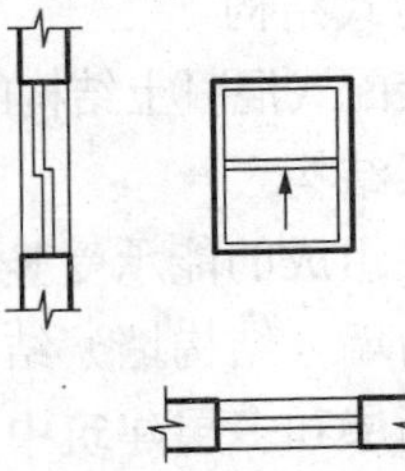
百叶窗	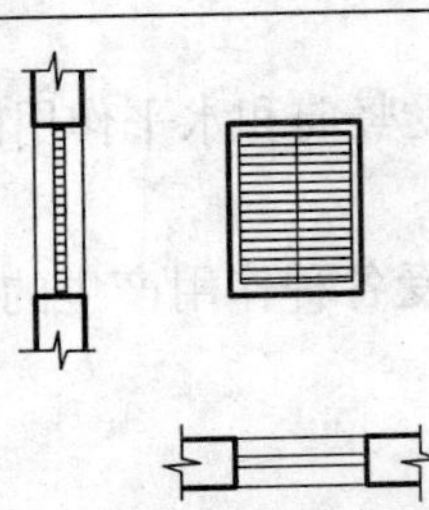	高窗	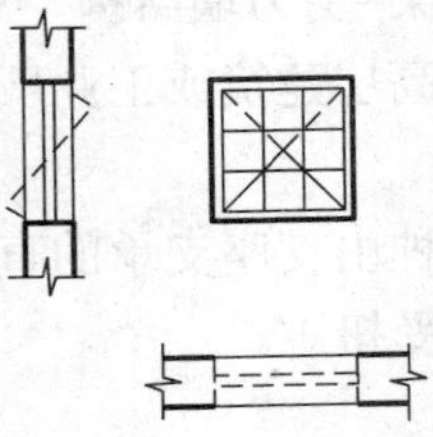 *h*=

附录三 专 业 术 语

1. 建筑工程

为新建、改建或扩建房屋建筑物和附属构筑物所进行的勘察、规划、设计、施工、安装和维护等各项技术工作和完成的工程实体。

2. 建筑物（构筑物）

房屋建筑或土木工程中的单项工程实体。

3. 工业建筑

提供生产用的各种建筑物，如车间、厂前区建筑、生活间、动力站、库房和运输设施等。

4. 民用建筑

指非生产性的居住建筑和公共建筑，如住宅、办公楼、幼儿园、学校、食堂、影剧院、商店、体育馆、旅馆、医院、展览馆等。

5. 结构

广义地指房屋建筑和土木工程的建筑物、构筑物及其相关组成部分的实体，狭义地指各种工程实体的承重骨架。

6. 基础

将建筑物、构筑物以及各种设施的上部结构所承受的各种作用和自重传递到地基的结构组成部分。

7. 地基

支承由基础传递或直接由上部结构传递的各种作用的土体或岩体。未经加工处理的称为天然地基。

8. 混凝土（砼）结构

以混凝土为主制作的结构。它包括素混凝土结构、钢筋混凝土结构和预应力混凝土结构等。

9. 现浇结构

系现浇混凝土结构的简称，是在现场支模并整体浇筑而成的混凝土结构。

10. 装配式结构

系装配式混凝土结构的简称，是以预制构件为主要受力构件经装配、连接而成的混凝土结构。

11. 框架结构

梁柱组成的能承受竖向、水平作用所产生各种效应的单层、多层或高层结构。

12. 剪力墙（结构墙）结构

在高层和多层建筑中，竖向和水平作用均由钢筋混凝土或预应力混凝土墙体承受的结构。

13. 框架–剪力墙结构

在高层建筑或工业厂房中，剪力墙和框架共同承受竖向和水平作用的一种组合型结构。

14. 梁

一种由支座支承的直线或曲线形构件。它主要承受各种作用产生的弯矩和剪力，有时也承受扭矩。

15. 板

一种由支座支承的平面尺寸大，而厚度相对较小的平面构件。它主要承受各种作用产生的弯矩和剪力。

16. 框架

由梁和柱连接而构成的一种平面或空间，单层或多层的结构。

17. 简支梁

梁搁置在两端支座上，其一端为轴向有约束的铰支座，另一端为能轴向滚动的支座。

18. 悬臂梁

梁的一端为不产生轴向、垂直位移和转动的固定支座，另一端为自由端。

19. 连续梁

具有三个或三个以上支座的梁。

20. 刚性防水层

采用较高强度和无延伸防水材料，如防水砂浆、防水混凝土所构成的防水层。

21. 柔性防水层

采用具有一定柔韧性和较大延伸率的防水材料，如防水卷材、有机防水涂料构成的防水层。

22. 分格缝

屋面找平层、刚性防水层、刚性保护层上预先留设的缝。

23. 面层

直接承受各种物理和化学作用的建筑地面表面层。

24. 结合层

面层与下一构造层相联结的中间层。

25. 填充层

在建筑地面上起隔声、保温、找坡和暗敷管线等作用的构造层。

26. 隔离层

防止建筑地面上各种液体或地下水、潮气渗透地面等作用的构造层；仅防止地下潮气透过地面时，可称作防潮层。

27. 找平层

在垫层、楼板上或填充层（轻质、松散材料）上起整平、找坡或加强作用的构造层。

28. 扩展（扩大）基础

将块石或混凝土砌筑的截面适当扩大，以适应地基容许承载能力或变形的天然地基基础。

29. 独立基础

用于单柱下并按材料和受力状态选定型式的基础。

30. 联合基础

有两根或两根以上的立柱共用的基础，或两种不同型式基础共同工作的基础。

31. 条形基础

水平长而狭的带状基础。

32. 壳体基础

以壳体结构形成的空间薄壁基础。

33. 箱形基础

由钢筋混凝土底板、顶板、侧墙板和一定数量的内隔墙板组成整体的形似箱形的基础。

34. 筏形基础

支承整个建筑物或构筑物的大面积整体钢筋混凝土板式或梁板式基础。

35. 桩基础

由桩连接桩顶，桩帽和承台组成的深基础。

36. 给水系统

通过管道及辅助设备，按照建筑物和用户的生产、生活和消防的需要，有组织的输送到用水地点的网络。

37. 排水系统

通过管道及辅助设备，把屋面雨水及生活和生产过程所产生的污水、废水及时排放出去的网络。

38. 热水供应系统

为了满足人们生活和生产过程中对水温的某些特定要求而由管道及辅助设备组成的输送热水的网络。

39. 建筑中水系统

以建筑物的冷却水、沐浴排水、盥洗排水、洗衣排水等为水源，经过物理、化学方法的工艺处理，用于厕所冲洗便器、绿化、洗车、道路浇洒、空调冷却及水景等的供水系统。

40. 卫生器具

用来满足人们日常生活中各种卫生要求，收集和排放生活及生产中的污水、废水的设备。

41. 管道配件

管道与管道或管道与设备连接用的各种零件的统称。

42. 固定支架

限制管道在支撑点处发生径向和轴向位移的管道支架。

43. 活动支架

允许管道在支撑点处发生轴向位移的管道支架。

44. 风管

采用金属、非金属薄板或其他材料制作而成，用于空气流通的管道。

45. 风道

采用混凝土、砖等建筑材料砌筑而成，用于空气流通的通道。

参 考 文 献

[1] 王晓琴，庞行志. 画法几何与土木工程制图［M］. 武汉：华中科技大学出版社. 2006.1.

[2] 刘继海. 画法几何与土木工程制图［M］. 武汉：华中科技大学出版社. 2007.9.

[3] 何铭新. 画法几何及土木工程制图［M］. 武汉：武汉理工大学出版社. 2003.1.

[4] 丁宇明，黄永生. 土建工程制图［M］. 北京: 高等教育出版社. 2007.7.

[5] 张英，郭树荣. 建筑工程制图［M］. 北京：建筑工业出版社. 2009.1.

[6] 黄水生，李国生. 画法几何及土木建筑制图［M］. 广州：华南理工大学出版社. 2005.8.

[7] 乐荷卿，陈美华. 土木建筑制图［M］. 武汉：武汉理工大学出版社. 2005.5.

[8] 何培斌. 建筑制图与识图［M］. 北京：中国电力出版社. 2008.12.

[9] 张岩. 建筑制图与识图［M］. 济南：山东科学技术出版社. 2004.6.

[10] 张俊杰，赵景伟. 建筑制图基础与阴影透视［M］. 武汉：华中科技大学出版社. 2007.12.

[11] 同济大学建筑制图教研室. 画法几何［M］. 上海：同济大学出版社. 2004.1.

[12] 陈文斌，章金良. 建筑工程制图［M］. 上海：同济大学出版社. 2007.6.

[13] 何斌，陈锦昌，陈炽坤. 建筑制图［M］. 北京: 高等教育出版社. 2005.6.